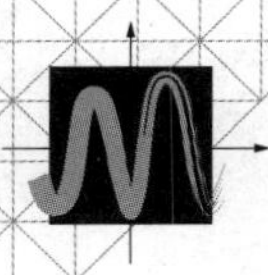

Guidance Series for Mathematics Majors
数学类专业学习辅导丛书

# 复变函数论（第五版）学习指导书

钟玉泉 编

高等教育出版社·北京

内容提要

本书是与钟玉泉编《复变函数论》(第五版)相配套的学习指导书，全书与教材一致，共分九章，即复数与复变函数、解析函数、复变函数的积分、解析函数的幂级数表示法、解析函数的洛朗展式与孤立奇点、留数理论及其应用、共形映射、解析延拓、调和函数。每章由三部分组成，即重点、要求与例题，部分习题解答提示，类题或自我检查题。“重点、要求与例题”按教材章节顺序归纳总结要点，并给出相应的典型题目及解答；“部分习题解答提示”给出教材中绝大部分习题的解答；“类题或自我检查题”旨在帮助读者掌握自身的学习情况。

本书可作为高等学校复变函数课程的参考书，也可供广大读者学习时参考。

**图书在版编目（C I P）数据**

复变函数论(第五版)学习指导书 / 钟玉泉编. --北京:高等教育出版社,2022.3

ISBN 978-7-04-057652-8

Ⅰ.①复… Ⅱ.①钟… Ⅲ.①复变函数-双语教学-高等学校-教学参考资料 Ⅳ.①O174.5

中国版本图书馆 CIP 数据核字(2022)第 019766 号

Fubianhanshulun(Di-wu Ban) Xuexi Zhidaoshu

策划编辑 兰莹莹　责任编辑 刘 荣　封面设计 王凌波　版式设计 杜微言
插图绘制 于 博　责任校对 高 歌　责任印制 存 怡

| | | | |
|---|---|---|---|
| 出版发行 | 高等教育出版社 | 网　址 | http://www.hep.edu.cn |
| 社　址 | 北京市西城区德外大街4号 | | http://www.hep.com.cn |
| 邮政编码 | 100120 | 网上订购 | http://www.hepmall.com.cn |
| 印　刷 | 大厂益利印刷有限公司 | | http://www.hepmall.com |
| 开　本 | 787mm×1092mm 1/16 | | http://www.hepmall.cn |
| 印　张 | 21.75 | | |
| 字　数 | 470千字 | 版　次 | 2022年3月第1版 |
| 购书热线 | 010-58581118 | 印　次 | 2022年11月第2次印刷 |
| 咨询电话 | 400-810-0598 | 定　价 | 43.80元 |


物 料 号 57652-00

# 前言

复变函数是高等学校理工类专业普遍开设的一门数学基础课，学习这门课程一定要做足够的习题才能真正掌握所学的知识。然而学生在实际解题中往往感到困难重重，特别是对一些内容表现多样或形式迥异的习题，有时不知如何着手。这说明学习复变函数时从理论到方法的掌握都要有一个进一步阐发、关联与归纳的过程。

为方便读者阅读，本书按教材《复变函数论》(第五版)各章顺序对应编写，每章都包括以下三部分内容：

Ⅰ.重点、要求与例题。按照教材章节顺序，在概括本章内容重点(包括关联、归纳)与要求的同时，全面系统地总结和归纳复变函数问题的基本类型、每种类型的基本解题方法。每种方法先概括要点，然后选择若干具有典型性、代表性和一定技巧性的例题，逐层剖析，分类讲解。例题按由浅入深的层次编排，解、证都紧扣教材自身的理论和方法。尽可能在解前给出解题思路分析，解后用注的形式向读者指明要注意的事项。

复变函数论简史

教材主要内容间的关联示意图

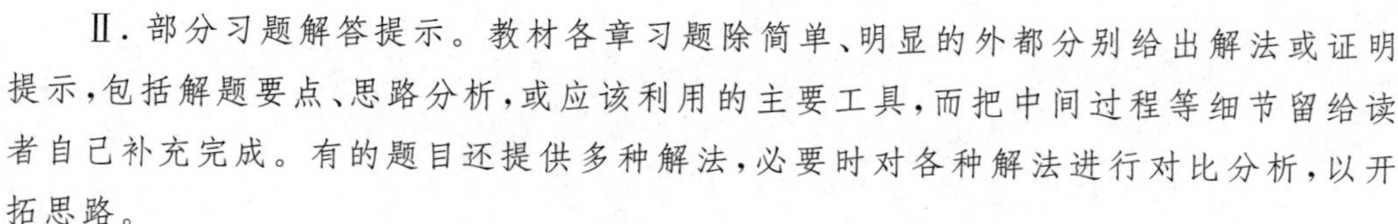

Ⅱ.部分习题解答提示。教材各章习题除简单、明显的外都分别给出解法或证明提示，包括解题要点、思路分析，或应该利用的主要工具，而把中间过程等细节留给读者自己补充完成。有的题目还提供多种解法，必要时对各种解法进行对比分析，以开拓思路。

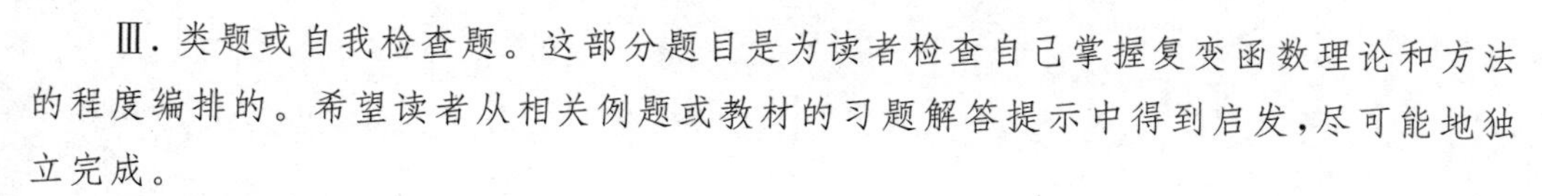

Ⅲ.类题或自我检查题。这部分题目是为读者检查自己掌握复变函数理论和方法的程度编排的。希望读者从相关例题或教材的习题解答提示中得到启发，尽可能地独立完成。

读者学习本书后将会懂得，复变函数的理论和方法是解决多种问题的一个强有力的工具，且有“开发智力，培养能力”之效。

本书适合高等学校理科学生阅读：对于工科院校、电大、职大有关专业的学生，以及自修复变函数的读者也很有参考意义。

限于编者的水平，书中恐仍有疏漏，恳请广大读者批评指正。

编者于四川大学数学学院

2021年6月

# 说明

1. 为了方便，我们引入如下记号：

“$\forall x$”表示“对每一个 $x$”；

“$\exists x$”表示“存在 $x$”；

“$\exists | x$”表示“存在惟一的 $x$”；

“……⇒……”表示“若……，则……”；

“……⇔……”表示“……当且仅当……”；

“⇒”表示“必要性”；

“⇐”表示“充分性”；

“■”表示一个例题陈述、解答或论证完毕.

2. 为了避免烦琐，我们在引用教材定理、例题、公式、图及习题时，不在其前冠上教材二字，因为它们与本书的对应编号不同，不致混淆.例如，说到例 2.7 自然指教材例 2.7(第二章第 7 个例题)，说到例 3.1.4 则指本书例 3.1.4(第三章 §1 第 4 个例题)，说到公式(3.2)自然指教材公式(3.2)(因本书无此记法)，说到图 4.2 自然指教材图 4.2，说到图 2.3.2 则指本书图 2.3.2，说到图 1.0.1 则指本书部分习题解答提示及类题或自我检查题图 1.0.1(第一章图 1.0.1).

# 目录

# 第一章
# 复数与复变函数

## I. 重点、要求与例题

### §1 复数

复变函数(即自变量为复数的函数)论的一切讨论都是在复数范围内进行的. 本节内容是中学复数知识的复习和补充. 读者切勿忽视.

**1.** 虚数单位 $\mathrm{i}=\sqrt{-1}$ 满足 $\mathrm{i}^2=-1$;电工学里是例外,在那里用 j 表示虚数单位,而不是用 i.

**2.** $z_1=z_2 \Leftrightarrow \mathrm{Re}\, z_1=\mathrm{Re}\, z_2, \mathrm{Im}\, z_1=\mathrm{Im}\, z_2$.

$z=0 \Leftrightarrow \mathrm{Re}\, z=0, \mathrm{Im}\, z=0$.

许多问题运用两个复数相等的定义,就可很好地得到解决.

**3.** 熟练掌握复数运算,并能灵活运用.

(1) 对于 $z_1=x_1+\mathrm{i}y_1$, $z_2=x_2+\mathrm{i}y_2$, $\overline{z_2}=x_2-\mathrm{i}y_2$,

$$z_1 \pm z_2=(x_1 \pm x_2)+\mathrm{i}(y_1 \pm y_2);$$

$$z_1 z_2=(x_1+\mathrm{i}y_1)(x_2+\mathrm{i}y_2)=x_1x_2-y_1y_2+\mathrm{i}(x_1y_2+x_2y_1)$$

(按多项式乘法展开,$\mathrm{i}^2$ 换为 $-1$);

$$\frac{z_1}{z_2}=\frac{z_1\overline{z_2}}{z_2\overline{z_2}}=\frac{(x_1+\mathrm{i}y_1)(x_2-\mathrm{i}y_2)}{x_2^2+y_2^2}\quad(z_2\neq 0).$$

(2) 全体复数并引进上述运算后就称为复数域,常用 **C** 表示. **C** 也表示复平面.

(3) 在 **C** 内,$z_1z_2=0 \Rightarrow z_1, z_2$ 至少有一个为零.

**例 1.1.1** 试确定等式 $(3+6\mathrm{i})x+(5-9\mathrm{i})y=6-7\mathrm{i}$ 中的实数 $x, y$.

**分析** 等式左端是含有未知数 $x, y$ 的复数,但未化简,而右端是已知复数. 为此,化简左端,比较两端实、虚部就将已给复数等式转化为二元实方程组.

**解** 原式化简为 $(3x+5y)+\mathrm{i}(6x-9y)=6-7\mathrm{i}$,由复数相等的定义知

$$\begin{cases}3x+5y=6,\\ 6x-9y=-7,\end{cases}$$

解此二元实方程组得 $x=\dfrac{1}{3}, y=1$. ■

**4.** 对于 $z=x+\mathrm{i}y$，称 $\bar{z}=x-\mathrm{i}y$ 为 $z$ 的**共轭复数**（物理学中常用记号 $z^*$ 代替 $\bar{z}$）. $|z|=\sqrt{x^2+y^2}=\sqrt{z\bar{z}}\geqslant 0$ 称为 $z$ 的**模**或**绝对值**. 与共轭复数有关的等式有

$$\overline{(\bar{z})}=z,\ \overline{z_1\pm z_2}=\bar{z}_1\pm\bar{z}_2,\ \overline{z_1z_2}=\bar{z}_1\bar{z}_2,$$

$$\overline{\left(\frac{z_1}{z_2}\right)}=\frac{\bar{z}_1}{\bar{z}_2}\ (z_2\neq 0),\ |z|^2=z\bar{z},\ |\bar{z}|=|z|,$$

$$z+\bar{z}=2\mathrm{Re}\,z,\ z-\bar{z}=2\mathrm{i}\,\mathrm{Im}\,z.$$

切实掌握、灵活运用这些简单公式，对化简计算、解答问题都会带来方便.

**例 1.1.2**　设 $\dfrac{\bar{z}}{z}=a+b\mathrm{i}\,(z=x+\mathrm{i}y\neq 0)$，试证

$$a^2+b^2=1.$$

**分析**　如上题，可先得到关于 $x,y$ 的二元实方程组，然后从中消去 $x,y$.

**证一**　由原式去分母得

$$x-\mathrm{i}y=ax-by+\mathrm{i}(ay+bx)$$
$$\Leftrightarrow x=ax-by,\ y=-(ay+bx)$$
$$\Leftrightarrow (a-1)x=by,\ (a+1)y=-bx$$
$$(x,y\text{ 不全为零，不妨设 }x\neq 0)$$

所以 $\dfrac{a-1}{b}=\dfrac{y}{x}=\dfrac{-b}{a+1}$（这时 $b\neq 0,a\neq -1$），则

$$a^2-1=-b^2,\text{ 即 }a^2+b^2=1.$$

当 $b=0$ 或 $a=-1$ 时，$a^2+b^2=1$ 仍成立.

**证二**　由 $x,y$ 不全为零得

$$a+b\mathrm{i}=\frac{\bar{z}^2}{z\bar{z}}=\frac{(x-\mathrm{i}y)^2}{x^2+y^2}=\frac{x^2-y^2-2\mathrm{i}xy}{x^2+y^2},$$

$$a=\frac{x^2-y^2}{x^2+y^2},\quad b=\frac{-2xy}{x^2+y^2}.$$

故 $a^2+b^2=1$.

**证三**　由本段可知 $a^2+b^2=|a+b\mathrm{i}|^2$，再由题设，只需证 $\left|\dfrac{\bar{z}}{z}\right|=1\,(z\neq 0)$，这是显然的. ■

**注** (1) 证一及证二合乎证前分析，方法有代表性；证三是根据题设条件，再应用本段写出的公式，证法简洁.

(2) 在解题过程中，题目的条件是必须用到的. 有时还要将条件作种种等价变形，然后使用其中合适的一个. 比如，在本例题中：

$$z=x+\mathrm{i}y\neq 0\Leftrightarrow x,y\text{ 不全为零}\Leftrightarrow x,y\text{ 至少有一个不等于零}.$$

**5.** 掌握与模有关的等式与不等式. 还要特别注意，复数域不是有序域，不能像实数那样比较大小. 但复数 $z$ 的实部、虚部与模都是实数，所以能比较大小.

对任意复数 $z$，有

$$-|z|\leqslant \mathrm{Re}\,z\leqslant |z|,\ -|z|\leqslant \mathrm{Im}\,z\leqslant |z|.$$

又

$$|z_1z_2|=|z_1|\ |z_2|,\quad \left|\frac{z_1}{z_2}\right|=\frac{|z_1|}{|z_2|}(z_2\neq 0),$$

$$||z_1|-|z_2||\leqslant |z_1\pm z_2|\leqslant |z_1|+|z_2|\quad (三角不等式).$$

用数学归纳法可得不等式

$$|z_1+z_2+\cdots+z_n|\leqslant |z_1|+|z_2|+\cdots+|z_n|. \tag{1}$$

另外，$z=0\Leftrightarrow |z|=0$，

$$|z_1\pm z_2|^2=|z_1|^2+|z_2|^2\pm 2\mathrm{Re}(z_1\overline{z}_2).$$

**注** (1)式取等号的情形，参看例 1.1.7.

**例 1.1.3** 试证$\dfrac{z}{1+z^2}$是实数的充要条件为$|z|=1(z\neq\pm \mathrm{i})$或 $\mathrm{Im}\ z=0$.

**分析** 一个复数是实数，也就是这个复数的虚部为零. 由公式 $z-\overline{z}=2\mathrm{i}\mathrm{Im}\ z$，可见 $z$ 是实数$\Leftrightarrow z=\overline{z}$.

**证** $\dfrac{z}{1+z^2}$是实数$\Leftrightarrow \dfrac{z}{1+z^2}=\overline{\left(\dfrac{z}{1+z^2}\right)}=\dfrac{\overline{z}}{1+\overline{z^2}}$

$$\Leftrightarrow (z-\overline{z})(1-z\,\overline{z})=0$$

$\Leftrightarrow z=\overline{z}$，即 $\mathrm{Im}\ z=0$，或 $z\,\overline{z}=1$，即$|z|=1$(但 $z\neq\pm\mathrm{i}$). ■

**例 1.1.4** 设复数 $a+b\mathrm{i}$ 的模为 1，$b\neq 0$，则它可表示为

$$a+b\mathrm{i}=\frac{c+\mathrm{i}}{c-\mathrm{i}},\ c\ 为实数.$$

**分析** 在证题难于着手时，"逆推"常是一种探索证法的有效方法. 对于本题，若存在实数 $c$，使

$$a+b\mathrm{i}=\frac{c+\mathrm{i}}{c-\mathrm{i}}(因\ c\ 为实数，所以\ c\neq \mathrm{i})$$

$$\Leftrightarrow c+\mathrm{i}=(a+b\mathrm{i})(c-\mathrm{i})=(ac+b)-(a-bc)\mathrm{i}$$

$$\Leftrightarrow\begin{cases} c=ac+b, & (1)\\ bc-a=1, & (2)\end{cases}$$

即若存在 $c$，使(1)式和(2)式成立，则 $a+b\mathrm{i}=\dfrac{c+\mathrm{i}}{c-\mathrm{i}}$.

**证** 由(2)式，当 $c=\dfrac{1+a}{b}$($b\neq 0$，$c$ 为实数)时确有

$$ac+b=a\ \frac{1+a}{b}+b=\frac{a+a^2+b^2}{b}=\frac{a+1}{b}=c$$

及 $bc-a=1$(因题设 $a^2+b^2=1$)，即当 $c=\dfrac{1+a}{b}$时，

$$a+b\mathrm{i}=\frac{c+\mathrm{i}}{c-\mathrm{i}}.$$ ■

**例 1.1.5** 试证

$$|1-\overline{z}_1z_2|^2-|z_1-z_2|^2=(1-|z_1|^2)(1-|z_2|^2).$$

**分析** 左端较右端繁，故从左证向右且应用公式$|z|^2=z\,\overline{z}$.

**证** 左端$=(1-\overline{z}_1z_2)\overline{(1-\overline{z}_1z_2)}-(z_1-z_2)\overline{(z_1-z_2)}$

$$=(1-\overline{z}_1z_2)(1-z_1\overline{z}_2)-(z_1-z_2)(\overline{z}_1-\overline{z}_2)$$
$$=1-|z_1|^2-|z_2|^2+|z_1|^2|z_2|^2=\text{右端}.$$ ■

**注**　初学者常把复数 $z$ 先写成 $x+\mathrm{i}y$ 后再化简,其实这种做法一般并不简捷.

**例 1.1.6**　若 $|z|<\frac{1}{2}$,试证 $|(1+\mathrm{i})z^3+\mathrm{i}z|<\frac{3}{4}$.

**分析**　已知 $|z|<\frac{1}{2}$,故只需将要证不等式左端用 $|z|$ 表示,为此可考虑应用三角不等式.

**证**
$$|(1+\mathrm{i})z^3+\mathrm{i}z|=|z||(1+\mathrm{i})z^2+\mathrm{i}|$$
$$\leqslant|z|(|1+\mathrm{i}||z|^2+|\mathrm{i}|)$$
$$<\frac{1}{2}\left(\frac{1}{4}\cdot\sqrt{2}+1\right)<\frac{1}{4}+\frac{1}{2}=\frac{3}{4}.$$ ■

**例 1.1.7**　试证

(1) $\frac{z_1}{z_2}\geqslant 0(z_2\neq 0)\Leftrightarrow|z_1+z_2|=|z_1|+|z_2|$;

(2) $\frac{z_k}{z_j}\geqslant 0(z_j\neq 0,k\neq j,k,j=1,2,\cdots,n)$

$\Leftrightarrow|z_1+z_2+\cdots+z_n|=|z_1|+|z_2|+\cdots+|z_n|$.

**分析**　先看题设条件,

$$\frac{z_k}{z_j}\geqslant 0\Leftrightarrow z_j\neq 0,z_k=tz_j(t\geqslant 0)$$
$$\Leftrightarrow z_k,z_j\text{ 有相同的辐角}$$
$$\Leftrightarrow z_j\neq 0,\frac{z_k\overline{z}_j}{|z_j|^2}\geqslant 0$$
$$\Leftrightarrow\operatorname{Im}(z_k\overline{z}_j)=0\text{ 且 }\operatorname{Re}(z_k\overline{z}_j)\geqslant 0(\text{即 }z_k\overline{z}_j\geqslant 0).$$

先证简单情形(1);次证(2)的"⇒";应用(1)证明(2)的"⇐",其间巧妙地应用三角不等式,使之得到(1)的右端,从而可以应用(1)推出(2)的左端.

**证**　(1)"⇒"若 $\frac{z_1}{z_2}\geqslant 0(z_2\neq 0)$,则

$$\left|\frac{z_1}{z_2}+1\right|=\frac{z_1}{z_2}+1=\left|\frac{z_1}{z_2}\right|+1.$$

两端同乘 $|z_2|$,得

$$\text{左端}=\left|z_2\left(\frac{z_1}{z_2}+1\right)\right|=|z_1+z_2|,$$
$$\text{右端}=|z_2|\left(\frac{|z_1|}{|z_2|}+1\right)=|z_1|+|z_2|.$$

"⇐"若 $|z_1+z_2|=|z_1|+|z_2|$,两端同除以 $|z_2|$,得

$$\left|\frac{z_1}{z_2}+1\right|=\left|\frac{z_1}{z_2}\right|+1,\text{ 即 }\left|\frac{z_1\overline{z}_2}{z_2\overline{z}_2}+1\right|=\left|\frac{z_1\overline{z}_2}{z_2\overline{z}_2}\right|+1,$$

也即

$$|z_1\overline{z}_2+|z_2|^2|=|z_1\overline{z}_2|+|z_2|^2.$$

上式表明：和的模等于模的和，即两数在由原点出发的同一射线上，所以可由 $|z_2|^2>0$ 断定另一数 $z_1\overline{z}_2\geqslant 0$（$z_1$ 可以为零），从而断定 $\dfrac{z_1}{z_2}\geqslant 0$（$z_2\neq 0$）.

（2）"⇒"不失一般性，假设 $z_1\neq 0$，则

$$|z_1+z_2+z_3+\cdots+z_n|=|z_1|\left|1+\frac{z_2}{z_1}+\frac{z_3}{z_1}+\cdots+\frac{z_n}{z_1}\right|.$$

但由 $\dfrac{z_k}{z_j}\geqslant 0(k,j=1,2,\cdots,n,k\neq j)$，故

$$\begin{aligned}|z_1+z_2+z_3+\cdots+z_n|&=|z_1|\left(1+\left|\frac{z_2}{z_1}\right|+\left|\frac{z_3}{z_1}\right|+\cdots+\left|\frac{z_n}{z_1}\right|\right)\\&=|z_1|+|z_2|+|z_3|+\cdots+|z_n|.\end{aligned}$$

"⇐"对任意下标 $k,j$ 证明 $\dfrac{z_k}{z_j}\geqslant 0$，不妨设 $k,j$ 为 1，2（便于应用（1）的结果）. 若今设（2）的右端等式成立，即

$$\begin{aligned}&|z_1|+|z_2|+\underset{\sim\sim\sim\sim\sim\sim\sim\sim}{|z_3|+\cdots+|z_n|}\\&=|z_1+z_2+z_3+\cdots+z_n|\\&=|(z_1+z_2)+z_3+\cdots+z_n|\\&\leqslant|z_1+z_2|+\underset{\sim\sim\sim\sim\sim\sim\sim\sim}{|z_3|+\cdots+|z_n|}\quad\text{（由三角不等式）}\\&\leqslant|z_1|+|z_2|+\underset{\sim\sim\sim\sim\sim\sim\sim\sim}{|z_3|+\cdots+|z_n|}\quad\text{（由三角不等式），}\end{aligned}$$

由上式可知

$$|z_1+z_2|=|z_1|+|z_2|.$$

若 $z_2\neq 0$，由（1）可知 $\dfrac{z_1}{z_2}\geqslant 0$.

但由下标的任意性，得 $\dfrac{z_k}{z_j}\geqslant 0(z_j\neq 0,k\neq j,k,j=1,2,\cdots,n)$. ■

**6.** 充分掌握非零复数的三种表示及其互相转换. 要善于根据不同问题选用适当的表示以简化计算.

（1）一般值 $\operatorname{Arg} z=\arg z+2k\pi(k=0,\pm 1,\pm 2,\cdots)$，其中 $\arg z$ 是 $z$ 的辐角的一个特定值，可以是主值.

（2）对 $z=x+\mathrm{i}y\neq 0$，其辐角的主值 $\arg z$ 满足

$$-\pi<\arg z\leqslant\pi,$$

当 $x\neq 0$ 时，

$$-\frac{\pi}{2}<\arctan\frac{y}{x}<\frac{\pi}{2},$$

两者的关系可见教材第 7 页.

（3）对 $z=x+\mathrm{i}y$（代数形式），当 $z\neq 0$ 时，可改写为

$$\begin{aligned}z&=r(\cos\theta+\mathrm{i}\sin\theta)\quad\text{（三角形式）}\\&=r\mathrm{e}^{\mathrm{i}\theta}\quad\text{（指数形式），}\end{aligned}$$

也就是说，任一非零复数 $z$ 总可表示成 $z=|z|\mathrm{e}^{\mathrm{i}\arg z}$，这里的 $\arg z$ 不必取主值.

(4) 对 $z=x+\mathrm{i}y\neq 0$，记 $\arg z=\theta$（主值），则

$$\tan\frac{\theta}{2}=\frac{\sin\theta}{1+\cos\theta}=\frac{r\sin\theta}{r+r\cos\theta}=\frac{y}{x+\sqrt{x^2+y^2}},$$

所以

$$\arg z=\theta(\text{主值})=2\arctan\frac{y}{x+\sqrt{x^2+y^2}}.$$

(5) 对 $z_1=r_1\mathrm{e}^{\mathrm{i}\theta_1}, z_2=r_2\mathrm{e}^{\mathrm{i}\theta_2}$，

$$z_1=z_2\Leftrightarrow r_1=r_2,\ \theta_1=\theta_2+2k\pi, k\text{ 为整数}.$$

(6) $\mathrm{e}^{\frac{\pi}{2}\mathrm{i}}=\mathrm{i}, \mathrm{e}^{-\frac{\pi}{2}\mathrm{i}}=-\mathrm{i},\ \mathrm{e}^{\mathrm{i}\pi}=-1,\ \mathrm{e}^{2k\pi\mathrm{i}}=1$（$k$ 为整数）.

**例 1.1.8**　设 $0<x<\frac{\pi}{2}$，试求复数

$$z=\frac{1-\mathrm{i}\tan x}{1+\mathrm{i}\tan x}$$

的三角形式.

**分析**　一般情形是改写成代数形式后求出 $|z|$ 和 $\arg z$.

**解**　首先写出 $z$ 的代数形式，

$$\begin{aligned}z&=\frac{1-\mathrm{i}\tan x}{1+\mathrm{i}\tan x}=\frac{(1-\mathrm{i}\tan x)^2}{(1+\mathrm{i}\tan x)(1-\mathrm{i}\tan x)}\\&=\frac{1-\tan^2x-2\mathrm{i}\tan x}{1+\tan^2x}\\&=\frac{\dfrac{\cos^2x-\sin^2x}{\cos^2x}-\dfrac{2\mathrm{i}\sin x}{\cos x}}{\dfrac{1}{\cos^2x}}\\&=\cos 2x-\mathrm{i}\sin 2x.\end{aligned}\tag{1}$$

由于此代数形式的特殊性，自然无须由此再去计算 $z$ 的模与辐角，而只要将其变形即可得到所求的三角形式为

$$z=\cos(-2x)+\mathrm{i}\sin(-2x).$$

■

**注**　(1)式的最后形式不是三角形式.

**例 1.1.9**　将复数 $z=1+\sin 1+\mathrm{i}\cos 1$ 化为三角形式和指数形式.

**分析**　显然 $z\neq 0$，需分别求出 $|z|$ 和 $\arg z$.

**解**　因为

$$\begin{aligned}|z|^2&=(1+\sin 1)^2+\cos^2 1=2(1+\sin 1)\\&=2\left[1+\cos\left(\frac{\pi}{2}-1\right)\right]=4\cos^2\left(\frac{\pi}{4}-\frac{1}{2}\right),\end{aligned}$$

所以

$$|z|=2\cos\left(\frac{\pi}{4}-\frac{1}{2}\right)>0.$$

又因为

$$\frac{\cos 1}{1+\sin 1}=\frac{\sin\left(\frac{\pi}{2}-1\right)}{1+\cos\left(\frac{\pi}{2}-1\right)}$$

$$=\frac{2\sin\left(\frac{\pi}{4}-\frac{1}{2}\right)\cos\left(\frac{\pi}{4}-\frac{1}{2}\right)}{2\cos^2\left(\frac{\pi}{4}-\frac{1}{2}\right)}$$

$$=\tan\left(\frac{\pi}{4}-\frac{1}{2}\right),$$

所以 $\arg z=\arctan\frac{\cos 1}{1+\sin 1}=\frac{\pi}{4}-\frac{1}{2}$（因为 $1+\sin 1>0,\cos 1>0$，所以 $z$ 在第一象限）. 于是

$$\begin{aligned}&1+\sin 1+\mathrm{i}\cos 1\\&=2\cos\left(\frac{\pi}{4}-\frac{1}{2}\right)\left[\cos\left(\frac{\pi}{4}-\frac{1}{2}\right)+\mathrm{i}\sin\left(\frac{\pi}{4}-\frac{1}{2}\right)\right]\\&=2\cos\left(\frac{\pi}{4}-\frac{1}{2}\right)\mathrm{e}^{\mathrm{i}\left(\frac{\pi}{4}-\frac{1}{2}\right)}.\end{aligned}$$

■

**例 1.1.10** 试证：任何复数 $z$ 只要不等于 $-1$，而其模为 1，则必可表示成 $z=\frac{1+\mathrm{i}t}{1-\mathrm{i}t}$，此处 $t$ 为实数.

**证** 因 $|z|=1$，故可设 $z=\cos\theta+\mathrm{i}\sin\theta$. 由于 $z\neq-1$，故 $\theta\neq k\pi(k=\pm1,\pm3,\pm5,\cdots)$. 于是

$$z=\cos\theta+\mathrm{i}\sin\theta=\frac{1-\tan^2\frac{\theta}{2}}{1+\tan^2\frac{\theta}{2}}+\mathrm{i}\frac{2\tan\frac{\theta}{2}}{1+\tan^2\frac{\theta}{2}}.$$

此时可令 $t=\tan\frac{\theta}{2}$（$t$ 为有限实数，可为零），故

$$z=\frac{1-t^2}{1+t^2}+\mathrm{i}\frac{2t}{1+t^2}=\frac{(1-t^2)+2\mathrm{i}t}{1+t^2}=\frac{1+\mathrm{i}t}{1-\mathrm{i}t}.$$

■

**例 1.1.11** 设 $z\neq0,-\pi<\arg z\leqslant\pi$，试证

$$|z-1|\leqslant\big||z|-1\big|+|z||\arg z|.$$

**分析** 因 $z\neq0$，而要证不等式中含有 $|z|$，$\arg z$ 及 $\big||z|-1\big|$，故想到设 $z=|z|\mathrm{e}^{\mathrm{i}\arg z}$，并改写

$$|z-1|=|z-|z|+|z|-1|.$$

**证** 设 $z=|z|\mathrm{e}^{\mathrm{i}\arg z}$，$\theta=\arg z$，$-\pi<\theta\leqslant\pi$，如图 1.1.1 所示，故

$$\begin{aligned}|z-1|&=|z-|z|+(|z|-1)|\\&\leqslant|z-|z||+\big||z|-1\big|\\&=|z||(\cos\theta+\mathrm{i}\sin\theta)-1|+\big||z|-1\big|\\&=\big||z|-1\big|+|z|\sqrt{(\cos\theta-1)^2+\sin^2\theta}\end{aligned}$$

$$=\big||z|-1\big|+|z|\sqrt{4\sin^2\frac{\theta}{2}}$$

$$=\big||z|-1\big|+|z|\left|2\sin\frac{\theta}{2}\right|$$

$$\leqslant\big||z|-1\big|+|z|\cdot 2\cdot\frac{|\theta|}{2}.$$

$$=\big||z|-1\big|+|z|\,|\arg z|.$$ ■

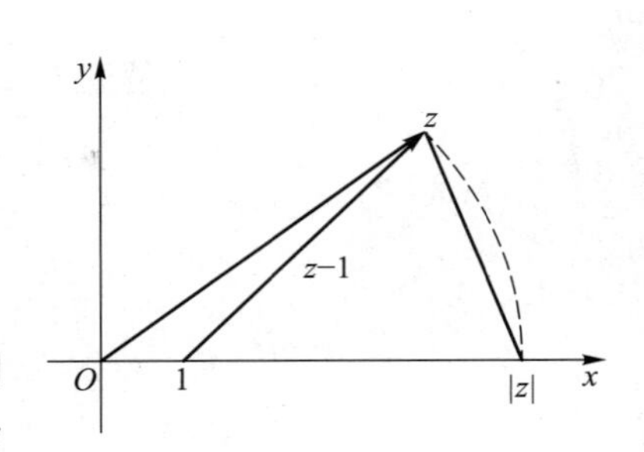

图　1.1.1

**7.** 掌握非零复数在指数形式下的乘、除、乘方和开方运算，对于简化解题过程很有作用.

(1) 充分理解公式(1.12)及(1.12)′的含义. 特别情形有 $\arg(\alpha z)=\arg z\ (\alpha>0)$.

(2) $|z^n|=|z|^n$，$\mathrm{Arg}\, z^n=n\mathrm{Arg}\, z$.

(3) 棣莫弗(De Moivre)公式

$$(\cos\theta+\mathrm{i}\sin\theta)^n=\cos n\theta+\mathrm{i}\sin n\theta,$$

这里 $n$ 为整数.

(4) 非零复数 $z=r\mathrm{e}^{\mathrm{i}\theta}$ 的一切 $n$ 次方根(即二项方程 $w^n=z$ 的一切根)为

$$w_k=(\sqrt[n]{z})_k=\sqrt[n]{|z|}\,\mathrm{e}^{\mathrm{i}\frac{\mathrm{Arg}\, z}{n}}=\sqrt[n]{r}\,\mathrm{e}^{\mathrm{i}\frac{\theta+2k\pi}{n}}$$
$$=\mathrm{e}^{\mathrm{i}\frac{2k\pi}{n}}w_0\quad(w_0=\sqrt[n]{r}\,\mathrm{e}^{\mathrm{i}\frac{\theta}{n}},k=0,1,\cdots,n-1),$$

其中 $\mathrm{e}^{\mathrm{i}\frac{2k\pi}{n}}(k=0,1,\cdots,n-1)$ 为 1 的 $n$ 个 $n$ 次方根，通常记为 $1,\omega,\omega^2,\cdots,\omega^{n-1}$ $(\omega=\mathrm{e}^{\mathrm{i}\frac{2\pi}{n}})$. 从而 $z\neq0$ 的 $n$ 个 $n$ 次方根为 $w_0,\omega w_0,\omega^2 w_0,\cdots,\omega^{n-1}w_0$.

(5) 设 $\omega=\mathrm{e}^{\frac{2\pi}{n}\mathrm{i}}$，则 $1+\omega+\omega^2+\cdots+\omega^{n-1}=0$，$\omega^n=1$.(因为 $\omega$ 为二项方程 $w^n=1$ 的根，即

$$\omega^n=1\Leftrightarrow(1-\omega)(1+\omega+\omega^2+\cdots+\omega^{n-1})=0.)$$

特别地，当 $n=3$ 时，$\omega=\mathrm{e}^{\frac{2\pi}{3}\mathrm{i}}=-\frac{1}{2}+\frac{\sqrt{3}}{2}\mathrm{i}$，则

$$1+\omega+\omega^2=0,\quad \omega^3=1.$$

**例 1.1.12**　化简 $(1+\mathrm{i})^{10\,000}+(1-\mathrm{i})^{10\,000}$.

**解**　设 $1+\mathrm{i}=\rho\mathrm{e}^{\mathrm{i}\theta}$，则 $\rho=\sqrt{2}$，$\theta=\frac{\pi}{4}$. 但

$$(1+\mathrm{i})^{10\,000}=\rho^{10\,000}\mathrm{e}^{\mathrm{i}10\,000\theta},\quad (1-\mathrm{i})^{10\,000}=\rho^{10\,000}\mathrm{e}^{-\mathrm{i}10\,000\theta},$$

于是

$$(1+\mathrm{i})^{10\,000}+(1-\mathrm{i})^{10\,000}=2\rho^{10\,000}\cos 10\,000\theta$$
$$=2\cdot 2^{5\,000}\cos[1\,250(2\pi)]=2^{5\,001}.$$ ■

**例 1.1.13**　设 $(1+\mathrm{i})^n=(1-\mathrm{i})^n$，求整数 $n$ 的值.

**解**　$(1+\mathrm{i})^n=(1-\mathrm{i})^n\Rightarrow(\sqrt{2}\,\mathrm{e}^{\frac{\pi}{4}\mathrm{i}})^n=(\sqrt{2}\,\mathrm{e}^{-\frac{\pi}{4}\mathrm{i}})^n$

$$\Rightarrow(\sqrt{2})^n\mathrm{e}^{\frac{n\pi}{4}\mathrm{i}}=(\sqrt{2})^n\mathrm{e}^{-\frac{n\pi}{4}\mathrm{i}}$$

$$\Rightarrow\frac{n\pi}{4}=-\frac{n\pi}{4}+2k\pi\Rightarrow 2n\pi=8k\pi$$

$$\Rightarrow n=4k\quad(k=0,\pm1,\cdots).$$ ■

**例 1.1.14** 设数 $z_k(k=1,2,\cdots,n)$不为零，$z_k$ 的辐角 $\theta_k$ 满足同一不等式 $\alpha<\theta_k<\beta$，$\beta-\alpha<\pi$，则

$$z_1+z_2+\cdots+z_n\neq 0.$$

**分析** 由题设有 $0<\theta_k-\alpha<\beta-\alpha<\pi$，且有 $z_k\neq 0$，从而以 $\theta_k-\alpha$ 为辐角的新复数 $z'_k=z_k\mathrm{e}^{-\mathrm{i}\alpha}\neq 0$，并且就在上半平面上，$z'_k$ 也可由 $z_k$ 的对应向量沿顺时针方向旋转 $\alpha$ 得到. 再由 $\mathrm{Im}\,z'_k>0$ 及 $z'_k$ 与 $z_k$ 的关系式 $z'_k=z_k\mathrm{e}^{-\mathrm{i}\alpha}\neq 0$ 就容易推导出要证的结果.

**证** 令 $z'_k=z_k\mathrm{e}^{-\mathrm{i}\alpha}(k=1,2,\cdots,n)$，则 $z'_k$ 的辐角 $\theta'_k$ 满足

$$0<\theta'_k=\theta_k+(-\alpha)<\beta-\alpha<\pi.$$

而 $z'_k\neq 0$(因 $\mathrm{e}^{-\mathrm{i}\alpha}\neq 0$，且由题设 $z_k\neq 0$)，故 $\mathrm{Im}\,z'_k>0(k=1,2,\cdots,n)$. 因此

$$\mathrm{Im}(z'_1+z'_2+\cdots+z'_n)=\mathrm{Im}\,z'_1+\mathrm{Im}\,z'_2+\cdots+\mathrm{Im}\,z'_n>0,$$

可见

$$z'_1+z'_2+\cdots+z'_n\neq 0.$$

但

$$(z_1+z_2+\cdots+z_n)\mathrm{e}^{-\mathrm{i}\alpha}=z'_1+z'_2+\cdots+z'_n,$$

故

$$z_1+z_2+\cdots+z_n\neq 0.$$ ■

**例 1.1.15** 通过计算$(5-\mathrm{i})^4(1+\mathrm{i})$，证明梅钦(Machin)公式

$$\frac{\pi}{4}=4\arctan\frac{1}{5}-\arctan\frac{1}{239}.$$

**分析** 用逆推法可以探索出本题的证明方法.

**证**
$$\begin{aligned}(5-\mathrm{i})^4(1+\mathrm{i})&=[(5-\mathrm{i})^2]^2(1+\mathrm{i})=(24-10\mathrm{i})^2(1+\mathrm{i})\\&=(476-480\mathrm{i})(1+\mathrm{i})=4(239-\mathrm{i}).\end{aligned}$$

于是

$$\arg(1+\mathrm{i})+\arg(5-\mathrm{i})^4=\arg[4(239-\mathrm{i})]=\arg(239-\mathrm{i}).\tag{1}$$

因为$-\pi<\arg z\leqslant\pi$，则由(1)式得

$$\frac{\pi}{4}-4\arctan\frac{1}{5}=-\arctan\frac{1}{239}.$$

即

$$\frac{\pi}{4}=4\arctan\frac{1}{5}-\arctan\frac{1}{239}.$$ ■

**例 1.1.16** 解方程$(1+z)^5=(1-z)^5$.

**分析** 显然，原方程可化简成一个典型的二项方程.

**解** 由直接验证可知原方程的根 $z\neq 1$，所以原方程可改写为

$$\left(\frac{1+z}{1-z}\right)^5=1.$$

令

$$w=\frac{1+z}{1-z}\tag{1}$$

则

$$w^5=1\tag{2}$$

二项方程(2)的根 $w$ 为 $1,e^{\frac{2\pi}{5}i},e^{\frac{4\pi}{5}i},e^{\frac{6\pi}{5}i},e^{\frac{8\pi}{5}i}$，即 $w=e^{i\alpha}$，其中 $\alpha$ 为 $0,\frac{2\pi}{5},\frac{4\pi}{5},\frac{6\pi}{5},\frac{8\pi}{5}$. 但由(1)式，

$$z=\frac{w-1}{w+1}=\frac{e^{i\alpha}-1}{e^{i\alpha}+1}=\frac{\cos\alpha+i\sin\alpha-1}{\cos\alpha+i\sin\alpha+1}$$

$$=\frac{2\sin\frac{\alpha}{2}\left(-\sin\frac{\alpha}{2}+i\cos\frac{\alpha}{2}\right)}{2\cos\frac{\alpha}{2}\left(\cos\frac{\alpha}{2}+i\sin\frac{\alpha}{2}\right)}=i\tan\frac{\alpha}{2},$$

故原方程的根为 $z=i\tan\frac{\alpha}{2}$，其中 $\alpha$ 取 $0,\frac{2\pi}{5},\frac{4\pi}{5},\frac{6\pi}{5},\frac{8\pi}{5}$. ■

**例 1.1.17** 解方程 $z^2-4iz-(4-9i)=0$.

**解** 用配方法把原方程写成

$$z^2-4iz+(2i)^2+4-(4-9i)=0,$$

即得 $z-2i$ 的二项方程 $(z-2i)^2=-9i$.根据复数开方的定义知

$$(z-2i)_k=(\sqrt{-9i})_k=3e^{i\frac{-\frac{\pi}{2}+2k\pi}{2}}=3e^{-\frac{\pi}{4}i}e^{k\pi i}$$

$$=\frac{3\sqrt{2}}{2}(1-i)e^{k\pi i}\quad(k=0,1),$$

故原方程有两根：

$$z_0=\frac{3\sqrt{2}}{2}(1-i)+2i=\frac{3\sqrt{2}}{2}+\left(2-\frac{3\sqrt{2}}{2}\right)i,$$

$$z_1=-\frac{3\sqrt{2}}{2}(1-i)+2i=-\frac{3\sqrt{2}}{2}+\left(2+\frac{3\sqrt{2}}{2}\right)i.$$ ■

**8.** 复数在几何上的应用，主要是灵活运用复数的向量表示，并记住：$z-z_0$ 表示从 $z_0$ 到 $z$ 的向量，$|z-z_0|$ 表示 $z_0$ 与 $z$ 之间的距离.

(1) 射线方程 $\arg z=\frac{\pi}{4}$ 表示从原点出发、与正实轴夹角为 $\frac{\pi}{4}$ 的一条射线；一般 $\arg(z-z_0)=\theta_0$ 表示从 $z_0$ 出发、与正实轴夹角为 $\theta_0$ 的一条射线.

(2) 三点 $z_1,z_2,z_3$ 共线的充要条件为 $\operatorname{Im}\left(\frac{z_3-z_1}{z_2-z_1}\right)=0$；以此直线为边界的两个半平面为

$$\operatorname{Im}\left(\frac{z_3-z_1}{z_2-z_1}\right)>0\quad 及\quad \operatorname{Im}\left(\frac{z_3-z_1}{z_2-z_1}\right)<0.$$

(3) 复平面上特殊曲线方程用复数表示的方法如下：从 $Oxy$ 平面上已给曲线方程 $F(x,y)=0$ 出发，经过变量代换，可立得其复数方程为

$$F\left(\frac{1}{2}(z+\bar{z}),\ \frac{1}{2i}(z-\bar{z})\right)=0.$$

**例 1.1.18** 设动点到两个定点(4,0)与(−4,0)的距离之和等于12，试求动点的轨迹方程.

**解** 设 $z$ 为动点，则所求复数方程为

$$|z-4|+|z-(-4)|=12.$$

由定义,此为椭圆周的方程. ■

**例 1.1.19** 若 $z_1,z_2,z_3$ 为等腰直角三角形的三个顶点,则 $z_2$ 为直角顶点的充要条件为

$$z_1^2+2z_2^2+z_3^2=2z_2(z_1+z_3).$$

**证** $\triangle z_1z_2z_3$ 中 $z_2$ 为直角顶点,其充要条件为:向量 $\overrightarrow{z_2z_1}$ 绕 $z_2$ 旋转 $\pm\dfrac{\pi}{2}$,即得向量 $\overrightarrow{z_2z_3}$,也就是

$$z_3-z_2=(z_1-z_2)\mathrm{e}^{\pm\frac{\pi}{2}\mathrm{i}}=\pm\mathrm{i}(z_1-z_2).$$

两端平方化简,即得证. ■

**注** $\mathrm{i}z$ 相当于将 $z$ 所对应的向量 $\overrightarrow{Oz}$ 绕点 $O$ 逆时针旋转 $\dfrac{\pi}{2}$,i 称为旋转乘数.

**例 1.1.20** 写出圆周方程 $x^2+2x+y^2=1$ 的复数形式.

**解** 令 $x=\dfrac{1}{2}(z+\bar{z})$, $y=\dfrac{1}{2\mathrm{i}}(z-\bar{z})$,代入得

$$\frac{1}{4}(z+\bar{z})^2+(z+\bar{z})-\frac{1}{4}(z-\bar{z})^2=1,$$

化简得所给圆周方程的复数形式为 $z\bar{z}+z+\bar{z}-1=0$. ■

**例 1.1.21** 已知三角形的三个顶点为 $z_1,z_2,z_3$,试求其面积.

**分析** 令 $z_j=x_j+\mathrm{i}y_j$,则

$$x_j=\frac{1}{2}(z_j+\bar{z}_j),\ y_j=\frac{1}{2\mathrm{i}}(z_j-\bar{z}_j)\quad(j=1,2,3).$$

在实数范围内,若三角形的三个顶点为 $(x_1,y_1),(x_2,y_2),(x_3,y_3)$,我们知道此三角形的面积为

$$\Delta=\frac{1}{2}\begin{vmatrix}x_1 & y_1 & 1\\ x_2 & y_2 & 1\\ x_3 & y_3 & 1\end{vmatrix}$$

的绝对值.

**解** 现以 $x,y$ 与 $z$ 的关系代入上面行列式,即得以 $z_1,z_2,z_3$ 为顶点的 $\triangle z_1z_2z_3$ 的面积为

$$\Delta=\frac{1}{2}\begin{vmatrix}\frac{1}{2}(z_1+\bar{z}_1) & \frac{1}{2\mathrm{i}}(z_1-\bar{z}_1) & 1\\ \frac{1}{2}(z_2+\bar{z}_2) & \frac{1}{2\mathrm{i}}(z_2-\bar{z}_2) & 1\\ \frac{1}{2}(z_3+\bar{z}_3) & \frac{1}{2\mathrm{i}}(z_3-\bar{z}_3) & 1\end{vmatrix}$$

$$=\frac{1}{4\mathrm{i}}\begin{vmatrix}\bar{z}_1 & z_1 & 1\\ \bar{z}_2 & z_2 & 1\\ \bar{z}_3 & z_3 & 1\end{vmatrix}$$

的绝对值. ■

## §2　复平面上的点集

我们研究的主要对象——解析函数，其定义域和值域都是 **C** 上的某个点集.

**1.** 理解定义 1.1 至定义 1.4 关于平面点集的几个基本概念.

(1) 点 $z_0$ 的 $\rho$ 邻域为 $|z-z_0|<\rho$，即是以 $z_0$ 为心，$\rho$ 为半径的圆；$z_0$ 的去心 $\rho$ 邻域为 $0<|z-z_0|<\rho$. 它们是复变数列及复变函数极限论的基础.

(2) 以下五种说法是彼此等价的：

(a) $z_0$ 为集 $E$ 的聚点或极限点；(b) $z_0$ 的任一邻域含有 $E$ 的无穷多个点($z_0$ 不必属于 $E$)；(c) $z_0$ 的任一邻域含有异于 $z_0$ 而属于 $E$ 的一个点；(d) $z_0$ 的任一邻域含有 $E$ 的两个点；(e) 可从 $E$ 取出点列 $z_1,z_2,\cdots,z_n,\cdots$ 异于 $z_0$，而以 $z_0$ 为极限，即对任给 $\varepsilon>0$，存在正整数 $N=N(\varepsilon)$，使当 $n>N$ 时，恒有 $0<|z_n-z_0|<\varepsilon$.

(3) 点列 $z_1,z_2,\cdots,z_n,\cdots$(简记为 $\{z_n\}$)的聚点或极限点为 $z_0$，即 $z_0$ 的任一邻域含有此点列的无穷多个点($z_0$ 不必属于此点列).

例如(a) 点列 $1,2,3,\cdots$ 在 **C** 上无聚点，在 $\mathbf{C}_\infty$ 上有聚点 $\infty$；(b) 点列 $1,0,3,0,5,0,7,0,\cdots$ 在 **C** 上只有聚点 0，在 $\mathbf{C}_\infty$ 上有聚点 $0,\infty$(其中彼此相等的数被同一点表示，这种点称为重点. 这时，不同序号的数 0，可视为对应不同序号的点 0)；(c) 点列 $1,\frac{1}{2},\frac{1}{3},\frac{2}{3},\frac{1}{4},\frac{3}{4},\frac{1}{5},\frac{4}{5},\cdots$ 在 **C** 上的聚点为 0 和 1(与在 $\mathbf{C}_\infty$ 上的一样).

**注**　$\mathbf{C}_\infty$ 表示扩充 $z$ 平面，详见教材第一章 §4.

**例 1.2.1**　(1) 点集 $\left\{\mathrm{i},\frac{1}{2}\mathrm{i},\frac{2}{3}\mathrm{i},\cdots,\frac{n-1}{n}\mathrm{i},\cdots\right\}$ 中除点 i 是它的聚点外，其余各点都是它的孤立点.

(2) 点集

$$\left\{\frac{1}{2}+\frac{1}{2}\mathrm{i},\ \frac{2}{3}+\frac{3}{2}\mathrm{i},\ \frac{3}{4}+\frac{4}{3}\mathrm{i},\cdots,\frac{n-1}{n}+\frac{n}{n-1}\mathrm{i},\cdots\right\}$$

的每一点都是孤立点，$1+\mathrm{i}$ 是它的聚点但又不属于它.

(3) 记 $E=\{z\mid |z|<1\}$. $E$ 的每一点都是 $E$ 的聚点，而且圆周 $|z|=1$ 上的点虽不属于 $E$ 但也是 $E$ 的聚点. 又圆周 $|z|=1$ 为 $E$ 的边界.

(4) 对于 $E=\{z\mid -\pi<\arg z<\pi\}$，$z$ 平面上任一有限点都是它的聚点. 负实轴连同原点为它的边界. ■

**例 1.2.2**　设 $E$ 为单位圆 $|z|<1$ 内非实数的点集，试求 $E$ 的内点、外点、边界点、聚点和孤立点.

**解**　对 $z=x+\mathrm{i}y\in E$，取满足 $0<\varepsilon<\min\{1-|z|,|y|\}$ 的 $\varepsilon$，则 $z$ 的 $\varepsilon$ 邻域 $N_\varepsilon(z)\subset E$，故 $z$ 是 $E$ 的内点，于是 $E$ 的任意点是 $E$ 的内点，即 $E$ 是开集.

设 $E_1$ 是单位圆周的外部 $|z|>1$. 对于 $z\in E_1$，取满足 $0<\varepsilon<|z|-1$ 的 $\varepsilon$，则 $N_\varepsilon(z)\subset E_1$. 故 $E_1$ 的任意点是 $E$ 的外点.

设 $E_2=\{z\mid |z|=1 \text{ 或 } z=x(-1<x<1)\}$. 对于 $z\in E_2$，取任意的 $\varepsilon>0$，则 $N_\varepsilon(z)\cap E\neq\varnothing$，$N_\varepsilon(z)\cap E^c\neq\varnothing$，其中 $E^c$ 表 $E$ 的补集. 故 $E_2$ 的任意点都是 $E$ 的边

界点，且 $E_2$ 就是 $E$ 的边界.

设 $E_3=\{z\mid |z|\leqslant 1\}=E_1^c$. 对于 $z\in E_3$，任取 $\varepsilon>0$，$N_\varepsilon(z)\cap(E\setminus\{z\})\neq\varnothing$. 故 $E_3$ 的任意点都是 $E$ 的聚点. 易知 $E_3$ 是闭集.

又因 $E$ 的任意点都是 $E$ 的内点，即 $E$ 内不存在孤立点，都是聚点. ■

**2.** 我们定义有界集 $E$ 的直径为

$$d(E)=\sup\{|z-z'|\mid z\in E, z'\in E\}.$$

**3.** 理解区域与若尔当(Jordan)曲线这两个重要概念.

区域是开连通集；凡无重点的连续曲线称为若尔当曲线或简单曲线，其中闭合的称为简单闭曲线.

**例 1.2.3** 由两个圆

$$|z-1|<1 \quad 及 \quad |z+1|<1$$

的内部(图 1.2.1)所构成的点集 $E$ 是开集而不是区域.

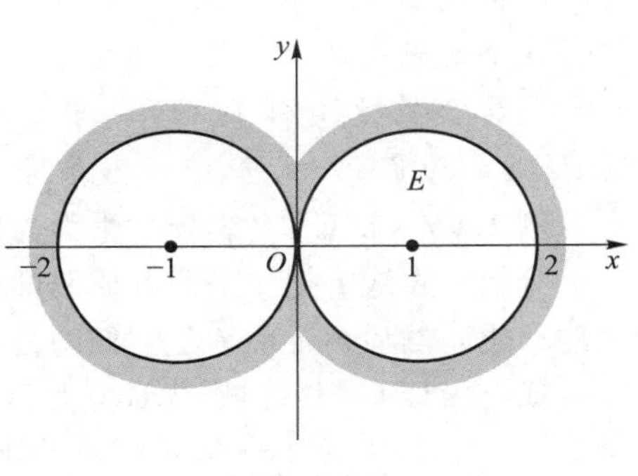

图 1.2.1

**证** $E$ 由内点组成，这是很明显的，因此 $E$ 是开集. 其次，在圆 $|z-1|<1$ 内任取一点 $z_1$，在圆 $|z-(-1)|<1$ 内任取一点 $z_2$，显然无法用一条完全属于 $E$ 内的折线连接这两个点，即 $E$ 不具有连通性. 因此 $E$ 不是区域，但它是由两个区域所组成的开集. ■

**注** 图 1.2.1 中，原点 $O$ 是 $E$ 的边界点.

**例 1.2.4** 曲线 $z=\cos t\,(0\leqslant t\leqslant\pi)$ 是简单曲线.

**证** 此曲线的方程为

$$\begin{cases}x=\cos t,\\ y=0\end{cases}\quad(0\leqslant t\leqslant\pi),$$

它显然是一个连续且无重点的曲线. 事实上，当 $t_1\neq t_2$ 时 $(0\leqslant t_1\leqslant\pi, 0\leqslant t_2\leqslant\pi)$ 有

$$\cos t_1\neq\cos t_2,\ 即\ z(t_1)\neq z(t_2). \quad ■$$

**例 1.2.5** 由不等式 $\theta_1<\arg z<\theta_2$ 确定的点集，是以射线 $\arg z=\theta_1$ 和 $\arg z=\theta_2$ 为边界的无界角形区域(图 1.2.2). ■

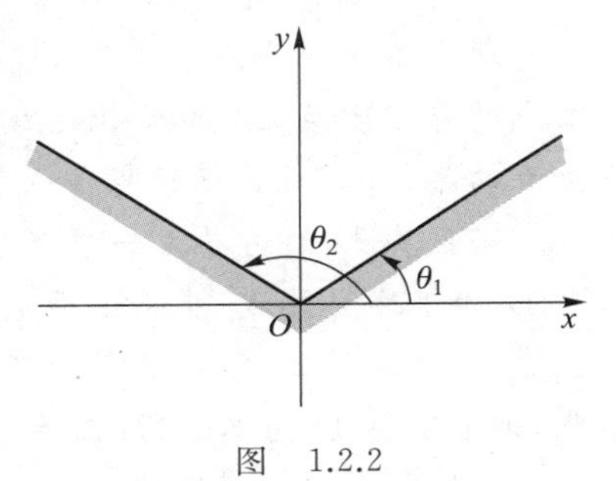

图 1.2.2

**例 1.2.6** 曲线 $z=e^{it}\,(0\leqslant t\leqslant 2\pi)$ 是简单闭曲线.

**证** 函数 $z=e^{it}=\cos t+i\sin t$ 的实部与虚部在区间 $[0,2\pi]$ 上的连续性是显然的. 此外

$$e^{i\cdot 0}=e^{i\cdot 2\pi},\ 即\ z(0)=z(2\pi).$$

下面证明：对于任意两个 $t_1,t_2\,(0\leqslant t_1\leqslant 2\pi, 0\leqslant t_2\leqslant 2\pi)$，若满足 $e^{it_1}=e^{it_2}$，则必有 $t_1-t_2=2k\pi\,(k=0,\pm1,\pm2,\cdots)$，即 $t_1$ 与 $t_2$ 只能取 0 与 $2\pi$.

由于 $e^{it_1}=e^{it_2}$，因此得到 $e^{i(t_1-t_2)}=1$，再比较实部与虚部，则得

$$\begin{cases}\cos(t_1-t_2)=1, & (1)\\ \sin(t_1-t_2)=0. & (2)\end{cases}$$

由(2)式得 $t_1-t_2=l\pi$,其中 $l$ 为任意整数. 再由(1)式看出 $l$ 必为偶数,即必有

$$t_1-t_2=2k\pi\quad(k=0,\pm1,\pm2,\cdots).$$

由于 $t_1$ 与 $t_2$ 满足 $0\leqslant t_1\leqslant 2\pi$,$0\leqslant t_2\leqslant 2\pi$,因此这两个数必是 0 与 $2\pi$.

从而证明了 $z=\mathrm{e}^{it}(0\leqslant t\leqslant 2\pi)$是一个简单闭曲线. 从几何上知道,它是一个以原点为圆心、1 为半径的圆周,简称单位圆周. ■

**4.** 了解若尔当定理(定理 1.1):任一简单闭曲线 $C$ 将 $z$ 平面惟一地分成 $C$,$I(C)$ 及 $E(C)$ 三个点集,彼此不交;$C$ 的内部 $I(C)$ 是有界区域;$C$ 的外部 $E(C)$ 是无界区域;若简单折线 $P$ 的一个端点属于 $I(C)$,另一个端点属于 $E(C)$,则 $P$ 与 $C$ 必相交.

这个定理是复变函数论的基石.

**5.** 掌握教材第 21 页关于简单闭曲线 $C$ 所规定的方向,即"逆时针"方向为正,"顺时针"方向为负. 并注意,直线不是简单闭曲线.

**例 1.2.7**　试证:直线分 $z$ 平面为两个半平面区域,这个直线是它们的公共边界.

**分析**　直线 $l$ 把 $z$ 平面分成两部分,设为 $G_1$,$G_2$.我们先证 $G_1$ 与 $G_2$ 都是区域(连通的开集),然后再证明 $l$ 是它们的公共边界.

**证**　为证 $G_1$ 是区域,先证它是开集. 为此,我们任取一点 $z_0\in G_1$,设

$$d=\inf_{z\in l}\{|z-z_0|\},\qquad 邻域\ N_\rho(z_0)=\{z\,|\,|z-z_0|<\rho<d\}.$$

显然 $N_\rho(z_0)\subset G_1$,故 $z_0\in G_1$ 是内点. 由 $z_0$ 的任意性,知 $G_1$ 是开集.

为证 $G_1$ 的连通性,取 $z_1,z_2\in G_1$,并用直线段 $h$ 连接 $z_1$ 与 $z_2$. 于是必有 $h\subset G_1$;否则,设有一点 $z'\in h$,但 $z'\notin G_1$,则 $z'\in l$ 或 $z'\in G_2$. 如果 $z'\in l$,即直线段 $h$ 与 $l$ 交于 $z'$,则 $z_1$ 与 $z_2$ 中必有一点属于 $G_2$. 但这与所设矛盾,所以 $z'\notin l$. 同理 $z'\notin G_2$. 这样一来,$G_1$ 是连通的开集,故为区域. 同理可证 $G_2$ 也是区域.

依边界点的定义,为证 $l$ 是 $G_1$ 与 $G_2$ 的公共边界,我们任取一点 $\zeta\in l$,并作 $\zeta$ 的邻域 $N_\rho(\zeta)$. 于是 $N_\rho(\zeta)$内既含有 $l$ 的和 $G_1$ 的点,也含有 $l$ 的和 $G_2$ 的点,故 $l$ 是 $G_1$ 与 $G_2$ 的公共边界. ■

**6.** 单连通区域——没有"洞"的区域.

所含不止一个点的闭集 $E$,如果不能划分为两个无公共点的非空闭集,则称 $E$ 为连续点集. 空集与所含只有一个点的集,称为退化连续点集.

若区域 $D$ 的边界为一个连续点集(包括退化情形),则称 $D$ 为单连通区域;非单连通的区域称为多连通区域. 若区域 $D$ 的边界是互不相交的两个、三个……$n$ 个连续点集,则分别称 $D$ 为二连通、三连通……$n$ 连通的区域. 比如图 1.2.3,$D$ 为四连通区域.

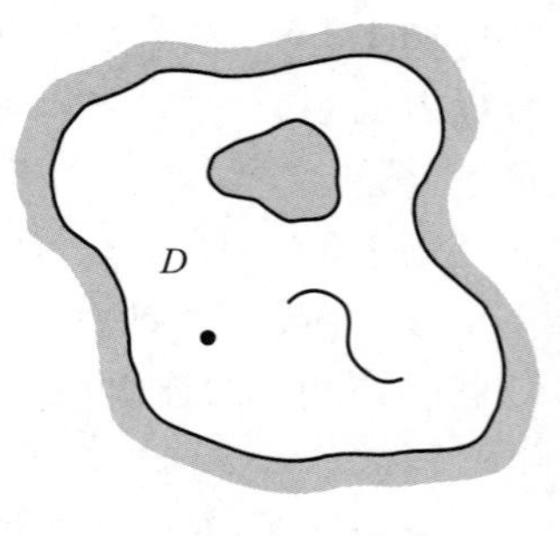


图　1.2.3

**注**　这里关于单连通区域的定义与定义 1.11 等价.

**例 1.2.8**　试确定下列各参数方程所表示的曲线:

(1) $z=4t+3t\mathrm{i}(-\infty<t<+\infty)$;

(2) $z=a\cos t+\mathrm{i}b\sin t(0\leqslant t\leqslant\pi,\ a>0,b>0)$.

**分析**　曲线 $C$ 的实参数复方程

$$z=z(t)=x(t)+\mathrm{i}y(t)\Leftrightarrow\begin{cases}x=x(t),\\ y=y(t)\end{cases}\quad(\alpha\leqslant t\leqslant\beta),$$

消去 $t$ 即得 $C$ 的直角坐标方程 $y=f(x)$，从而可知 $C$ 是什么样的曲线.

**解**　(1) 记 $z=x+\mathrm{i}y$，原方程写作 $\begin{cases}x=4t,\\ y=3t\end{cases}(-\infty<t<+\infty)$，消去 $t$ 得 $y=\dfrac{3}{4}x$，它表示 $z$ 平面上一条过原点的直线.

(2) 原方程即 $\begin{cases}x=a\cos t,\\ y=b\sin t\end{cases}(0\leqslant t\leqslant\pi)$. 消去 $t$ 得

$$\frac{x^2}{a^2}+\frac{y^2}{b^2}=1\quad(y\geqslant 0),$$

这表示 $z$ 平面上的上半椭圆周(简单曲线). ■

**例 1.2.9**　指明满足下列条件的 $z$ 所构成的点集：

(1) $\left|\dfrac{z-2}{z+2}\right|<3$；

(2) $|z-\mathrm{i}|+|z+\mathrm{i}|\leqslant 2\sqrt{2}$；

(3) $2|z|+2\mathrm{Re}\,z\leqslant 3$；

(4) $0<\arg\dfrac{z-1}{z+1}<\dfrac{\pi}{6}$；

(5) $0<\arg(z+1+\mathrm{i})<\dfrac{\pi}{3}$ 且 $3\leqslant\mathrm{Re}\,z<5$.

**分析**　先由已给复数关系(等式或不等式)直接看它表示什么轨迹，如果看不出，就将复数关系转换成 $x$ 与 $y$ 的关系后再看.

**解**　(1) 原式即

$$|z-2|<3|z+2|\quad(\text{显然 } z\neq-2).$$

记 $z=x+\mathrm{i}y$，得

$$\sqrt{(x-2)^2+y^2}<3\sqrt{(x+2)^2+y^2}.$$

两边平方，整理后得

$$\left(x+\frac{5}{2}\right)^2+y^2>\left(\frac{3}{2}\right)^2.$$

故所求点集是以 $z=-\dfrac{5}{2}$ 为圆心、$\dfrac{3}{2}$ 为半径的圆周外部，是个无界区域(图 1.2.4).

(2) 这是到定点 $-\mathrm{i}$ 及 $\mathrm{i}$ 的距离之和不超过 $2\sqrt{2}$ 的点 $z$ 所组成的点集，也就是椭圆周 $x^2+\dfrac{y^2}{2}=1$ 及其内部，是个有界闭域(图 1.2.5).

(3) 记 $z=x+y\mathrm{i}$，原式即

$$2\sqrt{x^2+y^2}+2x\leqslant 3,$$

也即

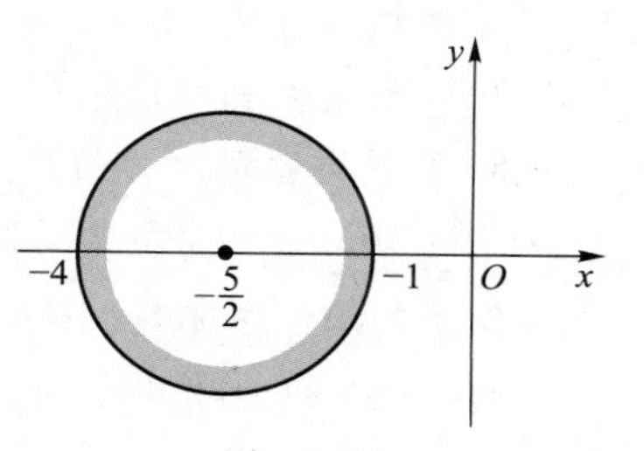


图 1.2.4

$$y^2+3x-\frac{9}{4}\leqslant 0.$$

故此点集是抛物线 $y^2+3x-\frac{9}{4}=0$ 及其左方区域，是个无界单连通闭域(图 1.2.6).

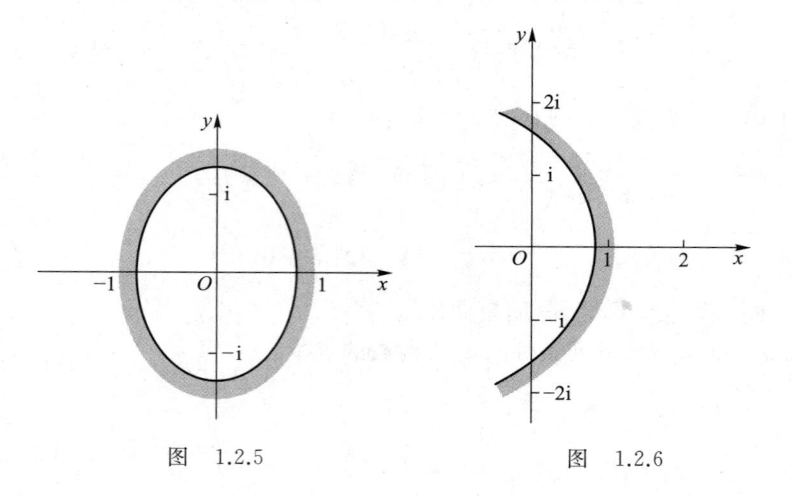


图　1.2.5　　　　图　1.2.6

(4) 记 $z=x+\mathrm{i}y$，则

$$\frac{z-1}{z+1}=\frac{x^2+y^2-1+2y\mathrm{i}}{(x+1)^2+y^2}.$$

因为 $0<\arg\frac{z-1}{z+1}<\frac{\pi}{6}$，所以有 $x^2+y^2-1>0$，$2y>0$，以及

$$0<\frac{2y}{x^2+y^2-1}<\tan\frac{\pi}{6}=\frac{1}{\sqrt{3}},$$

即是 $x^2+y^2>1$，$y>0$，以及

$$x^2+(y-\sqrt{3})^2>4.$$

故所求图形是上半平面内圆周 $x^2+(y-\sqrt{3})^2=4$ 的外部，是个无界单连通区域(图 1.2.7 阴影部分).

(5) 因为不等式 $0<\arg(z+1+\mathrm{i})<\frac{\pi}{3}$ 表示从 $-1-\mathrm{i}$ 到 $z$ 的向量的辐角介于 0 和 $\frac{\pi}{3}$ 之间，又 $3\leqslant \mathrm{Re}\, z<5$，故所求图形如图 1.2.8 中的阴影部分所示，包括左边的平行于 $y$ 轴的线段在内，不是区域. ■

**7.** 理解复数列极限的定义，熟悉其性质(详见教材第一章习题(一)第 16—19 题.

**8.** 了解复数列 $\{z_n\}$ 的广义极限：

$$\lim_{n\to\infty}z_n=\infty\Leftrightarrow\forall R>0,\ \exists N(\text{自然数}),\text{使当 } n>N \text{ 时}, |z_n|>R.$$

**例 1.2.10**　叙述“$z_0$ 不是 $\{z_n\}$ 的极限”与“$\{z_n\}$ 没有极限”的精确定义.

**解**　(1) $z_0$ 不是 $\{z_n\}$ 的极限 $\Leftrightarrow$ 存在某个 $\varepsilon_0>0$，不管 $N$ 多大，总有 $n>N$，使得 $|z_n-z_0|\geqslant\varepsilon_0$.

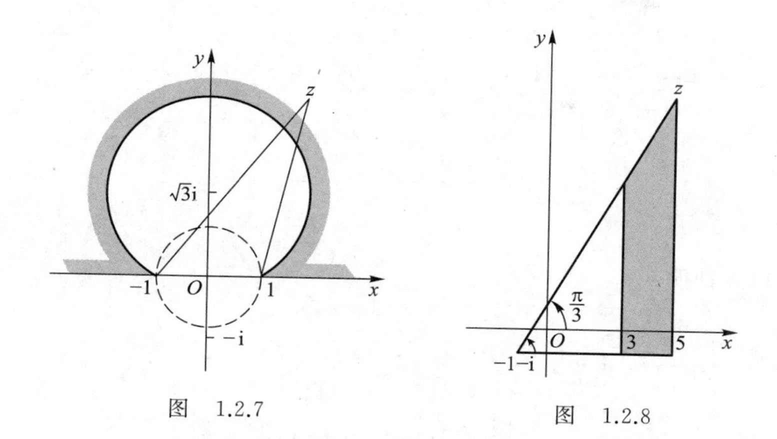


图 1.2.7　　图 1.2.8

(2) $\{z_n\}$没有极限⇔存在某个 $\varepsilon_0>0$,不管 $N$ 多大,对任何 $z_0$,存在 $n>N$,使得 $|z_n-z_0|\geqslant\varepsilon_0$.

■

**例 1.2.11** 若$\{z_n\}$收敛,则必有界.

**分析** 根据数列收敛的定义,借鉴实数列情形对同样命题的证法.

**证** 由题设,

$$\lim_{n\to\infty}z_n=A\Leftrightarrow\forall\varepsilon>0,\exists N,\text{当 }n>N\text{ 时},|z_n-A|<\varepsilon.$$

故有

$$\begin{aligned}|z_n|&=|z_n-A+A|\leqslant|z_n-A|+|A|\\&<\varepsilon+|A|\quad(n>N).\end{aligned}$$

取

$$M=\max\{|z_1|,|z_2|,\cdots,|z_N|,\varepsilon+|A|\},$$

则对一切 $n$ 有$|z_n|<M$.

■

**例 1.2.12** 求$\lim\limits_{n\to\infty}\left(\dfrac{1+\mathrm{i}}{2}\right)^n$.

**分析** 前面说过,对复数的乘方,用复数的三角表示计算最简捷.

**解一** 由 $1+\mathrm{i}=\sqrt{2}\left(\cos\dfrac{\pi}{4}+\mathrm{i}\sin\dfrac{\pi}{4}\right)$,得

$$\begin{aligned}\lim_{n\to\infty}\left(\frac{1+\mathrm{i}}{2}\right)^n&=\lim_{n\to\infty}2^{-\frac{n}{2}}\cos\frac{n\pi}{4}+\mathrm{i}\lim_{n\to\infty}2^{-\frac{n}{2}}\sin\frac{n\pi}{4}\\&=0+\mathrm{i}\cdot0=0.\end{aligned}$$

**解二** 因 $\left|\dfrac{1+\mathrm{i}}{2}\right|=\dfrac{\sqrt{2}}{2}=\dfrac{1}{\sqrt{2}}<1$,故

$$\lim_{n\to\infty}\left(\frac{1+\mathrm{i}}{2}\right)^n=0.$$

■

**例 1.2.13** 求$\lim\limits_{n\to\infty}S_n$,其中 $S_n=\sum\limits_{k=0}^{n}\dfrac{\mathrm{i}^k}{2^k}$.

**分析** 先求等比级数$\left(公比\left|\dfrac{\mathrm{i}}{2}\right|<1\right)$和,再仿例 1.2.12 解二计算极限.

**解**　因 $S_n=\dfrac{1-\left(\dfrac{i}{2}\right)^{n+1}}{1-\dfrac{i}{2}}$，且 $\lim\limits_{n\to\infty}\left|\dfrac{i}{2}\right|^{n+1}=0$，及 $\lim\limits_{n\to\infty}\left(\dfrac{i}{2}\right)^{n+1}=0$，故

$$\lim_{n\to\infty}S_n=\frac{1}{1-\dfrac{i}{2}}=\frac{2}{2-i}=\frac{4+2i}{5}.$$ ■

**例 1.2.14**　证明

$$\lim_{n\to\infty}z^n=\begin{cases}0, & |z|<1,\\ \infty, & |z|>1,\\ 1, & z=1,\\ \text{不存在}, & |z|=1,\text{但 } z\neq 1.\end{cases}$$

**分析**　证明分两种情形：(1) 利用数列极限的运算性质，考察极限 $\lim\limits_{n\to\infty}z^n$ 存在且有限的可能情形；(2) 考察极限 $\lim\limits_{n\to\infty}z^n$ 不存在的情形. 以上证明要包括：$|z|\neq 1$(即 $|z|<1$ 或 $|z|>1$)及 $|z|=1$(即 $z=1$ 或 $z\neq 1$).

**证**　(1) 设 $\lim\limits_{n\to\infty}z^n=A(\neq\infty)$，则 $\lim\limits_{n\to\infty}z^{n+1}=A$. 而 $\lim\limits_{n\to\infty}z^{n+1}=z\lim\limits_{n\to\infty}z^n$，即 $A=zA$，或 $A(1-z)=0$. 于是 $A=0$ 或 $z=1$.

但当 $z=1$ 时，$z^n=1$，此时 $\lim\limits_{n\to\infty}z^n=1$. 故当 $z\neq 1$ 时，若 $\{z^n\}$ 收敛于 $A$，则 $A$ 只能是零. 另一方面，因 $|z^n|=|z|^n$，故有

$$\lim_{n\to\infty}|z^n|=\lim_{n\to\infty}|z|^n=\begin{cases}0, & |z|<1,\\ \infty, & |z|>1,\end{cases}$$

即有

$$\lim_{n\to\infty}z^n=\begin{cases}0, & |z|<1,\\ \infty, & |z|>1\text{(见例 1.2.15)}.\end{cases}$$

(2) 若 $|z|=1$，但 $z\neq 1$，取 $\varepsilon_0<|z-1|$，则对任意的 $N$，

$$|z^{N+1}-z^N|=|z^N||z-1|=|z-1|>\varepsilon_0. \tag{1}$$

由柯西(Cauchy)准则，此极限 $\lim\limits_{n\to\infty}z^n$ 不存在. ■

**注**　数列 $\{z^n\}$ 中可视 $n$ 为上标. 按柯西收敛准则，当 $n>N$ 时，任意相邻两数的差距 $|z^{N+1}-z^N|$ 要任意小. 但由(1)式，对任意的 $N$，

$$|z^{N+1}-z^N|>\varepsilon_0>0,$$

不能任意小.

**例 1.2.15**　试证：$\lim\limits_{n\to\infty}z_n=\infty\Leftrightarrow\lim\limits_{n\to\infty}|z_n|=\infty$.

**证**　$\lim\limits_{n\to\infty}|z_n|=\infty\Leftrightarrow\forall R>0,\exists N$，当 $n>N$ 时，$|z_n|>R$

$$\Leftrightarrow\lim_{n\to\infty}z_n=\infty.$$ ■

**例 1.2.16**　以 $\{i^n\cdot n\}$ 为例，说明由 $z_n\to\infty$ 并不能推出 $|x_n|=|\mathrm{Re}\,z_n|\to+\infty$ 与 $|y_n|=|\mathrm{Im}\,z_n|\to+\infty$.

**解**

$$z_n=i^n\cdot n=n\left(\cos\frac{n\pi}{2}+i\sin\frac{n\pi}{2}\right),$$

$$r_n=|z_n|=n,\quad \arg z_n=\theta_n=\frac{n\pi}{2},$$

故当 $n\to\infty$ 时，$r_n\to+\infty$，于是 $z_n\to\infty$（见例 1.2.15）. 但

$$x_n=n\cos\frac{n\pi}{2},\quad y_n=n\sin\frac{n\pi}{2},$$

当 $n\to\infty$ 时，$x_n$ 与 $y_n$ 的极限均不存在. ■

## §3 复变函数

**1.** 充分了解定义 1.12 中关于单值函数、多值函数、定义域和值域的定义，以及定义 1.15 中关于反函数的定义.

(1) 复函数

$$w=f(z)\quad (z=x+\mathrm{i}y) \tag{1}$$

等价于两个相应的二元实函数

$$u=\varphi(x,y),\quad v=\psi(x,y). \tag{2}$$

既然如此，究竟为什么我们还要去考虑一元复函数呢？实函数不是更为人所熟知吗？如果一个复函数等价于一对实函数，那么引进较不熟悉的复函数，其目的在哪里？

如果两个实函数 $u$ 与 $v$ 是随意选定的，二者之间没有什么特别的联系，那么确实没有必要将它们结合起来作为一个复函数. 然而，在两个实函数是紧密相关的一些情况下（如第二章提到 C.-R.方程），把两个关系式(2)缩写成一个关系式(1)更为有利.

(2) 我们把复变函数 $w=f(z)$ 理解为 $z$ 平面与 $w$ 平面上点集间的对应（映射或变换）. 即是说，“函数”在于着重说明复数和复数之间的对应关系，“变换”在于着重说明点与点之间的对应关系.

以后，我们把函数、对应、映射、变换都视为同义语，根据不同场合的需要来选用.

**2.** 映射这一概念的引入，对于复变函数论的进一步发展，特别是在解析函数的几何理论方面起着重要作用，因为它给出了函数的分析表示和几何表示的综合. 这个综合是函数论发展的基础和新问题不断出现的源泉之一，在物理学的许多领域有着重要的应用.

**3.** 充分了解入变换、满变换和一一变换（定义 1.13 至定义 1.15）的含义.

**例 1.3.1** 设函数 $w=2z$，则 $u=2x$，$v=2y$ 是解析几何里的相似变换. 它把 $z=0$ 变成 $w=0$，把 $z$ 平面的实轴 $y=0$ 和虚轴 $x=0$ 分别变成 $w$ 平面的实轴 $v=0$ 与虚轴 $u=0$，把 $z$ 平面上的圆周 $x^2+y^2=R^2$ 变成 $w$ 平面上的圆周 $u^2+v^2=4R^2$. ■

**例 1.3.2** 在变换 $w=\mathrm{i}z$ 下，圆周 $|z-1|=1$ 变成什么曲线？

**解** 设 $z=r\mathrm{e}^{\mathrm{i}\theta}$，$w=\rho\mathrm{e}^{\mathrm{i}\varphi}$. 由于

$$w=\mathrm{i}z\Leftrightarrow\rho\mathrm{e}^{\mathrm{i}\varphi}=r\mathrm{e}^{\mathrm{i}\left(\theta+\frac{\pi}{2}\right)}\Leftrightarrow\rho=r,\varphi=\theta+\frac{\pi}{2},$$

即 $z$ 变换为 $w$ 时，模不变，辐角沿正向旋转 $\frac{\pi}{2}$. 所以，$w=\mathrm{i}z$ 把 $z$ 平面上的圆周 $|z-1|=1$ 变成 $w$ 平面上的圆周 $|w-\mathrm{i}|=1$.也就是说（图 1.3.1）

$$w=\mathrm{i}z:\ |z-1|=1\to\left|\frac{w}{\mathrm{i}}-1\right|=1,\text{即}\ |w-\mathrm{i}|=1.$$ ■

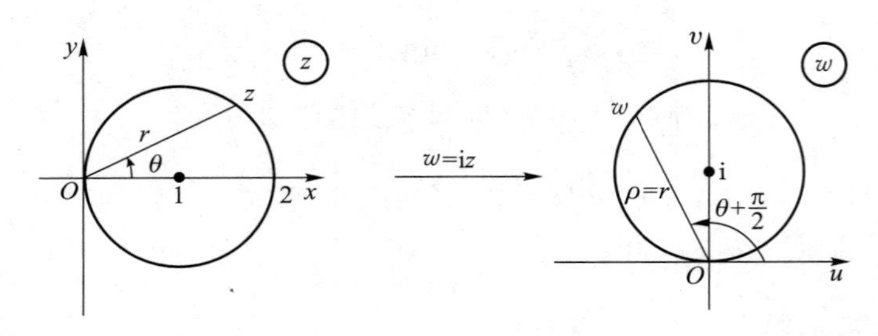


图　1.3.1

**例 1.3.3**　函数 $w=\frac{1}{z}$将 $z$ 平面上的下列曲线各变成 $w$ 平面上的什么曲线？

(1) $x^2+y^2=8$；　　(2) $y=\sqrt{3}x$；

(3) $x=3$；　　(4) $(x-1)^2+y^2=1$ 且 $y>0$.

**注**　$w=\frac{1}{z}$是定义在扩充 $z$ 平面上的线性变换. 规定 $z=0$ 时 $w=\infty$.

**解**　(1) **解一**　$z=x+\mathrm{i}y$，$w=u+\mathrm{i}v$，

$$w=\frac{1}{z}\Rightarrow z=\frac{1}{w},$$

即

$$x+\mathrm{i}y=\frac{1}{u+\mathrm{i}v}=\frac{u-\mathrm{i}v}{u^2+v^2},$$

因此

$$x=\frac{u}{u^2+v^2},\quad y=\frac{-v}{u^2+v^2}.$$

故变换 $w=\frac{1}{z}$将 $z$ 平面上的圆周 $x^2+y^2=8$ 变成 $w$ 平面上的像曲线

$$\frac{u^2}{(u^2+v^2)^2}+\frac{v^2}{(u^2+v^2)^2}=8,$$

即圆周

$$u^2+v^2=\frac{1}{8}.$$

**解二**　将 $z$ 平面上的圆周 $C$：$x^2+y^2=8$ 表示成参数方程：$z=2\sqrt{2}\,\mathrm{e}^{\mathrm{i}\theta}$ $(0\leqslant\theta\leqslant 2\pi)$，则由 $w=\frac{1}{z}$可得在 $w$ 平面上的像曲线

$$\Gamma: w=(2\sqrt{2}\,\mathrm{e}^{\mathrm{i}\theta})^{-1}=\frac{1}{2\sqrt{2}}\mathrm{e}^{-\mathrm{i}\theta}\quad(0\leqslant\theta\leqslant 2\pi),$$

它是 $w$ 平面上以原点为圆心、$\frac{1}{2\sqrt{2}}$为半径的圆周的参数方程. 当 $C$ 取正方向时，$\Gamma$ 取负方向.

**解三**　将 $z$ 平面上的圆周 $x^2+y^2=8$ 表示成 $|z|=2\sqrt{2}$. 由 $w=\frac{1}{z}$知 $|w|=\frac{1}{|z|}$，

故圆周 $|z|=2\sqrt{2}$ 的像是 $w$ 平面上的圆周 $|w|=\dfrac{1}{2\sqrt{2}}$.

（2）**解一** 由(1)中的计算可知 $z$ 平面上的直线 $y=\sqrt{3}x$ 在变换 $w=\dfrac{1}{z}$ 下的像是

$$\frac{-v}{u^2+v^2}=\sqrt{3}\,\frac{u}{u^2+v^2},$$

即 $w$ 平面上的直线 $v=-\sqrt{3}u$.

**解二** 将原直线方程写成参数方程

$$x=t,\ y=\sqrt{3}t\quad(-\infty<t<+\infty),$$

或复数形式

$$z=(1+\sqrt{3}\mathrm{i})t=2\mathrm{e}^{\frac{\pi}{3}\mathrm{i}}t\quad(-\infty<t<+\infty),$$

则得在变换 $w=\dfrac{1}{z}$ 下的像曲线为

$$w=(2\mathrm{e}^{\frac{\pi}{3}\mathrm{i}}t)^{-1}=\frac{1}{2t}\mathrm{e}^{-\frac{\pi}{3}\mathrm{i}}\quad(-\infty<t<+\infty).$$

它是 $w$ 平面上的一条直线.

**注** 只有在扩充复平面上变换 $w=\dfrac{1}{z}$ 才是一一的，即 $t=0$ 对应 $z=0$，变成 $w=\infty$；而 $t=\pm\infty$ 对应 $z=\infty$，变成 $w=0$.

（3）**解一** 已知 $x=\dfrac{u}{u^2+v^2}$，故 $z$ 平面上直线 $x=3$ 在 $w=\dfrac{1}{z}$ 下的像曲线为 $u^2+v^2-\dfrac{1}{3}u=0$，这是 $w$ 平面上过原点的圆周.

**解二** 把原直线 $x=3$ 写成参数方程

$$z=3+\mathrm{i}t\quad(-\infty<t<+\infty),$$

则其在 $w$ 平面上的像曲线的参数方程为

$$w=\frac{1}{3+\mathrm{i}t}=\frac{3-\mathrm{i}t}{9+t^2}\quad(-\infty<t<+\infty),$$

即

$$u=\frac{3}{9+t^2},\ v=\frac{-t}{9+t^2}\quad(-\infty<t<+\infty).$$

也可消去 $t$，得 $u^2+v^2-\dfrac{1}{3}u=0$.

**注** 因为 $t=+\infty$ 对应 $z=\infty$，变成 $w=0$，所以只有在原直线 $x=3$ 上加入端点 $(z=\infty)$，才能变换成 $w$ 平面上过原点的整个圆周.

（4）**解一** 将 $z$ 平面上的圆周方程 $(x-1)^2+y^2=1$ 即

$$x^2-2x+y^2=0$$

中 $x,y$ 用 $u,v$ 表示的关系式代入，得

$$\left(\frac{u}{u^2+v^2}\right)^2-\frac{2u}{u^2+v^2}+\left(\frac{-v}{u^2+v^2}\right)^2=0.$$

由于 $u^2+v^2\neq0$,上式化为

$$(1-2u)(u^2+v^2)=0,$$

于是 $1-2u=0$,即 $u=\frac{1}{2}$.又由 $y>0$ 及 $v=\frac{-y}{x^2+y^2}$,知道 $v<0$.故所求的像是直线 $u=\frac{1}{2}$ 在下半 $w$ 平面的部分，即 $z$ 平面上的上半圆周 $(x-1)^2+y^2=1$，$y>0$ 在变换 $w=\frac{1}{z}$ 下的像是 $w$ 平面上的下半段直线 $u=\frac{1}{2}$,$v<0$.

**解二**　方程 $(x-1)^2+y^2=1$ 可化成 $\frac{x}{x^2+y^2}=\frac{1}{2}$. 而

$$w=\frac{1}{z}\Leftrightarrow u=\frac{x}{x^2+y^2},\ v=\frac{-y}{x^2+y^2},$$

因此所求的像恰为 $u=\frac{1}{2}$ 且 $v<0$(因为 $y>0$).　■

**例 1.3.4**　试证:函数

$$w=\frac{z-\mathrm{i}}{z+\mathrm{i}} \tag{1}$$

把 $z$ 平面上的直线 $x=a$，$y=b$ 分别变成 $w$ 平面上的圆周族. 又 $x=0$ 及 $y=-1$ 的像分别是直线 $v=0$ 及 $u=1$.

**注**　题设函数是定义在扩充 $z$ 平面上的分式线性变换.

**分析**　针对问题,首先要将 $w$,$z$ 之间的关系式(1)变形成 $u$,$v$ 与 $x$,$y$ 之间的关系式(2)或(4);由(2)式便于得到后半部分结果,由(4)式便于得到前半部分结果.

**证**　设 $z=x+\mathrm{i}y$，$w=u+\mathrm{i}v$,则

$$u+\mathrm{i}v=\frac{x+\mathrm{i}y-\mathrm{i}}{x+\mathrm{i}y+\mathrm{i}}=\frac{x+(y-1)\mathrm{i}}{x+(y+1)\mathrm{i}},$$

或

$$u=\frac{x^2+y^2-1}{x^2+(y+1)^2},\qquad v=\frac{-2x}{x^2+(y+1)^2}. \tag{2}$$

为求 $z$ 平面上平行于两坐标轴的直线的像,我们把(1)式变形为

$$z=\mathrm{i}\,\frac{1+w}{1-w}, \tag{3}$$

便得

$$x=\frac{-2v}{(1-u)^2+v^2},\qquad y=\frac{1-u^2-v^2}{(1-u)^2+v^2}. \tag{4}$$

于是,$z$ 平面上的直线 $x=a$，$y=b$ 的像分别是 $w$ 平面上的圆周

$$(u-1)^2+\left(v+\frac{1}{a}\right)^2=\frac{1}{a^2}\quad(a\neq0),$$

及

$$\left(u-\frac{b}{b+1}\right)^2+v^2=\frac{1}{(b+1)^2}\quad(b\neq-1).$$

又将直线 $x=0$ 与 $y=-1$ 分别代入(2)式,则它们在 $w$ 平面上的像分别为直线

$v=0$ 与 $u=1$.

读者试绘出其图形. ■

**4**. 理解复变函数极限的定义 1.16(包括几何意义),掌握极限的等价刻画定理 1.2.

由定义 1.16 可见,复函数 $f(z)$ 的极限概念(包括几何意义)与实变量的实函数的极限概念是极为相似的,但这仅仅是问题的一个方面,它们之间有无不同之处呢?容易回答是有的.不过这里特别要提出的是:由于 $E$ 是 $z$ 平面上的点集,所以 $z\to z_0$ 要求 $z$ 在 $E$ 上沿任意方向趋于 $z_0$;而对于实变量的实函数,$x\to x_0$ 的任意方向实际上是两个方向(从 $x_0$ 的左方与右方趋于 $x_0$).因此我们说 $z\to z_0$ 的方向比 $x\to x_0$ 的方向要求苛刻得多.不久我们将会看到,由于这苛刻的要求给复变函数论带来了许多美妙的结果,而这些结果则是实变量的实函数所不具备的.

另外,复函数的极限论在复分析中诱导出复函数的连续性、可微性(第二章)、可积性(第三章)及复级数的收敛性(第四章).

**例 1.3.5** 设 $f(z)=\dfrac{\sqrt{|xy|}}{z}$,$0\neq z=x+\mathrm{i}y\in\mathbf{C}$. 当 $z$ 沿射线 $C:x=\alpha t,\ y=\beta t(t>0)$ 趋于 0 时,极限为

$$\lim_{\substack{z\to 0\\ z\in C}}f(z)=\frac{\sqrt{|\alpha\beta|}}{\alpha+\mathrm{i}\beta}.$$

显然,其值因常数 $\alpha$ 与 $\beta$ 的不同值而不同. 因此,$f(z)$ 在 $z=0$ 的极限不存在. ■

**注** 上述例子说明:当 $z$ 依某一特定方式(比如上例的 $\alpha,\beta$ 取确定值)趋于 $z_0$ 时,函数虽有极限存在,但不足以说明它在该点有极限存在. 只有当函数 $f(z)$ 在一点 $z_0$ 的极限存在时,才能用某种特定的方式简单地求得此极限.

在对 $z\to z_0$ 的这种要求上,单复变函数的极限与二元实函数的极限相似. 事实上,因为 $z\to z_0$ 与 $(x,y)\to(x_0,y_0)$,从复数的数对形式看,二者是一样的. 从下面的例题可以看出这一点.

**例 1.3.6** 证明 $\lim\limits_{z\to 0}\dfrac{z}{|z|}$ 不存在.

**证** 设 $z=x+\mathrm{i}y$.

(1) 当 $z$ 沿正实轴趋于 0 时,$z=x(x>0)$,则

$$\lim_{z\to 0}\frac{z}{|z|}=\lim_{x\to 0^+}\frac{x}{x}=1;$$

(2) 当 $z$ 沿负实轴趋于 0 时,$z=x(x<0)$,则

$$\lim_{z\to 0}\frac{z}{|z|}=\lim_{x\to 0^-}\frac{x}{(-x)}=-1.$$

所以 $\lim\limits_{z\to 0}\dfrac{z}{|z|}$ 不存在. ■

**例 1.3.7** 试求 $\lim\limits_{z\to 0}\dfrac{\mathrm{Re}\,z}{z}$.

**解** 设 $z=x+\mathrm{i}y$,则当沿直线 $y=mx$ 且 $z\to 0$ 时,

$$\lim_{z\to 0}\frac{\mathrm{Re}\,z}{z}=\lim_{x\to 0}\frac{x}{x+\mathrm{i}mx}=\frac{1}{1+\mathrm{i}m}.$$

上式随 $m$ 不同而异，故 $\lim\limits_{z\to 0}\dfrac{\operatorname{Re} z}{z}$ 不存在. ■

**5.** 理解复变函数连续性的定义 1.17，掌握连续性的等价刻画定理 1.3.

**例 1.3.8**　问下列函数在原点是否连续？

(1) $f(z)=\begin{cases}0, & z=0,\\ \dfrac{\operatorname{Re} z}{|z|}, & z\neq 0;\end{cases}$

(2) $f(z)=\begin{cases}0, & z=0,\\ \dfrac{\operatorname{Im} z}{1+|z|}, & z\neq 0.\end{cases}$

**解**　(1) 令 $z=x+iy$，则

$$\frac{\operatorname{Re} z}{|z|}=\frac{x}{\sqrt{x^2+y^2}}.$$

当 $z$ 沿射线 $l: y=mx(x>0)$ 趋于 0 时，

$$\lim_{\substack{z\to 0\\ z\in l}} f(z)=\lim_{\substack{x\to 0\\ y=mx(x>0)}}\frac{\operatorname{Re} z}{|z|}=\lim_{x\to 0^+}\frac{x}{\sqrt{x^2+m^2x^2}}$$

$$=\lim_{x\to 0^+}\frac{x}{x\sqrt{1+m^2}}=\frac{1}{\sqrt{1+m^2}}$$

随 $m$ 的值而变，故 $\lim\limits_{z\to 0} f(z)$ 不存在. 因此，$f(z)$ 在 $z=0$ 不连续.

(2) 令 $z=x+iy$，则

$$\frac{\operatorname{Im} z}{1+|z|}=\frac{y}{1+\sqrt{x^2+y^2}},$$

$$\lim_{z\to 0} f(z)=\lim_{(x,y)\to(0,0)}\frac{y}{1+\sqrt{x^2+y^2}}=0=f(0).$$

故 $f(z)$ 在 $z=0$ 连续. ■

**例 1.3.9**　试证：(1) $f(z)=\operatorname{Re} z$；(2) $f(z)=z\operatorname{Re} z$ 在 $z$ 平面 $\mathbf{C}$ 上处处连续.

**证**　(1) $\forall \varepsilon>0$，$\exists \delta=\varepsilon$，只要 $|z-z_0|<\delta$，

$$|\operatorname{Re} z-\operatorname{Re} z_0|=|\operatorname{Re}(z-z_0)|\leqslant |z-z_0|<\delta=\varepsilon,$$

故 $f(z)=\operatorname{Re} z$ 在 $z_0$ 连续. 由于 $z_0$ 的任意性，故 $f(z)=\operatorname{Re} z$ 在 $\mathbf{C}$ 上处处连续.

(2) 仿(1)可证 $g(z)=z$ 在 $\mathbf{C}$ 上处处连续. 再由(1)并结合连续函数的性质可知，$f(z)=z\operatorname{Re} z$ 在 $\mathbf{C}$ 上连续. ■

**例 1.3.10**　证明 $f(z)=z^n$（$n$ 为自然数）在 $\mathbf{C}$ 上连续.

**证一**　$\forall z_0\in\mathbf{C}$，证明 $\lim\limits_{z\to z_0} z^n=z_0^n$. 为此，不妨设 $|z|<M=|z_0|+1$. 因为

$$|z^n-z_0^n|\leqslant |z-z_0|(|z|^{n-1}+|z|^{n-2}|z_0|+\cdots+|z_0|^{n-1})$$
$$<|z-z_0|nM^{n-1},$$

$\forall \varepsilon>0$，只要取 $\delta\leqslant\dfrac{\varepsilon}{nM^{n-1}}$，于是当 $|z-z_0|<\delta$ 时，就有

$$|z^n-z_0^n|<\varepsilon.$$

**证二** 已知 $\varphi(z)=z$ 在 $\mathbf{C}$ 上连续，由连续函数的四则运算连续性知 $f(z)=z^n$ 在 $\mathbf{C}$ 上连续. ∎

**例 1.3.11** 函数 $f(z)=\dfrac{z^2-1}{z-1}$ 在 $z=1$ 处不连续，因为它在 $z=1$ 处没有定义. 但是如果定义 $f(1)$ 等于

$$\lim_{z\to 1}\frac{z^2-1}{z-1}=2,$$

则此函数在 $z=1$ 就成为连续的了. ∎

**例 1.3.12** 如果 $f(z)$ 在点 $z_0$ 连续，$\overline{f(z)}$ 在点 $z_0$ 是否连续？

**解一** 设 $f(z)=u(x,y)+\mathrm{i}v(x,y)$，则

$$\overline{f(z)}=u(x,y)-\mathrm{i}v(x,y).$$

由于 $f(z)$ 在 $z_0=x_0+\mathrm{i}y_0$ 连续. 根据定理 1.3，$u(x,y)$ 与 $v(x,y)$ 在 $(x_0,y_0)$ 必连续. 既然 $v(x,y)$ 在 $(x_0,y_0)$ 连续，当然 $-v(x,y)$ 在 $(x_0,y_0)$ 也连续. 从而，又根据定理1.3，$\overline{f(z)}$ 在 $(x_0,y_0)$（即 $z_0$）连续.

**解二** 因为

$$\left|\overline{f(z)}-\overline{f(z_0)}\right|=\left|\overline{f(z)-f(z_0)}\right|=|f(z)-f(z_0)|,$$

又因 $f(z)$ 在 $z_0$ 连续，所以 $\forall\varepsilon>0,\exists\delta(\varepsilon)>0$，当 $|z-z_0|<\delta$ 时，

$$|f(z)-f(z_0)|<\varepsilon,\quad \text{从而}\left|\overline{f(z)}-\overline{f(z_0)}\right|<\varepsilon.$$

所以 $\overline{f(z)}$ 在 $z_0$ 连续. ∎

**6.** 熟悉有界闭集 $E$ 上连续函数 $f(z)$ 的三个性质：在 $E$ 上 (1) $f(z)$ 有界；(2) $|f(z)|$ 有最大值与最小值；(3) $f(z)$ 一致连续 $\Leftrightarrow\forall\varepsilon>0,\exists\delta>0$，使对 $E$ 上满足 $|z_1-z_2|<\delta$ 的任意两点 $z_1$ 及 $z_2$，均有 $|f(z_1)-f(z_2)|<\varepsilon$.

**例 1.3.13** 函数 $1+z^2$ 在单位圆 $|z|<1$ 内连续且处处不为零，而函数 $f(z)=\dfrac{1}{1+z^2}$ 在 $|z|<1$ 内连续，但不一致连续.

**分析** 由于已知 $f(z)=\dfrac{1}{1+z^2}$ 在 $|z|<1$ 内连续，在边界 $|z|=1$ 上 $z=\pm\mathrm{i}$ 是不连续的点. 要证 $f(z)$ 不一致连续，我们总是在无限靠近其不连续点处，取充分接近的两点，然后证明其两个像点不靠近.

**证** 取两个点列 $z_n'=\left(1-\dfrac{1}{n}\right)\mathrm{i}$，$z_n''=\left(1-\dfrac{1}{n^2}\right)\mathrm{i}$，$n=1,2,\cdots$. 当 $n$ 充分大时，$|z_n'-z_n''|=\left|\dfrac{n-1}{n^2}\right|<\dfrac{1}{n}$，即 $|z_n'-z_n''|$ 可任意小，但

$$|f(z_n')-f(z_n'')|=n^2\left|\frac{2n^3-3n^2+1}{4n^3-2n^2-2n+1}\right|$$

$$=n^2\left|\frac{2-\dfrac{3}{n}+\dfrac{1}{n^3}}{4-\dfrac{2}{n}-\dfrac{2}{n^2}+\dfrac{1}{n^3}}\right|>\frac{n^2}{3},$$

即 $|f(z_n')-f(z_n'')|$ 可任意大，故不一致连续. ∎

## §4　复球面与无穷远点

**1.** 在平面上除了已有的复数外,很自然地,可以再引进一个"复数",称为无穷远点,记作$\infty$,它在复球面上对应着北极点 $N$. $\mathbf{C}_\infty$ 表示扩充复平面,$\mathbf{C}_\infty=\mathbf{C}+\{\infty\}$.

这里的无穷远点$\infty$不是像微积分中那样把它看作符号,而是看作一个确定的点. 这个点的引入既是为了今后理论上的需要,也是为了更好地反映客观事物.

**2.** 无穷远点邻域正好对应着复球面上以北极点 $N$ 为心的一个球盖,在复平面 $\mathbf{C}_\infty$ 上就是任何一个圆周的外部(包含点$\infty$). 确切地说,$N(\infty):r<|z-a|$就称为以 $z=a$ 为中心的 $z=\infty$ 的邻域(包含点$\infty$);$N(\infty)-\{\infty\}:r<|z-a|<+\infty$就称为以 $z=a$ 为中心的 $z=\infty$的去心邻域,它是 $z$ 平面上圆环 $r<|z-a|<R$ 的退化情形(教材第 19 页).

当 $a=0$ 时,这就是教材第 29 至 30 页以及第 167 页说过的情形.

**3.** 复平面 $\mathbf{C}$ 上的闭集必有界;扩充复平面 $\mathbf{C}_\infty$ 上的闭集未必有界. 比如,在 $\mathbf{C}_\infty$ 上闭集$|z|\geqslant 1$ 无界.

**4.** 广义极限与广义连续函数一般来说不具有常义情形的性质,例如,它们的运算要符合教材第 29 页关于$\infty$加入运算所作的规定.

(1) 广义极限. 当 $z_0=\infty$是点集 $E$ 的聚点时,

$$\lim_{\substack{z\to\infty\\ z\in E}} f(z)=A\Leftrightarrow \forall\,\varepsilon>0,\exists\,\rho>0,\text{使当 }\rho<|z|<+\infty$$

$$\text{且 } z\in E \text{ 时总有 } |f(z)-A|<\varepsilon.$$

类似地可以给出$\lim\limits_{z\to z_0} f(z)=\infty$及$\lim\limits_{z\to\infty} f(z)=\infty$的定义.

上述极限过程可以通过以下定理转化为有限的极限过程:

$$\lim_{z\to\infty} f(z)=\infty\Leftrightarrow\lim_{z\to 0}\frac{1}{f\left(\dfrac{1}{z}\right)}=0.$$

(2) 极限关系式$\lim\limits_{n\to\infty} z_n=\infty$可以看作点列$\{z_n\}$趋于无穷远点. 于是,在 $\mathbf{C}_\infty$ 上任何点列均有聚点.

(3) 广义连续. 若 $z_0=\infty\in E$,$f(z)$在 $E$ 上有意义,或 $f(z_0)=\infty$,且

$$\lim_{\substack{z\to z_0\\ z\in E}} f(z)=f(z_0),$$

则称 $f(z)$在 $z_0$ 广义连续.

**例 1.4.1**　$w=z+a$, $w=az$ 及 $w=\dfrac{1}{z}$(例 1.33)都是扩充 $z$ 平面上的广义连续函数. ■

**例 1.4.2**　设多项式 $P(z)=a_0z^n+a_1z^{n-1}+\cdots+a_n(a_0\neq 0)$. 根据例 1.4.1 及连续函数的性质,可知 $P(z)$在 $\mathbf{C}$ 上显然是连续的. 若再注意到

$$\lim_{z\to\infty} P(z)=\lim_{z\to\infty} z^n\left(a_0+\frac{a_1}{z}+\cdots+\frac{a_n}{z^n}\right)=\infty\cdot a_0=\infty,$$

则只要定义 $P(\infty)=\infty$,$P(z)$就是 $\mathbf{C}_\infty$ 上的广义连续函数. ■

# II. 部分习题解答提示

(一)

**4.** 证明$|z_1+z_2|^2+|z_1-z_2|^2=2(|z_1|^2+|z_2|^2)$,并说明其几何意义.

**证一** 利用公式$|z|^2=z\,\overline{z}$.

**证二** 利用公式$|z_1\pm z_2|^2=|z_1|^2+|z_2|^2\pm 2\mathrm{Re}(z_1\,\overline{z}_2)$.

**5.** 设$z_1,z_2,z_3$三点适合条件:

$$z_1+z_2+z_3=0\text{ 及 }|z_1|=|z_2|=|z_3|=1.$$

试证明$z_1,z_2,z_3$是一个内接于单位圆周$|z|=1$的正三角形的顶点.

**分析** 由题设$|z_1|=|z_2|=|z_3|=1$,可见$z_1,z_2,z_3$都在单位圆周$|z|=1$上,故只需证:(1) $\triangle z_1z_2z_3$三边相等;或(2)三边所对的中心角相等;或(3) $z_1,z_2,z_3$是二项方程$z^3-a=0(|a|=1)$的三个根.

**证一** 由第4题恒等式及本题条件有

$$|z_1-z_2|^2=2(|z_1|^2+|z_2|^2)-|-z_3|^2=3,$$

所以$|z_1-z_2|=|z_2-z_3|=|z_3-z_1|=\sqrt{3}$,即三边相等.

**证二** 由题设$|z_1|=|z_2|=|z_3|=1$,可设

$$z_1=\mathrm{e}^{\mathrm{i}\theta_1},\ z_2=\mathrm{e}^{\mathrm{i}\theta_2},\ z_3=\mathrm{e}^{\mathrm{i}\theta_3},$$

不妨令$0\leqslant\theta_1<\theta_2<\theta_3<2\pi$. 又由题设$z_1+z_2+z_3=0$可得

$$z_1\,\overline{z}_1+z_2\,\overline{z}_1+z_3\,\overline{z}_1=0, \tag{1}$$

即

$$\mathrm{e}^{\mathrm{i}(\theta_2-\theta_1)}+\mathrm{e}^{\mathrm{i}(\theta_3-\theta_1)}=-z_1\,\overline{z}_1=-|z_1|^2=-1. \tag{2}$$

记$\theta_2-\theta_1=\eta$, $\theta_3-\theta_1=\mu>\eta$, 则上式变为

$$\cos\eta+\mathrm{i}\sin\eta+\cos\mu+\mathrm{i}\sin\mu=-1.$$

由此可解得$\theta_2-\theta_1=\eta=\dfrac{2\pi}{3}$, $\theta_3-\theta_1=\mu=\dfrac{4\pi}{3}$. 所以

$$\angle z_1Oz_2=\angle z_2Oz_3=\angle z_3Oz_1=\frac{2\pi}{3}(\text{作图}).$$

**注** 本证法的目的在于根据证前分析去证明$\triangle z_1z_2z_3$的三边所对的中心角相等. 因为(2)式中含有与三个中心角关联的$\theta_2-\theta_1$和$\theta_3-\theta_1$,所以我们从(1)式着手去推出(2)式.

**证三** 考虑恒等式

$$(z-z_1)(z-z_2)(z-z_3)=z^3-(z_1+z_2+z_3)z^2+(z_1z_2+z_2z_3+z_3z_1)z-z_1z_2z_3. \tag{3}$$

由题设条件$z_1+z_2+z_3=0$及$z_k\,\overline{z}_k=1(k=1,2,3)$可推出$z_1z_2+z_2z_3+z_3z_1=0$. 从而由(3)式得

$$(z-z_1)(z-z_2)(z-z_3)=z^3-a,$$

其中 $a=z_1z_2z_3$，$|a|=|z_1||z_2||z_3|=1$. 故得 $z_1,z_2,z_3$ 是二项方程 $z^3-a=0$ $(|a|=1)$的三个根. 于是，由教材第 10 页的讨论及图 1.8，可见 $z_1,z_2,z_3$ 就是内接于单位圆周 $|z|=1$ 的正三角形的三个顶点.

**注**　本证法的目的在于证明$\triangle z_1z_2z_3$ 是顶点内接于单位圆周的正三角形. 为此，只需证明：顶点 $z_1,z_2,z_3$ 是二项三次方程 $z^3-a=0(|a|=1)$的三个根. 从而我们利用根与系数的关系构造此方程. 由题设条件 $z_1+z_2+z_3=0$，如能再通过题设条件及恒等式(3)推出

$$z_1z_2+z_2z_3+z_3z_1=0 \quad 及 \quad z_1z_2z_3=a(|a|=1),$$

所求方程就构造出来了. 故证三从恒等式(3)着手.

**7.** 试证 $\prod\limits_{k=1}^{n-1}\left(x^2-2x\cos\frac{k\pi}{n}+1\right)=\frac{x^{2n}-1}{x^2-1}$，其中 $n>1$ 为正整数.

**证**　求出方程 $x^{2n}-1=0$ 的根，这些根可表示如下：

$$\varepsilon_0=1,\varepsilon_n=-1,\varepsilon_{\pm k}=\cos\frac{k\pi}{n}\pm\mathrm{i}\sin\frac{k\pi}{n},\quad k=1,2,\cdots,n-1.$$

现将二项式 $x^{2n}-1$ 分解成实因式，并将分解后的诸因式两两分组，使每组包含一对共轭复根：

$$x^{2n}-1=(x^2-1)(x-\varepsilon_1)(x-\varepsilon_{-1})(x-\varepsilon_2)(x-\varepsilon_{-2})\cdots$$
$$(x-\varepsilon_{n-1})(x-\varepsilon_{-n+1}).$$

因为

$$(x-\varepsilon_k)(x-\varepsilon_{-k})=\left(x-\cos\frac{k\pi}{n}-\mathrm{i}\sin\frac{k\pi}{n}\right)\left(x-\cos\frac{k\pi}{n}+\mathrm{i}\sin\frac{k\pi}{n}\right)$$
$$=x^2-2x\cos\frac{k\pi}{n}+1,$$

故有

$$x^{2n-1}-1=(x^2-1)\left(x^2-2x\cos\frac{\pi}{n}+1\right)\left(x^2-2x\cos\frac{2\pi}{n}+1\right)\cdots$$
$$\left[x^2-2x\cos\frac{(n-1)\pi}{n}+1\right]$$
$$=(x^2-1)\prod_{k=1}^{n-1}\left(x^2-2x\cos\frac{k\pi}{n}+1\right),$$

于是

$$\prod_{k=1}^{n-1}\left(x^2-2x\cos\frac{k\pi}{n}+1\right)=\frac{x^{2n}-1}{x^2-1}.$$

**8.** (1) 证明：$z$ 平面上的直线方程可以写成

$$\alpha\bar{z}+\bar{\alpha}z=c \quad (\alpha\text{ 是非零复常数},c\text{ 是实常数}).$$

(2) 证明：$z$ 平面上的圆周方程可以写成

$$Az\bar{z}+\beta\bar{z}+\bar{\beta}z+C=0, \tag{1}$$

其中 $A,C$ 为实数，$A\neq0$，$\beta$ 为复数，且

$$|\beta|^2>AC. \tag{2}$$

(1) **分析**　先证明我们熟知的直线方程(实数形式的或复数形式的实参数方程)可

化为要证形式的复方程，再证明题设形式的方程表示平面上的直线，为此可从题设形式的方程出发，将前半部分证明逆推，得出熟知的直线方程形式.

**证一** 已给直线方程 $ax+by+c=0$（$a,b,c$ 均为实常数；$a,b$ 不全为零），以 $x=\dfrac{z+\overline{z}}{2}$，$y=\dfrac{z-\overline{z}}{2\mathrm{i}}$ 代入化简得

$$\frac{1}{2}(a-b\mathrm{i})z+\frac{1}{2}(a+b\mathrm{i})\overline{z}+c=0.$$

令 $\dfrac{1}{2}(a+b\mathrm{i})=\alpha\neq 0$ 得 $\alpha\overline{z}+\overline{\alpha}z+c=0$.

反之，设有方程 $\alpha\overline{z}+\overline{\alpha}z=c$（复数 $\alpha\neq 0$，$c$ 是实常数），用 $z=x+\mathrm{i}y$ 代入并令 $\alpha=\dfrac{1}{2}(a+b\mathrm{i})$，可化简成熟知的实数形式的直线方程 $ax+by+c=0$.

**证二** 设直线的复数形式的实参数方程为（例 1.14）

$$z=at+b\quad(a\neq 0,a,b\text{ 为复常数},t\text{ 为实参数}),$$

则

$$\overline{z}=\overline{a}t+\overline{b}.$$

由上述两式消去参数 $t$ 得 $\overline{a}z-a\overline{z}=\overline{a}b-a\overline{b}$，即

$$\overline{a}z-a\overline{z}=2\mathrm{i}\,\mathrm{Im}(\overline{a}b),\quad\text{或}-\mathrm{i}\overline{a}z+\mathrm{i}a\overline{z}=2\mathrm{Im}(\overline{a}b).$$

令 $\mathrm{i}a=\alpha(\neq 0)$，$2\mathrm{Im}(\overline{a}b)=c$，则得 $\overline{\alpha}z+\alpha\overline{z}=c$.

反之，由方程 $\overline{\alpha}z+\alpha\overline{z}=c$ 出发，亦可沿上面各步逐步逆推得

$$z=at+b\quad(a\neq 0).$$

(2) **分析** 证明思路同(1).

**证一** 设圆周的实数形式方程为

$$A(x^2+y^2)+Bx+Dy+C=0,\tag{3}$$

其中 $A\neq 0$，且 $A,B,C,D$ 为实数. 当

$$B^2+D^2>4AC\tag{4}$$

时，方程(3)表示实圆周.

将 $x^2+y^2=|z|^2=z\overline{z}$，$x=\dfrac{z+\overline{z}}{2}$，$y=\dfrac{1}{2\mathrm{i}}(z-\overline{z})$ 代入(3)式化简得(1)式，其中 $A,C$ 为实常数，$A\neq 0$，$\beta=\dfrac{1}{2}(B+D\mathrm{i})$，且

$$|\beta|^2=\frac{1}{4}(B^2+D^2)\overset{(4)}{>}\frac{1}{4}(4AC)=AC.$$

所以(3)⇒(1)，(4)⇒(2).

反之，将上面过程逐步逆推，可得(1)⇒(3)，(2)⇒(4). 于是(1)，(2)⇔(3)，(4).

特别地，对实圆周，

$$(1),(2)\Leftrightarrow\begin{cases}z\overline{z}+\alpha\overline{z}+\overline{\alpha}z+\delta=0, & (5)\\ |\alpha|^2>\delta(\alpha\neq 0\text{ 为复数},\delta\text{ 为实数}). & (6)\end{cases}$$

**证二** 设已给实圆周方程为

$$|z-z_0|=r\quad(r>0).\tag{7}$$

应用公式$|z|^2=z\bar{z}$即可证明(7)⇔(5),(6)(⇔(1),(2)). ■

**9.** 设$z_1,z_2,\cdots,z_n$是以原点为圆心的单位圆周上的$n$个点.如果$z_1,z_2,\cdots,z_n$是正$n$边形的$n$个顶点,证明$z_1+z_2+\cdots+z_n=0$.

**证** 记$w=z_1+z_2+\cdots+z_n\in\mathbf{C}$. 设该正$n$边形的一个圆心角为$\theta,0<\theta<\pi$.由复数乘法几何意义以及正$n$边形的对称性,有

$$we^{i\theta}=w,$$

故$w=0$,即证之.

**10.** 求下列方程($t$是实参数)给出的曲线:

(1) $z=(1+i)t$; (2) $z=a\cos t+ib\sin t$;

(3) $z=t+\dfrac{i}{t}$; (4) $z=t^2+\dfrac{i}{t^2}$.

**提示** 参看例1.2.8的解法及教材答案.

**11.** 函数$w=\dfrac{1}{z}$将$z$平面上的下列曲线变成$w$平面上的什么曲线($z=x+iy$,$w=u+iv$)?

(1) $x^2+y^2=4$; (2) $y=x$;

(3) $x=1$; (4) $(x-1)^2+y^2=1$.

**提示** 参看例1.3.3的解法及教材答案.

**13.** 试证$\arg z(-\pi<\arg z\leqslant\pi)$在负实轴上(包括原点)不连续,除此而外在$z$平面上处处连续.

**提示** (1) 当$z=0$时,$\arg z$无意义,故证明的前部分只需分别考虑$z$从上、下半平面趋于负实轴上点的情形.

(2) 对任取的$z_0\neq0$且$z_0$不在负实轴上,任给$\varepsilon\in(0,1)$,取中心在$z_0$、不包含负实轴上的点但含在张角为$2\varepsilon$的角形内的最大圆,半径为$\delta(\leqslant|z_0|\sin\varepsilon\leqslant|z_0|)$. 当$|z-z_0|<\delta$时,总有

$$|\arg z-\arg z_0|<\varepsilon(\text{图 }1.0.1).$$

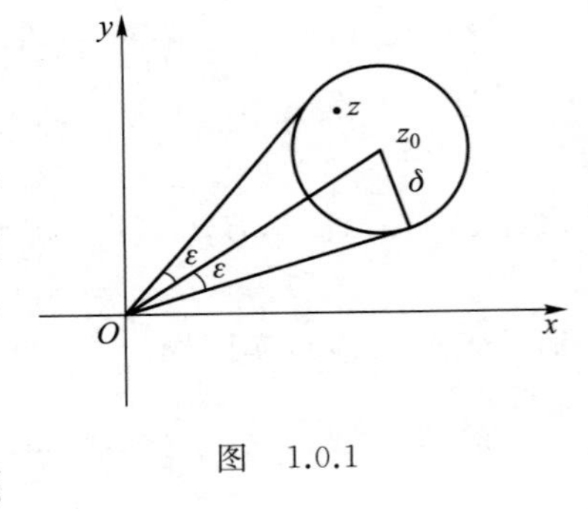


图 1.0.1

**注** 若$0\leqslant\arg z<2\pi$,则$\arg z$在正实轴(包括原点)上不连续,在$z$平面上其他点处处连续.

**15.** 试问函数$f(z)=\dfrac{1}{1-z}$在单位圆$|z|<1$内是否连续?是否一致连续?

**解** $f(z)$在$|z|<1$内连续. 对$\varepsilon_0=\dfrac{1}{2}$,无论$\delta$多么小,总可选取$z_1=1-\dfrac{1}{n}$,$z_2=1-\dfrac{2}{n}$,虽有$|z_1-z_2|=\dfrac{1}{n}<\delta\left(\text{只要 }n>\dfrac{1}{\delta}\right)$,但$|f(z_1)-f(z_2)|=\dfrac{n}{2}\geqslant\varepsilon_0$.

**16.** 一个复数列$z_n=x_n+iy_n(n=1,2,\cdots)$以$z_0=x_0+iy_0$为极限的定义为:任给$\varepsilon>0$,存在一个正整数$N=N(\varepsilon)$,使当$n>N$时,恒有$|z_n-z_0|<\varepsilon$. 试证复数列$\{z_n\}$以$z_0=x_0+iy_0$为极限的充要条件为实数列$\{x_n\}$及$\{y_n\}$分别以$x_0$及$y_0$为极限.

**提示** 参看教材"提示".

**注** 本题教材有个“注”，即是如下定理：

**定理** 如果 $z_0\neq 0, z_0\neq\infty$，则

$$\lim_{n\to\infty} z_n=z_0 \Leftrightarrow \lim_{n\to\infty}|z_n|=|z_0|, \lim_{n\to\infty}\operatorname{Arg} z_n=\operatorname{Arg} z_0.$$

极限等式$\lim\limits_{n\to\infty}\operatorname{Arg} z_n=\operatorname{Arg} z_0$ 应这样理解：对 $\operatorname{Arg} z_0$ 的任一个确定值 $\arg z_0$，总可以选取一个 $z_n$ 的辐角取确定值的(不必取主值)数列$\{\arg z_n\}$，使得 $\arg z_n\to\arg z_0$.

**证** “$\Rightarrow$”由三角不等式$||z_n|-|z_0||\leqslant|z_n-z_0|$及$\lim\limits_{n\to\infty}|z_n-z_0|=0$，即可得

$$\lim_{n\to\infty}|z_n|=|z_0|.$$

下面证明第二个等式. 任取 $\operatorname{Arg} z_0$ 的一个值 $\theta_0$，以 $z_0$ 为圆心、$\delta$ 为半径作一个圆(图 1.0.2). 因 $z_n\to z_0$，故存在正整数 $N$，当 $n>N$ 时，$z_n$ 落入这个圆内. 从原点引此圆周的两切线，则此两切线的夹角为

$$2\varphi(\delta)=2\arcsin\frac{\delta}{|z_0|}.$$

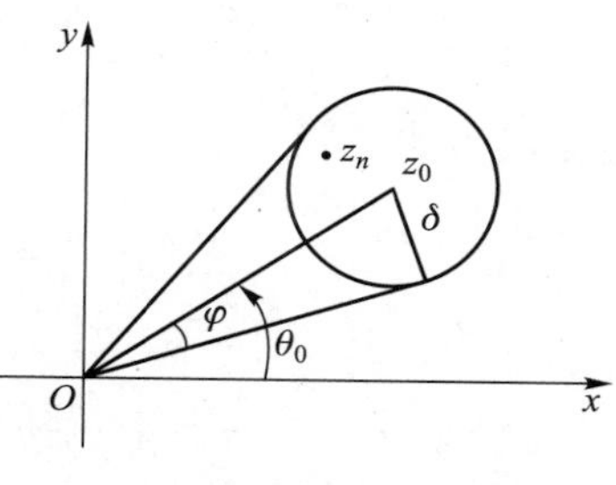

图 1.0.2

因此，总可以选取 $\operatorname{Arg} z_n$ 的一个值 $\arg z_n$，当 $n>N$ 时，有$|\arg z_n-\theta_0|<\varphi(\delta)$. 由于 $\delta\to 0$ 时，$\varphi(\delta)\to 0$. 因而总可以选取 $\delta$，使 $\varphi(\delta)$小于任何给定的 $\varepsilon>0$. 这就证明了第二极限等式：$\lim\limits_{n\to\infty}\operatorname{Arg} z_n=\operatorname{Arg} z_0$.

“$\Leftarrow$”由于

$$x_n=\operatorname{Re} z_n=|z_n|\cos(\operatorname{Arg} z_n),\quad y_n=\operatorname{Im} z_n=|z_n|\sin(\operatorname{Arg} z_n),$$

利用实余弦及实正弦函数的连续性，由所设条件得

$$\lim_{n\to\infty}x_n=|z_0|\cos(\operatorname{Arg} z_0),\quad \lim_{n\to\infty}y_n=|z_0|\sin(\operatorname{Arg} z_0).$$

再利用第 16 题已有结论，即得$\lim\limits_{n\to\infty}z_n=z_0$.

**18.** 试证一个复数列 $z_n=x_n+\mathrm{i}y_n(n=1,2,\cdots)$有极限的充要条件(即柯西收敛准则)是：任给 $\varepsilon>0$，存在正整数 $N=N(\varepsilon)$，使当 $n>N$ 时，恒有

$$|z_{n+p}-z_n|<\varepsilon\quad(p=1,2,\cdots).$$

**提示** 利用第 16 题、不等式(1.1)及关于实数列收敛的柯西收敛准则.

**19.** 试证任何有界的复数列必有一个收敛的子数列.

**提示** 应用关于实数列的相应结果及第 16 题的结论.

**20.** 如果复数列$\{z_n\}$满足 $\lim\limits_{n\to+\infty}z_n=z_0\neq\infty$，试证

$$\lim_{n\to+\infty}\frac{z_1+z_2+\cdots+z_n}{n}=z_0.$$

当 $z_0=\infty$时，结论是否正确？

**证一** 应用关于实数列的相应结果及第 16 题的结论.

**证二** (1) 若 $z_0=0$，则 $\forall\varepsilon>0$，$\exists N$，使当 $n>N$ 时有$|z_n|<\frac{\varepsilon}{2}$，而

$$\begin{aligned} z_n' &\overset{\text{def}}{=}\frac{1}{n}(z_1+z_2+\cdots+z_n)\\ &=\frac{1}{n}(z_1+z_2+\cdots+z_N)+\frac{1}{n}(z_{N+1}+z_{N+2}+\cdots+z_n). \end{aligned}$$

固定 $N$,取

$$N_0=\max\left\{N,\left[\frac{2}{\varepsilon}\left|z_1+z_2+\cdots+z_N\right|\right]\right\},$$

则当 $n>N_0$ 时,显然有

$$\frac{1}{n}\left|z_1+z_2+\cdots+z_N\right|<\frac{\varepsilon}{2},$$

故

$$\begin{aligned}\left|z'_n\right| &\leqslant \frac{1}{n}\left|z_1+z_2+\cdots+z_N\right|+\frac{1}{n}\left|z_{N+1}+z_{N+2}+\cdots+z_n\right| \\ &<\frac{\varepsilon}{2}+\left(\frac{n-N}{n}\right)\frac{\varepsilon}{2}<\varepsilon.\end{aligned}$$

(2) 若 $z_0\neq 0$,则 $\lim\limits_{n\to\infty}(z_n-z_0)=0$,

$$\begin{aligned}\left|z'_n-z_0\right| &=\left|\frac{1}{n}\left[(z_1-z_0)+(z_2-z_0)+\cdots+(z_n-z_0)\right]\right| \\ &\xrightarrow{\text{由(1)}} 0 \quad (n\to\infty).\end{aligned}$$

(3) 当 $z_0=\infty$ 时,本题的结论不一定成立.

例如,若数列 $\{z_n\}$ 为 $1,-1,3,-3,5,-5,\cdots$,则

$$\begin{aligned}z'_n &=\frac{z_1+z_2+\cdots+z_n}{n} \\ &=\begin{cases}1, & n=2k-1, \\ 0, & n=2k\end{cases} \quad (k=1,2,\cdots).\end{aligned}$$

显然 $\{z'_n\}$ 不收敛,但 $\lim\limits_{n\to\infty}z_n=\infty$.

## (二)

**3.** 设 $p$ 及 $q$ 为两互质的整数,试证明 $(\sqrt[q]{z})^p$ 与 $\sqrt[q]{z^p}$ 两式(作为集合)相等. 若 $p$ 与 $q$ 有一最大公因数 $d(d>1)$,则结果如何?

**证**　设 $z=\rho(\cos\omega+\mathrm{i}\sin\omega)$,则

$$(\sqrt[q]{z})^p=\rho^{\frac{p}{q}}\left(\cos\frac{p\omega+2pk\pi}{q}+\mathrm{i}\sin\frac{p\omega+2pk\pi}{q}\right) \quad (k=0,1,\cdots,q-1). \tag{1}$$

又

$$\begin{aligned}\sqrt[q]{z^p} &=\sqrt[q]{\rho^p(\cos p\omega+\mathrm{i}\sin p\omega)} \\ &=\rho^{\frac{p}{q}}\left[\cos\left(\frac{p\omega}{q}+\frac{2k'\pi}{q}\right)+\mathrm{i}\sin\left(\frac{p\omega}{q}+\frac{2k'\pi}{q}\right)\right] \quad (k'=0,1,\cdots,q-1).\end{aligned} \tag{2}$$

(1)式各值的辐角为

$$p\,\frac{\omega}{q},\ p\,\frac{\omega+2\pi}{q},\ \cdots,\ p\,\frac{\omega+2(q-1)\pi}{q}, \tag{3}$$

(2)式各值的辐角为

$$p\,\frac{\omega}{q},\ \frac{p\omega+2\pi}{q},\ \cdots,\ \frac{p\omega+2(q-1)\pi}{q}. \tag{4}$$

当 $p,q$ 互质时,存在正整数 $l,m$,使得 $lp+mq=1$. 而(1)式中各值的辐角可记作

$$\frac{p\omega+2kp\pi}{q},\quad k\in\mathbf{Z},$$

且(4)式中的辐角 $\frac{p\omega+2k'\pi}{q}$, $k'=0,1,\cdots,q-1$ 满足

$$\frac{p\omega+2k'\pi}{q}=\frac{p\omega+2k'(lp+mq)\pi}{q}=\frac{p\omega+2k'lp\pi}{q}+2k'm\pi.$$

注意到 $k'l$ 为整数,故(4)式中的辐角都为(1)式中各值的辐角，即都在(3)式表示的辐角集合中. 又因为(3)式和(4)式都表示了 $q$ 个不同的辐角，所以(3)式和(4)式表示的两个集合(在相差 $2\pi$ 整数倍的意义下)相等.

当 $(p,q)=d(d>1)$ 时,$\frac{p}{q}=\frac{p'd}{q'd}=\frac{p'}{q'}$,而 $(p',q')=1$,则 $(\sqrt[q]{z})^p$ 与 $\sqrt[q]{z^p}$ 的各值的模同为 $\rho^{\frac{p'}{q'}}$,但辐角分别为

$$\frac{p'\omega}{q'}+\frac{2p'k\pi}{q'}\quad(k=0,1,\cdots,q-1)$$

与

$$\frac{p'\omega}{q'}+\frac{2k'\pi}{q'd}=\frac{p'd\omega+2k'\pi}{q}\quad(k'=0,1,\cdots,q'-1).$$

故此时(3),(4)两数集不一致,$(\sqrt[q]{z})^p$ 比 $\sqrt[q]{z^p}$ 多 $(q-q')$ 个值.

**4.** 设 $z=x+\mathrm{i}y$,试证

$$\frac{1}{\sqrt{2}}(|x|+|y|)\leqslant|z|\leqslant|x|+|y|.$$

**提示**　由 $(|x|-|y|)^2\geqslant0$ 可推出第一个不等式的变形

$$2|z|^2\geqslant(|x|+|y|)^2.$$

**5.** 设 $z_1$ 及 $z_2$ 是两个复数,试证 $|z_1-z_2|\geqslant||z_1|-|z_2||$.

**提示**　应用公式

$$|z_1-z_2|^2=|z_1|^2+|z_2|^2-2\mathrm{Re}(z_1\overline{z_2})$$

及

$$\mathrm{Re}\,z\leqslant|z|.$$

**6.** 设 $|z|=1$,试证 $\left|\frac{az+b}{\overline{b}z+\overline{a}}\right|=1$.

**证一**　因 $z\overline{z}=1$,$|\overline{z}|=1$,故

$$\text{左端}=\left|\frac{az+b}{\overline{b}z+\overline{a}}\right|\cdot\frac{1}{|\overline{z}|}=\text{右端}.$$

**证二**　应用公式 $|z|^2=z\overline{z}$ 及 $z+\overline{z}=2\mathrm{Re}\,z$ 化简左端的平方.

**7.** 如图 1.0.3 所示,已知正方形 $z_1z_2z_3z_4$ 的相对顶点 $z_1(0,-1)$ 和 $z_3(2,5)$,求顶点 $z_2$ 和 $z_4$ 的坐标.

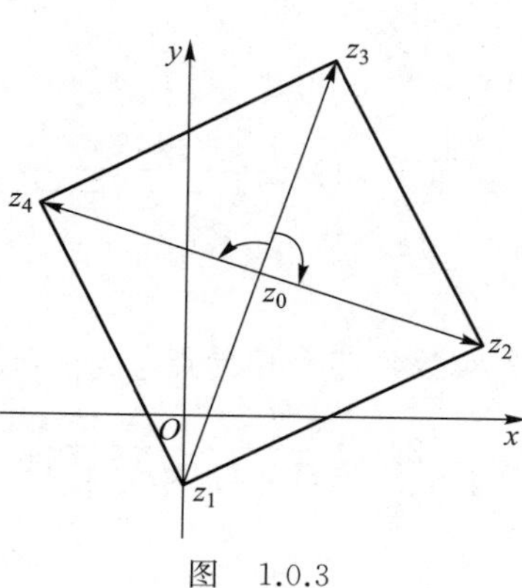

图　1.0.3

**解**　由图 1.0.3,设 $z_0$ 为对角线 $\overrightarrow{z_1z_3}$ 的中点,则

$$z_0=\frac{1}{2}(z_1+z_3)=1+2\mathrm{i}.$$

分别顺时针及逆时针旋转向量$\overrightarrow{z_0z_3}$各$\frac{\pi}{2}$,写成复数等式后,即可由此解得顶点 $z_2$ 的坐标为(4,1),顶点 $z_4$ 的坐标为(−2,3).

**8.** 试证以 $z_1,z_2,z_3$ 为顶点的三角形和以 $w_1,w_2,w_3$ 为顶点的三角形同向相似的充要条件为

$$\begin{vmatrix} z_1 & w_1 & 1 \\ z_2 & w_2 & 1 \\ z_3 & w_3 & 1 \end{vmatrix}=0.$$

**证**　$\triangle z_1z_2z_3$ 和$\triangle w_1w_2w_3$ 同向相似的充要条件为

$$\arg\frac{z_2-z_3}{z_1-z_3}=\angle z_3=\angle w_3=\arg\frac{w_2-w_3}{w_1-w_3},$$

及

$$\left|\frac{z_2-z_3}{z_1-z_3}\right|=\left|\frac{w_2-w_3}{w_1-w_3}\right|.$$

合并上述两条件,即得

$$\frac{z_2-z_3}{z_1-z_3}=\frac{w_2-w_3}{w_1-w_3},$$

经过适当变形,即可得证.

**9.** 试证四个相异点 $z_1,z_2,z_3,z_4$ 共圆周或共直线的充要条件是

$$\frac{z_1-z_4}{z_1-z_2}:\frac{z_3-z_4}{z_3-z_2}$$

为实数(图 1.0.4).

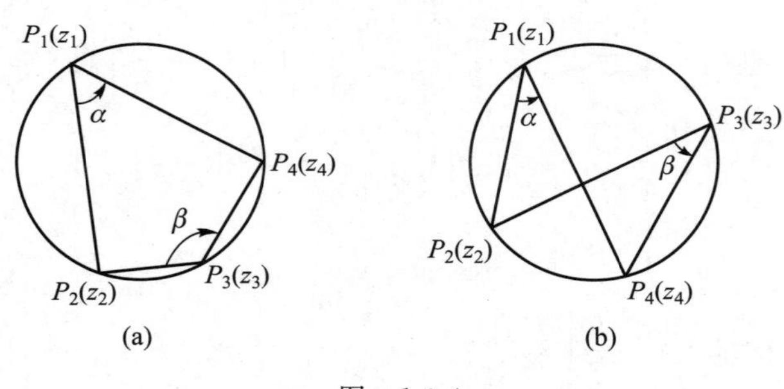


图　1.0.4

**证**　(1) 设$\frac{z_1-z_4}{z_1-z_2},\frac{z_3-z_4}{z_3-z_2}$中有一个为实数,则由例 1.14 知

$$\frac{z_1-z_4}{z_1-z_2}:\frac{z_3-z_4}{z_3-z_2}$$

为实数是四个相异点 $z_1,z_2,z_3,z_4$ 共线的充要条件.

(2) 设$\frac{z_1-z_4}{z_1-z_2},\frac{z_3-z_4}{z_3-z_2}$都不是实数,即 $z_1,z_3$ 都不在过点 $z_2,z_4$ 的直线上,从而

$$\alpha=\arg\frac{z_1-z_4}{z_1-z_2}\quad 与\quad \beta=\arg\frac{z_3-z_4}{z_3-z_2}$$

都不取 0 与 π.

如果

$$\frac{z_1-z_4}{z_1-z_2}:\frac{z_3-z_4}{z_3-z_2}>0,$$

则 $\alpha-\beta=2k\pi$($k$ 为整数). 此时 $z_1,z_3$ 必在过 $z_2,z_4$ 的直线的同侧(即 $z_1,z_3$ 同在以此直线为边界的同一半平面内),且 $z_1,z_2,z_3,z_4$ 四点共圆周(图 1.0.4(b)). 否则,如图 1.0.4(a)所示,由平面几何知识可见

$$\alpha-\beta=\alpha+(-\beta)=\pi,$$

这与 $\alpha-\beta=k(2\pi)$矛盾.

反之,亦真.

类似地,如果

$$\frac{z_1-z_4}{z_1-z_2}:\frac{z_3-z_4}{z_3-z_2}<0,$$

则 $\alpha-\beta=(2k'+1)\pi$($k'$为整数). 此时,$z_1,z_3$ 必在过 $z_2,z_4$ 的直线的异侧(即 $z_1,z_3$ 分别在以此直线为边界的两个半平面内),且 $z_1,z_2,z_3,z_4$ 四点共圆周(图 1.0.4(a)). 否则,如图 1.0.4(b)所示,可见 $\alpha-\beta=0$,这与 $\alpha-\beta=(2k'+1)\pi$ 矛盾.

反之,亦真.

**10.** 试证两向量$\overrightarrow{Oz_1}$($z_1=x_1+\mathrm{i}y_1$)与$\overrightarrow{Oz_2}$($z_2=x_2+\mathrm{i}y_2$)互相垂直的充要条件是 $z_1\overline{z}_2+\overline{z}_1z_2=0$.

**证一** $\overrightarrow{Oz_1}\perp\overrightarrow{Oz_2}\Rightarrow\arg z_1-\arg z_2=\pm\dfrac{\pi}{2}$

$$\Rightarrow\frac{z_1}{z_2}=\pm\left|\frac{z_1}{z_2}\right|\mathrm{i}\xrightarrow{\text{两端平方}}z_1\overline{z}_2+\overline{z}_1z_2=0.$$

反之亦真.

**证二** 如图 1.0.5 所示,

$$\overrightarrow{Oz_1}\perp\overrightarrow{Oz_2}$$
$$\Leftrightarrow|z_1-z_2|^2=|z_1|^2+|z_2|^2$$
$$\Leftrightarrow\mathrm{Re}(z_1\overline{z}_2)=0.$$

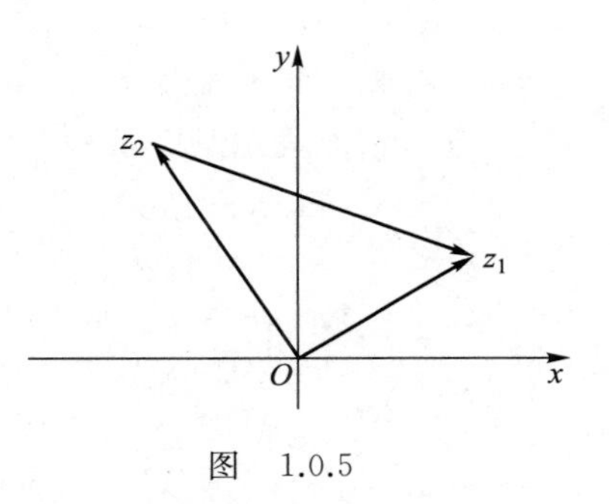

图 1.0.5

**11.** 试证方程

$$\left|\frac{z-z_1}{z-z_2}\right|=k\quad(0<k\neq1,z_1\neq z_2)$$

表示 $z$ 平面上一个圆周,其圆心为 $z_0$,半径为 $\rho$,且

$$z_0=\frac{z_1-k^2z_2}{1-k^2},\quad\rho=\frac{k|z_1-z_2|}{|1-k^2|}.$$

**分析** 要证明

$$\left|\frac{z-z_1}{z-z_2}\right|=k\tag{1}$$

表示圆周 $|z-z_0|=\rho$,即

$$(z-z_0)(\overline{z}-\overline{z}_0)=\rho^2.\tag{2}$$

这只需由(1)式出发,推出

$$\left(\frac{z-z_1}{z-z_2}\right)\left(\frac{\overline{z}-\overline{z}_1}{\overline{z}-\overline{z}_2}\right)=k^2. \tag{3}$$

将(3)式左端乘开，去分母，化简得

$$|z|^2-z_0\overline{z}-\overline{z}_0 z=C\quad (C\text{ 为常数}). \tag{4}$$

(4)式两端加 $z_0\overline{z}_0$ 后，即得(2)式. 从而得证.

## III. 类题或自我检查题

1. 如果 $z_2\neq -z_3$，试证 $\left|\dfrac{z_1}{z_2+z_3}\right|\leqslant\dfrac{|z_1|}{||z_2|-|z_3||}$.

2. 设 $z=x+\mathrm{i}y$，$|x|\neq|y|$，试证只有 $xy=0$ 时 $z^4$ 才是实数.

3. 若 $z^2=(\overline{z})^2$，试证 $z$ 必为实数或纯虚数.

4. 设 $-\dfrac{\pi}{4}\leqslant\arg z\leqslant\dfrac{\pi}{4}$，试证 $\operatorname{Re} z\geqslant\dfrac{|z|}{\sqrt{2}}$.

5. 将复数 $\sin\dfrac{\pi}{3}-\mathrm{i}\cos\dfrac{\pi}{3}$ 化为三角形式和指数形式.

$\left(\text{答}:\cos\left(-\dfrac{\pi}{6}\right)+\mathrm{i}\sin\left(-\dfrac{\pi}{6}\right)\right)$.

6. 设 $|z_k|=1(k=1,2,\cdots,n)$，试证

$$\left|\sum_{k=1}^{n}\frac{1}{z_k}\right|=\left|\sum_{k=1}^{n}z_k\right|.$$

7. 若两个非零复数 $z_1,z_2$，其辐角之差不是 $\pi$ 的整倍数，则对任意复数 $z_3$，由 $z_3=az_1+bz_2$ 常能确定唯一的一对实数 $a,b$.

$\left(\text{答}:a=\dfrac{x_3y_2-x_2y_3}{x_1y_2-x_2y_1},\ b=\dfrac{x_1y_3-x_3y_1}{x_1y_2-x_2y_1}.\right)$

8. 求复数 $z=1+\cos\theta+\mathrm{i}\sin\theta(-\pi<\theta\leqslant\pi)$ 的三角形式.

$\left(\text{答}:2\cos\dfrac{\theta}{2}\left(\cos\dfrac{\theta}{2}+\mathrm{i}\sin\dfrac{\theta}{2}\right).\right)$

9. 计算 $(2+\mathrm{i})(3+\mathrm{i})$，并证明 $\dfrac{\pi}{4}=\arctan\dfrac{1}{2}+\arctan\dfrac{1}{3}$.

10. 证明实系数一元 $n$ 次方程

$$a_0z^n+a_1z^{n-1}+\cdots+a_n=0\quad (a_0\neq 0)$$

的虚根成共轭复数对.

11. 试证

$$|\alpha_1\beta_1+\alpha_2\beta_2|^2+|\alpha_1\overline{\beta}_2-\alpha_2\overline{\beta}_1|^2=(|\alpha_1|^2+|\alpha_2|^2)(|\beta_1|^2+|\beta_2|^2).$$

12. 试证满足 $|z-\alpha|+|z+\alpha|=2|\beta|$ 的复数 $z$ 存在的充要条件为 $|\alpha|\leqslant|\beta|$，试求满足条件时 $|z|$ 的最大值和最小值.

(答：$|z|_{\max}=|\beta|,|z|_{\min}=\sqrt{|\beta|^2-|\alpha|^2}$.)

13. 求根式$\sqrt[6]{\sqrt{3}+(2\sqrt{3}-3)\mathrm{i}}$之值.

(答：$[12(2-\sqrt{3})]^{\frac{1}{12}}\mathrm{e}^{\frac{\pi}{72}+\frac{1}{3}k\pi},k=0,1,2,3,4,5$.)

14. 若$|\alpha_k|<1,\lambda_k\geqslant 0\ (k=1,2,\cdots,n)$，且$\lambda_1+\lambda_2+\cdots+\lambda_n=1$，证明$|\lambda_1\alpha_1+\lambda_2\alpha_2+\cdots+\lambda_n\alpha_n|<1$.

15. (1) 试求点集$\{z\,|\,1\leqslant|z|<2\}$的内点、外点和边界点；

(2) 试求点集$\left\{z\,\middle|\,z=\frac{1}{m}+\frac{1}{n}\mathrm{i}(m,n\text{ 是整数})\right\}$的聚点和孤立点.

(答：(1) 内点为满足$1<|z|<2$的点$z$，外点为满足$|z|<1$或$|z|>2$的点$z$，边界点为满足$|z|=1$或$|z|=2$的点$z$；(2) 聚点为$\frac{1}{m},\frac{\mathrm{i}}{n}$和0，孤立点为$\frac{1}{m}+\frac{\mathrm{i}}{n}$.)

16. 设实数$a,b$是正方形的两个顶点，求在所有可能情况下其他的两个顶点.

$$\left(\text{答：}\begin{cases}a+(b-a)\mathrm{i},\\ b+(b-a)\mathrm{i};\end{cases}\quad \begin{cases}a-(b-a)\mathrm{i},\\ b-(b-a)\mathrm{i};\end{cases}\quad \begin{cases}a+\dfrac{b-a}{\sqrt{2}}\mathrm{e}^{\frac{\pi}{4}\mathrm{i}},\\ a+\dfrac{b-a}{\sqrt{2}}\mathrm{e}^{-\frac{\pi}{4}\mathrm{i}}.\end{cases}\right)$$

17. 求出在 **C** 上由下列不等式所定义的区域或闭域：

(1) $\frac{\pi}{2}\leqslant\arg z\leqslant\pi$；　(2) $|3z+2|<1$；

(3) $|z|<1-\operatorname{Re} z$；　(4) $|z-2|-|z+2|\geqslant 1$；

(5) $|z-p|\leqslant p+\operatorname{Re} z\ (p>0)$.

(提示：参看例 1.2.9 的解法.)

18. 写出下列曲线的参数方程：

(1) 从点$z_0$出发且与复数$\alpha$所对应的向量同向的射线；

(2) 实轴长为$2a$，虚轴长为$2b$的双曲线$(a>0,b>0)$.

(答：(1) $z=z_0+\alpha t(0\leqslant t<+\infty)$；(2) $z=a\sec t+\mathrm{i}b\tan t(0\leqslant t\leqslant 2\pi)$.)

19. 试讨论下列函数在$z=0$的连续性：

(1) $f(z)=\begin{cases}\dfrac{\operatorname{Re}(z^2)}{|z^2|}, & z\neq 0,\\ 0, & z=0;\end{cases}$　(2) $g(z)=\begin{cases}\dfrac{(\operatorname{Re} z)^2}{|z|}, & z\neq 0,\\ 0, & z=0.\end{cases}$

(答：(1)不连续；(2)连续.)

20. 试证

$$\operatorname{Re}[g(z)]\geqslant 0\Leftrightarrow\left|\frac{1-g(z)}{1+g(z)}\right|\leqslant 1.$$

21. 下列函数能否补充定义$f(\infty)$的值，而使之成为在点$\infty$广义连续的函数？

(1) $f(z)=\dfrac{az+b}{cz+d},ad-bc\neq 0,a,b,c,d$ 是复常数；

(2) $f(z)=\mathrm{e}^x(\cos y+\mathrm{i}\sin y)\ (z=x+\mathrm{i}y)$.

(答:(1)能;(2)否.)

22. 下列复数列是否有极限? 如果有,请求出极限值.

(1) $1,\mathrm{i},-1,-\mathrm{i},1,\mathrm{i},-1,-\mathrm{i},\cdots,\mathrm{i}^{n-1},\cdots$;

(2) $\dfrac{3+4\mathrm{i}}{6},\left(\dfrac{3+4\mathrm{i}}{6}\right)^2,\cdots,\left(\dfrac{3+4\mathrm{i}}{6}\right)^n,\cdots$.

(答:(1)否;(2)0.)

23. 设 $S_n=\sum\limits_{k=1}^{n}\left(\dfrac{1+\mathrm{i}}{2}\right)^k$,求 $\lim\limits_{n\to\infty}S_n$.

(答:0.)

# 第二章 解析函数

## I. 重点、要求与例题

本章研究复变函数的微分. 解析函数是复变函数论研究的主要对象.

### §1 解析函数的概念与柯西-黎曼方程

**1.** 比较实数域与复数域中函数的可导($\Leftrightarrow$可微)性. 尽管形式上一样,但复变函数在一点可导要比实变函数情形要求严得多.

**2.** 充分了解复数域中函数可导性与连续性的关系.

(1) $f(z)$在点 $z$ 可导$\underset{\not\Leftarrow}{\Rightarrow}f(z)$在点 $z$ 连续.

(2) 在复数域中,处处连续而又处处不可导的函数随手可得. 比如 $f(z)=\bar{z}$, $\operatorname{Re} z$, $\operatorname{Im} z$, $|z|$等.

**例 2.1.1** 讨论函数

$$f(z)=\begin{cases}\mathrm{e}^{-1/z^2}, & z\neq 0,\\ 0, & z=0\end{cases}$$

在原点的可导性.

**解** (1) 如只在实数域中考察(令 $z=x+\mathrm{i}y$, $y=0$),则

$$f'(0)=\lim_{x\to 0}\frac{f(x)-f(0)}{x-0}=\lim_{x\to 0}\frac{1}{x}\ \mathrm{e}^{-1/x^2}=0.$$

(2) 如在 $z$ 平面上来考察,则若 $z$ 沿实轴,

$$\lim_{z\to 0}\frac{f(z)-f(0)}{z-0}=\lim_{z\to 0}\frac{1}{z}\mathrm{e}^{-1/z^2}=0;$$

若 $z$ 沿正虚轴,

$$\lim_{z\to 0}\left|\frac{f(z)-f(0)}{z-0}\right|=\lim_{h\to 0}\left|\frac{1}{h\mathrm{i}}\ \mathrm{e}^{1/h^2}\right|=+\infty$$

$$\Rightarrow\lim_{z\to 0}\frac{f(z)-f(0)}{z-0}=\infty\quad(\text{例 } 1.2.15),$$

故在实数域内 $f'(0)$存在,在复数域内 $f'(0)$不存在. ■

**例 2.1.2** 设 $z=x+\mathrm{i}y$,

$$f(z)=\begin{cases}\dfrac{x(x^2+y^2)(y-xi)}{x^2+y^4}, & z\neq 0,\\ 0, & z=0,\end{cases}$$

证明：当 $z$ 沿任何向径趋于 0 时，$\dfrac{f(z)-f(0)}{z}\to 0$，但 $f'(0)$不存在.

**分析**　只需另沿一个非向径路线 $z\to 0$，证明两个极限不等.

**证**　(1) 如图 2.1.1 所示，令 $y=mx$（向径），则

$$f(z)=f(x(1+mi))=\frac{x^4(1+m^2)(m-i)}{x^2(1+m^4x^2)}.$$

所以

$$\lim_{z\to 0}\frac{f(z)-f(0)}{z}=\lim_{x\to 0}\frac{x^4(1+m^2)(m-i)}{x^3(1+m^4x^2)(1+mi)}=0.$$

(2) 当 $z$ 沿抛物线 $y^2=x$ 时，

$$f(z)=\frac{1}{2}y(y^2+1)(1-yi),$$

而

$$\frac{f(z)-f(0)}{z}=\frac{1}{2}\frac{(1+y^2)(1-yi)}{y+i}$$

$$\to\frac{1}{2i}\quad(y\to 0).$$

所以在复数域内 $f'(0)$不存在. ■

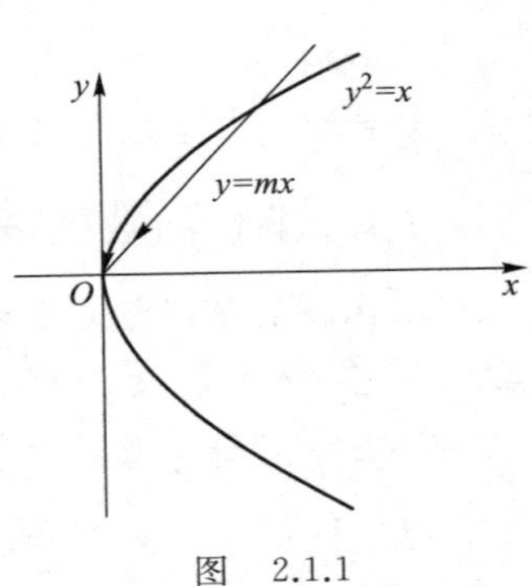


图　2.1.1

**例 2.1.3**　函数 $f(z)=x^3-y^3i$ 仅在原点有导数.

**证**　因

$$\lim_{z\to 0}\frac{f(z)-f(0)}{z}=\lim_{(x,y)\to 0}\frac{x^3-y^3i}{x+iy}=\lim_{(x,y)\to 0}(x^2-xyi-y^2)=0,$$

故 $f(z)$在 $z=0$ 处的导数为 0.

又因

$$\frac{f(z)-f(z_0)}{z-z_0}=\frac{x^3-iy^3-x_0^3+iy_0^3}{(x+iy)-(x_0+iy_0)},$$

若 $z$ 沿路径 $y=y_0$，则

$$\frac{f(z)-f(z_0)}{z-z_0}=\frac{x^3-x_0^3}{x-x_0}\to 3x_0^2\quad(x\to x_0);$$

若 $z$ 沿路径 $x=x_0$，则

$$\frac{f(z)-f(z_0)}{z-z_0}=\frac{-iy^3+iy_0^3}{i(y-y_0)}\to -3y_0^2\quad(y\to y_0),$$

故除非 $x_0=y_0=0$，否则 $f(z)$的导数不存在，所以 $f(z)$在 $z$ 平面上原点外的导数不存在. ■

**例 2.1.4**　函数 $|z|^2z$ 在何处可导？并求出其导数.

**分析**　分别就 $z_0=0$ 及 $z_0\neq 0$ 计算极限(2.1). 后一情形采用的“加一减一”技巧，在微积分中是常见的.

**解**　若 $z_0=0$，则

$$\lim_{z\to 0}\frac{|z|^2 z-0}{z-0}=\lim_{z\to 0}|z|^2=0,$$

因此当 $z=0$ 时，$|z|^2 z$ 有导数 0.

若 $z_0\neq 0$，则

$$\begin{aligned}\lim_{z\to z_0}\frac{|z|^2 z-|z_0|^2 z_0}{z-z_0}&=\lim_{z\to z_0}\left[\frac{|z|^2(z-z_0)}{z-z_0}+\frac{z_0(|z|^2-|z_0|^2)}{z-z_0}\right]\\&=|z_0|^2+\lim_{z\to z_0}\left[\frac{z_0(z\bar{z}-z\bar{z}_0)}{z-z_0}+\frac{z_0(z\bar{z}_0-z_0\bar{z}_0)}{z-z_0}\right]\\&=|z_0|^2+z_0\lim_{z\to z_0}\frac{z(\bar{z}-\bar{z}_0)}{z-z_0}+z_0\bar{z}_0.\end{aligned}$$

由例 2.1 可见 $\bar{z}$ 在 $z_0\neq 0$ 无导数，于是上式中间那项的极限不存在. 因而函数 $|z|^2 z$ 在 $z_0\neq 0$ 无导数. ■

**3.** 充分理解关于解析的定义 2.2 及关于奇点的定义 2.3，并特别留意：

(1) $f(z)$ 在区域 $D$ 内解析 $\Leftrightarrow f(z)$ 在区域 $D$ 内可微；

$f(z)$ 在点 $z_0$ 解析 $\Leftrightarrow f(z)$ 在点 $z_0$ 的某邻域内可微；

$f(z)$ 在点 $z_0$ 解析 $\underset{\nLeftarrow}{\Rightarrow} f(z)$ 在点 $z_0$ 可微.

(2) $f(z)$ 在区域 $D$ 内解析 $\Leftrightarrow f(z)$ 在区域 $D$ 内点点解析.

(3) 泛称的解析函数(总有解析点) $f(z)$ 的非解析点，称为解析函数 $f(z)$ 的奇点.

**4.** 充分掌握解析函数的运算法则.

(1) $f_1(z)$ 和 $f_2(z)$ 均在区域 $D$ 内解析 $\Rightarrow f_1(z)\pm f_2(z), f_1(z)f_2(z), \dfrac{f_1(z)}{f_2(z)}$ $(f_2(z)\neq 0)$ 在 $D$ 内解析，且满足熟知的求导法则.

(2) 在区域 $D$ 内解析函数的复合函数仍解析，且满足熟知的复合函数求导法则.

(3) 常数 $C$、整幂函数 $z^n(n\geqslant 1)$ 及多项式 $P(z)$ 在整个 $z$ 平面上解析；有理分式函数(两个多项式的商) $\dfrac{P(z)}{Q(z)}$ 在 $z$ 平面上除使分母 $Q(z)=0$ 的点外解析，而使 $Q(z)=0$ 的各点就是此有理分式函数的奇点.

**例 2.1.5** 研究分式线性函数 $w=\dfrac{az+b}{cz+d}$ 的解析性，式中 $a,b,c,d$ 均为复常数且 $ad-bc\neq 0$.

**解** 除了使分母为零的点 $z=-\dfrac{d}{c}(c\neq 0)$ 外，它在 $z$ 平面上处处解析，且

$$w'(z)=\frac{a(cz+d)-c(az+b)}{(cz+d)^2}=\frac{ad-bc}{(cz+d)^2}.$$ ■

**例 2.1.6** 考查 $f(z)=z\mathrm{Re}\,z$ 的可导性与解析性.

**分析** 直接应用函数可导和解析的定义.

**解** 因为

$$f'(0)=\lim_{\Delta z\to 0}\frac{f(0+\Delta z)-f(0)}{\Delta z}=\lim_{\Delta z\to 0}\frac{\Delta z\mathrm{Re}(\Delta z)}{\Delta z}=0,$$

所以 $f(z)$ 在 $z=0$ 处可导.

若 $z\neq 0$，则

$$\frac{f(z+\Delta z)-f(z)}{\Delta z}=\frac{(z+\Delta z)\mathrm{Re}(z+\Delta z)-z\mathrm{Re}\,z}{\Delta z}$$

$$=\frac{z}{\Delta z}[\mathrm{Re}(z+\Delta z)-\mathrm{Re}\,z]+\mathrm{Re}(z+\Delta z).$$

令 $\Delta z=\Delta x+\mathrm{i}\Delta y$，于是

$$\frac{f(z+\Delta z)-f(z)}{\Delta z}=z\frac{\Delta x}{\Delta x+\mathrm{i}\Delta y}+x+\Delta x,$$

上述比值当 $z+\Delta z$ 沿平行于虚轴的方向趋于 $z$ 时（即 $\Delta x=0,\Delta y\to 0$），其极限为 $x$；当 $z+\Delta z$ 沿平行于实轴的方向趋于 $z$ 时（即 $\Delta y=0,\Delta x\to 0$），其极限为 $z+x$. 所以当 $z\neq 0$ 时，$\lim\limits_{\Delta z\to 0}\frac{f(z+\Delta z)-f(z)}{\Delta z}$ 不存在. 故 $f(z)$ 在 $z\neq 0$ 处不可导. 于是得知 $f(z)=z\mathrm{Re}\,z$ 仅在原点 $z=0$ 可导，此外处处不可导. 故由解析的定义知 $f(z)=z\mathrm{Re}\,z$ 在 $z$ 平面上处处不解析. ■

**5.** 切实掌握 C.-R.方程：$u_x=v_y, u_y=-v_x$ 及有关定理与公式.

(1) 设 $w=f(z)=u(x,y)+\mathrm{i}v(x,y)$ 在区域 $D$ 内点 $z_0$ 可微，则（图 2.1）

$$u_x+\mathrm{i}v_x=f'(z_0)=\lim_{\substack{\Delta y=0\\ \Delta x\to 0}}\frac{\Delta w}{\Delta z}=\lim_{\substack{y=y_0\\ x\to x_0}}\frac{f(z)-f(z_0)}{z-z_0},\tag{2.5}$$

$$-\mathrm{i}u_y+v_y=f'(z_0)=\lim_{\substack{\Delta x=0\\ \Delta y\to 0}}\frac{\Delta w}{\Delta z}=\lim_{\substack{x=x_0\\ y\to y_0}}\frac{f(z)-f(z_0)}{z-z_0}.\tag{2.6}$$

利用这两个公式计算 $f(z)$ 的实部、虚部在点 $(x_0,y_0)$ 的偏导数较方便.

(2) 设 $f(z)=u(x,y)+\mathrm{i}v(x,y)$ 在区域 $D$ 内有定义，则

**定理 2.1**　$f(z)=u(x,y)+\mathrm{i}v(x,y)$ 在点 $z=x+\mathrm{i}y\in D$ 可微

$$\begin{matrix}\Rightarrow\\ \not\Leftarrow\end{matrix}\begin{cases}\text{偏导数 } u_x,u_y,v_x,v_y \text{ 在点}(x,y)\text{存在},\\ u(x,y),v(x,y)\text{在点}(x,y)\text{满足 C.-R.方程}.\end{cases}$$

**定理 2.2**　$f(z)=u(x,y)+\mathrm{i}v(x,y)$ 在点 $z=x+\mathrm{i}y\in D$ 可微

$$\Leftrightarrow\begin{cases}u(x,y),v(x,y)\text{在点}(x,y)\text{可微},\\ u(x,y),v(x,y)\text{在点}(x,y)\text{满足 C.-R.方程}.\end{cases}$$

**推论 2.3**　$f(z)=u(x,y)+\mathrm{i}v(x,y)$ 在点 $z=x+\mathrm{i}y\in D$ 可微

$$\Leftarrow\begin{cases}u_x,u_y,v_x,v_y \text{ 在点}(x,y)\text{连续},\\ u(x,y),v(x,y)\text{在点}(x,y)\text{满足 C.-R.方程}.\end{cases}$$

(3) 求导公式

$$f'(z)=u_x+\mathrm{i}v_x=v_y-\mathrm{i}u_y=u_x-\mathrm{i}u_y=v_y+\mathrm{i}v_x,\tag{2.7}$$

用它可避免计算二重极限(2.1)所带来的困难.

**例 2.1.7**　考查函数

$$f(z)=\begin{cases}\mathrm{e}^{-1/z^4}, & z\neq 0,\\ 0, & z=0\end{cases}$$

在原点 $z=0$ 的解析性.

**分析**　显然 $f(z)$ 除原点 $z=0$ 外解析；应用(2.5)式及(2.6)式证明 $f(z)$ 在 $z=0$

满足 C.-R. 方程但极限不存在.

**解** 当 $z=0$ 时,由(2.5)式就有

$$u_x+\mathrm{i}v_x=\lim_{\substack{\Delta y=0\\ \Delta x\to 0}}\frac{\mathrm{e}^{-1/(\Delta x)^4}}{\Delta x}=0,$$

故 $(u_x)_0=(v_x)_0=0$. 类似地,当 $z=0$ 时,由(2.6)式得到

$$-\mathrm{i}u_y+v_y=\lim_{\substack{\Delta x=0\\ \Delta y\to 0}}\frac{\mathrm{e}^{-1/(\Delta y)^4}}{\mathrm{i}\Delta y},$$

$$\Rightarrow u_y+\mathrm{i}v_y=\lim_{\substack{\Delta x=0\\ \Delta y\to 0}}\frac{\mathrm{e}^{-1/(\Delta y)^4}}{\Delta y}=0,$$

故

$$(u_y)_0=(v_y)_0=0.$$

所以 C.-R. 方程在 $z=0$ 成立. 但 $f(z)$ 在 $z=0$ 不解析,甚至不连续. 要想证明这一点,只要让点 $z$ 沿直线 $y=x$ 趋于原点. 于是 $z=(1+\mathrm{i})x$, $z^4=-4x^4$, $\mathrm{e}^{-1/z^4}=\mathrm{e}^{1/(4x^4)}$,当 $x$ 趋于零时,$\mathrm{e}^{1/(4x^4)}$ 趋于无穷大.

总之,此函数(参看下节指数函数)在 **C** 上除原点外解析;在原点不连续,自然不解析,并由此可见,函数满足 C.-R.方程不是函数可微的充分条件;原点是孤立奇点. ■

**例 2.1.8** 考查函数

$$f(z)=\begin{cases}|z|(1+\mathrm{i}), & z\neq\pm\bar{z},\\ 0, & z=\pm\bar{z}\end{cases}$$

在 $z=0$ 的可微性.

**分析** 直接考查 $f(z)$ 是否满足定理 2.2 的条件.

**解** 设 $f(z)=u(x,y)+\mathrm{i}v(x,y)$,则

$$u(x,y)=v(x,y)=\begin{cases}\sqrt{x^2+y^2}, & xy\neq 0,\\ 0, & xy=0.\end{cases}$$

显然

$$u_x(0,0)=\lim_{\Delta x\to 0}\frac{u(\Delta x,0)}{\Delta x}=0,$$

$$u_y(0,0)=\lim_{\Delta y\to 0}\frac{u(0,\Delta y)}{\Delta y}=0,$$

同理

$$v_x(0,0)=v_y(0,0)=0,$$

即 $u_x,v_x,u_y,v_y$ 在 $(0,0)$ 存在且满足 C.-R.方程. 但 $u(x,y)$ 在原点不可微. 事实上,对于 $xy\neq 0$ 有

$$\begin{aligned}&\Delta u-(u_x\Delta x+u_y\Delta y)\\ =&u(x,y)-u(0,0)-u_x(0,0)(x-0)-u_y(0,0)(y-0)\\ =&\sqrt{x^2+y^2}\end{aligned}$$

不能任意小. 故由定理 2.2 可知 $f(z)$ 在 $z=0$ 不可微. ■

**注** $z\neq\pm\bar{z}\Leftrightarrow xy\neq 0$, $z=\pm\bar{z}\Leftrightarrow xy=0$.

**例 2.1.9** 考察函数 $f(z)=x^3-y^3+2x^2y^2\mathrm{i}$ 的可微性和解析性.

**分析** 应用推论 2.3 考察可微性;应用定义 2.2 考察解析性.

**解** 因为

$$u(x,y)=x^3-y^3,\quad u_x=3x^2,\ u_y=-3y^2,$$
$$v(x,y)=2x^2y^2,\quad v_x=4xy^2,\ v_y=4x^2y,$$

所以此四个偏导数在 $z$ 平面上连续. 又从

$$3x^2=u_x=v_y=4x^2y\Rightarrow x=0 \text{ 或 } y=\frac{3}{4},$$

$$-3y^2=u_y=-v_x=-4xy^2\Rightarrow y=0 \text{ 或 } x=\frac{3}{4},$$

可见,仅当 $x=0,\ y=0$; $x=\frac{3}{4},\ y=\frac{3}{4}$时,C.-R.方程才成立. 故由推论 2.3 知道,此函数仅在点$(0,0)$及$\left(\frac{3}{4},\frac{3}{4}\right)$两点可微,从而在 $z$ 平面 $\mathbf{C}$ 上处处不解析.

又由求导公式(2.7)得

$$f'(0)=(u_x+\mathrm{i}v_x)\big|_{(0,0)}=(3x^2+4xy^2\mathrm{i})\big|_{(0,0)}=0,$$
$$f'\left(\frac{3}{4}+\frac{3}{4}\mathrm{i}\right)=(u_x+\mathrm{i}v_x)\Big|_{\left(\frac{3}{4},\frac{3}{4}\right)}=(3x^2+4xy^2\mathrm{i})\Big|_{\left(\frac{3}{4},\frac{3}{4}\right)}$$
$$=\frac{3^3}{4^2}(1+\mathrm{i}).$$

■

**例 2.1.10** 函数 $f(z)=(x^2-y^2-x)+\mathrm{i}(2xy-y^2)$在何处可导? 在何处解析?

**解** 因为

$$u(x,y)=x^2-y^2-x,\quad u_x=2x-1,\ u_y=-2y,$$
$$v(x,y)=2xy-y^2,\quad v_x=2y,\ v_y=2x-2y,$$

所以此四个偏导数在 $\mathbf{C}$ 上连续. 又当且仅当 $y=\frac{1}{2}$时,C.-R.方程成立, 故 $f(z)$仅在直线 $y=\frac{1}{2}$上可导. 由于直线上无平面内点,再由解析的定义 2.2 可知,$f(z)$在直线 $y=\frac{1}{2}$上处处不解析,从而 $f(z)$在 $\mathbf{C}$ 上处处不解析. 在 $y=\frac{1}{2}$上,

$$f'(z)\big|_{y=\frac{1}{2}}=(u_x+\mathrm{i}v_x)\big|_{y=\frac{1}{2}}=(2x-1+2y\mathrm{i})\big|_{y=\frac{1}{2}}$$
$$=2x-1+\mathrm{i}.$$

■

**例 2.1.11** 设

$$f(z)=\begin{cases}\dfrac{z^5}{|z|^4}, & z\neq 0,\\ 0, & z=0.\end{cases}$$

试证:$f(z)$在原点不可微,但在原点满足 C.-R.方程.

**分析** 首先证明二重极限(2.1)不存在;再应用公式(2.5)及(2.6)证明 $f(z)$在原点满足 C.-R.方程.

**证** 因为

$$\lim_{\Delta z\to 0}\frac{f(\Delta z)-f(0)}{\Delta z}=\lim_{\Delta z\to 0}\frac{(\Delta z)^4}{|\Delta z|^4}=\lim_{\Delta z\to 0}\mathrm{e}^{\mathrm{i}4\alpha}\quad(\Delta z=|\Delta z|\mathrm{e}^{\mathrm{i}\alpha}),$$

此极限值随 $\alpha$ 不同而异,故极限不存在,即 $f(z)$在原点不可微.

由公式(2.5)及(2.6)可见,

$$u_x(0,0)\overset{(2.5)}{=\!=\!=}\mathrm{Re}\left[\lim_{\substack{\Delta x\to 0\\ \Delta y=0}}\frac{(\Delta z)^4}{|\Delta z|^4}\right]=\mathrm{Re}\left[\lim_{\Delta x\to 0}\left(\frac{\Delta x}{|\Delta x|}\right)^4\right]=1,$$

$$v_y(0,0)\overset{(2.6)}{=\!=\!=}\mathrm{Re}\left[\lim_{\substack{\Delta y\to 0\\ \Delta x=0}}\frac{(\Delta z)^4}{|\Delta z|^4}\right]=\mathrm{Re}\left[\lim_{\Delta y\to 0}\left(\frac{\mathrm{i}\Delta y}{|\Delta y|}\right)^4\right]=1,$$

$$-u_y(0,0)\overset{(2.6)}{=\!=\!=}\mathrm{Im}\left[\lim_{\substack{\Delta y\to 0\\ \Delta x=0}}\frac{(\Delta z)^4}{|\Delta z|^4}\right]=\mathrm{Im}\left[\lim_{\Delta y\to 0}\left(\frac{\mathrm{i}\Delta y}{|\Delta y|}\right)^4\right]=0,$$

$$v_x(0,0)\overset{(2.5)}{=\!=\!=}\mathrm{Im}\left[\lim_{\substack{\Delta x\to 0\\ \Delta y=0}}\frac{(\Delta z)^4}{|\Delta z|^4}\right]=\mathrm{Im}\left[\lim_{\Delta x\to 0}\left(\frac{\Delta x}{|\Delta x|}\right)^4\right]=0.$$

从而

$$u_x(0,0)=v_y(0,0),\quad u_y(0,0)=-v_x(0,0),$$

即 $f(z)$在原点满足 C.-R.方程. ■

**6.** 充分掌握解析函数的等价刻画定理($f(z)=u+\mathrm{i}v$).

**定理 2.4**

$$f(z)\text{ 在区域 }D\text{ 内解析}\Leftrightarrow\begin{cases}\text{在 }D\text{ 内 }u(x,y),v(x,y)\text{ 可微},\\ \text{在 }D\text{ 内 C.-R.方程成立}.\end{cases}$$

**定理 2.5 及定理 3.15**

$$f(z)\text{ 在区域 }D\text{ 内解析}\Leftrightarrow\begin{cases}u_x,u_y,v_x,v_y\text{ 在 }D\text{ 内连续},\\ \text{在 }D\text{ 内 C.-R.方程成立}.\end{cases}$$

**7.** 从以上几个定理我们可以看出:C.-R.方程是判断复变函数在一点可微或在一个区域内解析的主要条件. 在哪一点不满足它,函数在那一点就不可微;在哪个区域内不满足它,函数在那个区域内就不解析.

**例 2.1.12** 考查函数 $f(z)=\mathrm{e}^{-y}(\cos x+\mathrm{i}\sin x)$及 $f'(z)$的解析性.

**分析** 对 $f(z)$及 $f'(z)$分别考查定理 2.5 的条件.

**解** 因为

$$u(x,y)=\mathrm{e}^{-y}\cos x,\quad u_x=-\mathrm{e}^{-y}\sin x,u_y=-\mathrm{e}^{-y}\cos x,$$
$$v(x,y)=\mathrm{e}^{-y}\sin x,\quad v_x=\mathrm{e}^{-y}\cos x,\ v_y=-\mathrm{e}^{-y}\sin x,$$

所以在 $z$ 平面上此四个偏导数连续,且 C.-R.方程成立. 故由定理 2.5,此函数在 $z$ 平面上解析,且

$$f'(z)=u_x+\mathrm{i}v_x=\mathrm{i}\mathrm{e}^{-y}(\cos x+\mathrm{i}\sin x).$$

又因为

$$U(x,y)=\mathrm{Re}\,f'(z)=-\mathrm{e}^{-y}\sin x,$$
$$V(x,y)=\mathrm{Im}\,f'(z)=\mathrm{e}^{-y}\cos x,$$

则

$$U_x=-\mathrm{e}^{-y}\cos x,\quad U_y=\mathrm{e}^{-y}\sin x,$$
$$V_x=-\mathrm{e}^{-y}\sin x,\quad V_y=-\mathrm{e}^{-y}\cos x,$$

所以此四个偏导数在 **C** 上连续且满足 C.-R.方程. 故 $f'(z)$在 **C** 上也解析. ■

**注** 在本例中,

$$f(z)=\cos z+\mathrm{i}\sin z=\mathrm{e}^{\mathrm{i}z},$$
$$f'(z)=\mathrm{i}(\cos z+\mathrm{i}\sin z)=\mathrm{i}\mathrm{e}^{\mathrm{i}z}.$$

**例 2.1.13** 如果 $f(z)$是 $z$ 的解析函数,试证

(1) $\overline{f(z)}$是 $\overline{z}$ 的解析函数;(2) $\overline{f(\overline{z})}$是 $z$ 的解析函数.

**分析** 应用定理 3.15 及定理 2.5,考查相应条件.

**证** 设 $z=x+\mathrm{i}y$, $f(z)=u(x,y)+\mathrm{i}v(x,y)$.

(1) 由假设,$f(z)$在点 $z$ 解析,即 $f(z)$在点 $z$ 的邻域内解析. 由定理 3.15,在点 $z$ 的邻域内 $u_x,u_y,v_x,v_y$ 连续且满足 C.- R.方程,即 $u_x=v_y,u_y=-v_x$.

设 $\overline{z}=\zeta=x-\mathrm{i}y=s+\mathrm{i}t$,则 $x=s,y=-t$. 又设

$$\overline{f(z)}=u(x,y)-\mathrm{i}v(x,y)=U(s,t)+\mathrm{i}V(s,t),$$

则

$$U(s,t)=u(x,y),\quad V(s,t)=-v(x,y).$$

因为

$$U_s=u_xx_s+u_yy_s=u_x,\quad U_t=u_xx_t+u_yy_t=-u_y,$$
$$V_s=-v_s=-(v_xx_s+v_yy_s)=-v_x,$$
$$V_t=-v_t=-(v_xx_t+v_yy_t)=v_y,$$

所以在点 $\overline{z}$(即点$(s,t)$)的邻域内 $U_s,U_t,V_s,V_t$ 连续,且满足 C.- R.方程,即 $U_s=V_t$, $U_t=-V_s$. 因此由定理 2.5,$\overline{f(z)}$在点 $\zeta=\overline{z}$(的邻域)解析.

(2) 由(1)中的证明可见,$\overline{f(\zeta)}$是 $\overline{\zeta}$ 的解析函数. 故从 $\zeta=\overline{z}$ 可得$\overline{f(\overline{z})}$是 $z$ 的解析函数. ■

**注** 定理 3.15 的证明主要用到教材第三章解析函数的无穷可微性,我们这里是提前引用了这一重要性质.

**例 2.1.14** 设 $f(z)=my^3+nx^2y+\mathrm{i}(x^3+lxy^2)$在 $z$ 平面上解析,求系数 $l,m,n$ 的值.

**分析** 分别在除原点外的实轴、虚轴和 $z$ 平面上考查解析的必要条件 C.- R.方程,借此简化并求解问题.

**解** 由题意,

$$u(x,y)=my^3+nx^2y,\quad u_x=2nxy,\ u_y=3my^2+nx^2,$$
$$v(x,y)=x^3+lxy^2,\quad v_x=3x^2+ly^2,\ v_y=2lxy.$$

由 C.- R.方程的 $u_x=v_y$ 得 $2nxy=2lxy$,即

$$xy(n-l)=0. \tag{1}$$

由 C.- R.方程的 $u_y=-v_x$ 得 $3my^2+nx^2=-3x^2-ly^2$,即

$$(3m+l)y^2+(n+3)x^2=0. \tag{2}$$

在(1)式中取 $x\neq0,y\neq0$ 得

$$n=l. \tag{3}$$

在(2)式中先取 $x=0,y\neq0$,再取 $x\neq0,y=0$,分别得

$$3m+l=0, \tag{4}$$

$$n+3=0. \tag{5}$$

解(3)—(5)式得 $n=l=-3, m=1$. ■

**注** 本例题的 $f(z)=y^3-3x^2y+\mathrm{i}(x^3-3xy^2)=\mathrm{i}z^3$.

**例 2.1.15** 若函数 $f(z)=u+\mathrm{i}v$ 在区域 $D$ 内解析,且在 $D$ 内 $v=u^2$. 试证 $f(z)$ 在 $D$ 内必为常数.

**分析** 由题设条件 $v=u^2$ 出发,应用 C.-R. 方程证明 $u$ 是常数,$v$ 也是常数.

**证一** 若 $u$ 为常数,则从 $v=u^2$ 知 $v$ 也为常数,从而 $f(z)$ 为常数. 若 $u$ 不为常数,则 $u,v$ 均不为常数. 这时 $u_x$ 与 $u_y$,$v_x$ 与 $v_y$ 不同时恒等于零.

但从 $-v+u^2=0$ 分别关于 $x,y$ 微分,可得

$$2uu_x-v_x=0, \quad 2uu_y-v_y=0.$$

上面两个方程相容的条件是

$$\begin{vmatrix} u_x & -v_x \\ u_y & -v_y \end{vmatrix}=0, \quad \text{即} \quad \begin{vmatrix} u_x & v_x \\ u_y & v_y \end{vmatrix}=0,$$

也即

$$u_xv_y-u_yv_x=0. \tag{1}$$

而由 C.-R.方程,在 $D$ 内

$$u_x=v_y, \quad u_y=-v_x. \tag{2}$$

将(2)式代入(1)式,在 $D$ 内有 $u_x^2+u_y^2=0$, $v_x^2+v_y^2=0$. 从而在 $D$ 内有$u_x=u_y=v_x=v_y=0$. 这与前面的结论矛盾. 由此证明 $f(z)$在 $D$ 内必为常数.

**证二** 由题设条件 $v=u^2$ 知 $f(z)=u+\mathrm{i}u^2$. 又由 C.-R.方程,在 $D$ 内

$$u_x=v_y=2uu_y, \tag{3}$$

$$u_y=-v_x=-2uu_x. \tag{4}$$

将(3)式代入(4)式得

$$u_y=-2u(2uu_y)=-4u^2u_y,$$

即$(4u^2+1)u_y=0$,亦即 $u_y=0$.

又由(3)式可得 $u_x=0$,故 $u$ 必为常数,从而 $v$ 也必为常数. 因此 $f(z)$在 $D$ 内必为常数. ■

**例 2.1.16** 设 $f(z)$在区域 $D$ 内解析,且在 $D$ 内 $\arg f(z)$为常数,试证 $f(z)$在 $D$ 内必为非零常数.

**分析** 设 $f(z)\neq 0$,否则 $\arg f(z)$无意义. 证法仿例 2.1.15.

**证** 设 $f(z)=u(x,y)+\mathrm{i}v(x,y)\neq 0$,且

$$\arg f(z)=\arctan\frac{v(x,y)}{u(x,y)}=C \quad (C \text{ 为常数}).$$

上式关于 $x,y$ 求导:

$$\left\{-\frac{v}{u^2}\Big/\left[1+\left(\frac{v}{u}\right)^2\right]\right\}u_x+\left\{\frac{1}{u}\Big/\left[1+\left(\frac{v}{u}\right)^2\right]\right\}v_x=0,$$

$$\left\{-\frac{v}{u^2}\Big/\left[1+\left(\frac{v}{u}\right)^2\right]\right\}u_y+\left\{\frac{1}{u}\Big/\left[1+\left(\frac{v}{u}\right)^2\right]\right\}v_y=0.$$

即

$$vu_x - uv_x = 0, \quad vu_y - uv_y = 0.$$

由 $f(z) \neq 0$ 知上述方程组应有非零解，从而在 $D$ 内，

$$0 = \begin{vmatrix} u_x & v_x \\ u_y & v_y \end{vmatrix} = u_x v_y - u_y v_x.$$

再由 C.-R.方程 $u_x = v_y$，$u_y = -v_x$ 推得

$$u_x^2 + u_y^2 = 0, \quad v_x^2 + v_y^2 = 0.$$

所以在 $D$ 内 $u_x = u_y = v_x = v_y = 0$. 于是 $u, v$ 为 $D$ 内非零常数. 故 $f(z)$ 在 $D$ 内必为非零常数. ■

**8.** 了解如下定理(* 例 2.12)：若 $f(z) = u(x, y) + \mathrm{i}v(x, y)$ 在区域 $D$ 内解析，且 $f'(z) \neq 0 (z \in D)$，则

$$u(x, y) = c_1, \quad v(x, y) = c_2 \quad (c_1, c_2 \text{ 是常数})$$

是 $D$ 内两组正交曲线族.

**例 2.1.17** $f(z) = \dfrac{1}{z}$ 在 $\mathbf{C} \setminus \{0\}$ 上解析，且 $f'(z) = -\dfrac{1}{z^2} \neq 0$. 因为 $f(z) = \dfrac{1}{z}$ 的实部、虚部分别是

$$u(x, y) = \frac{x}{x^2 + y^2}, \quad v(x, y) = \frac{-y}{x^2 + y^2},$$

所以

$$\frac{x}{x^2 + y^2} = c_1, \quad -\frac{y}{x^2 + y^2} = c_2,$$

或

$$\left(x - \frac{1}{2c_1}\right)^2 + y^2 = \frac{1}{4c_1^2}, \quad x^2 + \left(y + \frac{1}{2c_2}\right)^2 = \frac{1}{4c_2^2},$$

这是两组正交曲线族. 它们实际上是两族过原点的正交圆周(图 5.5). ■

**9.** 充分理解关于极坐标形式的 C.-R.方程的如下定理(教材定理 2.6)：

设 $f(z) = u(r, \theta) + \mathrm{i}v(r, \theta)$，$z = r\mathrm{e}^{\mathrm{i}\theta}$，若 $u(r, \theta)$，$v(r, \theta)$ 在点 $(r, \theta)$ 是可微的，且满足极坐标形式的 C.-R. 方程

$$u_r = \frac{1}{r} v_\theta, \quad v_r = -\frac{1}{r} u_\theta \quad (r > 0),$$

则 $f(z)$ 在点 $z$ 是可微的，并且

$$f'(z) = (\cos\theta - \mathrm{i}\sin\theta)(u_r + \mathrm{i}v_r) = \frac{r}{z}(u_r + \mathrm{i}v_r).$$

**注** 这里要适当割破 $z$ 平面(如沿负实轴割破)，否则 $\theta(z)$ 不是单值的.

**例 2.1.18** 验证在区域 $G$：$-\pi < \theta(z) < \pi$ 内的单值连续分支函数(公式(2.21))

$$w_k = (\ln z)_k = \ln r(z) + \mathrm{i}[\theta(z) + 2k\pi]$$
$$(z \in G, k = 0, \pm 1, \pm 2, \cdots, z = r\mathrm{e}^{\mathrm{i}\theta})$$

都在 $G$ 内解析.

**证** 因

$$u(r, \theta) = \ln r, \quad v(r, \theta) = \theta + 2k\pi$$

在 $G$ 内皆为 $r, \theta$ 的可微函数，并且

$$u_r=\frac{1}{r},\ u_\theta=0,\ v_r=0,\ v_\theta=1$$

在 $G$ 内满足极坐标形式的 C.- R.方程 $u_r=\frac{1}{r}v_\theta, v_r=-\frac{1}{r}u_\theta$，故由前面的定理知，$w_k=(\ln z)_k$ 在 $G$ 内处处可微，即在 $G$ 内解析，并且

$$\frac{\mathrm{d}}{\mathrm{d}z}(\ln z)_k=\frac{r}{z}(u_r+\mathrm{i}v_r)=\frac{r}{z}\left(\frac{1}{r}+\mathrm{i}\cdot 0\right)=\frac{1}{z}.$$ ■

**10.** 我们不妨说，一个解析函数其特征是与 $\bar{z}$ 无关，而只是 $z$ 的函数：若定义 $\frac{\partial f}{\partial \bar{z}}=\frac{1}{2}\left(\frac{\partial f}{\partial x}+\mathrm{i}\frac{\partial f}{\partial y}\right)$，则当 $f(z)$ 解析时，$\frac{\partial f}{\partial \bar{z}}=0$(教材定理 2.7).

**例 2.1.19** 设 $f(z)=p+\mathrm{i}q$ 为 $z=x+\mathrm{i}y$ 的解析函数，且已知关于 $x,y$ 的二元实值函数 $p,q$ 满足

$$2xyp+(y^2-x^2)q+2xy(x^2+y^2)^2=0, \tag{1}$$

求 $f(z)$.

**分析** 解析函数 $f(z)$的特征是能写成 $z$ 的一元函数. 故我们从(1)式解出 $p$ 着手，观察 $p+\mathrm{i}q$ 再采取措施.

**解** 由(1)式，

$$p=\frac{x^2-y^2}{2xy}q-(x^2+y^2)^2$$

$$\Rightarrow f(z)=p+\mathrm{i}q=\frac{x^2-y^2+2xy\mathrm{i}}{2xy}q-(x^2+y^2)^2$$

$$=\frac{z^2}{2xy}q-\bar{z}^2z^2$$

$$\Rightarrow \frac{f(z)}{z^2}=\frac{q}{2xy}-\bar{z}^2$$

$$\Rightarrow \frac{f(z)}{z^2}-z^2=\frac{q}{2xy}-(z^2+\bar{z}^2)$$

$$=\frac{q(x,y)}{2xy}-2(x^2-y^2).$$

上式左端为随 $z$ 变动的解析函数，右端为 $x,y$ 的函数，可随 $x,y$ 的任意值变动. 若两端相等，必同等于一个实常数，即必有 $\frac{f(z)}{z^2}-z^2$ 等于实常数 $c$. 故 $f(z)=z^4+cz^2$. ■

**注** 对此结果，读者试验证(1)式.

**11.** 洛必达(L'Hospital)法则(一阶导数形式，教材第二章习题(一)第 2 题).

若 $f(z)$及 $g(z)$在点 $z_0$ 解析，且

$$f(z_0)=g(z_0)=0,\quad g'(z_0)\neq 0,$$

则

$$\lim_{z\to z_0}\frac{f(z)}{g(z)}=\frac{f'(z_0)}{g'(z_0)}.$$

**注** 数学分析中实函数的微分中值定理不能直接推广到复函数上来.

## §2 初等解析函数

这一节主要讨论初等单值函数的解析性,这可从它们的可微性来判定. 它们是数学分析中相应初等函数在复数域中的自然推广.

**1.** 充分掌握整幂函数及有理函数的解析性.

(1) 每一个常数是 **C** 上的解析函数,其导数恒为零.

(2) $w=z$ 是 **C** 上最简单的非常数的解析函数,其导数恒为 1.

(3) 每个多项式 $P(z)=a_0z^n+a_1z^{n-1}+\cdots+a_n(a_0\neq 0)$ 是 **C** 上的解析函数,其导函数为

$$P'(z)=na_0z^{n-1}+(n-1)a_1z^{n-2}+\cdots+2a_{n-2}z+a_{n-1}.$$

依代数学基本定理,当 $n\geqslant 1$ 时,$P(z)$ 在 **C** 上至少有一个零点. 所谓零点 $\alpha$,就是使 $P(\alpha)=0$ 的点. 因此 $P(z)$ 可写成连乘积:

$$P(z)=a_0(z-\alpha_1)(z-\alpha_2)\cdots(z-\alpha_n)=a_0\prod_{k=1}^{n}(z-\alpha_k),$$

而 $\alpha_1,\alpha_2,\cdots,\alpha_n$ 都是 $P(z)$ 的零点. 如果其中有 $m$ 个同为 $\alpha$,则称 $\alpha$ 是 $P(z)$ 的 $m$ 阶零点. 这时

$$P(z)=(z-\alpha)^mQ(z),\quad Q(\alpha)\neq 0,$$

其中 $P(\alpha)=P'(\alpha)=\cdots=P^{(m-1)}(\alpha)=0$, $P^{(m)}(\alpha)\neq 0$.

(4) 设 $P(z)$ 与 $Q(z)$ 均为多项式,且无公共零点. 依定义:$R(z)=\dfrac{P(z)}{Q(z)}$ 为有理(分式)函数. $Q(z)$ 的零点为 $R(z)$ 的奇点,$R(z)$ 在 $z$ 平面上除这些点外处处解析.

**2.** 充分掌握指数函数 $e^z=e^{x+iy}=e^x(\cos y+i\sin y)$ 的常见性质:

(1) 在 **C** 上解析,且 $(e^z)'=e^z$,$e^z\neq 0$;

(2) $e^{z_1+z_2}=e^{z_1}e^{z_2}$, $e^{z_1-z_2}=\dfrac{e^{z_1}}{e^{z_2}}$,

及特性:

(1) $e^z$ 是以 $2\pi i$ 为基本周期的周期函数;

(2) 极限 $\lim\limits_{z\to\infty}e^z$ 不存在,即 $e^\infty$ 无意义;

(3) $e^{z_1}=e^{z_2}\Longleftrightarrow z_1=z_2+2k\pi i(k=0,\pm 1,\pm 2,\cdots)$.

**注** (1) 指数函数 $e^z$ 与 $e=2.718\cdots$ 的乘方不同,也就是说,$e^z$ 仅仅是一个记号,其意义如上,它没有幂的意义. 有时将指数函数写成 $\exp z$,以资区别.

(2) $w=e^z$ 是初值问题:

$$\frac{dw}{dz}=w,\quad w(0)=1$$

的一个解,同时也是函数方程

$$f(z_1+z_2)=f(z_1)f(z_2)$$

的一个解.

**例 2.2.1** 试确定 $e^{e^z}$ 的实部和虚部.

**解** 设 $z=x+iy$,则 $e^z=e^x(\cos y+i\sin y)$. 于是

$$e^{e^z}=e^{e^x\cos y+ie^x\sin y}=e^{e^x\cos y}[\cos(e^x\sin y)+i\sin(e^x\sin y)],$$

故

$$\mathrm{Re}(e^{e^z})=e^{e^x\cos y}\cos(e^x\sin y),$$

$$\mathrm{Im}(e^{e^z})=e^{e^x\cos y}\sin(e^x\sin y).$$ ■

**例 2.2.2** $e^z$ 的值何时为实数?

**分析** 要 $e^z$ 为实数,只需 $\mathrm{Im}(e^z)=0$.

**解** 由于 $e^z=e^x(\cos y+\mathrm{i}\sin y)$,所以要 $e^z$ 为实数,就要 $e^x\sin y=0$. 因为 $e^x\neq 0$,就要 $\sin y=0$,即要 $y=k\pi(k=0,\pm1,\pm2,\cdots)$. 换句话说,当点 $z$ 在 $z$ 平面的实轴上 $(k=0)$ 以及在实轴上下每相距为 $\pi$ 的直线上时,$e^z$ 的值为实数. ■

**例 2.2.3** 证明:$f(z)=e^{\bar{z}}$不是 $z$ 的解析函数.

**分析** 证明在 $z$ 平面上处处不满足 C.-R.方程.

**证** 令 $z=x+\mathrm{i}y$,则有 $f(z)=e^{x-\mathrm{i}y}=e^x(\cos y-\mathrm{i}\sin y)$. 所以

$$\mathrm{Re}f(z)=u=e^x\cos y,\quad \mathrm{Im}\,f(z)=v=-e^x\sin y,$$

故

$$u_x=e^x\cos y=-v_y,\quad u_y=-e^x\sin y=v_x.$$

而 $e^x\neq 0$,又 $\cos y$ 和 $\sin y$ 不能同时为零,所以任何 $z=x+\mathrm{i}y$ 均不能使 C.-R.方程 $u_x=v_y, u_y=-v_x$ 同时成立. 故 $f(z)=e^{\bar{z}}$在任一点 $z$ 均不可微,即 $f(z)=e^{\bar{z}}$在 $\mathbf{C}$ 上处处不解析,当然就不是 $z$ 的解析函数. ■

**例 2.2.4** 试证明$\lim\limits_{n\to\infty}\left(1+\dfrac{z}{n}\right)^n=e^z$.

**分析** 应用数学分析中的洛必达法则证明

$$\lim_{n\to\infty}\left|\left(1+\frac{z}{n}\right)\right|^n=|e^z|=e^x,$$

$$\lim_{n\to\infty}\arg\left(1+\frac{z}{n}\right)^n=\arg e^z=y.$$

**证** 令 $p_n=\left|\left(1+\dfrac{z}{n}\right)^n\right|=\left[\left(1+\dfrac{x}{n}\right)^2+\left(\dfrac{y}{n}\right)^2\right]^{\frac{n}{2}}$,故

$$\ln p_n=\frac{n}{2}\ln\left[\left(1+\frac{x}{n}\right)^2+\left(\frac{y}{n}\right)^2\right].$$

令 $\zeta=\dfrac{1}{n}$,视为连续变量,由洛必达法则,有

$$\lim_{n\to\infty}\ln p_n=\lim_{\zeta\to 0}\frac{1}{2\zeta}\ln[(1+\zeta x)^2+\zeta^2y^2]$$

$$=\frac{1}{2}\lim_{\zeta\to 0}\frac{2(1+\zeta x)x+2y^2\zeta}{[(1+\zeta x)^2+\zeta^2y^2]}=x,$$

即

$$\lim_{n\to\infty}p_n=e^x.$$

令 $\varphi_n=\arg\left(1+\dfrac{z}{n}\right)^n=n\arctan\dfrac{\dfrac{y}{n}}{1+\dfrac{x}{n}}$.又

$$\lim_{n\to\infty}\varphi_n=\lim_{\zeta\to 0}\frac{1}{\zeta}\arctan\frac{\zeta y}{1+\zeta x}$$
$$=\lim_{\zeta\to 0}\frac{1}{1+\left(\frac{\zeta y}{1+\zeta x}\right)^2}\cdot\frac{(1+\zeta x)y-\zeta yx}{(1+\zeta x)^2}=y,$$

故

$$\lim_{n\to\infty}\left(1+\frac{z}{n}\right)^n=\mathrm{e}^x(\cos y+\mathrm{i}\sin y)=\mathrm{e}^z.$$ ■

**3.** 充分掌握复正弦函数、余弦函数

$$\sin z=\frac{1}{2\mathrm{i}}(\mathrm{e}^{\mathrm{i}z}-\mathrm{e}^{-\mathrm{i}z}),\quad \cos z=\frac{1}{2}(\mathrm{e}^{\mathrm{i}z}+\mathrm{e}^{-\mathrm{i}z})$$

的如下性质：

(1) 在 $z$ 平面上解析，且 $(\sin z)'=\cos z$，$(\cos z)'=-\sin z$.

(2) $\sin(-z)=-\sin z$，$\cos(-z)=\cos z$.

(3) 周期、零点与在实数域内的情形一致.

(4) 有关正弦、余弦的三角恒等式都成立.

(5) 定义本身就反映了复正弦函数、余弦函数与复指数函数有着密切的联系. 特别是，对任何复数 $z$，有

$$\mathrm{e}^{\mathrm{i}z}=\cos z+\mathrm{i}\sin z.$$

这是欧拉公式在复数域内的推广.

(6) 在复数域内不能再断言 $|\sin z|\leqslant 1$，$|\cos z|\leqslant 1$.

**例 2.2.5** 函数 $f(z)=\mathrm{e}^{-\frac{1}{z}}$ 在 $\mathbf{C}$ 上除 $z=0$ 外都有定义，试证明：

(1) 在去心半圆"$0<|z|\leqslant 1$，$|\arg z|\leqslant\frac{\pi}{2}$"上函数 $f(z)$ 有界；

(2) 在(1)中去心半圆上 $f(z)$ 连续，但不一致连续；

(3) 在去心扇形"$0<|z|\leqslant 1$，$|\arg z|\leqslant\alpha<\frac{\pi}{2}$"上 $f(z)$ 一致连续.

**分析** (1) 证明存在 $M>0$，使在此去心半圆上 $|f(z)|\leqslant M(z\neq 0)$.

(2) 由于 $f(z)$ 在原点不连续. 证明在原点邻近总存在充分接近的两点 $z'$，$z''$ 使 $|f(z')-f(z'')|$ 不能任意小.

(3) 先证明 $f(z)$ 在有界闭集"$0\leqslant|z|\leqslant 1$，$|\arg z|\leqslant\alpha<\frac{\pi}{2}$"上连续.

**证** (1) 令 $z=r\mathrm{e}^{\mathrm{i}\varphi}=r(\cos\varphi+\mathrm{i}\sin\varphi)$，$r\neq 0$.

因为 $f(z)=\mathrm{e}^{-\frac{1}{z}}=\mathrm{e}^{-\frac{\cos\varphi-\mathrm{i}\sin\varphi}{r}}$，所以 $|f(z)|=\mathrm{e}^{-\frac{\cos\varphi}{r}}$. 当 $|\varphi|=|\arg z|\leqslant\frac{\pi}{2}$ 时，$\cos\varphi\geqslant 0$. 由于 $\mathrm{e}^x$ 是增函数，故有

$$|f(z)|=\mathrm{e}^{-\frac{\cos\varphi}{r}}\leqslant\mathrm{e}^0=1\quad(r\neq 0).$$

(2) 由 $z\neq 0$ 知 $-\frac{1}{z}$ 是 $z$ 的连续函数. 因而 $f(z)=\mathrm{e}^{-\frac{1}{z}}$ 在(1)中去心半圆上连续，但不一致连续. 事实上，对 $\varepsilon_0=\frac{1}{2}$，无论 $\delta$ 多么小，总存在两点

$$z'=\frac{\mathrm{i}}{\left(2k+\frac{1}{2}\right)\pi}\quad 与\quad z''=-\frac{\mathrm{i}}{\left(2k+\frac{1}{2}\right)\pi},$$

虽然 $|z'-z''|=\dfrac{4}{(4k+1)\pi}<\delta$(只要 $k$ 充分大),但

$$\begin{aligned}\left|\mathrm{e}^{-\frac{1}{z'}}-\mathrm{e}^{-\frac{1}{z''}}\right|&=\left|\mathrm{e}^{\mathrm{i}\left(2k+\frac{1}{2}\right)\pi}-\mathrm{e}^{-\mathrm{i}\left(2k+\frac{1}{2}\right)\pi}\right|\\&=2\left|\sin\left(2k+\frac{1}{2}\right)\pi\right|=2>\frac{1}{2}=\varepsilon_0.\end{aligned}$$

(3) 由(1)知 $|f(z)|=\mathrm{e}^{-\frac{\cos\varphi}{r}}$,而当 $|\varphi|\leqslant\alpha<\dfrac{\pi}{2}$ 时,有 $\cos\varphi\geqslant\cos\alpha$,所以

$$|f(z)|=\mathrm{e}^{-\frac{\cos\varphi}{r}}\leqslant\mathrm{e}^{-\frac{\cos\alpha}{r}}\to 0\quad(r\to 0).$$

故

$$\lim_{z\to 0}f(z)=0.$$

若定义当 $z=0$ 时,$f(z)=0$,则

$$f(z)=\begin{cases}\mathrm{e}^{-\frac{1}{z}}, & z\neq 0,\\ 0, & z=0\end{cases}$$

在有界闭扇形"$0\leqslant|z|\leqslant 1,|\arg z|\leqslant\alpha<\dfrac{\pi}{2}$"上连续,因而一致连续. 从而 $f(z)=\mathrm{e}^{-\frac{1}{z}}$ 在去心扇形"$0<|z|\leqslant 1,|\arg z|\leqslant\alpha<\dfrac{\pi}{2}$"上一致连续. ■

**4. 掌握正切函数、余切函数**

$$\tan z=\frac{\sin z}{\cos z},\quad \cot z=\frac{\cos z}{\sin z}$$

的解析性和周期性.

(1) $\cos z$ 的零点

$$z_n=\left(n+\frac{1}{2}\right)\pi\quad(n=0,\pm1,\pm2,\cdots)$$

是解析函数 $\tan z$ 在 $\mathbf{C}$ 上的全部奇点;$\sin z$ 的零点

$$z_n=n\pi\quad(n=0,\pm1,\pm2,\cdots)$$

是解析函数 $\cot z$ 在 $\mathbf{C}$ 上的全部奇点,且

$$(\tan z)'=\sec^2 z,\quad(\cot z)'=-\csc^2 z.$$

(2) 正切函数、余切函数的周期为 $\pi$.

**例 2.2.6** 当 $z=x+\mathrm{i}y$ 时,试证下列不等式:

(1) $|\sin z|\geqslant\dfrac{1}{2}|\mathrm{e}^{-y}-\mathrm{e}^{y}|$;(2) $|\tan z|\geqslant\dfrac{|\mathrm{e}^{y}-\mathrm{e}^{-y}|}{\mathrm{e}^{y}+\mathrm{e}^{-y}}$.

**证** (1) 
$$\begin{aligned}|\sin z|&=\left|\frac{1}{2\mathrm{i}}(\mathrm{e}^{\mathrm{i}z}-\mathrm{e}^{-\mathrm{i}z})\right|=\frac{1}{2}|\mathrm{e}^{\mathrm{i}z}-\mathrm{e}^{-\mathrm{i}z}|\\&\geqslant\frac{1}{2}\big||\mathrm{e}^{\mathrm{i}z}|-|\mathrm{e}^{-\mathrm{i}z}|\big|=\frac{1}{2}|\mathrm{e}^{-y}-\mathrm{e}^{y}|.\end{aligned}$$

(2) $|\tan z|=\left|\dfrac{\sin z}{\cos z}\right|=\dfrac{|e^{iz}-e^{-iz}|}{|e^{iz}+e^{-iz}|}\geqslant\dfrac{|e^{y}-e^{-y}|}{e^{y}+e^{-y}}$,因由三角不等式,

$$|e^{iz}+e^{-iz}|\leqslant|e^{iz}|+|e^{-iz}|=e^{y}+e^{-y}.$$ ■

**5.** 了解双曲函数

$$\sinh z=\frac{1}{2}(e^{z}-e^{-z}),\quad \cosh z=\frac{1}{2}(e^{z}+e^{-z}),$$

$$\tanh z=\frac{\sinh z}{\cosh z},\quad \coth z=\frac{\cosh z}{\sinh z}$$

的解析性、周期性及基本公式.

(1) $\sinh z,\cosh z$ 与 $e^{z}$ 一样,都以 $2\pi i$ 为周期,都在 $\mathbf{C}$ 上解析,且

$$(\sinh z)'=\cosh z,\quad (\cosh z)'=\sinh z;$$

(2) 基本公式(教材第二章习题(一)第 16—18 题各公式).

**例 2.2.7**　解方程 $\cos z=i\sinh 5$.

**分析**　记 $z=x+iy$,由教材第二章习题(一)第 18 题(2),

$$\cos z=\cos x\cosh y-i\sin x\sinh y.$$

**解**　原方程即 $\cos x\cosh y-i\sin x\sinh y=i\sinh 5$. 由此得到

$$\begin{cases}\cos x\cosh y=0, & (1)\\ -\sin x\sinh y=\sinh 5. & (2)\end{cases}$$

由于 $\cosh y=\dfrac{1}{2}(e^{y}+e^{-y})\neq 0$,(1)式即是 $\cos x=0$,解得

$$x=\left(k+\frac{1}{2}\right)\pi\quad(k=0,\pm 1,\pm 2,\cdots),$$

代入(2)式,得 $(-1)^{k+1}\sinh y=\sinh 5$,解得 $y=(-1)^{k+1}5$. 故

$$z=\left(k+\frac{1}{2}\right)\pi+5(-1)^{k+1}i\quad(k=0,\pm 1,\pm 2,\cdots).$$ ■

**例 2.2.8**　证明 $\tanh(z+\pi i)=\tanh z$.

**证**　由定义,

$$\tanh(z+\pi i)=\frac{\sinh(z+\pi i)}{\cosh(z+\pi i)}=\frac{\sinh z\cosh \pi i-\cosh z\sinh \pi i}{\cosh z\cosh \pi i+\sinh z\sinh \pi i}$$

$$=\frac{\sinh z\cos \pi-i\cosh z\sin \pi}{\cosh z\cos \pi+i\sinh z\sin \pi}=\frac{\sinh z}{\cosh z}=\tanh z.$$ ■

## §3　初等多值函数

这一节的主要内容是采用限制辐角或割破平面的方法,来分出根式函数与对数函数的单值解析分支. 对此,读者要充分理解并逐步掌握.

逆运算产生多值的情形,在实数域里我们已见过一些了,在复数域里,我们还会看到一些新的结论.

**1.** 幂函数 $w=z^{n}$($n$ 是大于 1 的整数)的单叶性区域(定义 2.8),是顶点在原点 $z=0$、张角不超过 $\dfrac{2\pi}{n}$ 的角形区域. 该函数将 $\mathbf{C}$ 上的角形区域 $0<\theta<\theta_0\left(0<\theta_0\leqslant\dfrac{2\pi}{n}\right)$ 扩大 $n$ 倍.

**例 2.3.1** 设区域 $D=\{z\mid 0<r<r_0, 0<\theta<\theta_0\}$，$r_0,\theta_0$ 为定数，$0<\theta_0<\pi$，则在映射 $w=z^2$ 下，其像区域(图 2.3.1)为

$$G=w(D)=\{w\mid 0<\rho<r_0^2, 0<\varphi<2\theta_0\},$$

其中设 $z=re^{i\theta}$，$w=\rho e^{i\varphi}$. 于是 $D$ 为 $w=z^2$ 的单叶性区域，也就是映射 $w=z^2$ 在区域 $D$ 内是单叶解析的. ■

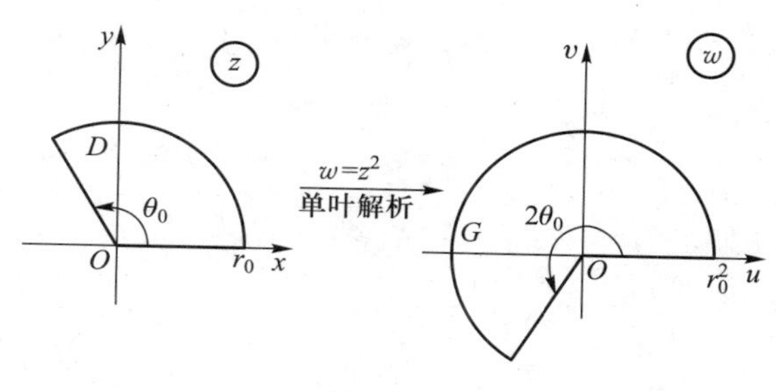


图 2.3.1

**注** 由定理 7.1(保域定理)，单叶解析变换 $w=z^2$ 在区域 $D$ 内是保域的，即把区域 $D$ 映成像区域 $G=w(D)$.

**例 2.3.2** 设 $\overline{D}=\{z\mid 0\leqslant r\leqslant r_0, 0\leqslant\theta\leqslant\theta_0\}$，则在 $w=z^3$ 的映射下，像为

$$\overline{G}=\{w\mid 0\leqslant\rho\leqslant r_0^3, 0\leqslant\varphi\leqslant 3\theta_0\},$$

其中 $z=re^{i\theta}$，$w=\rho e^{i\varphi}$. 这里的 $\overline{D}$ 是否是 $w=z^3$ 的单叶性区域，取决于 $\theta_0\leqslant\dfrac{2\pi}{3}$ 还是 $\theta_0>\dfrac{2\pi}{3}$ $(z_0=r_0e^{i\theta_0})$. ■

**2.** 根式函数 $w=\sqrt[n]{z}$ (整数 $n\geqslant 2$) 是整幂函数 $z=w^n$ 的反函数. 对 $z=re^{i\theta}$ $(\neq 0,\infty)$，其常用的 $n$ 个单值连续解析分支为

$$w_k=(\sqrt[n]{z})_k=\sqrt[n]{r(z)}\,e^{i\frac{\theta(z)+2k\pi}{n}},$$

$$k=0,1,2,\cdots,n-1,\ z\in G: -\pi<\theta<\pi\ (\text{或 } 0<\theta<2\pi).$$

式中 $-\pi<\theta<\pi$ 等价于从原点起沿负实轴割破 $z$ 平面，$0<\theta<2\pi$ 等价于从原点起沿正实轴割破 $z$ 平面. $z=0$ 与 $\infty$ 是此根式函数的支点，连接两支点的割线叫支割线.

$(\sqrt[n]{z})_0$ 为主值支. 各支的导数分别为

$$(\sqrt[n]{z})'_k=\frac{1}{n}\frac{(\sqrt[n]{z})_k}{z}\quad (k=0,1,2,\cdots,n-1).$$

**例 2.3.3** 如图 2.3.2 所示，它表明 $w=z^2$ 把区域 $D$(第一象限)映成 $G$(上半 $w$ 平面). $z=\sqrt{w}$ 的主值支把 $G$ 映成 $D$. 显然，如果给定区域(图 2.3.2)$D$ 和 $G$，则把 $D$ 映成 $G$ 的映射为 $w=z^2$，把 $G$ 映成 $D$ 的映射为 $z=\sqrt{w}$(主值支). ■

**例 2.3.4** 确定 $w=\sqrt[4]{z}$ 的各单值解析分支，并在各分支上求当 $z=1$ 时的导数值.

**解** 设 $z=re^{i\theta}$ $(-\pi<\theta\leqslant\pi)$. 因为

$$w_k=(\sqrt[4]{z})_k=r^{\frac{1}{4}}e^{i\frac{\theta+2k\pi}{4}},\quad k=0,1,2,3,$$

所以各分支是

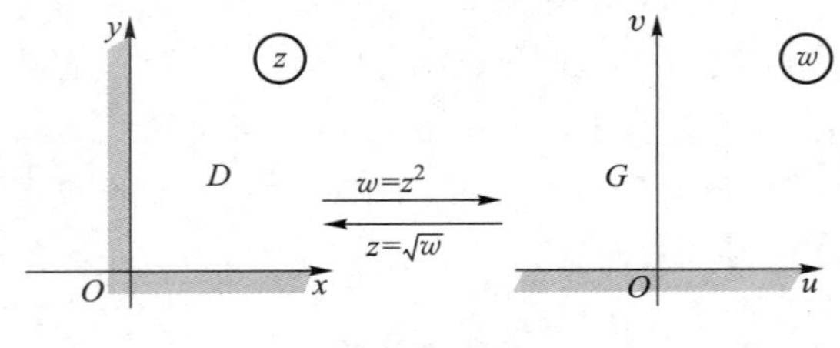


图　2.3.2

$$w_0=(\sqrt[4]{z})_0=r^{\frac{1}{4}}\mathrm{e}^{\mathrm{i}\frac{\theta}{4}},$$
$$w_1=(\sqrt[4]{z})_1=r^{\frac{1}{4}}\mathrm{e}^{\mathrm{i}\frac{\theta+2\pi}{4}}=\mathrm{i}r^{\frac{1}{4}}\mathrm{e}^{\mathrm{i}\frac{\theta}{4}},$$
$$w_2=(\sqrt[4]{z})_2=r^{\frac{1}{4}}\mathrm{e}^{\mathrm{i}\frac{\theta+4\pi}{4}}=-r^{\frac{1}{4}}\mathrm{e}^{\mathrm{i}\frac{\theta}{4}},$$
$$w_3=(\sqrt[4]{z})_3=r^{\frac{1}{4}}\mathrm{e}^{\mathrm{i}\frac{\theta+6\pi}{4}}=-\mathrm{i}r^{\frac{1}{4}}\mathrm{e}^{\mathrm{i}\frac{\theta}{4}}.$$

对于 $z=1(r(1)=1,\theta(1)=0)$，各分支的值是

$$w_0=1,\quad w_1=\mathrm{i},\quad w_2=-1,\quad w_3=-\mathrm{i}.$$

又当 $z\neq 0(z\in G:-\pi<\theta<\pi)$时，

$$w_k'(z)=(\sqrt[4]{z})_k'=\frac{1}{4}\frac{(\sqrt[4]{z})_k}{z}\quad(k=0,1,2,3).$$

所以各分支当 $z=1$ 时的导数值分别为

$$\frac{1}{4},\ \frac{1}{4}\mathrm{i},\ -\frac{1}{4},\ -\frac{1}{4}\mathrm{i}.$$

■

**注**　如 $z=z_0$ 在支割线负实轴的上岸，而每个在 $G:-\pi<\theta(z)<\pi$ 内的单值解析分支$(\sqrt[4]{z})_k$是单边连续到支割线负实轴上岸的，故可以在上岸上计算其值.

**例 2.3.5**　设区域 $D$ 是沿正实轴割开的 $z$ 平面，求函数 $w=\sqrt[5]{z}$ 在 $D$ 内满足条件 $\sqrt[5]{-1}=-1$ 的单值连续解析分支在 $z=1-\mathrm{i}$ 处的值.

**解一**　设 $z=r\mathrm{e}^{\mathrm{i}\theta}$，则

$$w_k=\sqrt[5]{r(z)}\,\mathrm{e}^{\mathrm{i}\frac{\theta(z)+2k\pi}{5}},\quad k=0,1,2,3,4,$$

这里 $z\in D:0<\theta(z)<2\pi$.

分析起来，下面的关键是利用已给初值条件确定 $k$.

先由已给条件确定 $k$. 因 $z=-1\in D$ 时，

$$r(-1)=1,\quad \theta(-1)=\pi,$$

要 $-1=\mathrm{e}^{\mathrm{i}\frac{\pi+2k\pi}{5}}$，必 $k=2$.

再求 $w_2(1-\mathrm{i})(1-\mathrm{i}\in D)$的值. 因

$$r(1-\mathrm{i})=\sqrt{2},\ \theta(1-\mathrm{i})=2\pi-\frac{\pi}{4}=\frac{7\pi}{4}\quad(\text{如图 2.3.3}),$$

故

$$w_2(1-\mathrm{i})=(\sqrt{2})^{\frac{1}{5}}\mathrm{e}^{\mathrm{i}\frac{\frac{7\pi}{4}+4\pi}{5}}=\sqrt[10]{2}\,\mathrm{e}^{\mathrm{i}\frac{23}{20}\pi}=-2^{\frac{1}{10}}\mathrm{e}^{\frac{3}{20}\pi\mathrm{i}}.$$

**解二**　关键是利用公式(2.25).

先计算 $z$ 从起点 $-1$ 沿路线 $L$(不穿过支割线)到终点 $1-\mathrm{i}$ 时所求分支 $f(z)$ 的辐角的连续改变量为

$$\Delta_L \arg f(z)=\frac{1}{5}\Delta_L \arg z=\frac{1}{5}\cdot\frac{3\pi}{4}=\frac{3\pi}{20}\quad(\text{图 } 2.3.3),$$

再利用公式(2.28)计算所求分支 $f(z)$ 的终值.

$$f(1-\mathrm{i})=f(z_2)\xlongequal{(2.28)}|f(z_2)|\mathrm{e}^{\mathrm{i}\Delta L\arg f(z)}\mathrm{e}^{\mathrm{i}\arg f(z_1)}$$
$$=(\sqrt{2})^{\frac{1}{5}}\mathrm{e}^{\frac{3}{20}\pi\mathrm{i}}\mathrm{e}^{\mathrm{i}\pi}=-\sqrt[10]{2}\,\mathrm{e}^{\frac{3}{20}\pi\mathrm{i}}.$$ ■

**例 2.3.6** 设 $w=\sqrt[5]{z}$ 定义在沿正实轴割破的 $z$ 平面上,取一单值解析分支

$$f(z)=r^{\frac{1}{5}}\mathrm{e}^{\mathrm{i}\frac{\theta+2\pi}{5}}\quad(z=r\mathrm{e}^{\mathrm{i}\theta},0<\theta<2\pi),$$

试求 $f(-\mathrm{i})$ 和 $f'(-\mathrm{i})$.

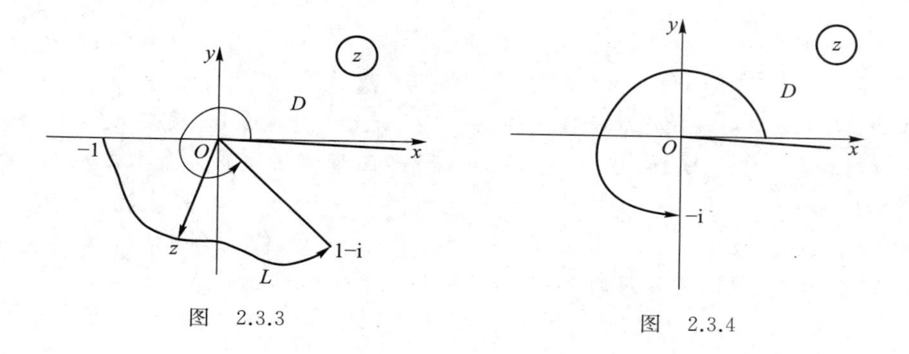


图 2.3.3　　　　图 2.3.4

**解** 因为 $-\mathrm{i}\in D:0<\theta(z)<2\pi$,所以

$$r(-\mathrm{i})=1,\ \theta(-\mathrm{i})=\frac{3\pi}{2}\quad(\text{图 } 2.3.4),$$

故

$$f(-\mathrm{i})=\mathrm{e}^{\mathrm{i}\cdot\frac{(3\pi/2)+2\pi}{5}}=\mathrm{e}^{\frac{7\pi}{10}\mathrm{i}},$$

$$f'(-\mathrm{i})=\frac{1}{5}\left.\frac{f(z)}{z}\right|_{z=-\mathrm{i}}=\frac{1}{5(-\mathrm{i})}\mathrm{e}^{\frac{7\pi}{10}\mathrm{i}}=\frac{1}{5}\mathrm{e}^{\frac{6}{5}\pi\mathrm{i}}.$$ ■

**例 2.3.7** 已给 $f(z)=\sqrt[3]{z-1}$. (1) 求 $f(z)$ 的支点;(2) 证明在 $z$ 平面割去线段 $(-\infty,1]$ 的区域 $G$ 内 $f(z)$ 能分出三个单值解析分支;(3) 确定在点 $z=2$ 取正值那一个分支在点 $z=-1+\mathrm{i}$ 的值.

**解** (1) $f(z)=\sqrt[3]{z-1}$ 的支点为 $z=1,\infty$.

(2) 由于支割线 $(-\infty,1]$ 是连接支点 1 和 $\infty$ 的射线,所以 $G$ 是 $f(z)$ 能分出三个单值解析分支的最大区域.

(3) 令 $z-1=r\mathrm{e}^{\mathrm{i}\theta}$,则

$$f_k(z)=(\sqrt[3]{z-1})_k=\sqrt[3]{r}\,\mathrm{e}^{\mathrm{i}\frac{\theta+2k\pi}{3}},\quad k=0,1,2,$$

即

$$f_0(z)=(\sqrt[3]{z-1})_0=\sqrt[3]{r}\,\mathrm{e}^{\mathrm{i}\frac{\theta}{3}}\quad(-\pi<\theta=\arg(z-1)<\pi),$$

$$f_1(z)=\omega f_0(z),\quad f_2(z)=\omega^2 f_0(z),\quad \omega=e^{\frac{2\pi i}{3}}.$$

当 $z=2$ 时，$|z-1|=r_0=1,\theta_0=0$. 要求 $f_k(z)$ 取正值，必 $k=0$，故所取分支为

$$f_0(z)=\sqrt[3]{r}\,e^{i\frac{\theta}{3}},\quad -\pi<\theta<\pi.$$

由已给条件 $\arg f_0(2)=0$. 当 $z=-1+i$ 时，$|z-1|=\sqrt{5}$，

$$|f_0(-1+i)|=(\sqrt{5})^{\frac{1}{3}}=\sqrt[6]{5}.$$

又

$$\Delta_C \arg f(z)=\frac{1}{3}\Delta_C\arg(z-1)=\frac{1}{3}(\pi-\alpha)$$
$$=\frac{1}{3}\left(\pi-\arctan\frac{1}{2}\right)\quad(\text{图 }2.3.5),$$

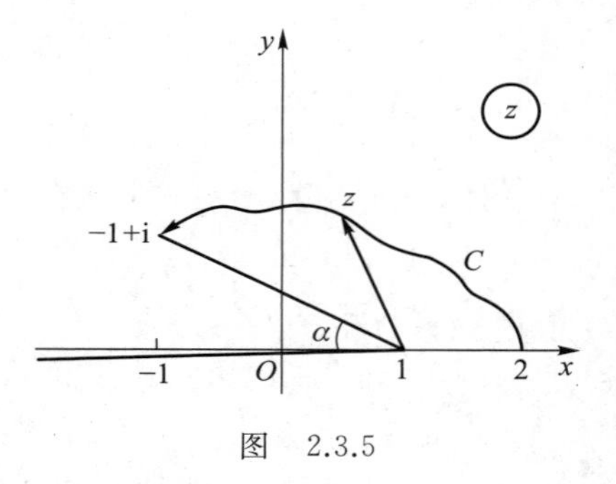


图 2.3.5

所以

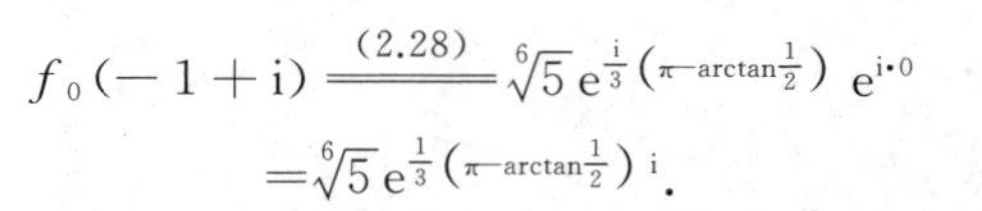

$$f_0(-1+i)\xlongequal{(2.28)}\sqrt[6]{5}\,e^{\frac{i}{3}\left(\pi-\arctan\frac{1}{2}\right)}\,e^{i\cdot 0}$$
$$=\sqrt[6]{5}\,e^{\frac{1}{3}\left(\pi-\arctan\frac{1}{2}\right)i}.$$ ■

**3. 指数函数** $w=e^z$ 的单叶性区域，是 $z$ 平面上平行于实轴、宽不超过 $2\pi$ 的带形区域. 该函数把平行于实轴、宽为 $y_0(0<y_0\leqslant 2\pi)$ 的带形区域变为角形区域 $0<\arg w<y_0$.

**4. 对数函数** $w=\operatorname{Ln} z(z\neq 0,\infty)$ 是指数函数 $z=e^w$ 的反函数.

(1) 当 $z=re^{i\theta}$ 时，其常用的无穷多个单值连续解析分支为

$$w=\operatorname{Ln} z=\ln|z|+i\operatorname{Arg} z,$$

即

$$w_k=(\ln z)_k=\ln r(z)+i[\theta(z)+2k\pi]\tag{2.26}$$
$$(z\in G:-\pi<\theta(z)<\pi,k=0,\pm1,\pm2,\cdots).$$

$z=0,\infty$ 是此对数函数的支点，负实轴 $(-\infty,0]$ 是支割线.

(2) 通常把 $\ln z=\ln r+i\theta(-\pi<\theta<\pi)$ 称为对数函数的主值支，即(2.26)式 $k=0$ 那一支.

(3) 各支的导数为 $\dfrac{d}{dz}(\ln z)_k=\dfrac{1}{z}(k=0,\pm1,\pm2,\cdots)$.

(4) 对数函数的基本性质

$$\left.\begin{aligned}&\operatorname{Ln}(z_1z_2)=\operatorname{Ln} z_1+\operatorname{Ln} z_2,\\&\operatorname{Ln}\frac{z_1}{z_2}=\operatorname{Ln} z_1-\operatorname{Ln} z_2\end{aligned}\right\}(z_1,z_2\neq 0,\infty).\tag{2.24}$$

**例 2.3.8** 求方程 $e^{2z}+e^z+1=0$ 的解集.

**分析** 解关于 $e^z$ 的二次方程 $(e^z)^2+e^z+1=0$.

**解** 因为 $e^z=\dfrac{1}{2}(-1\pm\sqrt{1-4})=\dfrac{1}{2}(-1\pm\sqrt{3}i)\xlongequal{\text{def}}t$，所以

$$z=\operatorname{Ln} t=\operatorname{Ln}\left[\frac{1}{2}(-1\pm\sqrt{3}i)\right].$$

而 $|t|=\dfrac{1}{2}\sqrt{1+3}=1$，$\arg t=\arctan\dfrac{\pm\sqrt{3}}{-1}=\pm\dfrac{\pi}{3}$，故解集为

$$z_k=\ln 1\pm\frac{\pi}{3}\mathrm{i}+2k\pi\mathrm{i}=\pm\frac{\pi}{3}\mathrm{i}+2k\pi\mathrm{i}\quad(k=0,\pm 1,\pm 2,\cdots).$$ ■

**例 2.3.9** 指出下面推理的错误(伯努利(Bernoulli)提出的诡论):

**命题** 对于任意复数 $z\neq 0,\infty$, $\mathrm{Ln}(-z)=\mathrm{Ln}\,z$.

**证** (1) 因为 $(-z)^2=z^2$,

(2) 所以 $\mathrm{Ln}(-z)^2=\mathrm{Ln}\,z^2$,

(3) 于是 $\mathrm{Ln}(-z)+\mathrm{Ln}(-z)=\mathrm{Ln}\,z+\mathrm{Ln}\,z$,

(4) 所以 $2\mathrm{Ln}(-z)=2\mathrm{Ln}\,z$,

(5) 故得 $\mathrm{Ln}(-z)=\mathrm{Ln}\,z$.

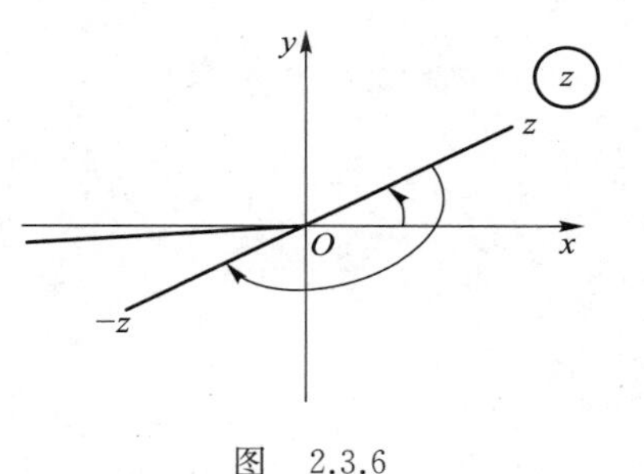

图 2.3.6

**解** 这个命题是不真的. 如图 2.3.6 所示,因为若

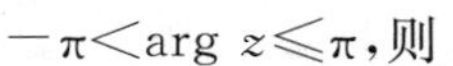
$-\pi<\arg z\leqslant\pi$,则

$$\mathrm{Ln}\,z=\ln|z|+\mathrm{i}(\arg z+2k\pi),$$

$$\mathrm{Ln}(-z)=\ln|z|+\mathrm{i}[\arg z+(2k-1)\pi]\quad(k=0,\pm 1,\pm 2\cdots),$$

于是 $\mathrm{Ln}(-z)\neq\mathrm{Ln}\,z$.

命题证明中,推理步骤(1)—(3)都正确,但由(3)推(4)是错误的. $\mathrm{Ln}\,z+\mathrm{Ln}\,z$ 可以视为由两个相同数集 $\mathrm{Ln}\,z$ 各取一个元素相加所得的和的数集,而 $2\mathrm{Ln}\,z$ 只是数集 $\mathrm{Ln}\,z$ 中每一个数的两倍所成的数集. 显然 $2\mathrm{Ln}\,z$ 仅是 $\mathrm{Ln}\,z+\mathrm{Ln}\,z$ 的一个真子集,所以 $\mathrm{Ln}\,z+\mathrm{Ln}\,z\neq 2\mathrm{Ln}\,z$. 因此由(3)不能推得(4). ■

**5.** 一般幂函数 $w=z^{\alpha}=\mathrm{e}^{\alpha\mathrm{Ln}\,z}$ ($z\neq 0,\infty$;$\alpha$ 为复常数)与一般指数函数 $w=a^z=\mathrm{e}^{z\mathrm{Ln}\,a}$ ($a\neq 0$ 为复常数).

这两种函数都可看作复合函数,它们的性质可由其他函数的性质推导出来.

**注** 在后一定义里,当 $a=\mathrm{e}$ 时,$\mathrm{e}^z$ 表示无穷多个独立的、在 $z$ 平面上单值的解析函数. 只有当 $\mathrm{Ln}\,\mathrm{e}$ 取主值时,这里的 $\mathrm{e}^z$ 才和以往定义过的指数函数 $\mathrm{e}^z$ 一致.

下面四题都直接应用一般幂函数的定义并通过对数函数计算所求的值.

**例 2.3.10** 求 $(-1)^{-\mathrm{i}}$.

**解** 由定义,

$$(-1)^{-\mathrm{i}}=\mathrm{e}^{-\mathrm{i}\mathrm{Ln}(-1)}=\mathrm{e}^{(-\mathrm{i})[(2k+1)\pi\mathrm{i}]}=\mathrm{e}^{(2k+1)\pi}\quad(k=0,\pm 1,\pm 2,\cdots).$$

主值为 $\mathrm{e}^{\pi}$. ■

**例 2.3.11** 求 $\mathrm{i}^{\mathrm{i}^{\mathrm{i}}}$.

**解** 因为

$$\mathrm{i}^{\mathrm{i}}=\mathrm{e}^{\mathrm{i}\mathrm{Ln}\,\mathrm{i}}=\mathrm{e}^{\mathrm{i}\left[\ln 1+\mathrm{i}\left(\frac{\pi}{2}+2k_1\pi\right)\right]}=\mathrm{e}^{-\left(\frac{\pi}{2}+2k_1\pi\right)}\quad(k_1=0,\pm 1,\pm 2,\cdots).$$

所以

$$\mathrm{i}^{\mathrm{i}^{\mathrm{i}}}=\mathrm{e}^{\mathrm{i}^{\mathrm{i}}\mathrm{Ln}\,\mathrm{i}}=\mathrm{e}^{\mathrm{e}^{-\left(\frac{\pi}{2}+2k_1\pi\right)}\left[\ln 1+\mathrm{i}\left(\frac{\pi}{2}+2k_2\pi\right)\right]}=\mathrm{e}^{\mathrm{i}\left(\frac{\pi}{2}+2k_2\pi\right)\mathrm{e}^{-\left(\frac{\pi}{2}+2k_1\pi\right)}}$$

$$(k_1=0,\pm 1,\pm 2,\cdots;k_2=0,\pm 1,\pm 2,\cdots).$$ ■

**例 2.3.12** 求 $1^z$ ($z=x+\mathrm{i}y$).

**解** 由定义,

$$1^z=\mathrm{e}^{z\mathrm{Ln}\,1}=\mathrm{e}^{(x+\mathrm{i}y)(\ln 1+2k\pi\mathrm{i})}=\mathrm{e}^{(x+\mathrm{i}y)\cdot 2k\pi\mathrm{i}}=\mathrm{e}^{-2k\pi y}\mathrm{e}^{2k\pi x\mathrm{i}}$$

$$=\mathrm{e}^{-2k\pi y}[\cos(2k\pi x)+\mathrm{i}\sin(2k\pi x)]\quad(k=0,\pm 1,\pm 2,\cdots).$$

当 $k=0$ 时,得出此数的主值为 1. ■

**例 2.3.13** 若 $w=z^z$，$z=x+\mathrm{i}y$，试用 $x,y$ 表示 $\mathrm{Re}\,w$ 及 $\mathrm{Im}\,w$.

**解** 因 $z\neq 0$，则可设 $z=r\mathrm{e}^{\mathrm{i}\theta}$，其中

$$r=|z|=\sqrt{x^2+y^2},\quad \theta=\arg z+2m\pi,$$

而 $\arg z=\arctan\dfrac{y}{x}$ 表示 $z$ 的一个确定的辐角，不必是主辐角，$m=0,\pm1,\pm2,\cdots$，则

$$\begin{aligned}w=z^z&=\mathrm{e}^{z\mathrm{Ln}\,z}=\mathrm{e}^{(x+\mathrm{i}y)(\ln r+\mathrm{i}\theta)}\quad(z\neq 0,\infty)\\&=\mathrm{e}^{x\ln r-\theta y+\mathrm{i}(y\ln r+\theta x)}.\end{aligned}$$

所以

$$\mathrm{Re}\,w=\mathrm{e}^{x\ln r-\theta y}\cos(y\ln r+\theta x),$$
$$\mathrm{Im}\,w=\mathrm{e}^{x\ln r-\theta y}\sin(y\ln r+\theta x).$$ ■

**6.** 具有多个有限支点的多值函数.

前面已经说过，我们的研究对象是解析函数，但是由于辐角的多值性，不可避免地要涉及某些初等多值函数，如已讨论过的单有限支点情形的根式和对数函数.

(1) 对具有多个有限支点的多值函数，我们就不便采取限制辐角范围的办法，而是首先求出该函数的一切交点，然后适当连接支点以割破 $z$ 平面. 于是，在 $z$ 平面上以此割线为边界的区域 $G$ 内就能分出该函数的单值解析分支. 因为在 $G$ 内变点不能穿过支割线，也就不能单独绕任一个支点转一整周，函数就不可能在 $G$ 内同一点取不同的值了.

(2) 讨论函数

$$w=f(z)=\sqrt[n]{R(z)}\tag{2.27$'$}$$

的支点，其中有理函数 $R(z)=\dfrac{P(z)}{Q(z)}$，多项式

$$P(z)=A(z-a_1)^{\alpha_1}(z-a_2)^{\alpha_2}\cdots(z-a_m)^{\alpha_m},\quad \alpha_1+\alpha_2+\cdots+\alpha_m=N,$$
$$Q(z)=B(z-b_1)^{\beta_1}(z-b_2)^{\beta_2}\cdots(z-b_l)^{\beta_l},\quad \beta_1+\beta_2+\cdots+\beta_l=M.$$

今对(2.27)′式作像教材(2.27)式的类似讨论，就能得到类似教材的下列结论：

(a) (2.27)′式可能的支点是 $a_1,a_2,\cdots,a_m,b_1,b_2,\cdots,b_l$ 和 $\infty$；

(b) 当且仅当 $n$ 不能整除 $\alpha_i$ 或 $\beta_j$ 时，$a_i$ 或 $b_j$ 是 $\sqrt[n]{R(z)}$ 的支点；

(c) 当且仅当 $n$ 不能整除 $N-M$ 时，$\infty$ 是 $\sqrt[n]{R(z)}$ 的支点；

(d) 如果 $n$ 能整除 $\alpha_1,\alpha_2,\cdots,\alpha_m,-\beta_1,-\beta_2,\cdots,-\beta_l$ 中若干个之和，则 $a_1,a_2,\cdots,a_m,b_1,b_2,\cdots,b_l$ 中对应的那几个就可以连接成割线，抱成团，即变点 $z$ 沿只含它们在其内部的简单闭曲线转一整周后函数值不变. 这种抱成的团可能不止一个. 其余不入团的点则与点 $\infty$ 连接成一条割线.

例如，对

$$w=\sqrt{z(z-1)(z-2)(z-3)(z-4)},$$

就可将 0 与 1，2 与 3 分别用直线段连接成割线，抱成两个团，再把余下的 4 与点 $\infty$ 连接成一条割线.

又如，对

$$w=\sqrt[3]{z(z-1)(z-2)(z-3)(z-4)},$$

就可将 0,1,2 用直线段连接成一条割线,抱成一个团,再把余下的 3,4 与点∞连接成一条割线.

**注** 这里较之教材对函数(2.27)的讨论扩大了范围(当 $Q(z)=1$ 时,就是函数(2.27)). 因此,这里的四条结论也就对应地包含原来的四条结论.

(3) 由已给单值解析分支 $f(z)$ 的初值 $f(z_1)$,计算终值 $f(z_2)$ 的公式为

$$f(z_2)=|f(z_2)|\mathrm{e}^{\mathrm{i}\Delta_C\arg f(z)}\mathrm{e}^{\mathrm{i}\arg f(z_1)}, \tag{2.28}$$

其中 $C$ 为连接起点 $z_1$ 和终点 $z_2$ 且不穿过支割线的路线.

当把 $z_2\in G$ 换记成 $G$ 内的动点 $z$ 时,得到的

$$f(z)=|f(z)|\mathrm{e}^{\mathrm{i}\Delta_C\arg f(z)}\mathrm{e}^{\mathrm{i}\arg f(z_1)} \tag{2.28$^*$}$$

也是此单值解析分支的解析表达式.

**例 2.3.14** 设 $w=f(z)=\sqrt{z(z-1)(z-2)}$ 确定在沿正实轴割破的 $z$ 平面上,且 $f(-1)=-\sqrt{6}\,\mathrm{i}$,试求 $f(\mathrm{i})$ 之值.

**分析** 求支点,适当割破 $z$ 平面,利用(2.28)式计算 $f(\mathrm{i})$.

**解** 因 $2\nmid 1$, $2\nmid(1+1+1)$,但 $2|2$,故此函数的支点为 0,1,2 和∞.

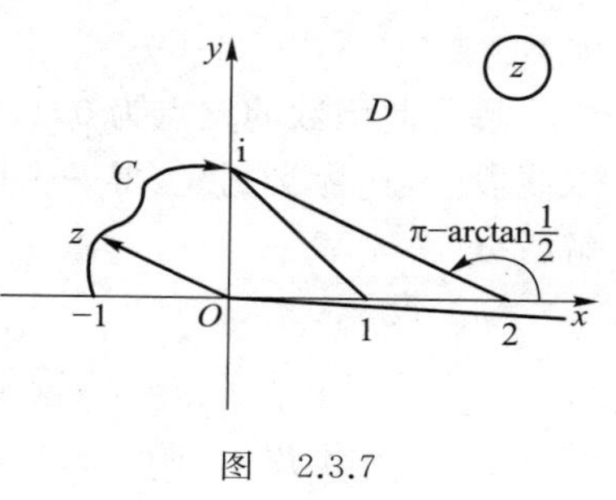

图 2.3.7

可取支割线为从原点出发的正实轴,则 $f(z)$ 在沿它割破 $z$ 平面得到的区域 $D$ 上就能分出两个单值解析分支. 因 $z$ 从 $-1$ 沿 $D$ 内一条简单曲线 $C$ 变动到 i 时,

$$\begin{aligned}\Delta_C\arg f(z)&=\frac{1}{2}[\Delta_C\arg z+\Delta_C\arg(z-1)+\Delta_C\arg(z-2)]\\&=\frac{1}{2}\left(-\frac{\pi}{2}-\frac{\pi}{4}-\arctan\frac{1}{2}\right)\quad(\text{图 }2.3.7),\end{aligned}$$

故

$$\begin{aligned}f(\mathrm{i})&\xlongequal{(2.28)}|\mathrm{i}(\mathrm{i}-1)(\mathrm{i}-2)|^{\frac{1}{2}}\mathrm{e}^{-\frac{\mathrm{i}}{2}\left(\frac{\pi}{2}+\frac{\pi}{4}+\arctan\frac{1}{2}\right)}\mathrm{e}^{-\frac{\pi}{2}\mathrm{i}}\\&=-\sqrt[4]{10}\,\mathrm{e}^{\frac{\mathrm{i}}{2}\left(\frac{\pi}{4}-\arctan\frac{1}{2}\right)}=-\sqrt[4]{10}\,\mathrm{e}^{\frac{\mathrm{i}}{2}\arctan\frac{1}{3}},\end{aligned}$$

这是因为 $\arg f(-1)=\arg(-\sqrt{6}\,\mathrm{i})=-\dfrac{\pi}{2}$,且

$$\tan\left(\frac{\pi}{4}-\arctan\frac{1}{2}\right)=\frac{\tan\dfrac{\pi}{4}-\tan\left(\arctan\dfrac{1}{2}\right)}{1+\tan\dfrac{\pi}{4}\tan\left(\arctan\dfrac{1}{2}\right)}=\frac{1}{3}.$$

■

**例 2.3.15** 试证:在将 $z$ 平面适当割开后,函数

$$f(z)=\sqrt[4]{z(1-z)^3}$$

能分出四个单值解析分支. 并求出在割线上岸取正值那一支在 $z=-1$ 的值.

**证** 此函数的支点是 0 和 1(因为 $4\nmid 1$, $4\nmid 3$),而∞不是支点(因为 $4|(1+3)$). 可在 $z$ 平面上取线段[0,1]为支割线,得一个以它为边界的区域 $D$,在 $D$ 内可以把 $f(z)$ 分成四个单值解析分支. 因 $z$ 沿 $D$ 内一条简单曲线从割线上岸变动到 $-1$ 时,

$$\Delta_C \arg f(z)=\frac{1}{4}[\Delta_C \arg z+3\Delta_C \arg(1-z)]$$
$$=\frac{1}{4}(\pi+3\times 0)=\frac{\pi}{4}\quad(图\ 2.3.8),$$

故

$$f(-1)\xlongequal{(2.28)}\sqrt[4]{|(-1)[1-(-1)]^3|}\,e^{\frac{\pi}{4}i}e^{i\cdot 0}$$
$$=\sqrt[4]{8}\cdot\frac{1}{\sqrt{2}}(1+i)=\sqrt[4]{2}(1+i).$$

■

**例 2.3.16** 设函数 $f(z)=\sqrt{z(1-z)}$ 的单值解析分支区域为 $D$.

(1) 求在支割线 $[0,1]$ 上岸取正值的那一支 $f_0(z)$ 的表达式;

(2) 求 $f_0(-1)$, $f_0(4)$, $f_0(\sqrt{3}i)$, $f_0(-\sqrt{3}i)$, $f_0\left(\frac{1}{2}+yi\right)$ 的值,其中 $y$ 为非零实数.

**解** 此函数的支点为 0,1(因为 $2\nmid 1$),而 $\infty$ 不是支点(因为 $2|(1+1)$). 在 $z$ 平面上取线段 $[0,1]$ 为支割线,得一个以它为边界的区域 $D$, $f(z)$ 在 $D$ 内可以分成两个单值解析分支.

(1) 设 $z=r_1(z)e^{i\theta_1(z)}$, $1-z=r_2(z)e^{i\theta_2(z)}$,则

$$f_k(z)=\sqrt{r_1(z)r_2(z)}\,e^{i\frac{\theta_1(z)+\theta_2(z)+2k\pi}{2}}\quad(z\in D,k=0,1).$$

当 $z$ 在 $[0,1]$ 上岸时(图 2.3.8), $\theta_1=0$, $\theta_2=0$,

$$0<f_k(z)=\sqrt{r_1r_2}\,e^{\frac{2k\pi i}{2}}\Leftrightarrow k=0,$$

故所求解析分支的表达式为

$$f_0(z)=\sqrt{r_1(z)r_2(z)}\,e^{i\frac{\theta_1(z)+\theta_2(z)}{2}}\quad(z\in D),$$

或

$$f_0(z)\xlongequal{(2.28)^*}\sqrt{r_1(z)r_2(z)}\,e^{i\frac{1}{2}[\Delta_C \arg z+\Delta_C \arg(1-z)]}e^{i\cdot 0}\quad(z\in D).$$

(2) 因为 $-1\in D$,所以 $f_0(-1)=\sqrt{1\times 2}\,e^{\frac{i}{2}(\pi+0)}=\sqrt{2}i$(图 2.3.8).

因为 $4\in D$,所以 $f_0(4)=\sqrt{4\times 3}\,e^{\frac{i}{2}[0+(-\pi)]}=-\sqrt{12}i$(图 2.3.9).

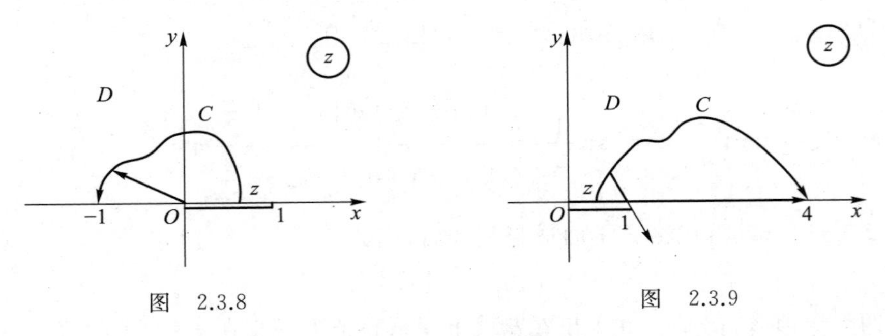


图 2.3.8　　图 2.3.9

因为 $\sqrt{3}i\in D$,所以 $f_0(\sqrt{3}i)=\sqrt[4]{12}\,e^{\frac{i}{2}\left[\frac{\pi}{2}+\left(-\frac{\pi}{3}\right)\right]}=\sqrt[4]{12}\,e^{\frac{\pi}{12}i}$(图 2.3.10).

因为 $-\sqrt{3}i\in D$,所以 $f_0(-\sqrt{3}i)=\sqrt[4]{12}\,e^{\frac{i}{2}\left(\frac{3}{2}\pi+\frac{\pi}{3}\right)}=\sqrt[4]{12}\,e^{\frac{11}{12}\pi i}$(图 2.3.11).

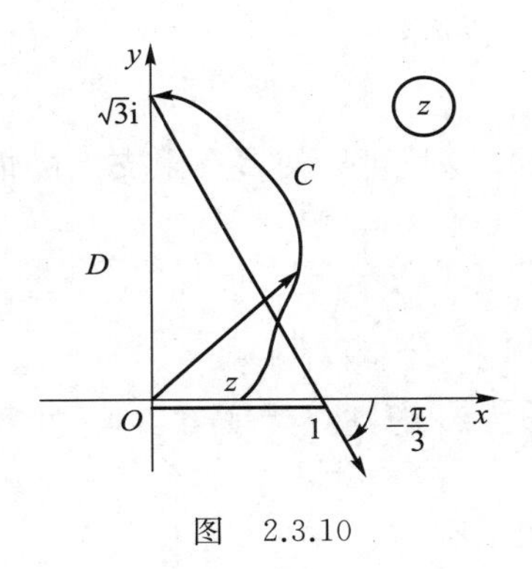

图 2.3.10

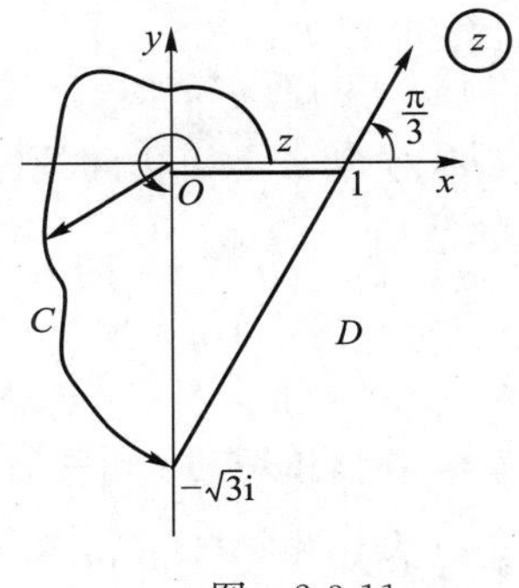

图 2.3.11

又

$$
\begin{aligned}
f_0\left(\frac{1}{2}+y\mathrm{i}\right) &= \sqrt{\left|\frac{1}{2}+\mathrm{i}y\right|\left|\frac{1}{2}-\mathrm{i}y\right|}\,\mathrm{e}^{\mathrm{i}\frac{1}{2}[\Delta_C\arg z+\Delta_C\arg(1-z)]} \\
&= \left|\frac{1}{2}+\mathrm{i}y\right|\mathrm{e}^{\frac{\mathrm{i}}{2}[\Delta_C\arg z+\Delta_C\arg(1-z)]} \\
&= \begin{cases} \left|\dfrac{1}{2}+\mathrm{i}y\right|, & y>0(\text{图 } 2.3.12), \\ \left|\dfrac{1}{2}+\mathrm{i}y\right|\mathrm{e}^{\mathrm{i}\pi}=-\left|\dfrac{1}{2}+\mathrm{i}y\right|, & y<0(\text{图 } 2.3.13). \end{cases}
\end{aligned}
$$

■

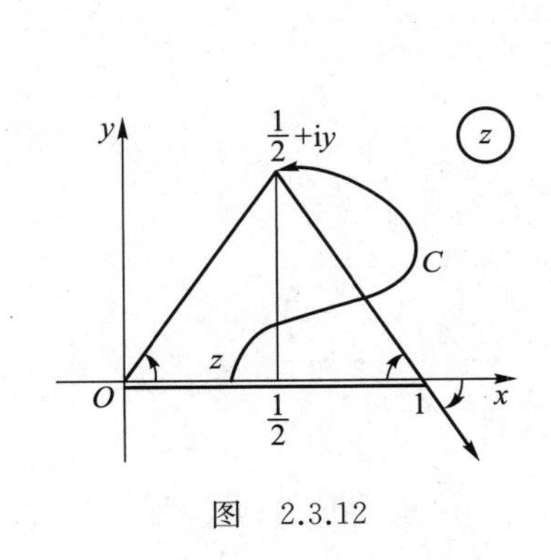

图 2.3.12

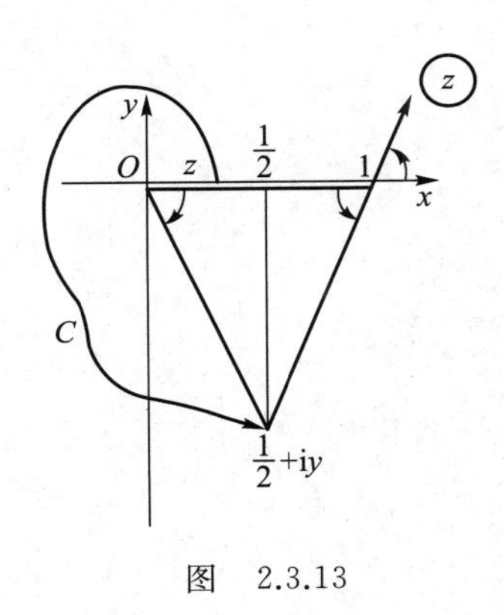

图 2.3.13

**注** 解这类题(如以上三题)的要点是作图观察当动点 $z$ 沿路线 $C$($C$ 在 $D$ 内,且不穿过支割线)从起点 $z_1$ 到终点 $z_2$ 时,各因子辐角的连续改变量:

$$\Delta_C\arg z, \quad \Delta_C\arg(1-z), \quad \cdots,$$

即观察向量 $z$, $1-z$, $\cdots$ 的辐角的连续改变量. 由此可以利用公式(2.28)来计算 $\Delta_C\arg f(z)$.

**例 2.3.17** 求函数 $\sqrt{(z-1)(z-2)}$ 在指定点 $z_1=3$, $z_2=3+\dfrac{\mathrm{i}}{2}$ 的导数,其中 $\sqrt{w}$ 取单值解析分支

$$|w|^{\frac{1}{2}}\mathrm{e}^{\mathrm{i}\frac{\arg w}{2}},\quad -\pi<\arg w<\pi,$$

即当 $w=(z-1)(z-2)$ 取正值时，$\sqrt{w}$ 亦取正值.

**分析** 变量代换常常是简化问题的有效方法. 这里可以使多有限支点的情形简化为单有限支点的情形.

**解** 记

$$\zeta=\sqrt{w},\quad w=(z-1)(z-2),$$

其中 $\sqrt{w}$ 取所设单值解析分支. 由于 $\sqrt{(z-1)(z-2)}$ 的支点为 1 和 2，经过变量代换后，$\zeta=\sqrt{w}$ 的支点为 0 和 $\infty$（图 2.3.14）.

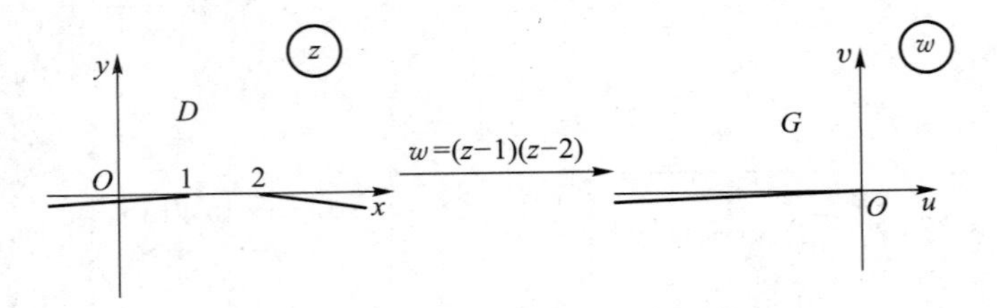


图 2.3.14

利用复合函数求导法则，

$$\frac{\mathrm{d}\zeta}{\mathrm{d}z}=\frac{\mathrm{d}\zeta}{\mathrm{d}w}\frac{\mathrm{d}w}{\mathrm{d}z}=\frac{1}{2}\frac{\sqrt{w}}{w}\frac{\mathrm{d}w}{\mathrm{d}z}$$
$$=\frac{1}{2}\frac{\sqrt{(z-1)(z-2)}}{(z-1)(z-2)}(2z-3),$$

于是得

$$\left.\frac{\mathrm{d}\zeta}{\mathrm{d}z}\right|_{z=z_1=3}=\frac{1}{2}\frac{(6-3)\sqrt{2}}{2}=\frac{3}{4}\sqrt{2},$$

$$\left.\frac{\mathrm{d}\zeta}{\mathrm{d}z}\right|_{z=z_2=3+\frac{\mathrm{i}}{2}}=\frac{1}{2}\frac{(3+\mathrm{i})\sqrt{\left(2+\frac{\mathrm{i}}{2}\right)\left(1+\frac{\mathrm{i}}{2}\right)}}{\left(2+\frac{\mathrm{i}}{2}\right)\left(1+\frac{\mathrm{i}}{2}\right)}$$
$$=\frac{(3+\mathrm{i})\sqrt{7+6\mathrm{i}}}{7+6\mathrm{i}}=\sqrt[4]{\frac{20}{17}}\mathrm{e}^{\mathrm{i}\left(\arctan\frac{1}{3}-\frac{1}{2}\arctan\frac{6}{7}\right)}.$$ ■

**例 2.3.18** 求函数

$$w(z)=\sqrt[3]{\frac{(z+1)(z-1)(z-2)}{z}}$$

当 $z=3$ 时 $w>0$ 的那一支在 $z=\mathrm{i}$ 的值.

**分析** 求支点后适当割破 $z$ 平面，再应用(2.28)* 式计算 $f(\mathrm{i})$.

**解** 此函数可能的支点是 $-1,0,1,2,\infty$，又因 $a_1=-1,a_2=1,a_3=2;\alpha_1=\alpha_2=\alpha_3=1;b_1=0;\beta_1=1;N-M=(1+1+1)-1=2$，其中 $\alpha_1,\alpha_2,\alpha_3,\beta_1$ 都不能被 $n=3$ 整除，故 $-1,0,1,2$ 都是支点；$n\nmid(N-M)$ 即为 $3\nmid 2$，故 $\infty$ 也是支点. 所以此函数在如图 2.3.15 所示割破 $z$ 平面的区域 $D$ 内能够分成三个单值解析分支.

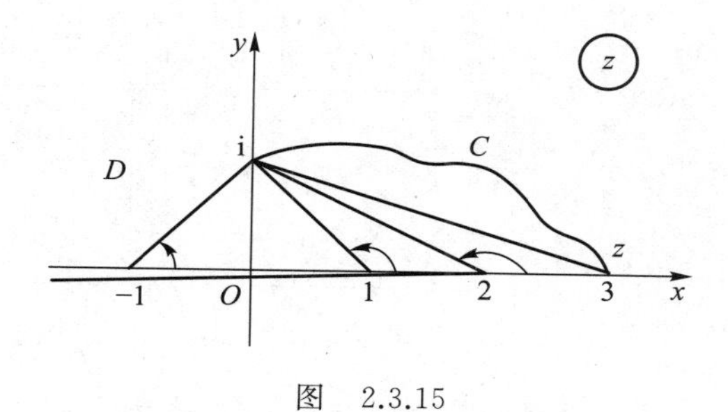


图 2.3.15

由公式(2.28)* 可知所求解析分支的表达式为

$$f(z)=\sqrt[3]{\left|\frac{[z-(-1)](z-1)(z-2)}{z}\right|}\mathrm{e}^{\mathrm{i}\Delta_C \arg f(z)}\cdot \mathrm{e}^{\mathrm{i}\cdot 0}\quad (z\in D, C\subset D),$$

其中

$$\Delta_C \arg f(z)=\frac{1}{3}\{\Delta_C \arg[z-(-1)]+\Delta_C \arg(z-1)+\Delta_C \arg(z-2)-\Delta_C \arg z\}.$$

因为 $\mathrm{i}\in D, C\subset D$，当 $z$ 沿 $D$ 内一条简单曲线从 3 变动到 i 时，

$$\Delta_C \arg[z-(-1)]=\frac{\pi}{4}\quad \Delta_C \arg(z-1)=\frac{3\pi}{4},$$

$$\Delta_C \arg(z-2)=\pi-\arctan\frac{1}{2},\quad \Delta_C \arg z=\frac{\pi}{2},$$

所以

$$f(\mathrm{i})=\sqrt[3]{\left|\frac{(\mathrm{i}+1)(\mathrm{i}-1)(\mathrm{i}-2)}{\mathrm{i}}\right|}\mathrm{e}^{\frac{\mathrm{i}}{3}\left(\frac{\pi}{4}+\frac{3\pi}{4}+\pi-\arctan\frac{1}{2}-\frac{\pi}{2}\right)}$$

$$=\mathrm{i}\sqrt[6]{20}\,\mathrm{e}^{-\frac{\mathrm{i}}{3}\arctan\frac{1}{2}}.$$

■

**例 2.3.19** 求函数 $w=\ln(1+\sin z)$ 在点 $z=\frac{\mathrm{i}}{2}$ 的导数.

**分析** 应用变量代换 $\zeta=\sin z$，可使这个无穷多个支点的情形简化为单有限支点的情形.

**解** $w=\ln(1+\sin z)$ 是 $w=\ln(1+\zeta)$ 和 $\zeta=\sin z$ 的复合函数. 而 $w=\ln(1+\zeta)$ 的支点是 $\zeta=-1$ 和 $\zeta=\infty$，支割线可以取 $\zeta$ 平面上从 $\zeta=-1$ 出发的负实轴. 于是 $w=\ln(1+\zeta)$ 在以此为边界的区域 $D$ 内单值解析.

因为

$$\sin\frac{\mathrm{i}}{2}=\frac{1}{2\mathrm{i}}(\mathrm{e}^{\mathrm{i}\cdot\frac{\mathrm{i}}{2}}-\mathrm{e}^{-\mathrm{i}\cdot\frac{\mathrm{i}}{2}})=-\frac{\mathrm{i}}{2}(\mathrm{e}^{-\frac{1}{2}}-\mathrm{e}^{\frac{1}{2}})\quad \text{(这是非零纯虚数)},$$

所以 $\sin\frac{\mathrm{i}}{2}\neq-1,\infty$，也不取小于 $-1$ 的实数，从而 $\zeta=\sin\frac{\mathrm{i}}{2}\in D$. 故按复合函数求导法则，

$$[\ln(1+\sin z)]'\Big|_{z=\frac{i}{2}}=\frac{\cos z}{1+\sin z}\Big|_{z=\frac{i}{2}}=\frac{\cos\frac{i}{2}}{1+\sin\frac{i}{2}}$$

$$=\frac{\cosh\frac{1}{2}}{1+i\sinh\frac{1}{2}}=\frac{1-i\sinh\frac{1}{2}}{\cosh\frac{1}{2}}.\quad\blacksquare$$

7. 了解反三角函数. 反三角函数定义为三角函数的反函数,和一般幂函数一样,也是用对数函数表示.

(1) 反正弦函数 $\operatorname{Arcsin} z=\frac{1}{i}\operatorname{Ln}(iz+\sqrt{1-z^2})$;

(2) 反余弦函数 $\operatorname{Arccos} z=\frac{1}{i}\operatorname{Ln}(z+i\sqrt{1-z^2})$;

(3) 反正切函数 $\operatorname{Arctan} z=\frac{1}{2i}\operatorname{Ln}\frac{1+iz}{1-iz}$.

这里的根式是二值的,它们互为相反数. 每一个值取对数后又产生无穷多个值.

所有这些函数分成单值解析分支的方法,与我们前面用过的讨论方法是类似的,也要先讨论它们的支点,然后适当割破平面,只是较复杂些也较困难些. 当然,也可像例 2.3.17 及例 2.3.19 一样,把它们视为复合函数来化简处理. 这里,我们只要求读者掌握反三角函数的计算方法,也只要求读者能掌握利用反双曲函数的对数函数表示公式的计算方法.

**例 2.3.20** 若 $a$ 为实数,求方程 $\cos z=a$ 的解.

**分析** $z=\operatorname{Arccos} a$,按 $|a|\leqslant 1$, $a>1$ 及 $a<-1$ 分别计算.

**解** 由定义,

$$z=\operatorname{Arccos} a=-i\operatorname{Ln}(a+\sqrt{1-a^2}\,i)$$
$$=-i\operatorname{Ln}(a+\sqrt{a^2-1}).$$

(1) 若 $|a|\leqslant 1$(即 $-1\leqslant a\leqslant 1$),则 $\sqrt{a^2-1}$ 为纯虚数. 所以 $|a+\sqrt{a^2-1}|=|a+\sqrt{1-a^2}\,i|=1$, 故

$$z=\operatorname{Arccos} a=-i\left[\ln 1+i\left(\arctan\frac{\sqrt{1-a^2}}{a}+2k\pi\right)\right]$$

$$=\arctan\frac{\sqrt{1-a^2}}{a}+2k\pi=\arccos a+2k\pi\quad(k=0,\pm 1,\pm 2,\cdots).$$

这里 $\arccos a$ 表示通常的反余弦函数的主值, 即当 $|a|\leqslant 1$ 时,复数意义下($a$ 为复数)的解与通常的意义下($a$ 为实数)的解相同.

(2) 若 $|a|>1$,则 $\sqrt{a^2-1}$ 是实数.

当 $a>1$ 时, $a\pm\sqrt{a^2-1}$ 是正数. 这时

$$z=\operatorname{Arccos} a=-i\operatorname{Ln}(a\pm\sqrt{a^2-1})$$
$$=-i\left[\ln(a\pm\sqrt{a^2-1})+2k\pi i\right]$$

$$=2k\pi \pm \mathrm{i}\ln(a+\sqrt{a^2-1}),$$

这是因为

$$\begin{aligned}\ln(a-\sqrt{a^2-1}) &= \ln\frac{(a-\sqrt{a^2-1})(a+\sqrt{a^2-1})}{a+\sqrt{a^2-1}} \\ &= \ln\frac{a^2-(a^2-1)}{a+\sqrt{a^2-1}} = \ln\frac{1}{a+\sqrt{a^2-1}} \\ &= -\ln(a+\sqrt{a^2-1}).\end{aligned}$$

又当 $a<-1$ 时，$a\pm\sqrt{a^2-1}$ 两个都是负数. 这时

$$\begin{aligned}z=\mathrm{Arccos}\,a &= -\mathrm{i}\left[\ln\left|a\pm\sqrt{a^2-1}\right|+\mathrm{i}(2k+1)\pi\right] \\ &= (2k+1)\pi \pm \mathrm{i}\ln\left|a+\sqrt{a^2-1}\right| \\ &= (2k+1)\pi \pm \mathrm{i}\ln(-a-\sqrt{a^2-1}).\end{aligned}$$

综上所述，方程的解为

$$z=\begin{cases}2k\pi+\arccos a, & |a|\leqslant 1, \\ 2k\pi\pm \mathrm{i}\ln(a+\sqrt{a^2-1}), & a>1, \\ (2k+1)\pi\pm \mathrm{i}\ln(-a-\sqrt{a^2-1}), & a<-1\end{cases}\quad (k=0,\pm1,\pm2,\cdots).$$

■

**例 2.3.21** 求函数

$$\mathrm{Arctan}\,z=-\frac{\mathrm{i}}{2}\mathrm{Ln}\frac{1+\mathrm{i}z}{1-\mathrm{i}z} \tag{1}$$

的单值解析分支在 $z=1$ 的导数.

**分析** 引入下面的变量代换(2)以简化(1)式右端，并将 $\mathrm{Ln}\,\zeta$ 分成单值解析分支，即可按复合函数求导.

**解** 引入变量代换

$$\zeta=\frac{1+\mathrm{i}z}{1-\mathrm{i}z}, \tag{2}$$

且 $\zeta=\xi+\mathrm{i}\eta$，$\xi$ 和 $\eta$ 为实数. $\mathrm{Ln}\,\zeta$ 的支点为 $\zeta=0,\infty$，支割线可以取 $\zeta$ 平面从 $\zeta=0$ 出发的负实轴，于是

$$\ln\zeta+2k\pi\mathrm{i}\quad (k\text{ 为任一给定的整数})$$

在 $\zeta$ 平面上以此为边界的区域 $D$ 内单值解析. 故

$$(\arctan z)_k=-\frac{\mathrm{i}}{2}(\ln\zeta+2k\pi\mathrm{i}) \tag{3}$$

在 $z$ 平面上 $D$ 的原像区域 $G$ 内单值解析.

因为 $z=1$ 时 $\zeta=\frac{1+\mathrm{i}}{1-\mathrm{i}}=\mathrm{i}\in D$，$\mathrm{Ln}\,\zeta$ 在 $\zeta=\mathrm{i}$ 的邻域内有无穷多个单值解析分支

$$\ln\zeta+2k\pi\mathrm{i}\quad (k=0,\pm1,\pm2,\cdots).$$

但是它们的导数都是 $\frac{1}{\zeta}$，所以对 $\mathrm{Arctan}\,z$ 在 $z=1$ 的邻域内的任一单值解析分支，其在 $z=1\in G$ 的导数可由(3)式及复合函数求导法则得到：

$$\frac{\mathrm{d}}{\mathrm{d}z}(\arctan z)_k\Big|_{z=1}=-\frac{\mathrm{i}}{2}\frac{\mathrm{d}}{\mathrm{d}\zeta}(\ln\zeta+2k\pi\mathrm{i})\frac{\mathrm{d}\zeta}{\mathrm{d}z}\Big|_{z=1}$$

$$\xlongequal{(2)}-\frac{\mathrm{i}}{2}\frac{1-\mathrm{i}z}{1+\mathrm{i}z}\left(\frac{1+\mathrm{i}z}{1-\mathrm{i}z}\right)'\Big|_{z=1}=\frac{1}{2}\quad(k=0,\pm1,\pm2,\cdots).$$ ■

**注** 因为(2)式是分式线性变换(教材第七章§2),所以$\zeta$平面上支割线上的点与$z$平面上支割线上的点是一一对应的;$\zeta$平面上带割口的区域$D$内的点与$z$平面上带割口的区域$G$内的点也是一一对应的;(2)式的逆变换为

$$z=\frac{\mathrm{i}(1-\zeta)}{1+\zeta},$$

可见 Arctan $z$ 的支点为 i,−i(图 2.3.16).

在图 2.3.16 中,当$\zeta$沿$\zeta$平面的负实轴从0经−1到$-\infty(+\infty)$时,像点$z$沿$z$平面的虚轴从i经$+\mathrm{i}\infty(-\mathrm{i}\infty)$到$-\mathrm{i}$($+\mathrm{i}\infty$与$-\mathrm{i}\infty$在无穷远点处是一致的).

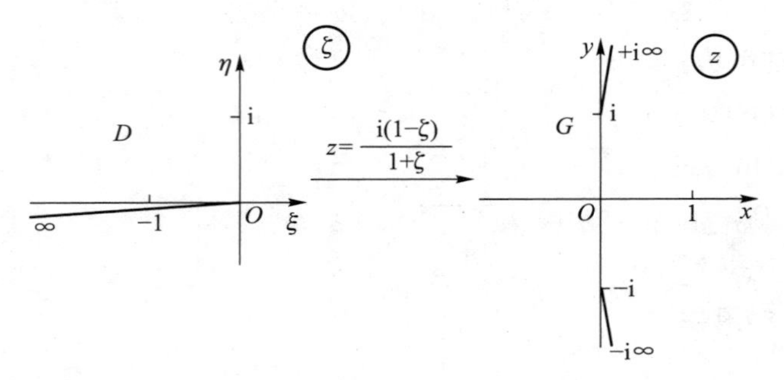


图 2.3.16

# II. 部分习题解答提示

## (一)

**1.** (定理)设连续曲线$C:z=z(t),t\in[\alpha,\beta]$,有$z'(t_0)\neq0(t_0\in[\alpha,\beta])$,则(试证)曲线$C$在点$z(t_0)$有切线.

**分析** (1) 在$z(t_0)$的某去心邻域内能连接割线$\overrightarrow{z(t_0)z(t_1)}$;

(2) 割线的极限位置就是切线.

**证** (1) $\exists\delta>0$,使$\forall t_1\in(t_0-\delta,t_0+\delta)\setminus\{t_0\}$,有$z(t_1)\neq z(t_0)$,即$C$在$z(t_0)$的对应去心邻域内无重点,能够连接割线$\overrightarrow{z(t_0)z(t_1)}$. 否则就存在数列$\{t_{1n}\}\to t_0$,使$z(t_{1n})=z(t_0)$,于是

$$z'(t_0)=\lim_{t_{1n}\to t_0}\frac{z(t_{1n})-z(t_0)}{t_{1n}-t_0}=0,$$

这与假设矛盾.

(2) $t_1\in(t_0,t_0+\delta)\Rightarrow t_1>t_0$. 因为

$$\arg\frac{z(t_1)-z(t_0)}{t_1-t_0}=\arg[z(t_1)-z(t_0)],$$

所以

$$\lim_{t_1\to t_0}\arg[z(t_1)-z(t_0)] \quad (\text{过 } z(t_0) \text{ 割线}\overrightarrow{z(t_0)z(t_1)}\text{ 倾斜角的极限})$$

$$=\lim_{t_1\to t_0}\arg\frac{z(t_1)-z(t_0)}{t_1-t_0}=\arg\left[\lim_{t_1\to t_0}\frac{z(t_1)-z(t_0)}{t_1-t_0}\right]$$

$$=\arg z'(t_0).$$

因此,割线确实有极限位置,即曲线 $C$ 在点 $z(t_0)$的切线存在,其倾角为 $\arg z'(t_0)$.

**3.** 设

$$f(z)=\begin{cases}\dfrac{x^3-y^3+\mathrm{i}(x^3+y^3)}{x^2+y^2}, & z=x+\mathrm{i}y\neq 0,\\ 0, & z=0.\end{cases}$$

试证 $f(z)$在原点满足 C.- R.方程,但却不可微.

**证** (1) 由公式(2.5)及(2.6)有

$$u_x+\mathrm{i}v_x=\lim_{\substack{y=0\\x\to 0}}\frac{f(z)-f(0)}{z}=1+\mathrm{i},$$

$$-\mathrm{i}u_y+v_y=\lim_{\substack{x=0\\y\to 0}}\frac{f(z)-f(0)}{z}=\mathrm{i}+1,$$

所以 $f(z)$在原点满足 C.- R.方程.

(2) 但当 $z$ 沿直线 $y=mx(m\neq 0)$趋于 0 时,

$$\lim_{z\to 0}\frac{f(z)-f(0)}{z}=\frac{1-m^3+\mathrm{i}(1+m^3)}{(1+m^2)(1+\mathrm{i}m)}$$

随 $m$ 而变.

**4.** 试证下列函数在 $z$ 平面上任何点都不解析:

(1) $|z|$;(2) $x+y$;(3) $\operatorname{Re} z$;(4) $\dfrac{1}{z}$.

**分析** 由于孤立的可微点不是解析点,故只需证明各函数除个别点外处处不满足解析的必要条件:C.- R.方程.

**证** (1) 当 $z\neq 0$,即 $x,y$ 至少有一个不等于 0 时,或有 $u_x\neq v_y$,或有 $u_y\neq -v_x$,故$|z|$至多在原点可微;

(2) $x+y$ 在 **C** 上处处不满足 C.- R.方程;

(3) 结论同(2);

(4) $\dfrac{1}{z}=\dfrac{\bar{z}}{z\bar{z}}=\dfrac{x+\mathrm{i}y}{x^2+y^2}$,除原点外,C.- R. 方程处处不成立.

**5.** 试判断下列函数的可微性和解析性:

(1) $f(z)=xy^2+\mathrm{i}x^2y$;(2) $f(z)=x^2+\mathrm{i}y^2$;

(3) $f(z)=2x^3+3\mathrm{i}y^3$;(4) $f(z)=x^3-3xy^2+\mathrm{i}(3x^2y-y^3)$.

**分析** 如只在孤立点或只在直线上可微,都未形成由可微点构成的圆邻域,故都在 **C** 上不解析;利用推论 2.3 考查可微性,然后应用解析的定义.仅给出(1)的答案.

**解** (1) $u(x,y)=xy^2$, $v(x,y)=x^2y$. 仅当 $x=y=0$ 时,

$$y^2=u_x=v_y=x^2,\quad 2xy=u_y=-v_x=-2xy,$$

且此四个偏导数在原点连续，故 $f(z)$ 只在原点可微，且

$$f'(0)=(u_x+\mathrm{i}v_x)\big|_{(0,0)}=(y^2+2xy\mathrm{i})\big|_{(0,0)}=0.$$

**6.** 证明：如果函数 $f(z)=u+\mathrm{i}v$ 在区域 $D$ 内解析，并满足下列条件之一，那么 $f(z)$ 是常数.

(1) $f(z)$ 恒取实值；

(2) 在 $D$ 内 $f'(z)=0$；

(3) $\overline{f(z)}$ 在 $D$ 内解析；

(4) $|f(z)|$ 在 $D$ 内是一个常数；

(5) $\mathrm{Re}\,f(z)$ 或 $\mathrm{Im}\,f(z)$ 在 $D$ 内为常数；

(6) $au+bv=c$，其中 $a,b$ 与 $c$ 是不全为零的实常数.

**分析** 分别由各题设条件及 C.-R. 方程得：在 $D$ 内 $u_x=u_y=v_x=v_y=0$，从而 $u$，$v$ 在 $D$ 内为常数.

**引理** 若在区域 $D$ 内，二元函数 $u(x,y)$，$v(x,y)$ 满足

$$u_x=u_y=v_x=v_y=0, \tag{1}$$

则在 $D$ 内 $u,v$ 为常数.

事实上，设 $z_0=x_0+\mathrm{i}y_0$ 为 $D$ 内一个定点，

$$z=x+\mathrm{i}y=x_0+\Delta x+\mathrm{i}(y_0+\Delta y)$$

是 $D$ 内任一点.

若这两点能用全含于 $D$ 内的直线段 $\overrightarrow{z_0z}$ 来连接，则有

$$\begin{aligned}\Delta u&=u(x_0+\Delta x,y_0+\Delta y)-u(x_0,y_0)\\&=u_x(x_0+\theta\Delta x,y_0+\theta\Delta y)\Delta x+\\&\quad u_y(x_0+\theta\Delta x,y_0+\theta\Delta y)\Delta y\quad(0<\theta<1).\end{aligned}\tag{2}$$

这是因为，若令 $x=x_0+t\Delta x$，$y=y_0+t\Delta y\,(0\leqslant t\leqslant 1)$，则有

$$F(t)=u(x_0+t\Delta x,y_0+t\Delta y),$$

$$F'(t)=u_x(x_0+t\Delta x,y_0+t\Delta y)\Delta x+u_y(x_0+t\Delta x,y_0+t\Delta y)\Delta y,$$

而

$$\frac{\mathrm{d}x}{\mathrm{d}t}=\Delta x,\quad \frac{\mathrm{d}y}{\mathrm{d}t}=\Delta y.$$

由数学分析中的微分中值定理得

$$F(1)-F(0)=F'(\theta)(1-0)=F'(\theta)\quad(0<\theta<1).$$

于是(2)式成立. 从而由(1)式知 $\Delta u=0$，即 $u(x,y)=u(x_0,y_0)$. 所以在 $D$ 内 $u$ 为常数. 同理，在 $D$ 内 $v$ 为常数.

若连接两点 $z_0$ 与 $z$ 的直线段不全含于 $D$ 内. 由区域的连通性知，可用全含于 $D$ 内的折线将 $z_0$ 与 $z$ 连接. 若 $z_1=x_1+\mathrm{i}y_1$ 是折线上 $z_0$ 后面的一个顶点，则在前一情形的 $\Delta u$ 表达式(2)中，令 $x_0+\Delta x=x_1$，$y_0+\Delta y=y_1$，立即得

$$u(x_1,y_1)=u(x_0,y_0).$$

如此逐步推算，由一个顶点至另一个顶点，最后可得

$$u(x,y)=u(x_0,y_0),$$

即在 $D$ 内 $u$ 为常数. 同理，在 $D$ 内 $v$ 为常数. 引理证毕.

**证** (1) 若 $f(z)$ 恒取实值，则 $v=0$.因为 $f(z)$ 为解析函数，所以

$$\frac{\partial u}{\partial x}=\frac{\partial v}{\partial y}=0,\quad \frac{\partial u}{\partial y}=-\frac{\partial v}{\partial x}=0,$$

$$\frac{\partial u}{\partial x}=\frac{\partial u}{\partial y}=0,$$

即 $u$ 为常数，故 $f(z)$ 为常数.

(2) 因为 $f(z)$ 在 $D$ 内解析，所以

$$f'(z)=\frac{\partial u}{\partial x}+\mathrm{i}\frac{\partial v}{\partial x}=\frac{\partial v}{\partial y}-\mathrm{i}\frac{\partial u}{\partial y}=0,$$

$$\frac{\partial u}{\partial x}=\frac{\partial v}{\partial x}=\frac{\partial u}{\partial y}=\frac{\partial v}{\partial y}=0,$$

故 $f(z)$ 在 $D$ 内为常数.

(3) 因为 $f(z)$ 在 $D$ 内解析，所以

$$\frac{\partial u}{\partial x}=\frac{\partial v}{\partial y},\quad \frac{\partial u}{\partial y}=-\frac{\partial v}{\partial x}.$$

又 $\overline{f(z)}$ 在 $D$ 内解析，所以

$$\frac{\partial u}{\partial x}=\frac{\partial(-v)}{\partial y},\quad \frac{\partial u}{\partial y}=-\frac{\partial(-v)}{\partial x}.$$

由上面两式可得

$$\frac{\partial u}{\partial x}=\frac{\partial v}{\partial y}=\frac{\partial u}{\partial y}=\frac{\partial v}{\partial x}=0,$$

故 $f(z)$ 在 $D$ 内为常数.

(4) 因为 $|f(z)|$ 在 $D$ 内是一个常数，所以可设 $u^2+v^2=c$（$c$ 为常数）. 若 $c=0$，则 $u=0, v=0, f(z)$ 为常数. 若 $c\neq 0$，则 $u, v$ 不同时为零.由 $u^2+v^2=c$，可得关于 $u$，$v$ 的方程组

$$\begin{cases} u\dfrac{\partial u}{\partial x}+v\dfrac{\partial v}{\partial x}=0, \\ u\dfrac{\partial u}{\partial y}+v\dfrac{\partial v}{\partial y}=0, \end{cases}$$

且该方程组有非零解，所以

$$\frac{\partial u}{\partial x}\frac{\partial v}{\partial y}-\frac{\partial u}{\partial y}\frac{\partial v}{\partial x}=0.$$

由 C.-R.方程，有

$$\left(\frac{\partial u}{\partial x}\right)^2+\left(\frac{\partial u}{\partial y}\right)^2=0,$$

故 $f'(z)=0$，由 (2)，$f(z)$ 在 $D$ 内为常数.

(5) $\mathrm{Re}\, f(z)$ 为常数，即 $u$ 为常数，因此

$$\frac{\partial u}{\partial x}=\frac{\partial v}{\partial y}=0,\quad \frac{\partial u}{\partial y}=-\frac{\partial v}{\partial x}=0.$$

于是

$$\frac{\partial u}{\partial x}=\frac{\partial v}{\partial y}=\frac{\partial u}{\partial y}=\frac{\partial v}{\partial x}=0,$$

故 $f(z)$在 $D$ 内为常数. 当 $\operatorname{Im} f(z)$为常数时，同理可证.

(6) 首先易知 $a,b$ 不同时为零，不妨设 $a\neq 0$,则 $u=\frac{1}{a}(c-bv)$，于是

$$\begin{cases}\frac{\partial u}{\partial x}=-\frac{b}{a}\frac{\partial v}{\partial x},\\ \frac{\partial u}{\partial y}=-\frac{b}{a}\frac{\partial v}{\partial y}.\end{cases}$$

又因为 $f(z)=u+\mathrm{i}v$ 在 $D$ 内解析，所以

$$\frac{\partial u}{\partial x}=\frac{\partial v}{\partial y},\quad \frac{\partial u}{\partial y}=-\frac{\partial v}{\partial x}.$$

由上面四个式子可得

$$\frac{\partial u}{\partial x}=\frac{\partial v}{\partial y}=\frac{\partial u}{\partial y}=\frac{\partial v}{\partial x}=0,$$

因此 $u,v$ 均为常数，即 $f(z)$在 $D$ 内为常数.

**8.** 试证下列函数在 $z$ 平面上解析,并分别求出其导函数.

(1) $f(z)=x^3+3x^2y\mathrm{i}-3xy^2-y^3\mathrm{i}$;

(2) $f(z)=\mathrm{e}^x(x\cos y-y\sin y)+\mathrm{i}\mathrm{e}^x(y\cos y+x\sin y)$;

(3) $f(z)=\sin x\cosh y+\mathrm{i}\cos x\cdot\sinh y$;

(4) $f(z)=\cos x\cdot\cosh y-\mathrm{i}\sin x\cdot\sinh y$.

**提示** 应用定理 2.5 及求导公式(2.7).

**注** 可将本题的各 $f(z)$及 $f'(z)$(都在 $z$ 平面上解析)写成 $z$ 的一元函数(令 $y=0,x=z$).

**9.** 证明下面的定理.

(1) 复合函数的求导法则:若函数 $\zeta=f(z)$在区域 $D$ 内解析，函数 $g(\zeta)$在区域 $E$ 内解析，$f(D)\subset E$，则函数 $\varphi(z)=g[f(z)]$在区域 $D$ 内解析，且

$$\varphi'(z)=g'[f(z)]f'(z);$$

(2) 反函数的求导法则:若函数 $\omega=f(z)$在区域 $D$ 内是单叶解析的，其反函数 $z=g(\omega)$在区域 $E=f(D)$内连续，则 $g(\omega)$在 $E$ 内解析，且

$$g'(\omega)=\frac{1}{f'[g(\omega)]}.$$

**证** (1) 设 $z_0$ 是 $D$ 内任意一点. 由条件，$\zeta_0=f(z_0)\in E$,$g(\zeta)$在 $\zeta_0$ 可导，所以

$$g(\zeta)-g(\zeta_0)=g'(\zeta_0)(\zeta-\zeta_0)+\rho(\zeta-\zeta_0),$$

$$\Delta g=g'(\zeta_0)\Delta\zeta+\rho\Delta\zeta,$$

其中 $\rho$ 是随 $\Delta\zeta\to 0$ 而趋于零的复数. 将 $\zeta=f(z)$,$\zeta_0=f(z_0)$代入上式，并用 $\Delta z$ 除等式两边，得到

$$\frac{\Delta\varphi}{\Delta z}=g'[f(z_0)]\frac{\Delta f}{\Delta z}+\frac{\rho\Delta\zeta}{\Delta z}.$$

因为

$$\lim_{\Delta z\to 0}\frac{\rho\Delta\zeta}{\Delta z}=0,$$

所以

$$\lim_{\Delta z\to 0}\frac{\Delta\varphi}{\Delta z}=g'[f(z_0)]f'(z_0).$$

因为 $z_0$ 是 $D$ 内任意一点，所以

$$\varphi'(z)=g'[f(z)]f'(z)$$

在 $D$ 内成立.

（2）设 $\omega_0\in E, z_0=g(\omega_0)$，由 $z=g(\omega)$ 是 $\omega=f(z)$ 的反函数知，$\omega=f[g(\omega)]$，故

$$\frac{g(\omega)-g(\omega_0)}{\omega-\omega_0}=\frac{g(\omega)-g(\omega_0)}{f[g(\omega)]-f[g(\omega_0)]}=\frac{1}{\dfrac{f[g(\omega)]-f[g(\omega_0)]}{g(\omega)-g(\omega_0)}}.$$

因为 $g(\omega)$ 在 $\omega_0$ 连续，所以 $\lim\limits_{\omega\to\omega_0}g(\omega)=g(\omega_0)$，于是

$$\lim_{\omega\to\omega_0}\frac{g(\omega)-g(\omega_0)}{\omega-\omega_0}=\frac{1}{f'[g(\omega_0)]},$$

定理证毕.

**12.** 试证对任意的复数 $z$ 及整数 $m$，$(\mathrm{e}^z)^m=\mathrm{e}^{mz}$.

**提示** 分别就 $m$ 为正整数、零、负整数的情形证之. 第一种情形应用数学归纳法.

**15.** 设 $a,b$ 为复常数，$b\neq 0$，试证

$$\cos a+\cos(a+b)+\cdots+\cos(a+nb)=\frac{\sin\dfrac{n+1}{2}b}{\sin\dfrac{b}{2}}\cos\left(a+\frac{nb}{2}\right),\tag{1}$$

及

$$\sin a+\sin(a+b)+\cdots+\sin(a+nb)=\frac{\sin\dfrac{n+1}{2}b}{\sin\dfrac{b}{2}}\sin\left(a+\frac{nb}{2}\right).\tag{2}$$

**提示一** 分别证明(1)式和(2)式. 按定义将正弦函数和余弦函数表示成指数函数，再应用等比级数求和公式化简.

**注** 由于 $a$ 和 $b$ 是复数，不能从(1)+i(2)着手化简后，再比较“实部”与“虚部”.

**提示二** 先将(1)式和(2)式两端各乘 $\sin\dfrac{b}{2}$ 去分母后，再应用三角函数中的积化和差公式，代入左端化简.

**16.** 试证：

(1) $\sin(\mathrm{i}z)=\mathrm{i}\sinh z$； (2) $\cos(\mathrm{i}z)=\cosh z$；

(3) $\sinh(\mathrm{i}z)=\mathrm{i}\sin z$； (4) $\cosh(\mathrm{i}z)=\cos z$；

(5) $\tan(\mathrm{i}z)=\mathrm{i}\tanh z$； (6) $\tanh(\mathrm{i}z)=\mathrm{i}\tan z$.

**提示** (1),(2)应用定义 2.5 及定义 2.7；(3)由(1)；(4)由(2)；(5),(6)由定义 2.6、定义 2.7 及(1),(2).

**17.** 试证：

(1) $\cosh^2 z-\sinh^2 z=1$；(2) $\operatorname{sech}^2 z+\tanh^2 z=1$；

(3) $\cosh(z_1+z_2)=\cosh z_1\cdot\cosh z_2+\sinh z_1\cdot\sinh z_2$.

**提示**　(1)由第 16 题(1),(2)；(2)由本题(1)；(3)由第 16 题(1),(2).

**18.** 若 $z=x+\mathrm{i}y$,试证：

(1) $\sin z=\sin x\cosh y+\mathrm{i}\cos x\cdot\sinh y$；

(2) $\cos z=\cos x\cdot\cosh y-\mathrm{i}\sin x\cdot\sinh y$；

(3) $|\sin z|^2=\sin^2 x+\sinh^2 y$；

(4) $|\cos z|^2=\cos^2 x+\sinh^2 y$.

**提示**　对(1),(2)应用第 16 题(1),(2)；对(3),(4)分别应用本题(1),(2)及第 17 题(1).

**20.** 试解方程：

(4) $\cos z+\sin z=0$；* (5) $\tan z=1+2\mathrm{i}$.

**解**　(4) $\sqrt{2}\left(\dfrac{1}{\sqrt{2}}\cos z+\dfrac{1}{\sqrt{2}}\sin z\right)=0$,

$$z=-\frac{\pi}{4}+k\pi\quad(k\text{ 为整数}).$$

* (5) 由定义,

$$z=\operatorname{Arctan}(1+2\mathrm{i})=\frac{1}{2\mathrm{i}}\operatorname{Ln}\frac{1+\mathrm{i}(1+2\mathrm{i})}{1-\mathrm{i}(1+2\mathrm{i})}=\frac{1}{2\mathrm{i}}\operatorname{Ln}\frac{-2+\mathrm{i}}{5}$$
$$=\frac{1}{2}\left[(2k+1)\pi-\arctan\frac{1}{2}\right]+\frac{\mathrm{i}}{4}\ln 5\quad(k=0,\pm1,\pm2,\cdots).$$

**21.** 设 $z=r\mathrm{e}^{\mathrm{i}\theta}$,试证

$$\operatorname{Re}[\ln(z-1)]=\frac{1}{2}\ln(1+r^2-2r\cos\theta).$$

**提示**　设 $z-1=\rho\mathrm{e}^{\mathrm{i}\varphi}$,则 $\operatorname{Re}[\ln(z-1)]=\ln\rho$.

**22.** 设 $w=\sqrt[3]{z}$ 确定在从原点 $z=0$ 起沿正实轴割破了的 $z$ 平面上,并且 $w(\mathrm{i})=-\mathrm{i}$,试求 $w(-\mathrm{i})$之值.

**提示一**　由题意,

$$w_k(z)=\sqrt[3]{r(z)}\,\mathrm{e}^{\mathrm{i}\frac{\theta(z)+2k\pi}{3}}\quad(z\in G:0<\theta(z)<2\pi;k=0,1,2).$$

先利用 $w(\mathrm{i})=-\mathrm{i}$ 定 $k$,$k=2$;再求 $w_2(-\mathrm{i})$.

**提示二**　作图 2.0.1.

$$f(z)=\sqrt[3]{z}\Rightarrow\Delta_C\arg f(z)=\frac{1}{3}\Delta_C\arg z=\frac{\pi}{3}.$$

再由公式(2.28)计算 $f(-\mathrm{i})(=\mathrm{e}^{-\frac{\pi}{6}\mathrm{i}})$.

**23.** 设 $w=\sqrt[3]{z}$ 确定在从原点 $z=0$ 起沿负实轴割破了的 $z$ 平面上,并且 $w(-2)=-\sqrt[3]{2}$(这是边界上岸点对应的函数值),试求 $w(\mathrm{i})$之值.

**提示一**　$-2=2\mathrm{e}^{\mathrm{i}\pi}$,$\mathrm{i}=\mathrm{e}^{\mathrm{i}\frac{\pi}{2}}$. 由 $w(-2)=-\sqrt[3]{2}$ 定 $k$,$k=1$,从而 $w_1(\mathrm{i})=\mathrm{e}^{\frac{5}{6}\pi\mathrm{i}}$.

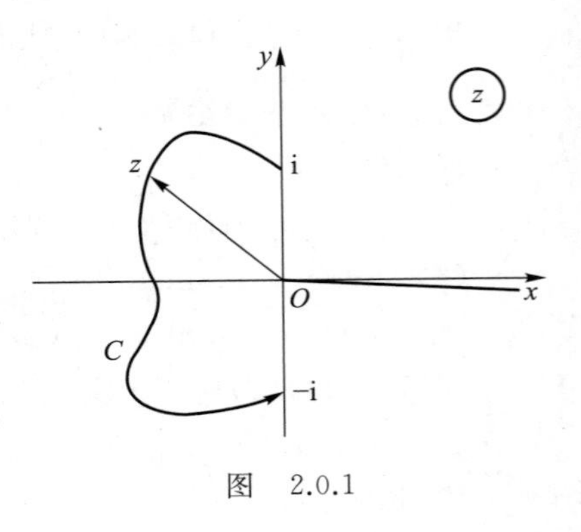

图　2.0.1

**提示二** 作图 2.0.2. $f(z)=\sqrt[3]{z}$，而

$$\arg f(-2)=\arg(-\sqrt[3]{2})=\pi.$$

又 $\Delta_C \arg z=-\dfrac{\pi}{2}$，$\Delta_C \arg f(z)=\dfrac{1}{3}\Delta_C \arg z=-\dfrac{\pi}{6}$. 再应用公式(2.28)计算 $f(\mathrm{i})(=\mathrm{e}^{\frac{5}{6}\pi\mathrm{i}})$.

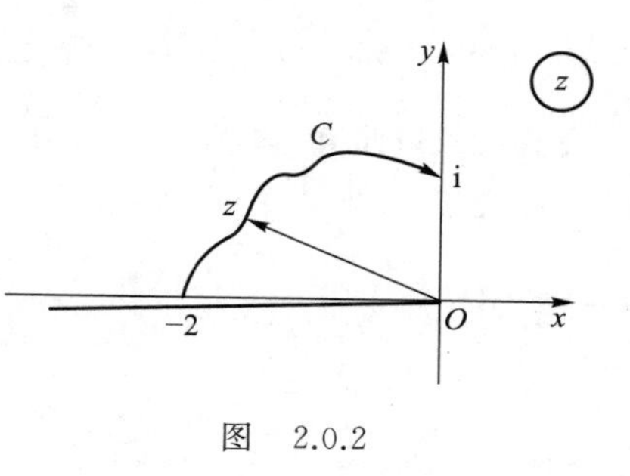

图 2.0.2

**25.** 已知 $f(z)=\sqrt{z^4+1}$ 在 $x$ 轴上 $A$ 点($OA=R>1$)的初值为 $+\sqrt{R^4+1}$，令 $z$ 由 $A$ 起沿正向在以原点为中心的圆周上走 $\dfrac{1}{4}$ 圆周而至 $y$ 轴的 $B$ 点，问 $f(z)$ 在 $B$ 点的终值为何？

**分析** 题设的函数 $f(z)=\sqrt{z^4+1}$ 是具有四个有限支点的二值函数，讨论起来比较繁难，而经过变量代换 $\omega=z^4$ 后，就简化成具有单有限支点 $-1$ 的二值函数 $w=\sqrt{\omega+1}$.

**解** 如图 2.0.3 所示，$z$ 在 $z$ 平面上沿以 $z=0$ 为圆心、$R>1$ 为半径的圆周 $C$ 从 $A$ 走到 $B$，经过变换 $\omega=z^4$，其像点 $\omega$ 在 $\omega$ 平面上沿以 $\omega=0$ 为圆心、$R^4>1$ 为半径的像圆周 $\Gamma$ 从 $A'$ 走到 $B'$，刚好绕 $w=\sqrt{\omega+1}$ 的支点 $-1$ 转一整周. 故它在 $B'$ 的值为 $-(\sqrt{\omega+1})_{A'}$. 因此

$$f(z)|_B=-f(z)|_A=-\sqrt{R^4+1}.$$

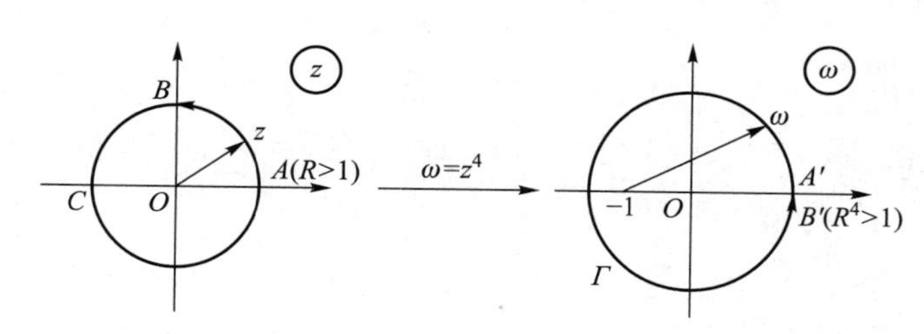

图 2.0.3

**26.** 试证：在将 $z$ 平面适当割开后，函数

$$f(z)=\sqrt[3]{(1-z)z^2}$$

能分出三个单值解析分支. 并求出在点 $z=2$ 取负值的那个分支在 $z=\mathrm{i}$ 的值.

**分析** 仿例 2.3.14—例 2.3.16 解之.

**证一** $f(z)$ 的支点是 $z=0,1$，在沿[0,1]割开的 $z$ 平面的区域 $D$ 内，$f(z)$ 能分出三个单值解析分支.

令 $1-z=r_1\mathrm{e}^{\mathrm{i}\theta_1}$，$z=r_2\mathrm{e}^{\mathrm{i}\theta_2}$，则

$$f_k(z)=\sqrt[3]{r_1(z)[r_2(z)]^2}\,\mathrm{e}^{\mathrm{i}\frac{\theta_1+2\theta_2+2k\pi}{3}}\quad (z\in D, k=0,1,2).$$

当 $z=2$(起点)时，$\theta_1=\pi$，$\theta_2=0$，$r_1=1$，$r_2=2$. 由已给条件 $\arg f_k(z)=\pi$ 定 $k$，$k=1$.

然后计算 $f_1(\mathrm{i})=-\sqrt[6]{2}\,\mathrm{e}^{\frac{7\pi}{12}\mathrm{i}}$（i 为终点）.

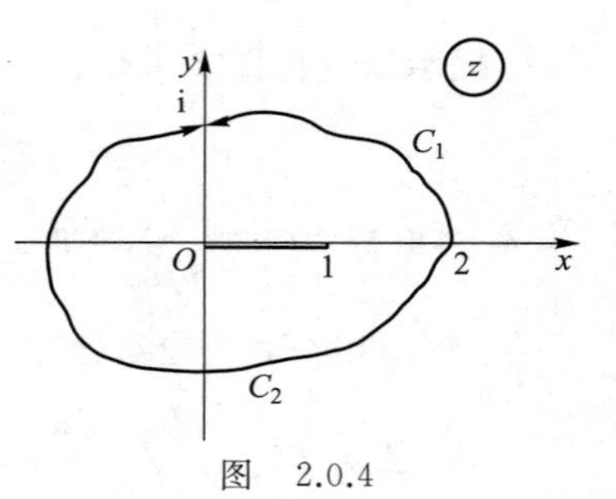

图　2.0.4

**证二**　三个单值解析分支的证明同证一. 再作图 2.0.4. 由 2 到 i，取路线 $C_1$，则 $\Delta_{C_1}\arg f(z)=\dfrac{7\pi}{12}$，再按公式(2.28)计算 $f(\mathrm{i})$.

**证三**　仍可作图 2.0.4. 由 2 到 i，取路线 $C_2$，则 $\Delta_{C_2}\arg f(z)=-\dfrac{17}{12}\pi$. 再按公式(2.28)计算 $f(\mathrm{i})$.

## （二）

**1.** 若函数 $f\left(\dfrac{1}{z}\right)$在 $z=0$ 解析，则我们说 $f(z)$在 $z=\infty$解析.下列函数中，哪些在无穷远点解析？

（1）$\mathrm{e}^z$；

（2）$\mathrm{Ln}\left(\dfrac{z+1}{z-1}\right)$；

（3）$\dfrac{a_0+a_1z+\cdots+a_mz^m}{b_0+b_1z+\cdots+b_nz^n}$，$a_i,b_j\,(0\leqslant i\leqslant m,0\leqslant j\leqslant n)$是复常数且 $a_m,b_n$ 不等于 0；

（4）$\dfrac{\sqrt{z}}{1+\sqrt{z}}$.

**解**　（1）设 $f(z)=\mathrm{e}^z$，则 $f\left(\dfrac{1}{z}\right)=\mathrm{e}^{\frac{1}{z}}$. 取 $z=x$，由于

$$\lim_{x\to0+}\mathrm{e}^{\frac{1}{x}}=\infty,\quad \lim_{x\to0-}\mathrm{e}^{\frac{1}{x}}=0,$$

表明$\lim\limits_{z\to0}\mathrm{e}^{\frac{1}{z}}$不存在，故 $\mathrm{e}^{\frac{1}{z}}$在 $z=0$ 处不解析，即 $\mathrm{e}^z$ 在 $z=\infty$处不解析.

（2）设

$$f\left(\frac{1}{z}\right)=\mathrm{Ln}\left(\frac{\dfrac{1}{z}+1}{\dfrac{1}{z}-1}\right)=\mathrm{Ln}\left(\frac{1+z}{1-z}\right)=\mathrm{Ln}(1+z)-\mathrm{Ln}(1-z).$$

因为 $\mathrm{Ln}(1+z)$与 $\mathrm{Ln}(1-z)$都是多值解析函数，$z=0$ 不是支点，因此 $f\left(\dfrac{1}{z}\right)$的每一个单值分支在 $z=0$ 处是解析的，故 $f(z)=\mathrm{Ln}\left(\dfrac{z+1}{z-1}\right)$的每一个单值分支在 $z=\infty$处是解析的.

（3）设

$$f\left(\frac{1}{z}\right)=\frac{a_0+a_1\dfrac{1}{z}+\cdots+a_m\dfrac{1}{z^m}}{b_0+b_1\dfrac{1}{z}+\cdots+b_n\dfrac{1}{z^n}}=z^{n-m}\frac{a_0z^m+a_1z^{m-1}+\cdots+a_m}{b_0z^n+b_1z^{n-1}+\cdots+b_n}.$$

当 $m\leqslant n$ 时，$f\left(\dfrac{1}{z}\right)$在 $z=0$ 处是解析的，故所给的有理函数在 $z=\infty$处是解析的；当

$m>n$ 时，$f\left(\frac{1}{z}\right)$ 在 $z=0$ 处不解析，故所给的有理函数在 $z=\infty$ 处不解析.

(4) 设

$$f\left(\frac{1}{z}\right)=\frac{\sqrt{\frac{1}{z}}}{1+\sqrt{\frac{1}{z}}}=\frac{1}{1+\sqrt{z}},$$

则 $f\left(\frac{1}{z}\right)$ 在 $z$ 平面上是多值函数，$z=0$ 为支点，它的两个单值解析分支在 $z=0$ 不解析，所以 $f(z)=\frac{\sqrt{z}}{1+\sqrt{z}}$ 在 $z=\infty$ 处不解析.

**2.** 设 $f(z)=\frac{z}{1-z}$，试证

$$\operatorname{Re}\left[1+z\frac{f''(z)}{f'(z)}\right]>0 \quad (|z|<1).$$

**提示** $1+z\frac{f''(z)}{f'(z)}=\frac{1+z}{1-z}=\frac{1-|z|^2+2\mathrm{i}\operatorname{Im} z}{|1-z|^2}$.

**3.** 若函数 $f(z)$ 在上半 $z$ 平面内解析，试证函数 $\overline{f(\bar{z})}$ 在下半 $z$ 平面内解析.

**证一** 设 $z_0$，$z$ 分别为下半 $z$ 平面内的定点及动点，可证

$$\lim_{z\to z_0}\frac{\overline{f(\bar{z})}-\overline{f(\bar{z}_0)}}{z-z_0}=\overline{f'(\bar{z}_0)}.$$

由 $z_0$ 的任意性及解析的定义得证.

**证二** $f(z)=u(x,y)+\mathrm{i}v(x,y)$ 在上半 $z$ 平面 $(y>0)$ 内解析，由定理 2.4 知，$u(x,y)$，$v(x,y)$ 在 $y>0$ 内可微，且

$$\frac{\partial u(x,y)}{\partial x}=\frac{\partial v(x,y)}{\partial y}, \quad \frac{\partial u(x,y)}{\partial y}=-\frac{\partial v(x,y)}{\partial x} \quad (y>0). \tag{1}$$

考查 $\overline{f(\bar{z})}=u(x,-y)-\mathrm{i}v(x,-y)\ (y<0)$，则可证：$u(x,-y)$，$-v(x,-y)$ 在 $y<0$ 内可微，且由(1)式有

$$\frac{\partial u[x,(-y)]}{\partial x}\xlongequal[(-y>0)]{(1)}\frac{\partial[-v(x,-y)]}{\partial y},$$

$$\frac{\partial u[x,(-y)]}{\partial y}=-\frac{\partial[-v(x,-y)]}{\partial x}.$$

**4.** 设 $f(z)=u+\mathrm{i}v\in C^1(D)$，证明

$$\begin{vmatrix}\frac{\partial u}{\partial x} & \frac{\partial u}{\partial y}\\ \frac{\partial v}{\partial x} & \frac{\partial v}{\partial y}\end{vmatrix}=\left|\frac{\partial f}{\partial z}\right|^2-\left|\frac{\partial f}{\partial \bar{z}}\right|^2.$$

特别地，当 $f(z)$ 为 $D$ 上的解析函数时，有

$$\begin{vmatrix} \dfrac{\partial u}{\partial x} & \dfrac{\partial u}{\partial y} \\ \dfrac{\partial v}{\partial x} & \dfrac{\partial v}{\partial y} \end{vmatrix} = |f'|^2.$$

**证** 由定义，

$$\frac{\partial f}{\partial z}=\frac{1}{2}\left(\frac{\partial f}{\partial x}-\mathrm{i}\,\frac{\partial f}{\partial y}\right)=\frac{1}{2}\left(\frac{\partial u}{\partial x}+\frac{\partial v}{\partial y}\right)+\frac{\mathrm{i}}{2}\left(\frac{\partial v}{\partial x}-\frac{\partial u}{\partial y}\right),$$

$$\frac{\partial f}{\partial \bar{z}}=\frac{1}{2}\left(\frac{\partial f}{\partial x}+\mathrm{i}\,\frac{\partial f}{\partial y}\right)=\frac{1}{2}\left(\frac{\partial u}{\partial x}-\frac{\partial v}{\partial y}\right)+\frac{\mathrm{i}}{2}\left(\frac{\partial v}{\partial x}+\frac{\partial u}{\partial y}\right),$$

代入化简得

$$\left|\frac{\partial f}{\partial z}\right|^2-\left|\frac{\partial f}{\partial \bar{z}}\right|^2=\frac{\partial u}{\partial x}\frac{\partial v}{\partial y}-\frac{\partial u}{\partial y}\frac{\partial v}{\partial x}=\begin{vmatrix} \dfrac{\partial u}{\partial x} & \dfrac{\partial u}{\partial y} \\ \dfrac{\partial v}{\partial x} & \dfrac{\partial v}{\partial y} \end{vmatrix}.$$

当 $f(z)$ 为 $D$ 上的解析函数时，$\dfrac{\partial f}{\partial \bar{z}}=0$(定理 2.7)，由此得

$$\begin{vmatrix} \dfrac{\partial u}{\partial x} & \dfrac{\partial u}{\partial y} \\ \dfrac{\partial v}{\partial x} & \dfrac{\partial v}{\partial y} \end{vmatrix}=\left|\frac{\partial f}{\partial z}\right|^2=|f'|^2,$$

证毕.

**5.** 考虑棣莫弗公式 $(\cos\theta+\mathrm{i}\sin\theta)^n=\cos n\theta+\mathrm{i}\sin n\theta$，当 $n$ 为任意复数时，作何限制可使公式依然成立？

**解** 由定义可知，

$$(\cos\theta+\mathrm{i}\sin\theta)^n=\mathrm{e}^{n\mathrm{Ln}(\cos\theta+\mathrm{i}\sin\theta)}=\mathrm{e}^{\mathrm{i}n(\theta+2k\pi)}\quad(k\text{ 为整数}),$$

$$\cos n\theta+\mathrm{i}\sin n\theta=\frac{\mathrm{e}^{\mathrm{i}n\theta}+\mathrm{e}^{-\mathrm{i}n\theta}}{2}+\frac{\mathrm{e}^{\mathrm{i}n\theta}-\mathrm{e}^{-\mathrm{i}n\theta}}{2}=\mathrm{e}^{\mathrm{i}n\theta},$$

故对任意复数 $n$，棣莫弗公式若成立，必有

$$\mathrm{i}n(\theta+2k\pi)=\mathrm{i}n\theta+2p\pi\mathrm{i},\quad p\text{ 为整数},$$

即 $nk=p$.由于 $n$ 是任意复数，必有 $k=p=0$.反之，$k=0$ 时上面两式显然相等.

因此，当限定 $\mathrm{Ln}(\cos\theta+\mathrm{i}\sin\theta)$ 的值只取 $\mathrm{i}\theta$ 时，棣莫弗公式对任意复数 $n$ 也成立.

**6.** 求方程

$$\binom{n}{1}x+\binom{n}{3}x^3+\cdots=0$$

的所有根($n$ 为正整数. 当 $n$ 为偶数时，最后一项为 $nx^{n-1}$；当 $n$ 为奇数时，最后一项为 $x^n$)，其中 $\dbinom{n}{i}=\dfrac{n!}{i!\,(n-i)!}$.

**解** 可将原方程改写为 $(1+x)^n=(1-x)^n$，则

$$\frac{1+x}{1-x}=\mathrm{e}^{\frac{2k\pi\mathrm{i}}{n}}\quad(k=0,1,\cdots,n-1),$$

所以方程的根为

$$x=\frac{e^{\frac{2k\pi i}{n}}-1}{e^{\frac{2k\pi i}{n}}+1}=i\tan\frac{k\pi}{n}\quad(k=0,1,\cdots,n-1).$$

**8.** 试证多值函数 $f(z)=\sqrt[4]{(1-z)^3(1+z)}$ 在割去线段$[-1,1]$的 $z$ 平面上可以分出四个单值解析分支. 求函数在割线上岸取正值的那个分支在点 $z=\pm i$ 的值.

**分析** 类似本章习题(一)第 26 题.

**证** 因 $f(z)$的支点为$-1,1$,取支割线$[-1,1]$,作图 2.0.5.

(1) $\Delta_{C_1}\arg f(z)=-\frac{\pi}{8}$,

$$f(i)\xlongequal{(2.28)}\sqrt{2}\,e^{-\frac{\pi}{8}i}e^{i\cdot 0}=\sqrt{2}\,e^{-\frac{\pi}{8}i}.$$

(2) $\Delta_{C_2}\arg f(z)=-\frac{11}{8}\pi$,或 $\Delta_{C_3}\arg f(z)=\frac{5\pi}{8}$,

$$f(-i)=\sqrt{2}\,e^{\frac{5\pi}{8}i}.$$

**9.** 已知 $f(z)=\sqrt{(1-z)(1+z^2)}$ 在 $z=0$ 的值为 1. 令 $z$ 描绘路线 $OPA$(图 2.0.6). 点 $A$ 为 2,试求 $f(z)$在点 $A$ 的值.

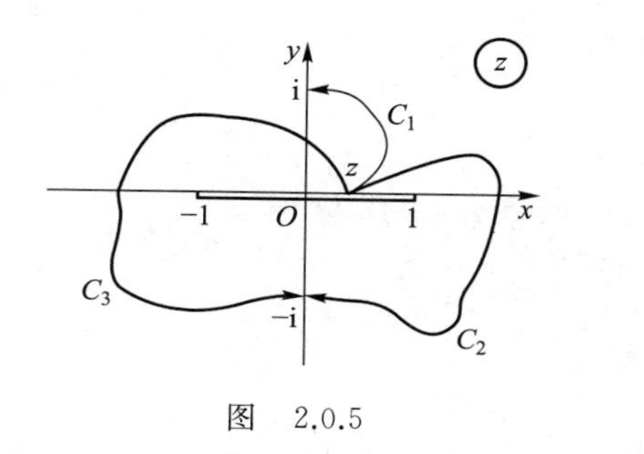


图 2.0.5

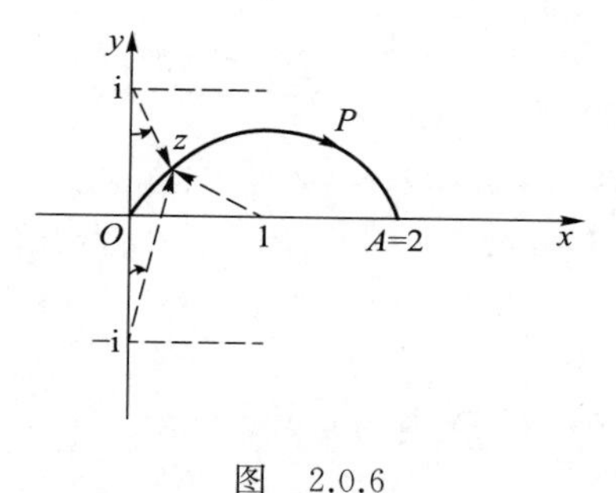


图 2.0.6

**分析** 类似本章习题(一)第 26 题.

**解** $f(z)$的支点为$\pm i,1$ 及$\infty$,支割线可取:沿虚轴割开$[-i,i]$;沿实轴割开$[1,+\infty)$. 路线 $OPA$ 未穿过支割线. 记路线 $OPA$ 为 $C$,则

$$\Delta_C\arg f(z)=\frac{1}{2}\{\Delta_C\arg(1-z)+\Delta_C\arg[z-(-i)]+\Delta_C\arg(z-i)\}$$

$$=\frac{1}{2}(-\pi+0)=-\frac{\pi}{2}.$$

故 $f(2)=\sqrt{5}\,e^{-\frac{\pi}{2}i}e^{i\cdot 0}=-\sqrt{5}\,i$.

**10.** 试证 $f(z)=\sqrt{z(1-z)}$ 在割去线段 $0\leqslant \mathrm{Re}\,z\leqslant 1$ 的 $z$ 平面上能分出两个单值解析分支. 并求出在支割线 $0\leqslant \mathrm{Re}\,z\leqslant 1$ 上岸取正值时的那一支在 $z=-1$ 的值,以及它的二阶导数在 $z=-1$ 的值.

**证** $f(z)$的支点为 0 和 1, 取支割线$[0,1]$(图 2.3.8). 按复合函数求导法则,

$$f'(z)=\frac{1}{2}\,\frac{f(z)}{z(1-z)}\,\frac{d}{dz}[z(1-z)]=\frac{1}{2}f(z)\left(\frac{1}{z}-\frac{1}{1-z}\right),$$

$$f''(z)=\frac{1}{2}f'(z)\left(\frac{1}{z}-\frac{1}{1-z}\right)+\frac{1}{2}f(z)\left(\frac{1}{z}-\frac{1}{1-z}\right)'$$
$$=\frac{1}{4}f(z)\left(\frac{1}{z}-\frac{1}{1-z}\right)^2-\frac{1}{2}f(z)\left[\frac{1}{z^2}+\frac{1}{(1-z)^2}\right]. \tag{1}$$

取路线 $C$ 如图 2.3.8 所示，则 $\Delta_C \arg f(z)=\frac{\pi}{2}$，并由(2.28)式得

$$f(-1)=\sqrt{2}\,\mathrm{e}^{\frac{\pi}{2}\mathrm{i}}\mathrm{e}^{\mathrm{i}\cdot 0}=\sqrt{2}\,\mathrm{i}. \tag{2}$$

将(2)式代入(1)式得 $f''(-1)=-\frac{\sqrt{2}}{16}\mathrm{i}$.

## III. 类题或自我检查题

1. 证明：$f(z)=\sqrt{|\mathrm{Im}\, z^2|}$ 的实部与虚部在(0,0)点满足 C.-R. 方程，但 $f(z)$ 在 $z=0$ 不可微.

2. 设 $f(z)=x^2+axy+by^2+\mathrm{i}(cx^2+dxy+y^2)$，问 $a,b,c,d$ 取何值时，$f(z)$ 在 $z$ 平面上解析？

(答：$a=d=2, b=c=-1$.)

3. 设 $f(z)=u(x,y)+\mathrm{i}v(x,y)$ 在区域 $D$ 内解析，且在 $D$ 内

$$\mathrm{Re}\left[z\frac{f'(z)}{f(z)}\right]=0,$$

求证 $f(z)$ 在 $D$ 内为常数.

4. 设 $f(z)=z^3, \overline{D}=\left\{z \,\middle|\, \mathrm{Re}\, z\geqslant\frac{1}{2}\right\}$. 取 $z_1=\frac{1}{2}(1+\sqrt{3}\mathrm{i}), z_2=\frac{1}{2}(1-\sqrt{3}\mathrm{i})$，通过计算

$$\frac{f(z_1)-f(z_2)}{z_1-z_2}$$

验证中值定理在复数域内不成立.

5. 设 $z=x+\mathrm{i}y$，

$$f(z)=\left(x\mathrm{e}^x\cos y-y\mathrm{e}^x\sin y+\frac{x}{x^2+y^2}\right)+$$
$$\mathrm{i}\left(x\mathrm{e}^x\sin y+y\mathrm{e}^x\cos y-\frac{y}{x^2+y^2}\right).$$

问 $f(z)$ 在哪些点关于 $z$ 可导？并求出 $f'(z)$.

(答：$f(z)$ 在 $z\neq 0$ 的点可导.)

6. 证明：

$$(1+\mathrm{i})\cot(\alpha+\mathrm{i}\beta)+(1-\mathrm{i})\cot(\alpha-\mathrm{i}\beta)=2\frac{\sin 2\alpha+\sinh 2\beta}{\cosh 2\beta-\cos 2\alpha}.$$

7. 解方程：(1) $\sin z+\cos z=2$；(2) $\sin z=\mathrm{i}\sinh 1$.

$\left(\text{答:}(1)\ z=\left(2k+\frac{1}{4}\right)\pi+\mathrm{i}\ln(\sqrt{2}+1),k=0,\pm1,\pm2,\cdots;\right.$

$\left.(2)\ z=\begin{cases}2k\pi+\mathrm{i},\\(2k+1)\pi-\mathrm{i},\end{cases}k=0,\pm1,\pm2,\cdots.\right)$

8. 试证:$|\cos z|\geqslant\frac{1}{2}|\mathrm{e}^{-y}-\mathrm{e}^{y}|\ (z=x+\mathrm{i}y)$.

9. 设区域 $D$ 是沿负虚轴割破的 $z$ 平面,$w=\sqrt[5]{z}$ 确定在 $D$ 内,求在 $D$ 内满足 $\sqrt[5]{-1}=-1$ 的单值解析分支在 $z=1-\mathrm{i}$ 的值.

(答:$f(1-\mathrm{i})=2^{\frac{1}{10}}\mathrm{e}^{\frac{3}{4}\pi\mathrm{i}}$.)

10. 求 $(-3)^{\sqrt{5}}$ 的一切值.

(答:$(-3)^{\sqrt{5}}=3^{\sqrt{5}}[\cos(\sqrt{5}(2k+1)\pi)+\mathrm{i}\sin(\sqrt{5}(2k+1)\pi)],k=0,\pm1,\pm2,\cdots$.)

11. 求 $\operatorname{Arccos}\frac{1}{2}$ 的一切值.

$\left(\text{答:}\operatorname{Arccos}\frac{1}{2}=-\mathrm{i}\cdot\mathrm{i}\left(\pm\frac{\pi}{3}+2k\pi\right)=2k\pi\pm\frac{\pi}{3},k=0,\pm1,\pm2,\cdots.\right)$

12. 设下列函数 $f(z)$ 在 $z=2$ 时的辐角为零,求当 $z$ 从 2 出发绕以原点为中心的圆周 $C$ 回到 2 时(逆时针方向)$f(z)$ 的辐角.

(1) $f(z)=\sqrt{z-1}$; (2) $f(z)=\sqrt[3]{z-1}$;

(3) $f(z)=\sqrt{z^2-1}$; (4) $f(z)=\sqrt{z^2+2z-3}$;

(5) $f(z)=\sqrt{\frac{z-1}{z+1}}$.

$\left(\text{答:}(1)\ \pi;\ (2)\ \frac{2\pi}{3};\ (3)\ 2\pi;\ (4)\ \pi;\ (5)\ 0.\right)$

13. 求下列多值函数的支点. 这些多值函数在怎样的区域内可以分出单值解析分支?

(1) $f(z)=\sqrt{(z-a_1)(z-a_2)(z-a_3)\cdots(z-a_n)}$,$a_1,a_2,a_3,\cdots,a_n$ 互不相同,$n>2$;

(2) $f(z)=\sqrt[3]{\prod_{k=1}^{n}(z-a_k)}$,$a_1,a_2,a_3,\cdots,a_n$ 互不相同,$n\geqslant3$;

(3) $f(z)=\sqrt{\frac{z}{(z-1)(z-2)}}$;

(4) $f(z)=\operatorname{Ln}\frac{(z-a)(z-b)}{z-c}$,$a,b,c$ 互不相同;

(5) $f(z)=\sqrt[3]{\frac{(z+1)(z-1)^2(z-2)^3}{z^4(z+3)^4}}$.

(提示:参看本章§3 第 6 段所叙述的判断方法.)

14. 设 $f(z)=\sqrt{(1-z^2)(1-k^2z^2)}\ (0<k<1)$,试证明:在沿实轴上区间 $\left[-\frac{1}{k},-1\right]$,$\left[1,\frac{1}{k}\right]$ 割开的 $z$ 平面上,$f(z)$ 可分出两个单值解析分支,并求在 $z=0$ 取正值的那一支在 $z=-\mathrm{i}$ 处的值.

（答：$\sqrt{2(1+k^2)}$.）

15. 设函数 $f(z)=\sqrt{z^2+2z+2}$，并设在 $z=-1$ 时，$f(z)=-1$. 若由此点出发，沿下列路线至终点 $1+2\mathrm{i}$，求 $f(z)$ 在终点处的值：

（1）路线为直线段；

（2）路线为半圆周.

（答：(1) $f(1+2\mathrm{i})=-\sqrt{8\mathrm{i}+1}$；(2) $f(1+2\mathrm{i})=\sqrt{8\mathrm{i}+1}$.）

# 第三章
# 复变函数的积分

## I. 重点、要求与例题

复积分是研究解析函数的一个重要工具. 柯西积分定理及柯西积分公式尤其重要,它们是复变函数论的基本定理和基本公式.

### §1 复积分的概念及其简单性质

**1.** 充分理解关于复积分的定义 3.1.

(1) 复积分仍是作为一种和的极限来定义的.

(2) 曲线,除特别声明外,一律指光滑或逐段光滑曲线,因而也是可求长的.

(3) 周线指逐段光滑的简单闭曲线,自然也是可求长的,且仍以"逆时针"方向为正,"顺时针"方向为负.

**2.** 掌握复积分的计算方法:

(1) 从定义 3.1 直接来求,$\int_C$ 表示沿 $C$ 的正向积分;

(2) **定理 3.1** $f(z)$ 沿曲线 $C$ 连续,$f(z)=u+\mathrm{i}v$,则

$$\int_C f(z)\mathrm{d}z=\int_C(u+\mathrm{i}v)(\mathrm{d}x+\mathrm{i}\mathrm{d}y)$$
$$=\int_C u\mathrm{d}x-v\mathrm{d}y+\mathrm{i}\int_C v\mathrm{d}x+u\mathrm{d}y; \tag{3.1}$$

(3) 参数方程法 设有光滑曲线 $C$:

$$z=z(t)=x(t)+\mathrm{i}y(t)\quad(\alpha\leqslant t\leqslant\beta),$$

$z'(t)$在$[\alpha,\beta]$上连续且 $z'(t)\neq 0$,又设 $f(z)$ 沿 $C$ 连续,则

$$\int_C f(z)\mathrm{d}z=\int_\alpha^\beta f[z(t)]z'(t)\mathrm{d}t. \tag{3.2}$$

**3.** $C$ 表示连接 $a$ 及 $b$ 的任一曲线,则由定义 3.1,

$$\int_C \mathrm{d}z=b-a,\quad \int_C z\mathrm{d}z=\frac{1}{2}(b^2-a^2).$$

特别地,当 $C$ 为闭曲线时,$\int_C \mathrm{d}z=0$,$\int_C z\mathrm{d}z=0$.

**4.** 一个重要的常用积分:

$$\int_C \frac{dz}{(z-a)^n}=\begin{cases}2\pi i, & n=1,\\ 0, & n\neq 1,且 n 为整数.\end{cases}$$

这里 $C$ 表示以 $a$ 为圆心($a$ 可为 0)的任一圆周. 在一般情形下,$C$ 还可以是包围 $a$ 的任一周线.

**5.** 复积分的基本性质. 设 $f(z)$,$g(z)$ 沿曲线 $C$ 连续,则

(1) $\int_C af(z)dz=a\int_C f(z)dz$ ($a$ 为复常数);

(2) $\int_C[f(z)+g(z)]dz=\int_C f(z)dz+\int_C g(z)dz$;

(3) $\int_C f(z)dz=\int_{C_1} f(z)dz+\int_{C_2} f(z)dz$,其中 $C$ 由曲线 $C_1$ 和 $C_2$ 衔接而成;

(4) $\int_{C^-} f(z)dz=-\int_C f(z)dz$,其中$\int_{C^-}$ 表示沿 $C$ 负向积分;

(5) $\left|\int_C f(z)dz\right|\leqslant\int_C |f(z)||dz|=\int_C |f(z)|ds$;

(6) 积分估值定理:若沿曲线 $C$,$f(z)$连续,且有正数 $M$ 使 $|f(z)|\leqslant M$,$L$ 为 $C$ 之长,则 $\left|\int_C f(z)dz\right|\leqslant ML$;

(7) 数学分析中的积分中值定理不能直接推广到复积分上来.

**例 3.1.1** 证明:$\left|\int_C dz\right|\leqslant\int_C |dz|$,并说明这个积分不等式的几何意义.

**证**
$$\left|\int_C dz\right|\xlongequal{定义 3.1}\left|\lim\sum_{k=1}^{n}(z_k-z_{k-1})\right|=\lim\left|\sum_{k=1}^{n}(z_k-z_{k-1})\right|$$
$$\leqslant\lim\sum_{k=1}^{n}|z_k-z_{k-1}|=\int_C |dz|.$$

几何意义是弧的内接折线长小于相应的弧长. ■

**例 3.1.2** 沿如下第一象限中的路径 $C_j\ (j=1,2,3)$(图 3.1.1)计算

$$\int_{C_j}(x^2+y^2)dx-2xydy,$$

起点和终点都是(1,0)和(0,1).

(1) $C_1$:$x+y=1$ (一条直线段);

(2) $C_2$:$x^2+y^2=1$ (单位圆周上一段弧);

(3) $C_3$:$z(t)=\begin{cases}1+it, & 0\leqslant t\leqslant 1,\\ (2-t)+i, & 1\leqslant t\leqslant 2\end{cases}$(一条折线).

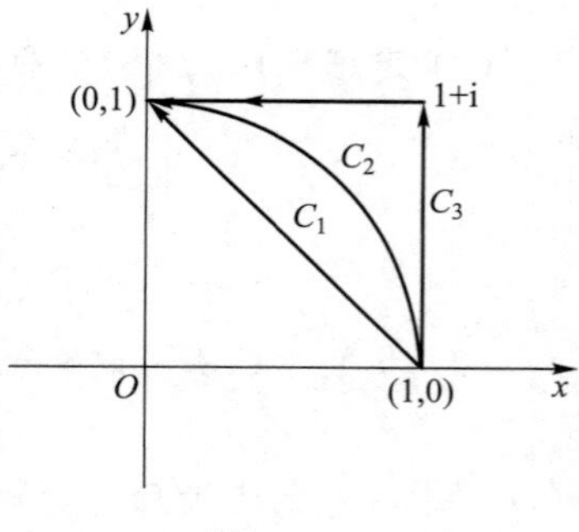

图　3.1.1

**分析**　只需写出路线 $C_1$ 和 $C_2$ 的参数方程,并利用参数方程法.

**解**　(1) 在 $C_1$ 上,$x=1-t$,$y=t$,则 $dx=-dt$,$dy=dt$,$0\leqslant t\leqslant 1$. 故

$$\int_{C_1}(x^2+y^2)dx-2xydy=-\int_0^1[(1-t)^2+t^2+2(1-t)t]dt$$
$$=-\int_0^1 dt=-1.$$

(2) 在 $C_2$ 上，$x=\cos\theta, y=\sin\theta\left(0\leqslant\theta\leqslant\frac{\pi}{2}\right)$，

$$\begin{aligned}&\int_{C_2}(x^2+y^2)\mathrm{d}x-2xy\mathrm{d}y\\&=-\int_0^{\frac{\pi}{2}}(\cos^2\theta+\sin^2\theta)\sin\theta\mathrm{d}\theta-2\int_0^{\frac{\pi}{2}}\cos^2\theta\sin\theta\mathrm{d}\theta=-\frac{5}{3}.\end{aligned}$$

(3) 在 $C_3$ 上，

$$\begin{aligned}&\int_{C_3}(x^2+y^2)\mathrm{d}x-2xy\mathrm{d}y\\&=-\int_0^1 2t\mathrm{d}t-\int_1^2[(2-t)^2+1]\mathrm{d}t=-\frac{7}{3}.\end{aligned}$$

■

**例 3.1.3** 计算积分 $I=\int_\Gamma \frac{z}{\bar{z}}\mathrm{d}z$，其中 $\Gamma$ 是闭圆环 $1\leqslant|z|\leqslant 2$ 上半部分的边界，其方向如图 3.1.2 所示.

**分析** 只需写出路径各部分的参数方程，并利用参数方程法.

**解** 设 $\gamma_1,\gamma_2$ 为两个上半圆周，则路径各部分的参数方程为(图 3.1.2)：

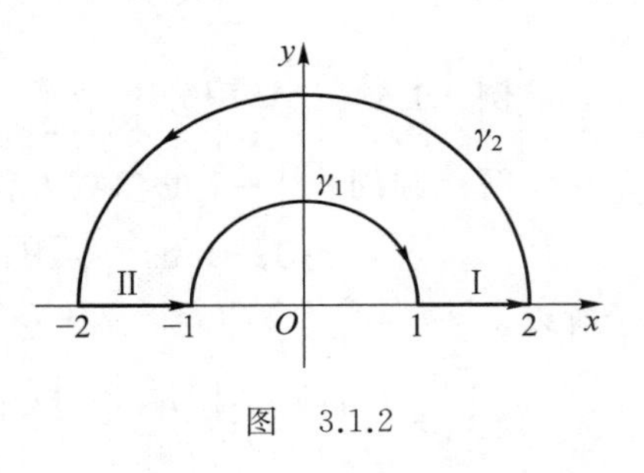


图 3.1.2

$$\begin{aligned}&\text{Ⅰ}: z=r\mathrm{e}^{\mathrm{i}\cdot 0}=r, 1\leqslant r\leqslant 2;\\&\text{Ⅱ}: z=r\mathrm{e}^{\mathrm{i}\pi}=-r, 1\leqslant r\leqslant 2;\\&\gamma_1: z=\mathrm{e}^{\mathrm{i}\theta},\ 0\leqslant\theta\leqslant\pi;\\&\gamma_2: z=2\mathrm{e}^{\mathrm{i}\theta}, 0\leqslant\theta\leqslant\pi.\end{aligned}$$

而在 $\gamma_1$ 和 $\gamma_2$ 上，

$$\frac{z}{\bar{z}}=\frac{z^2}{z\bar{z}}=\frac{r^2\mathrm{e}^{\mathrm{i}2\theta}}{r^2}=\mathrm{e}^{2\mathrm{i}\theta},\quad \mathrm{d}z=\mathrm{i}r\mathrm{e}^{\mathrm{i}\theta}\mathrm{d}\theta,$$

因此

$$\begin{aligned}I&=\int_{\substack{\text{Ⅰ}\\(\theta=0)}}\frac{z}{\bar{z}}\mathrm{d}z+\int_{\substack{\text{Ⅱ}\\(\theta=\pi)}}\frac{z}{\bar{z}}\mathrm{d}z+\int_{\gamma_2}\frac{z}{\bar{z}}\mathrm{d}z+\int_{\gamma_1^-}\frac{z}{\bar{z}}\mathrm{d}z\\&=\int_1^2\mathrm{d}r-\int_2^1\mathrm{d}r+\int_0^\pi 2\mathrm{i}\mathrm{e}^{\mathrm{i}\theta}\mathrm{e}^{2\mathrm{i}\theta}\mathrm{d}\theta+\int_\pi^0\mathrm{i}\mathrm{e}^{\mathrm{i}\theta}\mathrm{e}^{2\mathrm{i}\theta}\mathrm{d}\theta\\&=2+2\mathrm{i}\int_0^\pi\mathrm{e}^{3\mathrm{i}\theta}\mathrm{d}\theta-\mathrm{i}\int_0^\pi\mathrm{e}^{3\mathrm{i}\theta}\mathrm{d}\theta=\frac{4}{3}.\end{aligned}$$

■

**例 3.1.4** 计算积分：

(1) $\int_{|z|=1}\frac{\mathrm{d}z}{z}$；　(2) $\int_{|z|=1}\frac{\mathrm{d}z}{|z|}$；

(3) $\int_{|z|=1}\frac{|\mathrm{d}z|}{z}$；(4) $\int_{|z|=1}\left|\frac{\mathrm{d}z}{z}\right|$.

**分析** 单位圆周 $|z|=1$ 的参数方程为 $z=\mathrm{e}^{\mathrm{i}\theta}(0\leqslant\theta\leqslant 2\pi)$.

**解** $\mathrm{d}z=\mathrm{i}\mathrm{e}^{\mathrm{i}\theta}\mathrm{d}\theta$，则

(1) $\int_{|z|=1}\frac{\mathrm{d}z}{z}=2\pi\mathrm{i}$(重要积分)；

(2) $\int_{|z|=1} \frac{\mathrm{d}z}{|z|} = \int_0^{2\pi} \mathrm{i}\mathrm{e}^{\mathrm{i}\theta}\mathrm{d}\theta = 0$;

(3) $\int_{|z|=1} \frac{|\mathrm{d}z|}{z} = \int_0^{2\pi} \frac{|\mathrm{i}\mathrm{e}^{\mathrm{i}\theta}\mathrm{d}\theta|}{\mathrm{e}^{\mathrm{i}\theta}} = \int_0^{2\pi} \frac{\mathrm{d}\theta}{\mathrm{e}^{\mathrm{i}\theta}} = 0$;

(4) $\int_{|z|=1} \left|\frac{\mathrm{d}z}{z}\right| = \int_0^{2\pi} \left|\frac{\mathrm{i}\mathrm{e}^{\mathrm{i}\theta}\mathrm{d}\theta}{\mathrm{e}^{\mathrm{i}\theta}}\right| = \int_0^{2\pi} \mathrm{d}\theta = 2\pi$. ■

**例 3.1.5** 是否有

$$\mathrm{Re}\left[\int_\gamma f(z)\mathrm{d}z\right] = \int_\gamma [\mathrm{Re}\, f(z)]\mathrm{d}z?$$

**解** 不一定,例如设 $f(z)=z$, $\gamma: z=\mathrm{i}t$, $0\leqslant t\leqslant 1$,则

$$\int_\gamma [\mathrm{Re}\, f(z)]\mathrm{d}z = \int_0^1 0\cdot \mathrm{i}\mathrm{d}t = 0,$$

但

$$\mathrm{Re}\left[\int_\gamma f(z)\mathrm{d}z\right] = \mathrm{Re}\left(\int_0^1 \mathrm{i}t\cdot \mathrm{i}\mathrm{d}t\right) = \mathrm{Re}\left(-\frac{t^2}{2}\bigg|_0^1\right) = -\frac{1}{2}.$$ ■

**例 3.1.6** 计算积分 $\int_{|z|=1} |z-1|\,|\mathrm{d}z|$.

**解** 圆周 $|z|=1$ 的参数方程为 $z=\mathrm{e}^{\mathrm{i}\varphi}(0\leqslant\varphi\leqslant 2\pi)$. 又

$$|\mathrm{d}z| = \mathrm{d}s = \sqrt{(\mathrm{d}x)^2+(\mathrm{d}y)^2} = \sqrt{\cos^2\varphi+\sin^2\varphi}\,\mathrm{d}\varphi = \mathrm{d}\varphi,$$

所以

$$\begin{aligned}\int_{|z|=1} |z-1|\,|\mathrm{d}z| &= \int_0^{2\pi} |\cos\varphi - 1 + \mathrm{i}\sin\varphi|\,\mathrm{d}\varphi \\ &= \int_0^{2\pi} \sqrt{(\cos\varphi-1)^2+\sin^2\varphi}\,\mathrm{d}\varphi = \int_0^{2\pi}\sqrt{2-2\cos\varphi}\,\mathrm{d}\varphi \\ &= 2\int_0^{2\pi}\left|\sin\frac{\varphi}{2}\right|\mathrm{d}\varphi \xlongequal{\varphi=2\theta} 4\int_0^{\pi}\sin\theta\,\mathrm{d}\theta = 8.\end{aligned}$$ ■

**例 3.1.7** 设曲线 $C=\{z\,|\,z=\alpha t, 0\leqslant t<+\infty, \mathrm{Re}\,\alpha<0\}$,试求 $\int_C \mathrm{e}^z\mathrm{d}z$.

**解** 由题意,

$$I = \int_C \mathrm{e}^z\mathrm{d}z = \int_0^{+\infty} \mathrm{e}^{\alpha t}\alpha\,\mathrm{d}t = \alpha\int_0^{+\infty}\mathrm{e}^{\alpha t}\mathrm{d}t.$$

令 $\alpha=a+\mathrm{i}b$,则 $\mathrm{e}^{\alpha t}=\mathrm{e}^{at}(\cos bt+\mathrm{i}\sin bt)$,因此

$$\begin{aligned}I &= \alpha\int_0^{+\infty}\mathrm{e}^{at}(\cos bt+\mathrm{i}\sin bt)\mathrm{d}t = \alpha\lim_{s\to+\infty}\int_0^s \mathrm{e}^{at}(\cos bt+\mathrm{i}\sin bt)\mathrm{d}t \\ &= \alpha\lim_{s\to+\infty}\left[\frac{a\mathrm{e}^{at}}{a^2+b^2}(\cos bt+\mathrm{i}\sin bt)+\frac{b\mathrm{e}^{at}}{a^2+b^2}(\sin bt-\mathrm{i}\cos bt)\right]\bigg|_0^s.\end{aligned}$$

从 $\mathrm{Re}\,\alpha<0$ 知 $a<0$,故 $\lim\limits_{s\to+\infty}\mathrm{e}^{as}=0$.于是

$$I = \alpha\cdot\frac{-a+b\mathrm{i}}{a^2+b^2} = -\alpha\cdot\frac{1}{\alpha} = -1.$$ ■

**例 3.1.8** (1) 设 $\gamma$ 是上半单位圆周(逆时针旋转),则

$$\left|\int_\gamma \frac{\mathrm{e}^z}{z}\mathrm{d}z\right| \leqslant \pi\mathrm{e};$$

（2）又 $C$ 为单位圆周，则

$$\left|\int_C \frac{\sin z}{z^2}\mathrm{d}z\right| \leqslant 2\pi\mathrm{e}.$$

**分析** 写出路径 $\gamma$ 和 $C$ 的参数方程，再应用积分估值定理. 第(2)题还要用到三角不等式.

**证** （1）$\gamma$：$z=\mathrm{e}^{\mathrm{i}t}$，$0\leqslant t\leqslant\pi$；$\mathrm{d}z=\mathrm{i}\mathrm{e}^{\mathrm{i}t}\mathrm{d}t$.而在 $\gamma$ 上，

$$\left|\frac{\mathrm{e}^z}{z}\right|=\frac{|\mathrm{e}^{\cos t}|}{1}\leqslant\mathrm{e}\quad（因为 \cos t\leqslant 1），$$

故

$$\left|\int_\gamma \frac{\mathrm{e}^z}{z}\mathrm{d}z\right|\leqslant\int_\gamma\left|\frac{\mathrm{e}^z}{z}\right||\mathrm{d}z|\leqslant\mathrm{e}\pi.$$

（2）$C$：$z=\mathrm{e}^{\mathrm{i}t}$，$0\leqslant t\leqslant 2\pi$；$\mathrm{d}z=\mathrm{i}\mathrm{e}^{\mathrm{i}t}\mathrm{d}t$.在 $C$ 上，

$$\left|\frac{\sin z}{z^2}\right|=\left|\frac{\mathrm{e}^{\mathrm{i}z}-\mathrm{e}^{-\mathrm{i}z}}{2\mathrm{i}z^2}\right|\leqslant\frac{1}{2}(|\mathrm{e}^{\mathrm{i}z}|+|\mathrm{e}^{-\mathrm{i}z}|)$$

$$\leqslant\frac{1}{2}(\mathrm{e}^{|\mathrm{i}z|}+\mathrm{e}^{|-\mathrm{i}z|})=\mathrm{e}^{|z|}=\mathrm{e}\quad（因为 |\mathrm{e}^z|=\mathrm{e}^{\mathrm{Re}\,z}\leqslant\mathrm{e}^{|z|}），$$

故

$$\left|\int_C\frac{\sin z}{z^2}\mathrm{d}z\right|\leqslant\int_C\left|\frac{\sin z}{z^2}\right||\mathrm{d}z|\leqslant\mathrm{e}\int_C|\mathrm{d}z|=2\pi\mathrm{e}.$$ ■

**6. 掌握若尔当不等式**

$$\frac{2\theta}{\pi}\leqslant\sin\theta\leqslant\theta\quad\left(0\leqslant\theta\leqslant\frac{\pi}{2}\right).$$

**例 3.1.9** 试证

$$\left|\int_C\mathrm{e}^{\mathrm{i}z}\mathrm{d}z\right|<\pi,$$

其中 $C$ 为圆周 $|z|=R$ 的上半圆周从 $R$ 到 $-R$.

**分析** 应用积分估值定理和若尔当不等式.

**证** $C$：$z=R\mathrm{e}^{\mathrm{i}\theta}$，$0\leqslant\theta\leqslant\pi$，

$$\left|\int_C\mathrm{e}^{\mathrm{i}z}\mathrm{d}z\right|\leqslant\int_C|\mathrm{e}^{\mathrm{i}z}||\mathrm{d}z|=\int_0^\pi\mathrm{e}^{-R\sin\theta}R\,\mathrm{d}\theta$$

$$=2\int_0^{\frac{\pi}{2}}\mathrm{e}^{-R\sin\theta}R\,\mathrm{d}\theta\leqslant 2\int_0^{\frac{\pi}{2}}\mathrm{e}^{-\frac{2R}{\pi}\theta}R\,\mathrm{d}\theta\quad（若尔当不等式）$$

$$=-\pi\mathrm{e}^{-\frac{2R}{\pi}\theta}\Big|_0^{\frac{\pi}{2}}=\pi(1-\mathrm{e}^{-R})<\pi.$$ ■

**例 3.1.10** 若 $I_r=\int_{C_r}\frac{\mathrm{e}^{\mathrm{i}z}}{z}\mathrm{d}z$，其中 $C_r$ 是从 $r$ 到 $-r$ 沿 $|z|=r$ 的上半圆周，试证明

$$\lim_{r\to+\infty}I_r=0,\quad\lim_{r\to 0}I_r=\pi\mathrm{i}.$$

**分析** 应用积分估值定理及若尔当不等式，估计 $|I_r-0|$ 及 $|I_r-\pi\mathrm{i}|$ 可以任意小.

**证** $C_r$：$z=r(\cos t+\mathrm{i}\sin t)$，$0\leqslant t\leqslant\pi$，则

$$I_r=\int_0^{\pi}\frac{e^{ir(\cos t+i\sin t)}}{re^{it}}ire^{it}\,dt=i\int_0^{\pi}e^{-r\sin t+ir\cos t}\,dt.$$

(1) 由若尔当不等式,

$$|I_r|\leqslant\int_0^{\pi}e^{-r\sin t}\,dt=2\int_0^{\frac{\pi}{2}}e^{-r\sin t}\,dt$$

$$\leqslant 2\int_0^{\frac{\pi}{2}}e^{-r\frac{2t}{\pi}}\,dt=\frac{\pi}{r}(1-e^{-r}),$$

可见

$$\lim_{r\to+\infty}I_r=0.$$

(2) 类似地,$I_r-\pi i=i\int_0^{\pi}(e^{-r\sin t+ir\cos t}-1)\,dt$,

$$|I_r-\pi i|\leqslant\int_0^{\pi}|e^{-r\sin t+ir\cos t}-1|\,dt\leqslant\int_0^{\pi}re^{r}\,dt=re^{r}\pi.$$

(因由教材第四章习题(二)第 3 题(2):对任一复数 $z$,

$$|e^{z}-1|\leqslant e^{|z|}-1\leqslant|z|e^{|z|}.)$$

可见

$$\lim_{r\to 0}I_r=\pi i.$$ ■

**7.** 计算多值函数的积分,我们约定:积分号里多值函数的一个单值解析分支,由它在积分路径上某点的值分出. 若积分路径是闭曲线,则给定被积函数值的那个点,就当作积分路径的起点.(当然,积分值可能依赖于这个挑选的起点.)

**例 3.1.11** 计算积分(1) $I=\int_C\frac{dz}{\sqrt{z}}$;(2) $I=\int_C\ln z\,dz$. 在这里用 $C$ 表示单位圆周 $|z|=1$(逆时针方向),而被积函数分别取为按下列条件决定的单值解析分支:

(1) $\sqrt{1}=1$ 及 $\sqrt{1}=-1$;

(2) $\ln 1=0$ 及 $\ln 1=2\pi i$.

**分析** 这里 $z=1$ 就当作积分起点.

**解** (1) $(\sqrt{z})_k=\sqrt{|z|}\,e^{i\frac{\arg z+2k\pi}{2}}$ $(0\leqslant\arg z<2\pi,k=0,1)$.

按条件 $\sqrt{1}=1$,取 $k=0$,即取分支

$$\sqrt{z}=\sqrt{|z|}\,e^{i\frac{\arg z}{2}}\quad(0\leqslant\arg z<2\pi).$$

在 $C$ 上,令 $z=e^{i\theta}$,$0\leqslant\theta\leqslant2\pi$(即 $C$ 的参数方程),于是

$$I=\int_C\frac{dz}{\sqrt{z}}=\int_C\frac{dz}{e^{i\frac{\arg z}{2}}}=\int_0^{2\pi}\frac{ie^{i\theta}d\theta}{e^{i\frac{\theta}{2}}}$$

$$=\int_0^{2\pi}ie^{i\frac{\theta}{2}}\,d\theta=2e^{i\frac{\theta}{2}}\Big|_0^{2\pi}=-4.$$

按条件 $\sqrt{1}=-1$,取 $k=1$,即取分支

$$\sqrt{z}=\sqrt{|z|}\,e^{i\frac{\arg z+2\pi}{2}}\quad(0\leqslant\arg z<2\pi).$$

在 $C$ 上,令 $z=e^{i\theta}$,$0\leqslant\theta\leqslant2\pi$,于是

$$I=\int_C\frac{dz}{\sqrt{z}}=\int_C\frac{dz}{e^{i\frac{\arg z+2\pi}{2}}}=\int_0^{2\pi}\frac{ie^{i\theta}}{e^{i\frac{\theta+2\pi}{2}}}d\theta$$

$$=\int_0^{2\pi}\mathrm{i}e^{\mathrm{i}\frac{\theta-2\pi}{2}}d\theta=-\int_0^{2\pi}\mathrm{i}e^{\mathrm{i}\frac{\theta}{2}}d\theta=4.$$

(2) $(\ln z)_k=\ln|z|+\mathrm{i}(\arg z+2k\pi)\ (0\leqslant\arg z<2\pi,k=0,\pm1,\pm2,\cdots)$,

按条件 $\ln 1=0$，取 $k=0$，即取分支

$$\ln z=\ln|z|+\mathrm{i}\arg z\quad(0\leqslant\arg z<2\pi).$$

在 $C$ 上，令 $z=e^{\mathrm{i}\theta},0\leqslant\theta\leqslant2\pi$. 于是

$$I=\int_C\ln z\,dz=\int_0^{2\pi}(\mathrm{i}\theta)\mathrm{i}e^{\mathrm{i}\theta}d\theta$$
$$=\int_0^{2\pi}(\mathrm{i}\theta)e^{\mathrm{i}\theta}d(\mathrm{i}\theta)=e^{\mathrm{i}\theta}(\mathrm{i}\theta-1)\Big|_0^{2\pi}=2\pi\mathrm{i}.$$

按条件 $\ln 1=2\pi\mathrm{i}$，取 $k=1$，即取分支

$$\ln z=\ln|z|+\mathrm{i}(\arg z+2\pi)\quad(0\leqslant\arg z<2\pi),$$

在 $C$ 上，令 $z=e^{\mathrm{i}\theta},0\leqslant\theta\leqslant2\pi$. 于是

$$I=\int_C\ln z\,dz=\int_0^{2\pi}\mathrm{i}(\theta+2\pi)\mathrm{i}e^{\mathrm{i}\theta}d\theta$$
$$=\int_0^{2\pi}(\mathrm{i}\theta)e^{\mathrm{i}\theta}d(\mathrm{i}\theta)+2\pi\mathrm{i}\int_0^{2\pi}e^{\mathrm{i}\theta}d(\mathrm{i}\theta)$$
$$=[e^{\mathrm{i}\theta}(\mathrm{i}\theta-1)+2\pi\mathrm{i}e^{\mathrm{i}\theta}]\Big|_0^{2\pi}=2\pi\mathrm{i}.$$ ■

## §2 柯西积分定理

充分掌握柯西积分定理（包括等价形式和两种推广形式），它是整个复变函数论的基础.

1. 柯西积分定理及其等价形式.

**定理 3.3** 设 $f(z)$ 在单连通区域 $D(\subset\mathbf{C})$ 内解析，$C$ 为 $D$ 内任一条周线，则 $\int_C f(z)dz=0$.

**定理 3.3′** 设 $C$ 是一条周线，$D$ 为 $C$ 之内部，$f(z)$ 在闭域 $\overline{D}=D+C$ 上解析，则 $\int_C f(z)dz=0$.

**注** 柯西积分定理 3.3⇔定理 3.3′.

**推论 3.5** 设 $f(z)$ 在单连通区域 $D(\subset\mathbf{C})$ 内解析，则 $f(z)$ 在 $D$ 内积分与路径无关.

**例 3.2.1** 求 $\int_C\frac{\cos z}{z+\mathrm{i}}dz$，其中 $C$ 为圆周 $|z+3\mathrm{i}|=1$.

**解** 圆周 $C$ 为 $|z-(-3\mathrm{i})|=1$，被积函数的奇点为 $-\mathrm{i}$，在 $C$ 的外部. 于是 $\frac{\cos z}{z+\mathrm{i}}$ 在以 $C$ 为边界的闭圆 $|z+3\mathrm{i}|\leqslant1$ 上解析. 故由柯西积分定理 3.3′，$\int_C\frac{\cos z}{z+\mathrm{i}}dz=0$. ■

**例 3.2.2** 对什么样的周线 $C$ 有

$$\int_C\frac{dz}{z^2+z+1}=0?$$

**答** $z^2+z+1=0$ 的两个根 $z_{1,2}=-\frac{1}{2}\pm\frac{\sqrt{3}}{2}\mathrm{i}$，仅当周线 $C$ 为如下两种可能情形时积分才为零：

(1) $z_1,z_2$ 全在 $C$ 的外部，这时由柯西积分定理，得知积分为零.

(2) $z_1,z_2$ 全在 $C$ 的内部，则用

**证一**
$$\int_C \frac{\mathrm{d}z}{z^2+z+1}=\frac{1}{z_1-z_2}\int_C\left(\frac{1}{z-z_1}-\frac{1}{z-z_2}\right)\mathrm{d}z$$
$$\xlongequal{\text{例 3.11}}\frac{1}{z_1-z_2}(2\pi\mathrm{i}-2\pi\mathrm{i})=0.$$

**证二** 设 $f(z)=\frac{1}{z^2+z+1}$，因为
$$\int_C f(z)\mathrm{d}z+\int_{C^-}f(z)\mathrm{d}z=0,$$
所以
$$\int_C f(z)\mathrm{d}z=-\int_{C^-}f(z)\mathrm{d}z\xlongequal{(6.6)}-2\pi\mathrm{i}(-c_{-1})=0,$$
其中 $\infty$ 为 $f(z)$ 的二阶零点使得 $c_{-1}=0$. ■

**注** 请读者自己去验证"$C$ 的另外两种情形，积分就不为零".

**例 3.2.3** 柯西积分定理对解析函数 $f(z)$ 的实部和虚部是否成立？

**解** 不成立，例如 $f(z)=z$ 在单连通区域 $\mathbf{C}$ 上解析，$C: z=\mathrm{e}^{\mathrm{i}t}(0\leqslant t\leqslant 2\pi)$ 为单位圆周，则
$$\int_C \operatorname{Re} f(z)\mathrm{d}z=\int_0^{2\pi}\cos t\cdot \mathrm{i}\mathrm{e}^{\mathrm{i}t}\mathrm{d}t$$
$$=\mathrm{i}\int_0^{2\pi}\cos^2 t\,\mathrm{d}t-\int_0^{2\pi}\cos t\sin t\,\mathrm{d}t=\pi\mathrm{i}.$$
$$\int_C \operatorname{Im} f(z)\mathrm{d}z=\int_0^{2\pi}\sin t\cdot \mathrm{i}\mathrm{e}^{\mathrm{i}t}\mathrm{d}t$$
$$=-\int_0^{2\pi}\sin^2 t\,\mathrm{d}t+\mathrm{i}\int_0^{2\pi}\cos t\sin t\,\mathrm{d}t=-\pi.$$ ■

**例 3.2.4** 设
$$f(z)=\frac{\mathrm{e}^{z^2}}{(2R-z)^2},$$
又设 $A$ 为 $x$ 轴和上半圆周 $\sigma(\theta)=R\mathrm{e}^{\mathrm{i}\theta}(0\leqslant\theta\leqslant\pi)$ 所围成的区域，$R>0$ 固定.证明：对 $A$ 内的任何闭曲线 $\gamma$ 有
$$\int_\gamma f(z)\mathrm{d}z=0.$$

**证** 因 $f(z)$ 除 $z=2R$ 外解析，而 $z=2R$ 又在 $A$ 外(图 3.2.1). 同时 $A$ 为凸区域，从而为单连通区域.故直接由定理 3.4，即得：对 $A$ 内的任何闭曲线 $\gamma$ 有
$$\int_\gamma f(z)\mathrm{d}z=0.$$ ■

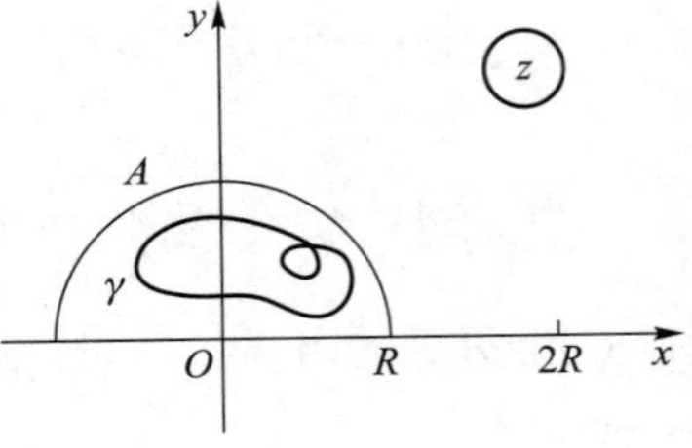

图 3.2.1

**2. 柯西积分定理的两种推广.**

**定理 3.9** 设 $C$ 是一条周线，$D$ 为 $C$ 之内部，$f(z)$ 在 $D$ 内解析，在 $\overline{D}=D+C$ 上连续(也可以说"连续到 $C$")，则

$$\int_C f(z)\mathrm{d}z=0.$$

**注** (1) 定理 3.9 的条件较定理 3.3′的减弱了，从而较定理 3.3 的也减弱了.

(2) 定理 3.9 中，条件"$C$ 是一条周线"还可减弱成"$C$ 是一条可求长简单闭曲线".

**定理 3.10** 设 $D$ 是由复周线

$$C=C_0+C_1^-+C_2^-+\cdots+C_n^-$$

所围成的有界$(n+1)$连通区域，$f(z)$ 在 $D$ 内解析，在 $\overline{D}=D+C$ 上连续，则

$$\int_C f(z)\mathrm{d}z=0,$$

或写成

$$\int_{C_0} f(z)\mathrm{d}z+\int_{C_1^-} f(z)\mathrm{d}z+\cdots+\int_{C_n^-} f(z)\mathrm{d}z=0, \tag{3.13}$$

或写成

$$\int_{C_0} f(z)\mathrm{d}z=\sum_{k=1}^{n}\int_{C_k} f(z)\mathrm{d}z. \tag{3.14}$$

(沿外边界积分等于沿内边界积分之和.)

**注** 定理 3.10 中的复周线换成单周线(一条)就是定理 3.9. 所以定理 3.10 是定理 3.9 的推广.

**例 3.2.5** 当周线 $C$ 是星形曲线时，证明定理 3.9.

**分析** (1) 所谓星形曲线 $C$，即是有这样一点 $z_0$ 存在，任何以这个点 $z_0$ 为起点的射线，都同 $C$ 相交于一个点，而且也都只相交于一个点.

下面的证明中，可以假设 $z_0=0$，而不致失去一般性(否则作平移便可).

(2) $C: z=r(\varphi)\mathrm{e}^{\mathrm{i}\varphi}$ ($r(\varphi)$ 是 $\varphi$ 的单值函数)，$0\leqslant\varphi\leqslant2\pi$. 对任意的 $\rho(0<\rho<1)$，

$$C_\rho: \zeta=\rho z=\rho r(\varphi)\mathrm{e}^{\mathrm{i}\varphi},\quad 0\leqslant\varphi\leqslant2\pi$$

都在 $C$ 的内部(图 3.2.2)，故由柯西积分定理 3.3 知

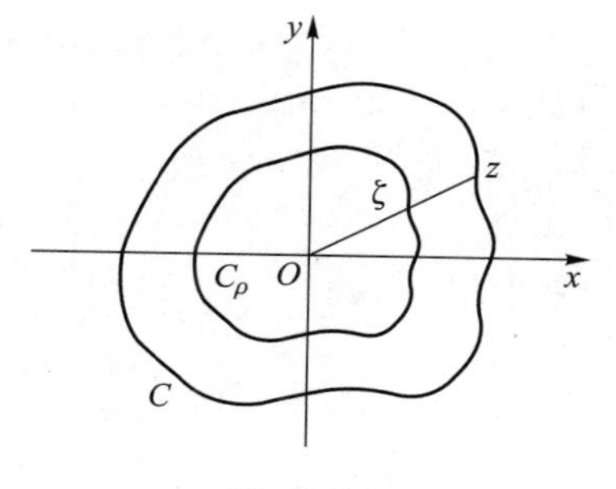


图 3.2.2

$$\int_{C_\rho} f(\zeta)\mathrm{d}\zeta=0. \tag{1}$$

曲线 $C_\rho$ 与 $C$ 是以原点为相似中心而相似的. 当点 $\zeta$ 移动描绘出 $C_\rho$ 时，相应的点 $z=\dfrac{1}{\rho}\zeta$ 就描绘出曲线 $C$，故由(1)式，

$$0=\int_{C_\rho} f(\zeta)\mathrm{d}\zeta=\int_C f(\rho z)\mathrm{d}(\rho z)=\rho\int_C f(\rho z)\mathrm{d}z$$

$$\Rightarrow\int_C f(\rho z)\mathrm{d}z=0.$$

于是

$$\int_C f(z)\mathrm{d}z=\int_C f(z)\mathrm{d}z-\int_C f(\rho z)\mathrm{d}z=\int_C[f(z)-f(\rho z)]\mathrm{d}z. \tag{2}$$

下面只需证明(2)式右端的模可任意小.

**证** 因为 $f(z)$在有界闭域 $\overline{D}=D+C$ 上连续,故必一致连续,即 $\forall \varepsilon>0$, $\exists \delta(\varepsilon)>0$,对 $\overline{D}$ 上任意两点 $z$ 与 $\zeta$,只要 $|z-\zeta|<\delta$ 时,就有 $|f(z)-f(\zeta)|<\varepsilon$.

令 $m=\max\{r(\varphi)\,|\,0\leqslant\varphi\leqslant 2\pi\}$. 取 $\delta$ 适合 $\rho>1-\dfrac{\delta}{m}>0$. 于是,对任何一对点 $z$ 与 $\zeta=\rho z\left(这时必有\ |z-\zeta|=|z|\cdot|1-\rho|<m\cdot\dfrac{\delta}{m}=\delta\right)$,均有

$$|f(z)-f(\rho z)|<\varepsilon. \tag{3}$$

所以

$$\left|\int_C f(z)\mathrm{d}z\right| \xlongequal{(2)} \left|\int_C [f(z)-f(\rho z)]\mathrm{d}z\right| \overset{(3)}{<} \varepsilon\int_C |\mathrm{d}z|=\varepsilon l,$$

这里 $l$ 为 $C$ 的长. 由于 $\varepsilon$ 可以任意小,$\int_C f(z)\mathrm{d}z=0$. ■

**注** 如果周线 $C$ 不是星形的,但能把以 $C$ 为边界的有界闭域 $\overline{D}$ 分割成为有限个闭子域,每一个闭子域的边界都是星形的,则可以根据复积分的基本性质(3)证得

$$\int_C f(z)\mathrm{d}z=0.$$

**例 3.2.6** 设 $f(z)$在单连通区域 $G(\subset\mathbf{C})$内(可能除掉某点 $z_0\in G$)解析,又 $|f(z)|$在 $z_0$ 附近有界,则对 $G$ 内任何包围 $z_0$ 的周线 $\gamma$, $\int_\gamma f(z)\mathrm{d}z=0$.

**分析** 由复周线的柯西积分定理 3.10,将周线 $\gamma$ 换成以 $z_0$ 为圆心的充分小的圆周 $\gamma_\varepsilon$,就能利用题设条件"$|f(z)|$在 $z_0$ 附近有界"和积分估值定理了.

**证** 对 $\varepsilon>0$,设 $\gamma_\varepsilon$ 表示 $G$ 内以 $z_0$ 为圆心、$\varepsilon$ 为半径的圆周. 在 $z_0$ 附近设 $|f(z)|\leqslant M$, 则由定理 3.10,

$$\int_\gamma f(z)\mathrm{d}z=\int_{\gamma_\varepsilon} f(z)\mathrm{d}z,$$

因而

$$\left|\int_\gamma f(z)\mathrm{d}z\right|=\left|\int_{\gamma_\varepsilon} f(z)\mathrm{d}z\right|\leqslant M\cdot 2\pi\varepsilon.$$

由于 $\varepsilon$ 可以任意小,故 $\int_\gamma f(z)\mathrm{d}z=0$. ■

**注** 由定理 5.3(3)可见,$z_0$ 为 $f(z)$的可去奇点,即实际上可使 $f(z)$在单连通区域 $G$ 内解析,故有本题结论.

**例 3.2.7** 计算下列积分:

(1) $\displaystyle\int_{|z|=\frac{1}{6}}\frac{\mathrm{d}z}{z(3z+1)}$; (2) $\displaystyle\int_{|z|=1}\frac{\mathrm{d}z}{z(3z+1)}$.

**分析** 被积函数 $F(z)=\dfrac{1}{z(3z+1)}$在 $\mathbf{C}$ 上共有两个奇点,$z=0$ 和 $z=-\dfrac{1}{3}$. (1)将 $F(z)$分成两项后,就简化成各有一个奇点. (2) 在 $|z|=1$ 内作两个充分小的圆周,将两个奇点挖掉,新区域的边界就构成一个复周线,可应用定理 3.10.

**解** 显然$\dfrac{1}{z(3z+1)}=\dfrac{1}{z}-\dfrac{3}{3z+1}$.

（1）由题意，

$$\int_{|z|=\frac{1}{6}} \frac{dz}{z(3z+1)} = \int_{|z|=\frac{1}{6}} \frac{dz}{z} - \int_{|z|=\frac{1}{6}} \frac{3dz}{3\left[z-\left(-\frac{1}{3}\right)\right]},$$

而

$$\int_{|z|=\frac{1}{6}} \frac{dz}{z} = 2\pi i（重要积分）.$$

又由于奇点 $z=-\frac{1}{3}$ 在圆周 $|z|=\frac{1}{6}$ 的外部，于是 $\frac{1}{z+\frac{1}{3}}$ 在闭圆 $|z|\leqslant\frac{1}{6}$ 上解析，故由柯西积分定理 3.3′知

$$\int_{|z|=\frac{1}{6}} \frac{3}{3z+1}dz = 0.$$

所以

$$\int_{|z|=\frac{1}{6}} \frac{dz}{z(3z+1)} = 2\pi i.$$

（2）任作分别以 $z=0$ 与 $z=-\frac{1}{3}$ 为圆心、半径 $r<\frac{1}{6}$ 充分小的圆周 $\Gamma_1$：$|z|=r$ 及 $\Gamma_2$：$\left|z-\left(-\frac{1}{3}\right)\right|=r$，将两个奇点挖去. 新边界构成复周线 $C+\Gamma_1^-+\Gamma_2^-$（$C$ 表示 $|z|=1$）. 由定理 3.10 知

$$\begin{aligned}\int_{|z|=1} \frac{dz}{z(3z+1)} &= \int_{\Gamma_1+\Gamma_2} \frac{dz}{z(3z+1)} \\ &= \int_{\Gamma_1} \frac{dz}{z(3z+1)} + \int_{\Gamma_2} \frac{dz}{z(3z+1)} \\ &= \int_{\Gamma_1} \frac{dz}{z} - \int_{\Gamma_1} \frac{3dz}{3z+1} + \int_{\Gamma_2} \frac{dz}{z} - \int_{\Gamma_2} \frac{3dz}{3z+1} \\ &= \int_{\Gamma_1} \frac{dz}{z} - \int_{\Gamma_1} \frac{dz}{z-\left(-\frac{1}{3}\right)} + \int_{\Gamma_2} \frac{dz}{z} - \int_{\Gamma_2} \frac{dz}{z-\left(-\frac{1}{3}\right)} \\ &= 2\pi i - 0 + 0 - 2\pi i = 0.\end{aligned}$$

这里 $z=0$ 在 $\Gamma_1$ 的内部，在 $\Gamma_2$ 的外部；$z=-\frac{1}{3}$ 在 $\Gamma_1$ 的外部，在 $\Gamma_2$ 的内部（图 3.2.3），故由重要积分及柯西积分定理 3.3′即得上述结果. ■

**3.** 不定积分与原函数.

**定理 3.6 及定理 3.8** 设 $f(z)$ 在单连通区域 $D(\subset \mathbf{C})$ 内解析，则

（1）由变上限积分所定义的单值函数

$$F(z) = \int_{z_0}^{z} f(\zeta)d\zeta \quad \begin{pmatrix} 定点\ z_0 \in D \\ 动点\ z \in D \end{pmatrix} \qquad (3.10)$$

在 $D$ 内解析，且 $F'(z)=f(z)$（即 $F(z)$ 是 $f(z)$ 在 $D$ 内

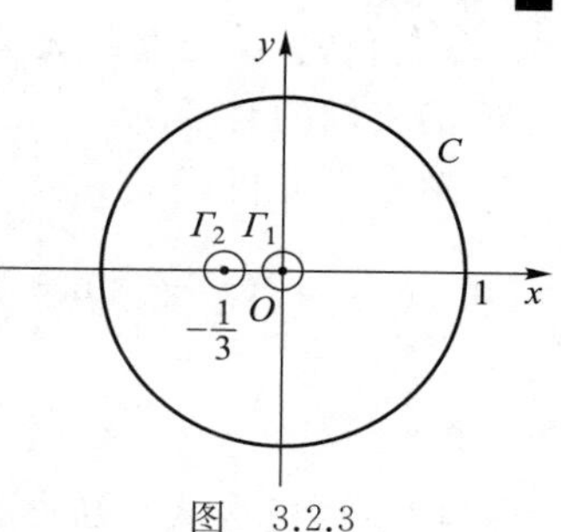

图 3.2.3

的一个原函数或不定积分)；

(2) 如果 $\Phi(z)$ 为 $f(z)$ 在 $D$ 内的任意一个原函数,就有

$$\int_{z_0}^{z} f(\zeta)\mathrm{d}\zeta=\Phi(z)-\Phi(z_0).$$

这和数学分析中的牛顿-莱布尼茨(Newton-Leibniz)公式类似.

**注**　本定理的条件"$f(z)$ 在单连通区域 $D$ 内解析"可代以更一般的条件"(1) $f(z)$ 在单连通区域 $D$ 内连续;(2) $\int f(\zeta)\mathrm{d}\zeta$ 沿 $D$ 内任一周线的积分为零(从而积分与路径无关)".

**例 3.2.8**　计算积分 $\int_{-\mathrm{i}}^{\mathrm{i}} \frac{\mathrm{d}z}{z}$,积分路径沿顶点为(0,−1),(1,−1),(1,1),(0,1)的四边形的三边(图 3.2.4).

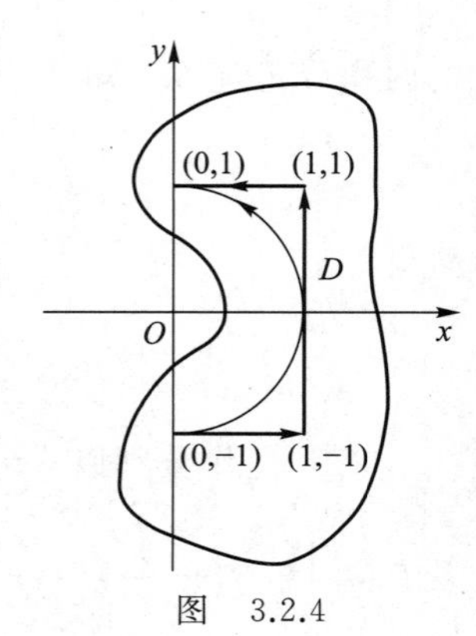

图　3.2.4

**分析**　如果沿着题意提出的路径计算积分,计算量将十分繁重. 但是存在一个单连通区域 $D$(图 3.2.4),被积函数 $f(z)=\frac{1}{z}$在 $D$ 内解析,并且 $D$ 包含−i 和 i,在 $D$ 内积分就与路径无关,因此,我们可以沿另外的路径计算这个积分. 为简单起见,我们取位于原点右边的连接−i 和 i 的单位半圆周.

**解**　设 $z=\mathrm{e}^{\mathrm{i}\theta}$,则$\frac{1}{z}=\mathrm{e}^{-\mathrm{i}\theta}$,$\mathrm{d}z=\mathrm{i}\mathrm{e}^{\mathrm{i}\theta}\mathrm{d}\theta$. 因此,

$$\int_{-\mathrm{i}}^{\mathrm{i}} \frac{1}{z}\mathrm{d}z=\mathrm{i}\int_{-\frac{\pi}{2}}^{\frac{\pi}{2}} \mathrm{d}\theta=\pi\mathrm{i}.$$ ■

**注**　$D$ 不包含原点,这就不允许我们用位于原点左边的单位半圆周来代替给定的路径. 事实上,在这样的半圆周上,有

$$\int_{-\mathrm{i}}^{\mathrm{i}} \frac{1}{z}\mathrm{d}z=\mathrm{i}\int_{\frac{3\pi}{2}}^{\frac{\pi}{2}} \mathrm{d}\theta=-\pi\mathrm{i}.$$

因此,必须小心,确实使给定的路径与实际选作计算的路径都处于被积函数的解析区域内,并且这个区域必须是单连通的.

**例 3.2.9**　计算积分

$$\int_C (z^2+\sin z)\mathrm{d}z,$$

其中 $C$ 为摆线:$x=a(\theta-\sin\theta)$,$y=a(1-\cos\theta)$从 $\theta=0$ 到 $\theta=2\pi$ 的一段.

**分析**　因为被积函数 $f(z)=z^2+\sin z$ 在 $z$ 平面上解析,所以积分只与路径的起点、终点有关,而与路径无关. 当 $\theta=0$ 时,$z=0$;当 $\theta=2\pi$ 时,$z=x=2\pi a$. 故 $C$ 可以简化成沿实轴的路径.

**解**　由分析,

$$\int_C (z^2+\sin z)\mathrm{d}z=\int_0^{2\pi a} (x^2+\sin x)\mathrm{d}x=\left(\frac{1}{3}x^3-\cos x\right)\Big|_0^{2\pi a}$$

$$=\frac{8}{3}\pi^3 a^3-\cos(2\pi a)+1.$$ ■

**4.** 多连通区域内的变上限积分一般表示多值解析函数,比如教材的例 3.13:

$$\int_1^z \frac{d\zeta}{\zeta} = \mathrm{Ln}\, z = \ln z + 2n\pi i$$

$(z \in G: z \neq 0, \infty; n = 0, \pm 1, \pm 2, \cdots$,参看图 3.11),

其中积分路径 $L$ 是不过原点,且连接 $z_0 = 1$ 和点 $z$ 的任意逐段光滑曲线.

不过多连通区域内的变上限积分,也有表示单值解析函数的. 比如,我们来考察变上限积分

$$\int_1^z \frac{1}{\zeta^2} d\zeta,$$

这里 $z \in G: z \neq 0, \infty$, $G$ 是二连通区域,积分路径 $L$ 是不过原点,且连接点 $z_0 = 1$ 和点 $z$ 的任意逐段光滑曲线.

(1) 当 $L$ 不围绕原点 $z = 0$ 时,被积函数 $\frac{1}{z^2}$ 在包含 $L$ 但不包含 $z = 0$ 的一个单连通子区域 $D$ 内单值解析,从而由定理 3.8,

$$\int_1^z \frac{1}{\zeta^2} d\zeta = -\frac{1}{\zeta}\Big|_1^z = -\frac{1}{z} + 1 \quad (z \in D).$$

(2) 设 $\gamma$ 是在 $G$ 内的一条周线,原点在 $\gamma$ 的内部,则当 $z$ 沿 $\gamma$ 的正向绕行一周时,积分有增量

$$\int_\gamma \frac{1}{\zeta^2} d\zeta = 0 \quad (\text{例 } 3.11).$$

(3) 由(1)和(2)的结果,并参看图 3.11,可见

$$\int_1^z \frac{1}{\zeta^2} d\zeta = -\frac{1}{z} + 1 \quad (z \in G),$$

这就是 $z$ 的单值解析函数.

## §3 柯西积分公式及其推论

**1.** 充分掌握柯西积分公式.

**定理 3.11** 设区域 $D$ 的边界是周线(或复周线)$C$, $f(z)$ 在 $D$ 内解析,在 $\overline{D} = D + C$ 上连续,则

$$f(z) = \frac{1}{2\pi i}\int_C \frac{f(\zeta)}{\zeta - z} d\zeta \quad (z \in D), \tag{3.16}$$

或

$$\int_C \frac{f(\zeta)}{\zeta - z} d\zeta = 2\pi i f(z) \quad (z \in D). \tag{3.16$'$}$$

**注** (1) 柯西积分公式(3.16)是解析函数的积分表达式,用边界值确定内部值. 可见解析函数的函数值之间有着密切的联系. 总的来说,柯西积分公式可以帮助我们详细地去研究解析函数的各种局部性质. 另外,柯西积分公式(定理 3.11)的条件与柯西积分定理 3.9(或定理 3.10)以及下面的柯西高阶导数公式(定理 3.13)的条件相同,使我们容易(且必须)记住这些重要定理.

(2) 在定理 3.11 的条件下,(3.16)右端称为柯西积分.

(3) 用公式(3.16)$'$可以计算某些积分路径是周线的周线积分.

(4) 在(3.16)及(3.16)′中，$\zeta=z$ 是被积函数 $F(\zeta)=\dfrac{f(\zeta)}{\zeta-z}$在 $C$ 内部的唯一奇点. 如果给定的积分被积函数 $F(\zeta)$在 $C$ 内部有两个以上奇点，就不能直接应用柯西积分公式.

**2. 掌握解析函数的平均值定理.**

**定理 3.12**　如果 $f(z)$在圆 $|\zeta-z_0|<R$ 内解析，在闭圆 $|\zeta-z_0|\leqslant R$ 上连续，则

$$f(z_0)=\frac{1}{2\pi}\int_0^{2\pi}f(z_0+Re^{i\varphi})d\varphi,$$

即 $f(z)$在圆心 $z_0$ 的值等于它在圆周上的值的算术平均数.

**注**　本定理是柯西积分公式(定理 3.11)的特殊情形. 在下一章，我们将用它来证明解析函数的最大模原理.

**例 3.3.1**　计算积分

$$I=\int_{|z|=1}\frac{z}{(2z+1)(z-2)}dz.$$

**分析**　被积函数 $F(z)=\dfrac{z}{(2z+1)(z-2)}$在 $C$：$|z|=1$ 内部只有一个奇点 $z=-\dfrac{1}{2}$，而另一奇点 $z=2$ 则在 $C$ 的外部. 故可将 $F(z)$适当变形后应用柯西积分公式.

**解一**　因为

$$\frac{z}{(2z+1)(z-2)}=\frac{1}{10}\left(\frac{1}{z+\frac{1}{2}}+\frac{4}{z-2}\right),$$

所以

$$\int_{|z|=1}\frac{4}{z-2}dz=0,\quad\int_{|z|=1}\frac{1}{z-\left(-\frac{1}{2}\right)}dz=2\pi i$$

(前者由柯西积分定理，后者由柯西积分公式或重要积分)，故

$$I=\frac{1}{10}(2\pi i+0)=\frac{\pi i}{5}.$$

**解二**　由柯西积分公式，先改写被积函数.

$$I=\int_{|z|=1}\frac{\frac{z}{2(z-2)}}{z-\left(-\frac{1}{2}\right)}dz\xlongequal{(3.16)'}2\pi i\left[\frac{z}{2(z-2)}\right]\bigg|_{z=-\frac{1}{2}}$$

$$=\frac{\pi i}{5},$$

其中 $f(z)=\dfrac{z}{2(z-2)}$在闭圆 $|z|\leqslant 1$ 上解析. ■

**例 3.3.2**　计算积分

$$I=\int_C\frac{dz}{z^2+2z+2},$$

其中 $C$ 是四个角在(0,0)，(−2,0)，(−2,−2)，(0,−2)的正方形.

**分析** 我们注意到被积函数 $F(z)=\dfrac{1}{z^2+2z+2}$ 在 **C** 上只有两个奇点 $z=-1\pm \mathrm{i}$，奇点 $-1-\mathrm{i}$ 在积分路径 $C$ 的内部，奇点 $-1+\mathrm{i}$ 在 $C$ 的外部.

**解** 改写被积函数，由柯西积分公式得

$$I=\int_C \frac{1}{[z-(-1+\mathrm{i})][z-(-1-\mathrm{i})]}\mathrm{d}z=\int_C \frac{\dfrac{1}{z-(-1+\mathrm{i})}}{z-(-1-\mathrm{i})}\mathrm{d}z$$

$$\overset{(3.16)'}{=\!=\!=}2\pi\mathrm{i}\left[\frac{1}{z-(-1+\mathrm{i})}\right]\bigg|_{z=-1-\mathrm{i}}=-\pi,$$

这里 $f(z)=\dfrac{1}{z-(-1+\mathrm{i})}$ 在 $\overline{I(C)}$ 上解析. ■

**例 3.3.3** 下列推导是否正确？如果不正确，把它改正：

$$\int_{|z|=\frac{3}{2}}\frac{1}{z(z-1)}\mathrm{d}z=\int_{|z|=\frac{3}{2}}\frac{\dfrac{1}{z}}{z-1}\mathrm{d}z=2\pi\mathrm{i}\left[\frac{1}{z}\right]\bigg|_{z=1}=2\pi\mathrm{i}.$$

**解** 这个推导是错误的. 因为应用柯西积分公式时没有考虑公式成立的条件是否满足. 公式(3.16)′要求其中的 $f(z)$ 在 $C$ 内部处处解析，现在 $f(z)=\dfrac{1}{z}$ 在圆周 $|z|=\dfrac{3}{2}$ 内部的 $z=0$ 处不解析. 所以不能应用柯西积分公式来解.

当然，下面的解法也是错误的：

$$\int_{|z|=\frac{3}{2}}\frac{1}{z(z-1)}\mathrm{d}z=\int_{|z|=\frac{3}{2}}\frac{\dfrac{1}{z-1}}{z}\mathrm{d}z$$

$$=2\pi\mathrm{i}\left[\frac{1}{z-1}\right]\bigg|_{z=0}=-2\pi\mathrm{i}.$$

正确的解法，应把原积分改写成(参看例 3.2.7(1))：

$$\int_{|z|=\frac{3}{2}}\frac{1}{z(z-1)}\mathrm{d}z=\int_{|z|=\frac{3}{2}}\frac{1}{z-1}\mathrm{d}z-\int_{|z|=\frac{3}{2}}\frac{1}{z}\mathrm{d}z$$

$$=2\pi\mathrm{i}-2\pi\mathrm{i}=0\quad(\text{重要积分}).$$ ■

**例 3.3.4** 计算积分

$$I=\int_{|z-2|=2}\frac{\sqrt{z}}{z^2+\dfrac{1-\sqrt{3}\,\mathrm{i}}{2}}\mathrm{d}z,$$

其中 $\sqrt{z}$ 取分支：$\sqrt{z}=\mathrm{e}^{\frac{1}{2}\ln z}$.

**分析** 因 $\sqrt{z}$ 的支点为 $0,\infty$，取支割线为从原点出发的负实轴 $(-\infty,0]$，故所取分支在圆 $|z-2|<2$ 内单值解析且连续到边界 $|z-2|=2$. ($z=0$ 在边界上，也是此单值分支的可去奇点，只需令 $\sqrt{z}\,\big|_{z=0}=\lim\limits_{z\to 0}\mathrm{e}^{\frac{1}{2}\ln z}=0$，即可移去此奇点.)

**解** 改写原积分，

$$I=\int_{|z-2|=2}\frac{\sqrt{z}}{z^2-\left(-\frac{1}{2}+\frac{\sqrt{3}}{2}\mathrm{i}\right)}\mathrm{d}z=\int_{|z-2|=2}\frac{\sqrt{z}}{z^2-\mathrm{e}^{\frac{2\pi}{3}\mathrm{i}}}\mathrm{d}z$$

$$=\int_{|z-2|=2}\frac{\dfrac{\sqrt{z}}{z-(-\mathrm{e}^{\frac{\pi}{3}\mathrm{i}})}}{z-\mathrm{e}^{\frac{\pi}{3}\mathrm{i}}}\mathrm{d}z\quad\text{（改写被积函数）}$$

$$\xlongequal{(3.16)'}2\pi\mathrm{i}\left.\frac{\sqrt{z}}{z+\mathrm{e}^{\frac{\pi}{3}\mathrm{i}}}\right|_{z=\mathrm{e}^{\frac{\pi}{3}\mathrm{i}}}=\frac{\pi}{2}(1+\sqrt{3}\,\mathrm{i}).$$

因为$-\mathrm{e}^{\frac{\pi}{3}\mathrm{i}}$在圆周$|z-2|=2$外部，所以$f(z)=\dfrac{\sqrt{z}}{z+\mathrm{e}^{\frac{\pi}{3}\mathrm{i}}}$在闭圆$|z-2|\leqslant 2$上解析. ■

**例 3.3.5**　计算积分 $I=\int_{C:|z|=2}\dfrac{\mathrm{d}z}{z^2+2}$.

**分析**　被积函数 $F(z)=\dfrac{1}{z^2+2}$的奇点 $z=\pm\sqrt{2}\,\mathrm{i}$ 都在积分路径 $C$ 的内部，我们就不能直接用上题的办法，即先改写被积函数，再应用柯西积分公式. 而是首先分别以奇点$\pm\sqrt{2}\,\mathrm{i}$ 为圆心，作两个小圆 $C_1$，$C_2$ 挖去之，即得一个以复周线 $C+C_1^-+C_2^-$ 为边界的三连通区域(图 3.3.1). 再用以下解法求解.

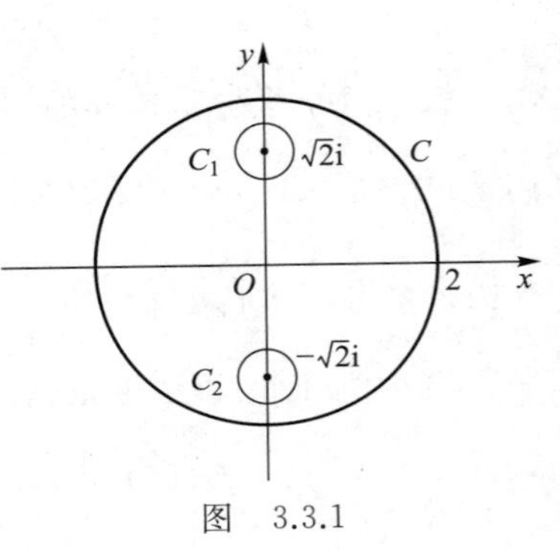

图　3.3.1

**解**　对如图 3.3.1 所示的复周线 $C+C_1^-+C_2^-$，由多连通区域的柯西积分定理 3.10，

$$\int_C\frac{\mathrm{d}z}{z^2+2}=\int_{C_1}\frac{\mathrm{d}z}{z^2+2}+\int_{C_2}\frac{\mathrm{d}z}{z^2+2}.\tag{1}$$

由于被积函数 $F(z)=\dfrac{1}{z^2+2}$分别在 $C_1$ 及 $C_2$ 内部各只有一个奇点，这时方可采用上题办法，先改写被积函数，再应用柯西积分公式.

$$\int_{C_1}\frac{\mathrm{d}z}{z^2+2}=\int_{C_1}\frac{\dfrac{1}{z-(-\sqrt{2}\,\mathrm{i})}}{z-\sqrt{2}\,\mathrm{i}}\mathrm{d}z\xlongequal{(3.16)'}\left.\frac{2\pi\mathrm{i}}{z+\sqrt{2}\,\mathrm{i}}\right|_{z=\sqrt{2}\mathrm{i}}=\frac{\pi}{\sqrt{2}}.\tag{2}$$

同理可得

$$\int_{C_2}\frac{\mathrm{d}z}{z^2+2}=-\frac{\pi}{\sqrt{2}}.\tag{3}$$

(2)式和(3)式代入(1)式得

$$\int_{C:|z|=2}\frac{\mathrm{d}z}{z^2+2}=0.$$ ■

**例 3.3.6**　若 $f(z)$在周线 $C$ 所界的区域 $G$ 内解析，在 $G+C$ 上连续，试证明在 $G$ 内处处有

$$|f(z)|\leqslant M\quad\left(M=\max_{\zeta\in C}|f(\zeta)|\right).$$

**分析**　若 $n$ 是任一自然数，对$[f(z)]^n$ 运用柯西积分公式和积分估值定理，估计

$|f(z)|^n$，从而得到$|f(z)|$的估值.

**证** 由柯西积分公式，

$$[f(z)]^n=\frac{1}{2\pi i}\int_C\frac{[f(\zeta)]^n}{\zeta-z}d\zeta\quad(z\in G),$$

则由积分估值定理，

$$|f(z)|^n\leqslant\frac{1}{2\pi}\int_C\frac{M^n}{|\zeta-z|}|d\zeta|=KM^n,$$

即

$$\frac{|f(z)|}{M}\leqslant K^{\frac{1}{n}},$$

其中$K=K(z,C)=\frac{1}{2\pi}\int_C\frac{|d\zeta|}{|\zeta-z|}$与$n$无关. 令$n\to+\infty$得$\frac{|f(z)|}{M}\leqslant1$，即

$$|f(z)|\leqslant M\quad(z\in G).$$

■

**注** 这是最大模原理的特殊情形.

**例 3.3.7** 证明：若$f(z)$在$|z|\leqslant1$上解析，则

$$\frac{1}{2\pi i}\int_{|\zeta|=1}\frac{\overline{f(\zeta)}}{\zeta-z}d\zeta=\begin{cases}\overline{f(0)}, & |z|<1,\\ \overline{f(0)}-\overline{f\left(\frac{1}{\bar{z}}\right)}, & |z|>1.\end{cases}$$

**分析** 当$|\zeta|=1$时，$\zeta=e^{i\varphi}$，$0\leqslant\varphi\leqslant2\pi$，

$$\bar{\zeta}=e^{-i\varphi},\quad d\zeta=ie^{i\varphi}d\varphi,\quad d\bar{\zeta}=-ie^{-i\varphi}d\varphi,$$

于是

$$d\zeta=ie^{i\varphi}d\varphi=\frac{ie^{-i\varphi}d\varphi}{e^{-2i\varphi}}=\frac{-d\bar{\zeta}}{\bar{\zeta}^2}.$$

又注意到$\zeta\bar{\zeta}=|\zeta|^2=1$，于是

$$\begin{aligned}\frac{1}{2\pi i}\int_{|\zeta|=1}\frac{\overline{f(\zeta)}}{\zeta-z}d\zeta&=\frac{1}{2\pi i}\int_{|\zeta|=1}\frac{\overline{f(\zeta)}}{\zeta-z}\left(-\frac{d\bar{\zeta}}{\bar{\zeta}^2}\right)\\&=\frac{1}{-2\pi i}\int_{|\zeta|=1}\frac{\overline{f(\zeta)}\,\overline{d\zeta}}{\bar{\zeta}(1-z\bar{\zeta})}=\overline{\frac{1}{2\pi i}\int_{|\zeta|=1}\frac{f(\zeta)d\zeta}{\zeta(1-\bar{z}\zeta)}}.\end{aligned}\tag{1}$$

**证** (1) $|z|<1\Rightarrow|\bar{z}|<1\Rightarrow\left|\frac{1}{\bar{z}}\right|>1$，则(1)式右端被积函数的奇点$\zeta=0$在圆周$|\zeta|=1$的内部；奇点$\zeta=\frac{1}{\bar{z}}$在其外部. 由柯西积分公式，知

$$\begin{aligned}\frac{1}{2\pi i}\int_{|\zeta|=1}\frac{f(\zeta)}{\zeta(1-\bar{z}\zeta)}d\zeta&=\frac{1}{2\pi i}\int_{|\zeta|=1}\frac{\frac{f(\zeta)}{1-\bar{z}\zeta}}{\zeta-0}d\zeta\\&=\left.\frac{f(\zeta)}{1-\bar{z}\zeta}\right|_{\zeta=0}=f(0)\quad\left(\frac{f(\zeta)}{1-\bar{z}\zeta}\text{ 在 }|\zeta|\leqslant1\text{ 上解析}\right),\end{aligned}$$

所以

$$\frac{1}{2\pi i}\int_{|\zeta|=1}\frac{\overline{f(\zeta)}}{\zeta-z}d\zeta\xlongequal{(1)}\overline{f(0)},\quad|z|<1.$$

(2) $|z|>1\Rightarrow|\bar{z}|>1\Rightarrow\left|\frac{1}{\bar{z}}\right|<1$，则(1)式右端被积函数的两个奇点 0 及 $\frac{1}{\bar{z}}$ 都在圆周 $|\zeta|=1$ 的内部. 为此，我们将被积函数分成两项，再应用柯西积分公式，

$$\frac{1}{2\pi i}\int_{|\zeta|=1}\frac{f(\zeta)d\zeta}{\zeta(1-\bar{z}\zeta)}=\frac{1}{2\pi i}\int_{|\zeta|=1}\left(\frac{1}{\zeta}-\frac{1}{\zeta-\frac{1}{\bar{z}}}\right)f(\zeta)d\zeta$$

$$\xlongequal{(3.16)}f(0)-f\left(\frac{1}{\bar{z}}\right).$$

所以

$$\frac{1}{2\pi i}\int_{|\zeta|=1}\frac{\overline{f(\zeta)}}{\zeta-z}d\zeta\xlongequal{(1)}\overline{f(0)}-\overline{f\left(\frac{1}{\bar{z}}\right)},\quad |z|>1.$$ ■

**例 3.3.8**　设 $g(z)=\int_{|\zeta|=2}\frac{2\zeta^2-\zeta+1}{\zeta-z}d\zeta$.

(1) 用两种方法求 $g(1)$；(2) 求 $g(z_0)$，其中 $|z_0|>2$；

(3) 能否求出 $g(2)$？

**解**　(1) 因 $f(\zeta)=2\zeta^2-\zeta+1$ 在 **C** 上解析，故

$$g(1)=\int_{|\zeta|=2}\frac{2\zeta^2-\zeta+1}{\zeta-1}d\zeta\xlongequal{(3.16)'}2\pi i(2\zeta^2-\zeta+1)\Big|_{\zeta=1}$$
$$=4\pi i.$$

另一种方法为

$$\begin{aligned}g(1)&=\int_{|\zeta|=2}\frac{2\zeta^2-\zeta+1}{\zeta-1}d\zeta\\&=\int_{|\zeta|=2}\frac{2(\zeta-1)^2+3(\zeta-1)+2}{\zeta-1}d\zeta\\&=\int_{|\zeta|=2}[2(\zeta-1)+3]d\zeta+2\int_{|\zeta|=2}\frac{d\zeta}{\zeta-1}\\&=0+4\pi i=4\pi i\quad(\text{柯西积分定理，重要积分}).\end{aligned}$$

(2) 此时，被积函数 $F(\zeta)=\frac{2\zeta^2-\zeta+1}{\zeta-z_0}$ 在 $|\zeta|\leqslant 2$ 上解析，故由柯西积分定理

$$g(z_0)=\int_{|\zeta|=2}\frac{2\zeta^2-\zeta+1}{\zeta-z_0}d\zeta=0,\quad |z_0|>2.$$

(3) 因对积分

$$\int_{|\zeta|=2}\frac{2\zeta^2-\zeta+1}{\zeta-2}d\zeta\tag{1}$$

中的被积函数来说，分子 $2\zeta^2-\zeta+1$ 在 $\zeta=2$ 时不为 0，分母 $\zeta-2$ 在 $\zeta=2$ 时为 0，而 $\zeta=2$ 又在积分路径上，因此此积分无意义，所以不能求出 $g(2)$. ■

**注**　积分(1)称为奇异积分.

**3.** 充分掌握柯西高阶导数公式.

**定理 3.13**　在(柯西积分公式)定理 3.11 的条件下：

$$f^{(n)}(z)=\frac{n!}{2\pi i}\int_C\frac{f(\zeta)}{(\zeta-z)^{n+1}}d\zeta\quad(z\in D,n=1,2,\cdots),\tag{3.20}$$

或

$$\int_C \frac{f(\zeta)}{(\zeta-z)^{n+1}}d\zeta=\frac{2\pi i}{n!}f^{(n)}(z)(z\in D,n=1,2,\cdots). \tag{3.20$'$}$$

**注** (1) 应用公式(3.20)′可以计算一些周线积分.

(2) 在公式(3.20)及(3.20)′中,$\zeta=z$ 是被积函数 $F(\zeta)$ 在 $C$ 内部的惟一奇点. 如果 $F(\zeta)$ 在 $C$ 内部有两个以上的奇点,就不能直接应用它们.

**4.** 切实掌握解析函数的无穷可微性.

**定理 3.14** 设 $f(z)$ 在区域 $D(\subset \mathbf{C})$ 内解析,则 $f(z)$ 在 $D$ 内具有各阶导数,并且它们也在 $D$ 内解析.

**例 3.3.9** 计算积分

$$\frac{1}{2\pi i}\int_\Gamma \frac{e^z}{z(1-z)^3}dz,$$

其中 $\Gamma$ 为不通过点 0 与 1 的周线.

**分析** 分别就 $\Gamma$ 的种种可能情形计算此积分.

**解** (1) 若 $z=0$ 与 1 均在 $\Gamma$ 的外部,则被积函数 $F(z)=\dfrac{e^z}{z(1-z)^3}$ 在以 $\Gamma$ 为边界的闭域 $\overline{G}$ 上解析. 由柯西积分定理知

$$\frac{1}{2\pi i}\int_\Gamma \frac{e^z}{z(1-z)^3}dz=0.$$

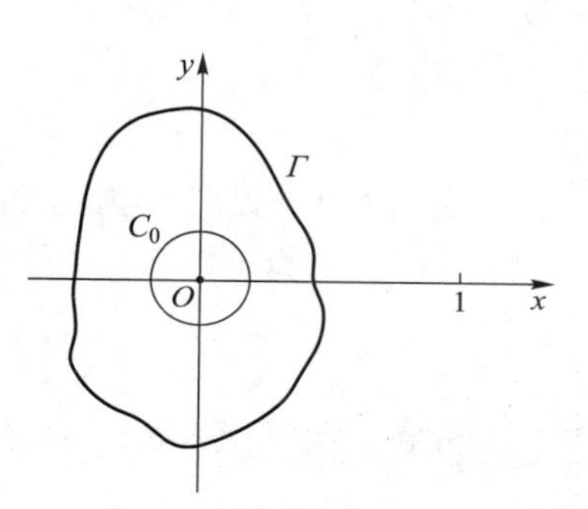

图 3.3.2

(2) 若 $z=0$ 在 $\Gamma$ 的内部,而 $z=1$ 在 $\Gamma$ 的外部(图 3.3.2),则由复周线 $\Gamma+C_0^-$ 的柯西积分定理 3.10,

$$\frac{1}{2\pi i}\int_\Gamma \frac{e^z}{z(1-z)^3}dz=\frac{1}{2\pi i}\int_{C_0} \frac{e^z}{z(1-z)^3}dz=\frac{1}{2\pi i}\int_{C_0} \frac{\frac{e^z}{(1-z)^3}}{z-0}dz$$

$$\xlongequal{(3.16)}\left.\frac{e^z}{(1-z)^3}\right|_{z=0}=1, \tag{1}$$

其中 $C_0$ 是以 $z=0$ 为圆心且含在 $\Gamma$ 内部的任意小圆周.

(3) 若 $z=1$ 在 $\Gamma$ 的内部,而 $z=0$ 在 $\Gamma$ 的外部,同理有(图 3.3.3)

$$\frac{1}{2\pi i}\int_\Gamma \frac{e^z}{z(1-z)^3}dz$$

$$=\frac{1}{2\pi i}\int_{C_1} \frac{e^z}{z(1-z)^3}dz=-\frac{1}{2}\frac{2!}{2\pi i}\int_{C_1} \frac{\frac{e^z}{z}}{(z-1)^3}dz$$

$$\xlongequal{(3.20)}-\frac{1}{2}\frac{d^2}{dz^2}\left(\frac{e^z}{z}\right)\Big|_{z=1}=-\frac{e}{2}, \tag{2}$$

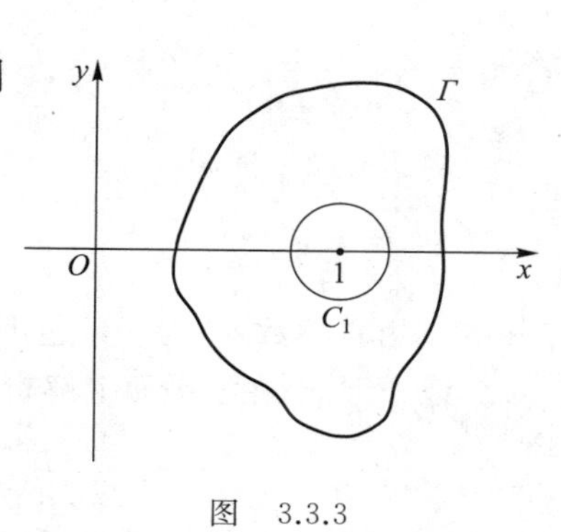

图 3.3.3

其中 $C_1$ 是以 $z=1$ 为圆心且含在 $\Gamma$ 内部的任意小圆周.

(4) 若 $z=0$ 与 $z=1$ 均在 $\Gamma$ 的内部,则由复周线 $\Gamma+C_0^-+C_1^-$ 的柯西积分定理 3.10(图 3.3.4),

$$\frac{1}{2\pi i}\int_{\Gamma}\frac{e^{z}}{z(1-z)^{3}}dz$$

$$=\frac{1}{2\pi i}\int_{C_0}\frac{e^{z}}{z(1-z)^{3}}dz+\frac{1}{2\pi i}\int_{C_1}\frac{e^{z}}{z(1-z)^{3}}dz$$

$$\xlongequal{(1)(2)}1-\frac{e}{2}.$$ ■

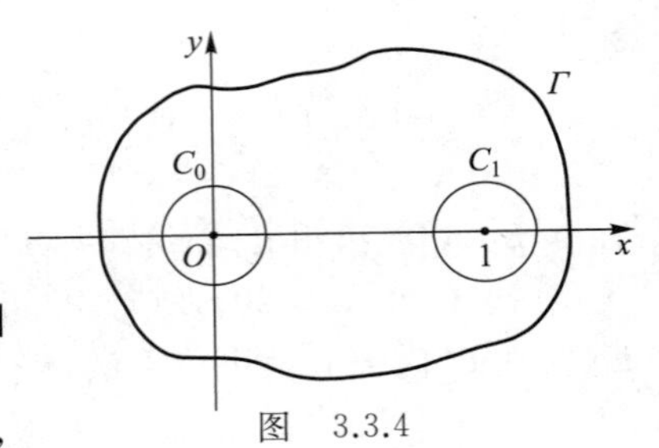


图 3.3.4

**例 3.3.10** 设 $f(z)$在区域 $G$ 内解析，且不为零，$C$ 为 $G$ 内一条周线，$\overline{I(C)}=C+I(C)\subset G$，则

$$\int_C\frac{f'(z)}{f(z)}dz=0.$$

**证** 由解析函数的无穷可微性知 $f'(z)$在 $G$ 内也解析. 又因题设 $f(z)$在 $G$ 内不为零. 故$\frac{f'(z)}{f(z)}$在 $G$ 内解析，从而在闭域 $\overline{I(C)}$上解析. 于是，由柯西积分定理 3.3′知

$$\int_C\frac{f'(z)}{f(z)}dz=0.$$ ■

**例 3.3.11** 设(1)函数 $f(z)$在区域 $G$ 内有惟一不解析的点 $a$；(2) $(z-a)^n f(z)=g(z)$，其中 $n$ 为正整数，$g(z)$在 $G$ 内解析；(3) $C$ 为 $G$ 内任一包围 $a$ 的周线，则有

$$\int_C f(z)dz=\frac{2\pi i}{(n-1)!}g^{(n-1)}(a).$$

**分析** 要证上式成立，只需证

$$g^{(n-1)}(a)=\frac{(n-1)!}{2\pi i}\int_C f(z)dz.$$

**证** 由条件(2)(3)，$g(z)$在闭域$\overline{I(C)}$上解析，故由柯西积分公式，

$$g(a)=\frac{1}{2\pi i}\int_C\frac{g(z)}{z-a}dz,$$

于是由柯西高阶导数公式

$$g^{(n-1)}(a)=\frac{(n-1)!}{2\pi i}\int_C\frac{g(z)}{(z-a)^n}dz$$

$$\xlongequal{\text{条件(2)}}\frac{(n-1)!}{2\pi i}\int_C f(z)dz.$$ ■

**例 3.3.12** 证明：

$$\frac{1}{2\pi i}\int_C\frac{e^{z\zeta}}{\zeta^{n+1}}d\zeta=\frac{z^n}{n!},$$

其中 $n$ 为自然数，$C$ 为一条包围原点的周线.

**证** 因 $e^{z\zeta}$在 $\zeta$ 平面上解析，自然在$\overline{I(C)}$上解析，故由柯西高阶导数公式(3.20)，

$$\frac{1}{2\pi i}\int_C\frac{e^{z\zeta}}{\zeta^{n+1}}d\zeta=\frac{1}{n!}(e^{z\zeta})^{(n)}\Big|_{\zeta=0}=\frac{z^n}{n!},$$

这里 $z$ 是与积分变量 $\zeta$ 无关的复参数. ■

**例 3.3.13** 求积分

$$I=\int_C\frac{1}{z^3(z+1)(z-2)}dz$$

的值,其中 $C$ 为圆周 $|z|=r, r\neq 1,2$.

**分析** 分别就 $C$ 的种种可能情形计算此积分.

**解** (1) 当 $0<r<1$ 时,作圆周 $C$,半径 $r$ 充分小,设

$$F(z)=\frac{1}{z^3(z+1)(z-2)},\quad f(z)=\frac{1}{(z+1)(z-2)},$$

则 $F(z)$ 在 $C$ 内部只有一个奇点 $z=0$,而 $f(z)$ 在闭圆 $\overline{I(C_1)}$ 上解析,由柯西高阶导数公式(3.20)′得

$$I=\int_C \frac{f(z)}{z^3}\mathrm{d}z=\frac{2\pi\mathrm{i}}{2!}f''(0)=-\frac{3}{4}\pi\mathrm{i}. \tag{1}$$

(2) 当 $1<r<2$ 时,作圆周 $C, C_1, C_2$,其中 $C_1, C_2$ 的半径充分小(图 3.3.5),此时 $F(z)$ 在 $C$ 内部有奇点 0 和 $-1$. 由复周线 $C+C_1^-+C_2^-$ 的柯西积分定理 3.10 得

$$I=\int_{C_1}\frac{1}{z^3(z+1)(z-2)}\mathrm{d}z+\int_{C_2}\frac{1}{z^3(z+1)(z-2)}\mathrm{d}z. \tag{2}$$

设 $f(z)=\dfrac{1}{z^3(z-2)}$,则它在 $\overline{I(C_2)}$ 上解析,故

$$\begin{aligned}\int_{C_2}\frac{1}{z^3(z+1)(z-2)}\mathrm{d}z&=\int_{C_2}\frac{f(z)}{z-(-1)}\mathrm{d}z\xlongequal{(3.16)'}2\pi\mathrm{i}f(-1)\\&=2\pi\mathrm{i}\left[\frac{1}{z^3(z-2)}\right]\bigg|_{z=-1}=\frac{2}{3}\pi\mathrm{i}.\end{aligned} \tag{3}$$

将(1)式和(3)式代入(2)式得

$$I=-\frac{3}{4}\pi\mathrm{i}+\frac{2}{3}\pi\mathrm{i}=-\frac{\pi\mathrm{i}}{12}. \tag{4}$$

(3) 当 $r>2$ 时,作圆周 $C, C_1, C_2, C_3$,其中 $C_1, C_2, C_3$ 的半径充分小,如图 3.3.6

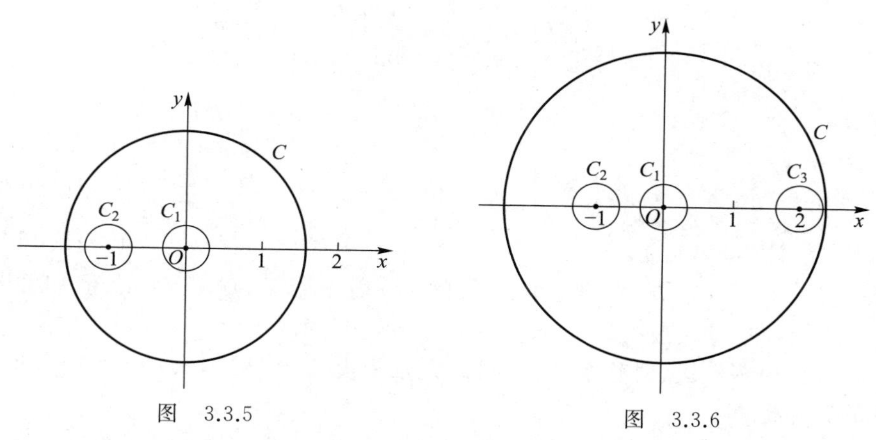


图 3.3.5　　图 3.3.6

所示. 此时,$F(z)$ 在 $C$ 内部有奇点 $0,-1,2$. 由复周线 $C+C_1^-+C_2^-+C_3^-$ 的柯西积分定理 3.10 得

$$I=\int_{C_1}F(z)\mathrm{d}z+\int_{C_2}F(z)\mathrm{d}z+\int_{C_3}F(z)\mathrm{d}z. \tag{5}$$

设 $f(z)=\dfrac{1}{z^3(z+1)}$,它在闭域 $\overline{I(C_3)}$ 上解析,故

$$\int_{C_3} \frac{1}{z^3(z+1)(z-2)} dz = \int_{C_3} \frac{\frac{f(z)}{z-2}}{} dz \xlongequal{(3.16)'} 2\pi i f(2)$$

$$= 2\pi i \left[ \frac{1}{z^3(z+1)} \right] \Big|_{z=2} = \frac{\pi i}{12}. \tag{6}$$

将(1)式、(3)式和(6)式代入(5)式得

$$I = -\frac{3}{4}\pi i + \frac{2}{3}\pi i + \frac{1}{12}\pi i = 0.$$

■

**注** 解本题的关键在于计算被积函数

$$F(z) = \frac{1}{z^3(z+1)(z-2)}$$

在各奇点 $0, -1, 2$ 充分小邻域内的周线积分

$$\int_{C_j} F(z) dz \quad (j=1,2,3).$$

这在第六章就归结为计算 $F(z)$ 在各奇点处的留数. 应用留数理论计算“大范围”的周线积分 $I$，一般说来比这里的计算方法简捷.

**例 3.3.14** 设 $f_1(z)$ 与 $f_2(z)$ 分别是 $|z| \leqslant 1$ 与 $|z| \geqslant 1$ 上的解析函数，则

$$\frac{1}{2\pi i} \int_{|\zeta|=1} \left[ \frac{f_1(\zeta)}{\zeta - z} - \frac{z f_2(\zeta)}{\zeta(\zeta - z)} \right] d\zeta = \begin{cases} f_1(z), & |z| < 1, \\ f_2(z), & |z| > 1. \end{cases} \tag{1}$$

**证** 由柯西积分公式(3.16)及柯西积分定理知，

$$\frac{1}{2\pi i} \int_{|\zeta|=1} \frac{f_1(\zeta)}{\zeta - z} d\zeta = \begin{cases} f_1(z), & |z| < 1, \\ 0, & |z| > 1. \end{cases} \tag{2}$$

又令 $\zeta = \frac{1}{\omega}$，则当 $\zeta$ 绕 $|\zeta| = 1$ 正向转一整周时，$\omega$ 绕圆周 $|\omega| = 1$ 负向转一整周，于是

$$-\frac{1}{2\pi i} \int_{|\zeta|=1} \frac{z f_2(\zeta)}{\zeta(\zeta - z)} d\zeta = \frac{1}{2\pi i} \int_{|\omega|=1} \frac{f_2\left(\frac{1}{\omega}\right)}{\omega - \frac{1}{z}} d\omega$$

$$= \begin{cases} 0, & |z| < 1, \\ f_2\left(\frac{1}{\omega}\right) \Big|_{\omega = \frac{1}{z}} = f_2(z), & |z| > 1. \end{cases} \tag{3}$$

由(2)+(3)得证(1)式成立.

■

**注** 这里 $f_1(z)$ 与 $f_2(z)$ 是彼此无关的，一般不能互为解析延拓，但却可以表示为同一个式子，即(1)式左边的积分.

**5. 掌握柯西不等式、刘维尔(Liouville)定理和莫雷拉(Morera)定理及解析函数的又一个等价刻画.**

(1) 柯西不等式 设 $f(z)$ 在区域 $D$ 内解析，$a \in D$，$\gamma$：$|\zeta - a| = R$，$\overline{I(\gamma)} \subset D$，则

$$|f^{(n)}(a)| \leqslant \frac{n!\, M(R)}{R^n},$$

其中 $M(R) = \max\limits_{z \in \gamma} |f(z)|$，$n = 1, 2, \cdots$.

**注** 柯西不等式是对解析函数各阶导数模的估计式，说明解析函数在解析点 $a$ 的各阶导数模的估计与它的解析区域的大小密切相关.

(2) 刘维尔定理　有界整函数(在整个复平面 **C** 上解析的函数称为整函数)必为常数.

**注**　此定理的逆也真,即:常数是有界整函数. 此定理的逆否定理为:非常数的整函数必无界. 关于刘维尔定理,我们以后还要论及.

(3) 莫雷拉定理(柯西积分定理 3.3 的逆定理)　设 $f(z)$ 在单连通区域 $D$ 内连续,$C$ 为 $D$ 内任一周线,$\int_C f(z)\mathrm{d}z=0$,则 $f(z)$ 在单连通区域 $D$ 内解析.

(4) 解析函数的又一等价刻画:

**定理 3.17**　$f(z)$ 在区域 $G(\subset\mathbf{C})$ 内解析

$$\Leftrightarrow\begin{cases}f(z)\text{ 在区域 } G \text{ 内连续},\\ C\text{ 为任一周线},\overline{I(C)}\subset G\rightarrow\int_C f(z)\mathrm{d}z=0.\end{cases}$$

**例 3.3.15**　设(1)区域 $D$ 的边界是周线 $C$,$f(z)$ 在 $D$ 内解析,在 $\overline{D}=D+C$ 上连续;(2) $a\in D$,$a$ 到 $C$ 的最短距离为 $\rho$,$C$ 的长度为 $L$;(3) $M=\max\limits_{z\in C}|f(z)|$,证明一般形式的柯西不等式:

$$|f(a)|\leqslant\frac{ML}{2\pi\rho},\quad |f^{(n)}(a)|\leqslant\frac{n!\ ML}{2\pi\rho^{n+1}}\ (n=1,2,\cdots).$$

**分析**　应用柯西积分公式、高阶导数公式和积分估值定理.

**证**　由题设条件(1)有柯西积分公式(3.16):

$$f(a)=\frac{1}{2\pi\mathrm{i}}\int_C\frac{f(z)}{z-a}\mathrm{d}z\quad(a\in D).$$

由于 $|f(z)|\leqslant M$, $|z-a|\geqslant\rho(z\in C)$,故

$$|f(a)|\leqslant\frac{1}{2\pi}\int_C\left|\frac{f(z)}{z-a}\right||\mathrm{d}z|\leqslant\frac{ML}{2\pi\rho}.$$

又由题设条件(1)有柯西高阶导数公式(3.20):

$$f^{(n)}(a)=\frac{n!}{2\pi\mathrm{i}}\int_C\frac{f(z)}{(z-a)^{n+1}}\mathrm{d}z\quad(a\in D,n=1,2,\cdots),$$

故

$$|f^{(n)}(a)|\leqslant\frac{n!}{2\pi}\int_C\frac{|f(z)|}{|z-a|^{n+1}}|\mathrm{d}z|\leqslant\frac{n!\ ML}{2\pi\rho^{n+1}}.$$ ■

**注**　特别地,对 $C$: $|z-a|=R$,有

$$|f(a)|\leqslant M,\quad |f^{(n)}(a)|\leqslant\frac{n!\ M}{R^n},$$

因为此时 $L=2\pi R$. 这就是我们知道了的柯西不等式.

**例 3.3.16**　试给出刘维尔定理异于教材上的另一证法.

**分析**　要证 $f(z)$ 为常数($z\in\mathbf{C}$),只需对 **C** 上的定点 $a$ 和任意点 $b$ 证明 $f(b)=f(a)$,即证 $f(a)-f(b)=0$. 方法是利用柯西积分公式和积分估值定理.

**证**　设点 $a$ 是 $z$ 平面 **C** 上任一固定点,对 **C** 上任意点 $b$,取正实数 $R$,使得 $|a|<R$, $|b|<R$(即 $a$,$b$ 都在充分大的圆周内部). 由于 $f(z)$ 为整函数,故 $f(z)$ 在闭圆 $|z|\leqslant R$ 上解析. 于是由柯西积分公式(3.16)有

$$f(a)-f(b)=\frac{1}{2\pi i}\int_{|z|=R}\frac{f(z)}{z-a}dz-\frac{1}{2\pi i}\int_{|z|=R}\frac{f(z)}{z-b}dz$$
$$=\frac{1}{2\pi i}\int_{|z|=R}\left(\frac{1}{z-a}-\frac{1}{z-b}\right)f(z)dz$$
$$=\frac{a-b}{2\pi i}\int_{|z|=R}\frac{f(z)dz}{(z-a)(z-b)}.$$

又因 $f(z)$在 $z$ 平面上有界，故可设$|f(z)|\leqslant M(z\in\mathbf{C})$. 于是

$$|f(a)-f(b)|=\left|\frac{a-b}{2\pi i}\int_{|z|=R}\frac{f(z)dz}{(z-a)(z-b)}\right|$$
$$\leqslant\frac{|a-b|M}{2\pi}\int_{|z|=R}\frac{|dz|}{|z-a||z-b|}$$
$$\leqslant\frac{|a-b|M}{2\pi(R-|a|)(R-|b|)}\int_{|z|=R}ds$$
$$=\frac{M|a-b|R}{(R-|a|)(R-|b|)}\to 0\quad(R\to+\infty),$$

所以 $f(b)=f(a)$. 由 $b$ 的任意性知 $f(z)$为常数 $f(a)$. ■

## §4　解析函数与调和函数的关系

**1.** 掌握关于调和函数的定义 3.5 及关于共轭调和函数的定义 3.6.

**例 3.4.1**　已知 $\varphi(x,y)$与 $\psi(x,y)$都是区域 $D$ 内的调和函数，试证 $a\varphi(x,y)+b\psi(x,y)$也是区域 $D$ 内的调和函数，其中 $a,b$ 为常数.

**分析**　验证函数 $u=a\varphi+b\psi$ 满足定义 3.5 的条件.

**证**　因为

$$u_x=a\varphi_x+b\psi_x,\quad u_y=a\varphi_y+b\psi_y,$$
$$u_{xy}=a\varphi_{xy}+b\psi_{xy},\quad u_{yx}=a\varphi_{yx}+b\psi_{yx},$$
$$u_{xx}=a\varphi_{xx}+b\psi_{xx},\quad u_{yy}=a\varphi_{yy}+b\psi_{yy},$$

由于题设 $\varphi$ 与 $\psi$ 是 $D$ 内的调和函数，则根据定义，$\varphi$ 与 $\psi$ 的二阶偏导数在 $D$ 内均连续，且有

$$\varphi_{xx}+\varphi_{yy}=0,\quad \psi_{xx}+\psi_{yy}=0,$$

从而 $u_{xx},u_{xy},u_{yx},u_{yy}$在 $D$ 内也连续，且有

$$u_{xx}+u_{yy}=a(\varphi_{xx}+\varphi_{yy})+b(\psi_{xx}+\psi_{yy})=0.$$

因此 $u$ 即 $a\varphi+b\psi$ 是区域 $D$ 内的调和函数 ■

**注**　这个例题的结果还可推广如下：有限个调和函数的线性组合仍然是调和函数.

**2.** 充分理解调和函数与解析函数的关系.

(1) **定理 3.18**　若 $f(z)=u(x,y)+iv(x,y)$在区域 $D$ 内解析，则在区域 $D$ 内 $u(x,y)$，$v(x,y)$都是调和函数，且在 $D$ 内 $v(x,y)$必为 $u(x,y)$的共轭调和函数($u_x=v_y$，$u_y=-v_x$).

(2) 由于 C.-R. 方程：$u_x=v_y$，$u_y=-v_x$ 中的 $u$ 与 $v$ 不能交换顺序，所以“$v$ 是 $u$ 的共轭调和函数”这句话中的 $u$，$v$ 也不能交换顺序.

(3) 由于一个解析函数 $f(z)=u+iv$ 的任意阶导数仍然是解析的，且

$$\begin{aligned} f'(z) &= u_x + \mathrm{i}v_x = v_y + \mathrm{i}(-u_y), \\ f''(z) &= u_{xx} + \mathrm{i}v_{xx} = v_{yx} + \mathrm{i}(-u_{yx}) \\ &= v_{xy} + \mathrm{i}(-u_{xy}) = -u_{yy} + \mathrm{i}(-v_{yy}), \\ &\cdots, \end{aligned}$$

由定理 3.18 可见，调和函数 $u,v$ 的任意阶偏导数也都是调和函数. 又由于任一二元调和函数都可作为一个解析函数 $f(z)$ 的实部 $u$(或虚部 $v$)，而虚部 $v$(或实部 $u$)可由 C.-R. 方程确定. 于是可知，任一二元调和函数的任意阶偏导数也是调和函数.

**例 3.4.2** 试证 $xy^2$ 不能成为一个解析函数的实部.

**分析** 由于一个解析函数的实部是调和函数，故只需证 $u=xy^2$ 不是调和函数.

**证** 因为 $u_x=y^2, u_{xx}=0, u_y=2xy, u_{yy}=2x$，故当 $x\neq 0$ 时 $u=xy^2$ 不是一个调和函数. 而在直线 $x=0$ 上，$u$ 虽然满足拉普拉斯(Laplace)方程，但直线不是区域，因此，在 $z$ 平面上任何区域内，$xy^2$ 不能成为一个解析函数的实部. ■

**例 3.4.3** 证明 $u(x,y)=x^2-y^2, v(x,y)=\dfrac{y}{x^2+y^2}$ 都是调和函数，但 $f(z)=u(x,y)+\mathrm{i}v(x,y)$ 不是解析函数.

**分析** 只需证明 $v(x,y)$ 不是 $u(x,y)$ 的共轭调和函数.

**证** 由于 $u_x=2x, u_y=-2y, u_{xx}=2, u_{yy}=-2$；

$$v_x=\frac{-2xy}{(x^2+y^2)^2}, \quad v_y=\frac{x^2-y^2}{(x^2+y^2)^2},$$

$$v_{xx}=\frac{6x^2y-2y^3}{(x^2+y^2)^3}, \quad v_{yy}=\frac{-6x^2y+2y^3}{(x^2+y^2)^3}.$$

故

$$u_{xx}+u_{yy}=0, \quad v_{xx}+v_{yy}=0 \quad (z=x+\mathrm{i}y\neq 0).$$

这表示 $u(x,y)$ 是 $z$ 平面上的调和函数，$v(x,y)$ 是 $\mathbf{C}\backslash\{0\}$ 上的调和函数.

但 $u_x\neq v_y$，因此在 $\mathbf{C}\backslash\{0\}$ 上 $u$ 与 $v$ 不满足 C.-R. 方程，从而 $v$ 不是 $u$ 的共轭调和函数，即 $f(z)=u+\mathrm{i}v$ 不是解析函数(在 $\mathbf{C}$ 上). ■

**注** 调和函数常出现在诸如流体力学、电学、磁学等实际问题中. 由于解析函数与调和函数的密切联系，人们自然会想到利用这种联系，可以由解析函数的已知性质去推出调和函数的某些性质. 不过，调和函数尚有它本身的重要性，且对它的研究又常常不能用复变函数的方法加以简化. 因此，有必要对它作专门的研究. 我们将在第九章作适当介绍.

**3.** 切实掌握从已知解析函数的实部 $u(x,y)$(或虚部 $v(x,y)$)求出它的虚部 $v(x,y)$(或实部 $u(x,y)$)的方法：

(1) 线积分法(单连通区域的情形)，即利用教材公式：

$$\left(\mathrm{d}v(x,y)=v_x\mathrm{d}x+v_y\mathrm{d}y \xlongequal{\text{C.-R.}} -u_y\mathrm{d}x+u_x\mathrm{d}y \Rightarrow\right)$$

$$v(x,y)=\int_{(x_0,y_0)}^{(x,y)} -u_y\mathrm{d}x+u_x\mathrm{d}y+C \quad (\text{知 } u \text{ 求 } v), \tag{3.23}$$

$$\left(\mathrm{d}u(x,y)=u_x\mathrm{d}x+u_y\mathrm{d}y \xlongequal{\text{C.-R.}} v_y\mathrm{d}x-v_x\mathrm{d}y \Rightarrow\right)$$

$$u(x,y)=\int_{(x_0,y_0)}^{(x,y)} v_y\mathrm{d}x-v_x\mathrm{d}y+C\quad（知 v 求 u）.\tag{3.23)'$$

(2) 先由 C.-R. 方程（如知 $u$ 求 $v$）

$$v_y=u_x,\quad v_x=-u_y$$

中的一个，如 $v_y=u_x$，解得 $v=F(x,y)+\varphi(x)$. 再由 C.-R. 方程中的另一个，$v_x=-u_y$，得

$$F_x(x,y)+\varphi'(x)=v_x=-u_y.$$

由此可求出 $\varphi(x)$，因此就能求出 $v(x,y)$.

**例 3.4.4**　已知 $u(x,y)=x^3+6x^2y-3xy^2-2y^3$，求解析函数 $f(z)=u+\mathrm{i}v$，使其满足条件 $f(0)=0$.

**解**　由题意，

$$u_x=3x^2+12xy-3y^2,\quad u_{xx}=6x+12y,$$
$$u_y=6x^2-6xy-6y^2,\quad u_{yy}=-6x-12y.$$

在 $z$ 平面 $\mathbf{C}$ 上 $u(x,y)$ 有二阶连续偏导数且满足 $u_{xx}+u_{yy}=0$，因此 $u(x,y)$ 在 $\mathbf{C}$ 上调和.

由

$$\mathrm{d}v=v_x\mathrm{d}x+v_y\mathrm{d}y\xlongequal{\text{C.-R.}}-u_y\mathrm{d}x+u_x\mathrm{d}y\tag{1}$$

得

$$v(x,y)=\int_{(0,0)}^{(x,y)}-(6x^2-6xy-6y^2)\mathrm{d}x+(3x^2+12xy-3y^2)\mathrm{d}y$$
（积分与路径无关）
$$\xlongequal{\text{(图 3.15)}}\int_0^x(-6x^2)\mathrm{d}x+\int_0^y(3x^2+12xy-3y^2)\mathrm{d}y$$
$(y=0)$　　　　（$x$ 视为与 $y$ 无关的常数）
$$=-2x^3+3x^2y+6xy^2-y^3+C,$$

所以

$$f(z)=u+\mathrm{i}v=x^3+6x^2y-3xy^2-2y^3+\mathrm{i}(-2x^3+3x^2y+6xy^2-y^3+C).$$

令 $x=z,y=0$，则

$$f(z)=z^3-2\mathrm{i}z^3+\mathrm{i}C=(1-2\mathrm{i})z^3+\mathrm{i}C.$$

由条件 $f(0)=0$，得 $C=0$，故 $f(z)=(1-2\mathrm{i})z^3$.

$v(x,y)$ 还可以按如下方法求得：

$$v(x,y)=\int-u_y\mathrm{d}x+\psi(y)\quad（两端关于 x 积分，视 y 为参数）$$
$$=\int(-6x^2+6xy+6y^2)\mathrm{d}x+\psi(y)$$
$$=-2x^3+3x^2y+6xy^2+\psi(y).$$

因为

$$3x^2+12xy-3y^2=u_x=v_y=3x^2+12xy+\psi'(y),$$

所以

$$\psi'(y)=-3y^2 \Rightarrow \psi(y)=-3\int y^2 \mathrm{d}y+C=-y^3+C,$$

即 $v(x,y)=-2x^3+3x^2y+6xy^2-y^3+C$. ■

**注** (1) $v(x,y)$也可以这样着手：

$$v(x,y)=\int u_x \mathrm{d}y+\varphi(x) \quad (\text{两端关于 } y \text{ 积分,视 } x \text{ 为参数}).$$

(2) 后两种方法都可以根据(1)式推导进行，不必强记公式. 共同点是都要运用C.-R.方程.

**例 3.4.5** 试求形如 $ax^3+bx^2y+cxy^2+dy^3$($x,y$ 的三次齐次式)的最一般的调和函数，并求出它的共轭调和函数及对应的解析函数.

**解** (1) 设 $u=ax^3+bx^2y+cxy^2+dy^3$，则

$$u_x=3ax^2+2bxy+cy^2, \quad u_y=bx^2+2cxy+3dy^2,$$

$$u_{xx}=6ax+2by, \quad u_{yy}=2cx+6dy.$$

要满足 $0=u_{xx}+u_{yy}=(6a+2c)x+(2b+6d)y$，只需

$$6a+2c=0 \quad \text{及} \quad 2b+6d=0,$$

即 $c=-3a, b=-3d$. 于是所求的最一般的调和函数为

$$u(x,y)=ax^3-3dx^2y-3axy^2+dy^3, \tag{1}$$

其中 $a,d$ 为任意实常数，调和区域为 $z$ 平面 $\mathbf{C}$.

(2) 设 $u(x,y)$的共轭调和函数为 $v(x,y)$.

**方法一** 因为

$$v_x=-u_y=3dx^2+6axy-3dy^2, \tag{2}$$

$$v_y=u_x=3ax^2-6dxy-3ay^2, \tag{3}$$

所以由 $\mathrm{d}v=v_x\mathrm{d}x+v_y\mathrm{d}y \xlongequal{\text{C.-R.}} -u_y\mathrm{d}x+u_x\mathrm{d}y$ 得

$$\begin{aligned} v(x,y)&=\int_{(0,0)}^{(x,y)}(3dx^2+6axy-3dy^2)\mathrm{d}x+ \\ &\qquad (3ax^2-6dxy-3ay^2)\mathrm{d}y \\ &\xlongequal{(\text{图 } 3.15)} \int_0^x(3dx^2)\mathrm{d}x+\int_0^y(3ax^2-6dxy-3ay^2)\mathrm{d}y \\ &=dx^3+3ax^2y-3dxy^2-ay^3+C. \end{aligned} \tag{4}$$

**方法二** 因为

$$\begin{aligned} v&=\int -u_y\mathrm{d}x+\psi(y) \\ &=\int(3dx^2+6axy-3dy^2)\mathrm{d}x+\psi(y) \\ &=dx^3+3ax^2y-3dxy^2+\psi(y), \end{aligned}$$

而

$$3ax^2-6dxy-3ay^2=u_x=v_y=3ax^2-6dxy+\psi'(y),$$

所以

$$\psi'(y)=-3ay^2 \Rightarrow \psi(y)=-ay^3+C,$$

即 $v(x,y)=dx^3+3ax^2y-3dxy^2-ay^3+C$.

(3) 对应的解析函数

$$
\begin{aligned}
f(z) &= u(x,y) + \mathrm{i}v(x,y) \\
&\xlongequal{(1)(4)} ax^3 - 3dx^2y - 3axy^2 + dy^3 + \\
&\qquad \mathrm{i}(dx^3 + 3ax^2y - 3dxy^2 - ay^3 + C) \\
&\xlongequal{(x=z,y=0)} az^3 + \mathrm{i}dz^3 + \mathrm{i}C = (a+\mathrm{i}d)z^3 + \mathrm{i}C = Az^3 + E,
\end{aligned}
$$

其中,$A$ 为任意复数,$E$ 为纯虚数. ■

**例 3.4.6** 设 $f(z)=u+\mathrm{i}v$ 为 $z$ 的解析函数,且

$$u-v=(x-y)(x^2+4xy+y^2),$$

求出 $u$ 及 $v$.

**分析** 由题设必有 $v$ 为 $u$ 的共轭调和函数,即 $u,v$ 满足 C.-R.方程. 因而将所给式子分别关于 $x,y$ 微分,以求出 $u_x$ 和 $u_y$.

**解** 将所给式子关于 $x,y$ 微分:

$$
\begin{cases}
u_x - v_x = (x-y)(2x+4y) + (x^2+4xy+y^2) \\
\qquad\quad = 3x^2 + 6xy - 3y^2, \\
u_y - v_y = (x-y)(4x+2y) - (x^2+4xy+y^2) \\
\qquad\quad = 3x^2 - 6xy - 3y^2
\end{cases}
$$

$$
\xRightarrow{\text{C.-R.}}
\begin{cases}
u_x + u_y = 3x^2 + 6xy - 3y^2, & (1) \\
u_y - u_x = 3x^2 - 6xy - 3y^2. & (2)
\end{cases}
$$

(1)−(2),

$$2u_x = 12xy, \quad 即 \quad u_x = 6xy, \tag{3}$$

(1)+(2),

$$2u_y = 6x^2 - 6y^2, \quad 即 \quad u_y = 3x^2 - 3y^2. \tag{4}$$

对(3)式进行积分,

$$u = \int 6xy\,\mathrm{d}x + C(y) = 3x^2y + C(y),$$

再关于 $y$ 微分,

$$3x^2 - 3y^2 = u_y = 3x^2 + C'(y),$$
$$C'(y) = -3y^2 \Rightarrow C(y) = -y^3 + A.$$

从而

$$u(x,y) = 3x^2y - y^3 + A \quad (A\ 为实常数).$$

由已给式子,

$$
\begin{aligned}
v(x,y) &= u - (x-y)(x^2+4xy+y^2) \\
&= 3x^2y - y^3 + A - (x^3 + 3x^2y - 3xy^2 - y^3) \\
&= -x^3 + 3xy^2 + A.
\end{aligned}
$$

■

**注** $f(z)=3x^2y-y^3+A+\mathrm{i}(-x^3+3xy^2+A)$

$$\xRightarrow{令\ y=0,x=z} f(z)=A-\mathrm{i}z^3+\mathrm{i}A=-\mathrm{i}z^3+(1+\mathrm{i})A$$

在 $\mathbf{C}$ 上解析.

**例 3.4.7** 设 $w=u+\mathrm{i}v$ 是 $z$ 的解析函数,且

$$u=-\frac{\sin x}{\cos x-\cosh y},$$

求 $v$,并把 $w$ 表成 $z$ 的函数.

**解** 由题意,

$$u_y=-\frac{\sin x\sinh y}{(\cos x-\cosh y)^2},\quad u_x=\frac{\cos x\cosh y-1}{(\cos x-\cosh y)^2}.$$

由 $\mathrm{d}v=v_x\mathrm{d}x+v_y\mathrm{d}y\xlongequal{\text{C.-R.}}-u_y\mathrm{d}x+u_x\mathrm{d}y$ 得

$$v=\int\frac{\sin x\sinh y}{(\cos x-\cosh y)^2}\mathrm{d}x+C(y)=\frac{\sinh y}{\cos x-\cosh y}+C(y).$$

而

$$\frac{\cos x\cosh y-1}{(\cos x-\cosh y)^2}=u_x=v_y=\frac{\cos x\cosh y-1}{(\cos x-\cosh y)^2}+C'(y),$$

所以 $C'(y)=0\Rightarrow C(y)=C$(实常数). 因此

$$v=\frac{\sinh y}{\cos x-\cosh y}+C,$$

于是

$$w=u+\mathrm{i}v=-\frac{\sin x-\mathrm{i}\sinh y}{\cos x-\cosh y}+\mathrm{i}C$$

$$\xRightarrow{\text{令}y=0,x=z}w=-\frac{\sin z}{\cos z-1}+\mathrm{i}C=\frac{\sin z}{1-\cos z}+\mathrm{i}C$$

$$(\sinh 0=0,\cosh 0=1)$$

$$=\frac{2\sin\frac{z}{2}\cos\frac{z}{2}}{2\sin^2\frac{z}{2}}+\mathrm{i}C=\cot\frac{z}{2}+\mathrm{i}C.$$

■

**注** 上式右端在 $z$ 平面上除去奇点 $z_k=2k\pi(k=0,\pm1,\pm2,\cdots)$外解析,自然在实轴上有一段是解析的,所以我们令 $y=0,x=z$ 是无妨的.

**例 3.4.8** 设 $v(x,y)=\mathrm{e}^{px}\sin y$,而 $f(z)=u+\mathrm{i}v$ 为一个解析函数,试求 $p$ 的值与 $f(z)$.

**分析** 在求 $u$ 的过程中来探索 $p$ 的值.

**解** 由题意,

$$v_x=p\mathrm{e}^{px}\sin y,\quad v_y=\mathrm{e}^{px}\cos y.$$

由 $\mathrm{d}u=u_x\mathrm{d}x+u_y\mathrm{d}y\xlongequal{\text{C.-R.}}v_y\mathrm{d}x-v_x\mathrm{d}y$ 得

$$u=\int v_y\mathrm{d}x+\psi(y)=\int\mathrm{e}^{px}\cos y\mathrm{d}x+\psi(y)$$

$$=\frac{1}{p}\mathrm{e}^{px}\cos y+\psi(y),$$

所以

$$-\frac{1}{p}\mathrm{e}^{px}\sin y+\psi'(y)=u_y=-v_x=-p\mathrm{e}^{px}\sin y,$$

$$\psi'(y)=\left(\frac{1}{p}-p\right)\mathrm{e}^{px}\sin y.$$

上式左端只是 $y$ 的函数,右端是 $x,y$ 的函数,则

$$\psi'(y)=0,\quad \left(\frac{1}{p}-p\right)\mathrm{e}^{px}\sin y=0,$$

即 $\psi(y)$为实常数 $C$,$p=1$ 或$-1$. 从而

$$u(x,y)=\frac{1}{p}\mathrm{e}^{px}\cos y+C\quad (p=\pm 1),$$

$$f(z)=\frac{1}{p}\mathrm{e}^{px}\cos y+C+\mathrm{i}\mathrm{e}^{px}\sin y$$

$$\xrightarrow{\text{令 } y=0,x=z} f(z)=\frac{1}{p}\mathrm{e}^{pz}+C.$$

当 $p=1$ 时,$f(z)=\mathrm{e}^{z}+C$;当 $p=-1$ 时,$f(z)=-\mathrm{e}^{-z}+C$,都在 **C** 上解析. ■

**例 3.4.9** 设解析函数 $w=f(z)=P(x,y)+\mathrm{i}Q(x,y)$的实部 $P$ 只为 $u=x^2+Ay^2$ 的函数,试求常数 $A$ 的值($A=0$ 除外),并给出 $f(z)$的解析式.

**分析** 通过对复合函数求偏导数的法则及拉普拉斯方程可得 $P$ 关于 $u$ 的二阶常微分方程,解之得 $P$,从而得 $Q$.

**解** 因为 $P$ 必为拉普拉斯方程的解,而

$$\frac{\partial P}{\partial x}=P'_u\cdot 2x,\quad \frac{\partial P}{\partial y}=P'_u\cdot 2Ay,$$

$$\frac{\partial^2 P}{\partial x^2}=P''_u\cdot 4x^2+2P'_u,$$

$$\frac{\partial^2 P}{\partial y^2}=P''_u\cdot 4A^2y^2+2AP'_u,$$

所以

$$0=\frac{\partial^2 P}{\partial x^2}+\frac{\partial^2 P}{\partial y^2}=4(x^2+A^2y^2)P''_u+2(1+A)P'_u,$$

即必有

$$\frac{P''}{P'}=-\frac{1+A}{2(x^2+A^2y^2)}.$$

因 $P'$与 $P''$只能为 $u$ 的函数,故上式右端亦只能为 $u$ 的函数,由此即得 $A=1$ 或 $A=-1$.

(1) 当 $A=1$ 时,$u=x^2+y^2$. 而 $P$ 满足$\dfrac{P''}{P'}=-\dfrac{1}{u}$,求积分得 $P'=\dfrac{C}{u}$($C$ 为实常数). 所以

$$P=C\ln u+C'=C\ln(x^2+y^2)+C'\quad (C' \text{ 为实常数}).$$

由 C.-R. 方程得

$$\frac{\partial P}{\partial x}=C\,\frac{2x}{x^2+y^2}=\frac{\partial Q}{\partial y},$$

$$\frac{\partial P}{\partial y}=C\,\frac{2y}{x^2+y^2}=-\frac{\partial Q}{\partial x},$$

所以

$$Q=\int \mathrm{d}Q=\int \frac{\partial Q}{\partial x}\mathrm{d}x+\frac{\partial Q}{\partial y}\mathrm{d}y=\int -\frac{\partial P}{\partial y}\mathrm{d}x+\frac{\partial P}{\partial x}\mathrm{d}y$$

$$=2C\int \frac{x\mathrm{d}y-y\mathrm{d}x}{x^2+y^2}=2C\arctan\frac{y}{x}+C''.$$

从而

$$f(z)=C\left[\ln(x^2+y^2)+2\mathrm{i}\arctan\frac{y}{x}\right]+C'+\mathrm{i}C''$$

$$=2C\ln z+k\ (z\neq 0,\infty)\quad (C\text{ 为实常数},k\text{ 为复常数}).$$

这里 $\ln z$ 是 $\mathrm{Ln}\, z$ 的主值支，故 $f(z)$ 在沿负实轴割破的 $z$ 平面上解析.

(2) 当 $A=-1$ 时，$u=x^2-y^2$，而 $P$ 适合 $P''=0$，所以

$$P=Cu+C'=C(x^2-y^2)+C'.$$

由 C.-R.方程，

$$\frac{\partial P}{\partial x}=2Cx=\frac{\partial Q}{\partial y},\quad \frac{\partial P}{\partial y}=-2Cy=-\frac{\partial Q}{\partial x},$$

则

$$Q=2C\int(y\mathrm{d}x+x\mathrm{d}y)+C''=2Cxy+C''.$$

于是

$$f(z)=C(x^2-y^2+2\mathrm{i}xy)+C'+\mathrm{i}C''$$

$$=C(x+\mathrm{i}y)^2+C'+\mathrm{i}C''=Cz^2+k,$$

这里 $C$ 为实常数，$k$ 为复常数. $f(z)$ 在 $\mathbf{C}$ 上解析. ■

# II. 部分习题解答提示

## (一)

**3.** 利用积分估值，证明

(1) $\left|\int_C (x^2+\mathrm{i}y^2)\mathrm{d}z\right|\leqslant 2$，其中 $C$ 是连接 $-\mathrm{i}$ 到 $\mathrm{i}$ 的直线段；

(2) $\left|\int_C (x^2+\mathrm{i}y^2)\mathrm{d}z\right|\leqslant \pi$，其中 $C$ 是连接 $-\mathrm{i}$ 到 $\mathrm{i}$ 的右半圆周.

**提示** (1) $C: x=0, -1\leqslant y\leqslant 1$；(2) 沿 $C$，$|x^2+\mathrm{i}y^2|\leqslant 1$.

**4.** 不用计算，验证下列积分之值为零，其中 $C$ 均为单位圆周 $|z|=1$.

(1) $\int_C \frac{\mathrm{d}z}{\cos z}$；(2) $\int_C \frac{\mathrm{d}z}{z^2+2z+2}$；

(3) $\int_C \frac{\mathrm{e}^z\mathrm{d}z}{z^2+5z+6}$；(4) $\int_C z\cos z^2\mathrm{d}z$.

**分析** 各积分被积函数的奇点都在 $C$ 的外部，可直接应用柯西积分定理 3.3 或定理 3.3′.

**6.** 求积分 $\int_0^{2\pi a}(2z^2+8z+1)\mathrm{d}z$ 之值，其中积分路径是连接 0 到 $2\pi a$ 的摆线：

$$x=a(\theta-\sin\theta),\ y=a(1-\cos\theta).$$

**分析** 直接应用定理 3.8，积分与路径无关.

**7.** (分部积分法) 设函数 $f(z)$，$g(z)$ 在单连通区域 $D$ 内解析，$\alpha$，$\beta$ 是 $D$ 内两点，试证

$$\int_\alpha^\beta f(z)g'(z)\mathrm{d}z=f(z)g(z)\Big|_\alpha^\beta-\int_\alpha^\beta g(z)f'(z)\mathrm{d}z.$$

**提示** $g'(z)$ 在 $D$ 内解析；积分与路径无关；

$$[f(z)g(z)]'=f'(z)g(z)+f(z)g'(z).$$

**8.** 由积分 $\int_C\frac{\mathrm{d}z}{z+2}$ 之值证明

$$\int_0^\pi\frac{1+2\cos\theta}{5+4\cos\theta}\,\mathrm{d}\theta=0,$$

其中 $C$ 取单位圆周 $|z|=1$.

**证** 一方面对积分 $\int_C\frac{\mathrm{d}z}{z+2}$ 应用柯西积分定理；另一方面，通过 $C$ 的参数方程：$z=\mathrm{e}^{\mathrm{i}\theta}$，$0\leqslant\theta\leqslant2\pi$，计算此积分. 比较实部、虚部得 $\int_0^{2\pi}\frac{1+2\cos\theta}{5+4\cos\theta}\,\mathrm{d}\theta=0$. 再应用变量代换 $\theta=2\pi-\varphi$，即可得证.

**10.** 计算积分

$$\int_{C_j}\frac{\sin\frac{\pi}{4}z}{z^2-1}\mathrm{d}z\quad(j=1,2,3).$$

(1) $C_1:|z+1|=\frac{1}{2}$；(2) $C_2:|z-1|=\frac{1}{2}$；(3) $C_3:|z|=2$.

**分析** 被积函数 $F(z)$ 在 $C_3$ 内部有两个奇点 $\pm1$，作圆周 $C_1$ 和 $C_2$ 分别挖去之，构成复周线. 应用柯西积分公式和复周线的柯西积分定理.

**提示** (1) 取 $f(z)=\frac{\sin\frac{\pi}{4}z}{z-1}$，奇点 $z=1$ 在 $C_1$ 外部；

(2) 取 $f(z)=\frac{\sin\frac{\pi}{4}z}{z-(-1)}$，奇点 $z=-1$ 在 $C_2$ 外部；

(3) 应用复周线 $C_3+C_1^-+C_2^-$ 的柯西积分定理.

**11.** 求积分

$$\int_C\frac{\mathrm{e}^z}{z}\mathrm{d}z\quad(C:|z|=1),$$

从而证明

$$\int_0^\pi\mathrm{e}^{\cos\theta}\cos(\sin\theta)\mathrm{d}\theta=\pi.$$

**提示** 一方面对积分

$$\int_C \frac{e^z}{z}dz$$

直接应用柯西积分公式;另一方面,则按前面第 8 题的证明提示.

**13.** 设 $C:z=z(t)(\alpha\leqslant t\leqslant\beta)$为区域 $D$ 内的光滑曲线,$f(z)$于区域 $D$ 内单叶解析且 $f'(z)\neq 0$,$w=f(z)$将 $C$ 映成曲线 $\Gamma$,求证 $\Gamma$ 亦为光滑曲线.

**注** 定理 6.11:$f(z)$在 $D$ 内单叶解析$\Rightarrow f'(z)\neq 0(z\in D)$.

**分析** 直接应用光滑曲线的定义.

**证** 因 $C:z=z(t)(\alpha\leqslant t\leqslant\beta)$为 $D$ 内光滑曲线, 由光滑曲线的定义有

(1) $C$ 为若尔当曲线, 即当 $t_1\neq t_2$ 时,$z(t_1)\neq z(t_2)$;

(2) $z'(t)\neq 0$,且在$[\alpha,\beta]$上连续.

在 $w=f(z)$的变换下,$C$ 的像曲线 $\Gamma$ 的参数方程为

$$\Gamma:w=w(t)=f[z(t)],\quad \alpha\leqslant t\leqslant\beta.$$

要证 $\Gamma$ 为光滑曲线,只需验证 $w(t)$满足上述两条即可.

(1) 因为当 $t_1\neq t_2$ 时,$z_1(t_1)\neq z(t_2)$, 又 $f(z)$为单叶函数,所以当 $z_1\neq z_2$ 时,$f(z_1)\neq f(z_2)$. 从而,当 $t_1\neq t_2$ 时,有 $w(t_1)\neq w(t_2)$.

(2) 因 $z'(t)\neq 0$ 且在$[\alpha,\beta]$上连续,又因 $f'(z)\neq 0$,且由解析函数的无穷可微性知 $f''(z)$在 $D$ 内存在,即 $f'(z)$在 $D$ 内连续, 所以由复合函数求导法则得 $w'(t)=f'(z)\cdot z'(t)\neq 0$,且在$[\alpha,\beta]$上连续.

**14.** 同前题的假设,证明积分换元公式

$$\int_\Gamma \Phi(w)dw=\int_C \Phi[f(z)]f'(z)dz,$$

其中 $\Phi(w)$沿 $\Gamma$ 连续.

**证** 由第 13 题知 $C$ 及 $\Gamma$ 都是光滑曲线. 因 $\Phi(w)$沿 $\Gamma$ 连续以及 $f(z)$,$f''(z)$在包含 $C$ 的区域 $D$ 内解析,从而 $\Phi[f(z)]f'(z)$在 $C$ 上连续, 因此公式两端积分存在. 下面证明换元公式成立. 由公式(3.2)得

$$\begin{aligned}\int_C \Phi[f(z)]f'(z)dz&=\int_\alpha^\beta \Phi[f(z(t))]f'[z(t)]z'(t)dt\\&=\int_\alpha^\beta \Phi[w(t)]w'(t)dt\xlongequal{(3.2)}\int_\Gamma \Phi(w)dw.\end{aligned}$$

**15.** 试证下述定理(无界区域的柯西积分公式): 设 $C$ 为一简单闭曲线,$D$ 为 $C$ 之外部区域,$f(z)$在 $D$ 内解析,在 $D\cup C$ 上连续,又$\lim\limits_{z\to\infty}f(z)=A(A\neq\infty)$, 则

$$\frac{1}{2\pi i}\int_{C^-}\frac{f(\xi)}{\xi-z}d\xi=\begin{cases}-A, & z\in C \text{ 的内部},\\ f(z)-A, & \text{其他}.\end{cases}$$

这里 $C^-$ 的方向为顺时针方向,对区域 $D$ 来说是正方向.

**证** (1) 设 $z$ 在$C$ 的外部. 以 $z$ 为圆心、充分大的 $r$ 为半径作圆周$\Gamma$,使曲线 $C$ 全含在 $\Gamma$ 的内部(图 3.0.1),则 $f(z)$在 $C$ 和 $\Gamma$ 围成的多连通区域内解析,且由柯西积分公式

$$f(z)=\frac{1}{2\pi i}\left(\int_{C^-}\frac{f(\xi)}{\xi-z}d\xi+\int_\Gamma\frac{f(\xi)}{\xi-z}d\xi\right),$$

即

$$\frac{1}{2\pi i}\int_{C-}\frac{f(\xi)}{\xi-z}d\xi=f(z)-\frac{1}{2\pi i}\int_{\Gamma}\frac{f(\xi)}{\xi-z}d\xi.$$

因为当 $\xi\in\Gamma$ 时，$\xi=z+re^{i\theta}(0\leqslant\theta\leqslant2\pi)$，$f(\xi)-A=o(1)(r\to+\infty)$，所以

$$\begin{aligned}\left|\frac{1}{2\pi i}\int_{\Gamma}\frac{f(\xi)}{\xi-z}d\xi-A\right|&=\frac{1}{2\pi}\left|\int_{\Gamma}\frac{f(\xi)-A}{\xi-z}d\xi\right|\\&\leqslant\frac{1}{2\pi}\int_{\Gamma}\frac{|f(\xi)-A|}{|\xi-z|}|d\xi|\\&=\frac{1}{2\pi}\cdot\frac{o(1)}{r}\cdot2\pi r\\&=o(1)\quad(r\to+\infty),\end{aligned}$$

即知

$$\frac{1}{2\pi i}\int_{C-}\frac{f(\xi)}{\xi-z}d\xi=f(z)-A+o(1)\quad(r\to+\infty).$$

因等式左边与 $r$ 无关，故得

$$\frac{1}{2\pi i}\int_{C-}\frac{f(\xi)}{\xi-z}d\xi=f(z)-A.$$

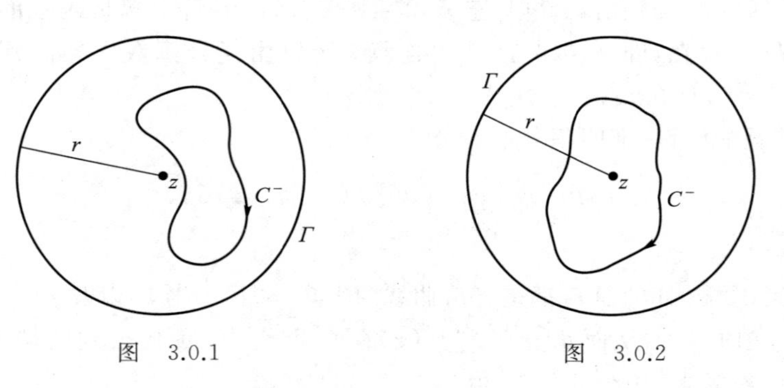

图　3.0.1　　　　图　3.0.2

(2) 设 $z$ 在 $C$ 的内部. 以 $z$ 为圆心、充分大的 $r$ 为半径作圆周 $\Gamma$，使曲线 $C$ 含在其内部(图 3.0.2). 由于 $\frac{f(\xi)}{\xi-z}$ 在 $C$ 与 $\Gamma$ 所围的多连通区域内解析，且连续到边界，故

$$\int_{C-}\frac{f(\xi)}{\xi-z}d\xi+\int_{\Gamma}\frac{f(\xi)}{\xi-z}d\xi=0.$$

类似于(1)，有

$$\frac{1}{2\pi i}\int_{\Gamma}\frac{f(\xi)}{\xi-z}d\xi-A=o(1)\quad(r\to+\infty),$$

即知

$$\frac{1}{2\pi i}\int_{C-}\frac{f(\xi)}{\xi-z}d\xi=-A.$$

**16.** 分别由下列条件求解析函数 $f(z)=u+iv$：

(1) $u=x^2+xy-y^2$，$f(i)=-1+i$；

(2) $u=e^x(x\cos y-y\sin y)$，$f(0)=0$；

(3) $v=\dfrac{y}{x^2+y^2}, f(2)=0.$

**提示** 用本章 §4 介绍过的两种方法.

**17.** 设函数 $f(z)$ 在区域 $D$ 内解析，试证

(2) $\left(\dfrac{\partial^2}{\partial x^2}+\dfrac{\partial^2}{\partial y^2}\right)|f(z)|^2=4|f'(z)|^2.$

**提示** $f(z)=u+\mathrm{i}v$ 在 $D$ 内解析，必有 $u, v$ 在 $D$ 内适合 C.-R.方程及拉普拉斯方程. $|f(z)|^2=u^2+v^2, f'(z)=u_x+\mathrm{i}v_x$.

**18.** 设函数 $f(z)$ 在区域 $D$ 内解析，且 $f'(z)\neq 0$，试证 $\ln|f'(z)|$ 为区域 $D$ 内的调和函数.

**证** $f(z)$ 在 $D$ 内解析 $\Rightarrow f'(z)$ 在 $D$ 内解析，而题设 $f'(z)\neq 0\Rightarrow \ln f'(z)$ 在 $D$ 内解析. 于是其实部 $\ln|f'(z)|$ 为 $D$ 内的调和函数.

**19.** 证明：若 $f(z)$ 在由简单闭曲线 $C$ 所围成的闭区域 $\overline{G}$ 上解析，点 $z_1, z_2, \cdots, z_n$ 是 $C$ 内部任意 $n$ 个不同的点，且

$$g_n(z)=(z-z_1)(z-z_2)\cdots(z-z_n),$$

则

$$p(z)=\frac{1}{2\pi\mathrm{i}}\int_C \frac{f(\xi)[g_n(\xi)-g_n(z)]}{g_n(\xi)(\xi-z)}\mathrm{d}\xi$$

是与 $f(z)$ 在点 $z_1, z_2, \cdots, z_n$ 相等的 $(n-1)$ 次多项式.

**证** (1) 先证 $p(z)$ 为 $(n-1)$ 次多项式. 检验 $p(z)$ 的定义，发现等式右端的被积函数在 $C$ 内部除点 $z$ 外还含有 $n$ 个奇点 $z_1, z_2, \cdots, z_n$，因此作

$$C_j: |z-z_j|=R_j \quad (j=0,1,2,\cdots,n, \text{设 } z_0=z),$$

使它们满足柯西积分定理的条件. 由柯西积分定理和柯西积分公式得

$$\begin{aligned}
p(z)&=\frac{1}{2\pi\mathrm{i}}\int_C \frac{f(\xi)g_n(\xi)}{g_n(\xi)(\xi-z)}\mathrm{d}\xi-\frac{1}{2\pi\mathrm{i}}\int_C \frac{f(\xi)g_n(z)}{g_n(\xi)(\xi-z)}\mathrm{d}\xi\\
&=f(z)-\frac{g_n(z)}{2\pi\mathrm{i}}\sum_{j=0}^{n}\int_{C_j}\frac{f(\xi)}{g_n(\xi)(\xi-z)}\mathrm{d}\xi\\
&=f(z)-g_n(z)\left[\frac{1}{2\pi\mathrm{i}}\int_{C_0}\frac{\frac{f(\xi)}{g_n(\xi)}}{\xi-z}\mathrm{d}\xi+\right.\\
&\quad \frac{1}{2\pi\mathrm{i}}\int_{C_1}\frac{\frac{f(\xi)}{(\xi-z)(\xi-z_2)\cdots(\xi-z_n)}}{\xi-z_1}\mathrm{d}\xi+\cdots+\\
&\quad \left.\frac{1}{2\pi\mathrm{i}}\int_{C_n}\frac{\frac{f(\xi)}{(\xi-z)(\xi-z_1)\cdots(\xi-z_{n-1})}}{\xi-z_n}\mathrm{d}\xi\right]\\
&=f(z)-g_n(z)\left[\frac{f(z)}{g_n(z)}+\frac{f(z_1)}{(z_1-z)(z_1-z_2)\cdots(z_1-z_n)}+\right.\\
&\quad \frac{f(z_2)}{(z_2-z)(z_2-z_1)(z_2-z_3)\cdots(z_2-z_n)}+\cdots+
\end{aligned}$$

$$\left.\frac{f(z_n)}{(z_n-z)(z_n-z_1)(z_n-z_2)\cdots(z_n-z_{n-1})}\right]$$

$$=\frac{g_n(z)f(z_1)}{(z-z_1)(z_1-z_2)\cdots(z_1-z_n)}+\frac{g_n(z)f(z_2)}{(z-z_2)(z_2-z_1)(z_2-z_3)\cdots(z_2-z_n)}+\cdots+\frac{g_n(z)f(z_n)}{(z-z_n)(z_n-z_1)(z_n-z_2)\cdots(z_n-z_{n-1})}.$$

显然，上式每个分式的分子均为 $n$ 次多项式，而分母为 $(z-z_j)(j=1,2,\cdots,n)$ 与常数的乘积，从而每个分式均为 $(n-1)$ 次多项式，故 $p(z)$ 为 $(n-1)$ 次多项式.

(2) 再证 $p(z_j)=f(z_j),j=1,2,\cdots,n$. 将 $z_j$ 代入 $p(z)(j=1,2,\cdots,n)$ 有

$$p(z_1)=f(z_1),\quad p(z_2)=f(z_2),\quad \cdots,\quad p(z_n)=f(z_n),$$

即

$$p(z_j)=f(z_j),\quad j=1,2,\cdots,n.$$

由(1)和(2)，问题得证.

## (二)

**2.** 设 $D$ 为从复平面上去掉 $O$ 点及负实轴后所剩下的区域. $\Gamma$ 是 $D$ 内以 $z=1$ 为起点，$\alpha$ 为终点的曲线. 试证

$$\int_\Gamma \frac{\mathrm{d}z}{z}=\ln\alpha.$$

**证**　设 $\Gamma_1$ 为在实轴上从 1 到 $|\alpha|$ 的线段，$\Gamma_2$ 为在以 $O$ 为圆心、$|\alpha|$ 为半径的圆周上从 $|\alpha|$ 到 $\alpha$ 的圆弧.

(1) 若 $|\alpha|>1$(图 3.0.3)，由柯西积分定理，

$$\int_{\Gamma_1}\frac{\mathrm{d}z}{z}+\int_{\Gamma_2}\frac{\mathrm{d}z}{z}+\int_{\Gamma^-}\frac{\mathrm{d}z}{z}=0,$$

所以

$$\begin{aligned}\int_\Gamma\frac{\mathrm{d}z}{z}&=\int_{\Gamma_1}\frac{\mathrm{d}z}{z}+\int_{\Gamma_2}\frac{\mathrm{d}z}{z}\\&=\int_1^{|\alpha|}\frac{\mathrm{d}x}{x}+\int_0^{\arg\alpha}\frac{1}{|\alpha|\mathrm{e}^{\mathrm{i}\theta}}|\alpha|\mathrm{i}\mathrm{e}^{\mathrm{i}\theta}\mathrm{d}\theta\\&=\ln x\Big|_1^{|\alpha|}+\mathrm{i}\theta\Big|_0^{\arg\alpha}\\&=\ln|\alpha|+\mathrm{i}\arg\alpha\\&=\ln\alpha.\end{aligned}$$

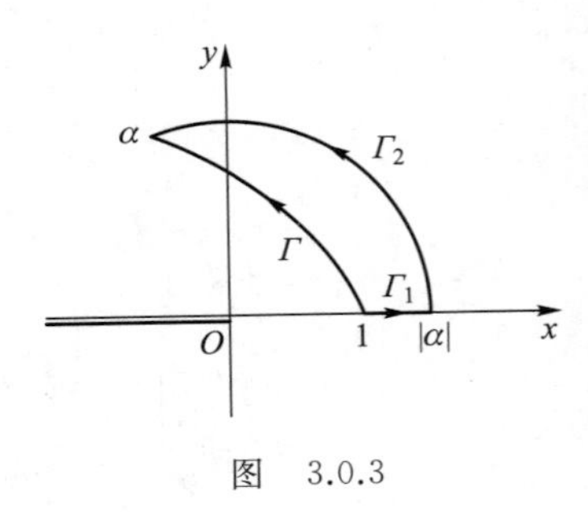

图　3.0.3

(2) 若 $|\alpha|<1$(图 3.0.4)，由柯西积分定理，

$$\int_\Gamma\frac{\mathrm{d}z}{z}+\int_{\Gamma_1^-}\frac{\mathrm{d}z}{z}+\int_{\Gamma_2^-}\frac{\mathrm{d}z}{z}=0,$$

所以

$$\int_\Gamma\frac{\mathrm{d}z}{z}=\int_{\Gamma_1}\frac{\mathrm{d}z}{z}+\int_{\Gamma_2}\frac{\mathrm{d}z}{z}$$

$$
\begin{aligned}
&=\int_1^{|\alpha|}\frac{\mathrm{d}x}{x}+\int_0^{\arg\alpha}\frac{1}{|\alpha|\mathrm{e}^{\mathrm{i}\theta}}|\alpha|\mathrm{i}\mathrm{e}^{\mathrm{i}\theta}\mathrm{d}\theta\\
&=\ln x\Big|_1^{|\alpha|}+\mathrm{i}\theta\Big|_0^{\arg\alpha}\\
&=\ln|\alpha|+\mathrm{i}\arg\alpha\\
&=\ln\alpha.
\end{aligned}
$$

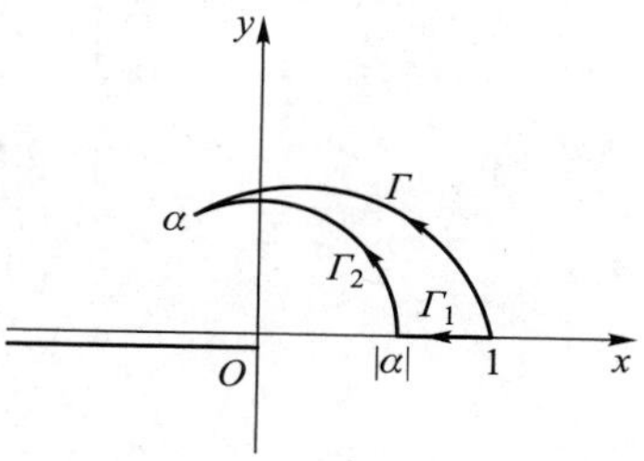

图 3.0.4

**3.** 试证

$$
\left|\int_C\frac{z+1}{z-1}\mathrm{d}z\right|\leqslant 8\pi,
$$

其中 $C$ 为圆周 $|z-1|=2$.

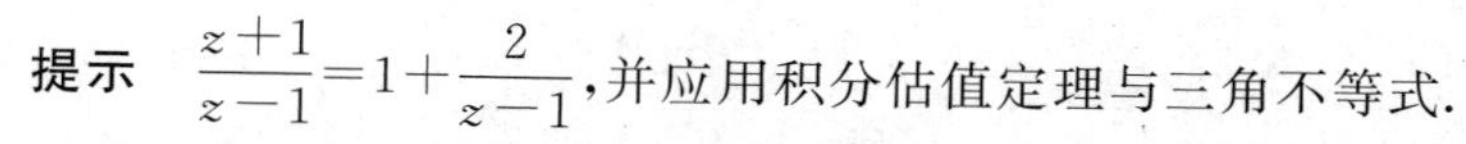
**提示** $\dfrac{z+1}{z-1}=1+\dfrac{2}{z-1}$，并应用积分估值定理与三角不等式.

**5.** 设 $f(z)$ 在 $|z|<1$ 内解析，在 $|z|\leqslant 1$ 上连续且 $f(0)=1$，求积分

$$
\frac{1}{2\pi\mathrm{i}}\int_{|z|=1}\left[2\pm\left(z+\frac{1}{z}\right)\right]\frac{f(z)}{z}\mathrm{d}z,
$$

并由此证明

$$
\frac{2}{\pi}\int_0^{2\pi}f(\mathrm{e}^{\mathrm{i}\theta})\cos^2\frac{\theta}{2}\mathrm{d}\theta=2+f'(0),
$$

$$
\frac{2}{\pi}\int_0^{2\pi}f(\mathrm{e}^{\mathrm{i}\theta})\sin^2\frac{\theta}{2}\mathrm{d}\theta=2-f'(0).
$$

**证** 由柯西积分公式，

$$
\begin{aligned}
&\frac{1}{2\pi\mathrm{i}}\int_{|z|=1}\left[2\pm\left(z+\frac{1}{z}\right)\right]\frac{f(z)}{z}\mathrm{d}z\\
=&\frac{1}{2\pi\mathrm{i}}\int_{|z|=1}\left[\frac{2f(z)}{z}\pm\frac{(z^2+1)f(z)}{z^2}\right]\mathrm{d}z\\
=&\frac{1}{2\pi\mathrm{i}}\int_{|z|=1}\frac{2f(z)}{z}\mathrm{d}z\pm\frac{1}{2\pi\mathrm{i}}\int_{|z|=1}\frac{(z^2+1)f(z)}{z^2}\mathrm{d}z\\
=&2f(z)\Big|_{z=0}\pm[(z^2+1)f(z)]'\Big|_{z=0}\\
=&2f(0)\pm f'(0)=2\pm f'(0),
\end{aligned}
$$

令 $z=\mathrm{e}^{\mathrm{i}\theta}$，$0\leqslant\theta\leqslant 2\pi$，则 $\mathrm{d}z=\mathrm{i}\mathrm{e}^{\mathrm{i}\theta}\mathrm{d}\theta$，

$$
\begin{aligned}
&\frac{1}{2\pi\mathrm{i}}\int_{|z|=1}\left[2\pm\left(z+\frac{1}{z}\right)\right]\frac{f(z)}{z}\mathrm{d}z\\
=&\frac{1}{2\pi\mathrm{i}}\int_0^{2\pi}\left[2\pm\left(\mathrm{e}^{\mathrm{i}\theta}+\frac{1}{\mathrm{e}^{\mathrm{i}\theta}}\right)\right]\frac{f(\mathrm{e}^{\mathrm{i}\theta})}{\mathrm{e}^{\mathrm{i}\theta}}\mathrm{i}\mathrm{e}^{\mathrm{i}\theta}\mathrm{d}\theta\\
=&\frac{1}{2\pi}\int_0^{2\pi}[2\pm 2\cos\theta]f(\mathrm{e}^{\mathrm{i}\theta})\mathrm{d}\theta\\
=&\frac{2}{\pi}\int_0^{2\pi}\frac{1}{2}(1\pm\cos\theta)f(\mathrm{e}^{\mathrm{i}\theta})\mathrm{d}\theta.
\end{aligned}
$$

与前式对比可知，

$$
\frac{2}{\pi}\int_0^{2\pi}\frac{1}{2}(1+\cos\theta)f(\mathrm{e}^{\mathrm{i}\theta})\mathrm{d}\theta=2+f'(0),
$$

$$\frac{2}{\pi}\int_0^{2\pi}\frac{1}{2}(1-\cos\theta)f(\mathrm{e}^{\mathrm{i}\theta})\mathrm{d}\theta=2-f'(0),$$

也就是

$$\frac{2}{\pi}\int_0^{2\pi}f(\mathrm{e}^{\mathrm{i}\theta})\cos^2\frac{\theta}{2}\mathrm{d}\theta=2+f'(0),$$

$$\frac{2}{\pi}\int_0^{2\pi}f(\mathrm{e}^{\mathrm{i}\theta})\sin^2\frac{\theta}{2}\mathrm{d}\theta=2-f'(0).$$

**7.** 设(1) $f(z)$在$|z|\leqslant 1$上连续;(2) 对任意的$r(0<r<1)$,

$$\int_{|z|=r}f(z)\mathrm{d}z=0,$$

试证

$$\int_{|z|=1}f(z)\mathrm{d}z=0.$$

**提示**　仿本书例 3.2.5 证明.

**8.** 设(1) 函数$f(z)$当$|z-z_0|>r_0>0$时是连续的;(2) $M(r)$表示$|f(z)|$在$K_r$:$|z-z_0|=r>r_0$上的最大值;(3) $\lim\limits_{r\to+\infty}rM(r)=0$. 试证

$$\lim_{r\to+\infty}\int_{K_r}f(z)\mathrm{d}z=0.$$

**提示**　积分$\int_{K_r}f(z)\mathrm{d}z$存在;应用积分估值定理和题设条件(2),然后取极限,并应用题设条件(3).

**9.** 证明:(1) 若函数$f(z)$在点$z=a$的邻域内连续,则

$$\lim_{r\to 0}\int_{|z-a|=r}\frac{f(z)}{z-a}\mathrm{d}z=2\pi\mathrm{i}f(a);\tag{1}$$

(2) 若函数$f(z)$在原点$z=0$的邻域内连续,则

$$\lim_{r\to 0}\int_0^{2\pi}f(r\mathrm{e}^{\mathrm{i}\theta})\mathrm{d}\theta=2\pi f(0).$$

**提示**　(1) 见教材(3.17)式的证明.

(2) 在(1)中取$a=0$,且应用圆周的参数方程

$$|z|=r:z=r\mathrm{e}^{\mathrm{i}\theta}\ (0\leqslant\theta\leqslant 2\pi)$$

化简(1)式左端.

**10.** 设$f(z)$在有界闭区域$\overline{D}$上解析,$\gamma$是$\overline{D}$的边界,$z$与$z_0$是$D$内两点,求证

$$\frac{f(z)-f(z_0)}{z-z_0}-f'(z_0)=\frac{1}{2\pi\mathrm{i}}\int_\gamma\frac{z-z_0}{(\xi-z)(\xi-z_0)^2}f(\xi)\mathrm{d}\xi.$$

**证**　因为

$$\begin{aligned}\frac{z-z_0}{(\xi-z)(\xi-z_0)^2}&=\frac{1}{(\xi-z)(\xi-z_0)}-\frac{1}{(\xi-z_0)^2}\\&=\frac{1}{z-z_0}\left(\frac{1}{\xi-z}-\frac{1}{\xi-z_0}\right)-\frac{1}{(\xi-z_0)^2}\quad(z_0\neq\xi\neq z),\end{aligned}$$

所以由柯西积分公式和柯西高阶导数公式得到

$$\frac{1}{2\pi\mathrm{i}}\int_\gamma\frac{z-z_0}{(\xi-z)(\xi-z_0)^2}f(\xi)\mathrm{d}\xi$$

$$=\frac{1}{z-z_0}\left[\frac{1}{2\pi \mathrm{i}}\int_\gamma \frac{1}{\xi-z}f(\xi)\mathrm{d}\xi-\frac{1}{2\pi \mathrm{i}}\int_\gamma \frac{1}{\xi-z_0}f(\xi)\mathrm{d}\xi\right]-\frac{1}{2\pi \mathrm{i}}\int_\gamma \frac{1}{(\xi-z_0)^2}f(\xi)\mathrm{d}\xi$$

$$=\frac{f(z)-f(z_0)}{z-z_0}-f'(z_0).$$

**11.** 若函数 $f(z)$ 在区域 $D$ 内解析，$C$ 为 $D$ 内以 $a,b$ 为端点的直线段. 试证存在数 $\lambda(|\lambda|\leqslant 1)$ 与 $\xi\in C$ 使得

$$f(b)-f(a)=\lambda(b-a)f'(\xi). \tag{1}$$

**分析** 如果存在 $\xi\in C$，使 $f'(\xi)\neq 0$，受(1)式启发，我们令

$$\lambda=\frac{f(b)-f(a)}{f'(\xi)(b-a)}.$$

要证(1)式成立，只需证

$$\frac{|f(b)-f(a)|}{|f'(\xi)||b-a|}=|\lambda|\leqslant 1,$$

即只需证 $|f(b)-f(a)|\leqslant|f'(\xi)||b-a|$.

**证** 由假设，$f'(z)$ 在 $D$ 内含 $C$ 的单连通子区域内解析.

$$|f(b)-f(a)|=\left|\int_a^b f'(z)\mathrm{d}z\right|\leqslant\int_a^b|f'(z)||\mathrm{d}z|. \tag{2}$$

考虑到 $|f'(z)|$ 在有界闭集 $C$ 上的连续性，必存在点 $\xi\in C$，使得 $|f'(\xi)|$ 是 $|f'(z)|$ 在 $C$ 上的最大值，所以

$$\int_a^b|f'(z)||\mathrm{d}z|\leqslant|f'(\xi)||b-a|. \tag{3}$$

由(2)式和(3)式得 $|f(b)-f(a)|\leqslant|f'(\xi)||b-a|$. (4)

如果 $\forall\,\eta\in C$，都有 $f'(\eta)=0$，则沿 $C$，$f'(z)\equiv 0$，于是沿 $C$，$f(z)$ 为常数. 故 $f(b)=f(a)$，即(1)式成立.

如果存在 $\xi\in C$，使 $f'(\xi)\neq 0$ 且 $|f'(\xi)|$ 是 $|f'(z)|$ 在 $C$ 上的最大值. 我们令 $\lambda=\frac{f(b)-f(a)}{f'(\xi)(b-a)}$，则(1)式自然成立，且其中

$$|\lambda|=\frac{|f(b)-f(a)|}{|f'(\xi)||b-a|}\overset{(4)}{\leqslant}1.$$

**注** 微分中值定理在复数域内不成立，但这里的结果是类似于它的.

**12.** 如果在 $|z|<1$ 内函数 $f(z)$ 解析，且 $|f(z)|\leqslant\frac{1}{1-|z|}$，试证

$$|f^{(n)}(0)|\leqslant(n+1)!\left(1+\frac{1}{n}\right)^n<\mathrm{e}(n+1)!\quad(n=1,2,\cdots). \tag{1}$$

**提示** 由于 $f(z)$ 在 $|z|<1$ 内解析，可取积分路径为圆周 $C:|z|=r=\frac{n}{n+1}$，然后应用柯西高阶导数公式，并估计

$$|f^{(n)}(0)|\leqslant\frac{n!}{r^n(1-r)}\quad(0<r<1). \tag{2}$$

**注** 由(2)式可得(1)式. 但(2)式或(1)式是不是最优估值呢？需要进一步考察. 为此，当 $0<r<1$ 时，我们来求(2)式右边的最小值，即是求其分母的最大值. 令 $g(r)=r^n(1-r)$，则

$$g'(r)=r^{n-1}[n-(n+1)r],$$

即 $g'(r)=0$ 的解为 $r=\frac{n}{n+1}$. 故最优估值为

$$|f^{(n)}(0)|\leqslant\frac{n!\ (n+1)^{n+1}}{n^n}=(n+1)!\ \left(1+\frac{1}{n}\right)^n,$$

即(1)式的前一个不等式.

**13.** 试用莫雷拉定理证明：在区域 $G$ 内，不可能存在同时满足下列条件的函数 $f(z)$：(1) $f(z)$ 在 $G$ 内连续；(2) 除了在 $G$ 内某一线段 $l$ 上的点处不解析外，$f(z)$ 在 $G$ 内解析.

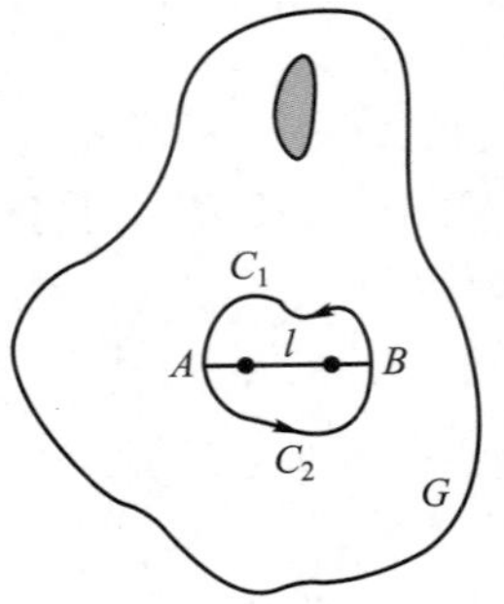

**证** 用反证法. 假定函数 $f(z)$ 满足条件(1)与(2). 设 $C$ 是 $G$ 内的一条简单闭曲线，$C$ 的内部区域 $D$ 全含于 $G$. 若 $l$ 不在 $C$ 的内部，则 $\int_C f(z)\mathrm{d}z=0$. 若 $l$ 全在 $D$ 内，延长 $l$ 的两端，使其与 $C$ 交于 $A$ 点和 $B$ 点(图 3.0.5)，于是将 $C$ 分为 $C_1$，$C_2$ 两部分. 由推广的柯西定理，得



图 3.0.5

$$\int_C f(z)\mathrm{d}z=\int_{C_1+AB}f(z)\mathrm{d}z+\int_{C_2+BA}f(z)\mathrm{d}z=0.$$

类似可证，若 $l$ 与 $C$ 相交，也有

$$\int_C f(z)\mathrm{d}z=0.$$

因此，由莫雷拉定理知，$f(z)$ 在 $G$ 内解析，这与 $f(z)$ 在 $l$ 上不解析矛盾！

**14.** 设 $f(z)$ 为非常数的整函数，又设 $R$，$M$ 为任意正数，试证满足 $|z|>R$ 且 $|f(z)|>M$ 的 $z$ 必存在.

**分析** 按刘维尔定理的逆否定理：非常数的整函数 $f(z)$ 必无界. 故宜采取反证法，并应用刘维尔定理.

**证** 应用反证法. 假设满足 $|z|>R$ 且 $|f(z)|>M$ 的 $z$ 不存在，则必存在某正数 $R$，$M$，对于任何的 $z$，当 $|z|>R$ 时，$|f(z)|\leqslant M$. 又由 $f(z)$ 的连续性，当 $|z|\leqslant R$ 时，$|f(z)|\leqslant M_1$.

令 $M_0=\max\{M,M_1\}$，则在整个 $z$ 平面上 $|f(z)|\leqslant M_0$. 于是由刘维尔定理，$f(z)$ 必为常数，矛盾.

**15.** 已知 $u+v=(x-y)(x^2+4xy+y^2)-2(x+y)$，试确定解析函数 $f(z)=u+\mathrm{i}v$.

**提示** 参看本书例 3.4.6.

**16.** 设(1) 区域 $D$ 是有界区域，其边界是周线或复周线 $C$；(2) 函数 $f_1(z)$ 及 $f_2(z)$ 在 $D$ 内解析，在闭域 $\overline{D}=D+C$ 上连续；(3) 沿 $C$，$f_1(z)=f_2(z)$，试证在整个闭域 $\overline{D}$ 上，$f_1(z)\equiv f_2(z)$.

**提示** 先由条件(1)和条件(2)及柯西积分公式得，在 $D$ 内 $f_1(z)=f_2(z)$；再由

条件(3)得证.

## III. 类题或自我检查题

1. 试求 $\int_C |z|\bar{z}\mathrm{d}z$,其中 $C$ 是一条周线,由线段 $-1\leqslant x\leqslant 1, y=0$ 与上半单位圆周组成.

(答:$\pi\mathrm{i}$.)

2. 计算 $\int_{|z|=2}\frac{|\mathrm{d}z|}{|z-1|^2}$.

$\left(答:\frac{4\pi}{3}.\right)$

3. 设 $0<r<1$,证明

$$\frac{1}{2\pi}\int_0^{2\pi}\left|\frac{r\mathrm{e}^{\mathrm{i}\theta}}{(1-r\mathrm{e}^{\mathrm{i}\theta})^2}\right|\mathrm{d}\theta=\frac{r}{1-r^2}.$$

4. 计算积分

$$\int_{|z|=1}\frac{\bar{z}^k P_n(z)}{z-z_0}\mathrm{d}z,$$

其中 $|z_0|\neq 1$,整数 $k$ 满足 $0\leqslant k\leqslant n$, $P_n(z)=a_0+a_1z+\cdots+a_nz^n$.

(提示:$1=|z|^2=z\bar{z}$; $|z_0|\neq 1\Rightarrow |z_0|<1$ 或 $|z_0|>1$.)

5. 证明:

$$\frac{1}{2\pi\mathrm{i}}\int_C\frac{\mathrm{e}^{\lambda z}}{z^2+1}\mathrm{d}z=\sin\lambda,$$

此处 $\lambda$ 是常数,$C:|z|=2$.

6. 设 $C$ 是一条周线,$f(z)$ 在 $\overline{I(C)}$ 上解析,且 $C$ 不通过使被积函数分母为零的点,试求下列积分:

(1) $\frac{1}{2\pi\mathrm{i}}\int_C\frac{f(\zeta)}{(\zeta-1)(\zeta-z)}\mathrm{d}\zeta$;(2) $\frac{1}{2\pi\mathrm{i}}\int_C\frac{\zeta^2+z^2}{\zeta^2-z^2}f(\zeta)\mathrm{d}\zeta$.

(答:(1)

$$\frac{1}{2\pi\mathrm{i}}\int_C\frac{f(\zeta)\mathrm{d}\zeta}{(\zeta-1)(\zeta-z)}
=\begin{cases}
f'(1), & z=1\in I(C),\\
\dfrac{1}{1-z}[f(1)-f(z)], & 1\neq z\in I(C),\\
\dfrac{1}{1-z}f(1), & z\in E(C)\text{ 且 }1\in I(C),\\
\dfrac{1}{1-z}f(z), & 1\in E(C)\text{ 且 }z\in I(C),\\
0, & 1\in E(C)\text{ 且 }z\in E(C).
\end{cases}$$

（2）

$$\frac{1}{2\pi i}\int_C \frac{\zeta^2+z^2}{\zeta^2-z^2}f(\zeta)d\zeta.$$

$$=\begin{cases} z[f(z)-f(-z)], & z,-z\in I(C), \\ zf(z), & z\in I(C),-z\in E(C), \\ -zf(-z), & -z\in I(C),z\in E(C), \\ 0, & z,-z\in E(C).) \end{cases}$$

7. 设

$$f(z)=\int_{|\zeta|=1}\frac{e^{\zeta}-\zeta}{(\zeta-a)(\zeta-z)^2}d\zeta,$$

其中 $a=2+i$，试求 $f(0)$ 和 $f'(0)$.

$\left(答：f(0)=-\dfrac{8\pi+6\pi i}{25},f'(0)=-\dfrac{94\pi+108\pi i}{125}.\right)$

8. 计算积分 $\int_{|z|=1}\frac{e^z}{z^n}dz$，其中 $n$ 为整数.

$\left(答：0(n\leqslant 0);2\pi i(n=1);\dfrac{2\pi i}{(n-1)!}(n>1).\right)$

9. 设 $P(z)=(z-a_1)(z-a_2)\cdots(z-a_n)$，其中 $a_j(j=1,2,\cdots,n)$ 各不相同，周线 $C$ 不通过 $a_1,a_2,\cdots,a_n$，证明积分

$$\frac{1}{2\pi i}\int_C \frac{P'(z)}{P(z)}dz$$

等于位于 $C$ 内部的 $P(z)$ 的零点个数.

$\left(提示：\dfrac{P'(z)}{P(z)}=\dfrac{1}{z-a_1}+\dfrac{1}{z-a_2}+\cdots+\dfrac{1}{z-a_n}.\right)$

10. 设

$$P(x,y)=\frac{x}{x^2+y^2},\quad Q(x,y)=\frac{-y}{x^2+y^2}.$$

试证：当 $x^2+y^2\neq 0$ 时，$Q$ 是 $P$ 的共轭调和函数.

11. 验证 $u(x,y)=\dfrac{1}{2}\ln(x^2+y^2)$ 在右半平面 $x>0$ 内是调和函数，并求以它为实部的解析函数 $f(z)$.

（答：$f(z)=\ln|z|+i\arg z+iC$，$C$ 为实常数.）

12. 设 $w=u+iv$ 是 $z$ 的解析函数，且

$$u=(x-y)(x^2+4xy+y^2),$$

求 $v$，并把 $w$ 表示成 $z$ 的函数.

（答：$w=(1-i)z^3+iC$，$C$ 为实常数.）

# 第四章 解析函数的幂级数表示法

## I. 重点、要求与例题

复级数也是研究解析函数的一个重要工具. 把解析函数表示为幂级数不但有理论上的意义,而且也有实用的意义.

### §1 复级数的基本性质

**1.** 充分理解复数项级数

$$\sum_{n=1}^{\infty}\alpha_n=\alpha_1+\alpha_2+\cdots+\alpha_n+\cdots \tag{4.1}$$

收敛、发散、和的定义 4.1,并掌握收敛性的刻画定理 4.1 及定理 4.2(柯西收敛准则).

(1) **定理 4.1** 设 $\alpha_n=a_n+\mathrm{i}b_n, s=a+\mathrm{i}b$,则

$$\sum_{n=1}^{\infty}\alpha_n \text{ 收敛于 } s\Leftrightarrow\sum_{n=1}^{\infty}a_n \text{ 收敛于 } a;\sum_{n=1}^{\infty}b_n \text{ 收敛于 } b.$$

(2) $\sum\limits_{n=1}^{\infty}\alpha_n$ 收敛 $\underset{\not\Leftarrow}{\Rightarrow}\lim\limits_{n\to\infty}\alpha_n=0$.

(3) $\sum\limits_{n=1}^{\infty}\alpha_n$ 收敛 $\Rightarrow\exists M>0$,使 $|\alpha_n|\leqslant M(n=1,2,\cdots)$.

(4) 若 $s=\sum\limits_{n=1}^{\infty}\alpha_n, s'=\sum\limits_{n=1}^{\infty}\alpha'_n$,则

$$\sum_{n=1}^{\infty}(\alpha_n\pm\alpha'_n)=s\pm s',\quad \sum_{n=1}^{\infty}c\alpha_n=c\sum_{n=1}^{\infty}\alpha_n=cs\ (c \text{ 为复常数}).$$

**例 4.1.1** 求证级数 $1+q+q^2+\cdots+q^n+\cdots$($q$ 为复数)当 $|q|<1$ 时收敛于 $\frac{1}{1-q}$,而当 $|q|\geqslant1$ 时发散.

**分析** 对部分和 $S_n$ 取极限.

**证** $S_n=1+q+q^2+\cdots+q^{n-1}=\frac{1-q^n}{1-q}$.

(1) 用极限定义易证,当 $|q|<1$ 时,$\lim\limits_{n\to\infty}q^n=0$. 因而由极限的性质得到 $\lim\limits_{n\to\infty}S_n=\frac{1}{1-q}$. 因此按定义 4.1 得

$$\sum_{n=0}^{\infty} q^n = \frac{1}{1-q}.$$

（2）当$|q|>1$时，显然有$\lim\limits_{n\to\infty} q^n=\infty$，因而

$$\lim_{n\to\infty} S_n = \lim_{n\to\infty}\frac{1-q^n}{1-q}=\infty,$$

故级数$\sum\limits_{n=0}^{\infty} q^n$发散.

（3）当$q=1$时，显然有$S_n=\underbrace{1+1+\cdots+1}_{n\text{项}}=n\to+\infty$，因此级数$\sum\limits_{n=0}^{\infty} q^n$也发散.

（4）当$|q|=1$而$q\neq 1$时，设$q=\mathrm{e}^{\mathrm{i}\theta}$，$\theta\neq 2k\pi$（$k$是整数），则

$$S_n=\frac{1-q^n}{1-q}=\frac{1-\mathrm{e}^{\mathrm{i}n\theta}}{1-\mathrm{e}^{\mathrm{i}\theta}}.$$

因为$\arg \mathrm{e}^{\mathrm{i}n\theta}=n\theta$，所以它对任何固定的$\theta$都无极限. 由此可见，复数$\mathrm{e}^{\mathrm{i}n\theta}$当$n\to\infty$时无极限，亦即$S_n$无极限，因此级数$\sum\limits_{n=0}^{\infty} q^n$发散. ■

**例 4.1.2**　讨论下列级数的敛散性：

（1）$\sum\limits_{n=1}^{\infty}\frac{1}{(1+\mathrm{i})^{2n}}$；（2）$\sum\limits_{n=1}^{\infty}\left(\frac{a}{n}-\frac{b}{n+1}\right)$.

**解**　（1）因为

$$\sum_{n=1}^{\infty}\frac{1}{(1+\mathrm{i})^{2n}}=\sum_{n=1}^{\infty}\frac{1}{(1+2\mathrm{i}-1)^n}=\sum_{n=1}^{\infty}\frac{1}{(2\mathrm{i})^n}$$
$$=\frac{1}{2\mathrm{i}}\frac{1}{1-\frac{1}{2\mathrm{i}}}=\frac{1}{2\mathrm{i}-1}=-\frac{1}{5}(1+2\mathrm{i}),$$

所以级数有和，自然收敛于其和.

（2）因为

$$c_n=\frac{a}{n}-\frac{b}{n+1}=\left(\frac{a}{n}-\frac{a}{n+1}\right)+\left(\frac{a}{n+1}-\frac{b}{n+1}\right)=a_n+b_n,$$

而

$$\sum_{k=1}^{n} a_k=\sum_{k=1}^{n}\left(\frac{a}{k}-\frac{a}{k+1}\right)=a-\frac{a}{n+1}\to a\quad(n\to\infty).$$

所以$\sum\limits_{n=1}^{\infty} a_n$收敛. 故级数$\sum\limits_{n=1}^{\infty} c_n$与$\sum\limits_{n=1}^{\infty} b_n$同时收敛或同时发散.

当$a=b$时，级数$\sum\limits_{n=1}^{\infty} c_n=\sum\limits_{n=1}^{\infty} a_n$收敛.

当$a\neq b$时，由$\sum\limits_{n=1}^{\infty} b_n=(a-b)\sum\limits_{n=1}^{\infty}\frac{1}{n+1}$发散，知$\sum\limits_{n=1}^{\infty} c_n$发散. ■

**注**　两题的解法各说明一种判断级数敛散性的方法.

**2. 掌握复级数的绝对收敛性.**

**定理 4.3**　$\sum\limits_{n=1}^{\infty}\alpha_n$收敛$\Leftarrow\sum\limits_{n=1}^{\infty}|\alpha_n|$收敛.

级数 $\sum\limits_{n=1}^{\infty}|\alpha_n|$ 的各项为非负实数，可依正项级数的理论判定其敛散性.

**定理 4.4** (1) 绝对收敛级数的各项可以重排顺序而不致改变其绝对收敛性与和.

(2) 若两个绝对收敛级数 $\sum\limits_{n=1}^{\infty}\alpha_n=s$，$\sum\limits_{n=1}^{\infty}\alpha'_n=s'$，则其柯西积

$$\sum_{n=1}^{\infty}(\alpha_1\alpha'_n+\alpha_2\alpha'_{n-1}+\cdots+\alpha_n\alpha'_1)=\sum_{n=1}^{\infty}\sum_{k=1}^{n}\alpha_k\alpha'_{(n+1)-k}\quad\text{(按对角线方法)}$$

也绝对收敛，且其和为 $ss'$.

**例 4.1.3** 判断下列级数的敛散性：

(1) $\sum\limits_{n=1}^{\infty}\dfrac{1}{(2+3\mathrm{i})^n}$；(2) $\sum\limits_{n=1}^{\infty}\dfrac{1}{1+\mathrm{i}^n}$.

**分析** 考察正项级数 $\sum|\alpha_n|$ 的敛散性.

**解** (1) 设 $\alpha_n=\dfrac{1}{(2+3\mathrm{i})^n}$，则

$$\lim_{n\to\infty}\frac{|\alpha_{n+1}|}{|\alpha_n|}=\lim_{n\to\infty}\frac{1}{|2+3\mathrm{i}|}=\frac{1}{\sqrt{13}}<1.$$

由正项级数的比值判别法知道，原级数绝对收敛.

(2) 因 $\left|\dfrac{1}{1+\mathrm{i}^n}\right|\geqslant\dfrac{1}{1+|\mathrm{i}|^n}=\dfrac{1}{2}$，则

$$\lim_{n\to\infty}\left|\frac{1}{1+\mathrm{i}^n}\right|\neq0\Rightarrow\lim_{n\to\infty}\frac{1}{1+\mathrm{i}^n}\neq0,$$

故原级数发散.

**例 4.1.4** 若 $\sum\limits_{n=1}^{\infty}z_n$ 收敛，$|\arg z_n|\leqslant\theta<\dfrac{\pi}{2}$，则级数 $\sum\limits_{n=1}^{\infty}z_n$ 绝对收敛.

**分析** 应用 $z_n$ 的三角表示及定理 4.1.

**证** 设 $z_n=|z_n|(\cos\varphi_n+\mathrm{i}\sin\varphi_n)$，则

$$|\varphi_n|\leqslant\theta<\frac{\pi}{2}.\tag{1}$$

因题设 $\sum\limits_{n=1}^{\infty}z_n$ 收敛，由定理 4.1，则级数 $\sum\limits_{n=1}^{\infty}|z_n|\cos\varphi_n$ 与 $\sum\limits_{n=1}^{\infty}|z_n|\sin\varphi_n$ 均收敛，于是由(1)式有

$$0<\cos\theta\leqslant\cos\varphi_n\Rightarrow|z_n|\cos\theta\leqslant|z_n|\cos\varphi_n.$$

故由比较判别法知 $\sum\limits_{n=1}^{\infty}|z_n|\cos\theta=\cos\theta\sum\limits_{n=1}^{\infty}|z_n|$ 收敛，于是 $\sum\limits_{n=1}^{\infty}|z_n|$ 收敛，故级数 $\sum\limits_{n=1}^{\infty}z_n$ 绝对收敛. ■

**例 4.1.5** 证明：级数 $\sum\limits_{n=1}^{\infty}(-1)^{n-1}\dfrac{1}{\mathrm{i}+n-1}$ 收敛，但不绝对收敛.

**分析** 分别考察其实部和虚部所成的实级数的敛散性，然后考察其各项模所成级数的敛散性.

**证** 因

$$c_n=(-1)^{n-1}\frac{1}{\mathrm{i}+n-1}=(-1)^{n-1}\frac{(n-1)-\mathrm{i}}{(n-1)^2+1},$$

故

$$\sum_{n=1}^{\infty}(-1)^{n-1}\frac{1}{\mathrm{i}+n-1}=\sum_{n=1}^{\infty}(-1)^{n-1}\frac{n-1}{(n-1)^2+1}-\mathrm{i}\sum_{n=1}^{\infty}(-1)^{n-1}\frac{1}{(n-1)^2+1}.$$

(1) 交错级数 $\sum\limits_{n=1}^{\infty}(-1)^{n-1}\dfrac{n-1}{(n-1)^2+1}$ 的通项绝对值单调趋于零，所以收敛. 而级数 $\sum\limits_{n=1}^{\infty}(-1)^{n-1}\dfrac{1}{(n-1)^2+1}$ 显然是绝对收敛的，所以此级数收敛.

(2) 但

$$\left|\frac{n-1}{(n-1)^2+1}(-1)^{n-1}\right|=\frac{n-1}{n^2-2n+2}>\frac{1}{n}\quad(n>3),$$

故

$$\left|(-1)^{n-1}\frac{1}{\mathrm{i}+n-1}\right|\geqslant\frac{n-1}{n^2-2n+2}>\frac{1}{n}\quad(n>3).$$

而级数 $\sum\limits_{n=1}^{\infty}\dfrac{1}{n}$ 发散，所以原级数不绝对收敛. ■

**例 4.1.6** 复数项级数 $\sum\limits_{n=1}^{\infty}c_n$ 收敛的充要条件是对任意选取的正整数列：$p_1$，$p_2$，…，$p_n$，…都有

$$\lim_{n\to\infty}(c_{n+1}+c_{n+2}+\cdots+c_{n+p_n})=0.$$

**分析** 应用收敛级数的柯西收敛准则——定理 4.2.

**证** 由定理 4.2 知：级数 $\sum\limits_{n=1}^{\infty}c_n$ 收敛 $\Leftrightarrow\forall\varepsilon>0,\exists N=N(\varepsilon)$，使当 $n>N$ 时，对任何正整数 $p$ 都有

$$|c_{n+1}+c_{n+2}+\cdots+c_{n+p}|<\varepsilon.$$

特别地，对已选取的正整数列 $\{p_n\}$ 中的正整数 $p_n(n>N)$ 有

$$|c_{n+1}+c_{n+2}+\cdots+c_{n+p_n}|<\varepsilon.$$

故有 $\lim\limits_{n\to\infty}|c_{n+1}+c_{n+2}+\cdots+c_{n+p_n}|=0$. 于是得证. ■

**例 4.1.7** 求级数 $\sum\limits_{n=0}^{\infty}\left(\dfrac{\mathrm{i}}{2}\right)^n$ 与 $\sum\limits_{n=0}^{\infty}\left(-\dfrac{\mathrm{i}}{2}\right)^n$ 的柯西乘积.

**分析** 这两个级数显然绝对收敛，故按对角线方法求积.

**解** 由已知，

$$\sum_{n=0}^{\infty}\left(\frac{\mathrm{i}}{2}\right)^n\sum_{n=0}^{\infty}\left(-\frac{\mathrm{i}}{2}\right)^n=\sum_{n=0}^{\infty}\sum_{k=0}^{n}\left(\frac{\mathrm{i}}{2}\right)^k\left(-\frac{\mathrm{i}}{2}\right)^{n-k}$$

$$=\sum_{n=0}^{\infty}\left(-\frac{\mathrm{i}}{2}\right)^n\sum_{k=0}^{n}(-1)^k$$

$$=\sum_{m=0}^{\infty}\left(\frac{\mathrm{i}}{2}\right)^{2m} \quad (n\text{ 取奇数的项为零})$$

$$=\sum_{m=0}^{\infty}\left(-\frac{1}{4}\right)^{m}=\frac{1}{1-\left(-\frac{1}{4}\right)}=\frac{4}{5}. \quad \blacksquare$$

**3.** 充分了解复函数项级数

$$\sum_{n=1}^{\infty} f_n(z)=f_1(z)+f_2(z)+\cdots+f_n(z)+\cdots \tag{4.2}$$

在点集 $E$ 上逐点收敛的定义 4.3 与一致收敛的定义 4.4.

**注** (1) 根据定义 4.4,证明 $\sum\limits_{n=1}^{\infty} f_n(z)$ 在 $E$ 上一致收敛于 $f(z)$ 的关键,是找到不依赖于 $z$ 的 $N$,使当 $n>N$ 时,$|f(z)-s_n(z)|<\varepsilon$ 成立. 因此,一般是先如下加强不等式 $|f(z)-s_n(z)|\leqslant p_n(z) \underset{(\text{摆脱}z)}{\leqslant} Q_n$,并 $\forall\varepsilon>0$,由 $Q_n<\varepsilon$ 找 $N$.

(2) 证明不一致收敛的方法,是利用定义 4.4 的否定形式,即把定义 4.4 逐句以否定语句代替,而成

**定义 4.4′** $\sum\limits_{n=1}^{\infty} f_n(z)$ 在 $E$ 上不一致收敛于 $f(z)\Longleftrightarrow\exists$ 某个 $\varepsilon_0>0$,对任何整数 $N>0$,存在整数 $n_0>N$,总有某个 $z_0\in E$,使 $|f(z_0)-s_{n_0}(z_0)|\geqslant\varepsilon_0$.

**4.** 掌握柯西一致收敛准则(定理 4.5)和优级数准则.

**定理 4.5′** $\sum\limits_{n=1}^{\infty} f_n(z)$ 在 $E$ 上不一致收敛 $\Leftrightarrow\exists$ 某个 $\varepsilon_0>0$,对任何正整数 $N$,$\exists n_0$,使当 $n_0>N$,总有某个 $z_0\in E$ 及某个正整数 $p_0$,有

$$|f_{n_0+1}(z_0)+f_{n_0+2}(z_0)+\cdots+f_{n_0+p_0}(z_0)|\geqslant\varepsilon_0.$$

**注** 优级数准则是一个被广泛应用的方法. 因为它把判别复函数项级数的一致收敛性转化为判别正项级数的收敛性,而实现后者较容易. 另外,优级数准则同时还可以判定绝对收敛性.

**例 4.1.8** 求级数 $\sum\limits_{n=1}^{\infty}\dfrac{z^n}{(1-z^n)(1-z^{n+1})}$ 的和函数($|z|\neq 1$).

**分析** 求部分和;分别就 $|z|<1$ 及 $|z|>1$ 取极限.

**解** 因为

$$\begin{aligned} s_n(z)&=\sum_{k=1}^{n}\frac{z^k}{(1-z^k)(1-z^{k+1})}\\ &=\sum_{k=1}^{n}\left[\frac{z^k}{(1-z)(1-z^k)}-\frac{z^{k+1}}{(1-z)(1-z^{k+1})}\right]\\ &=\frac{z}{(1-z)^2}-\frac{z^{n+1}}{(1-z)(1-z^{n+1})}\quad(|z|\neq 1),\end{aligned}$$

所以

$$f(z)=\lim_{n\to\infty}s_n(z)=\begin{cases}\dfrac{z}{(1-z)^2}, & |z|<1,\\ \dfrac{1}{(1-z)^2}, & |z|>1.\end{cases} \quad \blacksquare$$

**例 4.1.9** 证明级数

$$\sum_{n=1}^{\infty}\frac{1}{n^2}\left(z^n+\frac{1}{z^n}\right)$$

当 $|z|=1$ 时一致收敛；当 $|z|\neq 1$ 时发散.

**证** (1) 当 $|z|=1$ 时，由于 $\left|\frac{1}{n^2}\left(z^n+\frac{1}{z^n}\right)\right|\leqslant\frac{2}{n^2}$，而正项级数 $\sum\limits_{n=1}^{\infty}\frac{1}{n^2}$ 收敛，故由优级数准则知所给级数当 $|z|=1$ 时绝对且一致收敛.

(2) 当 $|z|<1$ 时，由 $\left|\frac{1}{n^2}z^n\right|<\frac{1}{n^2}$ 知级数 $\sum\limits_{n=1}^{\infty}\frac{z^n}{n^2}$ 绝对收敛. 又

$$\lim_{n\to\infty}\left[\frac{1}{(n+1)^2z^{n+1}}\bigg/\frac{1}{n^2z^n}\right]=\lim_{n\to\infty}\left|\frac{n^2z^n}{(n+1)^2z^{n+1}}\right|=\frac{1}{|z|}>1,$$

故 $\sum\limits_{n=1}^{\infty}\frac{1}{n^2}\cdot\frac{1}{z^n}$ 发散，从而所给级数当 $|z|<1$ 时发散.

(3) 当 $|z|>1$ 时，$\left|\frac{1}{z}\right|<1$，所以 $\sum\limits_{n=1}^{\infty}\frac{1}{n^2}\cdot\frac{1}{z^n}$ 收敛，$\sum\limits_{n=1}^{\infty}\frac{1}{n^2}z^n$ 发散. 后者是因为

$$\lim_{n\to\infty}\left|\frac{z^{n+1}}{(n+1)^2}\cdot\frac{n^2}{z^n}\right|=|z|>1.$$

从而所给级数当 $|z|>1$ 时发散. ■

**例 4.1.10** 证明 $\sum\limits_{n=0}^{\infty}z^n$ 在 $|z|<1$ 内不一致收敛.

**分析** 参看定理 4.5′关于级数不一致收敛的刻画，用反证法证明.

**证** 假定级数 $\sum\limits_{n=0}^{\infty}z^n$ 在 $|z|<1$ 内是一致收敛的，则由柯西一致收敛准则(定理 4.5)，$\forall\varepsilon>0$，$\exists N=N(\varepsilon)$，使当 $n>N$ 时，对任意正整数 $p$，均有

$$|z^{n+1}+z^{n+2}+\cdots+z^{n+p}|<\varepsilon\quad(\text{对一切}\ |z|<1).$$

特别地，当 $p=1$ 时，就有

$$|z|^{n+1}<\varepsilon\quad(\text{对一切}\ |z|<1).\tag{1}$$

由此，取 $z_n=z=1-\frac{1}{n+1}$($n$ 充分大时充分接近 1). 显然 $|z_n|<1$，因而由(1)式得到

$$\left(1-\frac{1}{n+1}\right)^{n+1}<\varepsilon.\tag{2}$$

但上式对充分大的 $n$ 不可能成立，因为

$$\lim_{n\to\infty}\left(1-\frac{1}{n+1}\right)^{n+1}=\frac{1}{\mathrm{e}}.$$

所以若取 $\varepsilon_0=\frac{1}{10}<\frac{1}{\mathrm{e}}$，当 $n$ 充分大时，不等式(2)不满足，这就出现矛盾. 所以 $\sum\limits_{n=0}^{\infty}z^n$ 在 $|z|<1$ 内不一致收敛. ■

**注** 由例 4.2 可见，级数 $\sum\limits_{n=0}^{\infty}z^n$ 在 $|z|<1$ 内是内闭一致收敛的.

**5. 掌握复连续函数项级数的性质，并充分了解复函数项级数的内闭一致收敛性.**

**定理 4.6** 在点集 $E$ 上一致收敛的连续函数项级数的和函数仍连续.

**定理 4.7** 沿曲线 $C$ 一致收敛的连续函数项级数可沿 $C$ 逐项积分.

**定义 4.5** $\sum_{n=1}^{\infty} f_n(z)$ 在区域 $D$ 内内闭一致收敛 $\Leftrightarrow$ 对任一有界闭集 $F \subset D$，$\sum_{n=1}^{\infty} f_n(z)$ 在 $F$ 上一致收敛.

**注** 显然 $F$ 可代以 $D$ 内任一闭圆.

**定理 4.8** 级数(4.2)在圆 $K: |z-a|<R$ 内内闭一致收敛 $\Leftrightarrow$ 对任意的 $\rho>0$，只要 $\rho<R$，级数(4.2)在闭圆 $\overline{K}_\rho: |z-a| \leqslant \rho$ 上一致收敛.

**6.** 充分掌握关于解析函数项级数的魏尔斯特拉斯(Weierstrass)定理.

**定理 4.9** 设 $f_n(z)(n=1,2,\cdots)$ 在区域 $D$ 内解析；$\sum_{n=1}^{\infty} f_n(z)$ 在 $D$ 内内闭一致收敛于 $f(z)=\sum_{n=1}^{\infty} f_n(z)$，则

(1) $f(z)$ 在 $D$ 内解析；

(2) $f^{(p)}(z)=\sum_{n=1}^{\infty} f_n^{(p)}(z)(z \in D, p=1,2,\cdots)$；

(3) $\sum_{n=1}^{\infty} f_n^{(p)}(z)$ 在 $D$ 内内闭一致收敛于 $f^{(p)}(z)(p=1,2,\cdots)$.

**注** 这个定理的证明，关键是用了柯西高阶导数公式，它使我们可以根据原来函数项级数的内闭一致收敛性，对级数进行逐项求积分，从而推出逐项求任意阶导数的性质. 这是上一章柯西高阶导数公式的应用的一个范例.

**例 4.1.11** 证明级数 $z+(z^2-z)+(z^3-z^2)+\cdots+(z^n-z^{n-1})+\cdots$ 在 $|z|<1$ 内内闭一致收敛.

**证** 当 $z \in \{z \mid |z| \leqslant r<1\}$ 时，

$$|z^n-z^{n-1}| \leqslant |z|^{n-1}(|z|+1) \leqslant r^{n-1}(r+1),$$

而正项级数 $r+1+\sum_{n=2}^{\infty} r^{n-1}(r+1)$ 收敛，即为原级数的收敛的优级数，故由优级数准则，原级数在较小同心闭圆 $|z| \leqslant r\ (r<1)$ 上绝对且一致收敛. 由定理 4.8 原级数在 $|z|<1$ 内内闭一致收敛. ■

**注** 由教材第四章习题(二)第 2 题，本例题中的级数在 $|z|<1$ 内收敛于函数 $f(z) \equiv 0$，但并非一致收敛.

**例 4.1.12** 证明级数 $\sum_{n=1}^{\infty} \frac{z^n}{1-z^n}$ 在 $|z| \geqslant 1$ 上发散；在 $|z|<1$ 内绝对收敛且内闭一致收敛，但非一致收敛.

**证** (1) 因为当 $|z| \geqslant 1$ 时，有

$$\left|\frac{z^n}{1-z^n}\right| \geqslant \frac{|z|^n}{1+|z|^n} \geqslant \frac{|z|^n}{|z|^n+|z|^n}=\frac{1}{2},$$

所以当 $|z| \geqslant 1$ 时，级数发散.

(2) 设 $|z| \leqslant \rho<1$，则存在正整数 $N$，当 $n>N$ 时，$|z|^n \leqslant \rho^n<\frac{2}{3}$，从而

$$\left|\frac{z^n}{1-z^n}\right| \leqslant \frac{|z|^n}{1-|z|^n} < \frac{\rho^n}{1-\frac{2}{3}} = 3\rho^n \quad (n>N).$$

而 $\sum\limits_{n=1}^{\infty} 3\rho^n$ 为收敛的优级数，因此，由定理 4.8，级数 $\sum\limits_{n=1}^{\infty}\frac{z^n}{1-z^n}$ 在 $|z|<1$ 内绝对收敛且内闭一致收敛.

(3) 级数在 $|z|<1$ 内并非一致收敛. 事实上，在 $|z|<1$ 内存在一个点列 $\left\{z_n=\frac{n}{n+1}\right\}$（从比 1 小的正数去接近 1），使得

$$\begin{aligned}\left|\sum_{k=n}^{\infty} f_k(z_n)\right| = |R_n(z_n)| &= \frac{\left(\frac{n}{n+1}\right)^n}{1-\left(\frac{n}{n+1}\right)^n} + \frac{\left(\frac{n}{n+1}\right)^{n+1}}{1-\left(\frac{n}{n+1}\right)^{n+1}} + \cdots \\ &> \left(\frac{n}{n+1}\right)^n + \left(\frac{n}{n+1}\right)^{n+1} + \cdots \\ &= (n+1)\left(\frac{n}{n+1}\right)^n \to \infty \quad (n\to\infty).\end{aligned}$$

可见，由定义 4.4′，级数在 $|z|<1$ 内不可能一致收敛. ■

**例 4.1.13**　试证函数 $f(z)=\sum\limits_{n=1}^{\infty} n^{-z}$ 在区域 $D=\{z\,|\,\mathrm{Re}\,z>1\}$ 内解析.

**分析**　$\sum\limits_{n=1}^{\infty} n^{-z}$ 是解析函数项级数，故考察魏尔斯特拉斯定理 4.9 的条件。

**证**　任取有界闭区域 $D'\subset D$，则 $D'$ 到直线 $\mathrm{Re}\,z=1$ 的距离 $d>0$，于是对任意 $z\in D'$，总有 $\mathrm{Re}\,z>1+d$. 从而

$$|n^{-z}| = |\mathrm{e}^{-z\ln n}| = \mathrm{e}^{-(\mathrm{Re}\,z)\ln n} = n^{-\mathrm{Re}\,z} < n^{-(1+d)}.$$

因正项级数 $\sum\limits_{n=1}^{\infty} n^{-(1+d)}$ 收敛，根据优级数准则，级数 $\sum\limits_{n=1}^{\infty} n^{-z}$ 在 $D'$ 上一致收敛，从而在 $D$ 内内闭一致收敛. 故由魏尔斯特拉斯定理 4.9，$f(z)=\sum\limits_{n=1}^{\infty} n^{-z}$ 在 $D$ 内解析. ■

## § 2　幂级数

幂级数

$$\sum_{n=0}^{\infty} c_n(z-a)^n = c_0 + c_1(z-a) + \cdots + c_n(z-a)^n + \cdots \tag{4.4}$$

是最简单的解析函数项级数. 其收敛范围很规范，是个圆，因而在理论上和应用上都很重要.

**1.** 充分掌握幂级数的敛散性.

**定理 4.11（阿贝尔（Abel）定理）**　如果幂级数(4.4)在某点 $z_1(\neq a)$ 收敛，则它必在圆周 $|z-a|=|z_1-a|$ 内部绝对收敛且内闭一致收敛.

**注**　即在较小的同心闭圆 $|z-a|\leqslant\rho<|z_1-a|$ 上绝对收敛且一致收敛.

**推论 4.12**　若幂级数(4.4)在某点 $z_2(\neq a)$ 发散，则它必在圆周 $|z-a|=$

$|z_2-a|$外部发散.

**2.** 充分了解幂级数(4.4)的收敛半径 $R$、收敛圆 $|z-a|<R$ 及收敛圆周 $|z-a|=R$ 的意义.

约定：$R=0$ 表示幂级数(4.4)仅在中心点 $a$ 收敛；$R=+\infty$ 表示幂级数(4.4)在 $z$ 平面上处处收敛.

**定理 4.13** 如幂级数(4.4)的系数 $c_n$ 满足

$$\lim_{n\to\infty}\left|\frac{c_{n+1}}{c_n}\right|=l \quad (\text{达朗贝尔(d'Alembert)})$$

或

$$\lim_{n\to\infty}\sqrt[n]{|c_n|}=l \quad (\text{柯西})$$

或

$$\overline{\lim_{n\to\infty}}\sqrt[n]{|c_n|}=l \quad (\text{柯西-阿达马 (Cauchy-Hadamard)}),$$

则幂级(4.4)的收敛半径

$$R=\begin{cases}\dfrac{1}{l}, & l\neq 0, l\neq+\infty,\\ 0, & l=+\infty,\\ +\infty, & l=0.\end{cases} \tag{4.5}$$

所有的幂级数(4.4)至少在中心 $a$ 是收敛的. 但是收敛半径等于零的幂级数没有什么有益的性质，因而我们不去研究这种平凡情形.

在收敛圆周 $|z-a|=R$ 上，幂级数(4.4)的敛散情况比较复杂，没有一定的规律，需要根据具体情况作具体分析. 这与实幂级数在收敛区间端点的情况类似.

**注** 由数学分析知识即知，对幂级数(4.4)有

(1) $\displaystyle\underline{\lim_{n\to\infty}}\left|\frac{c_{n+1}}{c_n}\right|\leqslant\underline{\lim_{n\to\infty}}\sqrt[n]{|c_n|}\leqslant\overline{\lim_{n\to\infty}}\sqrt[n]{|c_n|}\leqslant\overline{\lim_{n\to\infty}}\left|\frac{c_{n+1}}{c_n}\right|$.

(2) 若 $\displaystyle\lim_{n\to\infty}\left|\frac{c_{n+1}}{c_n}\right|$ 存在，则 $\displaystyle\lim_{n\to\infty}\sqrt[n]{|c_n|}$ 存在，且等于 $\displaystyle\lim_{n\to\infty}\left|\frac{c_{n+1}}{c_n}\right|$. 又 $\displaystyle\lim_{n\to\infty}\sqrt[n]{|c_n|}$ 存在显然包含 $\displaystyle\overline{\lim_{n\to\infty}}\sqrt[n]{|c_n|}$ 存在，且等于 $\displaystyle\lim_{n\to\infty}\sqrt[n]{|c_n|}$，反之则不然，即 $\displaystyle\overline{\lim_{n\to\infty}}\sqrt[n]{|c_n|}$ 存在，$\displaystyle\lim_{n\to\infty}\sqrt[n]{|c_n|}$ 未必存在. 因此，由上极限 $\displaystyle\overline{\lim_{n\to\infty}}\sqrt[n]{|c_n|}=l$ 而得收敛半径 $R=\dfrac{1}{l}$ 的结论最强.

**例 4.2.1** 试求下列幂级数的收敛半径 $R$：

(1) $\displaystyle\sum_{n=1}^{\infty}\frac{n^n}{n!}z^n$； (2) $\displaystyle\sum_{n=1}^{\infty}\frac{1}{n(n+1)}z^n$；

(3) $\displaystyle\sum_{n=0}^{\infty}[2+(-1)^n]^n z^n$； (4) $\displaystyle\sum_{n=1}^{\infty}\frac{1+(-1)^n}{2^n}z^n$.

**解** (1) $\displaystyle R\overset{(4.5)}{=\!=}\lim_{n\to\infty}\left|\frac{c_n}{c_{n+1}}\right|=\lim_{n\to\infty}\frac{n^n}{n!}\cdot\frac{(n+1)!}{(n+1)^{n+1}}$

$$=\lim_{n\to\infty}\frac{n^n}{(n+1)^n}=\lim_{n\to\infty}\frac{1}{\left(1+\dfrac{1}{n}\right)^n}=\frac{1}{\mathrm{e}}.$$

(2) $R \xlongequal{(4.5)} \lim\limits_{n\to\infty}\left|\dfrac{c_n}{c_{n+1}}\right| = \lim\limits_{n\to\infty}\dfrac{1}{n(n+1)}\Big/\dfrac{1}{(n+1)(n+2)} = \lim\limits_{n\to\infty}\dfrac{n+2}{n} = 1.$

(3) 虽然$\sqrt[n]{[2+(-1)^n]^n} = 2+(-1)^n$ 当$n\to\infty$时的极限不存在，但是却有

$$l = \overline{\lim_{n\to\infty}}\sqrt[n]{[2+(-1)^n]^n} = \overline{\lim_{n\to\infty}}[2+(-1)^n] = 3.$$

因此所求收敛半径$R = \dfrac{1}{3}$.

(4) $R \xlongequal{(4.5)} \left[\overline{\lim\limits_{n\to\infty}}\sqrt[n]{\dfrac{1+(-1)^n}{2^n}}\right]^{-1} = \left(\lim\limits_{n\to\infty}\sqrt[n]{\dfrac{2}{2^n}}\right)^{-1} = \left(\lim\limits_{n\to\infty}\dfrac{1}{2}\cdot 2^{\frac{1}{n}}\right)^{-1} = 2.$ ■

**例 4.2.2** 设幂级数 $\sum\limits_{n=0}^{\infty}a_n z^n$ 及$\sum\limits_{n=0}^{\infty}b_n z^n$ 的收敛半径分别为$R_1$ 及 $R_2$，试确定下列幂级数的收敛半径 $R$ 与 $R_1$ 及 $R_2$ 的关系：

(1) $\sum\limits_{n=1}^{\infty}a_n^p z^n$（$p$ 为整数）； (2) $\sum\limits_{n=1}^{\infty}a_n b_n z^n$；

(3) $\sum\limits_{n=1}^{\infty}\dfrac{b_n}{a_n}z^n$（其中设对所有 $n$，$a_n\neq 0$，$R_1\neq 0$）.

**解** (1) 因

$$\frac{1}{R} \xlongequal{(4.5)} \overline{\lim_{n\to\infty}}\sqrt[n]{|a_n|^p} = \left(\overline{\lim_{n\to\infty}}\sqrt[n]{|a_n|}\right)^p \xlongequal{(4.5)} \left(\frac{1}{R_1}\right)^p,$$

故 $R = R_1^p$.

(2) 因

$$\frac{1}{R} \xlongequal{(4.5)} \overline{\lim_{n\to\infty}}\sqrt[n]{|a_n b_n|} \leqslant \left(\overline{\lim_{n\to\infty}}\sqrt[n]{|a_n|}\right)\left(\overline{\lim_{n\to\infty}}\sqrt[n]{|b_n|}\right) \xlongequal{(4.5)} \frac{1}{R_1}\cdot\frac{1}{R_2},$$

故 $R\geqslant R_1R_2$.

(3) 因

$$\frac{1}{R} \xlongequal{(4.5)} \overline{\lim_{n\to\infty}}\sqrt[n]{\left|\frac{b_n}{a_n}\right|} \geqslant \overline{\lim_{n\to\infty}}\sqrt[n]{|b_n|}\Big/\overline{\lim_{n\to\infty}}\sqrt[n]{|a_n|} \xlongequal{(4.5)} \frac{1}{R_2}\Big/\frac{1}{R_1} = \frac{R_1}{R_2},$$

故 $R\leqslant \dfrac{R_2}{R_1}$. ■

**3. 掌握幂级数的和函数的解析性.**

**定理 4.14** (1) 幂级数(4.4)的和函数 $f(z)$在具有非零收敛半径 $R$ 的收敛圆 $K$：$|z-a|<R(0<R\leqslant+\infty)$内解析.

(2) 在 $K$ 内可逐项微分任意次，且收敛半径不变.

(3) $c_p = \dfrac{f^{(p)}(a)}{p!}$ $(p=0,1,2,\cdots)$.

(4) 可沿 $K$ 内曲线逐项积分，收敛半径不变.

**例 4.2.3** 证明 $f(z) = \sum\limits_{n=1}^{\infty}\dfrac{z^n}{n^2}$ 在$|z|<1$ 内解析，并求$f'(z)$.

**分析** 应用定理 4.14(1)和(2).

**证** 因为所给幂级数的收敛半径 $R=1(\neq 0)$，故由定理 4.14(1)和(2)，$f(z)$在$|z|<1$ 内解析，且在$|z|<1$ 内

$$f'(z)=\sum_{n=1}^{\infty}\frac{nz^{n-1}}{n^2}=\sum_{n=1}^{\infty}\frac{z^{n-1}}{n},$$

其收敛半径仍为 $R=1$. ■

**例 4.2.4** 求 $\int_\gamma\left(\sum_{n=-1}^{\infty}z^n\right)\mathrm{d}z$，这里 $\gamma$ 为以 $z=0$ 为圆心、$\frac{1}{2}$ 为半径的圆周.

**分析** 被积级数 $\sum_{n=-1}^{\infty}z^n$ 变形为 $\frac{1}{z}+\sum_{n=0}^{\infty}z^n$.

**解** 由例 4.2 知，级数 $\sum_{n=0}^{\infty}z^n$ 在 $|z|<1$ 内内闭一致收敛，即在闭圆 $|z|\leqslant 1-\varepsilon$ 上一致收敛，$\gamma$ 是其上的同心圆周，级数 $\sum_{n=0}^{\infty}z^n$ 就在 $\gamma$ 上一致收敛. 于是由定理 4.7(或直接由定理 4.14(4))，

$$\int_\gamma\left(\sum_{n=0}^{\infty}z^n\right)\mathrm{d}z=\sum_{n=0}^{\infty}\int_\gamma z^n\mathrm{d}z. \tag{1}$$

再由复积分的基本性质(2)，

$$\begin{aligned}\int_\gamma\left(\sum_{n=-1}^{\infty}z^n\right)\mathrm{d}z&=\int_\gamma\frac{1}{z}\mathrm{d}z+\int_\gamma\left(\sum_{n=0}^{\infty}z^n\right)\mathrm{d}z\\&\overset{(1)}{=\!=}\int_\gamma\frac{\mathrm{d}z}{z}+\sum_{n=0}^{\infty}\int_\gamma z^n\mathrm{d}z=2\pi\mathrm{i}\quad\left(\begin{array}{c}\text{重要积分,}\\\text{柯西积分定理}\end{array}\right).\end{aligned}$$

■

**例 4.2.5** 求幂级数 $\sum_{n=0}^{\infty}(n+1)(z-3)^{n+1}$ 的收敛半径、收敛圆及和函数.

**解** (1) 因为 $\lim_{n\to\infty}\sqrt[n]{n+1}=1$，所以收敛半径 $R=1$，收敛圆为 $|z-3|<1$.

(2) 因为 $\sum_{n=0}^{\infty}z^n=\frac{1}{1-z}\,(|z|<1)$，所以

$$\sum_{n=1}^{\infty}nz^{n-1}=\left(\frac{1}{1-z}\right)',$$

$$\sum_{n=1}^{\infty}nz^n=\left(\frac{1}{1-z}\right)'z=\frac{z}{(1-z)^2}.$$

于是，以此为公式就有

$$\sum_{n=1}^{\infty}n(z-3)^n=\frac{z-3}{(1-z+3)^2}=\frac{z-3}{(4-z)^2}\quad(|z-3|<1),$$

即

$$\sum_{n=0}^{\infty}(n+1)(z-3)^{n+1}=\frac{z-3}{(4-z)^2}\quad(|z-3|<1).$$

■

**例 4.2.6** 试求满足微分方程 $f'(z)+cf(z)=0$($c$ 是复常数)的中心为 0 的幂级数 $f(z)$，并求其收敛半径 $R>0$.

**解** 令

$$f(z)=\sum_{n=0}^{\infty}c_nz^n. \tag{1}$$

由定理 4.14(2)可见，在收敛圆 $|z|<R$ 内

$$f'(z)=\sum_{n=1}^{\infty} nc_n z^{n-1}=\sum_{n=0}^{\infty}(n+1)c_{n+1}z^n. \tag{2}$$

将(1)式和(2)式代入微分方程，

$$0=f'(z)+cf(z)=\sum_{n=0}^{\infty}(n+1)c_{n+1}z^n+c\sum_{n=0}^{\infty}c_n z^n$$

$$=\sum_{n=0}^{\infty}[c\cdot c_n+(n+1)c_{n+1}]z^n,$$

则

$$cc_n+(n+1)c_{n+1}=0,\quad n\geqslant 0. \tag{3}$$

对于 $n\geqslant 1$，

$$c_n=\frac{(-c)^n}{n!}c_0 \quad (\text{由(3)式可得}). \tag{4}$$

(4)式代入(1)式得

$$f(z)=c_0\left(1+\sum_{n=1}^{\infty}\frac{(-c)^n}{n!}z^n\right).$$

当 $c=0$ 时，$f(z)=c_0$，故级数 $\sum\limits_{n=0}^{\infty}c_n z^n$ 的收敛半径 $R=+\infty$.

当 $c\neq 0$ 时，$R\overset{(4.5)}{=\!=}\lim\limits_{n\to\infty}\left|\dfrac{c_n}{c_{n+1}}\right|\overset{(3)}{=\!=}\lim\limits_{n\to\infty}\dfrac{n+1}{|c|}=+\infty$. ■

## §3 解析函数的泰勒展式

这一节主要研究在圆内解析的函数展开成幂级数的问题.

**1.** 掌握泰勒定理、泰勒系数公式及解析函数的又一等价刻画定理.

**泰勒定理(定理 4.15)** 设 $f(z)$ 在区域 $D$ 内解析，$a\in D$，只要圆 $K:|z-a|<R$ 含于 $D$，则 $f(z)$ 在 $K$ 内能展成泰勒级数

$$f(z)=\sum_{n=0}^{\infty}c_n(z-a)^n, \tag{4.9}$$

其中泰勒系数

$$c_n=\underset{(\text{积分形式})}{\frac{1}{2\pi i}\int_{\Gamma_\rho}\frac{f(\zeta)}{(\zeta-a)^{n+1}}d\zeta}=\underset{(\text{微分形式})}{\frac{f^{(n)}(a)}{n!}} \tag{4.10}$$

$$(\Gamma_\rho:|\zeta-a|=\rho,\ 0<\rho<R;\ n=0,1,2,\cdots),$$

且展式是惟一的.

**推论** 任一收敛半径 $R>0$ 的幂级数都是它的和函数在收敛圆内的泰勒展式.

**定理 4.16** $f(z)$ 在区域 $D$ 内解析 $\Leftrightarrow \forall a\in D$，

$$f(z)=\sum_{n=0}^{\infty}\frac{f^{(n)}(a)}{n!}(z-a)^n,\quad z\in K_a:|z-a|<R_a.$$

泰勒系数的柯西不等式：若 $f(z)$ 在 $|z-a|<R$ 内解析，则

$$|c_n|\leqslant\frac{\max\limits_{|z-a|=\rho}|f(z)|}{\rho^n}\quad(0<\rho<R;n=0,1,2,\cdots).$$

**2.** 充分理解幂级数的和函数在其收敛圆周上的状况.

**定理 4.17** 如果幂级数 $\sum_{n=0}^{\infty} c_n(z-a)^n$ 的收敛半径 $R>0$，且

$$f(z)=\sum_{n=0}^{\infty} c_n(z-a)^n \quad (z\in K:|z-a|<R),$$

则 $f(z)$ 在收敛圆周 $K:|z-a|=R$ 上至少有一个奇点.

**注** 现在，我们立即可得一个确定收敛半径 $R$ 的办法：

设 $f(z)$ 在点 $a$ 解析，又设 $f(z)$ 在点 $a$ 的某邻域内的幂级数展式为 $f(z)=\sum_{n=0}^{\infty} c_n(z-a)^n$. 再设点 $b$ 是 $f(z)$ 的奇点中距中心 $a$ 最近的一个奇点，则 $|a-b|=R$ 即为幂级数 $\sum_{n=0}^{\infty} c_n(z-a)^n$ 的收敛半径.

**3.** 关于幂级数的四则运算.

幂级数在它的收敛圆内绝对收敛. 因此两个幂级数在收敛半径较小的那个圆域内，不但可作加法、减法还可作乘法. 至于除法，我们将通过乘法及待定系数法来解决.

**4.** 切实掌握一些主要函数的泰勒展式，并能把它们作为公式来应用.

(1) $\dfrac{1}{1-z}=1+z+z^2+\cdots+z^n+\cdots=\sum_{n=0}^{\infty} z^n\,(|z|<1)$；

(2) $\dfrac{1}{1+z}=1-z+z^2+\cdots+(-1)^n z^n+\cdots=\sum_{n=0}^{\infty}(-1)^n z^n\,(|z|<1)$；

(3) $\mathrm{e}^z=1+z+\dfrac{z^2}{2!}+\cdots+\dfrac{z^n}{n!}+\cdots=\sum_{n=0}^{\infty}\dfrac{z^n}{n!}\,(|z|<+\infty)$；

(4) $\cos z=\sum_{n=0}^{\infty}\dfrac{(-1)^n z^{2n}}{(2n)!}\,(|z|<+\infty)$；

(5) $\sin z=\sum_{n=0}^{\infty}\dfrac{(-1)^n z^{2n+1}}{(2n+1)!}\,(|z|<+\infty)$；

(6) $[\ln(1+z)]_k=2k\pi\mathrm{i}+z-\dfrac{z^2}{2}+\dfrac{z^3}{3}+\cdots+(-1)^{n-1}\dfrac{z^n}{n}+\cdots$

$(|z|<1;\ k=0,\pm1,\pm2,\cdots;k=0$ 对应主值支$)$；

(7) $(1+z)^{\alpha}\xlongequal{\text{(主值支)}}1+\alpha z+\dfrac{\alpha(\alpha-1)}{2!}z^2+\cdots+$

$$\frac{\alpha(\alpha-1)\cdots(\alpha-n+1)}{n!}z^n+\cdots(|z|<1)；$$

(8) $\dfrac{1}{(1+z)^2}=\sum_{n=0}^{\infty}(-1)^n(n+1)z^n\,(|z|<1)$；

(9) $\dfrac{1}{(1-z)^3}=\dfrac{1}{2}\sum_{n=0}^{\infty}(n+2)(n+1)z^n\,(|z|<1)$.

**5.** 用直接法展开解析函数成幂级数.

怎样把解析函数展开成幂级数？泰勒定理不但从理论上作了讨论，而且具体给出了展开的方法，即从已给的 $f(z)$，求出 $f^{(n)}(z_0)$，从而求出泰勒系数. 我们把这种方法称为直接法. 它是数学分析中相应方法在复数域中的推广. 参看例 4.6、例 4.8 及例 4.9.

**例 4.3.1** 展开函数 $f(z)=\mathrm{e}^{\mathrm{e}^z}$ 成 $z$ 的幂级数到 $z^3$ 项.

**解** 用直接法求泰勒系数.

$$f'(z)=\mathrm{e}^z\mathrm{e}^{\mathrm{e}^z},\quad f''(z)=\mathrm{e}^z\mathrm{e}^{\mathrm{e}^z}+(\mathrm{e}^z)^2\mathrm{e}^{\mathrm{e}^z},$$

$$\begin{aligned}f'''(z)&=\mathrm{e}^z\mathrm{e}^{\mathrm{e}^z}+(\mathrm{e}^z)^2\mathrm{e}^{\mathrm{e}^z}+(\mathrm{e}^z)^2(\mathrm{e}^z\mathrm{e}^{\mathrm{e}^z})+2(\mathrm{e}^z)^2\mathrm{e}^{\mathrm{e}^z}\\&=\mathrm{e}^z\mathrm{e}^{\mathrm{e}^z}+3(\mathrm{e}^z)^2\mathrm{e}^{\mathrm{e}^z}+(\mathrm{e}^z)^3\mathrm{e}^{\mathrm{e}^z},\end{aligned}$$

由此得 $f(0)=\mathrm{e}$, $f'(0)=\mathrm{e}$, $f''(0)=2\mathrm{e}$, $f'''(0)=5\mathrm{e}$. 所以

$$\mathrm{e}^{\mathrm{e}^z}=\mathrm{e}+\mathrm{e}z+\mathrm{e}z^2+\frac{5}{6}\mathrm{e}z^3+\cdots.$$ ■

**6. 用间接法展开解析函数成幂级数.**

利用直接法,要计算任意阶导数,一般都很复杂,甚至无法进行. 所以我们常常采取不直接求导的间接法,这样可使计算简化. 间接法大致可以分成以下几种,但代入法是常用的方法.

(1) 利用已知的展式,即上段中列出的公式.

**例 4.3.2** 求 $f(z)=\mathrm{e}^z\cos z$ 在 $z=0$ 的泰勒展式.

**分析** 为避免用级数乘法,将 $\cos z$ 用指数函数表示.

**解** 因为

$$\mathrm{e}^z\cos z=\frac{1}{2}\mathrm{e}^z(\mathrm{e}^{\mathrm{i}z}+\mathrm{e}^{-\mathrm{i}z})=\frac{1}{2}[\mathrm{e}^{(1+\mathrm{i})z}+\mathrm{e}^{(1-\mathrm{i})z}],$$

所以由第 4 段公式(3),

$$\begin{aligned}\mathrm{e}^z\cos z&=\frac{1}{2}\left[\sum_{n=0}^{\infty}\frac{(1+\mathrm{i})^n}{n!}z^n+\sum_{n=0}^{\infty}\frac{(1-\mathrm{i})^n}{n!}z^n\right]\\&=\frac{1}{2}\sum_{n=0}^{\infty}\frac{1}{n!}[(1+\mathrm{i})^n+(1-\mathrm{i})^n]z^n\quad(|z|<+\infty).\end{aligned}$$

由于 $1+\mathrm{i}=\sqrt{2}\,\mathrm{e}^{\frac{\pi}{4}\mathrm{i}}$, $1-\mathrm{i}=\sqrt{2}\,\mathrm{e}^{-\frac{\pi}{4}\mathrm{i}}$,代入上式,

$$\begin{aligned}\mathrm{e}^z\cos z&=\frac{1}{2}\sum_{n=0}^{\infty}\frac{(\sqrt{2})^n}{n!}(\mathrm{e}^{\frac{n\pi}{4}\mathrm{i}}+\mathrm{e}^{-\frac{n\pi}{4}\mathrm{i}})z^n\\&=\sum_{n=0}^{\infty}\frac{(\sqrt{2})^n\cos\frac{n\pi}{4}}{n!}z^n\quad(|z|<+\infty).\end{aligned}$$ ■

**注** 比较本题与例 4.12 的解法和结果.

**例 4.3.3** 把 $f(z)=\dfrac{1}{(z+2)^2}$ 在点 $z=1$ 展开成幂级数,并指出其收敛半径.

**分析** $z=-2$ 为 $f(z)$ 在 **C** 上的惟一奇点,故 $f(z)$ 可在点 $z=1$(解析点)的邻域内展开,其收敛半径为 $R=|-2-1|=3$,收敛圆为 $|z-1|<3$.

**解** 由题意,

$$f(z)=\frac{1}{(z+2)^2}=\frac{1}{[(z-1)+3]^2}=\frac{1}{9}\left(1+\frac{z-1}{3}\right)^{-2}.$$

记 $\zeta=\dfrac{z-1}{3}$,于是 $|\zeta|<1$. 由第 4 段二项展式(7),

$$f(z)=\frac{1}{9}\left(1-2\zeta+\frac{2\cdot3}{2!}\zeta^2-\frac{2\cdot3\cdot4}{3!}\zeta^3+\cdots\right)$$

$$=\frac{1}{9}\left[1-2\left(\frac{z-1}{3}\right)+\frac{2\cdot 3}{2!}\left(\frac{z-1}{3}\right)^{2}-\frac{2\cdot 3\cdot 4}{3!}\left(\frac{z-1}{3}\right)^{3}+\cdots\right]$$

$$=\frac{1}{9}\left[1-\frac{2}{3}(z-1)+\frac{1}{3}(z-1)^{2}-\frac{4}{27}(z-1)^{3}+\cdots\right]\quad(|z-1|<3).$$ ■

(2) 利用级数的乘、除运算.

**例 4.3.4** 把 $e^{z}\sin z$ 展成 $z$ 的幂级数.

**解** 由第 4 小节的公式(3)和(5),

$$e^{z}=\sum_{n=0}^{\infty}\frac{1}{n!}z^{n},\quad \sin z=\sum_{n=0}^{\infty}\frac{(-1)^{n}}{(2n+1)!}z^{2n+1}.$$

两级数均在 $|z|<+\infty$ 内绝对收敛,故柯西积也绝对收敛.

| | $1$ | $1$ | $\frac{1}{2!}$ | $\frac{1}{3!}$ | $\frac{1}{4!}$ | $\cdots$ |
|---|---|---|---|---|---|---|
| $0$ | $0$ | $0$ | $0$ | $0$ | $0$ | $\cdots$ |
| $1$ | $1$ | $1$ | $\frac{1}{2!}$ | $\frac{1}{3!}$ | $\frac{1}{4!}$ | $\cdots$ |
| $0$ | $0$ | $0$ | $0$ | $0$ | $0$ | $\cdots$ |
| $-\frac{1}{3!}$ | $-\frac{1}{3!}$ | $-\frac{1}{3!}$ | $-\frac{1}{3!2!}$ | $-\frac{1}{3!3!}$ | $-\frac{1}{3!4!}$ | $\cdots$ |
| $0$ | $0$ | $0$ | $0$ | $0$ | $0$ | $\cdots$ |
| $\frac{1}{5!}$ | $\frac{1}{5!}$ | $\frac{1}{5!}$ | $\frac{1}{5!2!}$ | $\frac{1}{5!3!}$ | $\frac{1}{5!4!}$ | $\cdots$ |
| $\vdots$ | $\vdots$ | $\vdots$ | $\vdots$ | $\vdots$ | $\vdots$ | |

由对角线方法,

$$\begin{aligned}e^{z}\sin z=&0+(1+0)z+(0+1+0)z^{2}+\\&\left(\frac{1}{2!}-\frac{1}{3!}\right)z^{3}+\left(\frac{1}{3!}-\frac{1}{3!}\right)z^{4}+\\&\left(\frac{1}{5!}-\frac{1}{3!\,2!}+\frac{1}{4!}\right)z^{5}+\cdots\\=&z+z^{2}+\frac{1}{3}z^{3}-\frac{1}{30}z^{5}+\cdots\quad(|z|<+\infty).\end{aligned}$$ ■

**注** 比较本题与例 4.12 的解法和结果.

**例 4.3.5** 求 $\tan z$ 在点 $z=0$ 的泰勒展式.

**分析** 函数 $\tan z$ 的奇点为 $\cos z$ 的零点

$$z_{k}=\left(k+\frac{1}{2}\right)\pi\quad(k=0,\pm1,\cdots).$$

而距原点 $z=0$ 最近的奇点为 $z_{0}=\frac{\pi}{2}$, $z_{-1}=-\frac{\pi}{2}$. 故函数 $\tan z$ 在 $|z|<\frac{\pi}{2}$ 内解析,且能展为 $z$ 的幂级数.

**解** 因为

$$\sin z=z-\frac{1}{3!}z^3+\frac{1}{5!}z^5-\frac{1}{7!}z^7+\cdots,$$

$$\cos z=1-\frac{1}{2!}z^2+\frac{1}{4!}z^4-\frac{1}{6!}z^6+\cdots,$$

可以像多项式按升幂排列用直式做除法那样(分离系数),将分式的分子、分母的幂级数用直式相除,缺项用0补充,得到

$$\begin{array}{r|l}
 & 0+1+0+\frac{1}{3}+0+\frac{2}{15}+0+\cdots \\ \hline
1+0-\frac{1}{2}+0+\frac{1}{24}+\cdots & 0+1+0-\frac{1}{6}+0+\frac{1}{120}+0+\cdots \\
 & \quad 1+0-\frac{1}{2}+0+\frac{1}{24}+0+\cdots \\ \cline{2-2}
 & \qquad \frac{1}{3}+0-\frac{1}{30}+0+\cdots \\
 & \qquad \frac{1}{3}+0-\frac{1}{6}+0+\cdots \\ \cline{2-2}
 & \qquad\qquad \frac{2}{15}+0+\cdots \\
 & \qquad\qquad \frac{2}{15}+0+\cdots \\ \cline{2-2}
 & \qquad\qquad\qquad \cdots
\end{array}$$

故

$$\tan z=\frac{\sin z}{\cos z}=z+\frac{1}{3}z^3+\frac{2}{15}z^5+\cdots\quad\left(|z|<\frac{\pi}{2}\right).$$ ■

(3) 待定系数法.

**例 4.3.6** 求 $f(z)=\sec z$ 在点 $z=0$ 的泰勒展式.

**分析** 同上题,$f(z)=\sec z$ 在 $|z|<\frac{\pi}{2}$ 内可展成幂级数.

**解** 设 $f(z)=c_0+c_1z+c_2z^2+\cdots+c_nz^n+\cdots$,其中 $c_0,c_1,c_2,\cdots,c_n,\cdots$ 为待定系数. 因为

$$f(-z)=f(z)=c_0-c_1z+c_2z^2-\cdots,$$

由泰勒展式的惟一性,得 $c_1=c_3=c_5=\cdots=0$.

又由于 $\cos z=1-\frac{z^2}{2!}+\frac{z^4}{4!}-\cdots$,所以

$$1=\cos z\sec z=\left(1-\frac{z^2}{2!}+\frac{z^4}{4!}-\cdots\right)(c_0+c_2z^2+c_4z^4+\cdots)$$

$$\xlongequal{\text{柯西积}}c_0+\left(c_2-\frac{c_0}{2!}\right)z^2+\left(c_4-\frac{c_2}{2!}+\frac{c_0}{4!}\right)z^4+\cdots.$$

比较两端系数得

$$c_0=1,\quad c_2=\frac{1}{2!},\quad c_4=\frac{5}{4!},\quad \cdots,$$

于是

$$\sec z=1+\frac{1}{2!}z^2+\frac{5}{4!}z^4+\cdots\quad\left(|z|<\frac{\pi}{2}\right).$$ ■

**注** 本例题自然可以直接用幂级数除法(这时是特殊情况,分子是常数1).

(4) 微分方程法.

**例 4.3.7** 把 $e^{\frac{1}{1-z}}$展成 $z$ 的幂级数.

**分析** $z=1$ 是 $f(z)=e^{\frac{1}{1-z}}$在 $\mathbf{C}$ 上的惟一奇点,故 $f(z)$在$|z|<1$ 内解析,从而能展成 $z$ 的幂级数.

**解** 设

$$f(z)=e^{\frac{1}{1-z}}. \tag{1}$$

求导得

$$f'(z)=e^{\frac{1}{1-z}}\cdot\frac{1}{(1-z)^2}=f(z)\cdot\frac{1}{(1-z)^2},$$

即

$$(1-z)^2f'(z)-f(z)=0. \tag{2}$$

对微分方程(2)逐次求导,

$$(1-z)^2f''(z)+(2z-3)f'(z)=0, \tag{3}$$

$$(1-z)^2f'''(z)+(4z-5)f''(z)+2f'(z)=0, \tag{4}$$

$$\cdots.$$

由于 $f(0)\xlongequal{(1)}e$,由上列各微分方程可得

$$f'(0)\xlongequal{(2)}e,\quad f''(0)\xlongequal{(3)}3e,\quad f'''(0)\xlongequal{(4)}13e,\quad \cdots,$$

从而有

$$e^{\frac{1}{1-z}}=e\left(1+z+\frac{3}{2!}z^2+\frac{13}{3!}z^3+\cdots\right)\quad(|z|<1).$$ ■

(5) 逐项求导、逐项积分法.

**例 4.3.8** 用逐项求导法求函数$\frac{1}{(1-z)^3}$在$|z|<1$ 内的泰勒展式.

**解** 因为$\frac{1}{(1-z)^3}=\frac{1}{2}[(1-z)^{-1}]''$ $(|z|<1)$,所以,用逐项求导法算得

$$\frac{1}{(1-z)^3}=\frac{1}{2}\left(\sum_{n=0}^{\infty}z^n\right)''=\frac{1}{2}\sum_{n=2}^{\infty}n(n-1)z^{n-2}$$

$$=\frac{1}{2}\sum_{m=0}^{\infty}(m+2)(m+1)z^m\quad(|z|<1).$$ ■

**例 4.3.9** 求 $f(z)=\ln\frac{z-1}{z+1}$在 $z=0$ 的泰勒展式,其中 $f(z)$是满足 $f(0)=\pi i$ 的那个单值解析分支.

**分析** $\operatorname{Ln}\frac{z-1}{z+1}$的支点为$-1$ 及$+1$,故在$|z|<1$ 内能分出所求的单值解析分支,它在$|z|<1$ 内能展成 $z$ 的幂级数.

**解** 因为

$$f'(z)=\left(\ln\frac{z-1}{z+1}\right)'=\frac{z+1}{z-1}\left(\frac{z-1}{z+1}\right)'$$

$$=\frac{2}{(z-1)(z+1)}=\frac{1}{z-1}-\frac{1}{z+1}$$

$$=-\frac{1}{1-z}-\frac{1}{1+z}=-\sum_{n=0}^{\infty}z^n-\sum_{n=0}^{\infty}(-1)^n z^n$$

$$=\sum_{n=0}^{\infty}[(-1)^{n+1}-1]z^n,$$

上式两端在$|z|<1$内沿 0 到 $z$ 积分，得

$$\ln\frac{z-1}{z+1}-\pi i=\int_0^z\left(\ln\frac{z-1}{z+1}\right)'dz$$

$$=\sum_{n=0}^{\infty}\frac{1}{n+1}[(-1)^{n+1}-1]z^{n+1},$$

因而

$$\ln\frac{z-1}{z+1}=\pi i+\sum_{n=1}^{\infty}\frac{1}{n}[(-1)^n-1]z^n\quad(|z|<1).$$ ■

(6) 部分分式与几何级数结合法.

**例 4.3.10**　求函数

$$f(z)=\frac{z^4+z^3-5z^2-8z-7}{(z-3)(z+1)^2}$$

在点 $z=0$ 的泰勒展式.

**分析**　分解函数成部分分式后，应用等比级数求和公式.

**解**　由题意，

$$f(z)=z+2+\frac{2}{z-3}+\frac{1}{(z+1)^2}.\tag{1}$$

而

$$\frac{1}{z-3}=-\frac{1}{3}\left(1-\frac{z}{3}\right)^{-1}=\sum_{n=0}^{\infty}\left(-\frac{1}{3^{n+1}}\right)z^n\quad(|z|<3),\tag{2}$$

$$\frac{1}{z+1}=\frac{1}{1-(-z)}=\sum_{n=0}^{\infty}(-1)^n z^n\quad(|z|<1).$$

对上式两端求导可得 $\frac{-1}{(z+1)^2}=\sum_{n=1}^{\infty}n(-1)^n z^{n-1}$，从而

$$\frac{1}{(z+1)^2}=\sum_{n=1}^{\infty}(-1)^{n-1}nz^{n-1}$$

$$=\sum_{n=0}^{\infty}(-1)^n(n+1)z^n\quad(|z|<1).\tag{3}$$

将(2)式和(3)式代入(1)式得

$$f(z)=z+2+2\sum_{n=0}^{\infty}\left(-\frac{1}{3^{n+1}}\right)z^n+\sum_{n=0}^{\infty}(-1)^n(n+1)z^n$$

$$=2+z-\frac{2}{3}-\frac{2}{9}z+2\sum_{n=2}^{\infty}\left(\frac{-1}{3^{n+1}}\right)z^n+$$

$$1-2z+\sum_{n=2}^{\infty}(-1)^n(n+1)z^n$$

$$=\frac{7}{3}-\frac{11}{9}z+\sum_{n=2}^{\infty}\left[(-1)^n(n+1)-\frac{2}{3^{n+1}}\right]z^n \quad (|z|<1).$$ ■

(7) 代换法.

**例 4.3.11** 把函数 $f(z)=\frac{1}{(z+2)^2}$展成 $z-1$ 的幂级数,并指出它的收敛半径.

**分析** $f(z)$在 $\mathbf{C}$ 上有唯一的奇点 $z=-2$,而 $z=1$ 自然是其解析点,所以收敛半径 $R=|-2-1|=3$,收敛圆:$|z-1|<3$.

**解** 由题意,

$$f(z)=\frac{1}{(z+2)^2}=\frac{1}{[3+(z-1)]^2}=\frac{1}{9}\frac{1}{\left(1+\frac{z-1}{3}\right)^2}.$$

令 $g(z)=\frac{1}{3}(z-1)$,则 $|g(z)|=\frac{1}{3}|z-1|<1$. 由前题公式(3),即

$$\frac{1}{(1+z)^2}=\sum_{n=0}^{\infty}(-1)^n(n+1)z^n \quad (|z|<1),$$

有

$$\frac{1}{[1+g(z)]^2}=\sum_{n=0}^{\infty}(-1)^n(n+1)[g(z)]^n \quad (|g(z)|<1).$$

所以

$$\begin{aligned}f(z)&=\frac{1}{9}\frac{1}{[1+g(z)]^2}\\&=\frac{1}{9}\sum_{n=0}^{\infty}(-1)^n(n+1)[g(z)]^n \quad (|g(z)|<1)\\&=\frac{1}{9}\sum_{n=0}^{\infty}(-1)^n(n+1)\left(\frac{z-1}{3}\right)^n \quad \left(\left|\frac{z-1}{3}\right|<1\right)\\&=\frac{1}{9}\sum_{n=0}^{\infty}\left(-\frac{1}{3}\right)^n(n+1)(z-1)^n \quad (|z-1|<3).\end{aligned}$$ ■

**注** 展开解析函数成幂级数的间接法,以上列了 7 种,但并非展一个函数只能用一种方法. 有时,既可用这种方法,也可用那种方法,也可数法并用.

下面再举几个例题:

**例 4.3.12** 求 $f(z)=1+2z-4z^2+z^3$ 在 $z=1$ 的泰勒展式.

**分析** 因为 $f(z)$在 $z=1$ 的泰勒展式应具形式 $\sum_{n=0}^{\infty}c_n(z-1)^n$,又因 $f(z)$在 $\mathbf{C}$ 上解析,故泰勒展式的收敛半径为$+\infty$. 由于 $f(z)$是三次多项式,故若用配方法将 $f(z)$写成关于 $z-1$ 的多项式(也是三次),由泰勒展式的惟一性知所得结果即为所求的泰勒展式.

**解一** 因

$$\begin{aligned}z^3-4z^2+2z+1&=(z-1)^3-z^2-z+2\\&=(z-1)^3-(z-1)^2-3z+3\\&=(z-1)^3-(z-1)^2-3(z-1),\end{aligned}$$

故所求泰勒展式为

$$f(z)=-3(z-1)-(z-1)^2+(z-1)^3 \quad (|z-1|<+\infty).$$

**解二**　(代换法)令 $z-1=t$,则 $z=t+1$,所以

$$\begin{aligned}f(z)&=z^3-4z^2+2z+1\\&=(t+1)^3-4(t+1)^2+2(t+1)+1\\&=-3t-t^2+t^3\\&=-3(z-1)-(z-1)^2+(z-1)^3 \quad (|z-1|<+\infty).\end{aligned}$$

■

**例 4.3.13**　将函数 $f(z)=\dfrac{z-1}{z^3}$在点 $z=-1$ 展开成泰勒级数.

**解**　令 $t=z-(-1)=z+1$,代入得

$$\frac{z-1}{z^3}=\frac{t-1-1}{(t-1)^3}=\frac{t-2}{(t-1)^3}=-\frac{(t-2)}{(1-t)^3}. \tag{1}$$

由例 4.3.8(或直接由二项式展开),

$$\frac{1}{(1-t)^3}=(1-t)^{-3}=\frac{1}{2}\sum_{n=0}^{\infty}(n+2)(n+1)t^n \quad (|t|<1). \tag{2}$$

将(2)式代入(1)式,

$$\begin{aligned}\frac{z-1}{z^3}&=-(t-2)\cdot\frac{1}{2}\sum_{n=0}^{\infty}(n+2)(n+1)t^n\\&=-\frac{1}{2}\sum_{n=0}^{\infty}(n+2)(n+1)t^{n+1}+\sum_{n=0}^{\infty}(n+2)(n+1)t^n\\&=-\frac{1}{2}\cdot 2t-\frac{1}{2}\sum_{n=1}^{\infty}(n+2)(n+1)t^{n+1}+\sum_{n=0}^{\infty}(n+2)(n+1)t^n\\&=-t-\frac{1}{2}\sum_{n=2}^{\infty}(n+1)nt^n+2+3\cdot 2t+\sum_{n=2}^{\infty}(n+2)(n+1)t^n\\&=2+5t+\sum_{n=2}^{\infty}(n+1)\left[(n+2)-\frac{n}{2}\right]t^n \quad (|t|<1)\\&=2+5(z+1)+\sum_{n=2}^{\infty}(n+1)\left(\frac{n}{2}+2\right)(z+1)^n,\quad |z+1|<1.\end{aligned}$$

■

**例 4.3.14**　将 $f(z)=\arctan z$ 展成 $z$ 的幂级数,使满足条件 $f(0)=0$(取主值支).

**解**　由 $f(z)=\arctan z$,则

$$f'(z)=\frac{1}{1+z^2}=\sum_{n=0}^{\infty}(-1)^n z^{2n} \quad (|z|<1),$$

逐项积分得

$$f(z)=\sum_{n=0}^{\infty}\frac{(-1)^n}{2n+1}z^{2n+1}+C \quad (C\text{ 是常数}).$$

根据条件 $f(0)=0$ 得 $C=0$,故

$$f(z)=\arctan z=\sum_{n=0}^{\infty}\frac{(-1)^n}{2n+1}z^{2n+1} \quad (|z|<1).$$

■

**例 4.3.15**　将 $f(z)=\dfrac{z^3}{(1-z^2)^2}$展成 $z$ 的幂级数.

**解** $\dfrac{z^3}{(1-z^2)^2}=z^3(1-z^2)^{-2}$(应用二项展开式)$=z^3\sum\limits_{n=0}^{\infty}\binom{-2}{n}(-1)^n z^{2n}$

$$=\sum_{n=0}^{\infty}\frac{1}{n!}[(-2)(-2-1)\cdots(-2-n+1)](-1)^n z^{2n+3}$$

$$=\sum_{n=0}^{\infty}\frac{1}{n!}[2\cdot 3\cdot\cdots\cdot(n+1)]z^{2n+3}=\sum_{n=0}^{\infty}(n+1)z^{2n+3}$$

$$=z^3+2z^5+3z^7+\cdots+(n+1)z^{2n+3}+\cdots\quad(|z|<1).$$ ■

**例 4.3.16** 设 $t(-1\leqslant t\leqslant 1)$ 是参数,求函数

$$f(z)=\frac{4-z^2}{4-4zt+z^2}$$

在 $z=0$ 的泰勒展式.

**分析** 令 $t=\cos\varphi$,并将 $f(z)$ 展为最简分式.

**解** 由分析,

$$\begin{aligned}f(z)&=\frac{4-z^2}{4-4z\cos\varphi+z^2}\\&=-1+\frac{1}{1-\frac{z}{2}\mathrm{e}^{-\mathrm{i}\varphi}}+\frac{1}{1-\frac{z}{2}\mathrm{e}^{\mathrm{i}\varphi}}\\&=-1+\sum_{n=0}^{\infty}\left(\frac{z}{2}\right)^n\mathrm{e}^{-\mathrm{i}n\varphi}+\sum_{n=0}^{\infty}\left(\frac{z}{2}\right)^n\mathrm{e}^{\mathrm{i}n\varphi}\\&=1+\sum_{n=1}^{\infty}\frac{\cos n\varphi}{2^{n-1}}z^n\\&=-1+\sum_{n=0}^{\infty}\frac{\cos(n\arccos t)}{2^{n-1}}z^n,\quad |z|<2.\end{aligned}$$ ■

**注** 由三角学知识得知,所求得的幂级数系数

$$T_n(t)=\frac{1}{2^{n-1}}\cos(n\arccos t)\quad(n=0,1,2,\cdots)$$

是一个 $t$ 的 $n$ 次多项式,它称为切比雪夫(Чебыщёв)多项式.

**7. 泰勒展式应用于解题.**

**例 4.3.17** 如果 $f(z)$ 在圆 $|z|<R$ 内解析,在实轴上的开区间 $(-R,R)$ 内其值为实数,则 $f(z)$ 关于 $z$ 的幂级数展式,其系数全是实数. 试证明之.

**证** $f^{(n)}(0)$ 可看做实函数 $f(x)$ 的 $n$ 阶导函数在 $x=0$ 处的值,当然是实数. 因为 $f(z)$ 关于 $z$ 的幂级数展式,其系数是 $c_n=\dfrac{f^{(n)}(0)}{n!}$,所以它们必须全是实数. ■

**例 4.3.18** 若 $1+w=(1-a)\mathrm{e}^a$,且 $|a|<1$,则

$$|w|\leqslant\frac{|a|^2}{1-|a|}.$$

**证** 因为

$$(1-a)\mathrm{e}^a=(1-a)\left(1+a+\frac{a^2}{2!}+\cdots+\frac{a^n}{n!}+\cdots\right)$$

$$=1+a+\frac{1}{2!}a^2+\cdots+\frac{a^n}{n!}+\cdots-a-a^2-\cdots-\frac{a^n}{(n-1)!}-\cdots$$

$$=1-\frac{a^2}{2}-\cdots-\left(1-\frac{1}{n}\right)\frac{a^n}{(n-1)!}-\cdots\quad(|a|<1),$$

所以

$$|(1-a)e^a-1|=|w|\leqslant\frac{|a|^2}{2}+\cdots+\frac{n-1}{n!}|a|^n+\cdots$$

$$\leqslant|a|^2+|a|^3+\cdots+|a|^n+\cdots$$

$$=\frac{|a|^2}{1-|a|}.$$

**注**　上述不等式应用了教材第四章习题(二)第3题(1). ■

**例 4.3.19**　证明：若$|z|\leqslant\frac{1}{2}$，则$|\ln(1+z)-z|\leqslant|z|^2$，这里$\ln(1+z)$表主值.

**证**　因为

$$\ln(1+z)=\sum_{n=1}^{\infty}(-1)^{n+1}\frac{z^n}{n}\quad(|z|<1),$$

所以

$$|\ln(1+z)-z|=\left|\sum_{n=2}^{\infty}(-1)^{n+1}\frac{z^n}{n}\right|=|z|^2\left|\sum_{n=2}^{\infty}(-1)^{n+1}\frac{z^{n-2}}{n}\right|$$

$$\underset{\text{(题设)}}{\overset{\text{(例4.3.8注)}}{\leqslant}}|z|^2\sum_{n=2}^{\infty}\frac{1}{2^{n-1}}=|z|^2\sum_{n=1}^{\infty}\frac{1}{2^n}$$

$$=|z|^2\frac{\frac{1}{2}}{1-\frac{1}{2}}=|z|^2.$$ ■

**例 4.3.20**　试求下列级数的和：

(1) $c=1+\frac{\cos z}{1!}+\frac{\cos 2z}{2!}+\cdots+\frac{\cos nz}{n!}+\cdots$；

(2) $s=\frac{\sin z}{1!}+\frac{\sin 2z}{2!}+\cdots+\frac{\sin nz}{n!}+\cdots$.

**解**　由教材定义2.5，对任何复数$z$有

$$e^{iz}=\cos z+i\sin z,\tag{1}$$

故

$$c+is=1+\frac{e^{iz}}{1!}+\frac{e^{2iz}}{2!}+\cdots+\frac{e^{niz}}{n!}+\cdots$$

$$=\sum_{n=0}^{\infty}\frac{(e^{iz})^n}{n!}=e^{e^{iz}}\quad(\text{应用 }e^z\text{ 的泰勒展式})$$

$$\overset{(1)}{=\!=}e^{\cos z+i\sin z}=e^{\cos z}e^{i\sin z}\quad(\text{加法定理}),$$

即

$$c+is\overset{(1)}{=\!=}e^{\cos z}[\cos(\sin z)+i\sin(\sin z)].\tag{2}$$

同理

$$c-\mathrm{i}s=\mathrm{e}^{\cos z}[\cos(\sin z)-\mathrm{i}\sin(\sin z)], \tag{3}$$

所以

$$\frac{1}{2}[(2)+(3)]:\ c=\frac{1}{2}[(c+\mathrm{i}s)+(c-\mathrm{i}s)]=\mathrm{e}^{\cos z}\cos(\sin z),$$

$$\frac{1}{2\mathrm{i}}[(2)-(3)]:\ s=\frac{1}{2\mathrm{i}}[(c+\mathrm{i}s)-(c-\mathrm{i}s)]=\mathrm{e}^{\cos z}\sin(\sin z).$$ ■

**例 4.3.21** 若 $f(z)$为整函数，且

$$\lim_{r\to+\infty}\frac{M(r)}{r^n}<+\infty \quad (M(r)=\max_{|z|=r}|f(z)|),$$

则 $f(z)$是不高于 $n$ 次的多项式.

**分析** 因 $f(z)$为整函数，则其可展成 $z$ 的幂级数，收敛半径 $R=+\infty$.

**证** 因

$$f(z)=\sum_{k=0}^{\infty}c_k z^k, \quad |z|<+\infty,$$

其系数的柯西不等式为

$$|c_k|\leqslant\frac{M(r)}{r^k} \quad (k=0,1,2,\cdots).$$

当 $k\geqslant n+1$ 时，令 $k=n+p(p\geqslant1)$，则

$$\lim_{r\to+\infty}\frac{M(r)}{r^k}=\lim_{r\to+\infty}\frac{1}{r^p}\cdot\frac{M(r)}{r^n}=0 \quad (k\geqslant n+1).$$

所以，当 $k\geqslant n+1$ 时，$c_k=0$. 故 $f(z)$是不高于 $n$ 次的多项式. ■

**注** 当 $n=0$ 时，这个题就是刘维尔定理. 所以它是刘维尔定理的推广.

## §4 解析函数零点的孤立性及惟一性定理

**1. 掌握解析函数零点的概念及具有零点的解析函数的表达式(4.15).**

**定义 4.7** (1) $a$ 为解析函数$f(z)$的零点$\Leftrightarrow f(z)$在点 $a$ 解析，且 $f(a)=0$.

一般地，称使 $f(z_0)=A$ 的点 $z_0$ 为 $f(z)$的 $A$ 点.

(2) $a$ 为解析函数 $f(z)$的 $m$ 阶零点(整数 $m\geqslant1$)$\Leftrightarrow f(z)$在点 $a$ 解析，$f(a)=f'(a)=\cdots=f^{(m-1)}(a)=0$，但 $f^{(m)}(a)\neq0$. 这是多项式重根概念的推广.

**定理 4.18** 不恒为零的解析函数 $f(z)$以 $a$ 为 $m$ 阶零点$\Leftrightarrow$

$$f(z)=(z-a)^m\varphi(z), \tag{4.15}$$

其中 $\varphi(z)$在点 $a$ 的邻域$|z-a|<R$ 内解析，且 $\varphi(a)\neq0$.

在很多实际问题中，往往需要研究使一个函数等于零的点，也就是求根.

**例 4.4.1** 求 $\tan z$ 的全部零点，并指出它们各是几阶零点.

**解** 令 $\tan z=0$ 知 $z=k\pi$，$k$ 为整数. 由于

$$(\tan z)'\big|_{z=k\pi}=\frac{1}{\cos^2 z}\bigg|_{z=k\pi}=1\neq0,$$

故 $z=k\pi(k=0,\pm1,\cdots)$都是 $\tan z$ 的一阶零点. ■

**例 4.4.2** 指出函数 $f(z)=\sin z^2(\cos z^2-1)$的零点 $z=0$ 的阶.

**分析** 如用定义 4.7,由于要求高阶导数,计算较繁,故直接应用泰勒展式于定理 4.18,就简单多了.

**解** 因为

$$f(z)=\left(z^2-\frac{z^6}{3!}+\frac{z^{10}}{5!}-\cdots\right)\left(-\frac{z^4}{2!}+\frac{z^8}{4!}-\cdots\right)$$
$$=z^6\varphi(z)\quad(|z|<+\infty),$$

其中 $\varphi(z)=\left(1-\frac{z^4}{3!}+\frac{z^8}{5!}-\cdots\right)\left(-\frac{1}{2!}+\frac{z^4}{4!}-\cdots\right)$ 在 $z$ 平面上解析,且 $\varphi(0)=-\frac{1}{2}\neq 0$,所以 $z=0$ 为 $f(z)$ 的 6 阶零点. ■

**例 4.4.3** 求 $f(z)=\sin z-\sin a$ 的所有零点,并指出它们的阶.

**解** (1) 因为

$$f(z)=\sin z-\sin a=2\cos\frac{z+a}{2}\sin\frac{z-a}{2},$$

令 $f(z)=0$,得

$$\cos\frac{z+a}{2}=0\quad 或\quad \sin\frac{z-a}{2}=0,$$

从而 $z_1=(2k+1)\pi-a$, $z_2=2k\pi+a$($k$ 为整数)为 $f(z)$ 的零点.

(2) 当 $a\neq\frac{m}{2}\pi$($m$ 为奇数)时,

$$f'(z_1)=\cos[(2k+1)\pi-a]=\cos(\pi-a)=-\cos a\neq 0,$$
$$f'(z_2)=\cos(2k\pi+a)=\cos a\neq 0,$$

所以 $z_1$ 及 $z_2$ 都是 $f(z)$ 的一阶零点.

(3) 当 $a=\frac{m}{2}\pi$($m$ 为奇数)时,

$$f'(z_1)=\cos\left[(2k+1)\pi-\frac{m}{2}\pi\right]=\cos\left(1-\frac{m}{2}\right)\pi$$
$$=-\cos\frac{m}{2}\pi=0,$$
$$f'(z_2)=\cos\left(2k\pi+\frac{m}{2}\pi\right)=\cos\frac{m}{2}\pi=0,$$

而

$$f''(z_1)=-\sin\left[(2k+1)\pi-\frac{m}{2}\pi\right]$$
$$=-\sin\left(\pi-\frac{m}{2}\pi\right)=-\sin\left(m\frac{\pi}{2}\right)\neq 0,$$
$$f''(z_2)=-\sin\left(2k\pi+\frac{m}{2}\pi\right)=-\sin\frac{m}{2}\pi\neq 0,$$

所以 $z_1$ 及 $z_2$ 都是 $f(z)$ 的二阶零点. ■

**例 4.4.4** 设 $f(z)$ 在一个包含圆周 $\gamma$ 及其内部的区域内解析,而 $f(z)$ 在 $\gamma$ 内部有一个一阶零点 $z_0$,则

$$z_0=\frac{1}{2\pi i}\int_\gamma \frac{zf'(z)}{f(z)}dz.$$

**分析** 从 $f(z)$ 的解析表达式(4.15)着手. 由右边推到左边.

**证** 由题设及定理 4.18,可设

$$f(z)=(z-z_0)\varphi(z), \tag{4.15$'$}$$

其中 $\varphi(z)$ 在闭圆 $\overline{I(\gamma)}$ 上解析(只要 $\gamma$ 包含 $z_0$ 又充分小),且 $\varphi(z_0)\neq 0$. 于是

$$\begin{aligned}\frac{1}{2\pi i}\int_\gamma \frac{zf'(z)}{f(z)}dz &\xlongequal{(4.15)'} \frac{1}{2\pi i}\int_\gamma \frac{z[\varphi(z)+(z-z_0)\varphi'(z)]}{(z-z_0)\varphi(z)}dz \\ &=\frac{1}{2\pi i}\int_\gamma \frac{z\,dz}{z-z_0}+\frac{1}{2\pi i}\int_\gamma \frac{z\varphi'(z)}{\varphi(z)}dz \\ &=z_0+0=z_0,\end{aligned}$$

其中前一积分等于 $z_0$ 是由柯西积分公式;后一积分等于 0 是由柯西积分定理,因其被积函数在闭圆 $\overline{I(\gamma)}$ 上解析. ■

**2.** *充分掌握解析函数零点的孤立性及内部惟一性定理.*

**定理 4.19** 不恒为零的解析函数的零点必是孤立的.

**推论 4.20** 设(1) 函数 $f(z)$ 在邻域 $K: |z-a|<R$ 内解析;(2) 在 $K$ 内 $f(z)$ 有一列零点 $\{z_n\}(z_n\neq a)$ 收敛于 $a(\in K)$, 则在 $K$ 内必 $f(z)\equiv 0$.

**注** 为了便于应用,条件(2)可代换成更强的条件"$f(z)$ 在 $K$ 内某一子区域(或一小段弧)上等于 0".

**定理 4.21** 设(1) 函数 $f_1(z)$ 及 $f_2(z)$ 在区域 $D$ 内解析;(2) $D$ 内有一个收敛于 $a\in D$ 的点列 $\{z_n\}$ $(z_n\neq a)$,在其上 $f_1(z)=f_2(z)$,则在 $D$ 内 $f_1(z)\equiv f_2(z)$.

**推论 4.22** 设(1) 函数 $f_1(z)$ 及 $f_2(z)$ 在区域 $D$ 内解析;(2)在 $D$ 内某一子区域(或一小段弧)上 $f_1(z)=f(z_2)$, 则在 $D$ 内 $f_1(z)\equiv f_2(z)$.

**推论 4.23** 一切在实轴上成立的恒等式(如 $\sin^2 z+\cos^2 z=1$, $\sin 2z=2\sin z\cdot\cos z$ 等),在 $z$ 平面上也成立,只要这个恒等式的两边函数在 $z$ 平面上都解析.

**注** (1) 推论 4.20 显然包含在定理 4.21 中,因此它们和推论 4.22、推论 4.22 在引用时都称为解析函数的惟一性定理.

(2) 惟一性定理揭示了解析函数一个非常深刻的性质:函数在区域 $D$ 内局部的值确定了函数在区域 $D$ 内整体的值,即局部与整体之间有着十分紧密的内在联系.

**例 4.4.5** 函数 $\sin\frac{1}{1-z}$ 有无穷多个零点 $z_n=1-\frac{1}{n\pi}(n=1,2,\cdots)$,而 $\sin\frac{1}{1-z}$ 并非常数 0. 这与惟一性定理是否矛盾?

**解** 不矛盾. 惟一性定理的条件要求零点列有极限点在函数的解析区域内,题设零点列 $\{z_n\}$ 有惟一极限点 $z=1$,不在 $\sin\frac{1}{1-z}$ 的解析性区域内,而在边界上. ■

**例 4.4.6** 问在原点解析、在 $z=\frac{1}{n}(n=1,2,\cdots)$ 处取下列各组值的函数是否存在?

(1) 0, 2, 0, 2, 0, 2, ⋯;

(2) 1, 0, $\frac{1}{3}$, 0, $\frac{1}{5}$, 0, …;

(3) 1, 1, $\frac{1}{3}$, $\frac{1}{3}$, $\frac{1}{5}$, $\frac{1}{5}$, …;

(4) $\frac{1}{3}$, $\frac{2}{5}$, $\frac{3}{7}$, $\frac{4}{9}$, ….

**解** (1) 不存在. 事实上,若存在函数 $f(z)$ 在 $z=0$ 解析且满足

$$f\left(\frac{1}{2k-1}\right)=0 \quad (k=1,2,\cdots),$$

因零点列 $\left\{\frac{1}{2k-1}\right\}$ 以 $z=0$ 为极限点,故由惟一性定理知,在 $z=0$ 的邻域内 $f(z)\equiv 0$,这与题设 $f\left(\frac{1}{2k}\right)=2\neq 0$ 矛盾.

(2) 不存在. 事实上,若存在函数 $f(z)$ 在 $z=0$ 解析且满足

$$f\left(\frac{1}{2k}\right)=0 \quad (k=1,2,\cdots),$$

因零点列 $\left\{\frac{1}{2k}\right\}$ 以 $z=0$ 为极限点,故由惟一性定理知,在 $z=0$ 的邻域内 $f(z)\equiv 0$. 这与题设 $f\left(\frac{1}{2k-1}\right)=\frac{1}{2k-1}\neq 0$ 矛盾.

(3) 不存在. 事实上,若存在函数 $f(z)$ 在点 $z=0$ 解析且满足

$$f\left(\frac{1}{2k-1}\right)=\frac{1}{2k-1} \quad (k=1,2,\cdots),$$

由于点列 $\left\{\frac{1}{2k-1}\right\}$ 以 $z=0$ 为极限点,故由惟一性定理知 $f(z)\equiv z$(在 $z=0$ 的邻域内),这与题设 $f\left(\frac{1}{2k}\right)=\frac{1}{2k-1}$ 矛盾.

(4) 由于函数的值点列为

$$\frac{n}{2n+1}=\frac{1}{2+\frac{1}{n}} \quad (n=1,2,\cdots),$$

所以可作函数 $f(z)=\frac{1}{2+z}$,它在原点 $z=0$ 解析,在 $z=\frac{1}{n}$ 取值

$$f\left(\frac{1}{n}\right)=\frac{1}{2+\frac{1}{n}}=\frac{n}{2n+1} \quad (n=1,2,\cdots).$$

故所求满足题设条件的函数存在,就是 $f(z)=\frac{1}{2+z}$. ■

**例 4.4.7** 在点 $z=0$ 解析,且满足条件

$$f\left(\frac{1}{n}\right)=f\left(-\frac{1}{n}\right)=\frac{1}{n^2} \quad (n=1,2,\cdots)$$

的函数 $f(z)$ 是否存在?

**解** 存在. 因为 $f\left(\frac{1}{n}\right)=f\left(-\frac{1}{n}\right)=\frac{1}{n^2}$,取 $\varphi(z)=z^2$,则 $\varphi(z)$ 在 $z=0$ 解析,且 $\varphi\left(\frac{1}{n}\right)=f\left(\frac{1}{n}\right)=\frac{1}{n^2}$. 由 $\lim\limits_{n\to\infty}\frac{1}{n}=0$ 和惟一性定理,在 $z=0$ 的邻域内 $f(z)=\varphi(z)=z^2$. 当然,由于

$$f\left(\frac{1}{n}\right)=f\left(-\frac{1}{n}\right)=\frac{1}{n^2}=\left(\frac{1}{n}\right)^2,$$

故显然 $f(z)=z^2$ 就满足所要求的条件. ■

**例 4.4.8** 设 $f(z)$在区域 $D$ 内解析,且有 $z_1, z_2\in D$,而$f'(z_1)\neq 0$,则在 $z_2$ 的邻域内 $f(z)$不能是一个常数.

**分析** 用反证法,并应用惟一性定理得矛盾.

**证** 反证法. 若 $f(z)$在 $D$ 内 $z_2$ 的某个邻域内为常数,则由惟一性定理,$f(z)$在区域 $D$ 内亦将为常数. 此时,对任何 $z_1\in D$,将有 $f'(z_1)=0$,这与题设矛盾. ■

**例 4.4.9** 用惟一性定理从 $\sin x$ 的幂级数展开式来得到$\sin z$的展开式.

**解** 已知

$$\sin x=x-\frac{x^3}{3!}+\frac{x^5}{5!}+\cdots,\quad x\in(-\infty,+\infty).$$

而幂级数 $z-\frac{z^3}{3!}+\frac{z^5}{5!}+\cdots$ 的收敛半径也是$+\infty$, 因此它表示 $z$ 平面上的一个解析函数 $f(z)$. 显然,在实轴上 $f(x)=\sin x$. 此外,因为 $\sin z$ 也在 $z$ 平面上解析,它又在实轴上与 $f(x)$相等, 因此由惟一性定理知道 $f(z)\equiv\sin z$. 故

$$\sin z=z-\frac{z^3}{3!}+\frac{z^5}{5!}+\cdots,\quad |z|<+\infty.$$ ■

**3. 充分掌握解析函数的最大模原理.**

**定理 4.24(最大模原理)** 设 $f(z)$在区域 $D$ 内解析,则 $|f(z)|$ 在 $D$ 内任何点都不能达到最大值,除非在 $D$ 内 $f(z)$恒等于常数.

**注** 利用平均值定理和惟一性定理可以证明解析函数的最大模原理,表明解析函数在区域边界上的最大模可以限制区域内的最大模. 这也是解析函数特有的性质.

**推论 4.25** 设(1) 函数 $f(z)$在有界区域 $D$ 内解析,在闭域 $\overline{D}=D+\partial D$ 上连续;(2) $|f(z)|\leqslant M(z\in\overline{D})$, 则除 $f(z)$为常数的情形外,$|f(z)|<M(z\in D)$. 即是说,如果 $f(z)$不为常数,则最大模 $M$ 只能在 $D$ 的边界上达到.

**例 4.4.10(魏尔斯特拉斯第二定理)** 设 $D$ 是一个有界区域,其边界为$\partial D$. 若 $f_n(z)$ $(n=1,2,\cdots)$在区域 $D$ 内解析,在闭域 $\overline{D}$ 上连续,且级数

$$\sum_{n=1}^{\infty}f_n(z)=f_1(z)+f_2(z)+\cdots+f_n(z)+\cdots$$

在$\partial D$ 上一致收敛,则 $\sum\limits_{n=1}^{\infty}f_n(z)$ 在闭域 $\overline{D}$ 上一致收敛.

**分析** 由题设条件,只需证明在边界$\partial D$ 上成立的不等式

$$|f_{n+1}(z)+f_{n+2}(z)+\cdots+f_{n+p}(z)|<\varepsilon$$

在区域 $D$ 内也成立. 这对在 $D$ 内解析的函数

$$f_{n+1}(z)+f_{n+2}(z)+\cdots+f_{n+p}(z)$$

来说,自然要用最大模原理.

**证** 由题设条件,$\forall \varepsilon>0$,$\exists$ 正整数 $N$,使当 $n \geqslant N$,整数 $p \geqslant 1$ 时,$|f_{n+1}(z)+f_{n+2}(z)+\cdots+f_{n+p}(z)|<\varepsilon$ 在$\partial D$ 上成立. 又由最大模原理(推论 4.25),这个不等式在 $D$ 内也成立,因此在 $\overline{D}$ 上成立. 再由柯西一致收敛准则,$\sum\limits_{n=1}^{\infty} f_n(z)$ 在闭域 $\overline{D}$ 上一致收敛. ■

**注** 由魏尔斯特拉斯定理(定理 4.9)看到,一致收敛的解析函数项级数有特别重要的意义,因为这种级数的和函数仍是一个解析函数. 因此,本例给出的判别解析函数项级数一致收敛性的方法,是有重要意义的.

**例 4.4.11** 设 $f(z)=\cos z$. 证明在任何圆周 $|z|=r$ 上,都有点 $z$ 使 $|\cos z|>1$.

**证** 因为 $f(z)=\cos z$ 在 $z$ 平面上解析,且不为常数,又 $|f(0)|=|\cos 0|=1$,则由最大模原理,在任何圆周 $|z|=r$ 上,都有点 $z$ 使 $|\cos z|>1$. ■

**例 4.4.12** 若 $\varphi(r)>0$ 在 $0 \leqslant r<1$ 内为增函数,$f(z)$在 $|z|<1$ 内解析,$f(0)=0$,$|f(z)| \leqslant \varphi(|z|)$,则

$$|f(z)| \leqslant k|z| \varphi(|z|),$$

其中 $k$ 可以取为 $k=2 \dfrac{\varphi\left(\frac{1}{2}\right)}{\varphi(0)}$ $(\geqslant 2)$.

**分析** 由要证明的结果看出,我们从考虑辅助函数$\dfrac{f(z)}{z}$着手,并对它应用最大模原理.

**证** (1) 因 $f(z)$在 $|z|<1$ 内解析,且 $f(0)=0$,故由泰勒定理,

$$\frac{f(z)}{z}=\sum_{n=1}^{\infty} \frac{f^{(n)}(0)}{n!} z^{n-1} \quad (0<|z|<1),$$

即$\dfrac{f(z)}{z}$在 $|z|<1$ 内解析($z=0$ 为其可去奇点).

(2) 由题设,$\varphi(|z|)$在 $|z|<1$ 内是 $|z|$ 的增函数. 再由最大模原理知,当 $|z| \leqslant \frac{1}{2}$时,

$$\left|\frac{f(z)}{z}\right| \leqslant \max_{|z|=\frac{1}{2}}\left|\frac{f(z)}{z}\right|=2 \max_{|z|=\frac{1}{2}}|f(z)| \overset{(\text{题设})}{\leqslant} 2 \varphi(|z|)$$

$$\leqslant 2 \varphi(|z|) \frac{\varphi\left(\frac{1}{2}\right)}{\varphi(0)} \quad \left(\text{由题设 } \varphi\left(\frac{1}{2}\right) \geqslant \varphi(0)\right),$$

即

$$|f(z)| \leqslant 2 \frac{\varphi\left(\frac{1}{2}\right)}{\varphi(0)}|z| \varphi(|z|)=k|z| \varphi(|z|),$$

这里 $k=2 \dfrac{\varphi\left(\frac{1}{2}\right)}{\varphi(0)} \geqslant 2$.

(3) 当 $1>|z|>\frac{1}{2}$时，$2|z|>1$，

$$|f(z)|\overset{(\text{题设})}{\leqslant}\varphi(|z|)<2|z|\varphi(|z|)\overset{(2)}{\leqslant}k|z|\varphi(|z|).$$

合并(2)和(3)即得：当 $0\leqslant|z|<1$ 时，

$$|f(z)|\leqslant k|z|\varphi(|z|),$$

其中 $k=2\dfrac{\varphi\left(\frac{1}{2}\right)}{\varphi(0)}\geqslant 2$. ■

**例 4.4.13** 设 $f(z)$在 $|z|\leqslant R$ 上解析，且 $|f(z)|\leqslant M$，$f(0)\neq 0$，则当 $|z|\leqslant\frac{R}{3}$ 时，$f(z)$的零点个数不超过

$$\frac{1}{\ln 2}\ln\frac{M}{|f(0)|}.$$

**证** 设 $z_j(j=1,2,\cdots,n)$为 $f(z)$在 $|z|\leqslant\frac{R}{3}$上的零点，则函数

$$g(z)=\frac{f(z)}{\prod\limits_{j=1}^{n}\left(1-\dfrac{z}{z_j}\right)} \tag{1}$$

在 $|z|\leqslant R$ 上解析. 而在 $|z|=R$ 上，$|z_j|\leqslant\frac{R}{3}=\frac{|z|}{3}$，即 $\left|\frac{z}{z_j}\right|\geqslant 3$，故由

$$|g(Re^{i\theta})|\leqslant\frac{|f(z)|}{\prod\limits_{j=1}^{n}\left|1-\left|\dfrac{z}{z_j}\right|\right|},$$

有

$$|g(Re^{i\theta})|\leqslant\frac{M}{2^n}.$$

于是由最大模原理，$|g(0)|\leqslant\frac{M}{2^n}$. 但由(1)式，$f(0)=g(0)$，故 $|f(0)|\leqslant\frac{M}{2^n}$. 于是

$$n\leqslant\frac{1}{\ln 2}\ln\frac{M}{|f(0)|}.$$ ■

# II. 部分习题解答提示

## (一)

**1.** 判断下列级数的敛散性：

(1) $\sum\limits_{n=1}^{\infty}\frac{i^n}{n}$；(2) $\sum\limits_{n=1}^{\infty}\frac{(3+5i)^n}{n!}$；(3) $\sum\limits_{n=1}^{\infty}\left(\frac{1+5i}{2}\right)^n$.

**解** (1) 由于 $i^1=i$，$i^2=-1$，$i^3=-i$，$i^4=1$，故

$$S_{4n}=\left(-\frac{1}{2}+\frac{1}{4}-\frac{1}{6}+\cdots+\frac{1}{4n}\right)+\mathrm{i}\left(1-\frac{1}{3}+\frac{1}{5}+\cdots-\frac{1}{4n-1}\right).$$

利用交错级数收敛性判别法及极限运算法则知$\lim\limits_{n\to\infty}S_{4n}$存在，设为$l$. 此外，显然有

$$\alpha_{4n+1}=\frac{\mathrm{i}}{4n+1}\to 0,\quad \alpha_{4n+2}=\frac{-1}{4n+2}\to 0,$$

$$\alpha_{4n+3}=\frac{-\mathrm{i}}{4n+3}\to 0,$$

由此得到$\lim\limits_{n\to\infty}S_n=l$. 因此级数收敛. 但非绝对收敛.

（2）由于

$$\sum_{n=1}^{\infty}\left|\frac{(3+5\mathrm{i})^n}{n!}\right|=\sum_{n=1}^{\infty}\frac{1}{n!}(\sqrt{34})^n\leqslant\sum_{n=1}^{\infty}\frac{6^n}{n!},$$

可知原级数绝对收敛.

（3）由$\left|\frac{1+5\mathrm{i}}{2}\right|=\frac{\sqrt{26}}{2}>1$ 可知原级数发散.

**3.** 如果$\lim\limits_{n\to\infty}\frac{c_{n+1}}{c_n}$存在($\neq+\infty$)，试证下列三个幂级数有相同的收敛半径：

（1）$\sum c_nz^n$(原级数)；

（2）$\sum\frac{c_n}{n+1}z^{n+1}$(原级数逐项积分后所成级数)；

（3）$\sum nc_nz^{n-1}$(原级数逐项求导后所成级数).

**证**　（1）如$\lim\limits_{n\to\infty}\frac{c_{n+1}}{c_n}=\lambda\neq+\infty$，则

$$\lim_{n\to\infty}\left|\frac{c_{n+1}}{c_n}\right|=|\lambda|\neq+\infty.$$

由定理 4.13，$\sum c_nz^n$ 的收敛半径

$$R=\begin{cases}\frac{1}{|\lambda|}=\lim\limits_{n\to\infty}\left|\frac{c_n}{c_{n+1}}\right|, & \lambda\neq 0,\\ +\infty, & \lambda=0.\end{cases}$$

由此可证：（2）$\sum\frac{c_n}{n+1}z^{n+1}$的收敛半径$R_1=R$.

（3）$\sum nc_nz^{n-1}$的收敛半径$R_2=R$.

**4.** 设$\sum\limits_{n=0}^{\infty}c_nz^n$ 的收敛半径为$R$ ($0<R<+\infty$)，并且在收敛圆周上一点绝对收敛. 试证明这个级数对于所有的点$z$：$|z|\leqslant R$ 为绝对收敛且一致收敛.

**证**　设$z_0$为收敛圆周上的绝对收敛点，则对一切$|z|\leqslant R$ 上的$z$，有

$$|c_nz^n|=|c_n|\ |z|^n\leqslant|c_n|\ |z_0|^n=|c_n|R^n.$$

由优级数准则得证.

**6.** 将$\frac{1}{(1-z)^n}$ ($n=1,2,3,\cdots$)展开成$z$ 的幂级数.

**解**　逐项求导得，

$$\frac{1}{(1-z)^2}=\frac{\mathrm{d}}{\mathrm{d}z}\left(\frac{1}{1-z}\right)=\frac{\mathrm{d}}{\mathrm{d}z}\left(\sum_{n=0}^{\infty}z^n\right)=\sum_{n=0}^{\infty}\frac{\mathrm{d}}{\mathrm{d}z}z^n$$
$$=\sum_{n=1}^{\infty}nz^{n-1}=\sum_{n=0}^{\infty}(n+1)z^n$$
$$=1+2z+3z^2+\cdots,\quad |z|<1,$$

$$\frac{1}{(1-z)^3}=\frac{1}{2}\frac{\mathrm{d}}{\mathrm{d}z}\left[\frac{1}{(1-z)^2}\right]=\frac{1}{2}\frac{\mathrm{d}}{\mathrm{d}z}\left[\sum_{n=0}^{\infty}(n+1)z^n\right]$$
$$=\frac{1}{2}\sum_{n=0}^{\infty}\frac{\mathrm{d}}{\mathrm{d}z}[(n+1)z^n]$$
$$=\frac{1}{2}\sum_{n=1}^{\infty}n(n+1)z^{n-1}=\sum_{n=0}^{\infty}\frac{(n+1)(n+2)}{1\cdot 2}z^n,$$
$$=1+3z+6z^2+\cdots,\quad |z|<1,$$

$$\frac{1}{(1-z)^{k+1}}=\frac{1}{k}\frac{\mathrm{d}}{\mathrm{d}z}\left[\frac{1}{(1-z)^k}\right]$$
$$=\frac{1}{k}\sum_{n=0}^{\infty}\frac{\mathrm{d}}{\mathrm{d}z}\left[\frac{(n+1)\cdot\cdots\cdot(n+k-1)}{1\cdot 2\cdot\cdots\cdot(k-1)}z^n\right]$$
$$=\sum_{n=1}^{\infty}\frac{n(n+1)\cdot\cdots\cdot(n+k-1)}{1\cdot 2\cdot\cdots\cdot(k-1)\cdot k}z^{n-1}$$
$$=\sum_{n=0}^{\infty}\frac{(n+1)(n+2)\cdot\cdots\cdot(n+k)}{1\cdot 2\cdot\cdots\cdot k}z^n,$$
$$=1+(k+1)z+\frac{(k+1)(k+2)}{2}z^2+\cdots,\quad |z|<1.$$

**7.** 将下列函数按 $z-1$ 的幂展开,并指明其收敛范围:

(1) $\sin z$; (2) $\dfrac{z-1}{z+1}$;

(3) $\dfrac{z}{z^2-2z+5}$; (4) $\sqrt[3]{z}$ $\left(\sqrt[3]{1}=\dfrac{-1+\sqrt{3}\mathrm{i}}{2}\right)$.

**解** (1) **解一** 记 $f(z)=\sin z$,则

$$f^{(n)}(1)=\sin\left(\frac{n\pi}{2}+1\right),\quad c_n=\frac{1}{n!}\sin\left(\frac{n\pi}{2}+1\right).$$

又由于 $\sin z$ 在 $z$ 平面上解析,所以收敛范围为 $|z-1|<+\infty$.

**解二** 先写出

$$\sin z=\sin(1+z-1)$$
$$=\cos 1\sin(z-1)+\sin 1\cos(z-1),$$

再写出 $\sin(z-1)$, $\cos(z-1)$的关于 $z-1$ 的展式,收敛范围为 $|z-1|<+\infty$.

(2) 因为

$$\frac{z-1}{z+1}=\frac{z-1}{z-1+2}=\frac{z-1}{2}\cdot\frac{1}{1+\dfrac{z-1}{2}},$$

再应用公式

$$\frac{1}{1+z}=\sum_{n=0}^{\infty}(-1)^n z^n \quad (|z|<1).$$

(3) 先变形,

$$\frac{z}{z^2-2z+5}=\frac{z-1+1}{(z-1)^2+4}=\frac{1}{4}[(z-1)+1]\frac{1}{1+\left(\frac{z-1}{2}\right)^2},$$

再将后一式应用公式

$$\frac{1}{1+z^2}=\sum_{n=0}^{\infty}(-1)^n z^{2n} \quad (|z|<1).$$

收敛范围为$|z-1|<2$.

(4) 因$\sqrt[3]{z}$的支点为 0 和$\infty$,沿负实轴$(-\infty,0]$割开 $z$ 平面,则指定分支就在$|z-1|<1$ 内单值解析.

$\sqrt[3]{z}=\sqrt[3]{1}[1+(z-1)]^{\frac{1}{3}}$,再应用题设及二项展式.

**8.** 指出下列函数在零点 $z=0$ 的阶:

(1) $z^2(e^{z^2}-1)$; (2) $6\sin z^3+z^3(z^6-6)$.

**提示** 分别用已知展式展开 $e^{z^2}$ 及 $\sin z^3$,并应用定理 4.18.

**9.** 设 $z_0$ 是函数 $f(z)$的 $m$ 阶零点,又是 $g(z)$的 $n$ 阶零点,试问下列函数在 $z_0$ 处具有何种性质?

(1) $f(z)+g(z)$; (2) $f(z)\cdot g(z)$; (3) $\dfrac{f(z)}{g(z)}$.

**提示** 由题设及定理 4.18,有

$$f(z)=(z-z_0)^m\varphi(z),\ 且\ \varphi(z_0)\neq 0,$$
$$g(z)=(z-z_0)^n\psi(z),\ 且\ \psi(z_0)\neq 0,$$

其中 $\varphi(z)$和 $\psi(z)$都在 $z_0$ 的某邻域内解析.

下面再应用定理 4.18 于(1)—(3),但要考虑 $m=n$ 及 $m\neq n$ 的诸种情形.

**10.** 设 $z_0$ 为解析函数 $f(z)$的至少 $n$ 阶零点,又为解析函数 $\varphi(z)$的 $n$ 阶零点,试证

$$\lim_{z\to z_0}\frac{f(z)}{\varphi(z)}=\frac{f^{(n)}(z_0)}{\varphi^{(n)}(z_0)} \quad (\varphi^{(n)}(z_0)\neq 0).$$

**证** 由题设及定理 4.18 知

$$f(z)=(z-z_0)^m g(z)\ (m\geqslant n), \quad \varphi(z)=(z-z_0)^n\psi(z),$$

其中 $g(z)$, $\psi(z)$在点 $z_0$ 解析,且

$$g(z_0)=\frac{f^{(m)}(z_0)}{m!}\neq 0, \quad \psi(z_0)=\frac{\psi^{(n)}(z_0)}{n!}\neq 0.$$

由此即可得证.

**注** 由解析函数的无穷可微性,本题就构成一般形式的洛必达法则.

**11.** 在原点解析,而在 $z=\dfrac{1}{n}$ $(n=1,2,\cdots)$处取下列各组值的函数是否存在?

(1) 0, 1, 0, 1, 0, 1, …;

(2) $0, \frac{1}{2}, 0, \frac{1}{4}, 0, \frac{1}{6}, \cdots$;

(3) $\frac{1}{2}, \frac{1}{2}, \frac{1}{4}, \frac{1}{4}, \frac{1}{6}, \frac{1}{6}, \cdots$;

(4) $\frac{1}{2}, \frac{2}{3}, \frac{3}{4}, \frac{4}{5}, \frac{5}{6}, \cdots$.

**提示** 参照例 4.4.6 的解法.

**12.** 设(1) $f(z)$在区域 $D$ 内解析;

(2) 在某一点 $z_0\in D$ 有 $f^{(n)}(z_0)=0$, $n=1,2,\cdots$,

试证 $f(z)$在 $D$ 内必为常数.

**证** 因 $f(z)$在点 $z_0$ 解析,故由泰勒定理

$$f(z)=\sum_{n=0}^{\infty}\frac{f^{(n)}(z_0)}{n!}(z-z_0)^n \quad (z\in K:|z-z_0|<R,\ K\subset D),$$

再由题设条件得 $f(z)=f(z_0)$ $(z\in K\subset D)$. 由惟一性定理(推论 4.22)得 $f(z)\equiv f(z_0)$ $(z\in D)$.

**13.** (最小模原理) 若区域 $D$ 内不恒为常数的解析函数 $f(z)$,在 $D$ 内的点 $z_0$ 有 $f(z_0)\neq 0$,则 $|f(z_0)|$不可能是$|f(z)|$在 $D$ 内的最小值. 试证之.

**提示** 反证法,应用最大模原理于函数$\frac{1}{f(z)}$.

**注** 最小模原理的推论:设(1) 函数 $f(z)$在有界区域 $D$ 内解析,在有界闭域 $\overline{D}=D+\partial D$ 上连续;(2) 存在 $m>0$,使 $|f(z)|\geqslant m$ $(z\in\overline{D})$, 则除 $f(z)$为常数外, $|f(z)|>m$ $(z\in D)$.

**14.** 设 $D$ 是周线 $C$ 的内部,函数 $f(z)$在区域 $D$ 内解析,在闭域 $\overline{D}=D+C$ 上连续,其模$|f(z)|$在 $C$ 上为常数. 试证若 $f(z)$不恒等于一个常数,则 $f(z)$在 $D$ 内至少有一个零点.

**分析** 反证法. 由题设及最大模原理、最小模原理得矛盾.

**证** 反证法. 设 $f(z)$在 $D$ 内处处不为零,则由最大模原理、最小模原理,在 $D$ 内$|f(z)|$既不能达到最大值,也不能达到最小值.

由题设可知$|f(z)|$在有界闭域 $\overline{D}$ 上连续, 故$|f(z)|$在 $\overline{D}$ 上有最大值 $M$ 和最小值 $m$,而这些都只能在边界 $C$ 上达到. 但题设$|f(z)|$在 $C$ 上为常数, 所以

$$M=|f(z)|=m \quad (z\in C). \tag{1}$$

再由最大模原理、最小模原理,$m<|f(z)|<M\overset{(1)}{=\!=}m(z\in D)$,即

$$|f(z)|=m \ (z\in D). \tag{2}$$

由(1)式和(2)式,$|f(z)|$在 $\overline{D}$ 上恒为常数 $m$. 由教材第二章习题(一)第 6 题(4), $f(z)$在 $D$ 内必为常数. 这与题设矛盾.

**15.** 设 $D$ 是复平面上的一区域(不一定有界),并且 $f(z)$在 $D$ 内解析. 设$\exists M>0$, $\forall a\in\partial_\infty D$, $\varlimsup\limits_{z\to a}|f(z)|\leqslant M(z\in D)$,试证$\forall z\in D$, $|f(z)|\leqslant M$. 其中当 $D$ 是有界区域时, $\partial_\infty D=\partial D$;当 $D$ 是无界区域时, $\partial_\infty D=\partial D\cup\{\infty\}$.

**证** $\forall z_0\in D$, $\forall\varepsilon>0$, $\forall a\in\partial_\infty D$,存在 $a$ 的一个邻域 $V_a$ $(z_0\notin V_a)$, $\forall z\in V_a\cap$

$D$，$|f(z)|<M+\varepsilon$.$\partial D\backslash V_\infty$ 是一个有界闭集，因此可以找到有限个 $V_{a_1},V_{a_2},\cdots,V_{a_n}$，使得 $\left(\bigcup\limits_{k=1}^{n}V_{a_k}\right)\cup V_\infty\supset\partial D$.于是 $z_0$ 在 $\partial V_{a_k}(k=1,2,\cdots,n)$ 及 $\partial V_\infty$ 所围成的一个区域 $D'(\subset D)$ 内，$\forall z\in\partial D'$，我们有 $|f(z)|\leqslant M+\varepsilon$. 因此由最大模原理，$|f(z_0)|\leqslant M+\varepsilon$.由于 $\varepsilon$ 及 $z_0$ 的任意性，我们就可以得到本题的结论.

## （二）

**1.** 试分析复函数项级数 $\sum\limits_{n=1}^{\infty}\dfrac{1}{n^z}$ 的收敛性.

**解**　我们证明若 $\sum\limits_{n=1}^{\infty}\dfrac{1}{n^z}$ 在点 $z_0=x_0+\mathrm{i}y_0$ 处收敛，则它在半平面 $\operatorname{Re}z>x_0$ 内也收敛.

设 $S_n=\sum\limits_{k=1}^{n}\dfrac{1}{k^{z_0}}$，由 $\sum\limits_{n=1}^{\infty}\dfrac{1}{n^{z_0}}$ 收敛知，存在常数 $K>0$，使得 $|S_n|\leqslant K$ 对任意 $n$ 成立，则

$$\begin{aligned}\sum_{k=n+1}^{n+p}\frac{1}{k^z}&=\sum_{k=n+1}^{n+p}\frac{1}{k^{z_0}}\cdot\frac{1}{k^{z-z_0}}=\sum_{k=n+1}^{n+p}\frac{S_k-S_{k-1}}{k^{z-z_0}}\\&=\sum_{k=n+1}^{n+p}S_k\left[\frac{1}{k^{z-z_0}}-\frac{1}{(k+1)^{z-z_0}}\right]+\\&\qquad\frac{S_{n+p}}{(n+p)^{z-z_0}}-\frac{S_n}{(n+1)^{z+z_0}}.\end{aligned}$$

当 $\operatorname{Re}(z)=x>x_0$ 时，

$$\begin{aligned}\left|\frac{1}{k^{z-z_0}}-\frac{1}{(k+1)^{z-z_0}}\right|&=\left|(z-z_0)\int_k^{k+1}\frac{1}{t^{z-z_0+1}}\mathrm{d}t\right|\\&\leqslant|z-z_0|\int_k^{k+1}\frac{1}{t^{x-x_0+1}}\mathrm{d}t\\&=\frac{|z-z_0|}{x-x_0}\left[\frac{1}{k^{x-x_0}}-\frac{1}{(k+1)^{x-x_0}}\right],\end{aligned}$$

于是

$$\left|\sum_{k=n+1}^{n+p}\frac{1}{k^z}\right|\leqslant\frac{K|z-z_0|}{x-x_0}\cdot\frac{2}{(n+1)^{x-x_0}}+\frac{2K}{(n+1)^{x-x_0}},$$

由此可知 $\sum\limits_{n=1}^{\infty}\dfrac{1}{n^z}$ 收敛.

因为当 $z=1$ 时，级数 $\sum\limits_{n=1}^{\infty}\dfrac{1}{n^z}$ 发散，所以由刚才证明的结论知道，当 $\operatorname{Re}z<1$ 时，$\sum\limits_{n=1}^{\infty}\dfrac{1}{n^z}$ 发散. 由定理 4.3 和定理 4.5，当 $\operatorname{Re}z\geqslant x_0>1$ 时，$\sum\limits_{n=1}^{\infty}\dfrac{1}{n^z}$ 一致收敛，其中 $x_0$ 是任意大于 1 的正数.

**2.** 试证在单位圆 $|z|<1$ 内，级数

$$z+(z^2-z)+\cdots+(z^n-z^{n-1})+\cdots$$

收敛于函数 $f(z)\equiv 0$,但它并非一致收敛的.

**分析** 应用函数项级数收敛的定义 4.3 及非一致收敛的定义 4.4′.

**证** (1) 由定义 4.3,要证此级数在 $|z|<1$ 内收敛于 $f(z)\equiv 0$,即证:$\forall \varepsilon>0$,$\exists N(\varepsilon,z)$,使当 $n>N(\varepsilon,z)$时,有

$$|S_n(z)-0|=|S_n(z)|<\varepsilon.$$

关键是由上式逆推找 $N(\varepsilon,z)$. 自然还要先求 $S_n(z)(=z^n)$.

当 $z=0$ 时,$N$ 可以任取.

当 $z\neq 0$ 时,$N(\varepsilon,z)=\left[\dfrac{\ln\varepsilon}{\ln|z|}\right]$.

(2) 依定义 4.4′,要证此级数在 $|z|<1$ 内并非一致收敛. 我们取 $\varepsilon_0<\dfrac{1}{\mathrm{e}}$,总有相当大的 $n$ 及 $|z|<1$ 内的点 $z_n=\dfrac{n}{n+1}$(接近 1),使

$$\left(\frac{n}{n+1}\right)^n=|z_n|^n=|S_n(z_n)-0|$$

$$=\frac{1}{\left(1+\dfrac{1}{n}\right)^n}>\frac{1}{\mathrm{e}}>\varepsilon_0.$$

这就是说,对于 $\varepsilon_0<\dfrac{1}{\mathrm{e}}$,找不到这样的 $N(\varepsilon)$,使当 $n>N$ 时,$|z^n|<\varepsilon$.

**3.** 试证 (1) 如果 $\sum\limits_{n=1}^{\infty}v_n=\delta$ 绝对收敛,则

$$|\delta|\leqslant|v_1|+|v_2|+\cdots+|v_n|+\cdots;$$

(2) 对任一复数 $z$,$|\mathrm{e}^z-1|\leqslant \mathrm{e}^{|z|}-1\leqslant|z|\mathrm{e}^{|z|}$;

(3) 当 $0<|z|<1$ 时,$\dfrac{1}{4}|z|<|\mathrm{e}^z-1|<\dfrac{7}{4}|z|$.

**证** (1) 对 $|\sigma_n|=|v_1+v_2+\cdots+v_n|$ 应用三角不等式,再根据级数的绝对收敛性,取极限.

(2) 根据 $\mathrm{e}^z$ 的泰勒展开式和(1)的结论.

(3) 一方面,

$$|\mathrm{e}^z-1|\overset{(1)}{\leqslant}|z|\left(1+\frac{|z|}{2!}+\cdots+\frac{|z|^{n-1}}{n!}+\cdots\right)$$

$$\overset{(0<|z|<1)}{<}|z|\left(1+\frac{1}{2!}+\cdots+\frac{1}{n!}+\cdots\right)$$

$$=|z|\left\{1+\frac{1}{2}+\frac{1}{2}\left[\frac{1}{3}+\frac{1}{4\cdot 3}+\cdots+\frac{1}{n(n-1)\cdot\cdots\cdot 4\cdot 3}+\cdots\right]\right\}$$

$$\leqslant|z|\left\{1+\frac{1}{2}+\frac{1}{2}\left[\frac{1}{3}+\frac{1}{3^2}+\cdots+\frac{1}{3^n}+\cdots\right]\right\}$$

$$=|z|\left(1+\frac{1}{2}+\frac{1}{2}\cdot\frac{1}{3}\cdot\frac{1}{1-\dfrac{1}{3}}\right)$$

$$=\frac{7}{4}|z|;$$

另一方面,

$$\begin{aligned}|e^z-1|&=\left|z+\frac{z^2}{2!}+\cdots+\frac{z^n}{n!}+\cdots\right|\\&=|z|\left|1+\frac{z}{2!}+\cdots+\frac{z^{n-1}}{n!}+\cdots\right|\\&>|z|\left[1-\left(\frac{1}{2!}+\cdots+\frac{1}{n!}+\cdots\right)\right]\\&=|z|\left\{1-\left[\frac{1}{2}+\frac{1}{2}\left(\frac{1}{3}+\frac{1}{3\cdot4}+\cdots\right)\right]\right\}\\&>|z|\left\{1-\left[\frac{1}{2}+\frac{1}{2}\left(\frac{1}{3}+\frac{1}{3^2}+\cdots+\frac{1}{3^n}+\cdots\right)\right]\right\}\\&=|z|\left\{1-\left[\frac{1}{2}+\frac{1}{2}\cdot\frac{1}{3}\cdot\frac{3}{2}\right]\right\}=\frac{1}{4}|z|.\end{aligned}$$

**4.** 设 $f(z)=\sum\limits_{n=0}^{\infty}a_nz^n\,(a_0\neq0)$ 的收敛半径 $R>0$，且

$$M=\max_{|z|\leqslant\rho}|f(z)|\quad(\rho<R).$$

试证在圆

$$|z|<\frac{|a_0|}{|a_0|+M}\rho$$

内 $f(z)$无零点.

**证**　由柯西不等式$|a_n|\leqslant\dfrac{M}{\rho^n}$,在圆$|z|<\rho$ 内可证

$$|f(z)-a_0|\leqslant M\frac{|z|}{\rho-|z|}.$$

因此,在圆

$$|z|<\frac{|a_0|}{|a_0|+M}\rho\ (<\rho)$$

内就有

$$|f(z)-a_0|\leqslant M\frac{|z|}{\rho-|z|}<|a_0|,$$

从而可证得$|f(z)|>0$.

**5.** 设在$|z|<R$ 内解析的函数 $f(z)$有泰勒展式

$$f(z)=a_0+a_1z+a_2z^2+\cdots+a_nz^n+\cdots,$$

试证当 $0\leqslant r<R$ 时,

$$\frac{1}{2\pi}\int_0^{2\pi}|f(re^{i\theta})|^2d\theta=\sum_{n=0}^{\infty}|a_n|^2r^{2n}.$$

**证**　在圆$|z|<R$ 内作同心圆周

$$C: z=re^{i\theta},\ 0\leqslant\theta\leqslant2\pi,\ 0<r<R.$$

对任意的非负整数 $m$ 与 $n$,当$|z|=r<R$ 时,

$$\frac{1}{2\pi}\int_0^{2\pi} z^n\,\overline{z^m}\,\mathrm{d}\theta=\frac{r^{n+m}}{2\pi}\int_0^{2\pi}\mathrm{e}^{\mathrm{i}(n-m)\theta}\,\mathrm{d}\theta=\begin{cases}0, & m\neq n,\\ r^{2n}, & m=n.\end{cases}$$

因为 $f(z)=\sum\limits_{n=0}^{\infty}a_nz^n$ 在 $C:|z|=r<R$ 上是绝对且一致收敛的，所以可以调换项的次序，也能逐项积分，于是

$$\begin{aligned}\frac{1}{2\pi}\int_0^{2\pi}|f(r\mathrm{e}^{\mathrm{i}\theta})|^2\,\mathrm{d}\theta&=\frac{1}{2\pi}\int_0^{2\pi}\sum_{n=0}^{\infty}a_nz^n\cdot\sum_{m=0}^{\infty}\overline{a}_m\,\overline{z^m}\,\mathrm{d}\theta\\&=\frac{1}{2\pi}\sum_{m,n=0}^{\infty}a_n\overline{a}_m\int_0^{2\pi}z^n\,\overline{z^m}\,\mathrm{d}\theta=\sum_{n=0}^{\infty}|a_n|^2r^{2n}.\end{aligned}$$

显然，当 $r=0$ 时，要证明的等式两端为

$$|f(0)|^2=|a_0|^2,$$

而这是对的.

**注** 若题设改为 $f(z)=\sum\limits_{n=0}^{\infty}a_n(z-z_0)^n$，$|z-z_0|<R$，则由上面的证明也有

$$\frac{1}{2\pi}\int_0^{2\pi}|f(z_0+r\mathrm{e}^{\mathrm{i}\theta})|^2\,\mathrm{d}\theta=\sum_{n=0}^{\infty}|a_n|^2r^{2n}\quad(0\leqslant r<R).$$

**6.** 设 $f(z)$ 是一个整函数，且假定存在着一个非负整数 $n$，以及两个正数 $R$ 与 $M$，使当 $|z|\geqslant R$ 时，$|f(z)|\leqslant M|z|^n$. 试证 $f(z)$ 是一个至多 $n$ 次的多项式或一常数.

**分析** 当 $n=0$ 时，这就是刘维尔定理(当 $|z|\leqslant R$ 时，由于 $f(z)$ 在其上连续，必有 $|f(z)|\leqslant M_1$，从而在 $\mathbf{C}$ 上 $|f(z)|\leqslant\min\{M,M_1\}$)，故本题乃刘维尔定理的推广. 主要证明思路是估计 $f(z)$ 积分形式的泰勒系数.

**证** 因 $f(z)$ 为一个整函数，故可设

$$f(z)=a_0+a_1z+a_2z^2+\cdots+a_kz^k+\cdots\quad(|z|<+\infty).$$

由题设条件，任取 $R_1\geqslant R$，作圆周 $C_{R_1}:|z|=R_1$，于是

$$|a_k|=\left|\frac{1}{2\pi\mathrm{i}}\int_{C_{R_1}}\frac{f(\zeta)}{\zeta^{k+1}}\mathrm{d}\zeta\right|\leqslant MR_1^{n-k}.$$

当 $k>n$ 时，令 $R_1\to+\infty$，就有 $a_k=0(k=n+1,\ n+2,\ \cdots)$.

**7.** 试证黎曼函数

$$\zeta(z)=\sum_{n=1}^{\infty}\frac{1}{n^z}=\sum_{n=1}^{\infty}\mathrm{e}^{-z\ln n}\quad(\ln n>0)$$

在点 $z=2$ 的邻域内可展开为泰勒级数，并求收敛半径.

**证** 因为 $|\mathrm{e}^{-z\ln n}|=\dfrac{1}{n^{\mathrm{Re}\,z}}$，所以级数 $\sum\limits_{n=1}^{\infty}\mathrm{e}^{-z\ln n}$ 在 $\mathrm{Re}(z)=x>1$ 时收敛. 而 $\zeta(1)=\sum\limits_{n=1}^{\infty}\dfrac{1}{n}$ 发散.

对任意的 $x_0=\mathrm{Re}(z_0)>1$，当 $\mathrm{Re}\,z>x_0$ 时，

$$|\mathrm{e}^{-z\ln n}|=\frac{1}{n^z}\leqslant\frac{1}{n^{x_0}}.$$

而 $\sum\limits_{n=1}^{\infty}\dfrac{1}{n^{x_0}}$ 是收敛的$(x_0>1)$，所以 $\sum\limits_{n=1}^{\infty}\mathrm{e}^{-z\ln n}=\zeta(z)$ 在 $\mathrm{Re}(z)\geqslant x_0$ 上一致收敛，$\zeta(z)$

在半平面 Re $z>1$ 内解析. 于是,在点 $z=2$ 的邻域内可展开为泰勒级数,即

$$\zeta(z)=\sum_{n=1}^{\infty}\frac{\zeta^{(n)}(2)}{n!}(z-2)^n.$$

由魏尔斯特拉斯定理,有

$$\zeta^{(n)}(z)=\left(\sum_{k=1}^{\infty}\mathrm{e}^{-z\ln k}\right)^{(n)}=\sum_{k=1}^{\infty}(-1)^n(\ln k)^n\mathrm{e}^{-z\ln k},$$

即 $\zeta^{(n)}(2)=(-1)^n\sum_{k=1}^{\infty}\frac{(\ln k)^n}{k^2}$. 所以

$$\zeta(z)=\sum_{n=1}^{\infty}\left[\frac{(-1)^n}{n!}\sum_{k=1}^{\infty}\frac{(\ln k)^n}{k^2}\right](z-2)^n=\sum_{n=1}^{\infty}c_n(z-2)^n,$$

其中 $c_n=\frac{1}{n!}(-1)^n\sum_{k=1}^{\infty}\frac{(\ln k)^n}{k^2}$,收敛半径 $R=|2-1|=1$.

**8.** 斐波那契(Fibonacci)数列 $\{c_n\}$ 定义为:$c_0=0,c_1=1,c_2=1,\cdots,c_n=c_{n-1}+c_{n-2}(n=2,3,\cdots)$,证明 $c_n$ 是一有理函数的泰勒级数的系数,并确定 $c_n$ 的表达式.

**证** 因为除 $c_0$ 外,$c_n>0$,所以数列$\{c_n\}$单调增加,且 $c_n\leqslant 2c_{n-1}(n\geqslant 2)$,于是

$$0<c_n\leqslant 2c_{n-1}\leqslant 2^2c_{n-2}\leqslant\cdots\leqslant 2^{n-1}c_1=2^{n-1}\quad(n>1),$$

即$\sqrt[n]{|c_n|}\leqslant 2$,由根值法知,$\sum_{n=0}^{\infty}c_nz^n$ 的收敛半径$R\geqslant\frac{1}{2}$.

设 $f(z)=\sum_{n=0}^{\infty}c_nz^n$, $|z|<R$, 则

$$\sum_{n=2}^{\infty}c_nz^n=\sum_{n=2}^{\infty}c_{n-1}z^n+\sum_{n=2}^{\infty}c_{n-2}z^n.$$

又

$$\sum_{n=2}^{\infty}c_nz^n=\sum_{n=0}^{\infty}c_nz^n-(c_0+c_1z)=f(z)-z,$$

而

$$\sum_{n=2}^{\infty}c_{n-2}z^n=z^2\sum_{n=2}^{\infty}c_{n-2}z^{n-2}=z^2\sum_{n=0}^{\infty}c_nz^n=z^2f(z),$$

$$\sum_{n=2}^{\infty}c_{n-1}z^n=z\sum_{n=2}^{\infty}c_{n-1}z^{n-1}=z\sum_{n=0}^{\infty}c_nz^n=zf(z),$$

于是

$$f(z)-z=zf(z)+z^2f(z)\Rightarrow f(z)=\frac{z}{1-z-z^2}.$$

所以,$f(z)$是 $z$ 的一个有理函数.

展开 $f(z)$可得

$$\begin{aligned}f(z)&=\frac{z}{\left[1-z(1+\sqrt{5})/2\right]\left[1-z(1-\sqrt{5})/2\right]}\\&=\frac{1}{\sqrt{5}}\left[\frac{1}{1-z(1+\sqrt{5})/2}-\frac{1}{1-z(1-\sqrt{5})/2}\right]\\&=\frac{1}{\sqrt{5}}\sum_{n=0}^{\infty}\left[\left(\frac{1+\sqrt{5}}{2}\right)^n-\left(\frac{1-\sqrt{5}}{2}\right)^n\right]z^n\end{aligned}$$

得

$$c_n=\frac{1}{\sqrt{5}}\left[\left(\frac{1+\sqrt{5}}{2}\right)^n-\left(\frac{1-\sqrt{5}}{2}\right)^n\right],\quad n=0,1,2,\cdots.$$

收敛半径等于 $f(z)$的奇点到原点的最短距离，即 $R=\dfrac{\sqrt{5}-1}{2}$.

*9. 设(1) 函数 f(z)在区域 D 内解析，f(z)≠常数；

(2) C 为 D 内任一条周线，只要$\overline{I(C)}$全含于 D；

(3) A 为任一复数.

试证 f(z)＝A 在 C 的内部 I(C)只有有限个根.

**分析** 用反证法. 否定题设条件(2)，(3)和要证的结论，并应用解析函数的内部惟一性定理得出否定题设条件(1)的矛盾.

**证** 反证法. 设有周线 C，$\overline{I(C)}\subset D$，且有一复数 A，使得f(z)＝A在 C 内部 I(C)有无穷多个根，或 f(z)－A＝0 在 C 内部 I(C)有无穷多个零点，必存在零点列$\{z_n\}\to z_0\in$ D. 从而由惟一性定理，$f(z)\equiv A(z\in D)$. 这与题设 f(z)≠常数矛盾.

**10.** 问$|e^z|$在闭圆$|z-z_0|\leqslant 1$上的何处达到最大？并求出最大值.

**解** 直接应用最大模原理于整函数 $e^z$. 在边界$|z-z_0|=1$上的 $z=z_0+1$ 点取最大模 $e^{Re(z_0)+1}$.

**11.** 设函数 f(z)在$|z|<R$内解析，令

$$M(r)=\max_{|z|=r}|f(z)|\quad(0\leqslant r<R).$$

试证 M(r)在区间[0，R)上是一个单调递增函数，且若存在 $r_1$ 及 $r_2(0\leqslant r_1,r_2<R)$，使得 $M(r_1)=M(r_2)$，则 $f(z)\equiv$常数.

**证** 因由最大模原理 $M(r)=\max\limits_{|z|\leqslant r}|f(z)|$. 显然，M(r)是单调递增函数. 若存在 $r_1<r_2$，使 $M(r_1)=M(r_2)$，即在$|z|<r_2$ 内存在点 $z_1=r_1e^{i\theta}$，使$|f(z_1)|=M(r_2)$，则在内点处达到最大模，故由最大模原理知 $f(z)\equiv$常数.

**12.** 简述：(1) 阿贝尔定理的意义是什么？

**答** 阿贝尔定理又称为幂级数敛散性定理，它将讨论幂级数的敛散性问题归结为讨论一点处级数的敛散性问题，即：若级数 $\sum\limits_{n=0}^{\infty}c_nz^n$ 在点 $z_0$ 收敛，则在一切满足$|z|<|z_0|$的点 $z$ 收敛；若$\sum\limits_{n=0}^{\infty}c_nz^n$ 在点 $z_0$ 发散，则在一切满足$|z|>|z_0|$的点 $z$ 发散. 从而指出，对一个幂级数$\sum\limits_{n=0}^{\infty}c_nz^n$，必存在一正数 $R$，使在$|z|<R$ 内级数收敛，在$|z|>|z_0|>R$ 内，级数发散. 因而给我们讨论幂级数的性质提供了很大便利，特别是对幂级数及其导出级数敛散性的确定有重要的意义.

(2) 有了柯西法，为什么还要柯西-阿达马法？并举例说明.

**答** 因为对于某些幂级数 $\sum\limits_{n=0}^{\infty}c_nz^n$，$\lim\limits_{n\to\infty}\sqrt[n]{|c_n|}$ 可能不存在，这时$\overline{\lim\limits_{n\to\infty}}\sqrt[n]{|c_n|}$ 若存在，则可以确定$\sum\limits_{n=0}^{\infty}c_nz^n$ 的敛散性. 例如，对于$\sum\limits_{n=0}^{\infty}[2+(-1)^n]^nz^n$，可知 $\lim\limits_{n\to\infty}\sqrt[n]{|c_n|}$ 不

存在，由柯西法无法确定其敛散性. 但是$\overline{\lim\limits_{n\to\infty}}\sqrt[n]{|c_n|}=3$，所以由柯西-阿达马法可以确定$\sum\limits_{n=0}^{\infty}[2+(-1)^n]^n z^n$的收敛半径$R=\dfrac{1}{3}$.

(3) 函数$\dfrac{1}{1+\mathrm{x}^2}$，当 x 为任何实数时都有确定的值，但它的泰勒展式$\dfrac{1}{1+\mathrm{x}^2}=1-\mathrm{x}^2+\mathrm{x}^4-\cdots$却只当$|\mathrm{x}|<1$时才成立. 这是为什么？

**答** 我们知道，实数只是复数的特殊情形. 当我们在复数范围内考虑函数$\dfrac{1}{1+\mathrm{x}^2}$时，在复平面内存在两个奇点$\mathrm{z}=\pm i$，而这两个奇点都在函数$\dfrac{1}{1+\mathrm{x}^2}$的展开式$1-\mathrm{x}^2+\mathrm{x}^4-\cdots$的收敛圆周$|\mathrm{z}|=1$上，所以级数的收敛半径只能等于 1. 函数$\dfrac{1}{1+\mathrm{x}^2}$中$\mathrm{z}=\mathrm{x}$(实数)的情形，也必须满足上述要求，所以，仅当$|\mathrm{x}|<1$时，才有$\dfrac{1}{1+\mathrm{x}^2}=1-\mathrm{x}^2+\mathrm{x}^4-\cdots$.

## III. 类题或自我检查题

1. 确定下列级数的敛散性：

(1) $\mathrm{i}+\mathrm{i}^2+\cdots+\mathrm{i}^n+\cdots$;

(2) $\mathrm{i}+\dfrac{\mathrm{i}^2}{2}+\cdots+\dfrac{\mathrm{i}^n}{n}+\cdots$.

(答：(1) 发散；(2) 收敛.)

2. 证明级数$\sum\limits_{n=1}^{\infty}\dfrac{n}{3^n}\sin(n\mathrm{i})$绝对收敛.

3. 讨论级数$\sum\limits_{n=1}^{\infty}\dfrac{1}{1+a^n}$的敛散性.

(提示：就$|a|>1$及$|a|\leqslant 1$的情形分别讨论.)

4. 求级数

$$\sum_{n=1}^{\infty}\frac{z^{2^{n-1}}}{z^{2^n}-1}$$

的和函数($|z|\neq 1$).

$$\left(\text{答：}f(z)=\begin{cases}\dfrac{z}{z-1}, & |z|<1,\\[2mm] \dfrac{1}{z-1}, & |z|>1.\end{cases}\right)$$

5. 设函数列$f_n(z)=u_n(x,y)+\mathrm{i}v_n(x,y)\ (n=1,2,\cdots)$定义在点集$E$上，试证$\sum\limits_{n=1}^{\infty}f_n(z)=f(z)=u(x,y)+\mathrm{i}v(x,y)$在$E$上一致收敛的充要条件是

$$\sum_{n=1}^{\infty} u_n(x,y)=u(x,y) \text{ 与 } \sum_{n=1}^{\infty} v_n(x,y)=v(x,y)$$

都在 $E$ 上一致收敛.

6. 试证级数 $\sum_{n=1}^{\infty}\frac{z^n}{1-z^n}$ 在 $|z|<1$ 内内闭一致收敛,在 $|z|>1$ 内发散.

7. 试说明级数收敛、绝对收敛、一致收敛、内闭一致收敛等概念之间的异同. 能否对下列情况举出一例?

(1) 收敛但不绝对收敛;(2) 收敛但不一致收敛;

(3) 区域内内闭一致收敛,但不一致收敛;

(4) 绝对收敛但不一致收敛;

(5) 区域内一致收敛,但不内闭一致收敛.

(提示:这些概念的定义可从教材上找到,还要参看本书的有关内容.)

8. 试求下列幂级数的收敛半径:

(1) $\sum_{n=1}^{\infty}(2^n-1)z^{n-1}$;　　(2) $\sum_{n=1}^{\infty}\frac{z^n}{2^{n^2}}$;

(3) $\sum_{n=1}^{\infty} z^{n^2}$;　　(4) $\sum_{n=1}^{\infty}\frac{z^n}{n^n}$;

(5) $\sum_{n=0}^{\infty}[8+(-1)^n]^n z^n$;　(6) $\sum_{n=0}^{\infty}[2\mathrm{i}+(-1)^n\mathrm{i}]^n(z-\mathrm{i})^n$.

$\left(\text{答:(1) } \frac{1}{2}\text{;(2) } \infty\text{;(3) } 1\text{;(4) } \infty\text{;(5) } \frac{1}{9}\text{;(6) } \frac{1}{3}.\right)$

9. 求函数 $f(z)=\frac{1}{z-2}$ 在 $z=-1$ 的邻域内的泰勒展式,并指出其收敛范围.

$\left(\text{答:}\frac{1}{z-2}=\sum_{n=0}^{\infty}\frac{(-1)}{3^{n+1}}(z+1)^n,\ |z+1|<3.\right)$

10. 将函数 $\sin\frac{1}{1-z}$ 在 $z=0$ 处展开成幂级数,只要前面四项,并求其收敛半径.

$$\left(\text{答:}\sin\frac{1}{1-z}=\sin 1+(\cos 1)z+\frac{-\sin 1+2\cos 1}{2}z^2+\right.$$
$$\left.\frac{5\cos 1-6\sin 1}{6}z^3+\cdots,\ |z|<1.\right)$$

11. 试求满足微分方程 $f'(z)=zf(z)$ 的中心为 0 的幂级数 $f(z)$,并求其收敛半径 $R>0$.

$\left(\text{答:}f(z)=c\sum_{n=0}^{\infty}\frac{1}{n!}\left(\frac{z^2}{2}\right)^n\text{,其中 } c \text{ 为任意常数,} |z|<+\infty.\right)$

12. 把函数

$$f(z)=\frac{4z^2+30z+68}{(z+4)^2(z-2)}$$

展成 $z$ 的幂级数.

$\left(\text{答:}f(z)=\sum_{n=0}^{\infty}\left[(-1)^{n+1}(n+1)\frac{1}{2^{2n+3}}-\frac{1}{2^{n-1}}\right]z^n,\ |z|<2.\right)$

13. 求函数 $f(z)=\mathrm{e}^{\frac{z}{1-z}}$ 在 $z=0$ 的泰勒展式的前四项，并求其收敛半径.

$\left(\text{答：用微分方程法，} f(z)=1+z+\dfrac{3}{2}z^2+\dfrac{13}{16}z^3+\cdots.\right)$

14. 若 $f(z)$ 在 $|z-a|<R$ 内解析，且 $|f(z)|<M$，证明

$$\left|f(z)-\sum_{k=0}^{n}\frac{f^{(k)}(a)}{k!}(z-a)^k\right|<\frac{M|z-a|^{n+1}}{R^n(R-|z-a|)}.$$

（提示：应用幂级数系数的柯西不等式.）

15. 设函数 $f(z)=\sum\limits_{n=0}^{\infty}c_nz^n$，$|z|<R$，若系数的柯西不等式中至少有一个成为等式，即

$$|c_k|=\frac{M(r)}{r^k}\quad(0<r<R),$$

则函数 $f(z)$ 有形式 $f(z)=c_kz^k$.

16. 求函数 $f(z)=\sin z-\tan z$ 的零点 $z=0$ 的阶.

（答：3 阶.）

17. 求 $f(z)=1-\cos z$ 的所有零点的阶.

（答：$z_k=2k\pi(k=0,\pm1,\pm2,\cdots)$ 各是 $f(z)$ 的二阶零点.）

18. 问在点 $z=0$ 解析，且满足条件

$$f\left(\frac{1}{n}\right)=f\left(-\frac{1}{n}\right)=\frac{1}{n^3}\quad(n=1,2,\cdots)$$

的函数 $f(z)$ 是否存在？

（提示：参看例 4.4.7.）

19. 设 $f(z)$ 在 $|z-z_0|\leqslant R$ 上解析，并且

$$|f(z_0+R\mathrm{e}^{\mathrm{i}\theta})|\geqslant m>0.$$

试证：如果 $|f(z_0)|<m$，则在 $|z-z_0|<R$ 内 $f(z)$ 至少具有一个零点.

20. 若 $f_1(z),f_2(z),\cdots,f_n(z)$ 都在区域 $D$ 内解析，而且连续到边界. 试证明 $\varphi(z)=|f_1(z)|+|f_2(z)|+\cdots+|f_n(z)|$ 是连续到边界的函数，而且在边界上达到最大值.

# 第五章
# 解析函数的洛朗展式与孤立奇点

## I. 重点、要求与例题

第四章主要介绍了函数在解析点的邻域(圆)内,可以展开成通常的幂级数,但在奇点的邻域内则不能,例如,函数 $e^{\frac{1}{z-a}}$ 在点 $z=a$ 的邻域内不能展成幂级数. 现在我们考虑挖去了奇点 $a$ 的圆环 $r<|z-a|<R\ (0\leqslant r<R\leqslant+\infty)$,并讨论在圆环内解析函数的级数展开. 这样将得到推广了的幂级数——洛朗(Laurent)级数. 它是函数在孤立奇点去心邻域内的级数展式,反过来,以它为工具就便于研究解析函数在孤立奇点去心邻域内的性质.

泰勒级数与洛朗级数是研究解析函数的有力工具.

### §1 解析函数的洛朗展式

**1.** 了解双边幂级数在其收敛圆环内的性质.

**定理 5.1** 设双边幂级数

$$\sum_{n=-\infty}^{\infty} c_n(z-a)^n \tag{5.3}$$

的收敛圆环为 $H: r<|z-a|<R(r\geqslant0,\ R\leqslant+\infty)$, 则

(1) (5.3)式在 $H$ 内绝对收敛且内闭一致收敛于 $f(z)=f_1(z)+f_2(z)$,其中 $f_1(z)=\sum\limits_{n=0}^{\infty} c_n(z-a)^n$, $f_2(z)=\sum\limits_{n=1}^{\infty} c_{-n}(z-a)^{-n}$;

(2) $f(z)$ 在 $H$ 内解析;

(3) $f(z)=\sum\limits_{n=-\infty}^{\infty} c_n(z-a)^n$ 在 $H$ 内可逐项求导 $p$ 次($p=1,2,\cdots$),还可沿 $H$ 内的曲线 $C$ 逐项积分.

**注** 这个定理对应于定理 4.14.

**2.** 掌握洛朗定理(对应于泰勒定理)及其与泰勒定理的关系.

**定理 5.2(洛朗定理)** 在圆环 $H: r<|z-a|<R(r\geqslant0, R\leqslant+\infty)$ 内解析的函数 $f(z)$ 必可展成双边幂级数,即洛朗级数

$$f(z)=\sum_{n=-\infty}^{\infty} c_n(z-a)^n, \tag{5.4}$$

其中洛朗系数

$$c_n=\frac{1}{2\pi \mathrm{i}}\int_{\Gamma}\frac{f(\zeta)}{(\zeta-a)^{n+1}}\mathrm{d}\zeta\quad(n=0,\pm 1,\pm 2,\cdots),\tag{5.5}$$

$\Gamma$ 为圆周 $|\zeta-a|=\rho(r<\rho<R)$，并且展式是惟一的(即 $f(z)$ 与圆环 $H$ 惟一地决定了系数 $c_n$)．但同一函数在不同圆环内的展式自然是不同的．

当已给函数 $f(z)$ 在点 $a$ 解析时，收敛圆环 $H$ 就退化成收敛圆 $K:|z-a|<R$．这时，洛朗定理就是泰勒定理，洛朗系数(5.5)就是泰勒系数(4.10)．也只有这时，洛朗系数除了有积分形式(5.5)，还有微分形式(4.10)，洛朗级数才退化成泰勒级数．因此，泰勒级数是洛朗级数的特殊情形，即 $c_{-n}=0(n\geqslant 1)$．

**3.** 在求一些初等函数的洛朗展式时，我们也往往不用通过洛朗系数公式(5.5)计算 $c_n$ 的直接法，而主要是用间接法，即根据洛朗展式的惟一性，通过利用一些已知的初等函数的泰勒展式来展开．所以把函数展成洛朗级数，泰勒级数仍然是基础．

**例 5.1.1**　求 $f(z)=\dfrac{1}{z(z-1)}$ 在适当圆环内的洛朗展式．

**分析**　$f(z)$ 在 $\mathbf{C}_\infty$ 上只以 $z=0,1,\infty$ 为奇点．因此 $z$ 平面被分成(1) $0<|z|<1$ 与(2) $1<|z|<+\infty$ 两个不相交的解析区域(其中(1)是原点 $z=0$ 的去心邻域；(2)是点 $\infty$ 的去心邻域)．所以自然还有(3) $0<|z-1|<1$ 及(4) $1<|z-1|<+\infty$((3)是 $z=1$ 的去心邻域；(4)也是以 $z=1$ 为中心的点 $\infty$ 的去心邻域)．现在，我们就分别在这四个最大去心解析邻域内来展开 $f(z)$．

**解**　(1) $0<|z|<1$ (展开中心是 $z=0$)，

$$f(z)=\frac{1}{z(z-1)}=-\frac{1}{1-z}-\frac{1}{z}=-\frac{1}{z}-\sum_{n=0}^{\infty}z^n.$$

(2) $1<|z|<+\infty\Rightarrow\left|\dfrac{1}{z}\right|<1$(展开中心是 $z=0$)，

$$f(z)=\frac{1}{z}\ \frac{1}{1-\dfrac{1}{z}}-\frac{1}{z}=-\frac{1}{z}+\frac{1}{z}\ \sum_{n=0}^{\infty}\frac{1}{z^n}$$

$$=-\frac{1}{z}+\frac{1}{z}+\frac{1}{z}\sum_{n=1}^{\infty}\frac{1}{z^n}=\sum_{n=1}^{\infty}\frac{1}{z^{n+1}}=\sum_{n=2}^{\infty}\frac{1}{z^n}.$$

(3) $0<|z-1|<1$ (展开中心是 $z=1$)，

$$f(z)=\frac{1}{z-1}-\frac{1}{1+(z-1)}$$

$$=\frac{1}{z-1}-\sum_{n=0}^{\infty}(-1)^n(z-1)^n.$$

(4) $1<|z-1|<+\infty\Rightarrow\left|\dfrac{1}{z-1}\right|<1$(展开中心是 $z=1$)，

$$f(z)=\frac{1}{z-1}-\frac{1}{z-1}\cdot\frac{1}{1+\dfrac{1}{z-1}}$$

$$=\frac{1}{z-1}-\frac{1}{z-1}\ \sum_{n=0}^{\infty}(-1)^n\left(\frac{1}{z-1}\right)^n$$

$$=-\frac{1}{z-1}\sum_{n=1}^{\infty}(-1)^n\left(\frac{1}{z-1}\right)^n$$

$$=\sum_{n=2}^{\infty}(-1)^n(z-1)^{-n}.$$

■

**例 5.1.2** 求函数 $f(z)=\frac{1}{1-z}\mathrm{e}^z$ 在适当圆环内的洛朗展式.

**分析** $f(z)=\frac{1}{1-z}\mathrm{e}^z$ 在 $\mathbf{C}_\infty$ 上只以 $z=1,\infty$ 为奇点(自然都是孤立奇点),而 $0<|z-1|<+\infty$ 既是 $z=1$ 的(最大解析)去心邻域,又是以 $z=1$ 为中心的 $z=\infty$ 的去心邻域.

**解** 由分析,

$$\frac{1}{1-z}\mathrm{e}^z=\frac{1}{1-z}\mathrm{e}^{z-1+1}=-\frac{\mathrm{e}}{z-1}\mathrm{e}^{z-1}$$

$$=-\mathrm{e}\frac{1}{z-1}\sum_{n=0}^{\infty}\frac{(z-1)^n}{n!}=-\mathrm{e}\sum_{n=0}^{\infty}\frac{1}{n!}(z-1)^{n-1}$$

$$=-\mathrm{e}\left[\frac{1}{z-1}+1+\frac{z-1}{2!}+\cdots+\frac{(z-1)^{n-1}}{n!}+\cdots\right]$$

$$(0<|z-1|<+\infty).$$

■

**例 5.1.3** 求函数 $f(z)=z^2\cos\frac{1}{z}$ 在适当圆环内的洛朗展式.

**分析** $f(z)=z^2\cos\frac{1}{z}$ 在 $\mathbf{C}_\infty$ 上只以 $z=0$ 及 $z=\infty$ 为奇点. $0<|z|<+\infty$ 同是 $z=0$ 及 $z=\infty$ 的去心邻域.

**解** 由分析,

$$z^2\cos\frac{1}{z}=z^2\sum_{n=0}^{\infty}\frac{(-1)^n}{(2n)!}\left(\frac{1}{z}\right)^{2n}\quad\left(0<\left|\frac{1}{z}\right|<+\infty\right)$$

$$=z^2-\frac{1}{2!}+\frac{1}{4!z^2}-\cdots+(-1)^n\frac{1}{(2n)!z^{2n-2}}+\cdots$$

$$(0<|z|<+\infty).$$

■

4. 解析函数在孤立奇点的去心邻域内能展成洛朗级数(由洛朗定理及如上三例可见),但在非孤立奇点的邻域内则不能.

**例 5.1.4** 问函数 $\tan\frac{1}{z}$ 能否在 $0<|z|<R$ 内展开成洛朗级数?

**解** $\tan\frac{1}{z}=\dfrac{\sin\frac{1}{z}}{\cos\frac{1}{z}}$ 的奇点是分母 $\cos\frac{1}{z}$ 的零点:

$$\frac{1}{z_k}=\left(k+\frac{1}{2}\right)\pi\quad(k=0,\pm1,\pm2,\cdots)$$

及 $z=0$,而当 $k\to\infty$ 时,$z_k\to0$, 所以 $z=0$ 是个非孤立奇点. 故不存在一个去心邻域 $0<|z|<R$ 使得 $\tan\frac{1}{z}$ 在其内解析. 因此,不可能在 $0<|z|<R$ 内把 $\tan\frac{1}{z}$ 展成洛朗

级数. ■

**5.** 求一个函数的洛朗级数，基本上都是从已知的洛朗级数出发. 利用下面所示的加法与乘法就可以得到许多函数的洛朗级数. 泰勒级数是洛朗级数的特例，我们就用它作为展成洛朗级数的基础.

(1)（洛朗级数的加法）设 $F(z)$ 在 $r<|z-a|<R$ 内解析，且 $F(z)=f(z)+g(z)$，又

$$f(z)=\sum_{n=-\infty}^{\infty}a_n(z-a)^n,\quad r<|z-a|<R,$$

$$g(z)=\sum_{n=-\infty}^{\infty}b_n(z-a)^n,\quad r<|z-a|<R,$$

则

$$F(z)=\sum_{n=-\infty}^{\infty}(a_n+b_n)(z-a)^n,\quad r<|z-a|<R.$$

**证** 根据级数的加法及洛朗展式的惟一性即得.

特别情形是 $f(z)$ 在 $|z-a|<R$ 内解析，$g(z)$ 在 $r<|z-a|$ 内解析，$r<R$，则 $f(z)$ 按 $z-a$ 的正幂展开，$g(z)$ 按 $z-a$ 的负幂展开.

(2)（洛朗级数的乘法）设 $F(z)=f_1(z)f_2(z)$ 在 $r<|z-a|<R$ 内解析，且

$$f_1(z)=\sum_{n=-\infty}^{\infty}a_n(z-a)^n,\quad r<|z-a|<R,$$

$$f_2(z)=\sum_{n=-\infty}^{\infty}b_n(z-a)^n,\quad r<|z-a|<R,$$

则

$$F(z)=\sum_{n=-\infty}^{\infty}c_n(z-a)^n,\quad r<|z-a|<R,$$

其中 $c_n=\sum\limits_{k=-\infty}^{\infty}a_kb_{n-k}$，$n=0,\ \pm1,\ \pm2,\ \cdots$.

**证** 由公式(5.5)，

$$\begin{aligned}c_n&=\frac{1}{2\pi\mathrm{i}}\int_{|\zeta-a|=\rho}\frac{F(\zeta)}{(\zeta-a)^{n+1}}\,\mathrm{d}\zeta\\&=\frac{1}{2\pi\mathrm{i}}\int_{|\zeta-a|=\rho}\frac{\sum\limits_{k=-\infty}^{\infty}a_k(\zeta-a)^kf_2(\zeta)}{(\zeta-a)^{n+1}}\,\mathrm{d}\zeta,\end{aligned}$$

其中 $r<\rho<R$.

若注意到 $\sum\limits_{k=-\infty}^{\infty}a_k(\zeta-a)^kf_2(\zeta)$ 在 $|\zeta-a|=\rho$ 上的一致收敛性，就得

$$c_n=\sum_{k=-\infty}^{\infty}a_k\frac{1}{2\pi\mathrm{i}}\int_{|\zeta-a|=\rho}\frac{f_2(\zeta)}{(\zeta-a)^{n-k+1}}\,\mathrm{d}\zeta=\sum_{k=-\infty}^{\infty}a_kb_{n-k}$$

$$(n=0,\ \pm1,\ \pm2,\cdots).$$

**注** 要灵活应用上面这个系数公式，只要记住乘积的展开式中各项为

$$c_n(z-a)^n=\sum_{k=-\infty}^{\infty}a_k(z-a)^k\cdot b_{n-k}(z-a)^{n-k}$$

$$(n=0, \pm 1, \pm 2, \cdots).$$

**例 5.1.5** 将 $e^{c\left(z+\frac{1}{z}\right)}$ 在 $0<|z|<+\infty$ 内展为洛朗级数.

**分析** 因为函数在 $\mathbf{C}_\infty$ 上的奇点为 $0,\infty$,故能在 $0<|z|<+\infty$ 内展成洛朗级数.

**解** 由分析,

$$e^{c\left(z+\frac{1}{z}\right)}=e^{cz}e^{\frac{c}{z}}=\left(1+cz+\frac{c^2}{2!}z^2+\cdots\right)\left(1+c\,\frac{1}{z}+\frac{c^2}{2!}\,\frac{1}{z^2}+\cdots\right).$$

为了求出上面的乘积,我们应用前面注中的公式.此时可知 $e^{cz}\,e^{\frac{c}{z}}$ 中各正幂项及负幂项分别为

$$\sum_{k=0}^{\infty}\frac{c^{n+k}}{(n+k)!}\,z^{n+k}\,\frac{c^k}{k!}\,\frac{1}{z^k},\quad n=0,1,2,\cdots,$$

$$\sum_{k=0}^{\infty}\frac{c^k}{k!}\,z^k\,\frac{c^{n+k}}{(n+k)!}\,\frac{1}{z^{n+k}},\quad n=1,2,\cdots,$$

由此即得

$$e^{c\left(z+\frac{1}{z}\right)}=c_0+\sum_{n=1}^{\infty}c_n\left(z^n+\frac{1}{z^n}\right),$$

此处

$$c_n=\sum_{k=0}^{\infty}\frac{c^{n+k}}{(n+k)!}\cdot\frac{c^k}{k!},\quad n=0,1,2,\cdots.$$

■

**例 5.1.6** 将 $e^{\frac{z^2}{z-1}}$ 在 $0<|z-1|<+\infty$ 内展为洛朗级数.

**分析** 已给函数在 $\mathbf{C}_\infty$ 上的奇点为 $1,\infty$,故能在圆环 $0<|z-1|<+\infty$ 内展为洛朗级数.

**解** 将 $\dfrac{z^2}{z-1}$ 作如下变形:

$$\frac{z^2}{z-1}=\frac{(z-1+1)^2}{z-1}=(z-1)+2+\frac{1}{z-1},$$

则

$$\begin{aligned}
e^{\frac{z^2}{z-1}}&=e^2e^{z-1}e^{(z-1)^{-1}}\\
&=e^2\left[\sum_{k=0}^{\infty}\frac{1}{k!}(z-1)^k\right]\left[\sum_{m=0}^{\infty}\frac{1}{m!}(z-1)^{-m}\right]\\
&=e^2\sum_{n=-\infty}^{\infty}\left(\sum_{\substack{k-m=n\\k,m\geqslant 0}}\frac{1}{k!\,m!}\right)(z-1)^n.
\end{aligned}$$

对于 $n\geqslant 0$,有

$$\sum_{\substack{k-m=n\\k,m\geqslant 0}}\frac{1}{k!\,m!}=\sum_{m=0}^{\infty}\frac{1}{m!\,(m+n)!};$$

对于 $n<0$,有 $(-n>0)$

$$\sum_{\substack{k-m=n\\k,m\geqslant 0}}\frac{1}{k!\,m!}=\sum_{k=0}^{\infty}\frac{1}{k!\,(k-n)!}.$$

因此得到

$$c_n=\sum_{m=0}^{\infty}\frac{1}{m!\ (m+|n|)!},\quad n=0,\pm 1,\pm 2,\cdots,$$

所以

$$e^{\frac{z^2}{z-1}}=\sum_{n=-\infty}^{\infty}\left(\sum_{m=0}^{\infty}\frac{e^2}{m!\ (m+|n|)!}\right)(z-1)^n$$
$$(0<|z-1|<+\infty).$$
■

**6. 了解求洛朗展式的直接法.**

**例 5.1.7**　试在原点去心邻域内把函数 $f(z)=\dfrac{e^z}{z^5}$ 展成洛朗级数.

**分析**　$f(z)$ 在 $\mathbf{C}_\infty$ 上只有奇点 0 和 $\infty$，故能在 $0<|z|<+\infty$ 内展成洛朗级数.

**解　间接法**

$$f(z)=\frac{1}{z^5}\cdot e^z=\frac{1}{z^5}\sum_{n=0}^{\infty}\frac{z^n}{n!}$$
$$=\frac{1}{z^5}+\frac{1}{z^4}+\frac{1}{2!}\frac{1}{z^3}+\frac{1}{3!}\frac{1}{z^2}+\frac{1}{4!}\frac{1}{z}+\frac{1}{5!}+\frac{1}{6!}z+\cdots$$
$$(0<|z|<+\infty).$$

**直接法**　作圆周 $\Gamma$：$|z|=\rho$，$0<\rho<+\infty$，利用洛朗系数公式(5.5)和柯西积分公式，

$$c_n=\frac{1}{2\pi i}\int_{\Gamma}\frac{f(\zeta)}{\zeta^{n+1}}d\zeta=\frac{1}{2\pi i}\int_{\Gamma}\frac{e^{\zeta}}{\zeta^{n+6}}d\zeta$$
$$=\frac{1}{(n+5)!}e^{\zeta}\Big|_{\zeta=0}=\frac{1}{(n+5)!}\quad(n\geqslant 0),$$
$$c_{-n}=\frac{1}{2\pi i}\int_{\Gamma}\frac{e^{\zeta}}{\zeta^{-n+1}}d\zeta=\frac{1}{(-n+5)!}\quad(n=1,2,3,4,5).$$
■

**例 5.1.8**　求函数

$$f(z)=\frac{z^2-2z+5}{(z-2)(z^2+1)}$$

在 $2<|z|<+\infty$ 内的洛朗展式.

**分析**　$f(z)$ 在 $\mathbf{C}_\infty$ 上的奇点为 $\pm i$，2 及 $\infty$，故 $f(z)$ 能在无穷远点的去心邻域 $2<|z|<+\infty$ 内展为洛朗级数.

**解　间接法**　$2<|z|<+\infty\Rightarrow\left|\dfrac{1}{z}\right|<1$，$\left|\dfrac{2}{z}\right|<1$.因为

$$f(z)=\frac{1}{z-2}-\frac{2}{z^2+1}=\frac{1}{z}\frac{1}{1-\frac{2}{z}}-\frac{2}{z^2}\frac{1}{1+\frac{1}{z^2}}$$
$$=\frac{1}{z}\sum_{n=0}^{\infty}\frac{2^n}{z^n}-\frac{2}{z^2}\sum_{n=0}^{\infty}(-1)^n\frac{1}{z^{2n}}$$
$$=\sum_{n=0}^{\infty}\frac{2^n}{z^{n+1}}+2\sum_{n=0}^{\infty}\frac{(-1)^{n+1}}{z^{2(n+1)}}$$
$$=\sum_{n=1}^{\infty}\frac{2^{n-1}}{z^n}+2\sum_{n=1}^{\infty}\frac{(-1)^n}{z^{2n}},$$

所以 $f(z)=\sum_{m=1}^{\infty}\frac{c_{-m}}{z^m}$，其中

$$c_{-m}=\begin{cases}2^{2k}, & m=2k+1,k\geqslant 0,\\ 2^{2k-1}+2(-1)^k, & m=2k,k\geqslant 1.\end{cases}$$

**直接法** 由公式(5.5)，

$$c_n=\frac{1}{2\pi i}\int_{|z|=\rho>2}\frac{z^2-2z+5}{z^{n+1}(z-2)(z^2+1)}dz.$$

当 $n\geqslant 0$ 时，

$$|c_n|\leqslant\frac{1}{2\pi}\frac{\rho^2+2\rho+5}{\rho^{n+1+3}\left(1-\frac{2}{\rho}\right)\left(1-\frac{1}{\rho^2}\right)}\cdot 2\pi\rho$$

$$=o\left(\frac{1}{\rho^{n+1}}\right)\to 0\quad(\rho\to+\infty),$$

所以 $c_n=0$.

当 $n\leqslant -1$ 时，记 $m=-n\geqslant 1$，

$$c_{-m}=\frac{1}{2\pi i}\int_{|z|=\rho>2}\frac{z^{m-1}(z^2-2z+5)}{(z-2)(z^2+1)}dz$$

$$=\frac{1}{2\pi i}\int_{|z|=\rho>2}\left(\frac{z^{m-1}}{z-2}-\frac{2z^{m-1}}{z^2+1}\right)dz$$

$$\xlongequal{\text{柯西积分公式}}2^{m-1}-\frac{2}{2\pi i}\int_{|z|=\rho>2}\frac{z^{m-1}}{z^2+1}dz.$$

而当 $|z|>1$ 时，$\left|\frac{1}{z}\right|<1$，

$$\frac{z^{m-1}}{z^2+1}=\frac{z^{m-3}}{1+\frac{1}{z^2}}=z^{m-3}\left(1-\frac{1}{z^2}+\frac{1}{z^4}-\frac{1}{z^6}+\cdots\right).$$

因此，当 $m=2k+1$ 时，

$$\int_{|z|=\rho>2}\frac{z^{m-1}}{z^2+1}dz=0;$$

当 $m=2k$ 时，

$$\frac{1}{2\pi i}\int_{|z|=\rho>2}\frac{z^{m-1}}{z^2+1}dz=(-1)^{k-1}.$$

这两个积分值是通过逐项积分后，应用例 3.2(重要积分)得到的. 所以

$$c_{-m}=\begin{cases}2^{2k}, & m=2k+1,k\geqslant 0,\\ 2^{2k-1}+2(-1)^k, & m=2k,k\geqslant 1.\end{cases}$$

■

**7. 洛朗展式应用于解题.**

**例 5.1.9** 如果函数 $f(z)$ 在圆环 $H:\rho<|z|<\frac{1}{\rho}\left(1>\rho>0,\ \frac{1}{\rho}<+\infty\right)$ 内解析，又满足 $f\left(\frac{1}{\bar{z}}\right)=\overline{f(z)}$. 令 $f(z)$ 的以 0 为中心的洛朗级数为 $f(z)=\sum_{n=-\infty}^{\infty}a_nz^n$. 证明：关于各 $n$，$a_{-n}=\overline{a_n}$，而且 $f(z)$ 在 $|z|=1$ 上取实数值.

**分析**　应用泰勒定理、洛朗定理及公式 $z\overline{z}=1$ 和 $z+\overline{z}=2\mathrm{Re}(z)$.

**证**　(1) 由题设,

$$\sum_{n=-\infty}^{\infty} a_n z^n = f(z) = \overline{f\left(\frac{1}{\overline{z}}\right)} = \sum_{n=-\infty}^{\infty} \overline{a}_n z^{-n},$$

其中 $\sum\limits_{n=0}^{\infty}\overline{a}_{-n}z^n$ 在 $|z|<\rho$ 内收敛. 此外 $\sum\limits_{n=1}^{\infty}\overline{a}_n z^{-n}$ 在 $|z|>\dfrac{1}{\rho}$ 内收敛,这时根据洛朗展式的惟一性,对于各 $-\infty<n<+\infty$,

$$a_{-n}=\overline{a}_n. \tag{1}$$

(2) 如果特别当 $|z|=1$,则

$$\overline{z}=\frac{1}{z}, \tag{2}$$

得

$$\sum_{n=-\infty}^{\infty} a_n z^n = a_0 + \sum_{n=1}^{\infty}(a_n z^n + a_{-n} z^{-n})$$

$$\xlongequal{(1)(2)} a_0 + \sum_{n=1}^{\infty}(a_n z^n + \overline{a}_n \overline{z}^{\,n}).$$

当 $n=0$ 时,由(1)式有 $a_0=\overline{a}_0$, 所以 $a_0$ 为实数. 又因

$$a_n z^n + \overline{a}_n \overline{z}^n = a_n z^n + \overline{a_n z^n} = 2\mathrm{Re}(a_n z^n)$$

为实数,所以 $f(z)$ 在 $|z|=1$ 上取实数值. ■

**例 5.1.10**　试证明:不论 $\delta>0$ 如何小,对于充分大的 $n$,函数

$$1+\frac{1}{z}+\frac{1}{2!z^2}+\cdots+\frac{1}{n!z^n}$$

的零点都在圆 $|z|<\delta$ 内.

**分析**　只需证 $\left|1+\dfrac{1}{z}+\dfrac{1}{2!z^2}+\cdots+\dfrac{1}{n!z^n}\right|>0(n>N(\delta),\ |z|\geqslant\delta)$.

**证**　设 $\delta>0$ 充分小,则

$$e^z = 1+z+\frac{z^2}{2!}+\cdots+\frac{z^n}{n!}+\cdots$$

在 $|z|\leqslant\delta^{-1}$ 上一致收敛,故

$$e^{\frac{1}{z}} = 1+\frac{1}{z}+\frac{1}{2!z^2}+\cdots+\frac{1}{n!z^n}+\cdots$$

在 $|z|\geqslant\delta$ 上一致收敛. 由柯西一致收敛准则,存在 $N=N(\delta)$,使当 $n>N$ 时, $\left|\sum\limits_{k=n+1}^{\infty}\dfrac{1}{k!z^k}\right|<\dfrac{m}{2}$ $(|z|\geqslant\delta)$,其中

$$\inf_{|z|\geqslant\delta}|e^{\frac{1}{z}}| = \inf_{|z|\leqslant\delta^{-1}}|e^z| \overset{\text{def}}{=\!=} m>0.$$

于是

$$\left|1+\frac{1}{z}+\frac{1}{2!z^2}+\cdots+\frac{1}{n!z^n}\right| \geqslant |e^{\frac{1}{z}}| - \left|\sum_{k=n+1}^{\infty}\frac{1}{k!z^k}\right|$$

$$> m-\frac{m}{2}=\frac{m}{2}>0 \quad (|z|\geqslant\delta),$$

故函数 $1+\frac{1}{z}+\frac{1}{2!z^2}+\cdots+\frac{1}{n!z^n}(n>N(\delta))$的零点全在$|z|<\delta$内. ■

## §2 解析函数的孤立奇点

孤立奇点是解析函数的奇点中最简单、最重要的一种类型，以解析函数的洛朗展式为工具，我们能够在孤立奇点的去心邻域内充分研究一个解析函数的性质.

**1.** 掌握(有限)孤立奇点的三种类型.

若 $a$ 为 $f(z)$的孤立奇点，则 $f(z)$在点 $a$ 的某去心邻域$K\backslash\{a\}$内可以展成洛朗级数 $f(z)=\sum_{n=-\infty}^{\infty} c_n(z-a)^n$.

我们称非负幂部分 $\sum_{n=0}^{\infty} c_n(z-a)^n$ 为 $f(z)$ 在点 $a$ 的正则部分，而称负幂部分 $\sum_{n=1}^{\infty} c_{-n}(z-a)^{-n}$ 为$f(z)$ 在点$a$ 的主要部分，这是因为实际上非负幂部分表示在点$a$的邻域 $K:|z-a|<R$ 内的解析函数，故函数 $f(z)$在点 $a$ 的奇异性质完全体现在洛朗级数的负幂部分上.

**定义 5.3** 设 $a$ 为 $f(z)$的孤立奇点.

(1) 若 $f(z)$在点 $a$ 的主要部分为零，则称 $a$ 为 $f(z)$的可去奇点(见例 5.2.1).

(2) 若 $f(z)$在点 $a$ 的主要部分为有限项，设为

$$\frac{c_{-m}}{(z-a)^m}+\frac{c_{-(m-1)}}{(z-a)^{m-1}}+\cdots+\frac{c_{-1}}{z-a} \quad (c_{-m}\neq 0),$$

则称 $a$ 为 $f(z)$的 $m$ 阶极点(见例 5.1.7).

一阶极点也称为单极点(见例 5.1.1(1)、(3)).

(3) 若 $f(z)$在点 $a$ 的主要部分有无限多项，则称 $a$ 为 $f(z)$的本质奇点(见例 5.1.3).

**2.** 掌握孤立奇点类型的判定定理.

**定理 5.3** 若 $a$ 为函数 $f(z)$的孤立奇点，则下列三条是等价的，因此，它们中的每一条都是可去奇点的特征：

(1) $f(z)$在点 $a$ 的主要部分(负幂)为零；

(2) $\lim\limits_{z\to a} f(z)=b(\neq\infty)$；

(3) $f(z)$在点 $a$ 的某去心邻域内有界.

**例 5.2.1** 证明 $z=0$ 为$\frac{e^z-1}{z}$的可去奇点.

**证一** 首先因 $z=0$ 为函数$\frac{e^z-1}{z}$的孤立奇点，又因展式

$$\begin{aligned}\frac{e^z-1}{z}&=\frac{1}{z}\left(1+z+\frac{1}{2!}z^2+\cdots+\frac{1}{n!}z^n+\cdots-1\right)\\&=1+\frac{z}{2!}+\cdots+\frac{z^{n-1}}{n!}+\cdots \quad (0<|z|<+\infty)\end{aligned}$$

在 $z=0$ 的主要部分为零，所以 $z=0$ 为其可去奇点.

**证二**　因

$$\lim_{z\to 0}\frac{e^z-1}{z}=\lim_{z\to 0}e^z=1\neq\infty,$$

由定理 5.3(2)知，$z=0$ 为$\dfrac{e^z-1}{z}$的可去奇点. ■

**例 5.2.2**　设 $f(z)=\dfrac{\sin z}{z-\pi}$，试确定奇点 $z=\pi$ 的类型.

**解**　$f(z)$在 **C** 上只有奇点 $z=\pi$，故为孤立奇点. 又因

$$\lim_{z\to\pi}\frac{\sin z}{z-\pi}=-\lim_{z\to\pi}\frac{\sin(\pi-z)}{\pi-z}=-1\neq\infty,$$

故 $z=\pi$ 为其可去奇点. ■

**定理 5.4**　如果 $a$ 为 $f(z)$的孤立奇点，则下列三条是等价的，因此，它们中的每一条都是 $m$ 阶极点的特征：

(1) $f(z)$在点 $a$ 的主要部分为

$$\frac{c_{-m}}{(z-a)^m}+\cdots+\frac{c_{-1}}{z-a}\quad(c_{-m}\neq 0);$$

(2) $f(z)$在点 $a$ 的某去心邻域内能表成

$$f(z)=\frac{\lambda(z)}{(z-a)^m},\tag{5.11}$$

其中 $\lambda(z)$在点 $a$ 的邻域内解析，且 $\lambda(a)\neq 0$；

(3) $g(z)=\dfrac{1}{f(z)}$以 $a$ 为 $m$ 阶零点(可去奇点要当作解析点看，只要令 $g(a)=0$).

**注**　第(3)条表明 $f(z)$的 $m$ 阶极点就是$\dfrac{1}{f(z)}$的 $m$ 阶零点.

**定理 5.5**　函数 $f(z)$的孤立奇点 $a$ 为极点$\Leftrightarrow\lim\limits_{z\to a}f(z)=\infty$.

**注**　这个定理也能说明极点的特征，其缺点是不能指明极点的阶.

**定理 5.6**　函数 $f(z)$的孤立奇点 $a$ 为本质奇点

$$\Leftrightarrow\lim_{z\to a}f(z)\neq\begin{cases}b\ (\text{有限数}),\\ \infty,\end{cases}\ \text{即}\ \lim_{z\to a}f(z)\ \text{不存在}.$$

3. 就本书所遇到的奇点情况来看，可以列表如下：

$$\text{奇点}\begin{cases}\text{孤立奇点}\begin{cases}\text{可去奇点}\\ \text{极　　点}\\ \text{本质奇点}\end{cases}\\ \text{非孤立奇点；}\\ \text{支点(多值函数的).}\end{cases}$$

（孤立奇点、非孤立奇点：单值函数的）；

**例 5.2.3**　求函数

$$f(z)=\frac{(z-5)\sin z}{(z-1)^2z^2(z+1)^3}$$

的奇点，并确定它们的类型.

**分析**　容易看出，$z=0,\ z=1,\ z=-1$ 是 $f(z)$在 **C** 上的奇点.

**解一** 先考虑 $z=0$. 因为

$$f(z)=\frac{1}{z}\left[\frac{z-5}{(z-1)^2(z+1)^3}\cdot\frac{\sin z}{z}\right]=\frac{1}{z}\lambda(z),$$

显然 $\lambda(z)$ 在 $z=0$ 解析$\left(只需令\left.\frac{\sin z}{z}\right|_{z=0}=1\right)$，且

$$\lambda(0)=-5\neq 0.$$

由定理 5.4 的(5.11)式可知 $z=0$ 是 $f(z)$ 的单极点. 用同样的办法，可知 $z=1$ 及 $z=-1$ 分别是 $f(z)$ 的二阶极点和三阶极点.

**解二** 由于 $z=0$ 是 $\sin z$ 的一阶零点，所以，以 $z$ 除 $f(z)$ 的分子和分母，这样

$$f(z)=\frac{(z-5)\dfrac{\sin z}{z}}{(z-1)^2z(z+1)^3}.$$

由定理 5.4(3)，$f(z)$ 的分母的零点就是 $f(z)$ 的极点，所以

$z=0$ 是 $f(z)$ 的一阶极点（注意，不是二阶极点）；

$z=1$ 是 $f(z)$ 的二阶极点；

$z=-1$ 是 $f(z)$ 的三阶极点. ■

**例 5.2.4** 试求出 $f(z)=\cot\dfrac{1}{z}$ 的全部有限奇点，并确定其类型.

**解** 因为

$$\cot\frac{1}{z}=\frac{\cos\dfrac{1}{z}}{\sin\dfrac{1}{z}},$$

所以 $f(z)=\cot\dfrac{1}{z}$ 的全部奇点只能出自于使 $\dfrac{1}{z}$ 无意义，及使 $\sin\dfrac{1}{z}=0$ 的点. 因为 $z_0=0$ 使 $\dfrac{1}{z}$ 无意义；$z_k=\dfrac{1}{k\pi}$ $(k=\pm1,\pm2,\cdots)$ 使 $\sin\dfrac{1}{z}=0$，所以 $z_0=0$ 及 $z_k=\dfrac{1}{k\pi}$ $(k=\pm1,\pm2,\cdots)$ 为 $f(z)$ 的全部有限奇点. 又因为

$$\left.\cos\frac{1}{z}\right|_{z=z_k}\neq 0,\ \left.\sin\frac{1}{z}\right|_{z=z_k}=0,\ 而\left.\left(\sin\frac{1}{z}\right)'\right|_{z=z_k}\neq 0,$$

所以 $z_k=\dfrac{1}{k\pi}$ 为 $f(z)=\cot\dfrac{1}{z}$ 的一阶极点. 又因为

$$\lim_{k\to\infty}z_k=0=z_0,$$

所以 $z_0=0$ 不是 $f(z)$ 的孤立奇点，而是 $f(z)$ 的非孤立奇点，或者说 $z_0=0$ 为 $f(z)$ 的诸极点的聚点. ■

**例 5.2.5** 指出函数 $f(z)=\dfrac{z^2}{\sin\dfrac{1}{z}}$ 在点 $z=0$ 的奇点特性.

**解** 由于 $\sin\dfrac{1}{z}$ 的零点为 $z_k=\dfrac{1}{k\pi}(k=\pm1,\pm2,\cdots)$，且都是一阶极点，所以 $z=0$ 是 $f(z)$ 的这些极点的极限点，即是 $f(z)$ 的非孤立奇点. ■

**例 5.2.6** 证明 $z=0$ 是

$$f(z)=\frac{1}{z^3(e^{z^3}-1)}$$

的六阶极点.

**证** 因为 $z=0$ 是 $\frac{1}{f(z)}=z^3(e^{z^3}-1)$ 的六阶零点. ■

**例 5.2.7** 指出函数 $f(z)=\frac{1}{\sin z^2}$ 有什么样的有限奇点.

**解** 由于

$$f(z)=\frac{1}{\sin z^2}=\frac{1}{z^2\left(1-\frac{z^4}{3!}+\frac{z^8}{5!}+\cdots\right)}=\frac{\lambda(z)}{z^2},$$

其中 $\lambda(z)=1\Big/\left(1-\frac{z^4}{3!}+\frac{z^8}{5!}+\cdots\right)$ 在 $z_0=0$ 解析，且 $\lambda(0)=1\neq0$. 故由公式(5.11)，$z_0=0$ 是 $f(z)$ 的二阶极点.

令 $g(z)=\sin z^2=0\Rightarrow z_k=\pm\sqrt{k\pi}$ $(k=\pm1,\pm2,\cdots)$. 而

$$g'(z_k)=2z\cos z^2\big|_{z=z_k}\neq0,$$

故 $z_k=\pm\sqrt{k\pi}(k=\pm1,\pm2,\cdots)$ 各为 $f(z)$ 的一阶极点. ■

**4.** 充分理解关于本质奇点的魏尔斯特拉斯定理 5.8 和皮卡(Picard)(大)定理 5.9.

**定理 5.7** 若 $z=a$ 为函数 $f(z)$ 的一本质奇点，且在点 $a$ 的充分小去心邻域内不为零，则 $z=a$ 亦必为 $\frac{1}{f(z)}$ 的本质奇点.

**定理 5.8** 如果 $a$ 为函数 $f(z)$ 的本质奇点，则对任何指定的数 $A$(有限或无限)，必存在点列 $\{z_n\}\to a$，使得像点列 $\{f(z_n)\}\to A$ (极限等式).

**定理 5.9** 若 $a$ 为函数 $f(z)$ 的本质奇点，则对任何 $A\neq\infty$，除可能有一个例外的有限值 $A_0$，必有点列 $\{z_n\}\to a$，使得 $f(z_n)=A$ $(n=1,2,\cdots)$(准确等式).

这是关于函数在本质奇点附近值分布情况的一个定理，是函数值分布理论的早期结果之一.

## §3 解析函数在无穷远点的性质

上一节讨论的是孤立奇点为有限点的情形. 由于函数 $f(z)$ 在点$\infty$总是无意义的，所以点$\infty$总是 $f(z)$ 的奇点.

**1.** 充分了解解析函数在无穷远点邻域内的性态.

(1) **定义 5.4** 设函数 $f(z)$ 在无穷远点去心邻域

$$N\backslash\{\infty\}:+\infty>|z|>r\geqslant0$$

内解析，则称点$\infty$为 $f(z)$ 的孤立奇点.

如果点$\infty$是 $f(z)$ 的奇点的聚点，就是 $f(z)$ 的非孤立奇点.

(2) 设点$\infty$为 $f(z)$ 的孤立奇点，利用倒数变换

$$z'=\frac{1}{z},$$

于是

$$\varphi(z')=f\left(\frac{1}{z'}\right)=f(z) \tag{5.12}$$

在 $z'$ 平面上原点 $z'=0$ 的去心邻域 $K\setminus\{0\}$：$0<|z'|<\frac{1}{r}$（如 $r=0$，规定 $\frac{1}{r}=+\infty$）内解析. $z'=0$ 就为 $\varphi(z')$ 的一孤立奇点. 这是我们处理无穷远点作为孤立奇点的方法. 也就是说，我们往往利用倒数变换把讨论函数 $f(z)$ 在点 $\infty$ 去心邻域内的性质转换成讨论对应函数 $\varphi(z')$ 在对应去心邻域 $K\setminus\{0\}$ 内的性质.

**定义 5.5** 若 $z'=0$ 为 $\varphi(z')$ 的可去奇点（解析点）、$m$ 阶极点或本质奇点，则我们相应地称 $z=\infty$ 为 $f(z)$ 的可去奇点（解析点）、$m$ 阶极点或本质奇点.

**注** 虽然我们可以定义 $f(\infty)$，但在无穷远点处没有定义差商，因此我们没有定义 $f(z)$ 在无穷远点的可微性. 但由定义 5.5 可见，所谓 $f(z)$ 在点 $\infty$ 解析，就是指点 $\infty$ 为 $f(z)$ 的可去奇点，且定义 $f(\infty)=\lim\limits_{z\to\infty} f(z)$.

(3) 在 $N\setminus\{\infty\}$：$+\infty>|z|>r\geqslant 0$ 内，$f(z)$ 的洛朗展式设为

$$f(z)=\sum_{n=-\infty}^{\infty} b_n z^n. \tag{5.13}$$

对应于 $\varphi(z')=\sum\limits_{n=-\infty}^{\infty} c_n z'^n$ 在 $z'=0\left(z'=\frac{1}{z}\right)$ 的主要部分（负幂），我们称 $\sum\limits_{n=1}^{\infty} b_n z^n$（正幂）为 $f(z)$ 在 $z=\infty$ 的主要部分.

(4) 我们来观察这样一个特例：设函数 $f(z)$ 在 $\mathbf{C}_\infty$ 上只有奇点 $z=0$ 和 $z=\infty$，则可设

$$f(z)=a_0+\frac{a_1}{z}+\cdots+\frac{a_n}{z^n}+\cdots+$$
$$b_1 z+b_2 z^2+\cdots+b_n z^n+\cdots \quad (0<|z|<+\infty),$$

这样就把函数 $f(z)-a_0$ 一分为二：$\sum\limits_{n=1}^{\infty}\frac{a_n}{z^n}$ 及 $\sum\limits_{n=1}^{\infty} b_n z^n$. 在 $z=0$ 的去心邻域 $0<|z|<+\infty$ 内，$\sum\limits_{n=1}^{\infty}\frac{a_n}{z^n}$ 是主要部分，起主导作用，$f(z)$ 的性质主要由 $\sum\limits_{n=1}^{\infty}\frac{a_n}{z^n}$ 所确定，而 $\sum\limits_{n=1}^{\infty} b_n z^n$ 是次要部分. 但是当 $|z|$ 逐渐变大，趋于 $+\infty$ 时，主要和次要就互相转化. 在 $z=\infty$ 的去心邻域 $0<|z|<+\infty$ 内，$\sum\limits_{n=1}^{\infty} b_n z^n$ 是主要部分，起主导作用，决定 $f(z)$ 的性质，而 $\sum\limits_{n=1}^{\infty}\frac{a_n}{z^n}$ 却变为次要部分.

**2.** 掌握孤立奇点 $\infty$ 类型的判定定理.

根据上段的讨论，我们不难根据上节关于有限孤立奇点 $a$ 的判定定理 5.3—定理 5.6，对应地写出点 $\infty$ 是孤立奇点的判定定理 5.3′—定理 5.6′.

**注** 定理 5.7—定理 5.9 对 $z=\infty$ 是 $f(z)$ 的本质奇点也真.

**例 5.3.1** 求出下列函数的奇点，并确定它们的类别（对于极点，要指出它们的阶），对于无穷远点也要加以讨论.

(1) $f(z)=\dfrac{z^6+1}{z(z^2+1)^2}$；(2) $f(z)=\dfrac{z^5}{(1-z)^2}$；

(3) $f(z)=\dfrac{1}{z^2}+\dfrac{1}{z^3}$；　(4) $f(z)=\dfrac{\sin z-z}{z^3}$；

(5) $f(z)=\dfrac{1}{1+e^z}$；　(6) $f(z)=\sec^2 z$；

(7) $f(z)=\dfrac{1}{\sin z-\sin a}$（$a$ 为常数）.

**解**　(1) 这是有理分式函数，故分母的零点 $0,-i$ 及 $i$ 是这个函数的极点. 下面考察它们的阶.

$z=0$ 是分母的一阶零点，又非分子 $z^6+1$ 的零点，故 $z=0$ 为 $f(z)$ 的一阶极点.

注意到 $z^6+1=(z^2+1)(z^4-z^2+1)$，

$$\frac{z^6+1}{z(z^2+1)^2}=\frac{z^4-z^2+1}{z(z-i)[z-(-i)]},$$

可见 $z=\pm i$ 各是分母的一阶零点，而不是分子的零点，因此都是 $f(z)$ 的一阶极点.

再看点 $\infty$. 因为

$$\frac{z^6+1}{z(z^2+1)^2}=\frac{z^6\left(1+\dfrac{1}{z^6}\right)}{z^5\left(1+\dfrac{2}{z^2}+\dfrac{1}{z^4}\right)}=z\left(1-\frac{2}{z^2}+\cdots\right),$$

其中 $\mu(z)=1-\dfrac{2}{z^2}+\cdots$ 在点 $z=\infty$ 解析，且 $\mu(\infty)=1\neq 0$. 由定理 5.4′的(5.11)′式，可见 $z=\infty$ 是 $f(z)$ 的一阶极点.

(2) 显然 $z=1$ 是 $f(z)$ 的二阶极点. 下面考察点 $\infty$. 由于

$$f(z)=z^3\frac{z^2}{(1-z)^2}=z^3\left(\frac{z}{z-1}\right)^2,$$

其中

$$\mu(z)=\left(\frac{1}{1-\dfrac{1}{z}}\right)^2$$

在点 $z=\infty$ 解析，且 $\mu(\infty)=1\neq 0$，可见 $z=\infty$ 是 $f(z)$ 的三阶极点.

(3) $f(z)$ 只以 $z=0$ 和 $z=\infty$ 为奇点，而

$$f(z)=\frac{1}{z^2}+\frac{1}{z^3}$$

就是 $f(z)$ 在 $0<|z|<+\infty$ 内的洛朗展式.

$f(z)$ 在 $z=0$ 的主要部分（负幂）为 $\dfrac{1}{z^2}+\dfrac{1}{z^3}$，故 $z=0$ 为 $f(z)$ 的三阶极点. 又 $f(z)$ 在 $z=\infty$ 的主要部分（正幂）为零，故 $z=\infty$ 为 $f(z)$ 的可去奇点.

由于 $f(z)=\dfrac{z+1}{z^3}$，$\dfrac{1}{f(z)}=z^2\left(1-\dfrac{1}{z+1}\right)$ 以 $z=\infty$ 为二阶极点，故 $f(z)$ 以 $z=\infty$ 为二阶零点（定理 5.4′(3)）.

(4) $f(z)$只以 $z=0$ 和 $z=\infty$为奇点.

**解一** 先求 $f(z)$的洛朗展式:

$$f(z)=\frac{\sin z-z}{z^3}=\frac{1}{z^3}\left[\sum_{n=0}^{\infty}\frac{(-1)^n z^{2n+1}}{(2n+1)!}-z\right]$$

$$=\frac{1}{z^3}\sum_{n=1}^{\infty}\frac{(-1)^n z^{2n+1}}{(2n+1)!}\quad(0<|z|<+\infty).$$

由此可见,$f(z)$在 $z=0$ 的主要部分(负幂)为零;在 $z=\infty$的主要部分(正幂)有无限项. 故 $z=0$ 为 $f(z)$的可去奇点;$z=\infty$为 $f(z)$的本质奇点.

**解二** 计算极限.

由洛必达法则,

$$\lim_{z\to0}\frac{\sin z-z}{z^3}=\lim_{z\to0}\frac{\cos z-1}{3z^2}=\lim_{z\to0}\frac{-\sin z}{6z}=-\frac{1}{6}\neq\infty,$$

故 $z=0$ 为 $f(z)$的可去奇点. 若定义 $f(0)=-\dfrac{1}{6}$,则 $f(z)$在 $z=0$ 解析.

$\lim\limits_{z\to\infty}\dfrac{\sin z-z}{z^3}$不存在,因为$\lim\limits_{z\to\infty}\sin z$ 不存在,当然,根本上是由于$\lim\limits_{z\to\infty}\mathrm{e}^z$ 不存在. 故 $z=\infty$为 $f(z)$的本质奇点.

(5) 解 $1+\mathrm{e}^z=0$ 得$\dfrac{1}{f(z)}$的零点

$$z_k=(2k+1)\pi\mathrm{i}\quad(k=0,\pm1,\pm2,\cdots),$$

又因为$(1+\mathrm{e}^z)'|_{z=z_k}=\mathrm{e}^z|_{z=z_k}\neq0$,由定义 4.7,$z_k$ 都是$\dfrac{1}{f(z)}$的一阶零点. 由定理 5.4 (3)可见 $z_k$ 都是 $f(z)$的一阶极点.

当 $k\to\infty$时,$z_k\to\infty$. 故点$\infty$是 $f(z)$的非孤立奇点,即极点列$\{z_k\}$的聚点.

(6) 因 $\sec^2 z=\dfrac{1}{\cos^2 z}$,且 $\cos z$ 的零点为

$$z_k=\left(k+\frac{1}{2}\right)\pi\quad(k=0,\pm1,\pm2,\cdots),$$

而

$$(\cos^2 z)'|_{z=z_k}=-2\sin z\cos z|_{z=z_k}=0,$$

$$(\cos^2 z)''|_{z=z_k}=-(\sin 2z)'|_{z=z_k}=-2\cos 2z|_{z=z_k}$$

$$=-2\cos(2k+1)\pi=-2\cos\pi=2\neq0,$$

故 $\cos^2 z$ 以 $z_k=\left(k+\dfrac{1}{2}\right)\pi(k=0,\pm1,\pm2,\cdots)$为二阶零点. 从而 $\sec^2 z$ 就以 $z_k=\left(k+\dfrac{1}{2}\right)\pi(k=0,\pm1,\pm2,\cdots)$为二阶极点. 又因当 $k\to\infty$时,$z_k\to\infty$, 故点$\infty$为 $\sec^2 z$ 的非孤立奇点,即极点列$\{z_k\}$ 的聚点.

(7) 因为 $\sin z-\sin a$ 仅以$k\pi+(-1)^k a(k=0,\pm1,\pm2,\cdots)$为孤立零点, 又因为

$$(\sin z-\sin a)'|_{z=k\pi+(-1)^k a}=\cos[k\pi+(-1)^k a]=(-1)^k\cos a,$$

$$(\sin z-\sin a)''|_{z=k\pi+(-1)^k a}=-\sin[k\pi+(-1)^k a]=-\sin a,$$

所以，当 $\cos a\neq 0$ 时，$k\pi+(-1)^k a(k=0,\pm 1,\pm 2,\cdots)$ 各为 $\dfrac{1}{\sin z-\sin a}$ 的一阶极点；当 $\cos a=0$ 时，必然 $\sin a\neq 0$，因而 $k\pi+(-1)^k a\ (k=0,\ \pm 1,\pm 2,\cdots)$ 各为 $\dfrac{1}{\sin z-\cos a}$ 的二阶极点.

又因极点列 $\{k\pi+(-1)^k a\}\to\infty(k\to\infty)$，故点 $\infty$ 为非孤立奇点. ■

**例 5.3.2**　求下列函数的非孤立奇点：

(1) $\dfrac{1}{\sin\dfrac{1}{z}}$；(2) $\dfrac{1}{\sin\dfrac{1}{\sin\dfrac{1}{z}}}$；(3) $\dfrac{1}{\mathrm{e}^{1/z^2}+1}$.

**解**　(1) $z=0$ 为非孤立奇点. 因 $\dfrac{1}{\sin\dfrac{1}{z}}$ 的(一阶)极点为 $z_k=\dfrac{1}{k\pi}$($k$ 为非零整数)，而 $z=0$ 为这些极点的极限点.

(2) 对比(1)，可见此函数以方程

$$\sin\frac{1}{z}=\frac{1}{k\pi}\quad(k\text{ 为非零整数})$$

的根

$$z_k=\frac{1}{2k'\pi+\arcsin\dfrac{1}{k\pi}}\quad(k\text{ 为非零整数})$$

为其(一阶)极点. 当 $k\to\infty$ 时，$z_k\to z=\dfrac{1}{2k'\pi}$，故 $z=\dfrac{1}{2k'\pi}$($k'$ 为非零整数)皆为函数的非孤立奇点.

(3) $z=0$ 为非孤立奇点. 因 $z=0$ 是这个函数的极点列 $z_k=\pm\dfrac{1}{\sqrt{(2k+1)\pi\mathrm{i}}}$($k$ 为整数)的极限点. ■

**例 5.3.3**　考察函数 $f(z)=\cot z-\dfrac{1}{z}$ 的奇点类型.

**解**　$z=k\pi(k=0,\pm 1,\pm 2,\cdots)$ 是 $\cot z$ 的一阶极点. 当 $k\neq 0$ 时，$z=k\pi$ 是 $\dfrac{1}{z}$ 的解析点，故 $z=k\pi(k=\pm 1,\pm 2,\cdots)$ 是 $f(z)$ 的一阶极点. 当 $k=0$ 时，$z=0$ 也是 $\dfrac{1}{z}$ 的一阶极点. 但

$$\begin{aligned}\lim_{z\to 0}f(z)&=\lim_{z\to 0}\left(\frac{\cos z}{\sin z}-\frac{1}{z}\right)\quad(\infty-\infty)\\&=\lim_{z\to 0}\frac{z\cos z-\sin z}{z\sin z}\quad\left(\frac{0}{0}\right)\\&=\lim_{z\to 0}\frac{-z\sin z}{z\cos z+\sin z}\quad\left(\frac{0}{0}\right),\end{aligned}$$

故必

$$\lim_{z\to 0}f(z)=-\lim_{z\to 0}\frac{z\cos z+\sin z}{2\cos z-z\sin z}=0\neq\infty.$$

从而可知 $z=0$ 为 $f(z)$ 的可去奇点. ■

**例 5.3.4** 考察函数 $f(z)=e^{\tan\frac{1}{z}}$ 的奇点类型.

**解** 令 $w=\tan\dfrac{1}{z}$,则 $f(z)=e^{w}$. 由 $\cos\dfrac{1}{z}=0$,得到

$$z_k=1\Big/\left[\left(k+\frac{1}{2}\right)\pi\right]\quad(k=0,\pm 1,\pm 2,\cdots)$$

为 $w=\tan\dfrac{1}{z}$ 的一阶极点,而 $e^{w}$ 以 $w=\infty$ 为本质奇点,又

$$\lim_{z\to z_k}\tan\frac{1}{z}=\infty,$$

所以 $z_k=1\Big/\left[\left(k+\dfrac{1}{2}\right)\pi\right](k=0,\pm 1,\pm 2,\cdots)$ 都是 $f(z)$ 的本质奇点.

因当 $k\to\infty$ 时,$z_k\to 0$, 故 $z=0$ 是 $f(z)$ 的本质奇点列的极限点,是非孤立奇点.

又 $z=\infty$ 是 $f(z)$ 的可去奇点,因为

$$\lim_{z\to\infty}f(z)=\lim_{z\to\infty}e^{\tan\frac{1}{z}}=1\neq\infty,$$

只要取 $f(\infty)=1$, $z=\infty$ 就是 $f(z)$ 的解析点. ■

**例 5.3.5** 若 $z_n\to 0$ 且 $z_n\neq 0$, 又若 $f(z)$ 定义在点 0 的一个去心邻域内,有 $f(z_n)=0$,但 $f(z)\not\equiv 0$, 则 $z=0$ 是 $f(z)$ 的一个不可去奇点, 并以 $\sin\dfrac{1}{z}$ 为例加以说明.

**证** 因为若 $z=0$ 是 $f(z)$ 的可去奇点,则(由定义)我们可以定义 $f(0)$,使 $f(z)$ 在点 0 解析. 因此若 $f(z_n)=0$,则由惟一性定理知 $f(z)$ 恒等于 0,这与 $f(z)\not\equiv 0$ 矛盾.

对 $f(z)=\sin\dfrac{1}{z}$,若设 $z_n=\dfrac{1}{n\pi}$,则 $z_n\to 0, f(z_n)=0$, 但 $f(z)\not\equiv 0$,故 $f(z)$ 在 $z=0$ 的奇异性不可去. ■

**注** (1) 进一步可以指出,$z=0$ 是这样的函数 $f(z)$ 的本质奇点: 因 $z=0$ 若是 $f(z)$ 的一个极点,则当 $z\to 0$ 时,$f(z)\to\infty$,与所设不合;

(2) 本例题与教材例 5.19 一致,但提问的方式不同.

**例 5.3.6** 求函数 $f(z)=\sqrt{(z-1)(z-2)}$ 在 $|z|>2$ 的洛朗展式.

**分析** $z=1$ 及 $z=2$ 是 $\sqrt{(z-1)(z-2)}$ 的支点(因 $2\nmid 1$),而 $z=\infty$ 则不是其支点(因 $2\mid(1+1)$). 当沿支割线[1,2]割开 $z$ 平面后,$\sqrt{(z-1)(z-2)}$ 就能分出两个单值解析分支,都以 $z=\infty$ 为单值性孤立奇点. 于是在 $+\infty>|z|>2$ 内,就能将每一个分支展成洛朗级数.

**解** $+\infty>|z|>2>1\Rightarrow\left|\dfrac{1}{z}\right|<1,\ \left|\dfrac{2}{z}\right|<1.$

$$\begin{aligned}\sqrt{(z-1)(z-2)}&=\sqrt{z^2\left(1-\frac{1}{z}\right)\left(1-\frac{2}{z}\right)}\\&=\pm z\left(1-\frac{1}{z}\right)^{\frac{1}{2}}\left(1-\frac{2}{z}\right)^{\frac{1}{2}}\qquad(1)\end{aligned}$$

$$\xlongequal{(4.14)} \pm z\left[1+\frac{\frac{1}{2}}{1!}\left(-\frac{1}{z}\right)+\frac{\frac{1}{2}\left(\frac{1}{2}-1\right)}{2!}\left(-\frac{1}{z}\right)^2+\cdots\right]\cdot$$

$$\left[1+\frac{\frac{1}{2}}{1!}\left(-\frac{2}{z}\right)+\frac{\frac{1}{2}\left(\frac{1}{2}-1\right)}{2!}\cdot\left(-\frac{2}{z}\right)^2+\cdots\right]$$

$$=\pm z\left(1-\frac{1}{2}\frac{1}{z}-\frac{1}{8}\frac{1}{z^2}-\frac{1}{16}\frac{1}{z^3}-\cdots\right)\cdot$$

$$\left(1-\frac{1}{z}-\frac{1}{2}\frac{1}{z^2}-\frac{1}{2}\frac{1}{z^3}-\cdots\right)$$

$$=\pm z\left(1-\frac{3}{2}\frac{1}{z}-\frac{1}{8}\frac{1}{z^2}-\frac{3}{16}\frac{1}{z^3}-\cdots\right)$$

$$=\pm\left(z-\frac{3}{2}-\frac{1}{8}\frac{1}{z}-\frac{3}{16}\frac{1}{z^2}-\cdots\right). \tag{2}$$

从(1)式或(2)式都可以看出 $z=\infty$ 为每一个分支的一阶极点. ■

**例 5.3.7** 指出函数 $f(z)=\dfrac{1}{\ln z}$ 有什么样的奇点($\ln z$ 取主值支).

**分析** $f(z)=\dfrac{1}{\ln z}$ 以 $z=0,\infty$ 为支点. 由于 $f(1)=\infty$,故 $z=1$ 为 $f(z)$ 的极点. 余下的只需通过洛朗展式进一步判断这个极点的阶.

**解** 在 $0<|z-1|<1$ 内求 $f(z)$ 的洛朗展式.

令 $z-1=t$,即 $z=1+t$, $0<|t|<1$, 则

$$f(z)=\frac{1}{\ln z}=\frac{1}{\ln(1+t)}\xlongequal{(4.13)}\left(t-\frac{1}{2}t^2+\frac{1}{3}t^3-\cdots\right)^{-1}$$

$$=\frac{1}{t}\left(1-\frac{1}{2}t+\frac{1}{3}t^2-\frac{1}{4}t^3+\cdots\right)^{-1}$$

$$=\frac{1}{t}\left(1+\frac{1}{2}t-\frac{1}{12}t^2+\frac{1}{24}t^3-\cdots\right)$$

$$=\frac{1}{t}+\frac{1}{2}-\frac{1}{12}t+\frac{1}{24}t^2-\cdots$$

$$=\frac{1}{z-1}+\frac{1}{2}-\frac{1}{12}(z-1)+\frac{1}{24}(z-1)^2+\cdots.$$

故 $z=1$ 是 $f(z)=\dfrac{1}{\ln z}$(主值支)的一阶极点. ■

**例 5.3.8** 应用待定系数法求函数 $f(z)=\dfrac{1}{\ln z}$ 在其孤立奇点的去心邻域内的洛朗展式.

**分析** 先判定 $z=1$ 是 $\ln z$ 的一阶零点,故是 $f(z)$ 的一阶极点,再据此应用待定系数法求其洛朗展式.

**解** 因为 $z=0$ 为 $\ln z$ 的支点,

$$\ln z=\ln(1+z-1)$$

$$=(z-1)\left[1-\frac{1}{2}(z-1)+\frac{1}{3}(z-1)^2-\frac{1}{4}(z-1)^3+\cdots\right]$$

$$(0<|z-1|<1), \tag{1}$$

故由定理 4.18 知道 $z=1$ 为 $\ln z$ 的一阶零点,从而 $z=1$ 为 $f(z)=\dfrac{1}{\ln z}$的一阶极点.于是可设

$$f(z)=\frac{c_{-1}}{z-1}+c_0+c_1(z-1)+c_2(z-1)^2+\cdots+$$

$$c_n(z-1)^n+\cdots\quad(0<|z-1|<1). \tag{2}$$

又由于

$$(\ln z)f(z)=1, \tag{3}$$

将(1)式和(2)式代入(3)式,并令 $z-1=t$ $(0<|t|<1)$,则有

$$\left(t-\frac{1}{2}t^2+\frac{1}{3}t^3-\frac{1}{4}t^4+\cdots\right)\cdot$$

$$\left(\frac{c_{-1}}{t}+c_0+c_1t+c_2t^2+\cdots+c_nt^n+\cdots\right)=1,$$

即有

$$1=\left(1-\frac{1}{2}t+\frac{1}{3}t^2-\frac{1}{4}t^3+\cdots\right)c_{-1}+$$

$$\left(t-\frac{1}{2}t^2+\frac{1}{3}t^3-\frac{1}{4}t^4+\cdots\right)c_0+$$

$$\left(t^2-\frac{1}{2}t^3+\frac{1}{3}t^4-\frac{1}{4}t^5+\cdots\right)c_1+$$

$$\left(t^3-\frac{1}{2}t^4+\frac{1}{3}t^5-\frac{1}{4}t^6+\cdots\right)c_2+\cdots.$$

比较上式两端 $t$ 的同次幂系数,就有

$$c_{-1}=1,\quad -\frac{1}{2}c_{-1}+c_0=0,\quad \frac{1}{3}c_{-1}-\frac{1}{2}c_0+c_1=0,$$

$$-\frac{1}{4}c_{-1}+\frac{1}{3}c_0-\frac{1}{2}c_1+c_2=0,\cdots,$$

由此解得

$$c_{-1}=1,\ c_0=\frac{1}{2},\ c_1=-\frac{1}{12},\ c_2=\frac{1}{24},\ \cdots. \tag{4}$$

将(4)式代入(2)式,并将 $t$ 换成 $z-1$,即得洛朗展式为

$$f(z)=\frac{1}{\ln z}=\frac{1}{z-1}+\frac{1}{2}-\frac{1}{12}(z-1)+$$

$$\frac{1}{24}(z-1)^2+\cdots\quad(0<|z-1|<1).$$

这与在例 5.3.7 中得到的洛朗展式一样. ■

**例 5.3.9** 求 $f(z)=\dfrac{1}{e^z-1}$在 $z=0$ 的洛朗展式及其收敛范围.

**分析**　先判定 $z=0$ 的奇点类型，再据此用待定系数法求 $f(z)$ 在 $z=0$ 的去心邻域内的洛朗展式.

**解**　因为 $e^z-1=0$ 的根为

$$z_k=2k\pi i \quad (k=0,\pm 1,\pm 2,\cdots),$$

且 $(e^z-1)'=e^z\neq 0$，故知 $z=0$ 为 $e^z-1$ 的一阶零点，从而为 $f(z)$ 的一阶极点，下一个最近极点为 $z=2\pi i$. 于是可设

$$f(z)=\frac{c_{-1}}{z}+c_0+c_1z+\cdots+c_nz^n+\cdots \quad (0<|z|<2\pi). \tag{1}$$

又由于

$$e^z-1=z\left(1+\frac{z}{2!}+\cdots+\frac{z^{n-1}}{n!}+\cdots\right) \tag{2}$$

及

$$(e^z-1)f(z)=1. \tag{3}$$

将(1)式和(2)式代入(3)式，就有

$$\left(1+\frac{z}{2!}+\frac{z^2}{3!}+\cdots+\frac{z^{n-1}}{n!}+\cdots\right)\cdot$$
$$(c_{-1}+c_0z+c_1z^2+\cdots+c_nz^{n+1}+\cdots)=1.$$

按照对角线乘法，

| | $c_{-1}$ | $c_0$ | $c_1$ | $c_2$ | $c_3$ | $c_4$ | $c_5$ | $\cdots$ |
|---|---|---|---|---|---|---|---|---|
| $1$ | $c_{-1}$ | $c_0$ | $c_1$ | $c_2$ | $c_3$ | $c_4$ | $c_5$ | $\cdots$ |
| $\frac{1}{2!}$ | $\frac{c_{-1}}{2!}$ | $\frac{c_0}{2!}$ | $\frac{c_1}{2!}$ | $\frac{c_2}{2!}$ | $\frac{c_3}{2!}$ | $\frac{c_4}{2!}$ | $\frac{c_5}{2!}$ | $\cdots$ |
| $\frac{1}{3!}$ | $\frac{c_{-1}}{3!}$ | $\frac{c_0}{3!}$ | $\frac{c_1}{3!}$ | $\frac{c_2}{3!}$ | $\frac{c_3}{3!}$ | $\frac{c_4}{3!}$ | $\frac{c_5}{3!}$ | $\cdots$ |
| $\frac{1}{4!}$ | $\frac{c_{-1}}{4!}$ | $\frac{c_0}{4!}$ | $\frac{c_1}{4!}$ | $\frac{c_2}{4!}$ | $\frac{c_3}{4!}$ | $\frac{c_4}{4!}$ | $\frac{c_5}{4!}$ | $\cdots$ |
| $\frac{1}{5!}$ | $\frac{c_{-1}}{5!}$ | $\frac{c_0}{5!}$ | $\frac{c_1}{5!}$ | $\frac{c_2}{5!}$ | $\frac{c_3}{5!}$ | $\frac{c_4}{5!}$ | $\frac{c_5}{5!}$ | $\cdots$ |
| $\frac{1}{6!}$ | $\frac{c_{-1}}{6!}$ | $\frac{c_0}{6!}$ | $\frac{c_1}{6!}$ | $\frac{c_2}{6!}$ | $\frac{c_3}{6!}$ | $\frac{c_4}{6!}$ | $\frac{c_5}{6!}$ | $\cdots$ |
| $\frac{1}{7!}$ | $\frac{c_{-1}}{7!}$ | $\frac{c_0}{7!}$ | $\frac{c_1}{7!}$ | $\frac{c_2}{7!}$ | $\frac{c_3}{7!}$ | $\frac{c_4}{7!}$ | $\frac{c_5}{7!}$ | $\cdots$ |
| $\vdots$ | $\vdots$ | $\vdots$ | $\vdots$ | $\vdots$ | $\vdots$ | $\vdots$ | $\vdots$ | |

就有

$$1=c_{-1}+\left(\frac{c_{-1}}{2!}+c_0\right)z+\left(\frac{c_{-1}}{3!}+\frac{c_0}{2!}+c_1\right)z^2+$$
$$\left(\frac{c_{-1}}{4!}+\frac{c_0}{3!}+\frac{c_1}{2!}+c_2\right)z^3+$$
$$\left(\frac{c_{-1}}{5!}+\frac{c_0}{4!}+\frac{c_1}{3!}+\frac{c_2}{2!}+c_3\right)z^4+$$
$$\left(\frac{c_{-1}}{6!}+\frac{c_0}{5!}+\frac{c_1}{4!}+\frac{c_2}{3!}+\frac{c_3}{2!}+c_4\right)z^5+$$

$$\left(\frac{c_{-1}}{7!}+\frac{c_0}{6!}+\frac{c_1}{5!}+\frac{c_2}{4!}+\frac{c_3}{3!}+\frac{c_4}{2!}+c_5\right)z^6+\cdots.$$

比较上式两端 $z$ 的同次幂系数,就有

$$c_{-1}=1,\quad \frac{c_{-1}}{2!}+c_0=0,\quad \frac{c_{-1}}{3!}+\frac{c_0}{2!}+c_1=0,$$

$$\frac{c_{-1}}{4!}+\frac{c_0}{3!}+\frac{c_1}{2!}+c_2=0,\quad \frac{c_{-1}}{5!}+\frac{c_0}{4!}+\frac{c_1}{3!}+\frac{c_2}{2!}+c_3=0,$$

$$\frac{c_{-1}}{6!}+\frac{c_0}{5!}+\frac{c_1}{4!}+\frac{c_2}{3!}+\frac{c_3}{2!}+c_4=0,$$

$$\frac{c_{-1}}{7!}+\frac{c_0}{6!}+\frac{c_1}{5!}+\frac{c_2}{4!}+\frac{c_3}{3!}+\frac{c_4}{2!}+c_5=0,\cdots,$$

由此解得

$$c_{-1}=1,\ c_0=-\frac{1}{2},\ c_1=\frac{1}{12},\ c_2=0,$$

$$c_3=-\frac{1}{6!},\ c_4=0,\ c_5=\frac{1}{6\times 7!},\ \cdots. \tag{4}$$

将(4)式代入(1)式,即得所求的洛朗展式为

$$\frac{1}{e^z-1}=f(z)=\frac{1}{z}-\frac{1}{2}+\frac{z}{12}-\frac{z^3}{6!}+\frac{z^5}{6\times 7!}+\cdots$$

$$(0<|z|<2\pi).$$ ■

## §4 整函数与亚纯函数的概念

根据解析函数的孤立奇点特征,可区分出两种最简单的解析函数族.

**1.** 掌握整函数的概念及其分类.

在整个 $z$ 平面上解析的函数 $f(z)$ 称为整函数. 显然,每个整函数都以 $z=\infty$ 为惟一的孤立奇点,而它在无穷远点去心邻域 $0\leqslant|z|<+\infty$ 内的洛朗展式,就是它在原点邻域 $0\leqslant|z|<+\infty$ 内的泰勒展式, 即可设

$$f(z)=\sum_{n=0}^{\infty}c_nz^n\quad(0\leqslant|z|<+\infty). \tag{5.14}$$

**定理 5.10** 若 $f(z)$ 为一整函数,则

(1) $z=\infty$ 为 $f(z)$ 的可去奇点 $\Leftrightarrow f(z)=$ 常数 $c_0$($f(z)$ 在点 $\infty$ 的主要部分为零,即无正幂).

(2) $z=\infty$ 为 $f(z)$ 的 $m$ 阶极点 $\Leftrightarrow f(z)$ 是一个 $m$ 次多项式($f(z)$ 在点 $\infty$ 的主要部分)

$$c_0+c_1z+\cdots+c_mz^m\quad(c_m\neq 0).$$

(3) $z=\infty$ 为 $f(z)$ 的本性奇点 $\Leftrightarrow$ 展式(5.14)有无限项($f(z)$ 在点 $\infty$ 的主要部分含无限项正幂). 这时 $f(z)$ 称为超越整函数.

由此可见,整函数按惟一奇点 $z=\infty$ 的不同类型而被分成了三类.

**注** 定理 5.10(1)与刘维尔定理(本章习题(一)第 9 题)一致.

例如,$e^z$, $\sin z$ 及 $\cos z$ 都是超越整函数.

**2.** 了解亚纯函数的概念及其与有理函数的关系.

**定义 5.6** 在 $z$ 平面上除极点(和可去奇点)外无其他类型奇点的单值解析函数称为亚纯函数.

亚纯函数族是较整函数族更一般的函数族.

最简单的有极点的亚纯函数是有理(分式)函数,也是两个多项式的商.

**定理 5.11** 一函数 $f(z)$ 为有理函数的充要条件为:$f(z)$ 在扩充 $z$ 平面上除极点(和可去奇点)外没有其他类型的奇点.

**定义 5.7** 非有理函数的亚纯函数称为超越亚纯函数.

亚纯函数可表示成两个整函数的商,也可表示成部分分式.

**注** 可去奇点既然可以除去后成为解析点,所以在定义(如定义 5.6)及定理(如定理 5.11)的条件中,一般都不提到它.

**例 5.4.1** 考查 $f(z)=(z-\mathrm{e})(z^2+1)$.

**解** 因为 $\lim\limits_{z\to\infty} f(z)=\infty$,所以 $\infty$ 为 $f(z)$ 的极点,此外无其他奇点. 这里 $f(z)$ 实为整函数,且为三次多项式. ■

**例 5.4.2** 考查 $f(z)=1+\mathrm{e}^{z+1}$.

**解** $f(z)$ 为整函数. 又因洛朗展式为

$$\begin{aligned} f(z)&=1+\mathrm{e}^{z+1}=1+\left[1+(z+1)+\frac{(z+1)^2}{2!}+\cdots\right]\\ &=2+(z+1)+\frac{(z+1)^2}{2!}+\cdots+\frac{(z+1)^n}{n!}+\cdots\\ &\quad (0\leqslant |z+1|<+\infty), \end{aligned}$$

可以看出,$f(z)$ 在 $z=\infty$ 的主要部分(正幂)一定有无穷多项,所以 $z=\infty$ 为 $f(z)$ 的本性奇点. $f(z)$ 为超越整函数. ■

**例 5.4.3** 考查函数 $f(z)=\dfrac{1}{\mathrm{e}^z+1}$.

**解** $\mathrm{e}^z+1$ 的零点为

$$z_k=(2k+1)\pi\mathrm{i}\quad (k=0,\pm 1,\pm 2,\cdots),$$

又由于 $(\mathrm{e}^z+1)'=\mathrm{e}^z\neq 0$,这些零点都是一阶的. 于是,它们都是 $f(z)=\dfrac{1}{\mathrm{e}^z+1}$ 的一阶极点,其极限点为 $z=\infty$,故 $z=\infty$ 为 $f(z)$ 的非孤立奇点. 此外,$f(z)$ 别无奇点. 按定义,

$$f(z)=\frac{1}{\mathrm{e}^z+1}$$

就是超越亚纯函数. ■

**例 5.4.4** 判别下列函数是整函数还是亚纯函数:

$$\sin^2 z,\ \tan z,\ \sin\frac{1}{z},\ (2+3z)^5,$$

$$z^2+2z-1+\frac{3}{z},\ \frac{\mathrm{e}^z}{1-z}.$$

其中哪些整函数是超越整函数? 哪些亚纯函数是超越亚纯函数?

**解** (1) 因为 $\sin^2 z$,$(2+3z)^5$ 在 $z$ 平面上解析,所以它们都是整函数. 后者实为

$z$ 的五次多项式. 前者 $\sin^2 z$ 是整函数$\sin z$的平方. 又因为

$$\sin^2 z=\frac{1}{2}(1-\cos 2z)=\sum_{n=1}^{\infty}\frac{(-1)^{n-1}2^{2n-1}}{(2n)!}z^{2n}$$

$$(0\leqslant |z|<+\infty)$$

在点$\infty$的主部有无限项，所以$\infty$是它的本质奇点. 从而 $\sin^2 z$ 是超越整函数.

(2) 因为 $\tan z$ 在 $\mathbf{C}$ 上除了以 $z_k=\left(k+\frac{1}{2}\right)\pi(k=0,\ \pm1,\ \pm2,\ \cdots)$为极点外，处处解析；$z^2+2z-1+\frac{3}{z}$在 $\mathbf{C}$ 上仅以 $z=0$ 为极点；$\frac{\mathrm{e}^z}{1-z}$在 $\mathbf{C}$ 上仅以 $z=1$ 为极点，所以它们都是亚纯函数. 其中 $z^2+2z-1+\frac{3}{z}$是有理函数，$\tan z$ 和$\frac{\mathrm{e}^z}{1-z}$不是有理函数$\Big($因为 $z=\infty$是 $\tan z$ 的非孤立奇点，是$\frac{\mathrm{e}^z}{1-z}$的本质奇点$\Big)$，它们是超越亚纯函数.

(3) 因为 $z=0$ 是 $\sin\frac{1}{z}$的本质奇点，所以 $\sin\frac{1}{z}$既不是整函数，也不是亚纯函数.

■

**例 5.4.5** 若整函数 $f(z)$不在 $z$ 平面上任何点取某个值$A(\neq\infty)$，则 $f(z)$必有$f(z)=A+\mathrm{e}^{g(z)}$的形状，此处 $g(z)$为整函数.

**证** 因函数 $f(z)-A$ 不能为零，故

$$h(z)\overset{\text{def}}{=\!=}\frac{f'(z)}{f(z)-A}$$

在 $\mathbf{C}$ 上解析，即为整函数. 但

$$h(z)=\frac{f'(z)}{f(z)-A}=\frac{\mathrm{d}}{\mathrm{d}z}\ln[f(z)-A]$$

（称为 $f(z)-A$ 的对数导数），

故

$$\ln[f(z)-A]\Big|_0^z=\int_0^z h(z)\mathrm{d}z,$$

即

$$\ln[f(z)-A]-\ln[f(0)-A]=\int_0^z h(z)\mathrm{d}z.$$

因而

$$\ln[f(z)-A]=\int_0^z h(z)\mathrm{d}z+\ln[f(0)-A],$$

即

$$f(z)-A=\exp\left\{\int_0^z h(z)\mathrm{d}z+\ln[f(0)-A]\right\}=\mathrm{e}^{g(z)}.$$

此处 $g(z)=\int_0^z h(z)\mathrm{d}z+\ln[f(0)-A]$，亦为整函数(因 $\mathbf{C}$ 为单连通区域，$h(z)$在 $\mathbf{C}$ 上解析，由定理 3.6，$\int_0^z h(z)\mathrm{d}z$ 在 $\mathbf{C}$ 上亦解析).

■

**例 5.4.6** 设 $f(z)$在 $z$ 平面上解析，且当 $z\to\infty$时，$\frac{f(z)}{z}\to1$. 证明 $f(z)$必有一个

零点.

**证** 由题设可知 $f(z)$ 必为整函数,即 $f(z)$ 只以 $z=\infty$ 为孤立奇点,于是可设

$$f(z)=c_0+c_1z+c_2z^2+\cdots+c_nz^n+\cdots \quad (0\leqslant |z|<+\infty).$$

又由题设

$$\lim_{z\to\infty}\frac{f(z)}{z}=1, \tag{1}$$

可见 $z=\infty$ 为 $\frac{f(z)}{z}$ 的可去奇点,从而 $z=\infty$ 为 $f(z)$ 的一阶极点，故必

$$f(z)=c_0+c_1z. \tag{2}$$

将(2)式代入(1)式,得 $c_1=1$，故必 $f(z)\equiv c_0+z$，即 $f(z)$ 必有(且只有)一个零点.■

# II. 部分习题解答提示

## (一)

**1.** 将下列各函数在指定圆环内展为洛朗级数.

(1) $\dfrac{\ln(2-z)}{z(z-1)}$, $0<|z-1|<1$；　　(2) $\dfrac{1}{z^2\left(z^2-\frac{5}{2}z+1\right)}$, $0<|z|<\dfrac{1}{2}$；

(3) $\sin\dfrac{1}{z-2}$, $0<|z-2|<+\infty$.

**解** (1) 因为

$$\frac{1}{z}=\frac{1}{1+(z-1)}=\sum_{n=0}^{\infty}(-1)^n(z-1)^n \quad (|z-1|<1),$$

$$\ln(2-z)=\ln[1-(z-1)]=-\sum_{n=1}^{\infty}\frac{(z-1)^n}{n} \quad (|z-1|<1),$$

所以,当 $0<|z-1|<1$ 时,

$$\begin{aligned}\frac{\ln(2-z)}{z(z-1)}&=\left[\sum_{n=0}^{\infty}(-1)^n(z-1)^n\right]\left[-\sum_{n=0}^{\infty}\frac{(z-1)^n}{n+1}\right]\\&=-\sum_{n=0}^{\infty}\left[\sum_{m=0}^{n}\frac{(-1)^{n-m}}{m+1}\right](z-1)^n.\end{aligned}$$

(2) 用待定系数法. 设

$$\begin{aligned}\frac{1}{z^2\left(z^2-\frac{5}{2}z+1\right)}&=\frac{1}{z^2\left(z-\frac{1}{2}\right)(z-2)}=\frac{1}{z^2}\left(\frac{A}{z-\frac{1}{2}}+\frac{B}{z-2}\right)\\&=\frac{1}{z^2}\cdot\frac{(A+B)z+\left(-2A-\frac{B}{2}\right)}{\left(z-\frac{1}{2}\right)(z-2)},\end{aligned}$$

比较上式分子的系数可得

$$\begin{cases}A+B=0,\\ -2A-\dfrac{B}{2}=1,\end{cases} \text{解得} \begin{cases}A=-\dfrac{2}{3},\\ B=\dfrac{2}{3},\end{cases}$$

因此

$$f(z)=\frac{1}{z^2}\left(-\frac{\frac{2}{3}}{z-\frac{1}{2}}+\frac{\frac{2}{3}}{z-2}\right)=\frac{2}{3z^2}\left(\frac{1}{\frac{1}{2}-z}+\frac{1}{z-2}\right).$$

在圆环域 $0<|z|<\dfrac{1}{2}$ 内,

$$\begin{aligned}f(z)&=\frac{2}{3z^2}\left(\frac{1}{\frac{1}{2}-z}+\frac{1}{z-2}\right)=\frac{2}{3z^2}\left(2\frac{1}{1-2z}-\frac{1}{2}\frac{1}{1-\frac{z}{2}}\right)\\&=\frac{2}{3z^2}\left[2\sum_{k=0}^{\infty}(2z)^k-\frac{1}{2}\sum_{k=0}^{\infty}\left(\frac{z}{2}\right)^k\right]\\&=\frac{2}{3}\left[\sum_{k=0}^{\infty}2^{k+1}z^{k-2}-\sum_{k=0}^{\infty}\frac{1}{2^{k+1}}z^{k-2}\right]\\&=\frac{2}{3}\sum_{k=0}^{\infty}\left(2^{k+1}-\frac{1}{2^{k+1}}\right)z^{k-2}.\end{aligned}$$

(3) 因为

$$\sin w=\sum_{k=0}^{\infty}(-1)^k\frac{w^{2k+1}}{(2k+1)!},\quad |w|<+\infty,$$

令设 $w=\dfrac{1}{z-2}$,则 $\dfrac{1}{|z-2|}<+\infty$,即 $0<|z-2|<+\infty$,所以前述级数为

$$\sin\frac{1}{z-2}=\sum_{k=0}^{\infty}(-1)^k\frac{1}{(2k+1)!}\frac{1}{(z-2)^{2k+1}},\quad 0<|z-2|<+\infty.$$

**2.** 将下列各函数在指定点的去心邻域内展成洛朗级数,并指出其收敛范围.

(1) $\dfrac{1}{(z^2+1)^2}$, $z=\mathrm{i}$.

**分析** 所给函数的奇点为 $\mathrm{i}$, $-\mathrm{i}$ 及 $\infty$. $z=\mathrm{i}$ 的去心邻域取 $0<|z-\mathrm{i}|<2$(最大的),则

$$\frac{|z-\mathrm{i}|}{2}<1.$$

**解一** 因为

$$\begin{aligned}(z^2+1)^2&=(z+\mathrm{i})^2(z-\mathrm{i})^2=(z-\mathrm{i})^2(z-\mathrm{i}+2\mathrm{i})^2\\&=-4(z-\mathrm{i})^2\left(1+\frac{z-\mathrm{i}}{2\mathrm{i}}\right)^2,\end{aligned}$$

所以利用公式

$$\frac{1}{(1+\zeta)^2}=-\left(\frac{1}{1+\zeta}\right)'=-\sum_{n=1}^{\infty}(-1)^n n\zeta^{n-1}\quad(|\zeta|<1)$$

可得

$$\frac{1}{(z^2+1)^2}=\frac{-1}{4(z-\mathrm{i})^2}\cdot\frac{1}{\left(1+\frac{z-\mathrm{i}}{2\mathrm{i}}\right)^2}$$

$$=\frac{1}{4(z-\mathrm{i})^2}\sum_{n=1}^{\infty}(-1)^n n\left(\frac{z-\mathrm{i}}{2\mathrm{i}}\right)^{n-1}$$

$$=\frac{1}{16}\sum_{n=0}^{\infty}(-1)^n(n+1)\left(\frac{z-\mathrm{i}}{2\mathrm{i}}\right)^{n-2}\quad(0<|z-\mathrm{i}|<2).$$

**解二**　利用公式

$$\frac{1}{1+\zeta}=\sum_{n=0}^{\infty}(-1)^n\zeta^n\quad(|\zeta|<1)$$

可得

$$\frac{1}{(z^2+1)^2}=\frac{-1}{4(z-\mathrm{i})^2}\left[\sum_{n=0}^{\infty}(-1)^n\left(\frac{z-\mathrm{i}}{2\mathrm{i}}\right)^n\right]^2$$

$$=\frac{-1}{4(z-\mathrm{i})^2}\sum_{n=0}^{\infty}(-1)^n(n+1)\left(\frac{z-\mathrm{i}}{2\mathrm{i}}\right)^n$$

$$(0<|z-\mathrm{i}|<2).$$

(2) $z^2\mathrm{e}^{\frac{1}{z}}$, $z=0$ 及 $z=\infty$.

**分析**　$z^2\mathrm{e}^{\frac{1}{z}}$ 只以 $z=0$ 及 $z=\infty$ 为奇点. $0<|z|<+\infty$ 既是 $z=0$ 的又是 $z=\infty$ 的去心邻域.

**解**　因

$$\mathrm{e}^{\frac{1}{z}}=\sum_{n=0}^{\infty}\frac{1}{n!}z^{-n}\quad(0<|z|<+\infty),$$

故

$$z^2\mathrm{e}^{\frac{1}{z}}=\sum_{n=0}^{\infty}\frac{1}{n!}z^{-n+2}=\sum_{n=0}^{\infty}\frac{1}{n!\ z^{n-2}}$$

$$=\sum_{n=-2}^{\infty}\frac{1}{(n+2)!}\cdot\frac{1}{z^n}\quad(0<|z|<+\infty).$$

(3) $\mathrm{e}^{\frac{1}{1-z}}$, $z=1$ 及 $z=\infty$.

**分析**　$\mathrm{e}^{\frac{1}{1-z}}$ 只以 $z=1$ 及 $z=\infty$ 为奇点. $0<|z-1|<+\infty$ 既是 $z=1$ 的去心邻域，又是以 $z=1$ 为中心的 $z=\infty$ 的去心邻域. 当然，$1<|z|<+\infty$ 也是 $z=\infty$ 的去心邻域，但它以 $z=0$ 为中心.

**解**　若 $0<|z-1|<+\infty$，则

$$\mathrm{e}^{\frac{1}{1-z}}=\mathrm{e}^{-\frac{1}{z-1}}=\sum_{n=0}^{\infty}\frac{(-1)^n}{n!}\frac{1}{(z-1)^n}.$$

若 $1<|z|<+\infty\Rightarrow\left|\frac{1}{z}\right|<1$，则

$$(1-z)^{-n}=(-1)^n z^{-n}\left(1-\frac{1}{z}\right)^{-n}$$

$$=(-1)^n\sum_{k=0}^{\infty}\binom{n+k-1}{k}z^{-n-k}\quad(n=1,2,\cdots).\tag{1}$$

故

$$\begin{aligned}
e^{\frac{1}{1-z}}&=1+\sum_{n=1}^{\infty}\frac{(1-z)^{-n}}{n!}\\
&\overset{(1)}{=\!=}1+\sum_{n=1}^{\infty}\frac{(-1)^n}{n!}\sum_{k=0}^{\infty}\binom{n+k-1}{k}z^{-n-k}\\
&=1+\sum_{n=1}^{\infty}\frac{(-1)^n}{n!}\sum_{m=n}^{\infty}\binom{m-1}{m-n}z^{-m}\\
&=1+\sum_{m=1}^{\infty}\left[\sum_{n=1}^{m}\frac{(-1)^n}{n!}\binom{m-1}{m-n}\right]z^{-m}\\
&=1-\frac{1}{z}-\frac{1}{2}\frac{1}{z^2}-\frac{1}{6}\frac{1}{z^3}-\cdots\quad(1<|z|<+\infty).
\end{aligned}$$

**3.** 设 $\lambda$ 为复数,试证

$$e^{\frac{1}{2}\lambda\left(z+\frac{1}{z}\right)}=a_0+\sum_{n=1}^{\infty}a_n(z^n+z^{-n}),\quad 0<|z|<+\infty,$$

$$e^{\frac{1}{2}\lambda\left(z-\frac{1}{z}\right)}=b_0+\sum_{n=1}^{\infty}b_n[z^n+(-1)^nz^{-n}],\quad 0<|z|<+\infty,$$

其中

$$a_n=\frac{1}{\pi}\int_0^{\pi}e^{\lambda\cos\theta}\cos n\theta\,d\theta\quad(n=0,1,2,\cdots),$$

$$b_n=\frac{1}{\pi}\int_0^{\pi}\cos(n\theta-\lambda\sin\theta)\,d\theta\quad(n=0,1,2,\cdots).$$

**证** 记

$$e^{\frac{1}{2}\lambda\left(z+\frac{1}{z}\right)}=\sum_{n=-\infty}^{\infty}a_nz^n\quad(0<|z|<+\infty),$$

则

$$\begin{aligned}
a_n&=\frac{1}{2\pi i}\int_{|\zeta|=1}\frac{e^{\frac{1}{2}\lambda\left(\zeta+\frac{1}{\zeta}\right)}}{\zeta^{n+1}}d\zeta=\frac{1}{2\pi}\int_{-\pi}^{\pi}\frac{e^{\frac{1}{2}\lambda(e^{i\theta}+e^{-i\theta})}}{e^{in\theta}}d\theta\\
&=\frac{1}{2\pi}\left(\int_{-\pi}^{\pi}e^{\lambda\cos\theta}\cos n\theta\,d\theta-i\int_{-\pi}^{\pi}e^{\lambda\cos\theta}\sin n\theta\,d\theta\right)\\
&=\frac{1}{\pi}\int_0^{\pi}e^{\lambda\cos\theta}\cos n\theta\,d\theta\quad(n=0,\pm1,\pm2,\cdots).
\end{aligned}$$

故

$$e^{\frac{1}{2}\lambda\left(z+\frac{1}{z}\right)}=a_0+\sum_{n=1}^{\infty}a_n(z_n+z^{-n}).$$

又记

$$e^{\frac{1}{2}\lambda\left(z-\frac{1}{z}\right)}=\sum_{n=-\infty}^{\infty}b_nz^n\quad(0<|z|<\infty),$$

则

$$b_n=\frac{1}{2\pi i}\int_{|\zeta|=1}\frac{e^{\frac{1}{2}\lambda\left(\zeta-\frac{1}{\zeta}\right)}}{\zeta^{n+1}}d\zeta=\frac{1}{2\pi}\int_{-\pi}^{\pi}\frac{e^{i\lambda\sin\theta}}{e^{in\theta}}d\theta=\frac{1}{2\pi}\int_{-\pi}^{\pi}e^{-i(n\theta-\lambda\sin\theta)}d\theta$$

$$=\frac{1}{2\pi}\int_0^{\pi}\left[e^{-i(n\theta-\lambda\sin\theta)}+e^{i(n\theta-\lambda\sin\theta)}\right]d\theta$$

$$=\frac{1}{\pi}\int_0^{\pi}\cos(n\theta-\lambda\sin\theta)d\theta\quad(n=0,1,2,\cdots),$$

$$b_{-n}=\frac{1}{\pi}\int_0^{\pi}\cos(-n\theta-\lambda\sin\theta)d\theta$$

$$=\frac{1}{\pi}\int_0^{\pi}\cos[-n(\pi-\varphi)-\lambda\sin(\pi-\varphi)]d\varphi$$

$$=\frac{1}{\pi}\int_0^{\pi}\cos[(n\varphi-\lambda\sin\varphi)-n\pi]d\varphi$$

$$=\frac{(-1)^n}{\pi}\int_0^{\pi}\cos(n\varphi-\lambda\sin\varphi)d\varphi$$

$$=(-1)^n b^n\quad(n=1,2,\cdots),$$

故

$$e^{\frac{1}{2}\lambda\left(z-\frac{1}{z}\right)}=b_0+\sum_{n=1}^{\infty}b_n[z^n+(-1)^n z^{-n}].$$

**4.** 求出下列函数的奇点,并确定它们的类别(对于极点,要指出它们的阶),对无穷远点也要加以讨论.

(1) $\dfrac{z-1}{z(z^2+4)^2}$.

**分析** 所给函数是有理函数,且分子、分母无公共零点,因此分母的零点就是函数的极点,阶也一致;对 $z=\infty$,则可取极限观察.

(2) $\dfrac{1}{\sin z+\cos z}$.

**分析** 由定理5.4(3)知 $\sin z+\cos z$ 的 $m$ 阶零点就是$\dfrac{1}{\sin z+\cos z}$的 $m$ 阶极点,且分母零点列的极限点必为函数极点列的极限点. 考虑 $\sin z+\cos z=\sqrt{2}\sin\left(z+\dfrac{\pi}{4}\right)$.

(3) $\dfrac{1-e^z}{1+e^z}$.

**分析** 分母 $1+e^z$ 的零点不是分子 $1-e^z$ 的零点. 解 $e^z=-1$ 得到函数的极点,并考察$(1+e^z)'$.

(4) $\dfrac{1}{(z^2+i)^3}$.

**分析** 解方程 $z^2+i=0$,得二根.

(5) $\tan^2 z$.

**分析** 因为 $\tan^2 z=\dfrac{\sin^2 z}{\cos^2 z}$,分子、分母均在 $z$ 平面上解析且无公共零点,所以分母的零点即为 $\tan^2 z$ 的极点. 为此考察 $\cos^2 z=0$ 及$(\cos^2 z)'$甚至$(\cos^2 z)''$等.

(6) $\cos\dfrac{1}{z+\mathrm{i}}$.

**分析** 函数只以 $z=-\mathrm{i}$ 及$\infty$为奇点，故在 $0<|z+\mathrm{i}|<+\infty$(这既是 $z=-\mathrm{i}$ 的去心邻域,也是以 $z=-\mathrm{i}$ 为中心的 $z=\infty$的去心邻域)内可以借助 $\cos z$ 的泰勒展式得到 $\cos\dfrac{1}{z+\mathrm{i}}$的洛朗展式,其中函数在 $z=-\mathrm{i}$ 的主要部分是此展式的负幂部分,在 $z=\infty$的主要部分也可以是此展式的正幂部分. 从而,据此即可判定 $z=\infty$的奇点类型,无须另用其他判定法,也无须在(以 $z=0$ 为中心的)无穷远点去心邻域 $1<|z|<+\infty$内再求洛朗展式.

(7) $\dfrac{1-\cos z}{z^2}$.

**提示** 取极限可判定 $z=0$ 为 $f(z)$的可去奇点,$z=\infty$为 $f(z)$的本质奇点.

(8) $\dfrac{1}{\mathrm{e}^z-1}$.

**分析** 解 $\mathrm{e}^z-1=0$,并由 $\mathrm{e}^z\neq0$ 可判定 $z_k=2k\pi\mathrm{i}(k=0,\pm1,\pm2,\cdots)$各为 $f(z)$的一阶极点,由此可断定奇点 $z=\infty$的类型.

**5.** 下列函数在指定点的去心邻域内能否展为洛朗级数?

(1) $\cos\dfrac{1}{z}, z=0$;　　(2) $\cos\dfrac{1}{z}, z=\infty$;

(3) $1\Big/\left(\sin\dfrac{1}{z}\right), z=0$;　(4) $\cot z, z=\infty$.

**分析** 三个函数均为单值解析函数. 由洛朗定理,它们在孤立奇点的去心邻域内能展开成洛朗级数,在非孤立奇点邻域内则不能.

**解** (1)、(2)的 $\cos\dfrac{1}{z}$只以 $z=0$ 及 $z=\infty$为奇点;(3)的 $z=0$ 及(4)的 $z=\infty$都分别是其极点列的极限点.

**6.** 函数 $f(z),g(z)$分别以 $z=a$ 为 $m$ 阶极点及 $n$ 阶极点. 试问:$z=a$ 为 $f(z)+g(z)$,$f(z)g(z)$及$\dfrac{f(z)}{g(z)}$的什么点?

**提示** 反复应用定理 5.4(2)及定理 4.18 关于解析函数具有极点和零点的表达式,并分别就 $m>n$,$m<n$ 及 $m=n$ 的情况讨论.

(答:(1) 当 $m\neq n$ 时,点 $a$ 是 $f(z)+g(z)$的 $\max\{m,n\}$阶极点;当 $m=n$ 时,点 $a$ 是 $f(z)+g(z)$的极点,其阶数不高于 $m$,点 $a$ 也可能是 $f(z)+g(z)$的可去奇点(解析点).

(2) $z=a$ 是 $f(z)g(z)$的$(m+n)$阶极点.

(3) 对于$\dfrac{f(z)}{g(z)}$,当 $m<n$ 时,$a$ 是$(n-m)$阶零点;当 $m>n$ 时,$a$ 是$(m-n)$阶极点;当 $m=n$ 时,$a$ 是可去奇点.)

**7.** 设函数 $f(z)$不恒为零且以 $z=a$ 为解析点或极点,而函数 $\varphi(z)$以 $z=a$ 为本质奇点,试证 $z=a$ 是 $\varphi(z)\pm f(z)$,$\varphi(z)f(z)$及$\dfrac{\varphi(z)}{f(z)}$的本质奇点.

**证** 因 $f(z)\not\equiv 0$，若 $z=a$ 为 $f(z)$ 的零点，则 $z=a$ 只能为 $f(z)$ 的孤立零点. 设

$$\varphi(z)\pm f(z)=\psi_1(z),\quad \varphi(z)f(z)=\psi_2(z),\quad \frac{\varphi(z)}{f(z)}=\psi_3(z).$$

反证法. 如果 $z=a$ 不是 $\psi_j(z)(j=1,2,3)$ 的本质奇点，则根据第 6 题的结论知，$\varphi(z)$ 就以 $z=a$ 为可去奇点或极点，这与题设矛盾.

**注** 上面两题及其结论在判别某些函数的奇点类型时可以使用.

**9.** 刘维尔定理的几何意义是“非常数整函数的值不能全含于一圆之内”，试证非常数整函数的值不能全含于一圆之外.

**分析** 考虑用反证法，并用刘维尔定理得矛盾. 为此，设 $w=f(z)$ 为非常数的整函数，其值全含于 $w$ 平面上圆周 $|w-w_0|=R$ 的外部，即 $|f(z)-w_0|>R$. 由此，对 $\dfrac{1}{f(z)-w_0}$ 应用刘维尔定理就可导出矛盾.

**10.** 设幂级数 $f(z)=\sum\limits_{n=0}^{\infty}a_nz^n$ 所表示的和函数 $f(z)$ 在其收敛圆周上只有惟一的一阶极点 $z_0$，试证 $\dfrac{a_n}{a_{n+1}}\to z_0$，因而 $\left|\dfrac{a_n}{a_{n+1}}\right|\to|z_0|$（$|z_0|=r$ 是收敛半径）.

**分析** 由于 $z_0$ 是 $f(z)$ 的一阶极点，故在 $z_0$ 的去心邻域内有洛朗展式 $f(z)=\dfrac{c_{-1}}{z-z_0}+g(z)$，其中 $g(z)$ 为正则部分，于是

$$f(z)-\frac{c_{-1}}{z-z_0}(=g(z))$$

在点 $z_0$ 解析，因此在半径 $R>r=|z_0|$ 的圆 $|z|<R$ 内也解析.

**证** 由泰勒定理，我们设

$$f(z)-\frac{c_{-1}}{z-z_0}=\sum_{n=0}^{\infty}b_nz^n\quad(|z|<R).\tag{1}$$

它在 $z_0$ 也收敛，于是通项

$$b_nz_0^n\to 0\quad(n\to\infty).\tag{2}$$

因为

$$\frac{c_{-1}}{z-z_0}=\sum_{n=0}^{\infty}\left(-\frac{c_{-1}}{z_0^{n+1}}\right)z^n\quad(|z|<|z_0|=r),\tag{3}$$

又由题设

$$f(z)=\sum_{n=0}^{\infty}a_nz^n\quad(|z|<r),\tag{4}$$

所以

$$f(z)-\frac{c_{-1}}{z-z_0}\overset{(3)(4)}{=\!=\!=}\sum_{n=0}^{\infty}\left(a_n+\frac{c_{-1}}{z_0^{n+1}}\right)z^n\quad(|z|<r).\tag{5}$$

由(1)式和(5)式，

$$b_n=a_n+\frac{c_{-1}}{z_0^{n+1}},\tag{6}$$

再由(2)式和(6)式即可得证.

## (二)

**1.** 下列多值函数在指定点的去心邻域内能否有分支可展成洛朗级数?

(1) $\sqrt{z}$, $z=0$; (2) $\sqrt{z(z-2)}$, $z=1$;

(3) $\sqrt{\dfrac{z}{(z-1)(z-2)}}$, $z=\infty$; (4) $\operatorname{Ln}\dfrac{1}{z-1}$, $z=\infty$;

(5) $\operatorname{Ln}\dfrac{(z-1)(z-3)}{(z-2)(z-4)}$, $z=\infty$.

**分析** 因为在支点邻域内函数分不出单值解析分支,所以先考查函数有哪些支点,指定点不是支点就能展开成洛朗级数,否则不能.

**2.** 试问用洛朗级数

$$\left(\cdots+\frac{1}{z^n}+\cdots+\frac{1}{z}\right)+\left(\frac{1}{2}+\frac{z}{2^2}+\frac{z^2}{2^3}+\cdots+\frac{z^n}{2^{n+1}}+\cdots\right)$$

所表示的函数 $f(z)$,是否以点 $z=0$ 为本质奇点?为什么?

**解** 因为级数

$$\frac{1}{2}+\frac{z}{2^2}+\frac{z^2}{2^3}+\cdots+\frac{z^n}{2^{n+1}}+\cdots$$

的收敛圆为 $|z|<2$,而级数

$$\frac{1}{z}+\frac{1}{z^2}+\cdots+\frac{1}{z^n}+\cdots$$

的收敛区域为 $|z|>1$,所以,所给级数

$$\cdots+\frac{1}{z^n}+\cdots+\frac{1}{z}+\frac{1}{2}+\frac{z}{2^2}+\frac{z^2}{2^3}+\cdots+\frac{z^n}{2^{n+1}}+\cdots$$

的收敛域为圆环 $1<|z|<2$. 因此函数 $f(z)$ 在点 $z=0$ 的去心邻域内无定义,所以 $z=0$ 不可能是 $f(z)$ 的孤立奇点,从而也就不能说 $z=0$ 是 $f(z)$ 的本质奇点了.

**3.** 设函数 $f(z)$ 在点 $a$ 解析,试证函数

$$g(z)=\begin{cases}\dfrac{f(z)-f(a)}{z-a}, & z\neq a,\\ f'(a), & z=a\end{cases}$$

在点 $a$ 也解析.

**提示** 说明 $a$ 为 $g(z)$ 的孤立奇点,并证明它是可去奇点.

**4.** 任意给定一点列 $\{a_n\}$, $0<|a_1|\leqslant|a_2|\leqslant|a_3|\leqslant\cdots\leqslant|a_n|\leqslant\cdots\to+\infty$,和任意的有限值 $\{b_n\}$,证明存在整函数 $f(z)$,满足 $f(a_n)=b_n(n=1,2,3,\cdots)$.

**证** 根据魏尔斯特拉斯定理,存在以点 $a_n(n=1,2,3,\cdots)$ 为一阶零点的整函数,设这个函数为 $g(z)$. 在 $z=a_n$ 的附近有

$$g(z)=g'(a_n)(z-a_n)+\frac{1}{2!}g''(a_n)(z-a_n)^2+\cdots.$$

再根据米塔-列夫勒定理(后面第 17 题),存在以点 $a_n$ 为极点、以

$$\frac{b_n}{g'(a_n)}\frac{1}{z-a_n}$$

为主要部分的有理函数 $h(z)$. 将 $h(z)$ 在 $z=a_n$ 的附近展开：

$$h(z)=\frac{b_n}{g'(a_n)}\frac{1}{z-a_n}+c_0+c_1(z-a_n)+\cdots,$$

现在考虑 $f(z)=g(z)h(z)$. 显然，$f(z)$ 在点 $z=a_n(n=1,2,3,\cdots)$ 以外是解析的. 在点 $z=a_n$，

$$f(z)=b_n+c_1(z-a_n)+c_2(z-a_n)^2+\cdots,$$

其中

$$c_1=c_0g'(a_n)+\frac{1}{2!}\frac{g''(a_n)}{g'(a_n)}b_n,$$

$$c_2=c_1g'(a_n)+\frac{c_0}{2!}g''(a_n)+\frac{1}{3!}\frac{g'''(a_n)}{g'(a_n)}b_n,\quad\cdots,$$

因此在 $z=a_n$ 处也解析，且 $f(a_n)=b_n$，故 $f(z)$ 就是所求的函数.

**5.** 试证：若 $a$ 为 $f(z)$ 的单值性孤立奇点，则 $a$ 为 $f(z)$ 的 $m$ 阶极点的充要条件是

$$\lim_{z\to a}(z-a)^m f(z)=\alpha(\neq 0,\infty),$$

其中 $m$ 是正整数.

**提示**　只需证明定理 5.4 中的(5.11)式与上式等价.

**6.** 若 $a$ 为 $f(z)$ 的单值性孤立奇点，$(z-a)^k f(z)$($k$ 为正整数)在点 $a$ 的去心邻域内有界. 试证 $a$ 是 $f(z)$ 的不高于 $k$ 阶的极点或可去奇点.

**证**　令 $g(z)=(z-a)^k f(z)$，则由题设，$g(z)$ 在 $K\setminus\{a\}:0<|z-a|<R$ 内有界. 由定理 5.3(3)，$a$ 为 $g(z)$ 的可去奇点，适当重新定义 $g(a)$ 后，$a$ 即为 $g(z)$ 的解析点. 再由定理 5.4(2)就得到证明.

**7.** 考察函数

$$f(z)=\sin\left(\frac{1}{\sin\frac{1}{z}}\right)$$

的奇点类型.

**解**　令 $\omega=\dfrac{1}{\sin\frac{1}{z}}$，即 $f(z)=\sin\omega$. 由于 $\sin\omega$ 只有惟一的奇点，即本质奇点 $\omega=\infty$，与之对应的是 $\sin\dfrac{1}{z}$ 的零点，即

$$z=\frac{1}{k\pi}(k=\pm1,\pm2,\cdots)\text{ 与 }z=\infty,$$

于是它们都是 $f(z)$ 的本质奇点.

$z=0$ 是 $f(z)$ 的本质奇点列 $\left\{\dfrac{1}{k\pi}\right\}$ 的极限点，是非孤立奇点.

**8.** 试证在扩充 $z$ 平面上只有一个一阶极点的解析函数 $f(z)$ 必有如下形式：

$$f(z)=\frac{az+b}{cz+d},\quad ad-bc\neq0.$$

**分析**　只有两种可能：(1) $f(z)$ 只以 $z=\infty$ 为一阶极点；(2) 有限点 $z_0$ 是 $f(z)$ 的

惟一奇点，且为一阶极点.

**证** (1) $f(z)=c_0+c_1z\ (c_1\neq 0)$.

(2) 在 $0<|z-z_0|<+\infty$ 内写出 $f(z)$ 的洛朗展式，于是 $f(z)-\dfrac{c_{-1}}{z-z_0}$ 为整函数. 由定理 5.10(1)，$f(z)-\dfrac{c_{-1}}{z-z_0}$ 等于常数 $k$.

**9.** (含点∞的区域的柯西积分定理)设 $C$ 是一条周线，区域 $D$ 是 $C$ 的外部(含点∞)，$f(z)$ 在 $D$ 内解析且连续到 $C$；又设

$$\lim_{z\to\infty} f(z)=c_0\neq\infty,$$

则

$$\frac{1}{2\pi i}\int_{C^-} f(z)\mathrm{d}z=-c_{-1},$$

这里 $c_0$ 及 $c_{-1}$ 是 $f(z)$ 在无穷远点去心邻域内的洛朗展式的系数. 试证之.

**分析** 因 $f(z)$ 在点∞解析，∞就为可去奇点. 设 $R$ 充分大，使 $C$ 及其内部全含于圆周 $\Gamma$：$|z|=R$ 的内部(图 5.7)，则得点∞的去心邻域：$0<R<|z|<+\infty$. $f(z)$ 在其内可展成洛朗级数，设为

$$f(z)=c_0+\frac{c_{-1}}{z}+\cdots+\frac{c_{-n}}{z^n}+\cdots\quad (c_0\text{ 可为 }0),$$

由此可证得

$$\frac{1}{2\pi i}\int_{\Gamma^-} f(z)\mathrm{d}z=-c_{-1}.$$

再就复周线 $\Gamma+C^{-1}$(图 5.7)应用柯西积分定理即可得证.

**10.** 若 $f(z)$ 在任何一个包含单位圆周 $z=e^{i\theta}(0\leqslant\theta\leqslant 2\pi)$ 的以 $z=0$ 为圆心的圆环域上解析，将 $f(z)=f(e^{i\theta})$ 视为 $\theta$ 的函数时，证明：$f(z)$ 的洛朗级数是 $f(e^{i\theta})$ 作为 $\theta$ 的函数的傅里叶级数.

**证** 因为在 $|z|=1$ 上，$f(z)$ 的洛朗级数为 $\sum\limits_{n=-\infty}^{\infty} c_nz^n$，所以

$$\begin{aligned}f(z)=f(e^{i\theta})&=\sum_{n=-\infty}^{\infty} c_ne^{in\theta}=c_0+\sum_{n=1}^{\infty}(c_ne^{in\theta}+c_{-n}e^{-in\theta})\\&=c_0+\sum_{n=1}^{\infty}[(c_n+c_{-n})\cos n\theta+i(c_n-c_{-n})\sin n\theta],\end{aligned}$$

其中

$$c_n=\frac{1}{2\pi i}\int_{|z|=1}\frac{f(z)}{\zeta^{n+1}}\mathrm{d}\zeta=\frac{1}{2\pi}\int_0^{2\pi} f(e^{i\theta})e^{-in\theta}\mathrm{d}\theta\quad (n=0,\pm1,\pm2,\cdots).$$

若记

$$a_0=2c_0=\frac{1}{\pi}\int_{-\pi}^{\pi} f(e^{i\theta})\mathrm{d}\theta,$$

$$a_n=c_n+c_{-n}=\frac{1}{2\pi}\int_{-\pi}^{\pi} f(e^{i\theta})(e^{in\theta}+e^{-in\theta})\mathrm{d}\theta=\frac{1}{\pi}\int_{-\pi}^{\pi} f(e^{i\theta})\cos n\theta\mathrm{d}\theta,$$

$$b_n=i(c_n-c_{-n})=\frac{i}{2\pi}\int_{-\pi}^{\pi} f(e^{i\theta})(e^{in\theta}-e^{-in\theta})\mathrm{d}\theta=\frac{1}{\pi}\int_{-\pi}^{\pi} f(e^{i\theta})\sin n\theta\mathrm{d}\theta,$$

于是，$f(z)=f(\mathrm{e}^{\mathrm{i}\theta})$为关于$\theta$的傅里叶级数，即

$$f(\mathrm{e}^{\mathrm{i}\theta})=\frac{a_0}{2}+\sum_{n=1}^{\infty}(a_n\cos n\theta+b_n\sin n\theta).$$

**11.** 计算积分

$$I=\frac{1}{2\pi\mathrm{i}}\int_{|z|=99}\frac{\mathrm{d}z}{(z-2)(z-4)(z-6)\cdots(z-98)(z-100)}.$$

**分析**　由于函数

$$f(z)=\frac{1}{\prod\limits_{k=1}^{49}(z-2k)}$$

在含点$\infty$的无界闭域$|z|\geqslant 99$上解析，且$\lim\limits_{z\to\infty}f(z)=0=f(\infty)$. 于是可应用含点$\infty$的区域的柯西积分公式计算积分. $C:|z|=99$，

$$-I=\frac{1}{2\pi\mathrm{i}}\int_{C^-}\frac{f(z)}{z-100}\mathrm{d}z.$$

**12.** 设解析函数$f(z)$在扩充$z$平面上只有孤立奇点，则奇点的个数必为有限个. 试证之.

**分析**　作充分大的圆周$\Gamma:|z|=R$，使得除$z=\infty$外，$f(z)$的一切有限奇点都全含于$\Gamma$的内部. 此时，$f(z)$在$\Gamma$内部只能有有限个奇点. 否则，若有无限多个奇点，则必有一个聚点，它当然为非孤立奇点，这与题设相矛盾. 因此在$\mathbf{C}$上，从而在$\mathbf{C}_\infty$上也只能有有限个奇点.

**13.** 求在扩充$z$平面上只有$n$个一阶极点的解析函数的一般形式.

**分析**　只有两种可能：(1) 设$\alpha_1,\alpha_2,\cdots,\alpha_n$为$f(z)$的$n$个一阶极点，都不为$\infty$，此时$\infty$为$f(z)$的可去奇点；(2) 若$\alpha_k(k=1,2,\cdots,n)$只有一个为$\infty$，把其余$(n-1)$个依次排列为$\alpha_1,\alpha_2,\cdots,\alpha_{n-1}$，此时$\infty$为$f(z)$的一阶极点，再根据定理5.4(2)及定理5.4′(2)各写出$f(z)$的一般形式.

**解**　(1) $f(z)=\dfrac{\varphi(z)}{(z-\alpha_1)(z-\alpha_2)\cdots(z-\alpha_n)}$，

其中$\varphi(z)$在$z$平面上解析，且不恒等于零. 此时$z=\infty$不是$f(z)$的极点，因而在$\varphi(z)$的展式中，$z$的最高次幂次数不能大于$n$，即

$$\varphi(z)=a_0+a_1z+\cdots+a_nz^n,\quad \varphi(\alpha_k)\neq 0.$$

所以

$$f(z)=\frac{a_0+a_1z+\cdots+a_nz^n}{(z-\alpha_1)(z-\alpha_2)\cdots(z-\alpha_n)},$$

其中所有$\alpha_k$互异，且$a_k(k=0,1,\cdots,n)$至少有一个不为零.

(2) $f(z)=\dfrac{a_0+a_1z+\cdots+a_nz^n}{(z-\alpha_1)(z-\alpha_2)\cdots(z-\alpha_{n-1})}$，

其中$a_n\neq 0$，且当$i\neq j$时，$\alpha_i\neq\alpha_j\ (1\leqslant i,j\leqslant n-1)$.

**14.** 设(1) $C$是一条周线，$f(z)$在$C$的内部是亚纯的，且连续到$C$；(2) $f(z)$沿$C$不为零. 试证函数$f(z)$在$C$的内部至多只有有限个零点和极点.

**分析**　设$I(C)=D$. 设在区域$D$中去掉所有的极点，得区域$D_1$，由题设条件，在

$D_1$ 内 $f(z)\neq 0$.

我们要证明 $f(z)$在 $D_1$ 内至多只有有限个零点. 假定不然,从 $f(z)$在 $D_1$ 内亦即在 $D$ 内的无限多个零点中,取出彼此不同的零点组成一个点列$\{z_n\}$. 显然它是一个有界点列. 因而有一个收敛子点列$\{z_{n_k}\}\to z_0$. 由题设条件可证,$z_0$ 只能在 $D_1$ 内. 又由惟一性定理,在 $D_1$ 内 $f(z)\equiv 0$,这就得到矛盾. 于是,$f(z)$在 $D_1$ 内至多只有有限个零点,因而 $f(z)$在 $D$ 内也至多只有有限个零点.

考虑函数$\dfrac{1}{f(z)}$,它必然满足题设条件. 由上一段可知$\dfrac{1}{f(z)}$在 $D$ 内至多只有有限个零点. 从而可知 $f(z)$在 $D$ 内至多只有有限个极点.

**15.** 在施瓦茨引理的假设条件下,如果原点是 $f(z)$的 $\lambda$ 阶零点,求证$\left|\dfrac{f^{(\lambda)}(0)}{\lambda!}\right|\leqslant 1$. 要想这里的等号成立,必须 $f(z)=\mathrm{e}^{\mathrm{i}\alpha}z^{\lambda}$($\alpha$ 为实数,$|z|<1$).

**分析** 由题条件可设

$$f(z)=c_{\lambda}z^{\lambda}+c_{\lambda+1}z^{\lambda+1}+\cdots=z^{\lambda}(c_{\lambda}+c_{\lambda+1}z+\cdots),$$

其中 $c_{\lambda}=\dfrac{f^{(\lambda)}(0)}{\lambda!}\neq 0$. 令

$$\varphi(z)=\begin{cases}\dfrac{f(z)}{z^{\lambda}}, & z\neq 0,\\[2mm] \dfrac{f^{(\lambda)}(0)}{\lambda!}, & z=0,\end{cases}$$

则 $\varphi(z)$在$|z|<1$ 内解析$\left(z=0\text{ 为}\dfrac{f(z)}{z^{\lambda}}\text{的可去奇点}\right)$.

**证** 仿照施瓦茨引理的证明,应用最大模原理于 $\varphi(z)$.

考虑 $\varphi(z)$在单位圆$|z|<1$ 内任一点 $z_0$ 处的值,如果 $r$ 满足条件$|z_0|<r<1$,根据最大模原理,有

$$|\varphi(z_0)|\leqslant \max_{|z|=r}|\varphi(z)|=\max_{|z|=r}\left|\frac{f(z)}{z^{\lambda}}\right|\leqslant\frac{1}{r^{\lambda}}.$$

令 $r\to 1$,即得

$$|\varphi(z_0)|\leqslant 1.$$

于是

$$\left|\frac{f^{\lambda}(0)}{\lambda!}\right|=|\varphi(0)|\leqslant 1,$$

且当 $z_0\neq 0$ 时,有

$$\left|\frac{f(z_0)}{z_0^{\lambda}}\right|=|\varphi(z_0)|\leqslant 1,$$

即

$$|f(z_0)|\leqslant|z_0|^{\lambda},$$

加上 $f(0)=0$,就有$|f(z)|\leqslant|z|^{\lambda}(|z|<1)$.

如果这些关系中,有一个取等号,这就意味着在单位圆$|z|<1$ 内的某一点 $z_0$,模$|\varphi(z_0)|$达到最大值,这只有 $\varphi(z)$等于常数 $\mathrm{e}^{\mathrm{i}\alpha}$($\alpha$ 为实数)时才可能,此时必有

$$f(z) \equiv e^{i\alpha} z^{\lambda}.$$

**16.** 若 $f(z)$ 在圆 $|z|<R$ 内解析，$f(0)=0$，$|f(z)|\leqslant M<+\infty$，试证

(1) $|f(z)|\leqslant \dfrac{M}{R}|z|$，$|z|<R$，且有 $|f'(0)|\leqslant \dfrac{M}{R}$；

(2) 若在圆内有一点 $z(0<|z|<R)$ 使 $|f(z)|=\dfrac{M}{R}|z|$，就有

$$f(z)=\frac{M}{R}e^{i\alpha}z \quad (\alpha \text{ 为实数}, |z|<R).$$

**分析** 考虑函数(第 15 题中取 $\lambda=1$)

$$\varphi(z)=\begin{cases}\dfrac{f(z)}{z}, & z\neq 0,\\ f'(0), & z=0,\end{cases}$$

它在 $|z|<R$ 内解析.

**证** 令 $z$ 是圆 $|z|<R$ 内任一点，$r$ 满足 $|z|<r<R$，由最大模原理知 $|\varphi(z)|\leqslant \max\limits_{|\zeta|=r}|\varphi(\zeta)|(|z|<r<R)$，即 $|\varphi(z)|\leqslant \max\limits_{|\zeta|=r}\left|\dfrac{f(\zeta)}{\zeta}\right|=\dfrac{M}{r}$. 令 $r\to R$，则

$$|\varphi(z)|=\left|\frac{f(z)}{z}\right|\leqslant \frac{M}{R}. \tag{1}$$

特别地，

$$|\varphi(0)|=|f'(0)|\leqslant \frac{M}{R},$$

即

$$|f(z)|\overset{(1)}{\leqslant}\frac{M}{R}|z| \quad (|z|<R).$$

若圆 $|z|<R$ 内有一点 $z$，使

$$|f(z)|=\frac{M}{R}|z| \quad (0<|z|<R),$$

即 $|\varphi(z)|=\left|\dfrac{f(z)}{z}\right|=\dfrac{M}{R}$，这说明在(1)式中，等号在圆 $|z|<R$ 内某一点达到. 由最大模原理知 $|\varphi(z)|=|c|=\dfrac{M}{R}$. 所以 $f(z)=\dfrac{M}{R}e^{i\alpha}z$($\alpha$ 为实数).

**注** 我们保留本题假设条件不变，如果 $z=0$ 是 $f(z)$ 的 $\lambda$ 阶零点，则

$$|f(z)|\leqslant \frac{M}{R}|z|^{\lambda}(|z|<R), \quad \left|\frac{f^{(\lambda)}(0)}{\lambda!}\right|\leqslant \frac{M}{R}.$$

如果这些关系中，有一个取等号，这只有

$$f(z)=\frac{M}{R}e^{i\alpha}z^{\lambda} \quad (\alpha \text{ 为实数}, |z|<R).$$

**17.** 试证米塔-列夫勒(Mittag-Leffler)定理：设 $\{a_n\}$ 为满足 $0<|a_1|\leqslant|a_2|\leqslant|a_3|\leqslant\cdots\leqslant|a_n|\leqslant\cdots$，$|a_n|\to+\infty\{n\to+\infty\}$ 的点列，任意给定一个函数列

$$H\left(\frac{1}{z-a_n}\right)=\frac{A_1^{(n)}}{z-a_n}+\cdots+\frac{A_{k_n}^{(n)}}{(z-a_n)^{k_n}} \quad (n=1,2,3,\cdots),$$

则总存在函数 $f(z)$，它在 $|z|<+\infty$ 上是亚纯函数，而在 $z=a_n$ 的主要部分是 $H\left|\frac{1}{z-a_n}\right|$.

**证** 由于 $H\left(\frac{1}{z-a_n}\right)$ 在 $|z|<|a_n|$ 上正则，故可展开为

$$H\left(\frac{1}{z-a_n}\right)=C_0^{(n)}+C_1^{(n)}z+\cdots.$$

由于幂级数的一致收敛性，故取充分大的 $N$，设

$$G_{n(z)}=C_0^{(n)}+C_1^{(n)}z+\cdots+C_N^{(n)}z^N,$$

总存在自然数 $n_0$，当 $n>n_0$ 时，在 $|z|<\frac{|a_n|}{2}$ 上，有

$$\left|H\left(\frac{1}{z-a_n}\right)-G_n(z)\right|<\frac{1}{2^n}.$$

现设 $R$ 为任意大的正数，取充分大的 $n_0$，使

$$2R\leqslant|a_{n_0}|\leqslant|a_{n_0+1}|\leqslant\cdots.$$

由于 $R\leqslant\frac{|a_{n_0}|}{2}\leqslant\frac{|a_{n_0+1}|}{2}\leqslant\cdots$，故在 $|z|\leqslant R$ 上，有

$$\left|H\left(\frac{1}{z-a_n}\right)-G_n(z)\right|<\frac{1}{2^n}\quad(n=n_0,n_0+1,\cdots).$$

定义

$$\varphi(z)=\sum_{n=n_0}^{\infty}\left[H\left(\frac{1}{z-a_n}\right)-G_n(z)\right],$$

则 $\varphi(z)$ 在 $|z|\leqslant R$ 上一致收敛. 由于 $H\left(\frac{1}{z-a_n}\right)-G_n(z)$ 在 $|z|\leqslant R$ 上正则，故 $\varphi(z)$ 也在 $|z|\leqslant R$ 上正则.

考虑

$$f(z)=\sum_{n=1}^{n_0-1}\left[H\left(\frac{1}{z-a_n}\right)-G_n(z)\right]+\varphi(z),$$

它在 $z=a_n(n=1,2,\cdots,n_0-1)$ 处具有极点，其主要部分为 $H\left(\frac{1}{z-a_n}\right)$. 由于 $R$ 为任意大的正数，故 $f(z)$ 在 $|z|<+\infty$ 上除 $z=a_n$ 外是一致收敛的，并且在 $z=a_n$ 的主要部分是 $H\left(\frac{1}{z-a_n}\right)$. 故 $f(z)$ 就是所求函数.

## III. 类题或自我检查题

1. 将下列各函数在指定圆环内展为洛朗级数.

(1) $\frac{1}{z^2\left(z-\frac{1}{2}\right)(z-2)}$，$0<|z|<\frac{1}{2}$；

(2) $\dfrac{e^z}{1-z}$, $0<|z-1|<+\infty$;

(3) $\dfrac{z^2+1}{z^3-3z^2+2z}$, $0<|z|<1$, $1<|z|<2$, $2<|z|<+\infty$.

$\Big($答：(1) $\dfrac{1}{z^2}+\dfrac{5}{2z}+\dfrac{2}{3}\sum\limits_{n=0}^{\infty}\left(2^{n+3}-\dfrac{1}{2^{n+3}}\right)z^n$;

(2) $-e\sum\limits_{n=0}^{\infty}\dfrac{1}{n!}(z-1)^{n-1}$;

(3) $\dfrac{1}{2z}+2\sum\limits_{n=0}^{\infty}z^n-\dfrac{5}{4}\sum\limits_{n=0}^{\infty}\left(\dfrac{z}{2}\right)^n(0<|z|<1)$,

$\dfrac{1}{2z}-\dfrac{2}{z}\sum\limits_{n=0}^{\infty}\dfrac{1}{z^n}-\dfrac{5}{4}\sum\limits_{n=0}^{\infty}\left(\dfrac{z}{2}\right)^n(1<|z|<2)$,

$\dfrac{1}{2z}-\dfrac{2}{z}\sum\limits_{n=0}^{\infty}\dfrac{1}{z^n}-\dfrac{5}{2z}\sum\limits_{n=0}^{\infty}\left(\dfrac{2}{z}\right)^n(2<|z|<+\infty)$.$\Big)$

2. 将下列各函数在指定点的去心邻域内展成洛朗级数，并指出其收敛范围.

(1) $\dfrac{1}{z^2(1-z^2)}$, $z=0$; (2) $\dfrac{1}{z(z+2)^3}$, $z=0$, $z=-2$;

(3) $e^{\frac{z}{z+2}}$, $z=\infty$; (4) $\dfrac{e^{-z}}{z^3}$, $z=0$, $z=\infty$.

$\Big($答：(1) $\sum\limits_{n=0}^{\infty}z^{2(n-1)}(|z|<1)$;

(2) $\dfrac{1}{8z}-\dfrac{3}{16}+\dfrac{3}{16}z-\dfrac{5}{32}z^2+\cdots(0<|z|<2)$,

$-\dfrac{1}{2(z+2)^3}-\dfrac{1}{4(z+2)^2}-\dfrac{1}{8(z+2)}-\dfrac{1}{16}-\dfrac{1}{31}(z+2)-\cdots(0<|z+2|<2)$;

(3) $e\left(1-\dfrac{2}{z}+\dfrac{6}{z^2}+\cdots\right)(2<|z|<+\infty)$;

(4) $\sum\limits_{n=0}^{\infty}(-1)^n\dfrac{z^{n-3}}{n!}(0<|z|<+\infty)$. $\Big)$

3. 下列论断是否正确？为什么？

用长除法得

$$\frac{z}{1-z}=z+z^2+z^3+z^4+\cdots,$$

$$\frac{z}{z-1}=1+\frac{1}{z}+\frac{1}{z^2}+\frac{1}{z^3}+\cdots.$$

因为$\dfrac{z}{1-z}+\dfrac{z}{z-1}=0$，所以

$$\cdots+\frac{1}{z^3}+\frac{1}{z^2}+\frac{1}{z}+1+z+z^2+z^3+z^4+\cdots=0.$$

(答：否.)

4. 设$0<|a|<|b|$，把函数$f(z)=\dfrac{1}{(z-a)(z-b)}$在下列区域内展开：

(1) $0\leqslant|z|<|a|$；(2) $|a|<|z|<|b|$；(3) $|b|<|z|<+\infty$；

(4) $0<|z-a|<|b-a|$；(5) $|b-a|<|z-a|<+\infty$；

(6) $0<|z-b|<|b-a|$；(7) $|b-a|<|z-b|<+\infty$.

(答：(1) $\dfrac{1}{b-a}\sum\limits_{n=0}^{\infty}\left(\dfrac{1}{a^{n+1}}-\dfrac{1}{b^{n+1}}\right)z^n$； (2) $\dfrac{1}{a-b}\left(\sum\limits_{n=0}^{\infty}\dfrac{z^n}{b^{n+1}}+\sum\limits_{n=1}^{\infty}\dfrac{a^{n-1}}{z^n}\right)$；

(3) $\dfrac{1}{a-b}\sum\limits_{n=1}^{\infty}(a^{n-1}-b^{n-1})\cdot\dfrac{1}{z^n}$； (4) $-\sum\limits_{n=-1}^{\infty}\dfrac{1}{(b-a)^{n+2}}(z-a)^n$；

(5) $\sum\limits_{n=-\infty}^{-2}(b-a)^{-n-2}(z-a)^n$； (6) $-\sum\limits_{n=-1}^{\infty}\dfrac{1}{(a-b)^{n+2}}(z-b)^n$；

(7) $\sum\limits_{n=-\infty}^{-2}\dfrac{1}{(a-b)^{n+2}}(z-b)^n$.)

5. 求出下列函数的奇点，并确定它们的类别(对于极点，要指出它们的阶)，对于无穷远点也要加以讨论.

(1) $\dfrac{z+2}{(z-1)^2z(z+1)}$；(2) $\mathrm{e}^{\frac{1}{z-2\mathrm{i}}}$；(3) $\dfrac{z^2+1}{\mathrm{e}^z}$；

(4) $\dfrac{\mathrm{e}^z}{z^2+4}$；(5) $\dfrac{1}{\cos z}$；(6) $\sec\dfrac{1}{z}$；

(7) $\dfrac{\sin z}{(z-3)^2z^2(z+1)^3}$；(8) $\dfrac{\sin(z-5)}{(z-5)^2}$；(9) $z(\mathrm{e}^{\frac{1}{z}}-1)$.

(答：(1)0，$-1$ 为单极点，1 为二阶极点，$\infty$为可去奇点；(2) $2\mathrm{i}$ 为本质奇点，$\infty$为可去奇点；(3) $\infty$为本质奇点；(4) $\pm2\mathrm{i}$ 各为单极点，$\infty$为本质奇点；(5) $\left(n+\dfrac{1}{2}\right)\pi(n=0,\pm1,\pm2,\cdots)$均为单级点，$\infty$为非孤立奇点；(6) $1\Big/\left[\left(n+\dfrac{1}{2}\right)\pi\right](n=0,\pm1,\pm2,\cdots)$均为单极点，0 为非孤立奇点；(7) 0 为单极点，3 为二阶极点，$-1$ 为三阶极点，$\infty$为本质奇点；(8) 5 为单极点，$\infty$为本质奇点；(9) 0 为本质奇点，$\infty$为可去奇点.)

6. 指出下列函数在指定点处的奇点特性.

(1) $\ln\dfrac{z-1}{z-2}$，$z=\infty$；(2) $\sqrt{z(z-1)}$，$z=\infty$；

(3) $\dfrac{\ln(1+z)}{z}$，$z=0$，$z=\infty$.

(答：(1) $\infty$为可去奇点；(2) $\infty$为单极点；

(3) 0 为可去奇点，$\infty$为本质奇点.)

7. 下列函数在指定点的去心邻域内是否能展为洛朗级数：

(1) $\sec\dfrac{1}{z-1}$，$z=1$；(2) $\dfrac{z^2}{\sin\dfrac{1}{z}}$，$z=0$；

(3) $\ln\dfrac{1}{z-1}$，$z=\infty$；(4) $z^\alpha$，$z=0$.

(答：(1) 否；(2) 否；(3) 否；

(4) 是(若 $\alpha$ 为整数或零)，否(在所有其余的情形).)

8. 下列多值函数在指定点的去心邻域内是否有分支可展成洛朗级数：

(1) $\sqrt[3]{(z-1)(z-2)(z-3)}$，$z=\infty$；

(2) $\sqrt[4]{z(z-1)^2}$，$z=\infty$；

(3) $\mathrm{Ln}[(z-1)(z-2)]$，$z=\infty$.

(答：(1) 是(所有三个分支都可展开)；(2) 否；(3) 否.)

# 第六章 留数理论及其应用

## I. 重点、要求与例题

这一章是第三章柯西积分理论的继续. 中间插入的泰勒级数和洛朗级数是研究解析函数的有力工具. 现在,我们已有条件去解决“大范围”的积分计算问题了.

### §1 留数

**1.** 掌握函数在有限点留数的概念及留数定理.

**定义 6.1** 设 $f(z)$以有限点 $a$ 为孤立奇点,则称(小范围)积分

$$\frac{1}{2\pi i}\int_{\Gamma} f(z)\mathrm{d}z \quad (\Gamma: |z-a|=\rho, 0<\rho<R)$$

为 $f(z)$在点 $a$ 的留数(residue),记为$\operatorname*{Res}\limits_{z=a} f(z)$.

由洛朗系数公式(5.5)有

$$\operatorname*{Res}_{z=a} f(z)=c_{-1}. \tag{6.1}$$

**定理 6.1(柯西留数定理)** 设 $f(z)$在周线或复周线 $C$ 所围的有界区域 $D$ 内,除 $a_1, a_2, \cdots, a_n$ 外解析,且连续到边界 $C$,则(大范围积分)

$$\int_C f(z)\mathrm{d}z=2\pi i\sum_{k=1}^{n}\operatorname*{Res}_{z=a_k} f(z). \tag{6.2}$$

留数定理把计算周线积分的整体问题,化为计算各孤立奇点处留数的局部问题.

**2.** 充分掌握函数在有限奇点处留数$\operatorname*{Res}\limits_{z=a} f(z)$的求法.

(1) 若 $a$ 为可去奇点(或解析点),则$\operatorname*{Res}\limits_{z=a} f(z)=0$.

(2) 由公式(6.1)知道,应用洛朗展式求 $c_{-1}$是一般方法. 特别地,当 $a$ 为本质奇点,或孤立奇点类型不清楚时,只能用这个一般方法.

(3) 对于 $a$ 为极点,除了可用一般方法,还有

**定理 6.2** 设 $a$ 为 $f(z)$的 $n$ 阶极点,

$$f(z)=\frac{\varphi(z)}{(z-a)^n} \quad (\text{即 } \varphi(z)=(z-a)^n f(z)),$$

其中 $\varphi(z)$(由定理 5.4(2))在点 $a$ 解析,$\varphi(a)\neq 0$,则

$$\operatorname*{Res}_{z=a} f(z)=\frac{\varphi^{(n-1)}(a)}{(n-1)!}. \tag{6.3}$$

这里 $\varphi^{(0)}(a)$代表 $\varphi(a)$，且有 $\varphi^{(n-1)}(a)=\lim\limits_{z\to a}\varphi^{(n-1)}(z)$.

**注**　当$(z-a)^n f(z)$中的$(z-a)^n$能从 $f(z)$中消去时，就在消去后直接代值计算$\dfrac{\varphi^{(n-1)}(a)}{(n-1)!}$，否则才取极限计算

$$\frac{1}{(n-1)!}\lim_{z\to a}[(z-a)^n f(z)]^{(n-1)},$$

这样做较省事. 如下面的例 6.1.1 及例 6.1.2.

**推论 6.3**　设 $a$ 为 $f(z)$的一阶极点，$\varphi(z)=(z-a)f(z)$. 则

$$\operatorname*{Res}_{z=a} f(z)=\varphi(a)\left(=\lim_{z\to a}(z-a)f(z)\right). \tag{6.4}$$

**推论 6.4**　设 $a$ 为 $f(z)$的二阶极点，$\varphi(z)=(z-a)^2 f(z)$，则

$$\operatorname*{Res}_{z=a} f(z)=\varphi'(a)\left(=\lim_{z\to a}[(z-a)^2 f(z)]'\right). \tag{6.5}$$

**定理 6.5**　设 $a$ 为 $f(z)=\dfrac{\varphi(z)}{\psi(z)}$的一阶极点（只要 $\varphi(z)$及 $\psi(z)$在点 $a$ 解析，且 $\varphi(a)\neq 0$，$\psi(a)=0$，$\psi'(a)\neq 0$），则

$$\operatorname*{Res}_{z=a} f(z)=\frac{\varphi(a)}{\psi'(a)}.$$

**注**　要熟练掌握应用推论 6.3、推论 6.4 及定理 6.5 计算函数在一阶极点、二阶极点处的留数.

**例 6.1.1**　求 $f(z)=\dfrac{e^{ibz}}{(z^2+a^2)^2}$在点 $a\mathrm{i}$ 的留数，其中 $a,b$ 是实常数.

**分析**　分子 $e^{ibz}$在 $\mathbf{C}$ 上解析且不等于 0，而 $z=a\mathrm{i}$ 是分母的一个二阶零点，所以 $a\mathrm{i}$ 是 $f(z)$的二阶极点.

**解**　由推论 6.4 得，

$$\begin{aligned}\operatorname*{Res}_{z=a\mathrm{i}} f(z)&=\left[(z-a\mathrm{i})^2\frac{e^{ibz}}{(z^2+a^2)^2}\right]'\Bigg|_{z=a\mathrm{i}}\\&=\left[\frac{e^{ibz}}{(z+a\mathrm{i})^2}\right]'\Bigg|_{z=a\mathrm{i}}\\&=\frac{ibz-ab-2}{(z+a\mathrm{i})^3}e^{ibz}\Bigg|_{z=a\mathrm{i}}=-\frac{1+ab}{4a^3e^{ab}}\mathrm{i}.\end{aligned}$$

■

**例 6.1.2**　求函数 $f(z)=\dfrac{z^2}{\sin^4 z}$在 $z=0$ 的留数.

**解**　因 $z=0$ 为分母 $\sin^4 z$ 的 4 阶零点，从而为 $f(z)$的二阶极点. 应用推论 6.4，

$$\begin{aligned}\operatorname*{Res}_{z=0} f(z)&=\lim_{z\to 0}\left[z^2\cdot\frac{z^2}{\sin^4 z}\right]'=\lim_{z\to 0}\left[\left(\frac{z}{\sin z}\right)^4\right]'\\&=\lim_{z\to 0}4\left(\frac{z}{\sin z}\right)^3\left(\frac{\sin z-z\cos z}{\sin^2 z}\right)\\&=4\cdot 1\cdot 0=0.\end{aligned}$$

■

**例 6.1.3** 设

$$f(z)=\frac{\mathrm{e}^{z}\ln(1+z)}{(z-2)\sin z},$$

$\ln(1+z)$取主值支,求$\operatorname*{Res}_{z=2}f(z)$.

**解** $z=2$ 是 $f(z)$的一阶极点,由定理 6.5,

$$\operatorname*{Res}_{z=2}f(z)=\left.\frac{\mathrm{e}^{z}\ln(1+z)}{[(z-2)\sin z]'}\right|_{z=2}=\frac{\mathrm{e}^{2}\ln 3}{\sin 2}.$$ ■

**例 6.1.4** 求 $f(z)=\dfrac{\mathrm{e}^{z}-1}{z^{5}}$在 $z=0$ 的留数.

**分析** 由于 $z=0$ 分别是分子 $\mathrm{e}^{z}-1$ 的一阶零点,分母 $z^{5}$ 的五阶零点,所以 $z=0$ 是 $f(z)$的四阶极点.

**解** 应用定理 6.2,就要计算

$$\begin{aligned}\operatorname*{Res}_{z=0}f(z)&=\frac{1}{(4-1)!}\left[\frac{\mathrm{d}^{(4-1)}}{\mathrm{d}z^{(4-1)}}\left(z^{4}\cdot\frac{\mathrm{e}^{z}-1}{z^{5}}\right)\right]\Bigg|_{z=0}\\&=\frac{1}{3!}\left[\frac{\mathrm{d}^{3}}{\mathrm{d}z^{3}}\left(\frac{\mathrm{e}^{z}-1}{z}\right)\right]\Bigg|_{z=0},\end{aligned}$$

由于求导次数较高,这将是比较复杂的.

为此,我们改用一般方法. 在 $0<|z|<+\infty$内将 $f(z)$展成洛朗级数,

$$\begin{aligned}\frac{\mathrm{e}^{z}-1}{z^{5}}&=\frac{1}{z^{5}}\left(1+z+\frac{z^{2}}{2!}+\frac{z^{3}}{3!}+\frac{z^{4}}{4!}+\frac{z^{5}}{5!}+\cdots-1\right)\\&=\frac{1}{z^{4}}+\frac{1}{2!z^{3}}+\frac{1}{3!z^{2}}+\frac{1}{4!z}+\frac{1}{5!}+\frac{z}{6!}+\cdots,\end{aligned}$$

由此得$\operatorname*{Res}_{z=0}f(z)=c_{-1}=\dfrac{1}{4!}=\dfrac{1}{24}$. 这样做比较简便. ■

**例 6.1.5** 计算积分

$$\int_{|z|=\frac{1}{3}}\sin\frac{2}{z}\mathrm{d}z.$$

**分析** $\sin\dfrac{2}{z}$在圆周$|z|=\dfrac{1}{3}$内部只有本质奇点 $z=0$.

**解** 因为

$$\sin\frac{2}{z}=\frac{2}{z}-\frac{8}{3!z^{3}}+\frac{32}{5!z^{5}}-\cdots\quad(0<|z|<+\infty),$$

故由留数定理,

$$\int_{|z|=\frac{1}{3}}\sin\frac{2}{z}\mathrm{d}z=2\pi\mathrm{i}\operatorname*{Res}_{z=0}\left[\sin\frac{2}{z}\right]=2\pi\mathrm{i}\cdot 2=4\pi\mathrm{i}.$$ ■

**例 6.1.6** 计算积分

$$\int_{C:|z|=2}\frac{\mathrm{e}^{\sin z}}{z^{2}(z^{2}+1)}\mathrm{d}z.$$

**分析** $f(z)=\dfrac{\mathrm{e}^{\sin z}}{z^{2}(z^{2}+1)}$在 $C$ 的内部有一个二阶极点 $z=0$ 和两个一阶极点 $z=$

$\pm i$，于是可应用留数定理.

**解**　由推论 6.4 和推论 6.3，

$$\operatorname*{Res}_{z=0} f(z)=\left(\frac{e^{\sin z}}{z^2+1}\right)'\bigg|_{z=0}=1,$$

$$\operatorname*{Res}_{z=i} f(z)=\frac{e^{\sin z}}{z^2(z+i)}\bigg|_{z=i}=-\frac{e^{i\sinh 1}}{2i},$$

$$\operatorname*{Res}_{z=-i} f(z)=\frac{e^{\sin z}}{z^2(z-i)}\bigg|_{z=-i}=\frac{e^{-i\sinh 1}}{2i}.$$

故由留数定理得

$$\begin{aligned}\int_{C:|z|=2}\frac{e^{\sin z}}{z^2(z^2+1)}dz&=2\pi i\left(1-\frac{e^{i\sinh 1}}{2i}+\frac{e^{-i\sinh 1}}{2i}\right)\\&=2\pi i[1-\sin(\sinh 1)].\end{aligned}$$ ■

**3. 掌握在点∞处留数的概念及计算方法.**

**定义 6.2**　设∞为 $f(z)$的一个孤立奇点，则称

$$\frac{1}{2\pi i}\int_{\Gamma^-}f(z)dz\quad(\Gamma:|z|=\rho>r,0\leqslant r<\rho<+\infty)$$

为 $f(z)$在点∞的留数，记为$\operatorname*{Res}_{z=\infty}f(z)$.

通过对 $f(z)$的洛朗展式逐项积分，即知

$$\operatorname*{Res}_{z=\infty}f(z)=-c_{-1}.\tag{6.6}$$

**定理 6.6**　如 $f(z)$在 $\mathbf{C}_\infty$ 上只有有限个奇点 $a_1,a_2,\cdots,a_n,\infty$则

$$\sum_{k=1}^{n}\operatorname*{Res}_{z=a_k}f(z)+\operatorname*{Res}_{z=\infty}f(z)=0.$$

除了应用公式(6.6)及定理 6.6 计算在点∞处的留数，还可应用公式

$$\operatorname*{Res}_{z=\infty}f(z)=-\operatorname*{Res}_{t=0}\left[f\left(\frac{1}{t}\right)\frac{1}{t^2}\right].\tag{6.7}$$

**注**　灵活应用定理 6.6，将给计算留数和周线积分带来方便.

**例 6.1.7**　计算积分$\displaystyle\int_{|z|=2}\frac{z^5}{1+z^6}dz$.

**分析**　显然被积函数 $f(z)=\dfrac{z^5}{1+z^6}$的六个奇点

$$z_k=e^{\frac{2k+1}{6}\pi i}\quad(k=0,1,2,3,4,5)$$

都在$|z|=2$ 的内部. 当然可以应用留数定理，但计算留数的和仍然很麻烦，故改用定理 6.6.

**解**　由留数定理，

$$\begin{aligned}\int_{|z|=2}f(z)dz&=2\pi i\sum_{k=0}^{5}\operatorname*{Res}_{z=z_k}f(z)\\&\xlongequal{\text{定理 6.6}}-2\pi i\operatorname*{Res}_{z=\infty}f(z).\end{aligned}\tag{1}$$

由公式(6.7)，

$$\operatorname*{Res}_{z=\infty}f(z)=-\operatorname*{Res}_{t=0}\left[f\left(\frac{1}{t}\right)\cdot\frac{1}{t^2}\right]=-\operatorname*{Res}_{t=0}\frac{\frac{1}{t^5}}{1+\frac{1}{t^6}}\cdot\frac{1}{t^2}$$

$$=-\operatorname*{Res}_{t=0}\frac{1}{t(t^6+1)}=-\frac{1}{t^6+1}\bigg|_{t=0}=-1.\qquad(2)$$

将(2)式代入(1)式得

$$\int_{|z|=2}\frac{z^5}{1+z^6}\mathrm{d}z=-2\pi\mathrm{i}(-1)=2\pi\mathrm{i}.$$

■

**注** $z=\infty$为 $f(z)=\dfrac{z^5}{1+z^6}$的可去奇点,但

$$\operatorname*{Res}_{z=\infty}f(z)=-1\neq 0.$$

**例 6.1.8** 设 $f(z)=z^{100}\prod\limits_{k=1}^{100}\dfrac{1}{z-k}$,求$\displaystyle\int_{|z|=200}f(z)\mathrm{d}z$.

**分析** 被积函数 $f(z)$一共有 101 个孤立奇点, 其中 100 个在圆周$|z|=200$ 的内部,$z=\infty$在它的外部. 要计算$|z|=200$ 内部 100 个奇点的留数的和是十分麻烦的,故考虑应用定理 6.6.

**解** 应用留数定理,

$$\int_{|z|=200}f(z)\mathrm{d}z=2\pi\mathrm{i}\sum_{k=1}^{100}\operatorname*{Res}_{z=k}f(z)$$

$$\xlongequal{\text{定理 6.6}}-2\pi\mathrm{i}\operatorname*{Res}_{z=\infty}f(z).\qquad(1)$$

由公式(6.7),

$$\operatorname*{Res}_{z=\infty}f(z)=-\operatorname*{Res}_{t=0}\left[f\left(\frac{1}{t}\right)\cdot\frac{1}{t^2}\right]=-\operatorname*{Res}_{t=0}\left[\frac{1}{t^{100}}\left(\prod_{k=1}^{100}\frac{1}{\frac{1}{t}-k}\right)\frac{1}{t^2}\right]$$

$$=-\operatorname*{Res}_{t=0}\left[\frac{1}{t^{102}}\prod_{k=1}^{100}\frac{t}{1-kt}\right]=-\operatorname*{Res}_{t=0}\left[\frac{1}{t^2}\prod_{k=1}^{100}\frac{1}{1-kt}\right]$$

$$=-\left[\prod_{k=1}^{100}\frac{1}{1-kt}\right]'\bigg|_{t=0}\quad(\text{因 } t=0 \text{ 为二阶极点})$$

$$=-\left[\sum_{k=1}^{100}\frac{k}{(1-kt)^2}\cdot\frac{1}{1-t}\cdot\frac{1}{1-2t}\cdot\cdots\cdot\right.$$

$$\left.\frac{1}{1-(k-1)t}\cdot\frac{1}{1-(k+1)t}\cdot\cdots\cdot\frac{1}{1-100t}\right]\bigg|_{t=0}$$

$$=-\sum_{k=1}^{100}k=-5050.\qquad(2)$$

将(2)式代入(1)式得

$$\int_{|z|=200}f(z)\mathrm{d}z=-2\pi\mathrm{i}(-5050)=10100\pi\mathrm{i}.$$

■

**例 6.1.9** 试求积分

$$\int_C \mathrm{e}^{\frac{a}{2}\left(z-\frac{1}{z}\right)}\mathrm{d}z,$$

其中 $C$ 为 $|z|=1$，$a$ 为复常数.

**分析**　$z=0,\infty$ 为函数 $f(z)=e^{\frac{a}{2}\left(z-\frac{1}{z}\right)}$ 的本质奇点，故通过在 $0<|z|<+\infty$ 内求洛朗展式得留数.

**解**　因为

$$
\begin{aligned}
f(z)&=e^{\frac{a}{2}z}e^{-\frac{a}{2z}}\\
&=\left[1+\frac{a}{2}z+\frac{1}{2!}\left(\frac{a}{2}\right)^2z^2+\frac{1}{3!}\left(\frac{a}{2}\right)^3z^3+\cdots\right]\cdot\\
&\quad\left[1-\frac{a}{2}\frac{1}{z}+\frac{1}{2!}\left(\frac{a}{2}\right)^2\frac{1}{z^2}-\frac{1}{3!}\left(\frac{a}{2}\right)^3\frac{1}{z^3}+\cdots\right],
\end{aligned}
$$

由此得出$\frac{1}{z}$的系数为

$$
\begin{aligned}
c_{-1}=\operatorname*{Res}_{z=0}f(z)&=-\frac{a}{2}+\frac{1}{2!}\left(\frac{a}{2}\right)^3-\frac{1}{2!3!}\left(\frac{a}{2}\right)^5+\cdots\\
&=-\sum_{n=0}^{\infty}\frac{(-1)^n}{n!(n+1)!}\left(\frac{a}{2}\right)^{2n+1}.
\end{aligned}
$$

故由留数的定义或留数定理，

$$
\int_C e^{\frac{a}{2}\left(z-\frac{1}{z}\right)}\,dz=2\pi i c_{-1}=-2\pi i\sum_{n=0}^{\infty}\frac{(-1)^n}{n!(n+1)!}\left(\frac{a}{2}\right)^{2n+1}.
$$ ■

**例 6.1.10**　计算 $\int_{|z|=1}\frac{1}{e^{\frac{1}{z}}-1}dz$.

**分析**　由于 $e^{\frac{1}{z}}-1$ 以

$$
z_k=\frac{1}{2k\pi i}=\frac{i}{2k'\pi}\quad(k'=-k,k=\pm1,\pm2,\cdots)
$$

为零点，故 $f(z)=\frac{1}{e^{\frac{1}{z}}-1}$以这些点为极点，它们都在$|z|=1$ 的内部. 但由此可知 $z=0$ 是个非孤立奇点. 故不能应用有界区域的留数定理(自然也不能用定理 6.6). 而 $z=\infty$ 却是 $f(z)$的孤立奇点，且是极点，因此可以用无穷远点的留数来计算此积分.

**解**　因 $f(z)$在 $1<|z|<+\infty$ 内解析，故可展成洛朗级数，我们有

$$
\begin{aligned}
f(z)&=1\Big/\left(\frac{1}{z}+\frac{1}{2z^2}+\frac{1}{6z^3}+\cdots\right)\\
&=1\Big/\left[\frac{1}{z}\left(1+\frac{1}{2z}+\frac{1}{6z^2}+\cdots\right)\right]\\
&=z\left(1-\frac{1}{2z}+\frac{1}{12z^2}+\cdots\right)\\
&=z-\frac{1}{2}+\frac{1}{12z}+\cdots.
\end{aligned}
$$

故

$$
-\frac{1}{12}=\operatorname*{Res}_{z=\infty}f(z)=\frac{1}{2\pi i}\int_{C^-}f(z)\,dz\quad(C:|z|=1),
$$

所以

$$\int_C f(z)\mathrm{d}z = 2\pi\mathrm{i}\cdot\frac{1}{12}=\frac{\pi\mathrm{i}}{6}.$$

■

**例 6.1.11** 设 $C$ 是一条周线，其内部 $D$ 包含点 $z=0$；$f(z)$ 与 $g(z)$ 在 $D$ 内是解析的，在 $\overline{D}$ 上连续；$g(z)$ 在 $D$ 内只有一阶零点 $a_k, a_k\neq 0(k=1,2,\cdots,n)$. 求

$$\frac{1}{2\pi\mathrm{i}}\int_C \frac{f(z)}{zg(z)}\mathrm{d}z.$$

**分析** 由题设，除去 $z=0$ 与 $z=a_k(k=1,2,\cdots,n)$ 外，被积函数 $\varphi(z)=\frac{f(z)}{zg(z)}$ 在 $D$ 内解析，且连续到 $C$，故可应用留数定理计算这个积分.

**解** 若 $z=0$ 与 $z=a_k(k=1,2,\cdots,n)$ 都是 $f(z)$ 的零点（$f(z)\not\equiv 0$），由于 $z=0$ 与 $z=a_k(k=1,2,\cdots,n)$ 是 $zg(z)$ 的一阶零点，所以 $z=0$ 与 $z=a_k(k=1,2,\cdots,n)$ 都是 $\varphi(z)=\frac{f(z)}{zg(z)}$ 的可去奇点，于是由留数定理知

$$\frac{1}{2\pi\mathrm{i}}\int_C \frac{f(z)}{zg(z)}\mathrm{d}z = \sum \mathrm{Res}[\varphi(z)]=0.$$

若 $z=0$ 与 $z=a_k(k=1,2,\cdots,n)$ 都不是 $f(z)$ 的零点，则它们都是 $\varphi(z)$ 的一阶极点，于是由推论 6.3 有

$$\underset{z=0}{\mathrm{Res}}[\varphi(z)]=\left.\frac{f(z)}{g(z)}\right|_{z=0}=\frac{f(0)}{g(0)}.$$

而由定理 6.5 有

$$\begin{aligned}\underset{z=a_k}{\mathrm{Res}}[\varphi(z)] &= \left.\left[\frac{f(z)}{z}\Big/ g'(z)\right]\right|_{z=a_k}\\ &= \frac{f(a_k)}{a_k g'(a_k)} \quad (k=1,2,\cdots,n).\end{aligned}$$

故由留数定理，

$$\frac{1}{2\pi\mathrm{i}}\int_C \frac{f(z)}{zg(z)}\mathrm{d}z = \frac{f(0)}{g(0)}+\sum_{k=1}^{n}\frac{f(a_k)}{a_k g'(a_k)}.$$

■

**注** 对 $f(z)$ 的其他可能情形，上式右端就缺相应项.

**4.** 了解含点 $\infty$ 区域的留数定理（本章习题（二）5）.

## §2 用留数定理计算实积分

某些实的定积分可应用留数定理进行计算. 尤其是对原函数不易直接求得的定积分和反常积分，应用留数定理常是一个有效的方法，其要点是将这些积分化为复变函数的周线积分.

**1.** 计算 $\int_0^{2\pi} R(\cos\theta,\sin\theta)\mathrm{d}\theta$ 型积分.

这里 $R(\cos\theta,\sin\theta)$ 表示 $\cos\theta,\sin\theta$ 的有理函数，且在 $[0,2\pi]$ 上连续.

关键是引入变量代换 $z=\mathrm{e}^{\mathrm{i}\theta}$，然后应用留数定理.

**例 6.2.1** 计算积分

$$I=\int_0^{2\pi}\frac{\cos 2\theta}{1-2\varepsilon\cos\theta+\varepsilon^2}\mathrm{d}\theta,\quad 0<\varepsilon<1.$$

**解**　(1) 令 $z=e^{i\theta}$,则

$$\cos\theta=\frac{1}{2}(z+z^{-1}),\quad \sin\theta=\frac{1}{2i}(z-z^{-1}),\quad d\theta=\frac{dz}{iz},$$

从而

$$\cos 2\theta=\cos^2\theta-\sin^2\theta=\frac{1}{2}(z^2+z^{-2}),$$

于是

$$I=\int_{|z|=1}\frac{z^2+z^{-2}}{2}\cdot\frac{1}{1-2\varepsilon\cdot\dfrac{z+z^{-1}}{2}+\varepsilon^2}\cdot\frac{1}{iz}dz$$

$$=\frac{-1}{2i\varepsilon}\int_{|z|=1}\frac{1+z^4}{z^2\left(z-\dfrac{1}{\varepsilon}\right)(z-\varepsilon)}dz. \tag{1}$$

函数

$$f(z)=\frac{1+z^4}{z^2\left(z-\dfrac{1}{\varepsilon}\right)(z-\varepsilon)}$$

有极点 $z=0,\dfrac{1}{\varepsilon},\varepsilon$,而 0 和 $\varepsilon$ 在 $|z|=1$ 的内部.

(2) 计算 $f(z)$ 在 $z=0$ 和 $z=\varepsilon$ 处的留数.

$$\operatorname*{Res}_{z=\varepsilon}f(z)=\left.\frac{1+z^4}{z^2\left(z-\dfrac{1}{\varepsilon}\right)}\right|_{z=\varepsilon}=-\frac{1+\varepsilon^4}{\varepsilon(1-\varepsilon^2)},$$

$$\operatorname*{Res}_{z=0}f(z)=\left.\left[\frac{1+z^4}{\left(z-\dfrac{1}{\varepsilon}\right)(z-\varepsilon)}\right]'\right|_{z=0}=\frac{1+\varepsilon^2}{\varepsilon}.$$

(3) 由留数定理得

$$I=\frac{-1}{2i\varepsilon}\cdot 2\pi i\left[\operatorname*{Res}_{z=0}f(z)+\operatorname*{Res}_{z=\varepsilon}f(z)\right]$$

$$=-\frac{\pi}{\varepsilon}\left[\frac{1+\varepsilon^2}{\varepsilon}-\frac{1+\varepsilon^4}{\varepsilon(1-\varepsilon^2)}\right]=\frac{2\pi\varepsilon^2}{1-\varepsilon^2}.$$ ■

**注**　写成(1)式之前,切记勿忘先将分母最高次项 $z^4$ 的系数因子 $2i\varepsilon$ 提出来,否则往下做的结果就掉个因子$\dfrac{1}{2i\varepsilon}$.

**例 6.2.2**　利用留数定理计算定积分

$$I=\int_0^{\pi}\frac{d\theta}{(a+\cos\theta)^2}\quad(a>1).$$

**解**　设 $e^{i\theta}=z$,则

$$I=\int_0^{\pi}\frac{d\theta}{(a+\cos\theta)^2}=\frac{1}{2}\int_0^{2\pi}\frac{d\theta}{(a+\cos\theta)^2}$$

(因被积函数是 $\theta$ 的偶函数)

$$=\frac{1}{2}\int_{|z|=1}\frac{1}{\left[a+\frac{1}{2}(z+z^{-1})\right]^2}\cdot\frac{1}{\mathrm{i}z}\mathrm{d}z$$

$$=\frac{2}{\mathrm{i}}\int_{|z|=1}\frac{z}{(z^2+2az+1)^2}\mathrm{d}z$$

$$=\frac{2}{\mathrm{i}}\int_{|z|=1}\frac{z}{(z-\alpha)^2(z-\beta)^2}\mathrm{d}z,$$

其中 $\alpha=-a+\sqrt{a^2-1}$，$\beta=-a-\sqrt{a^2-1}$ 为实系数二次方程 $z^2+2az+1=0$ 的二相异实根. 由根与系数的关系 $\alpha\beta=1$，且显然 $|\beta|>|\alpha|$，故必 $|\alpha|<1$，$|\beta|>1$.

于是被积函数 $f(z)=\frac{z}{(z-\alpha)^2(z-\beta)^2}$ 在 $|z|=1$ 上无奇点，在单位圆周内部只有一个二阶极点 $z=\alpha$. 由推论 6.4 得

$$\operatorname*{Res}_{z=\alpha} f(z)=\left[\frac{z}{(z-\beta)^2}\right]'_{z=\alpha}=\frac{\alpha-\beta-2\alpha}{(\alpha-\beta)^3}=\frac{-(\alpha+\beta)}{(\alpha-\beta)^3}$$

$$=\frac{2a}{(2\sqrt{a^2-1})^3}=\frac{a}{4(a^2-1)^{3/2}}.$$

故由留数定理

$$\int_0^{\pi}\frac{\mathrm{d}\theta}{(a+\cos\theta)^2}=\frac{2}{\mathrm{i}}\cdot 2\pi\mathrm{i}\cdot\frac{a}{4(a^2-1)^{3/2}}=\frac{a\pi}{(a^2-1)^{3/2}}.$$ ■

**例 6.2.3** 计算积分 $\int_0^{2\pi}\cot\left(\frac{\varphi-a-\mathrm{i}b}{2}\right)\mathrm{d}\varphi$.

**分析** 被积式化为

$$\cot\left(\frac{\varphi-a-\mathrm{i}b}{2}\right)=\cos\left(\frac{\varphi-a-\mathrm{i}b}{2}\right)\Big/\sin\left(\frac{\varphi-a-\mathrm{i}b}{2}\right)$$

$$=\mathrm{i}\,\frac{\mathrm{e}^{\mathrm{i}\left(\frac{\varphi}{2}-\frac{a}{2}-\frac{\mathrm{i}b}{2}\right)}+\mathrm{e}^{-\mathrm{i}\left(\frac{\varphi}{2}-\frac{a}{2}-\frac{\mathrm{i}b}{2}\right)}}{\mathrm{e}^{\mathrm{i}\left(\frac{\varphi}{2}-\frac{a}{2}-\frac{\mathrm{i}b}{2}\right)}-\mathrm{e}^{-\mathrm{i}\left(\frac{\varphi}{2}-\frac{a}{2}-\frac{\mathrm{i}b}{2}\right)}}=\mathrm{i}\,\frac{\mathrm{e}^{\mathrm{i}(\varphi-a-\mathrm{i}b)}+1}{\mathrm{e}^{\mathrm{i}(\varphi-a-\mathrm{i}b)}-1}$$

$$=\mathrm{i}\,\frac{\mathrm{e}^{\mathrm{i}\varphi}\mathrm{e}^{-a\mathrm{i}+b}+1}{\mathrm{e}^{\mathrm{i}\varphi}\mathrm{e}^{-a\mathrm{i}+b}-1}=\mathrm{i}\,\frac{\mathrm{e}^{\mathrm{i}\varphi}+\mathrm{e}^{-b+a\mathrm{i}}}{\mathrm{e}^{\mathrm{i}\varphi}-\mathrm{e}^{-b+a\mathrm{i}}}.$$

**解** 令 $\mathrm{e}^{\mathrm{i}\varphi}=z$，则 $\mathrm{d}\varphi=\frac{\mathrm{d}z}{\mathrm{i}z}$，

$$I\xlongequal{\text{def}}\int_0^{2\pi}\cot\left(\frac{\varphi-a-\mathrm{i}b}{2}\right)\mathrm{d}\varphi$$

$$=\int_{|z|=1}\mathrm{i}\,\frac{z+\mathrm{e}^{-b+a\mathrm{i}}}{z-\mathrm{e}^{-b+a\mathrm{i}}}\,\frac{1}{\mathrm{i}z}\mathrm{d}z.$$

被积函数 $f(z)=\frac{z+\mathrm{e}^{-b+a\mathrm{i}}}{z(z-\mathrm{e}^{-b+a\mathrm{i}})}$ 有两个一阶极点 $0,\mathrm{e}^{-b+a\mathrm{i}}$. 而

$$\operatorname*{Res}_{z=0} f(z)=\left.\frac{z+\mathrm{e}^{-b+a\mathrm{i}}}{z-\mathrm{e}^{-b+a\mathrm{i}}}\right|_{z=0}=-1,$$

$$\operatorname*{Res}_{z=\mathrm{e}^{-b+a\mathrm{i}}} f(z)=\left.\frac{z+\mathrm{e}^{-b+a\mathrm{i}}}{z}\right|_{z=\mathrm{e}^{-b+a\mathrm{i}}}=2.$$

(1) 若 $b>0$，则 $|e^{-b+ai}|=e^{-b}<1$，即极点 $e^{-b+ai}$ 也在 $|z|<1$ 内. 故由留数定理，

$$I=2\pi i(-1+2)=2\pi i.$$

(2) 若 $b<0$，则 $|e^{-b+ai}|=e^{-b}>1$，即极点 $e^{-b+ai}$ 在单位圆周 $|z|=1$ 的外部. 故由留数定理，

$$I=2\pi i(-1)=-2\pi i.$$

(3) 若 $b=0$，则极点 $z=e^{ai}$ 在 $|z|=1$ 上，所给积分无意义. 故必 $b\neq 0$. ■

**例 6.2.4**　利用留数定理计算定积分

$$I=\int_0^{2\pi}\sin^{2n}x\,dx\quad(n\text{ 为自然数}).$$

**分析**　因

$$\begin{aligned}\sin^{2n}x&=\left[\frac{1}{2i}(e^{ix}-e^{-ix})\right]^{2n}\\&=(-1)^n2^{-2n}e^{2nix}(1-e^{-2ix})^{2n},\end{aligned}$$

及

$$\int_0^{2\pi}\sin^{2n}x\,dx=2\int_0^{\pi}\sin^{2n}x\,dx,$$

由此可见，我们只需引入代换 $e^{2ix}=z$，则当 $0\leqslant x\leqslant\pi$ 时，$0\leqslant 2x\leqslant 2\pi\Rightarrow|z|=1$ 为单位圆周. 故可应用留数定理.（注意：这里不宜再令 $e^{ix}=z$.）

**解**　令 $e^{2ix}=z$，则 $|e^{2ix}|=|z|=1$，

$$2ie^{2ix}dx=dz,\quad dx=\frac{dz}{2iz},$$

所以

$$\begin{aligned}I&=\int_0^{2\pi}\sin^{2n}x\,dx=2\int_0^{\pi}\sin^{2n}x\,dx\\&=\frac{(-1)^n}{2^{2n}}\cdot 2\int_{|z|=1}z^n(1-z^{-1})^{2n}\cdot\frac{1}{2iz}dz\\&=\frac{(-1)^n}{2^{2n}i}\int_{|z|=1}z^{n-1}\left(1-\frac{1}{z}\right)^{2n}dz\\&=\frac{(-1)^n}{2^{2n}i}\int_{|z|=1}\frac{(z-1)^{2n}}{z^{n+1}}dz.\end{aligned}$$

由于 $z=0$ 为 $f(z)=\dfrac{(z-1)^{2n}}{z^{n+1}}$ 的 $(n+1)$ 阶极点，且它在单位圆周 $|z|=1$ 的内部，应用定理 6.2 有

$$\operatorname*{Res}_{z=0}f(z)=\frac{1}{n!}[(z-1)^{2n}]^{(n)}\Big|_{z=0}.$$

应用留数定理，

$$\begin{aligned}I&=\frac{(-1)^n}{2^{2n}i}\cdot 2\pi i\cdot\operatorname*{Res}_{z=0}f(z)\\&=\frac{(-1)^n\pi}{2^{2n-1}n!}\frac{d^n}{dz^n}(z-1)^{2n}\Big|_{z=0}\\&=\frac{2\pi\cdot 2n(2n-1)\cdots(n+1)}{2^{2n}n!}\end{aligned}$$

$$=\frac{2\pi(2n-1)!!}{(2n)!!}.$$ ■

**2.** 计算积分路径上没有奇点的反常积分.

在实际问题中常遇到一些无穷限反常积分,如

$$\int_0^{+\infty}\sin x^2\mathrm{d}x(\text{光的折射});\quad \int_0^{+\infty}\mathrm{e}^{-ax}\cos bx\mathrm{d}x(a>0)(\text{热传导}).$$

在数学分析中计算这些积分没有统一的处理方法,而且过程繁杂. 至于像 $\Gamma$ 函数一类的积分,计算起来就更困难. 但是根据留数定理来计算,往往就比较简捷.

这种方法的基本思想是:先取被积函数或辅助函数 $g(z)$ 在有限区间 $[a,b]$ 上的定积分,再引入辅助曲线 $\Gamma$,同 $[a,b]$ 一起构成周线. 由留数定理得

$$\int_a^b g(x)\mathrm{d}x+\int_\Gamma g(z)\mathrm{d}z=2\pi\mathrm{i}\sum\mathrm{Res}\ g(z),\tag{6.8}$$

其中 $\sum\mathrm{Res}\ g(z)$ 是 $g(z)$ 在周线内部的有限多个奇点处的留数总和. 如果可以估计出(6.8)式中第二项积分值,则两边取极限,就能至少得到所求反常积分的主值.

为便于处理辅助曲线上的积分,我们先介绍两个常用的引理. 如能直接引用它们来做题,则计算就大为简化,否则我们仍要在做题中首先估计 $\left|\int_\Gamma g(z)\mathrm{d}z\right|$.

**引理 6.1** 设 $f(z)$ 沿圆弧

$$S_R: z=R\mathrm{e}^{\mathrm{i}\theta}\quad(\theta_1\leqslant\theta\leqslant\theta_2, R\ \text{充分大})$$

连续,且 $\lim\limits_{R\to+\infty}zf(z)=\lambda$ 在 $S_R$ 上一致成立(即与 $\theta_1\leqslant\theta\leqslant\theta_2$ 中的 $\theta$ 无关),则

$$\lim_{R\to+\infty}\int_{S_R}f(z)\mathrm{d}z=\mathrm{i}(\theta_2-\theta_1)\lambda.\tag{6.9}$$

**引理 6.2(若尔当引理)** 设 $g(z)$ 沿上半圆周

$$\Gamma_R: z=R\mathrm{e}^{\mathrm{i}\theta}\quad(0\leqslant\theta\leqslant\pi, R\ \text{充分大})$$

连续,且 $\lim\limits_{R\to+\infty}g(z)=0$ 在 $\Gamma_R$ 上一致成立,则

$$\lim_{R\to+\infty}\int_{\Gamma_R}g(z)\mathrm{e}^{\mathrm{i}mz}\mathrm{d}z=0\quad(m>0).$$

下面我们就来介绍应用留数定理计算两类常用的反常积分的方法.

(1) 计算 $\int_{-\infty}^{+\infty}\frac{P(x)}{Q(x)}\mathrm{d}x$ 型积分.

在数学分析中计算这种类型积分的方法是先求出有理函数 $\frac{P(x)}{Q(x)}$ 的不定积分,再求反常积分,过程冗长. 而用下面定理中的方法就简便得多.

**定理 6.7** 设

$$P(x)=c_0x^m+c_1x^{m-1}+\cdots+c_m\quad(c_0\neq0),$$

$$Q(x)=b_0x^n+b_1x^{n-1}+\cdots+b_n\quad(b_0\neq0)$$

满足条件:(1) $P(x)$,$Q(x)$ 互质;(2) $n-m\geqslant2$;(3) $Q(x)\neq0$,则

$$\int_{-\infty}^{+\infty}\frac{P(x)}{Q(x)}\mathrm{d}x=2\pi\mathrm{i}\sum_{\mathrm{Im}\,a_k>0}\mathop{\mathrm{Res}}_{z=a_k}\left[\frac{P(z)}{Q(z)}\right].\tag{6.11}$$

**注** 这个定理中的辅助函数 $f(z)=\frac{P(z)}{Q(z)}$ 合乎留数定理及引理 6.1 的条件. 在估

计辅助路径上半圆周 $\Gamma_R$ 上的积分 $\int_{\Gamma_R} f(z)\mathrm{d}z$ 时就用到引理 6.1(参看图 6.9).

(2) 计算 $\int_{-\infty}^{+\infty} \frac{P(x)}{Q(x)}\mathrm{e}^{\mathrm{i}mx}\mathrm{d}x$ 型积分.

**定理 6.8**　设互质多项式 $P(x)$,$Q(x)$满足条件:

(1) $Q(x)$的次数比 $P(x)$的次数高;(2) $Q(x)\neq 0$;(3) $m>0$，则

$$\int_{-\infty}^{+\infty} \frac{P(x)}{Q(x)}\mathrm{e}^{\mathrm{i}mx}\mathrm{d}x = 2\pi\mathrm{i}\sum_{\mathrm{Im}\, a_k>0}\operatorname*{Res}_{z=a_k}\left[\frac{P(z)}{Q(z)}\mathrm{e}^{\mathrm{i}mz}\right]. \tag{6.14}$$

**注**　这个定理中的辅助函数 $f(z)=\frac{P(z)}{Q(z)}\mathrm{e}^{\mathrm{i}mz}$ 合乎留数定理及引理 6.2 的条件. 在估计辅助路径上半圆周 $\Gamma_R$ 上的积分 $\int_{\Gamma_R}\frac{P(z)}{Q(z)}\mathrm{e}^{\mathrm{i}mz}\mathrm{d}z$ 时就用到引理 6.2.

**例 6.2.5**　计算积分

$$\int_{-\infty}^{+\infty}\frac{\mathrm{d}x}{(x^2+a^2)^2(x^2+b^2)}\quad (a>0,b>0\ a\neq b).$$

**解**　$f(x)=\frac{1}{(x^2+a^2)^2(x^2+b^2)}$满足定理 6.7 的条件,且 $f(z)=\frac{1}{(z^2+a^2)^2(z^2+b^2)}$在上半平面内只有一个二阶极点 $z=a\mathrm{i}$ 和一个一阶极点 $z=b\mathrm{i}$. 因

$$\operatorname*{Res}_{z=b\mathrm{i}} f(z)=\frac{1}{(z^2+a^2)^2(z+b\mathrm{i})}\bigg|_{z=b\mathrm{i}}=\frac{1}{2b\mathrm{i}(a^2-b^2)^2},$$

$$\operatorname*{Res}_{z=a\mathrm{i}} f(z)=\left[\frac{1}{(z+a\mathrm{i})^2(z^2+b^2)}\right]'\bigg|_{z=a\mathrm{i}}=\frac{b^2-3a^2}{4a^3\mathrm{i}(b^2-a^2)^2},$$

故由定理 6.7,

$$\int_{-\infty}^{+\infty}\frac{\mathrm{d}x}{(x^2+a^2)^2(x^2+b^2)}=2\pi\mathrm{i}\left[\frac{b^2-3a^2}{4a^3\mathrm{i}(b^2-a^2)^2}+\frac{1}{2b\mathrm{i}(b^2-a^2)^2}\right]$$
$$=\frac{(2a+b)\pi}{2a^3b(a+b)^2}.$$

■

**例 6.2.6**　计算积分

$$\int_0^{+\infty}\frac{x\sin mx}{(x^2+a^2)^2}\mathrm{d}x\quad (m>0,a>0).$$

**分析**　$\frac{x}{(x^2+a^2)^2}$是奇函数,$\sin mx$ 是奇函数,则$\frac{x\sin mx}{(x^2+a^2)^2}$为偶函数,所以

$$\int_0^{+\infty}\frac{x\sin mx}{(x^2+a^2)^2}\mathrm{d}x=\frac{1}{2}\int_{-\infty}^{+\infty}\frac{x\sin mx}{(x^2+a^2)^2}\mathrm{d}x$$
$$=\frac{1}{2}\mathrm{Im}\left[\int_{-\infty}^{+\infty}\frac{x}{(x^2+a^2)^2}\mathrm{e}^{\mathrm{i}mz}\mathrm{d}x\right].$$

**解**　$f(x)=\frac{x}{(x^2+a^2)^2}\mathrm{e}^{\mathrm{i}mx}$满足定理 6.8 的条件，而 $f(z)=\frac{z}{(z^2+a^2)^2}\mathrm{e}^{\mathrm{i}mz}$有两个二阶极点,其中 $z=a\mathrm{i}$ 在上半平面内. 由推论 6.4,

$$\operatorname*{Res}_{z=a\mathrm{i}} f(z)=\frac{\mathrm{d}}{\mathrm{d}z}\left[\frac{z}{(z+a\mathrm{i})^2}\mathrm{e}^{\mathrm{i}mz}\right]_{z=a\mathrm{i}}=\frac{m}{4a}\mathrm{e}^{-ma}.$$

于是,由定理 6.8,

$$\int_0^{+\infty}\frac{x\sin mx}{(x^2+a^2)^2}\mathrm{d}x=\frac{1}{2}\left[\int_{-\infty}^{+\infty}\frac{x\sin mx}{(x^2+a^2)^2}\mathrm{d}x\right]$$

$$=\frac{1}{2}\mathrm{Im}[2\pi\mathrm{i}\operatorname*{Res}_{z=a\mathrm{i}}f(z)]=\mathrm{Im}\left[\pi\mathrm{i}\cdot\frac{m}{4a}\mathrm{e}^{-ma}\right]$$

$$=\frac{m\pi}{4a}\mathrm{e}^{-ma}.$$

■

**例 6.2.7** 计算积分

$$I=\int_0^{+\infty}\frac{x^{2p}-x^{2q}}{1-x^{2r}}\mathrm{d}x,$$

其中 $p,q,r$ 为非负整数,且 $p<r,q<r$.

**分析** 有理函数

$$f(x)=\frac{x^{2p}-x^{2q}}{1-x^{2r}},$$

其分母的次数 $2r$ 比分子次数 $2p$ 至少大 2. $f(z)$的所有可能的极点为

$$z_k=\mathrm{e}^{\frac{k\pi\mathrm{i}}{r}}\quad(k=1,2,\cdots,r-1,r+1,\cdots,2r-1).$$

($\pm1$ 非 $f(z)$的极点,因分子与分母有公因子 $1-z^2$;若 $p,q$ 与 $r$ 不互质,则上述形如 $\mathrm{e}^{\frac{k\pi\mathrm{i}}{r}}$ 的某些点也不是 $f(z)$的极点.)位于上半平面的是

$$z_k=\mathrm{e}^{\frac{k\pi\mathrm{i}}{r}}\quad(k=1,2,\cdots,r-1),$$

且极点全是一阶的. 这样,$f(x)$就符合定理 6.7 的条件.

**解** 下面假设 $p,q$ 与 $r$ 互质. 由定理 6.5,

$$\operatorname*{Res}_{z=z_k}f(z)=\left.\frac{z^{2p}-z^{2q}}{-2rz^{2r-1}}\right|_{z=z_k}=\frac{\mathrm{e}^{\frac{k\pi\mathrm{i}}{r}\cdot2p}-\mathrm{e}^{\frac{k\pi\mathrm{i}}{r}\cdot2q}}{-2r\mathrm{e}^{\frac{k\pi\mathrm{i}}{r}(2r-1)}}$$

$$=\frac{1}{2r}[\mathrm{e}^{(2q+1)\frac{k\pi\mathrm{i}}{r}}-\mathrm{e}^{(2p+1)\frac{k\pi\mathrm{i}}{r}}]\quad(k=1,2,\cdots,r-1).$$

故由定理 6.7,

$$\int_{-\infty}^{+\infty}\frac{x^{2p}-x^{2q}}{1-x^{2r}}\mathrm{d}x=2\pi\mathrm{i}\cdot\frac{1}{2r}\sum_{k=1}^{r-1}[\mathrm{e}^{(2q+1)\frac{k\pi\mathrm{i}}{r}}-\mathrm{e}^{(2p+1)\frac{k\pi\mathrm{i}}{r}}]$$

$$=\frac{\pi}{r}\left[\mathrm{i}\frac{1+\mathrm{e}^{(2q+1)\frac{\pi\mathrm{i}}{r}}}{1-\mathrm{e}^{(2q+1)\frac{\pi\mathrm{i}}{r}}}-\mathrm{i}\frac{1+\mathrm{e}^{(2p+1)\frac{\pi\mathrm{i}}{r}}}{1-\mathrm{e}^{(2p+1)\frac{\pi\mathrm{i}}{r}}}\right]$$

$$=\frac{\pi}{r}\left\{\frac{-\mathrm{i}[1+\mathrm{e}^{2\left(\frac{2p+1}{2r}\pi\right)\mathrm{i}}]}{1-\mathrm{e}^{2\left(\frac{2p+1}{2r}\pi\right)\mathrm{i}}}-\frac{-\mathrm{i}[1+\mathrm{e}^{2\left(\frac{2q+1}{2r}\pi\right)\mathrm{i}}]}{1-\mathrm{e}^{2\left(\frac{2q+1}{2r}\pi\right)\mathrm{i}}}\right\}$$

$$=\frac{\pi}{r}\left(\cot\frac{2p+1}{2r}\pi-\cot\frac{2q+1}{2r}\pi\right).$$

因被积函数 $f(x)$为偶函数,所以

$$\int_0^{+\infty}\frac{x^{2p}-x^{2q}}{1-x^{2r}}\mathrm{d}x=\frac{\pi}{2r}\left(\cot\frac{2p+1}{2r}\pi-\cot\frac{2q+1}{2r}\pi\right).$$

若 $r=2n,q=p+n(p<n)$,则上面的结果成为

$$\int_0^{+\infty}\frac{x^{2p}}{1+x^{2n}}\mathrm{d}x=\frac{\pi}{4n}\left(\cot\frac{2p+1}{4n}\pi-\cot\frac{2p+2n+1}{4n}\pi\right)$$

$$=\frac{\pi}{2n}\cdot\frac{1}{2}\left[\cot\frac{2p+1}{4n}\pi-\cot\left(\frac{2p+1}{4n}\pi+\frac{\pi}{2}\right)\right]$$
$$=\frac{\pi}{2n}\cdot\frac{1}{2}\left(\cot\frac{2p+1}{4n}\pi+\tan\frac{2p+1}{4n}\pi\right)$$
$$=\frac{\pi}{2n\sin\frac{2p+1}{2n}\pi}.$$ ■

**3.** 了解反常积分的柯西主值.

在数学分析中,函数的反常积分是这样定义的:如果对任意的 $R_1,R_2>0$,函数 $f(x)$ 在 $[-R_2,R_1]$ 上可积,并且极限

$$\lim_{\substack{R_1\to+\infty\\R_2\to+\infty}}\int_{-R_2}^{R_1}f(x)\mathrm{d}x$$

存在,则称无穷限的反常积分 $\int_{-\infty}^{+\infty}f(x)\mathrm{d}x$ 收敛,且称此极限值为反常积分 $\int_{-\infty}^{+\infty}f(x)\mathrm{d}x$ 的值:

$$\int_{-\infty}^{+\infty}f(x)\mathrm{d}x=\lim_{\substack{R_1\to+\infty\\R_2\to+\infty}}\int_{-R_2}^{R_1}f(x)\mathrm{d}x.$$

在上述定义中,$R_1,R_2$ 是两个独立变数,要求它们独立地趋于 $+\infty$ 时,所述极限存在. 然而在实际中,有的函数虽然这个要求不能满足,可是极限

$$\lim_{R\to+\infty}\int_{-R}^{R}f(x)\mathrm{d}x$$

存在. 这时我们就称反常积分 $\int_{-\infty}^{+\infty}f(x)\mathrm{d}x$ 在柯西主值意义下收敛,且把这个极限值称为它的柯西主值,记作

$$\text{p.v.}\int_{-\infty}^{+\infty}f(x)\mathrm{d}x=\lim_{R\to+\infty}\int_{-R}^{R}f(x)\mathrm{d}x.$$

由此可见,若 $\int_{-\infty}^{+\infty}f(x)\mathrm{d}x$ 收敛,则在柯西主值意义下它亦收敛,并且反常积分的值与它的柯西主值相等,可是反过来却不一定成立. 例如积分 $\int_{-\infty}^{+\infty}x\,\mathrm{d}x$ 在柯西主值意义下收敛并且

$$\text{p.v.}\int_{-\infty}^{+\infty}f(x)\mathrm{d}x=0,$$

可是它是发散的.

在教材例 6.11 及例 6.14 中,计算积分

$$\int_{-\infty}^{+\infty}\frac{\mathrm{d}x}{x^4+a^4}\quad 及\quad \int_{-\infty}^{+\infty}\frac{x}{x^2-2x+10}\mathrm{e}^{\mathrm{i}x}\mathrm{d}x$$

时,实际上我们应用留数定理只算了它们的柯西主值,可是由于这两个积分都是收敛的,所以柯西主值也就是它们的积分值.

对于瑕积分,我们也可以类似地定义它的柯西主值. 这里就不写出来了.

**4.** 计算积分路径上有奇点的积分.

在定理 6.8 中，我们假定 $Q(z)$ 无实零点，现在我们可以把条件削弱一点，允许 $Q(z)$ 有有限多个一阶实零点，即允许 $f(z)=\dfrac{P(z)}{Q(z)}e^{imz}$ 在实轴上有有限个一阶极点.

为了估计沿辅助路径的积分，首先给出

**引理 6.3** 设 $f(z)$ 沿圆弧 $S_r: z-a=re^{i\theta}(\theta_1\leqslant\theta\leqslant\theta_2, r$ 充分小$)$连续，且

$$\lim_{r\to 0}(z-a)f(z)=\lambda$$

在 $S_r$ 上一致成立，则有

$$\lim_{r\to 0}\int_{S_r}f(z)dz=i(\theta_2-\theta_1)\lambda.$$

特别地，当 $S_r$ 为半圆周：$|z-a|=r$，$\arg(z-a)$ 从 $\pi$ 到 0 时，

$$\lim_{r\to 0}\int_{S_r}f(z)dz=-\pi\lambda i=-\pi i\operatorname*{Res}_{z=a}f(z).$$

**定理 6.8′** 设(1) $f(z)=\dfrac{P(z)}{Q(z)}e^{imz}(m>0)$，$P(z)$ 与 $Q(z)$ 为互质多项式，$Q(z)$ 的次数比 $P(z)$ 的次数高；(2) $Q(z)$ 有有限个一阶零点：$x_1,x_2,\cdots,x_n$，则

$$\text{p.v.}\int_{-\infty}^{+\infty}\frac{P(x)}{Q(x)}e^{imx}dx=2\pi i\left[\sum_{\operatorname{Im}a_k>0}\operatorname*{Res}_{z=a_k}\left(\frac{P(z)}{Q(z)}e^{imz}\right)+\right.$$

$$\left.\frac{1}{2}\sum_{j=1}^{n}\operatorname*{Res}_{z=x_j}\left(\frac{P(z)}{Q(z)}e^{imz}\right)\right].\tag{6.14′}$$

**证** 仿教材例 6.15 的解法证之；中间应用了引理 6.2，引理 6.3 和留数定理.

**注** 公式(6.14)′有这样一个现象：在上半平面内挖去极点 $a_k$ 的是全邻域，计算该点的留数就是全的，前面乘 1；挖去实轴上的一阶极点是半邻域，计算该点的留数就算一半，前面乘 $\dfrac{1}{2}$. 那么如果矩形的四个顶点是一阶极点，从积分(矩形)路径上挖去它们，则是去掉 $\dfrac{1}{4}$ 邻域，计算该点的留数是否就要在前面乘 $\dfrac{1}{4}$ 呢？确实如此. 这是在积分路径上容许有奇点的推广了的留数定理.

**例 6.2.8** 计算积分

(1) $\displaystyle\int_{-\infty}^{+\infty}\frac{\sin x}{(x^2+4)(x-1)}dx$；

(2) $\displaystyle\int_{-\infty}^{+\infty}\frac{\cos x}{(x^2+4)(x-1)}dx$

的柯西主值.

**分析** 考虑辅助函数 $f(z)=\dfrac{e^{iz}}{(z^2+4)(z-1)}$，它在上半平面内有一个一阶极点 $z=2i$，在实轴上有一个一阶极点 $z=1$，并满足定理 6.8′的条件.

**解** 因为

$$\operatorname*{Res}_{z=2i}f(z)=\left.\frac{e^{iz}}{(z+2i)(z-1)}\right|_{z=2i}=\frac{e^{-2}}{4i(2i-1)},$$

$$\operatorname*{Res}_{z=1}f(z)=\left.\frac{e^{iz}}{z^2+4}\right|_{z=1}=\frac{e^{i}}{5},$$

由定理 6.8′得

$$\text{p.v.}\int_{-\infty}^{+\infty}\frac{\mathrm{e}^{\mathrm{i}z}}{(z^2+4)(z-1)}\mathrm{d}z=2\pi\mathrm{i}\left[\frac{\mathrm{e}^{-2}}{4\mathrm{i}(2\mathrm{i}-1)}+\frac{1}{2}\cdot\frac{\mathrm{e}^{\mathrm{i}}}{5}\right]$$
$$=-\frac{1+2\mathrm{e}^2\sin 1}{10\mathrm{e}^2}\pi+\mathrm{i}\,\frac{\mathrm{e}^2\cos 1-1}{5\mathrm{e}^2}\pi,$$

所以

$$\text{p.v.}\int_{-\infty}^{+\infty}\frac{\sin x}{(x^2+4)(x-1)}\mathrm{d}x=\frac{\mathrm{e}^2\cos 1-1}{5\mathrm{e}^2}\pi=\frac{\pi}{5}\left(\cos 1-\frac{1}{\mathrm{e}^2}\right),$$

$$\text{p.v.}\int_{-\infty}^{+\infty}\frac{\cos x}{(x^2+4)(x-1)}\mathrm{d}x=-\frac{1+2\mathrm{e}^2\sin 1}{10\mathrm{e}^2}\pi=-\frac{\pi}{5}\left(\sin 1+\frac{1}{2\mathrm{e}^2}\right).$$ ■

**例 6.2.9**　计算积分 $\int_{-\infty}^{+\infty}\frac{\cos x}{a^2-x^2}\mathrm{d}x\,(a>0)$ 的柯西主值.

**分析**　此积分不收敛,但仍可计算它的柯西主值.

**解**　设 $f(z)=\frac{\mathrm{e}^{\mathrm{i}z}}{a^2-z^2}$,它在上半平面内解析,在实轴上有两个一阶极点 $z=\pm a$,显然满足定理 6.8′的条件. 因

$$\operatorname*{Res}_{z=a}f(z)=\left.\frac{\mathrm{e}^{\mathrm{i}z}}{-(z+a)}\right|_{z=a}=\frac{\mathrm{e}^{\mathrm{i}a}}{-2a},$$
$$\operatorname*{Res}_{z=-a}f(z)=\left.\frac{\mathrm{e}^{\mathrm{i}z}}{-(z-a)}\right|_{z=-a}=\frac{\mathrm{e}^{-\mathrm{i}a}}{2a},$$

故由定理 6.8′,

$$\text{p.v.}\int_{-\infty}^{+\infty}\frac{\mathrm{e}^{\mathrm{i}x}}{a^2-x^2}\mathrm{d}x=2\pi\mathrm{i}\left[\frac{1}{2}\left(\frac{\mathrm{e}^{-\mathrm{i}a}}{2a}-\frac{\mathrm{e}^{\mathrm{i}a}}{2a}\right)\right]=\frac{\pi\sin a}{a}.$$

所以

$$\text{p.v.}\int_{-\infty}^{+\infty}\frac{\cos x}{a^2-x^2}\mathrm{d}x=\mathrm{Re}\left[\text{p.v.}\int_{-\infty}^{+\infty}\frac{\mathrm{e}^{\mathrm{i}x}}{a^2-x^2}\mathrm{d}x\right]=\frac{\pi\sin a}{a}.$$ ■

**例 6.2.10**　证明 $\int_0^{+\infty}\frac{\sin \pi x}{x(1-x^2)}\mathrm{d}x=\pi.$

**证**　设

$$f(z)=\frac{\mathrm{e}^{\mathrm{i}\pi z}}{z(1-z^2)},$$

它仅在实轴上有三个一阶极点 0,1,−1, 而 $f(z)$在这三点的留数分别为 $1,\frac{1}{2},\frac{1}{2}$. 由定理 6.8′,

$$\text{p.v.}\int_{-\infty}^{+\infty}\frac{\mathrm{e}^{\mathrm{i}\pi x}}{x(1-x^2)}\mathrm{d}x=2\pi\mathrm{i}\left[\frac{1}{2}\left(1+\frac{1}{2}+\frac{1}{2}\right)\right]=2\pi\mathrm{i},$$

所以

$$\int_0^{+\infty}\frac{\sin \pi x}{x(1-x^2)}\mathrm{d}x=\frac{1}{2}\int_{-\infty}^{+\infty}\frac{\sin \pi x}{x(1-x^2)}\mathrm{d}x$$
$$=\frac{1}{2}\mathrm{Im}\left[\text{p.v.}\int_{-\infty}^{+\infty}\frac{\mathrm{e}^{\mathrm{i}\pi x}}{x(1-x^2)}\mathrm{d}x\right]=\pi.$$ ■

**5.** 杂例.

如果某些反常积分不满足定理 6.7、定理 6.8 及定理 6.8′的条件，即不能简单地引用它们，我们还可以借鉴这些定理的证明思路来尽力解决一些可以解决的问题.

**例 6.2.11** 试证

$$\int_0^{+\infty}\frac{\mathrm{d}x}{1+x^n}=\frac{\pi}{n\sin\frac{\pi}{n}}\quad(n\text{ 为正整数且 }n\geqslant 2).$$

**分析** 从所需证明的等式左边看，被积函数 $f(x)=\dfrac{1}{1+x^n}$为有理函数. 但积分是从 0 到$+\infty$，并且被积函数 $f(x)$的奇、偶性也无法确定，所以不能归入 $\displaystyle\int_{-\infty}^{+\infty}\frac{P(x)}{Q(x)}\mathrm{d}x$ 型积分，只能仿照处理这种类型积分的思路来证明.

**证** 依被积函数选取辅助函数 $f(z)=\dfrac{1}{1+z^n}$，并求其一切有限奇点(一阶极点). 解方程 $1+z^n=0$ 得

$$z_k=\mathrm{e}^{\mathrm{i}\frac{2k+1}{n}\pi}\quad(k=0,1,2,\cdots,n-1).$$

显然，相邻二根的辐角差为$\dfrac{2\pi}{n}$，且当 $n\geqslant 2$ 时，点 $\mathrm{e}^{\mathrm{i}\frac{\pi}{n}}=z_0$ $(k=0)$总位于上半平面.

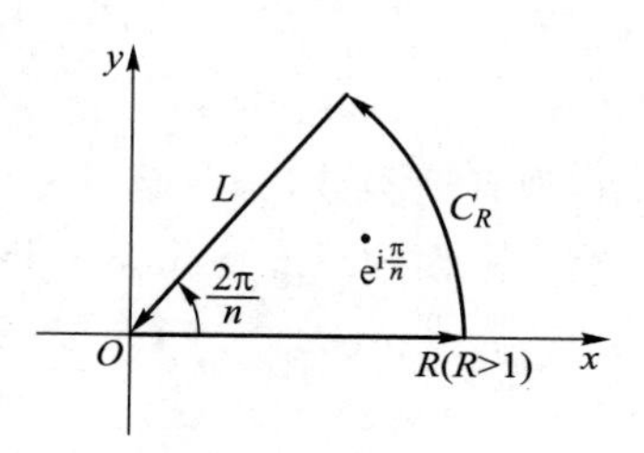


图 6.2.1

选取辅助积分路径如图 6.2.1 所示. 由图可见，在所选积分闭路的内部只含 $f(z)$的一个奇点(一阶极点)$z_0$. 由留数定理 6.1 得

$$\int_0^R f(x)\mathrm{d}x+\int_{C_R}f(z)\mathrm{d}z+\int_L f(z)\mathrm{d}z=2\pi\mathrm{i}\operatorname*{Res}_{z=z_0}f(z).\tag{1}$$

而

$$\begin{aligned}\operatorname*{Res}_{z=z_0}f(z)&=\frac{1}{(1+z^n)'}\bigg|_{z=z_0}=\frac{1}{nz_0^{n-1}}=\frac{z_0}{nz_0^n}\\&=\frac{1}{n(-1)}\mathrm{e}^{\frac{\pi}{n}\mathrm{i}}=-\frac{1}{n}\mathrm{e}^{\frac{\pi}{n}\mathrm{i}}.\end{aligned}\tag{2}$$

因 $\displaystyle\lim_{R\to+\infty}zf(z)=\lim_{R\to+\infty}\frac{z}{1+z^n}(n\geqslant 2)=0$，故由引理 6.1，

$$\lim_{R\to+\infty}\int_{C_R}f(z)\mathrm{d}z=0.\tag{3}$$

在 $L$ 上，令 $z=x\mathrm{e}^{\mathrm{i}\frac{2\pi}{n}}$，于是

$$\begin{aligned}\lim_{R\to+\infty}\int_L\frac{\mathrm{d}z}{1+z^n}&=\lim_{R\to+\infty}\int_R^0\frac{1}{1+x^n}\mathrm{e}^{\mathrm{i}\frac{2\pi}{n}}\mathrm{d}x\\&=-\lim_{R\to+\infty}\int_0^R\frac{1}{1+x^n}\mathrm{e}^{\mathrm{i}\frac{2\pi}{n}}\mathrm{d}x.\end{aligned}\tag{4}$$

此外

$$\lim_{R\to+\infty}\int_0^R f(x)\mathrm{d}x=\lim_{R\to+\infty}\int_0^R\frac{1}{1+x^n}\mathrm{d}x.\tag{5}$$

将(1)式左端取极限 $R\to+\infty$，然后将(2)—(5)式代入，整理得

$$\int_0^{+\infty}\frac{dx}{1+x^n}=\frac{2\pi i e^{i\frac{\pi}{n}}}{n(e^{\frac{2\pi i}{n}}-1)}=\frac{\pi}{n\sin\frac{\pi}{n}}.$$ ■

**例 6.2.12**　证明

$$\frac{1}{2\pi i}\int_C\frac{dz}{z^n\overline{z}^k}=\frac{i^{k-n-1}(n+k-2)!}{(2h)^{n+k-1}(k-1)!(n-1)!}\quad (k \text{ 与 } n \text{ 为自然数}),$$

其中 $C$ 是平行于实轴且与虚轴交于 $hi(h>0)$ 的直线.

**分析**　经过平移变换,变成沿实轴积分,即可应用定理 6.7.

**证**　因 $C: z=x+ih(-\infty<x<+\infty)$,则 $dz=dx$,

$$\frac{1}{2\pi i}\int_C\frac{dz}{z^n\overline{z}^k}=\frac{1}{2\pi i}\int_{-\infty}^{+\infty}\frac{dx}{(x+ih)^n(x-ih)^k}.$$

为了求上式右端这个积分,我们考虑辅助函数

$$f(z)=\frac{1}{(z+ih)^n(z-ih)^k},$$

它为有理函数,分母至少比分子高二次,且无实零点,满足定理 6.7 的条件. 又 $f(z)$ 在上半平面内只有一个 $k$ 阶极点 $z=ih$, 而由定理 6.2,

$$\begin{aligned}\operatorname*{Res}_{z=hi}f(z)&=\frac{1}{(k-1)!}\frac{d^{(k-1)}}{dz^{k-1}}\left[\frac{1}{(z+ih)^n}\right]_{z=ih}\\&=\frac{1}{(k-1)!}\left.\frac{(-1)^{k-1}n(n+1)\cdots(n+k-2)}{(z+ih)^{n+k-1}}\right|_{z=ih}\\&=\frac{i^{k-n-1}(n+k-2)!}{(2h)^{n+k-1}(k-1)!(n-1)!},\end{aligned}$$

于是由定理 6.7,

$$\frac{1}{2\pi i}\int_C\frac{dz}{z^n\overline{z}^k}=\operatorname*{Res}_{z=hi}f(z)=\frac{i^{k-n-1}(n+k-2)!}{(2h)^{n+k-1}(k-1)!(n-1)!}.$$ ■

**例 6.2.13**　计算积分 $\displaystyle\int_0^{+\infty}\frac{\sin^2 x}{x^2}dx$.

**分析**　由 $\sin^2 x=\frac{1}{2}(1-\cos 2x)=\frac{1}{4}(2-e^{i2x}-e^{-i2x})$ 可知,当 $R>r>0$ 时,

$$\int_r^R\frac{\sin^2 x}{x^2}dx=\int_r^R\frac{1-e^{i2x}}{4x^2}dx+\int_r^R\frac{1-e^{-i2x}}{4x^2}dx.$$

令 $x'=-x$,则 $dx'=-dx$,

$$\int_r^R\frac{1-e^{-i2x}}{4x^2}dx=-\int_{-r}^{-R}\frac{1-e^{i2(-x')}}{4(-x')^2}d(-x')=\int_{-R}^{-r}\frac{1-e^{i2x}}{4x^2}dx,$$

所以

$$\int_r^R\frac{\sin^2 x}{x^2}dx=\int_{-R}^{-r}\frac{1-e^{i2x}}{4x^2}dx+\int_r^R\frac{1-e^{i2x}}{4x^2}dx.$$

上式右边两项积分,配以沿大、小两个辅助半圆周 $C_R$ 及 $C_r$ 的积分(图 6.10),恰好是一个对辅助函数 $f(z)=\dfrac{1-e^{i2z}}{4z^2}$ 的周线积分. 从而可以应用柯西积分定理(或留数定理).

**解**　因为 $f(z)$ 在周线所界的闭区域上解析, 由柯西积分定理,

$$\int_{-R}^{-r} f(x)\mathrm{d}x + \int_{C_r^-} f(z)\mathrm{d}z + \int_r^R f(x)\mathrm{d}x + \int_{C_R} f(z)\mathrm{d}z = 0,$$

所以

$$\int_r^R \frac{\sin^2 x}{x^2}\mathrm{d}x = -\int_{C_R} f(z)\mathrm{d}z - \int_{C_r^-} f(z)\mathrm{d}z. \tag{1}$$

因为

$$\operatorname*{Res}_{z=0} f(z) = \frac{1}{4}\lim_{z\to 0}\frac{1-\mathrm{e}^{2\mathrm{i}z}}{z} = \frac{1}{4}(-2\mathrm{i}) \quad \left(\frac{0}{0}\right),$$

故由引理 6.3 得

$$\int_{C_r}\frac{1-\mathrm{e}^{2\mathrm{i}z}}{4z^2}\mathrm{d}z \to \frac{1}{4}(-2\mathrm{i})\mathrm{i}(\pi-0) = \frac{\pi}{2} \quad (r\to 0). \tag{2}$$

又因

$$\int_{C_R}\frac{1-\mathrm{e}^{2\mathrm{i}z}}{4z^2}\mathrm{d}z = \int_{C_R} f(z)\mathrm{d}z = \frac{1}{4}\left(\int_{C_R}\frac{\mathrm{d}z}{z^2} - \int_{C_R}\frac{\mathrm{e}^{2\mathrm{i}z}}{z^2}\mathrm{d}z\right),$$

且

$$z\cdot\frac{1}{z^2}\to 0\ (R\to+\infty), \quad \frac{1}{z^2}\to 0\ (R\to+\infty),$$

而由引理 6.1，

$$\int_{C_R}\frac{\mathrm{d}z}{z^2} = 0 \quad (R\to+\infty),$$

由引理 6.2，

$$\int_{C_R}\frac{\mathrm{e}^{2\mathrm{i}z}}{z^2}\mathrm{d}z = 0 \quad (R\to+\infty),$$

故当 $R\to+\infty$ 时，

$$\int_{C_R} f(z)\mathrm{d}z = 0. \tag{3}$$

于是，当 $r\to 0$，$R\to+\infty$ 时，将(2)式和(3)式代入(1)式得

$$\int_0^{+\infty}\frac{\sin^2 x}{x^2}\mathrm{d}x = \frac{\pi}{2}.$$ ■

从前面几个模式可见，利用留数计算定积分，关键在于选择一个合适的辅助函数及一条相应的辅助闭路(周线)，从而把定积分的计算化成沿闭路的复积分的计算. 除了一些标准模式外，辅助函数尤其是辅助闭路的选择很不规则. 一般说来，辅助函数 $F(z)$ 总要选得使当 $z=x$ 时，$F(x)=f(x)$ 或 $\mathrm{Re}(F(x))=f(x)$ 或 $\mathrm{Im}(F(x))=f(x)$ ($f(x)$ 是原定积分中的被积函数). 辅助闭路的选择原则是：使添加的路径上的积分能够通过一定的办法(包括用我们给出的几个引理)估计出来；或者是能够转化为原来的定积分. 但具体选取时，路径的形状则多种多样，有半圆周、长方形、扇形、三角形等；此外，周线上有奇点还要绕过去.

**6.** 应用多值函数的积分.

被积函数或辅助函数是多值函数的情形，一定要适当割开平面，使其能分出单值解析分支，才能对它应用柯西积分定理或柯西留数定理来求出给定的积分的值.

**例 6.2.14**　求

$$I=\int_C \frac{dz}{(z-1)^2(z-2)^3\sqrt{z+5}},$$

其中 $C$ 为圆周：$|z|=4$.

**分析**　$\sqrt{z+5}$ 的支点为 $z=-5,\infty$，故在 $z$ 平面上沿负实轴上的 $(-\infty,-5]$ 割破的区域内就能分出两个单值解析分支 $\sqrt{z+5}$ 和 $-\sqrt{z+5}$. 也就是说，在此区域内

$$f(z)=\frac{1}{(z-1)^2(z-2)^3\sqrt{z+5}}$$

是单值函数，它有一个二阶极点 $z=1$ 和一个三阶极点 $z=2$，都不在支割线 $(-\infty,-5]$ 上. 故可应用留数定理.

**解**　为求留数，我们先在 $0<|z-1|<1$ 内展开 $f(z)$. 令 $z-1=t$，即 $z=t+1$，则

$$\begin{aligned}
f(z)&=\frac{1}{t^2(t-1)^3\sqrt{t+6}}\\
&=\frac{-1}{t^2\sqrt{6}}(1-t)^{-3}\left(1+\frac{t}{6}\right)^{-\frac{1}{2}}\\
&=\frac{-1}{t^2\sqrt{6}}(1+3t+6t^2+\cdots)\cdot\\
&\quad\left(1-\frac{1}{2}\cdot\frac{t}{6}+\frac{3}{8\times 36}t^2+\cdots\right)\\
&=\frac{-1}{\sqrt{6}}\frac{1}{t^2}\left[1+\left(-\frac{1}{12}+3\right)t+\cdots\right]\\
&=\frac{-1}{\sqrt{6}}\left(\frac{1}{t^2}+\frac{35}{12}\frac{1}{t}+\cdots\right),
\end{aligned}$$

所以

$$\operatorname*{Res}_{z=1}f(z)=-\frac{35}{12\sqrt{6}}.$$

再在 $0<|z-2|<1$ 内展开 $f(z)$，令 $z-2=t$，则

$$\begin{aligned}
f(z)&=\frac{1}{t^3(1+t)^2(7+t)^{\frac{1}{2}}}=\frac{1}{t^3\sqrt{7}}(1+t)^{-2}\left(1+\frac{t}{7}\right)^{-\frac{1}{2}}\\
&=\frac{1}{t^3\sqrt{7}}(1-2t+3t^2-4t^3+\cdots)\cdot\\
&\quad\left(1-\frac{1}{2}\cdot\frac{t}{7}+\frac{1\cdot 3\cdot t^2}{2\cdot 4\cdot 49}+\cdots\right)\\
&=\frac{1}{t^3\sqrt{7}}\left[1-\frac{29}{14}t+\left(3+\frac{59}{8\cdot 49}\right)t^2+\cdots\right]\\
&=\frac{1}{\sqrt{7}}\left[\frac{1}{t^3}-\frac{29}{14}\cdot\frac{1}{t^2}+\left(3+\frac{59}{8\cdot 49}\right)\frac{1}{t}+\cdots\right],
\end{aligned}$$

所以

$$\operatorname*{Res}_{z=2} f(z)=\frac{1}{\sqrt{7}}\left(3+\frac{59}{8\cdot 49}\right).$$

由留数定理，

$$I=2\pi\mathrm{i}\left[\frac{1}{\sqrt{7}}\left(3+\frac{59}{8\cdot 49}\right)-\frac{35}{12\sqrt{6}}\right]$$
$$=\left(\frac{6}{\sqrt{7}}+\frac{59}{196\sqrt{7}}-\frac{35}{6\sqrt{6}}\right)\pi\mathrm{i}.$$

■

**例 6.2.15** 求积分 $\int_0^1 \frac{\sqrt[4]{x(1-x)^3}}{(1+x)^3}\mathrm{d}x$.

**分析** 考虑辅助函数

$$f(z)=\frac{\sqrt[4]{z(1-z)^3}}{(1+z)^3}.$$

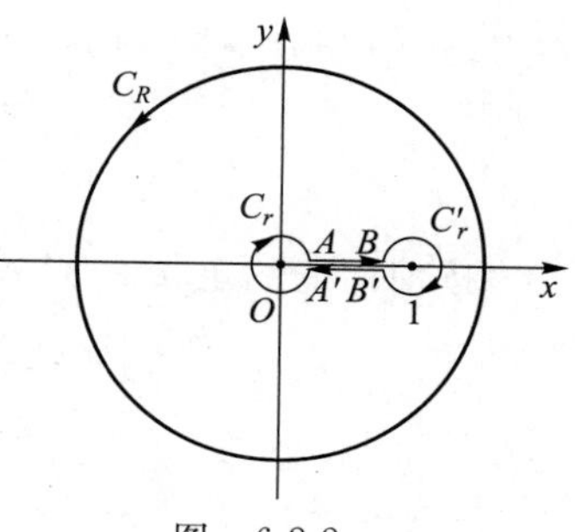

图 6.2.2

它有且仅有支点 $z=0$ 和 $z=1$，因此可取线段$[0,1]$为支割线. 为此，我们作一条挖去两个支点的辅助积分周线 $C$(如图 6.2.2)，其中 $C_R$ 是以原点为圆心、$R$ 为半径的圆周，$R>2$，$C_r$ 和 $C'_r$ 是以 $r\left(0<r<\frac{1}{2}\right)$ 为半径而分别以点 $z=0$ 和 $z=1$ 为圆心的圆周.

在上述周线 $C$ 所界区域 $D$ 内，$f(z)$能够分成四个单值分支，都只有一个单值性奇点 $z=-1$(三阶极点)，因而可以对 $f(z)$及周线 $C$ 应用留数定理.

**解** 由留数定理，

$$\int_C \frac{\sqrt[4]{z(1-z)^3}}{(1+z)^3}\mathrm{d}z=2\pi\mathrm{i}\operatorname*{Res}_{z=-1}\frac{\sqrt[4]{z(1-z)^3}}{(1+z)^3}. \tag{1}$$

下面我们仍然先算沿周线 $C$ 的各部分的积分，再算在点 $z=-1$ 的留数.

周线 $C$ 由五部分组成：$C_R$，$C_r$，支割线上岸 $AB$，$C'_r$及支割线的下岸 $B'A'$. 我们约定在支割线的上岸 $AB$ 上

$$\frac{\sqrt[4]{z(1-z)^3}}{(1+z)^3}=\frac{\sqrt[4]{x(1-x)^3}}{(1+x)^3},$$

在下岸 $B'A'$上便有

$$\frac{\sqrt[4]{z(1-z)^3}}{(1+z)^3}=\mathrm{i}\frac{\sqrt[4]{x(1-x)^3}}{(1+x)^3},$$

因这时辐角改变量

$$\Delta_{C'^-_r}\left(\sqrt[4]{z(1-z)^3}\right)=\frac{1}{4}\left[\Delta_{C'^-_r}\arg z+3\Delta_{C'^-_r}\arg(1-z)\right]$$
$$=\frac{1}{4}\left[0+3(-2\pi)\right]=-\frac{3}{2}\pi,$$

而 $\mathrm{e}^{-\frac{3\pi}{2}\mathrm{i}}=\mathrm{i}$. 故沿上岸 $AB$ 与下岸 $B'A'$的积分之和等于

$$(1-\mathrm{i})\int_r^{1-r}\frac{\sqrt[4]{x(1-x)^3}}{(1+x)^3}\mathrm{d}x. \tag{2}$$

又因

$$\lim_{z\to\infty} z\cdot\frac{\sqrt[4]{z(1-z)^3}}{(1+z)^3}=0,$$

$$\lim_{z\to 0} z\cdot\frac{\sqrt[4]{z(1-z)^3}}{(1+z)^3}=0,$$

$$\lim_{z\to 1}(z-1)\frac{\sqrt[4]{z(1-z)^3}}{(1+z)^3}=0,$$

故由引理 6.1 及引理 6.3 可知，

$$\lim_{R\to+\infty}\int_{C_R} f(z)\mathrm{d}z=\lim_{r\to 0}\int_{C_r^-} f(z)\mathrm{d}z=\lim_{r\to 0}\int_{C_r'^-} f(z)\mathrm{d}z=0. \tag{3}$$

在(1)式中令 $R\to+\infty, r\to 0$，并将(2)式和(3)式代入，则得

$$\int_0^1 \frac{\sqrt[4]{x(1-x)^3}}{(1+x)^3}\mathrm{d}x=\frac{2\pi\mathrm{i}}{1-i}\operatorname*{Res}_{z=-1}\frac{\sqrt[4]{z(1-z)^3}}{(1+z)^3}. \tag{4}$$

按前面的约定，$g(z)=\sqrt[4]{z(1-z)^3}$ 在 $z=-1$ 的值为(图 6.2.3)

$$\begin{aligned} g(-1) &\xlongequal{(2.28)} \sqrt[4]{|-1|[1-(-1)]^3}\,\mathrm{e}^{\mathrm{i}\Delta_\Gamma \arg[g(z)]}\,\mathrm{e}^{\mathrm{i}\arg[g(z_1)]} \\ &=2^{\frac{3}{4}}\mathrm{e}^{\mathrm{i}\frac{1}{4}[\Delta_\Gamma \arg z+3\Delta_\Gamma \arg(1-z)]}\mathrm{e}^{\mathrm{i}\cdot 0} \\ &=2^{\frac{3}{4}}\mathrm{e}^{\mathrm{i}\frac{\pi}{4}}=\sqrt[4]{2}(1+\mathrm{i}). \end{aligned} \tag{5}$$

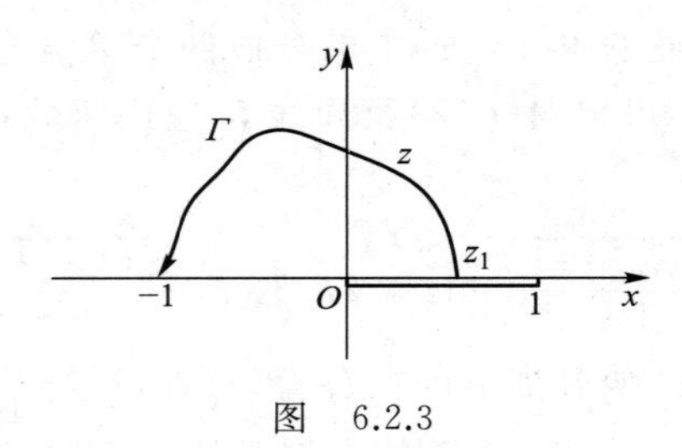


图　6.2.3

在 $0<|z+1|<1$ 内，

$$\begin{aligned} \sqrt[4]{z(1-z)^3} &=\sqrt[4]{(z+1-1)[1-(z+1-1)]^3} \\ &=\sqrt[4]{(-1)[1-(z+1)][2-(z+1)]^3} \\ &=\sqrt[4]{(-1)2^3}[1-(z+1)]^{\frac{1}{4}}\left[1-\frac{z+1}{2}\right]^{\frac{3}{4}} \\ &\xlongequal{(5)}\sqrt[4]{2}(1+\mathrm{i})\left[1-\frac{1}{4}(z+1)-\frac{3}{32}(z+1)^2+\cdots\right]\cdot \\ &\quad\left[1-\frac{3}{8}(z+1)-\frac{3}{128}(z+1)^2+\cdots\right] \\ &=\sqrt[4]{2}(1+\mathrm{i})\left[1-\frac{5}{8}(z+1)-\frac{3}{128}(z+1)^2+\cdots\right], \end{aligned}$$

从而

$$\frac{\sqrt[4]{z(1-z)^3}}{(1+z)^3}=\frac{\sqrt[4]{2}(1+\mathrm{i})}{(z+1)^3}\left[1-\frac{5}{8}(z+1)-\frac{3}{128}(z+1)^2+\cdots\right],$$

所以

$$\operatorname*{Res}_{z=-1}\frac{\sqrt[4]{z(1-z)^3}}{(1+z)^3}=-\frac{3}{128}\cdot\sqrt[4]{2}(1+\mathrm{i}).\tag{6}$$

(6)式代入(4)式得

$$\int_0^1\frac{\sqrt[4]{x(1-x)^3}}{(1+x)^3}\mathrm{d}x=\frac{2\pi\mathrm{i}}{1-\mathrm{i}}\left[-\frac{3}{128}\sqrt[4]{2}(1+\mathrm{i})\right]=\frac{3}{64}\sqrt[4]{2}\pi.$$

■

**例 6.2.16** 将函数$\frac{z^{\mathrm{i}}}{z^2-1}$(假设一般幂函数 $z^{\mathrm{i}}$ 取主值支)沿如图 6.2.4 所示的路径 $C$ 积分，由此证明

$$\int_0^{+\infty}\frac{\cos(\ln x)}{1+x^2}\mathrm{d}x=\frac{\pi}{2\cosh\frac{\pi}{2}}.$$

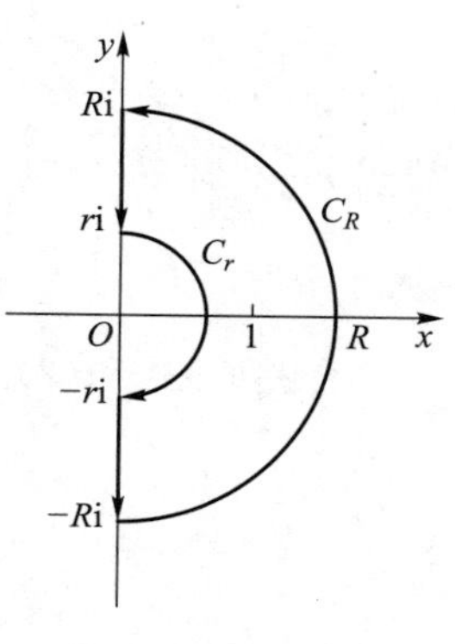


图 6.2.4

**分析** 因为 $z^{\mathrm{i}}=\mathrm{e}^{\mathrm{i}\ln z}$ 以 $z=0$ 及 $z=\infty$ 为支点，所以 $z^{\mathrm{i}}$ 或 $f(z)=\frac{z^{\mathrm{i}}}{z^2-1}$在 $C$ 所界的区域 $D$ 内能分出单值分支，$z^{\mathrm{i}}$ 取主值支($\ln z=\ln|z|+\mathrm{i}\theta$，$-\pi<\theta<\pi$)，$f(z)$在 $C$ 的内部只有一个一阶极点 $z=1$($r$ 充分小，$R$ 充分大). 故可应用留数定理于积分 $\int_C f(z)\mathrm{d}z$.

**证** 如图 6.2.4 可见，

$$\int_C f(z)\mathrm{d}z=\int_{-r\mathrm{i}}^{-R\mathrm{i}}f(z)\mathrm{d}z+\int_{C_R}f(z)\mathrm{d}z+\int_{R\mathrm{i}}^{r\mathrm{i}}f(z)\mathrm{d}z+\int_{C_r^-}f(z)\mathrm{d}z.$$

在从 $-r\mathrm{i}$ 到 $-R\mathrm{i}$ 的线段上，$z=-x\mathrm{i}$，$r\leqslant x\leqslant R$，则

$$\int_{-r\mathrm{i}}^{-R\mathrm{i}}\frac{z^{\mathrm{i}}}{z^2-1}\mathrm{d}z=\int_r^R\frac{\mathrm{e}^{\mathrm{i}\left(\ln x-\frac{\pi}{2}\mathrm{i}\right)}}{-x^2-1}(-\mathrm{i})\mathrm{d}x=\mathrm{i}\int_r^R\frac{\mathrm{e}^{\mathrm{i}\ln x}\mathrm{e}^{\frac{\pi}{2}}}{x^2+1}\mathrm{d}x.\tag{1}$$

在从 $R\mathrm{i}$ 到 $r\mathrm{i}$ 的线段上，$z=x\mathrm{i}$，$r\leqslant x\leqslant R$，则

$$\int_{R\mathrm{i}}^{r\mathrm{i}}\frac{z^{\mathrm{i}}}{z^2-1}\mathrm{d}z=\int_R^r\frac{\mathrm{e}^{\mathrm{i}\left(\ln x+\frac{\pi}{2}\mathrm{i}\right)}}{-x^2-1}\mathrm{i}\,\mathrm{d}x=\mathrm{i}\int_r^R\frac{\mathrm{e}^{\mathrm{i}\ln x}\mathrm{e}^{-\frac{\pi}{2}}}{x^2+1}\mathrm{d}x.\tag{2}$$

在 $C_R$ 上，$z=R\mathrm{e}^{\mathrm{i}\theta}$，$-\frac{\pi}{2}\leqslant\theta\leqslant\frac{\pi}{2}$，则

$$\int_{C_R}\frac{z^{\mathrm{i}}}{z^2-1}\mathrm{d}z=\int_{-\frac{\pi}{2}}^{\frac{\pi}{2}}\frac{\mathrm{e}^{\mathrm{i}(\ln R+\mathrm{i}\theta)}}{R^2\mathrm{e}^{2\mathrm{i}\theta}-1}\mathrm{i}R\mathrm{e}^{\mathrm{i}\theta}\mathrm{d}\theta$$

$$=\mathrm{i}R\int_{-\frac{\pi}{2}}^{\frac{\pi}{2}}\frac{\mathrm{e}^{\mathrm{i}\ln R}\cdot\mathrm{e}^{-\theta}\cdot\mathrm{e}^{\mathrm{i}\theta}}{R^2\mathrm{e}^{2\mathrm{i}\theta}-1}\mathrm{d}\theta,$$

$$\left|\int_{C_R}\frac{z^{\mathrm{i}}}{z^2-1}\mathrm{d}z\right|\leqslant\frac{R}{R^2-1}\int_{-\frac{\pi}{2}}^{\frac{\pi}{2}}\mathrm{e}^{-\theta}\mathrm{d}\theta$$

$$=\frac{R}{R^2-1}(e^{\frac{\pi}{2}}-e^{-\frac{\pi}{2}}).$$

故当 $R\to+\infty$ 时，

$$\int_{C_R}\frac{z^{i}}{z^2-1}dz\to 0. \tag{3}$$

在 $C_r$ 上，$z=re^{i\theta}$，$-\frac{\pi}{2}\leqslant\theta\leqslant\frac{\pi}{2}$，则

$$\int_{C_r^-}\frac{z^{i}}{z^2-1}dz=ir\int_{\frac{\pi}{2}}^{-\frac{\pi}{2}}\frac{e^{i\ln r}e^{-\theta}e^{i\theta}}{r^2e^{2i\theta}-1}d\theta,$$

$$\left|\int_{C_r^-}\frac{z^{i}}{z^2-1}dz\right|\leqslant\frac{r}{1-r^2}(e^{\frac{\pi}{2}}-e^{-\frac{\pi}{2}}).$$

故当 $r\to0$ 时，

$$\int_{C_r^-}\frac{z^{i}}{z^2-1}dz\to 0. \tag{4}$$

合并(1)式和(2)式有

$$\begin{aligned}&\int_{-ri}^{-Ri}\frac{z^{i}}{z^2-1}dz+\int_{Ri}^{ri}\frac{z^{i}}{z^2-1}dz\\&=i\int_r^R\frac{e^{i\ln x}e^{\frac{\pi}{2}}}{x^2+1}dx+i\int_r^R\frac{e^{i\ln x}e^{-\frac{\pi}{2}}}{x^2+1}dx\\&=i\int_r^R\frac{e^{i\ln x}(e^{\frac{\pi}{2}}+e^{-\frac{\pi}{2}})}{x^2+1}dx\\&=2i\cosh\frac{\pi}{2}\int_r^R\frac{\cos(\ln x)+i\sin(\ln x)}{x^2+1}dx.\end{aligned} \tag{5}$$

因为

$$\operatorname*{Res}_{z=1}\left[\frac{z^{i}}{z^2-1}\right]=\left.\frac{e^{i\ln z}}{z+1}\right|_{z=1}=\frac{1}{2},$$

因此根据留数定理，

$$\begin{aligned}&\int_{-ri}^{-Ri}f(z)dz+\int_{C_R}f(z)dz+\int_{Ri}^{ri}f(z)dz+\int_{C_r^-}f(z)dz\\&=\int_C f(z)dz=2\pi i\cdot\frac{1}{2}=\pi i.\end{aligned} \tag{6}$$

最后，令 $R\to+\infty$，$r\to0$ 并将(3)—(5)式代入(6)式得

$$2i\cosh\frac{\pi}{2}\int_0^{+\infty}\frac{\cos(\ln x)+i\sin(\ln x)}{x^2+1}dx=\pi i.$$

故

$$\int_0^{+\infty}\frac{\cos(\ln x)}{x^2+1}dx=\frac{\pi}{2\cosh\frac{\pi}{2}}.$$

■

## §3　辐角原理及其应用

**1.** 掌握作为留数定理直接应用的零点与极点个数定理.

**定理 6.9** 设 $C$ 是一条周线，$f(z)$ 满足条件：

(1) $f(z)$ 在 $C$ 的内部是亚纯的；

(2) $f(z)$ 在 $C$ 上解析且不为零，

则有

$$\frac{1}{2\pi i}\int_C \frac{f'(z)}{f(z)}dz = N(f,C) - P(f,C), \tag{6.26}$$

式中 $N(f,C)$ 与 $P(f,C)$ 分别表示 $f(z)$ 在 $C$ 内部的零点与极点的个数（一个 $n$ 阶零点算作 $n$ 个零点，而一个 $m$ 阶极点算作 $m$ 个极点）.

**注** 应用公式(6.26)可以计算一些满足定理 6.9 条件的周线积分.

**例 6.3.1** 计算积分 $\int_{|z|=4}\frac{z^9}{z^{10}-1}dz$.

**解** 设 $f(z)=z^{10}-1$，则 $f(z)$ 在 $|z|=4$ 上解析且不等于零. 又 $f(z)$ 在 $|z|=4$ 的内部解析，有 10 个零点，没有极点，即 $N(f,C)=10, P(f,C)=0$.

由公式(6.26)，

$$\begin{aligned}\int_{|z|=4}\frac{z^9}{z^{10}-1}dz &= \frac{1}{10}\int_{|z|=4}\frac{10z^9}{z^{10}-1}dz \\ &= \frac{1}{10}\int_{|z|=4}\frac{(z^{10}-1)'}{z^{10}-1}dz \\ &= \frac{1}{10}\cdot 2\pi i(10-0) = 2\pi i.\end{aligned}$$

■

**2.** 掌握辐角原理及其应用.

**辐角原理** 设 $C$ 是一条周线，$f(z)$ 满足条件：

(1) $f(z)$ 在 $C$ 的内部亚纯（即除可能有极点外解析），且连续到边界 $C$；

(2) 沿 $C$，$f(z)\neq 0$，

则

$$N(f,C) - P(f,C) = \frac{\Delta_C \arg f(z)}{2\pi}. \tag{6.27}$$

**例 6.3.2** 设

$$f(z) = \frac{z(\sin z - z)}{(z^3+1)(z+1)^3},$$

$C$ 为圆周 $|z|=R$. 试计算 $\Delta_C \arg f(z)$.

**解** 由辐角原理可知：

(1) 当 $R>1$ 时，

$$\begin{aligned}\Delta_C \arg f(z) &\xlongequal{(6.27)} 2\pi[N(f,C) - P(f,C)] \\ &= 2\pi(4-6) = -4\pi.\end{aligned}$$

因为 $z=0$ 是分子 $z(\sin z - z)$ 的四阶零点且不是分母 $(z^3+1)(z+1)^3$ 的零点，因而 $z=0$ 是 $f(z)$ 的四阶零点（算四个零点）；又 $z=-1$ 是分母 $(z^3+1)(z+1)^3$ 的四阶零点，而不是分子 $z(\sin z - z)$ 的零点，因而 $z=-1$ 是 $f(z)$ 的四阶极点（算四个极点）；另外 $z^3+1$ 除 $z=-1$ 外还有两个根

$$z = e^{\frac{\pi}{3}i} \text{ 及 } z = e^{\frac{5\pi}{3}i}$$

都是 $f(z)$ 的一阶极点，故可说 $f(z)$ 在 $C$ 的内部共有四个零点，六个极点.

(2) 当 $0<R<1$ 时，$P(f,C)=0$，

$$\Delta_C \arg f(z) \xlongequal{(6.27)} 2\pi \cdot N(f,C)=2\pi \cdot 4=8\pi. \qquad \blacksquare$$

**例 6.3.3** 若函数 $f(z)$ 在区域 $D$ 内解析，$\gamma$ 是一条周线，$\overline{I(\gamma)}\subset D$，$f(z)$ 在 $\gamma$ 上取实值，则 $f(z)$ 在 $D$ 内必为常数.

**分析** $f(z)$ 在 $\gamma$ 上取实值，自然不取上半 $w$ 平面上的值 $a$ 及下半 $w$ 平面上的值 $a_1$（图 6.3.1），于是 $\Delta_\gamma \arg[f(z)-a]=0$. 由辐角原理，$N(f(z)-a,\gamma)=0$.

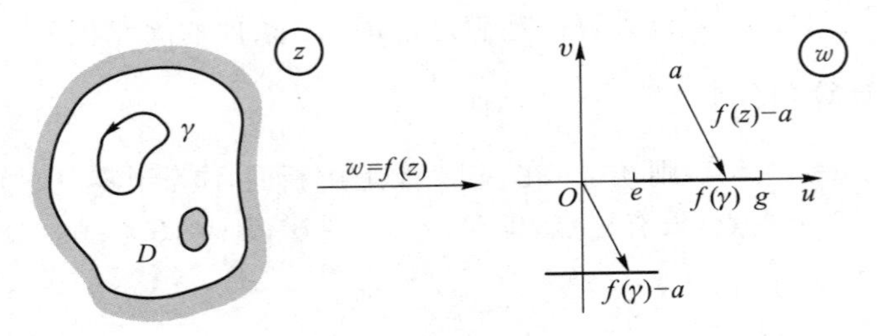


图　6.3.1

**证** 设复数 $a=\alpha+\mathrm{i}\beta$，$\beta>0$，函数 $f(z)-a$ 在 $D$ 内解析，且当 $z$ 在 $\gamma$ 上时，

$$\operatorname{Im}[f(z)-a]=-\beta<0,$$

即 $f(z)-a$ 位于下半平面上，所以 $\Delta_\gamma \arg[f(z)-a]=0$. 由辐角原理

$$N[f(z)-a,\gamma]=0,$$

即 $f(z)$ 在 $\gamma$ 内部不取 $a$ 值. 同理，$f(z)$ 在 $\gamma$ 内部不取 $a_1=\alpha_1+\mathrm{i}\beta_1$，$\beta_1<0$，所以在 $\gamma$ 内部 $\operatorname{Im} f(z)=0$. 根据 C.- R.方程，$f(z)$ 在 $\gamma$ 内部必为常数. 再由解析函数的内部惟一性定理，$f(z)$ 在 $D$ 内必为常数.

**例 6.3.4** 试确定 $f(z)=z^4+4z^3+8z^2+8z+4$ 在每个象限内的根的个数.

**分析** 直接应用辐角原理于多项式 $f(z)$.

**解** (1) 首先，我们注意到 $f(z)$ 没有实根. 这是因为

$$f(x)=x^4+4x^3+8x^2+8x+4,$$

$$0=f'(x)=4(x+1)(x^2+2x+2)\Rightarrow x=-1,-1\pm\mathrm{i},$$

$$f''(x)=4(3x^2+6x+4)\Rightarrow f''(-1)=4>0,$$

即 $f(x)$ 在 $x=-1$ 处有极小值 1.

现在，$f(\mathrm{i}y)=y^4-8y^2+4+\mathrm{i}(8y-4y^3)\neq 0$，这是因为 $y^4-8y^2+4=0$ 意味着 $y=4\pm 2\sqrt{3}$（此时 $8y-4y^3\neq 0$），而 $8y-4y^3=0$ 意味着 $y=0$，$y=\sqrt{2}$ 以及 $y=-\sqrt{2}$（此时 $y^4-8y^2+4\neq 0$）.

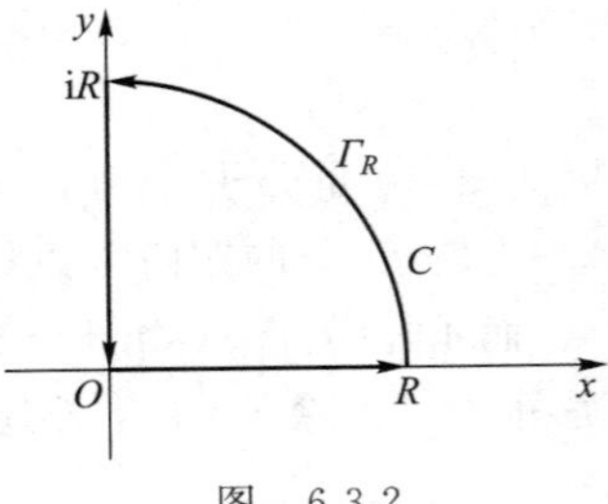


图　6.3.2

而在四分之一圆周 $\Gamma_R$ 上（图 6.3.2），

$$|f(z)|=\left|z^4\left(1+\frac{4}{z}+\frac{8}{z^2}+\frac{8}{z^3}+\frac{4}{z^4}\right)\right|$$

$$\to+\infty \quad (|z|=R\to+\infty),$$

即沿 $\Gamma_R$，$f(z)\neq 0$.

于是，沿图 6.3.2 中路径 $C$，$f(z)\neq 0$. 从而 $f(z)$ 满足

辐角原理的条件，$N(f,C)=\dfrac{\Delta_C \arg f(z)}{2\pi}$.

(2) 再来计算 $\Delta_C \arg f(z)$.

在正实轴上 $f(z)$是实的并且是正的，因而其辐角没有改变.

在 $\Gamma_R$ 上，$z=Re^{i\theta}$，$0\leqslant\theta\leqslant\dfrac{\pi}{2}$，而

$$f(Re^{i\theta})=R^4e^{4i\theta}\left(1+\frac{4}{R}e^{-i\theta}+\frac{8}{R^2}e^{-2i\theta}+\frac{8}{R^3}e^{-3i\theta}+\frac{4}{R^4}e^{-4i\theta}\right).$$

如果 $R$ 充分大，上式第二个因子实际上接近 1，从而当 $R\to+\infty$时，$\Delta_{\Gamma_R}\arg f(Re^{i\theta})\to 2\pi\left(因为\ \Delta_{\Gamma_R}\arg z=\dfrac{\pi}{2}\right)$.

当 $z=iy$ 时，

$$\arg f(iy)=\arctan\frac{8y-4y^3}{y^4-8y^2+4}.$$

$\arg f(iy)$在正虚轴上变化的情况如下：

| $y$ | $+\infty$ | $\sqrt{3}+1$ | $\sqrt{2}$ | $\sqrt{3}-1$ | 0 |
|---|---|---|---|---|---|
| $\dfrac{8y-4y^3}{y^4-8y^2+4}$ | 0 | $-\infty$ | $+0$ | $-\infty$ | $+0$ |
| $\arctan\dfrac{8y-4y^3}{y^4-8y^2+4}$ | 0 | $-\dfrac{\pi}{2}$ | $-\pi$ | $-\dfrac{3\pi}{2}$ | $-2\pi$ |

因此，$\Delta_C\arg f(z)=0+2\pi-2\pi=0$. 这就表示 $f(z)$在第一象限中没有零点.

(3) 又因为 $f(z)$的系数是实的，其复根成共轭对，故 $f(z)$在第四象限也无零点. 如有一根出现在第二象限，必有一根出现在第三象限. 所以，$f(z)$有两个零点在第二象限，有两个零点在第三象限. ■

**3.** 充分掌握鲁歇(Rouché)定理及其应用.

下面的定理是辐角原理的一个推论. 在考查函数的零点分布时，该定理用起来更为方便.

**定理 6.10(鲁歇定理)** 设 $C$ 是一条周线，函数 $f(z)$及 $\varphi(z)$满足条件：

(1) 它们在 $C$ 的内部均解析，且连续到 $C$；

(2) 在 $C$ 上，$|f(z)|>|\varphi(z)|$，

则函数 $f(z)$与 $f(z)+\varphi(z)$在 $C$ 的内部有同样多(几阶算作几个)的零点，即

$$N(f(z)+\varphi(z),C)=N(f(z),C).$$

**注** 鲁歇定理也称为零点个数比较定理.

**定理*(教材例 6.23)** 设 $n$ 次多项式

$$P(z)=a_0z^n+\cdots+a_lz^{n-l}+\cdots+a_n\quad(a_0\neq 0)$$

满足条件

$$|a_l|>|a_0|+\cdots+|a_{l-1}|+|a_{l+1}|+\cdots+|a_n|$$

(即 $P(z)$ 中某项 $a_l z^{n-l}$ 系数的模大于其他各项系数模之和)，则 $P(z)$ 在单位圆 $|z|<1$ 内有 $(n-l)$ 个零点.

据此，一望而知(当然也可像本例题一样，应用鲁歇定理来证明)

$4z^5-2z+1$ 在单位圆 $|z|<1$ 内有 5 个零点；

$z^7+6z^6-z^3+2$ 在 $|z|<1$ 内有 6 个零点；

$z^8+4z^5+z^2-1$ 在 $|z|<1$ 内有 5 个零点；

$z^9-5z^5+2z-1$ 在 $|z|<1$ 内有 5 个零点；

$z^7+8z^4-z^3+3z^2+z+1$ 在 $|z|<1$ 内有 4 个零点.

**例 6.3.5**　试确定方程 $z^4+\mathrm{i}z^2+3=0$ 的根的位置.

**解**　由定理* 知已给方程在圆周 $|z|=1$ 内部无根. 又在圆周 $|z|=2$ 上，

$$|\mathrm{i}z^2+3|\leqslant|z|^2+3=7<16=|z|^4,$$

故由鲁歇定理，该方程的四个根全在 $1\leqslant|z|<2$ 上，且显然关于原点对称. 又在 $|z|=1$ 上，$|z^4+\mathrm{i}z^2+3|>0$，所以四个根均在 $1<|z|<2$ 内. ■

**例 6.3.6**　试确定方程 $z^4-5z+1=0$ 在圆 $|z|<1$ 内以及在圆环 $1<|z|<2$ 内根的个数.

**解**　由教材例 6.23(定理* )知，已给方程在 $|z|<1$ 内有且仅有一个根.

因在圆周 $|z|=2$ 上，

$$|1-5z|\leqslant 1+5|z|=1+10=11<16$$
$$=2^4=|z|^4=|z^4|,$$

由鲁歇定理，已给方程的四个根全在圆 $|z|<2$ 内. 但当 $|z|=1$ 时，

$$|z^4-5z|=|z||z^3-5|\leqslant|z|(|z|^3+5)=6,$$
$$|z^4-5z+1|\geqslant 5|z|-|z^4|-1=3>0,$$

所以在圆周 $|z|=1$ 上，$z^4-5z+1=0$ 无根. 于是在圆环 $1<|z|<2$ 内，方程 $z^4-5z+1=0$ 有三个根 ■

**例 6.3.7**　证明方程 $kz^4=\sin z\,(k>2)$ 在 $|z|<1$ 内有四个根.

**分析**　虽然很明显 $z=0$ 是此方程的根，但是是否还有其他的根，则不易看出来. 为此，我们仍用鲁歇定理来判断它在 $|z|<1$ 内根的个数.

**证**　设 $f(z)=kz^4, g(z)=-\sin z$. 显然 $f(z), g(z)$ 在 $|z|\leqslant1$ 上解析，且在 $|z|=1$ 上，

$$|f(z)|=|kz^4|=k>2,$$
$$|g(z)|=|-\sin z|\leqslant\cosh 1=\frac{1}{2}\left(\frac{1}{\mathrm{e}}+\mathrm{e}\right)<\frac{1}{2}(1+3)=2,$$

即在 $|z|=1$ 上，$|f(z)|>|g(z)|$. 故由鲁歇定理，方程 $kz^4-\sin z=0\ (k>2)$ 在单位圆 $|z|<1$ 内有 4 个根. ■

**例 6.3.8**　试证明：对任给的正数 $r$，恒存在自然数 $N$，当 $n>N$ 时，

$$F_n(z)=1+\frac{1}{z}+\frac{1}{2!z^2}+\cdots+\frac{1}{n!z^n}$$

的零点全位于 $|z|\leqslant r$ 上.

**分析**　令 $z=\dfrac{1}{\zeta}$，得

$$F_n(z)=1+\zeta+\frac{\zeta^2}{2!}+\cdots+\frac{\zeta^n}{n!}\xlongequal{\text{def}}f_n(\zeta).$$

于是,问题归结为证明对给定的正数 $r$,存在自然数 $N$,当 $n>N$ 时,$f_n(\zeta)$在$|\zeta|<\frac{1}{r}$内无零点.

**证** 为此,记 $m=\min\limits_{|\zeta|=\frac{1}{r}}|e^{\zeta}|, m>0$. 由于 $f_n(\zeta)$在$|\zeta|=\frac{1}{r}$上一致收敛于 $e^{\zeta}$,所以必存在 $N$,当 $n>N$ 时,

$$|f_n(\zeta)-e^{\zeta}|<m\leqslant|e^{\zeta}|\quad(在|\zeta|=\frac{1}{r}上).$$

按鲁歇定理,$e^{\zeta}$ 与$[f_n(\zeta)-e^{\zeta}]+e^{\zeta}=f_n(\zeta)$在$|\zeta|<\frac{1}{r}$内零点个数相等. 但 $e^{\zeta}$ 在 **C** 上不等于 0, 因此 $f_n(\zeta)(n>N)$在$|\zeta|<\frac{1}{r}$内无零点.

**例 6.3.9(赫尔维茨(Hurwitz)定理)** 如果$\{f_n(z)\}(n=1,2,\cdots)$是区域 $D$ 内的解析函数序列,它在 $D$ 内内闭一致收敛于$f(z)$,$f(z)$不恒为零;又设 $C$ 是一条连同其内部都全含于 $D$ 的周线,$f(z)$在 $C$ 上无零点,则存在自然数 $N$,使当 $n>N$ 时,$f_n(z)$与$f(z)$在 $C$ 内部有相同数目的零点.

**证** 由题设及魏尔斯特拉斯定理知,$f(z)$在 $D$ 内解析,且

$$\min_{z\in C}|f(z)|=m>0.$$

因为 $f_n(z)(n=1,2,\cdots)$在 $C$ 上一致收敛于 $f(z)$, 即存在 $N$,使当 $n>N$ 时,

$$|f_n(z)-f(z)|<m\quad(z\in C),$$

所以,由

$$f_n(z)=f(z)+[f_n(z)-f(z)],$$
$$|f(z)|\geqslant m>|f_n(z)-f(z)|\quad(z\in C,n>N),$$

及鲁歇定理知,

$$N(f_n(z),C)=N(f(z),C)\quad(n>N).$$

■

# II. 部分习题解答提示

## (一)

**2.** 求下列函数 $f(z)$在其孤立奇点(包括无穷远点)处的留数($m$ 是正整数).

(1) $z^m\sin\frac{1}{z}$; (2) $\frac{z^{2m}}{1+z^m}$;

(3) $\frac{1}{(z-\alpha)^m(z-\beta)}(\alpha\neq\beta)$; (4) $\frac{e^z}{z^2(z-\pi i)^4}$.

**分析** 我们已经在第 I 部分 §1 中,总结了求留数的种种方法,其中由洛朗展式求 $c_{-1}$是一般方法. 下面我们只各给出一种较简捷的解法.

**解** (1) $z=0$ 为本质奇点(第五章习题(一)7);$z=\infty$ 为极点或可去奇点,而 $f(z)$ 只有这两个奇点.

在 $0<\frac{1}{|z|}<+\infty$,即 $0<|z|<+\infty$ 内展开 $f(z)$ 成洛朗级数后,当 $m$ 为奇数时,$\operatorname*{Res}_{z=0} f(z)=0$;当 $m$ 为偶数 $2k$ 时,

$$\operatorname*{Res}_{z=0} f(z)=\frac{(-1)^k}{(2k+1)!}.$$

由定理 6.6 即可得 $\operatorname*{Res}_{z=\infty} f(z)$.

(2) 因 $f(z)$ 是有理函数,故在扩充 $z$ 平面上除极点外无其他类型奇点. $z=\infty$ 是 $2m-m=m$ 阶极点. 令分母 $1+z^m=0$ 得 $z_k=\mathrm{e}^{\mathrm{i}(2k+1)\pi/m}\overset{\text{def}}{=\!=}e_k$,且因 $(1+z^m)'|_{z=e_k}\neq 0$,所以各 $e_k(k=0,1,2,\cdots,m-1)$ 是 $f(z)$ 的一阶极点. 从而可求得:

$$\operatorname*{Res}_{z=e_k} f(z)=-\frac{e_k}{m}\quad (k=0,1,2,\cdots,m-1;\mathrm{e}_k^m=-1),$$

$$\begin{aligned}\operatorname*{Res}_{z=\infty} f(z)&=-\sum_{k=0}^{m-1}\left(-\frac{e_k}{m}\right)\quad(\text{定理 } 6.6)\\&=\frac{1}{m}\sum_{k=0}^{m-1}e_k=\begin{cases}0, & m>1,\\-1, & m=1.\end{cases}\end{aligned}$$

(3) $z=\alpha$ 是 $f(z)$ 的 $m$ 阶极点;$z=\beta$ 是 $f(z)$ 的一阶极点. 如果 $m\leqslant 2$,则可应用推论 6.3 和推论 6.4 求留数. 一般情况下,仍宜直接利用 $f(z)$ 在 $z=\alpha$ 点去心邻域内的洛朗展式

$$\frac{1}{(z-\alpha)^m(z-\beta)}=\sum_{n=0}^{\infty}(-1)^n\frac{1}{(\alpha-\beta)^{n+1}}(z-\alpha)^{n-m}.$$

所以

$$\operatorname*{Res}_{z=\alpha} f(z)=\frac{(-1)^{m-1}}{(\alpha-\beta)^m}=\frac{-1}{(\beta-\alpha)^m},$$

而 $\operatorname*{Res}_{z=\beta} f(z)=\frac{1}{(\beta-\alpha)^m}$,$\operatorname*{Res}_{z=\infty} f(z)=0$.

(4) $f(z)$ 以 $z=0$ 为二阶极点;$z=\pi\mathrm{i}$ 为四阶极点;$z=\infty$ 为本质奇点.

$$\operatorname*{Res}_{z=0} f(z)=\frac{\pi-4\mathrm{i}}{\pi^5},\qquad \operatorname*{Res}_{z=\pi\mathrm{i}} f(z)=\frac{1}{3!}\left[\frac{\mathrm{e}^z}{z^2}\right]^{(3)}_{z=\pi\mathrm{i}},$$

$$\operatorname*{Res}_{z=\infty} f(z)=-\left[\operatorname*{Res}_{z=0} f(z)+\operatorname*{Res}_{z=\pi\mathrm{i}} f(z)\right].$$

**3.** 计算下列各积分:

(3) $\int_C\frac{\mathrm{d}z}{(z-1)^2(z^2+1)}$, $C:x^2+y^2=2(x+y)$;

(4) $\int_{|z|=1}\frac{\mathrm{d}z}{(z-a)^n(z-b)^n}$ $(|a|<1,|b|<1,a\neq b,n$ 为正整数$)$.

**解** (3) $C$ 即圆周 $(x-1)^2+(y-1)^2=2$.

$$f(z)=\frac{1}{(z-1)^2(z^2+1)}$$

以 $z=1$ 为二阶极点，以 $z=\pm\mathrm{i}$ 各为一阶极点. 考查在 $C$ 内部 $f(z)$ 各奇点处的留数，并应用留数定理计算已给积分.

(4) 当 $n$ 较大时，$a$ 和 $b$ 两个极点的阶都较高，故宜应用定理 6.6 避开求 $a$，$b$ 两点的留数，而改求点 $\infty$ 处的留数.

当 $1<|z|<+\infty$ 时，$\left|-\dfrac{a}{z}\right|<1$，$\left|-\dfrac{b}{z}\right|<1$，所以

$$\begin{aligned}\frac{1}{(z-a)^n(z-b)^n}&=\frac{1}{z^{2n}}\left(1-\frac{a}{z}\right)^{-n}\left(1-\frac{b}{z}\right)^{-n}\\&=\frac{1}{z^{2n}}\left(1+n\frac{a}{z}+\cdots\right)\left(1+n\frac{b}{z}+\cdots\right)\quad(n\geqslant 1),\end{aligned}$$

则

$$\operatorname*{Res}_{z=\infty}\frac{1}{(z-a)^n(z-b)^n}=-c_{-1}=0.$$

故由留数定理得所求积分为 0.

**4.** 求下列各积分之值：

(1) $\displaystyle\int_0^{2\pi}\frac{\mathrm{d}\theta}{a+\cos\theta}\quad(a>1)$； (2) $\displaystyle\int_0^{2\pi}\frac{\mathrm{d}x}{(2+\sqrt{3}\cos x)^2}$；

(3) $\displaystyle\int_0^{\pi}\tan(\theta+\mathrm{i}a)\mathrm{d}\theta\quad(a$ 为实数且 $a\neq 0)$.

**分析** (1) 令 $z=\mathrm{e}^{\mathrm{i}\theta}$.(2) 令 $z=\mathrm{e}^{\mathrm{i}x}$，化成沿单位圆周 $|z|=1$ 的周线积分，然后应用留数定理.(3) 因

$$\tan(\theta+\mathrm{i}a)=\frac{1}{\mathrm{i}}\frac{\mathrm{e}^{2\mathrm{i}(\theta+a\mathrm{i})}-1}{\mathrm{e}^{2\mathrm{i}(\theta+a\mathrm{i})}+1},$$

根据被积函数的这个特殊表示，为了简便，我们直接令 $\mathrm{e}^{2\mathrm{i}(\theta+a\mathrm{i})}=z$，则 $\mathrm{d}z=\mathrm{e}^{2\mathrm{i}(\theta+a\mathrm{i})}2\mathrm{i}\mathrm{d}\theta$，$\mathrm{d}\theta=\dfrac{\mathrm{d}z}{2\mathrm{i}z}$，于是

$$\tan(\theta+a\mathrm{i})=\frac{1}{\mathrm{i}}\frac{z-1}{z+1}.$$

当 $\theta$ 由 0 到 $\pi$ 时，点 $z$ 就画出圆周 $C$：

$$|z|=|\mathrm{e}^{2\mathrm{i}(\theta+a\mathrm{i})}|=\mathrm{e}^{-2a}.$$

已给积分就化成周线积分，因而可应用留数定理.

**解** (1) 令 $z=\mathrm{e}^{\mathrm{i}\theta}$，则 $\cos\theta=\dfrac{1}{2}(z+z^{-1})$，$\mathrm{d}\theta=\dfrac{\mathrm{d}z}{\mathrm{i}z}$，

$$I=\frac{2}{\mathrm{i}}\int_{|z|=1}\frac{\mathrm{d}z}{(z-\alpha)(z-\beta)},$$

其中 $\alpha=-a+\sqrt{a^2-1}$，$\beta=-a-\sqrt{a^2-1}$，$\alpha\beta=1$，$|\alpha|<1$，$|\beta|>1$. 应用留数定理，$I=\dfrac{2\pi}{\sqrt{a^2-1}}$.

(2) 令 $z=\mathrm{e}^{\mathrm{i}x}$，则 $\cos x=\dfrac{1}{2}(z+z^{-1})$，$\mathrm{d}x=\dfrac{\mathrm{d}z}{\mathrm{i}z}$，

$$I=\frac{4}{3\mathrm{i}}\int_{|z|=1}\frac{z}{\left(z^2+\frac{4}{\sqrt{3}}z+1\right)^2}\mathrm{d}z$$

$$=\frac{4}{3\mathrm{i}}\int_{|z|=1}\frac{z\mathrm{d}z}{(z-\alpha)^2(z-\beta)^2},$$

其中 $\alpha\beta=1,|\alpha|<1,|\beta|>1$. 因

$$\operatorname*{Res}_{z=\alpha}\frac{z}{(z-\alpha)^2(z-\beta)^2}=-\frac{\alpha+\beta}{(\alpha-\beta)^3}=\frac{3}{2},$$

故应用留数定理，$I=4\pi$.

(3) 由分析，

$$I=\frac{1}{\mathrm{i}}\int_C\frac{z-1}{z+1}\cdot\frac{1}{2\mathrm{i}z}\mathrm{d}z=-\frac{1}{2}\int_C\frac{z-1}{z(z+1)}\mathrm{d}z.$$

应用留数定理，

$$I=\begin{cases}\pi\mathrm{i}, & a>0,\\ -\pi\mathrm{i}, & a<0.\end{cases}$$

**5.** 求下列各积分：

(1) $\displaystyle\int_0^{+\infty}\frac{x^2}{(x^2+1)(x^2+4)}\mathrm{d}x$；

(2) $\displaystyle\int_{-\infty}^{+\infty}\frac{x^2}{(x^2+a^2)^2}\mathrm{d}x\quad(a>0)$；

(3) $\displaystyle\int_{-\infty}^{+\infty}\frac{\cos x}{(x^2+1)(x^2+9)}\mathrm{d}x$；

(4) $\displaystyle\int_0^{+\infty}\frac{x\sin mx}{x^4+a^4}\mathrm{d}x\quad(m>0,a>0)$.

**提示**　(1),(2)直接应用定理 6.7；(3),(4)直接应用定理 6.8. 都要首先检验定理的条件.

**6.** 仿照例 6.15 的方法计算下列积分：

(1) $\displaystyle\int_0^{+\infty}\frac{\sin x}{x(x^2+a^2)}\mathrm{d}x\quad(a>0)$；

(2) $\displaystyle\int_0^{+\infty}\frac{\sin x}{x(x^2+1)^2}\mathrm{d}x$.

**提示**　直接应用定理 6.8′，并要首先检验定理的条件.

**7.** 从 $\displaystyle\int_C\frac{\mathrm{e}^{\mathrm{i}z}}{\sqrt{z}}\mathrm{d}z$ 出发，其中 $C$ 是如图 6.0.1 所示之周线($\sqrt{z}$ 沿正实轴取正值)，证明

$$\int_0^{+\infty}\frac{\cos x}{\sqrt{x}}\mathrm{d}x=\int_0^{+\infty}\frac{\sin x}{\sqrt{x}}\mathrm{d}x=\sqrt{\frac{\pi}{2}}.$$

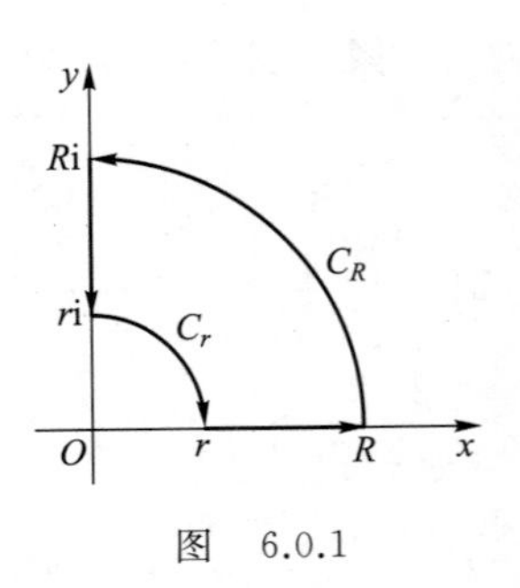

图　6.0.1

**分析**　$z=0,\infty$ 为$\sqrt{z}$ 的支点，取如图 6.0.1 的周线 $C$ 为辅助路径，则它不含也不包围支点. 取辅助函数 $f(z)=\dfrac{\mathrm{e}^{\mathrm{i}z}}{\sqrt{z}}$，它在

$C$ 所界的闭域上单值解析，即可应用柯西积分定理或柯西留数定理.

**证** 由柯西积分定理，

$$0=\int_C \frac{e^{iz}}{\sqrt{z}}\,dz=\int_r^R \frac{e^{ix}}{\sqrt{x}}\,dx+\int_{C_r^-}\frac{e^{iz}}{\sqrt{z}}\,dz+$$

$$\int_{C_R}\frac{e^{iz}}{\sqrt{z}}\,dz+i\int_R^r \frac{e^{-y}}{\sqrt{yi}}\,dy, \tag{1}$$

其中 $\sqrt{yi}=\sqrt{y}\ e^{\frac{\pi}{4}i}$ 为所取满足条件的分支. 在 $[r,R]$ 上

$$\sqrt{z}=\sqrt{x}\quad (x>0).$$

应用引理 6.3，有

$$\lim_{r\to 0}\int_{C_r}\frac{e^{iz}}{\sqrt{z}}\,dz=0. \tag{2}$$

在 $C_R$ 上，$z=Re^{i\theta}\left(0\leqslant\theta\leqslant\frac{\pi}{2}\right)$，应用若尔当不等式，可以估计

$$\left|\int_{C_R}\frac{e^{iz}}{\sqrt{z}}\,dz\right|\leqslant\frac{\pi}{2\sqrt{R}}(1-e^{-R})\to 0\quad (R\to+\infty). \tag{3}$$

当 $r\to 0, R\to+\infty$ 时，(1) 式最后一项为

$$i\int_{+\infty}^0 \frac{e^{-y}}{\sqrt{yi}}\,dy=-\int_0^{+\infty}\frac{ie^{-y}\,dy}{\sqrt{y}\,e^{\frac{\pi}{4}i}}$$

$$\xlongequal{\text{令 } y=t^2}-\frac{i2\sqrt{2}}{1+i}\int_0^{+\infty}e^{-t^2}\,dt$$

$$\xlongequal{(6.16)}-\left(\sqrt{\frac{\pi}{2}}+i\sqrt{\frac{\pi}{2}}\right). \tag{4}$$

令 $r\to 0, R\to+\infty$，(1) 式两端取极限，并将(2)—(4)式代入化简，即可得证.

**8.** 从 $\int_C \frac{\sqrt{z}\ln z}{(1+z)^2}dz$ 出发，其中 $C$ 是如图 6.0.2 所示的周线，证明

$$\int_0^{+\infty}\frac{\sqrt{x}\ln x}{(1+x)^2}dx=\pi,\quad \int_0^{+\infty}\frac{\sqrt{x}}{(1+x)^2}dx=\frac{\pi}{2}.$$

**分析** $\sqrt{z}$ 及 $\ln z$ 均以 $z=0$ 及 $z=\infty$ 为支点，在如图 6.0.2 所示周线 $C=l'+C_R+l''^-+C_r^-$ 所界区域内，辅助函数

$$f(z)=\frac{\sqrt{z}\ln z}{(1+z)^2}$$

是单值的. 故能对 $f(z)$ 应用留数定理.

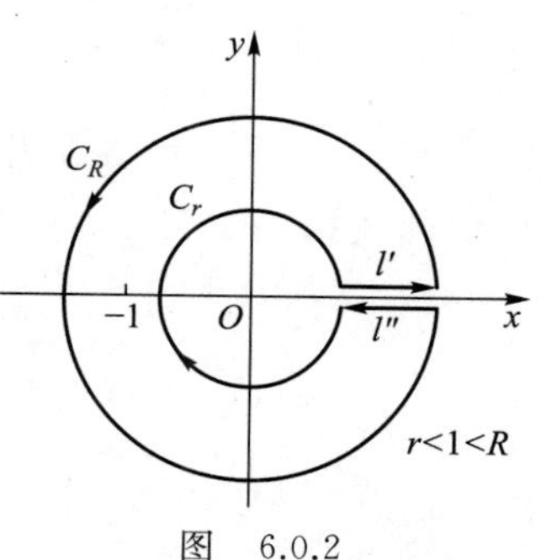

图 6.0.2

**证** 在 $C$ 的内部 $f(z)$ 只有奇点 $z=-1$（二阶极点）. 应用推论 6.4，$\operatorname*{Res}_{z=-1}f(z)=\frac{\pi}{2}-i$. 由留数定理，

$$2\pi i\left(\frac{\pi}{2}-i\right)=\int_C \frac{\sqrt{z}\ln z}{(1+z)^2}dz$$

$$=\int_r^R \frac{\sqrt{x}\ln x}{(1+x)^2}dx+\int_{C_R}\frac{\sqrt{z}\ln z}{(1+z)^2}dz+$$

$$\int_R^r \frac{\sqrt{x}\,e^{\pi i}(\ln x+2\pi i)}{(1+x)^2}dx+\int_{C_r^-}\frac{\sqrt{z}\ln z}{(1+z)^2}dz.$$

（由上岸 $l'$ 绕原点转到下岸 $l''$）　　(1)

应用引理 6.1 及引理 6.3 分别估计(1)式右端第二、第四两个积分. 当 $R\to+\infty, r\to 0$ 时,值都为零. 于是由(1)式比较两端实部和虚部即可得证.

**9**. 证明

$$I=\int_0^1 \frac{dx}{(1+x^2)\sqrt{1-x^2}}=\frac{\pi}{2\sqrt{2}}.$$

**分析**　取辅助函数

$$f(z)=\frac{1}{(1+z^2)\sqrt{1-z^2}},$$

其中$\sqrt{1-z^2}$的支点为$-1$和1. 沿$[-1,1]$割开$z$平面,并取如图 6.0.3 所示的辅助路径 $C$,$\sqrt{1-z^2}$是沿 $l'$取正值的那一支. $C_r'$:$|z+1|=r$,$C_r''$:$|z-1|=r$,$C_R$:$|z|=R$,$r$ 充分小,$R$ 充分大,$f(z)$在这样的 $C$ 所界区域内单值,且有两个一阶极点 $z=\pm i$. 于是对 $f(z)$就能够应用留数定理.

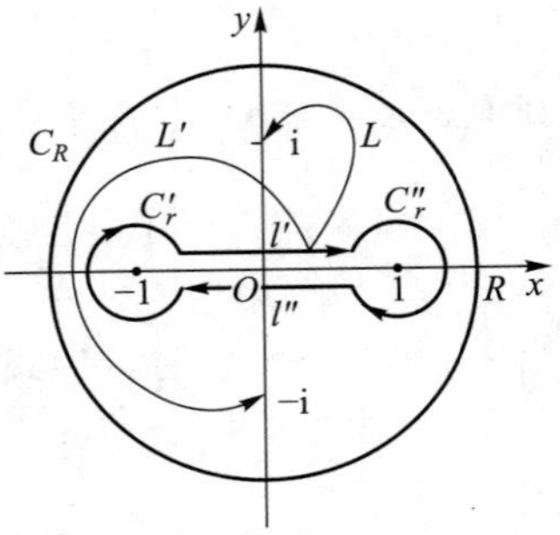

图　6.0.3

**证**　应用留数定理

$$2\pi i[\operatorname*{Res}_{z=i} f(z)+\operatorname*{Res}_{z=-i} f(z)]=\int_C f(z)dz$$

$$=\int_{l'}\frac{dx}{(1+x^2)\sqrt{1-x^2}}-\int_{C_r''}f(z)dz+\int_{C_R}f(z)dz+$$

$$\int_{l''}\frac{dx}{(1+x^2)\sqrt{1-x^2}}-\int_{C_r'}f(z)dz. \quad (1)$$

由引理 6.3,

$$\lim_{r\to 0}\frac{z+1}{(1+z^2)\sqrt{1-z^2}}=0,\ \lim_{r\to 0}\frac{z-1}{(1+z^2)\sqrt{1-z^2}}=0$$

$$\Rightarrow \lim_{r\to 0}\int_{C_r'}f(z)dz=0,\ \lim_{r\to 0}\int_{C_r''}f(z)dz=0. \quad (2)$$

由引理 6.1,

$$\lim_{R\to+\infty}\frac{z}{(1+z^2)\sqrt{1-z^2}}=0$$

$$\Rightarrow \lim_{R\to+\infty}\int_{C_R}\frac{dz}{(1+z^2)\sqrt{1-z^2}}=0. \quad (3)$$

此外,

$$\operatorname*{Res}_{z=i} f(z)=\left.\frac{1}{(z+i)\sqrt{1-z^2}}\right|_{z=i}=\left.\frac{1}{2i\sqrt{1-z^2}}\right|_{z=i},$$

$$\operatorname*{Res}_{z=-i} f(z)=\left.\frac{1}{(z-i)\sqrt{1-z^2}}\right|_{z=-i}=\left.\frac{1}{-2i\sqrt{1-z^2}}\right|_{z=-i}.$$

**注** 这里不能简单地将 $z=\pm i$ 直接代入$\sqrt{1-z^2}$. 如果这样做,结果是留数和为零,所求积分也为零. 正确的方法是应用公式(2.28)计算$\sqrt{1-z^2}$在 $z=\pm i$ 的终值.

设 $g(z)=\sqrt{1-z^2}$ 是沿 $l'$取正值的那一支. 由公式(2.28),

$$\begin{aligned}g(i)&=\sqrt{|1-i^2|}\,e^{i\Delta_L \arg g(z)}\cdot e^{i\cdot 0}\\&=\sqrt{2}\,e^{i\cdot 0}e^{i\cdot 0}=\sqrt{2},\\ g(-i)&=\sqrt{|1-(-i)^2|}\,e^{i\Delta_{L'}\arg g(z)}\cdot e^{i\cdot 0}\\&=\sqrt{2}\,e^{i\pi}e^{i\cdot 0}=-\sqrt{2}.\end{aligned}$$

当 $r\to 0$ 时,化简(1)式右端的第四项积分,

$$\int_1^{-1}\frac{dx}{(1+x^2)\sqrt{1-x^2}\,e^{-i\pi}}=\int_{-1}^{1}\frac{dx}{(1+x^2)\sqrt{1-x^2}},$$

因为这时动点 $z$ 已从上岸 $l'$绕 1(即沿 $C_r''^-$)到达下岸 $l''$,

$$\begin{aligned}\Delta_{C_r''^-}\arg\sqrt{1-z^2}&=\frac{1}{2}\left[\Delta_{C_r''^-}\arg(1+z)+\Delta_{C_r''^-}\arg(1-z)\right]\\&=\frac{1}{2}[0-2\pi]=-\pi.\end{aligned}$$

最后,化简(1)式后,即得

$$\int_{-1}^{1}\frac{dx}{(1+x^2)\sqrt{1-x^2}}=\frac{\pi}{\sqrt{2}}.$$

**11.** 证明方程 $e^z-e^\lambda z^n=0(\lambda>1)$在单位圆$|z|<1$内有 $n$ 个根.

**提示** 在$|z|=1$上$|e^z|<|e^\lambda z^n|$,应用鲁歇定理.

**12.** 若 $f(z)$在周线 $C$ 内部除有一个一阶极点外解析,且连续到 $C$,在 $C$ 上$|f(z)|=1$. 证明 $f(z)=a(|a|>1)$在 $C$ 内部恰好有一个根.

**证** 由题设 $P(f(z),C)=1$,从而 $P(f(z)-a,C)=1$,下面只需证明

$$N(f(z)-a,C)-P(f(z)-a,C)=0.$$

由辐角原理,只需证明 $\Delta_C\arg[f(z)-a]=0(|a|>1)$. 而上式由题设$|f(z)|=1(z\in C)$并就变换 $w=f(z)$仿图 6.17 作图就能看出.(注意:点 $a$ 在单位圆周$\Gamma$:$|w|=1$ 的外部.)

**13.** 若 $f(z)$在周线 $C$ 内部是亚纯的且连续到$C$,试证

(1) 若 $z\in C$ 时,$|f(z)|<1$,则方程 $f(z)=1$ 在 $C$ 的内部的根个数,等于 $f(z)$在 $C$ 的内部的极点个数;

(2) 若 $z\in C$ 时,$|f(z)|>1$,则方程 $f(z)=1$ 在 $C$ 的内部的根个数,等于 $f(z)$在 $C$ 的内部的零点个数.

**分析** 题设 $f(z)$满足辐角原理的条件,自然 $f(z)-1$ 也满足辐角原理的条件.

**证** 由辐角原理,

$$N(f(z),C)-P(f(z),C)=\frac{1}{2\pi}(\Delta_C\arg f(z)),\tag{1}$$

$$N(f(z)-1,C)-P(f(z)-1,C)=\frac{1}{2\pi}[\Delta_C \arg(f(z)-1)]. \tag{2}$$

(1) 当 $z\in C$ 时，$|f(z)|<1$，则必 $\Delta_C \arg(f(z)-1)=0$. 由(2)式得

$$N(f(z)-1,C)=P(f(z),C).$$

(2) 当 $z\in C$ 时，$|f(z)|>1$，则 $F(z)=\frac{1}{f(z)}$满足条件"$z\in C$ 时，$|F(z)|<1$". 于是由(1)即可得证.

**14.** 设 $\varphi(z)$在 $C$：$|z|=1$ 内部解析，且连续到 $C$，在 $C$ 上 $|\varphi(z)|<1$. 试证在 $C$ 内部只有一个点 $z_0$ 使 $\varphi(z_0)=z_0$.

**证** 因在 $C$ 上 $|-\varphi(z)|=|\varphi(z)|<1=|z|$，由鲁歇定理就得到证明.

**15.** 利用公式 $\frac{1}{2\pi i}\int_C \frac{f'(z)}{f(z)}dz=N(f,C)-P(f,C)$，计算下列积分：

(1) $\int_{|z|=3}\frac{1}{z}dz$；  (2) $\int_{|z|=2}\frac{5z^4+6z^2+1}{z(z^2+1)^2}dz$；

(3) $\int_{|z|=4}\frac{6z^2-14}{z^3-7z+6}dz$.

**解** (1) $f(z)=z, f'(z)=1$, $N=1$, $P=0$. 所以

$$\int_{|z|=3}\frac{1}{z}dz=2\pi i(1-0)=2\pi i.$$

(2) $f(z)=z(z^2+1)^2, f'(z)=5z^4+6z^2+1, N=5$(一阶零点 $z=0$，二阶零点 $z=\pm i$)，$P=0$. 所以

$$\int_{|z|=2}\frac{5z^4+6z^2+1}{z(z^2+1)^2}dz=2\pi i(5-0)=10\pi i.$$

(3) $f(z)=z^3-7z+6, f'(z)=3z^2-7, N=3$(在 $C$ 内有三个一阶零点 $1,2,-3$)，$P=0$. 所以

$$\int_{|z|=4}\frac{6z^2-14}{z^3-7z+6}dz=2\cdot 2\pi i(3-0)=12\pi i.$$

**16.** 证明方程 $a_0+a_1\cos\theta+\cdots+a_n\cos n\theta=0$ 当 $0<a_0<a_1<\cdots<a_n$ 时，在区间 $0<\theta<2\pi$ 上有且仅有 $2n$ 个互异的根，且没有虚根.

**证明** 多项式 $P(z)=a_0+a_1z+\cdots+a_nz^n$ 全部零点都在 $|z|<1$ 内，且无正实根(只需作代换 $\varepsilon=\frac{1}{z}$即可).

令 $z$ 在 $|z|=1$ 上正向绕行一周，由辐角原理，$P(z)$绕原点 $n$ 周(根的个数)，且与虚轴至少相交 $2n$ 次，由于每个交点对应一个辐角，故至少有 $2n$ 个 $\theta$ 使 $P(z)=P(e^{i\theta})$在虚轴上，使

$$\mathrm{Re}[P(e^{i\theta})]=a_0+a_1\cos\theta+\cdots+a_n\cos n\theta=0.$$

令 $z=e^{i\theta}, \cos k\theta=\frac{z^k+z^{-k}}{2}$，就有

$$\sum_{k=0}^{\infty}a_k\cos k\theta=\frac{z^{-n}}{2}(a_n+a_{n-1}z+\cdots+2a_0z^n+a_1z^{n+1}+\cdots+a_nz^{2n}).$$

因为等式右边至多有 $2n$ 个根 $z_j(1\leqslant j\leqslant 2n)$，所以在$(0,2\pi)$内也至多只有 $2n$ 个实根

$\theta_j(1\leqslant j\leqslant 2n)$满足 $e^{i\theta}=z_j(1\leqslant j\leqslant 2n)$. 故 $\mathrm{Re}[P(e^{i\theta})]=0$ 在$(0,2\pi)$上有且仅有 $2n$ 个实根，不存在虚根.

## (二)

**1.** 计算积分：

(1) $\displaystyle\int_{C:|z|=2}\frac{z}{\frac{1}{2}-\sin^2 z}\mathrm{d}z$.

**解** 被积函数 $f(z)=\dfrac{z}{\frac{1}{2}-\sin^2 z}$分母的零点为

$$z=n\pi\pm\frac{\pi}{4}\quad(n=0,\pm1,\pm2,\cdots),$$

只有 $z=-\dfrac{\pi}{4},\dfrac{\pi}{4}$在 $C$ 的内部，均为 $f(z)$的一阶极点，从而

$$\operatorname*{Res}_{z=\frac{\pi}{4}}f(z)=-\frac{\pi}{4},\qquad \operatorname*{Res}_{z=-\frac{\pi}{4}}f(z)=-\frac{\pi}{4}.$$

由留数定理，积分 $I=-\pi^2 i$.

(2) $\displaystyle\int_{C:|z|=2}\frac{z}{z^4-1}\mathrm{d}z$.

**解** 仿例 6.1.7 的解法. 应用留数定理、定理 6.6 及公式(6.7)得积分为零.

(3) $\displaystyle\int_{C:|z|=2}\frac{\mathrm{d}z}{(z+i)^{10}(z-1)(z-3)}$.

**分析** 由于在 $C$ 内部有一个 10 阶极点 $z=-i$ 和一个一阶极点 $z=1$，我们要避开直接求在 $z=-i$ 的留数.

**解** 
$$\begin{aligned}I&=2\pi i[\operatorname*{Res}_{z=-i}f(z)+\operatorname*{Res}_{z=1}f(z)]\\&\xlongequal{\text{定理 6.6}}-2\pi i[\operatorname*{Res}_{z=3}f(z)+\operatorname*{Res}_{z=\infty}f(z)]\\&\xlongequal{(6.7)}-\frac{\pi i}{(3+i)^{10}}.\end{aligned}$$

(4) $\displaystyle\int_0^{\frac{\pi}{2}}\frac{\mathrm{d}x}{a+\sin^2 x}\quad(a>0)$.

**解一** 因为

$$\frac{\mathrm{d}x}{a+\sin^2 x}=\frac{\mathrm{d}(2x)}{2a+1-\cos 2x},$$

令 $2x=\theta$，

$$I=\int_0^{\pi}\frac{\mathrm{d}\theta}{2a+1-\cos\theta}=\frac{1}{2}\int_{-\pi}^{\pi}\frac{\mathrm{d}\theta}{2a+1-\cos\theta},$$

再令 $e^{i\theta}=z$，则

$$I=-\frac{1}{i}\int_{C:|z|=1}\frac{\mathrm{d}z}{(z-\alpha)(z-\beta)},$$

其中

$$\alpha=2a+1+2\sqrt{a(a+1)},$$
$$\beta=2a+1-2\sqrt{a(a+1)},$$
$$\alpha\beta=1,\ |\beta|<1,\ |\alpha|>1.$$

由 $\operatorname*{Res}_{z=\beta} f(z)=\dfrac{1}{\beta-\alpha}$得

$$I=\frac{\pi}{2\sqrt{a(a+1)}}.$$

**解二**　$I=\dfrac{1}{4}\displaystyle\int_0^{2\pi}\frac{\mathrm{d}x}{a+\sin^2 x}$. 再令 $\mathrm{e}^{\mathrm{i}x}=z$.

(5) $\displaystyle\int_0^{+\infty}\frac{x\sin ax}{x^2+b^2}\mathrm{d}x\ (a>0,b>0)$.

**提示**　直接应用定理 6.8,但要先检验条件.

**2.** 设 $C$ 是 $z$ 平面上一条不经过点 $z=0$ 和 $z=1$ 的正向简单闭曲线,试就 $C$ 的各种情况计算积分 $\displaystyle\int_C\frac{\cos z}{z^3(z-1)}\mathrm{d}z$.

**解**　$z=0$ 和 $z=1$ 是被积函数的奇点. 先计算各奇点的留数.

在圆环域 $0<|z|<1$ 内，有

$$\begin{aligned}\frac{\cos z}{z^3(z-1)}&=\frac{-1}{z^3}(1+z+z^2+z^3+\cdots)\left(1-\frac{z^2}{2!}+\frac{z^4}{4!}-\cdots\right)\\&=-(z^{-3}+z^{-2}+z^{-1}+1+\cdots)\left(1-\frac{z^2}{2!}+\frac{z^4}{4!}-\cdots\right)\\&=-\frac{1}{z^3}-\frac{1}{z^2}-\frac{1}{2z}+\frac{1}{2}-\cdots,\end{aligned}$$

所以

$$\operatorname*{Res}_{z=0} f(z)=c_{-1}=-\frac{1}{2}.$$

$z=1$ 是一阶极点，则

$$\operatorname*{Res}_{z=1} f(z)=\lim_{z\to1}(z-1)\frac{\cos z}{z^3(z-1)}=\cos 1.$$

再讨论 $C$ 与奇点的相对位置，即：

若 $z=0$ 和 $z=1$ 在 $C$ 外，则积分 $I=0$.

若 $z=0$ 在 $C$ 内,$z=1$ 在 $C$ 外，则积分 $I=-\pi\mathrm{i}$.

若 $z=0$ 在 $C$ 外,$z=1$ 在 $C$ 内，则积分 $I=2\pi\mathrm{i}\cos 1$.

若 $z=0$ 和 $z=1$ 都在 $C$ 内，则积分 $I=2\pi\mathrm{i}\left(\cos 1-\dfrac{1}{2}\right)$.

**3.** 设 $a,b,c$ 都是正常数,求

$$I=\int_0^{+\infty}\mathrm{e}^{a\cos bx}\sin(a\sin bx)\frac{x\,\mathrm{d}x}{x^2+c^2}$$

的值.

**解** 在下面的计算中,求出 $I$ 的值,同时也证明 $I$ 确实存在. 令 $f(z)=\dfrac{z\mathrm{e}^{a\mathrm{e}^{\mathrm{i}bz}}}{z^2+c^2}$,并选取周线 $\Gamma$ 形状如图 6.0.4 所示,其中 $R>c$. 显然 $f(z)$ 在 $\Gamma$ 内仅有单极点 $z=c\mathrm{i}$,其留数为

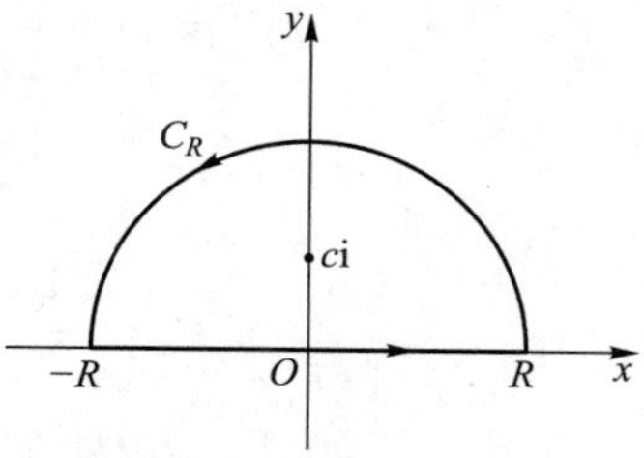

$$\operatorname*{Res}_{z=c\mathrm{i}}f(z)=\lim_{z\to c\mathrm{i}}\frac{z\mathrm{e}^{a\mathrm{e}^{\mathrm{i}bz}}}{z+c\mathrm{i}}=\frac{c\mathrm{i}}{2c\mathrm{i}}\mathrm{e}^{a\mathrm{e}^{-bc}}=\frac{1}{2}\mathrm{e}^{a\mathrm{e}^{-bc}},$$



图 6.0.4

于是,从留数定理即得

$$\int_\Gamma f(z)\mathrm{d}z=2\pi\mathrm{i}\operatorname*{Res}_{z=c\mathrm{i}}f(z)=\pi\mathrm{i}\mathrm{e}^{a\mathrm{e}^{-bc}},$$

也就是

$$\int_{-R}^{R}\frac{x\mathrm{e}^{a\mathrm{e}^{\mathrm{i}bx}}}{x^2+c^2}\mathrm{d}x+\int_{C_R}f(z)\mathrm{d}z=\pi\mathrm{i}\mathrm{e}^{a\mathrm{e}^{-bc}}.$$

但

$$\begin{aligned}\int_{-R}^{R}\frac{x\mathrm{e}^{a\mathrm{e}^{\mathrm{i}bx}}}{x^2+c^2}\mathrm{d}x&=\int_{-R}^{0}\frac{x\mathrm{e}^{a\mathrm{e}^{\mathrm{i}bx}}}{x^2+c^2}\mathrm{d}x+\int_{0}^{R}\frac{x\mathrm{e}^{a\mathrm{e}^{\mathrm{i}bx}}}{x^2+c^2}\mathrm{d}x\\&=\int_0^R\frac{x}{x^2+c^2}\left(\mathrm{e}^{a\mathrm{e}^{\mathrm{i}bx}}-\mathrm{e}^{a\mathrm{e}^{-\mathrm{i}bx}}\right)\mathrm{d}x\\&=\int_0^R\frac{x}{x^2+c^2}\mathrm{e}^{a\cos bx}\left(\mathrm{e}^{\mathrm{i}a\sin bx}-\mathrm{e}^{-\mathrm{i}a\sin bx}\right)\mathrm{d}x\\&=2\mathrm{i}\int_0^R\frac{x\sin(a\sin bx)}{x^2+c^2}\mathrm{e}^{a\cos bx}\mathrm{d}x,\end{aligned}$$

于是即得

$$2\mathrm{i}\int_0^R\frac{x\sin(a\sin bx)}{x^2+c^2}\mathrm{e}^{a\cos bx}\mathrm{d}x+\int_{C_R}f(z)\mathrm{d}z=\pi\mathrm{i}\mathrm{e}^{a\mathrm{e}^{-bc}}.$$

现在计算 $\int_{C_R}f(z)\mathrm{d}z$. 为此令

$$J_R=\int_{C_R}\left(f(z)-\frac{1}{z}\right)\mathrm{d}z,$$

将要证明当 $R\to+\infty$ 时,$J_R\to0$.事实上

$$\begin{aligned}f(z)-\frac{1}{z}&=\frac{z\mathrm{e}^{a\mathrm{e}^{\mathrm{i}bz}}}{z^2+c^2}-\frac{1}{z}=\frac{z^2\mathrm{e}^{a\mathrm{e}^{\mathrm{i}bz}}-(z^2+c^2)}{z(z^2+c^2)}\\&=\frac{z\left(\mathrm{e}^{a\mathrm{e}^{\mathrm{i}bz}}-1\right)}{z^2+c^2}-\frac{c^2}{z(z^2+c^2)}.\end{aligned}$$

在 $C_R$ 上,$z=x+\mathrm{i}y=R\mathrm{e}^{\mathrm{i}\theta}$,$\theta$ 自 0 变到 $\pi$,$y=R\sin\theta\geqslant0$. 显然

$$|a\mathrm{e}^{\mathrm{i}bz}|=a|\mathrm{e}^{\mathrm{i}b(x+\mathrm{i}y)}|=a\mathrm{e}^{-by}|\mathrm{e}^{\mathrm{i}bx}|=a\mathrm{e}^{-by}\leqslant a.$$

根据不等式 $|\mathrm{e}^z-1|\leqslant|z|\mathrm{e}^{|z|}$,即知

$$\begin{aligned}\left|\mathrm{e}^{a\mathrm{e}^{\mathrm{i}bz}}-1\right|&\leqslant|a\mathrm{e}^{\mathrm{i}bz}|\mathrm{e}^{|a\mathrm{e}^{\mathrm{i}bz}|}=a\mathrm{e}^{-by}\mathrm{e}^{a\mathrm{e}^{-by}}\\&\leqslant a\mathrm{e}^a\mathrm{e}^{-by}=a\mathrm{e}^a\mathrm{e}^{-bR\sin\theta}.\end{aligned}$$

结合不等式 $\dfrac{2}{\pi}\theta\leqslant\sin\theta\leqslant\theta$,$\theta\in\left[0,\dfrac{\pi}{2}\right]$,即得

$$
\begin{aligned}
|J_R| &= \left|\int_{C_R}\left[\frac{z(e^{ae^{ibz}}-1)}{z^2+c^2}-\frac{c^2}{z(z^2+c^2)}\right]dz\right| \\
&\leqslant \int_{C_R}\frac{|z|\,|e^{ae^{ibz}}-1|}{|z^2+c^2|}|dz|+\int_{C_R}\frac{c^2}{|z|\,|z^2+c^2|}|dz| \\
&\leqslant \int_0^{\pi}\frac{R^2 a e^a}{R^2-c^2}e^{-bR\sin\theta}d\theta+\frac{c^2\pi R}{R(R^2-c^2)} \\
&\leqslant \frac{2R^2 a e^a}{R^2-c^2}\int_0^{\frac{\pi}{2}}e^{-bR\sin\theta}d\theta+\frac{c^2\pi}{R^2-c^2} \\
&\leqslant \frac{2R^2 a e^a}{R^2-c^2}\int_0^{\frac{\pi}{2}}e^{-\frac{2bR}{\pi}\theta}d\theta+\frac{c^2\pi}{R^2-c^2} \\
&= \frac{\pi}{2bR}\cdot\frac{2R^2 a e^a}{R^2-c^2}(1-e^{-bR})+\frac{c^2\pi}{R^2-c^2} \\
&< \frac{\pi a e^a}{b}\cdot\frac{R}{R^2-c^2}+\frac{c^2\pi}{R^2-c^2}.
\end{aligned}
$$

从此即知当 $R\to+\infty$ 时，$J_R\to 0$. 注意到

$$
\begin{aligned}
\int_{C_R}f(z)dz &= \int_{C_R}\left[f(z)-\frac{1}{z}\right]dz+\int_{C_R}\frac{1}{z}dz \\
&= J_R+\int_0^{\pi}\frac{Re^{i\theta}}{Re^{i\theta}}i\,d\theta = J_R+\int_0^{\pi}i\,d\theta = J_R+\pi i,
\end{aligned}
$$

于是即得

$$
\lim_{R\to+\infty}\int_{C_R}f(z)dz=\pi i+\lim_{R\to+\infty}J_R=\pi i.
$$

所以利用这个结果再综合前面的计算，令 $R\to\infty$，即得

$$
2i\int_0^{\infty}\frac{x\sin(a\sin bx)}{x^2+c^2}e^{a\cos bx}dx+\pi i=\pi i e^{ae^{-bc}},
$$

故

$$
I=\int_0^{\infty}e^{a\cos bx}\sin(a\sin bx)\frac{x\,dx}{x^2+c^2}=\frac{\pi}{2}(e^{ae^{-bc}}-1).
$$

**5.** 试证含点 $\infty$ 的区域的留数定理(在例 6.20 中列出并引用过).

设 $D$ 是扩充 $z$ 平面上含点 $\infty$ 的区域，其边界 $C$ 是由有限条互不包含且互不相交的周线 $C_1,C_2,\cdots,C_m$ 组成的；又设函数 $f(z)$ 在 $D$ 内除去有限个孤立奇点 $z_1,z_2,\cdots,z_n$ 及 $\infty$ 外解析，且连续到边界 $C$(图 6.0.5)，则

$$
\int_{C^-}f(z)dz=2\pi i\left[\sum_{k=1}^{n}\operatorname*{Res}_{z=z_k}f(z)+\operatorname*{Res}_{z=\infty}f(z)\right].
$$

**证** 设 $\Gamma$ 是圆周 $|z|=R$，$R$ 充分大，使 $z_1,z_2,\cdots,z_n$ 及 $C$ 都全含于 $\Gamma$ 的内部. 由有界区域的留数定理 6.1，对复周线 $\Gamma+C^-$，有

$$
\int_{\Gamma+C^-}f(z)dz=2\pi i\sum_{k=1}^{n}\operatorname*{Res}_{z=z_k}f(z),
$$

即

$$
\int_{\Gamma}f(z)dz+\int_{C^-}f(z)dz=2\pi i\sum_{k=1}^{n}\operatorname*{Res}_{z=z_k}f(z). \tag{1}
$$

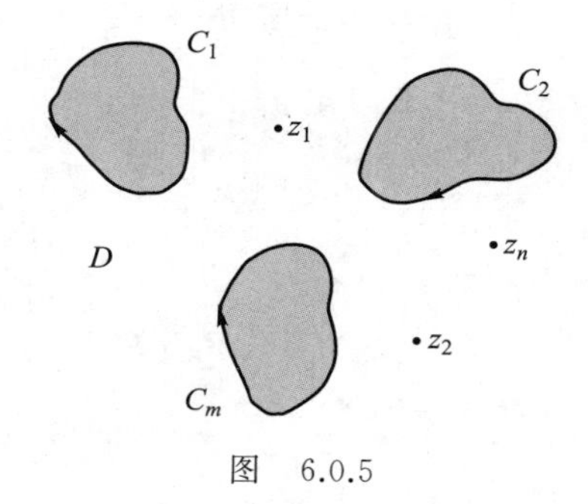


图 6.0.5

由定义 6.2，

$$\operatorname*{Res}_{z=\infty} f(z)=\frac{1}{2\pi i}\int_{\Gamma^-} f(z)\mathrm{d}z=-\frac{1}{2\pi i}\int_{\Gamma} f(z)\mathrm{d}z. \tag{2}$$

(2)式代入(1)式，化简后即可得证.

**6.** 证明若 $F(z)=\mathrm{e}^{imz}f(z)$，$m>0$，且满足：

(1) 在上半平面仅有有限个奇点 $a_k(k=1,2,\cdots,n)$；

(2) 除一阶极点 $x_k(k=1,2,\cdots,m)$外，在实轴上解析；

(3) 当 $\operatorname{Im} z\geqslant 0, z\to\infty$时，有 $f(z)\to 0$，则

$$\int_{-\infty}^{+\infty} F(x)\mathrm{d}x=2\pi\left[\sum_{k=1}^{n}\operatorname*{Res}_{z=a_k} F(z)+\frac{1}{2}\sum_{k=1}^{n}\operatorname*{Res}_{z=x_k} F(z)\right].$$

这里，积分(对所有 $x_k$ 及$\infty$)取主值，即

$$\int_{-\infty}^{+\infty} F(x)\mathrm{d}x=\lim_{R\to+\infty}\left\{\lim_{r\to 0}\left[\int_{-R}^{x_1-r} F(x)\mathrm{d}x+\int_{x_1-r}^{x_2-r} F(x)\mathrm{d}x+\cdots+\int_{x_m-r}^{R} F(x)\mathrm{d}x\right]\right\}.$$

**证明** 考察积分 $\int_{\Gamma} F(z)\mathrm{d}z=\int_{\Gamma}\mathrm{e}^{imz}f(z)\mathrm{d}z$，不妨设 $x_1<x_2<\cdots<x_m$，取如图 6.0.6 所示的积分路线 $\Gamma$，闭路 $\Gamma$ 是由 $|z|=R$ 的上半圆周 $C_R$ 与 $|z-x_k|=r$ 的上半圆周 $C_{r_k}$，及实轴上线段$[-R,R]$除去这些小圆周的直径$(x_k-r,x_k+r)$后的余线段所组成$(k=1,2,\cdots,m)$. 取 $R$ 足够大，而 $r$ 足够小，$\Gamma$ 包含 $a_k$，$|z-x_j|$互不相交. 于是

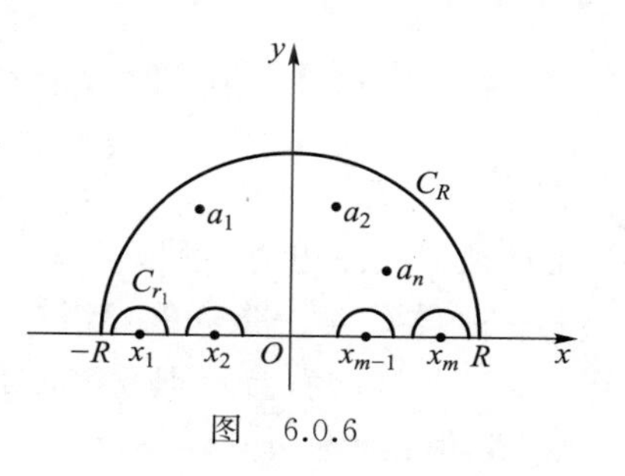


图 6.0.6

$$\int_{\Gamma} F(z)\mathrm{d}z=\int_{-R}^{x_1-r} F(x)\mathrm{d}x+\cdots+\int_{x_m-r}^{R} F(x)\mathrm{d}x+\int_{C_R} F(z)\mathrm{d}z+\sum_{k=1}^{m}\int_{C_{r_k}} F(z)\mathrm{d}z. \tag{1}$$

由已知 $\lim\limits_{R\to\infty}\int_{C_R} F(z)\mathrm{d}z=0$，证明

$$\lim_{r\to 0}\int_{C_{r_k}} F(z)\mathrm{d}z=R_k\int_{C_{r_k}}\frac{\mathrm{d}z}{z-x_k},$$

其中 $R_k=\underset{z=x_k}{\mathrm{Res}}\,F(z)$. 因为 $x_k$ 是一阶极点，所以 $\lim\limits_{z\to x_k}(z-x_k)F(z)=R_k$，即

$$|(z-x_k)F(z)-R_k|<\varepsilon\quad(|z-x_k|=r<\delta).$$

于是

$$\left|\int_{C_{r_k}}F(z)\mathrm{d}z-R_k\int_{C_{r_k}}\frac{\mathrm{d}z}{z-x_k}\right|=\left|\int_{C_{r_k}}[(z-x_k)F(z)-R_k]\frac{\mathrm{d}z}{z-x_k}\right|$$

$$<\varepsilon\int_{C_{r_k}}\frac{|\mathrm{d}z|}{|z-x_k|}=\pi\varepsilon.$$

又

$$\int_{C_{r_k}}\frac{\mathrm{d}z}{z-x_k}=\int_{\pi}^{0}\mathrm{i}\,\mathrm{d}\theta=-\pi\mathrm{i}\quad(z-x_k=r\mathrm{e}^{\mathrm{i}\theta}),$$

所以

$$\lim_{r\to0}\int_{C_{r_k}}F(z)\mathrm{d}z=R_k\int_{C_{r_k}}\frac{\mathrm{d}z}{z-x_k}=-R_k\pi\mathrm{i}.$$

但是

$$\int_{\Gamma}F(z)\mathrm{d}z=2\pi\mathrm{i}\sum_{k=1}^{n}\underset{z=a_k}{\mathrm{Res}}\,F(z),$$

令 $R\to+\infty$, $r\to0$,则由(1)式，得

$$2\pi\mathrm{i}\sum_{k=1}^{n}\underset{z=a_k}{\mathrm{Res}}\,F(z)=\int_{-\infty}^{+\infty}F(x)\mathrm{d}x+\sum_{k=1}^{m}(-R_k)\pi\mathrm{i}.$$

即

$$\int_{-\infty}^{+\infty}F(x)\mathrm{d}x=2\pi\left[\sum_{k=1}^{n}\underset{z=a_k}{\mathrm{Res}}\,F(z)+\frac{1}{2}\sum_{k=1}^{n}\underset{z=x_k}{\mathrm{Res}}\,F(z)\right].$$

**7.** 设函数 $f(z)$ 在 $|z|\leqslant r$ 上解析,在 $|z|=r$ 上 $f(z)\neq0$. 试证在 $|z|=r$ 上，$\mathrm{Re}\left[z\dfrac{f'(z)}{f(z)}\right]$的最大值至少等于 $f(z)$ 在 $|z|<r$ 内的零点个数.

**证**　由定理 6.9 的公式(6.26)，

$$N(f(z),C)=\frac{1}{2\pi\mathrm{i}}\int_{C:|z|=r}\frac{f'(z)}{f(z)}\mathrm{d}z.$$

注意到上式左边为实数，再令 $z=r\mathrm{e}^{\mathrm{i}\theta}$，并取右边实部，即可得证.

**8.** 设 $C$ 是一条周线,且设

(1) $f(z)$符合定理 6.9 的条件($a_k(k=1,2,\cdots,p)$为 $f(z)$在 $C$ 内部的不同的零点,其阶相应为 $n_k$；$b_j(j=1,2,\cdots,q)$为 $f(z)$在 $C$ 内部的不同的极点,其阶相应为 $m_j$)；

(2) $\varphi(z)$在闭域$\overline{I(C)}$上解析.

试证

$$\frac{1}{2\pi\mathrm{i}}\int_{C}\varphi(z)\frac{f'(z)}{f(z)}\mathrm{d}z=\sum_{k=1}^{p}n_k\varphi(a_k)-\sum_{j=1}^{q}m_j\varphi(b_j)$$

(这是定理 6.9 的推广,$\varphi(z)=1$ 时就是定理 6.9).

**提示**　首先推广引理 6.4 为

**引理 6.4′**　(1) 设 $a_k$ 为 $f(z)$的 $n_k$ 阶零点,$\varphi(z)$在点 $a_k$ 解析,则 $a_k$ 必为函数

$\frac{f'(z)}{f(z)}$的一阶极点,且

$$\operatorname*{Res}_{z=a_k}\left[\varphi(z)\frac{f'(z)}{f(z)}\right]=n_k\varphi(a_k). \tag{1}$$

(2) 设 $b_j$ 为 $f(z)$ 的 $m_j$ 阶极点,$\varphi(z)$ 在点 $b_j$ 解析,则 $b_j$ 必为函数$\frac{f'(z)}{f(z)}$的一阶极点,且

$$\operatorname*{Res}_{z=b_j}\left[\varphi(z)\frac{f'(z)}{f(z)}\right]=-m_j\varphi(b_j). \tag{2}$$

而引理 6.4′的证明可仿照引理 6.4 的证明.

再应用引理 6.4′及留数定理(仿定理 6.9 的证明)即可得到本题的证明.

**注** 当 $\varphi(a_k)\neq 0$ 时,$a_k$ 是 $F(z)=\varphi(z)\frac{f'(z)}{f(z)}$的一阶极点;当 $\varphi(a_k)=0$ 时,$F(z)$ 在点 $a_k$ 解析,$\operatorname*{Res}_{z=a_k}F(z)=0$. 不论 $\varphi(b_j)\neq 0$ 或 $\varphi(b_j)=0$,(2)式都成立.

**9.** 设 $C$ 是一条周线,且设

(1) $f(z),\varphi(z)$在 $C$ 内部是亚纯的,且连续到 $C$;(2) 沿 $C$,$|f(z)|>|\varphi(z)|$,试证

$$\begin{aligned}&N(f(z)+\varphi(z),C)-P(f(z)+\varphi(z),C)\\=&N(f(z),C)-P(f(z),C).\end{aligned}$$

(这是鲁歇定理的推广形式,当 $f(z),\varphi(z)$在 $C$ 内部解析时,就是通常的鲁歇定理.)

**证** 由题设条件(2),沿 $C$,

$$|f(z)|>0,\quad |f(z)+\varphi(z)|>|f(z)|-|\varphi(z)|>0,$$

于是 $f(z)$及 $f(z)+\varphi(z)$都满足辐角原理的条件. 故有

$$N(f(z)+\varphi(z),C)-P(f(z)+\varphi(z),C)=\frac{1}{2\pi}\Delta_C\arg[f(z)+\varphi(z)],$$

$$N(f(z),C)-P(f(z),C)=\frac{1}{2\pi}\Delta_C\arg f(z).$$

于是只需证明 $\Delta_C\arg[f(z)+\varphi(z)]=\Delta_C\arg f(z)$. 而这正是在通常鲁歇定理的证明中已经证明过的公式(6.30).

**注** 为了给出鲁歇定理推广形式的一个应用,可参阅:"钟玉泉,一个解析函数定理的推广,四川大学学报(自然科学版),1(1990),86—87."

**10.** 设 $\varphi(z)$在 $a$ 点的邻域内解析,$\varphi'(z)\neq 0$, $f(\xi)$以 $\xi_0$ 为一阶极点且$\operatorname*{Res}_{z=\xi_0}f(\xi)=A$,试证复合函数 $f[\varphi(z)]$在 $a$ 点的留数$\operatorname*{Res}_{z=a}f[\varphi(z)]=\frac{A}{\varphi'(a)}$.

**证明** 由泰勒展式,有

$$\begin{aligned}\varphi(z)&=\varphi(a)+\varphi'(a)(z-a)+\frac{\varphi^{(2)}(a)}{2!}(z-a)^2+\cdots+\\&\quad\frac{\varphi^{(n)}(a)}{n!}(z-a)^n+\cdots\\&=\varphi(a)+h(z)(z-a),\end{aligned}$$

其中

$$h(z)=\varphi'(a)+\frac{\varphi^{(2)}(a)}{2!}(z-a)+\cdots+\frac{\varphi^{(n)}(a)}{n!}(z-a)^{n-1}+\cdots,$$

由 $h(a)=\varphi'(a)\neq 0$ 知,在 $a$ 的邻域内 $h(z)\neq 0$.

函数 $f(\xi)$ 以 $\xi_0$ 为一阶极点且 $\operatorname*{Res}\limits_{z=\xi_0} f(\xi)=A$ 的充要条件是:$f(\xi)$ 在 $\xi_0$ 的某去心邻域内的洛朗展式的负幂项只有 $\dfrac{c_{-1}}{\xi-\xi_0}$,且 $c_{-1}=A\neq 0$. 设 $f(\xi)$ 在 $\xi_0$ 的某去心邻域内的洛朗展式为

$$f(\xi)=\frac{A}{\xi-\xi_0}+c_0+c_1(\xi-\xi_0)+\cdots \overset{\text{def}}{=\!=} \frac{g(\xi)}{\xi-\xi_0},$$

其中 $g(\xi)$ 在 $\xi_0$ 的邻域内解析,且 $g(\xi_0)=A\neq 0$(即在 $\xi_0$ 的邻域内 $g(\xi)\neq 0$). 由此

$$f[\varphi(z)]=\frac{g[\varphi(z)]}{\varphi(z)-\varphi(a)}=\frac{g[\varphi(z)]}{(z-a)h(z)}$$

以 $a$ 为一阶极点. 于是

$$\begin{aligned}\operatorname*{Res}_{z=a} f[\varphi(z)]&=\lim_{z\to a}(z-a)f[\varphi(z)]=\lim_{z\to a}\frac{g[\varphi(z)]}{h(z)}\\&=\frac{g[\varphi(a)]}{h(a)}=\frac{A}{\varphi'(a)}.\end{aligned}$$

**12.** 设 $c>0$,$\gamma$ 为直线 $\operatorname{Re} z=c$,证明

$$\frac{1}{2\pi i}\int_\gamma \frac{a^z}{z^2}dz=\frac{1}{2\pi i}\int_{c-i\infty}^{c+i\infty}\frac{a^z}{z^2}dz=\begin{cases}\ln a, & a>0,\\ 0, & 0<a<1.\end{cases}$$

**证** 当 $a>1$ 时,取 $R(>c)$ 为正数,在直线 $\operatorname{Re}(z)=c$ 左侧,以 $z=c$ 为圆心、$R$ 为半径作半圆 $C_R$,$C_R$ 与直线 $\operatorname{Re} z=c$ 构成闭曲线 $C$,则函数 $\dfrac{a^z}{z^2}$ 在 $C$ 内有一个二阶极点 $z=0$. 于是

$$\int_C \frac{a^z}{z^2}dz=2\pi i\operatorname*{Res}_{z=0}f(z)=2\pi i\lim_{z\to 0}\frac{d}{dz}(a^z)=2\pi i\ln a,$$

即

$$\int_{c-iR}^{c+iR}\frac{a^z}{z^2}dz+\int_{C_R}\frac{a^z}{z^2}dz=2\pi i\ln a.$$

下面估计积分 $\displaystyle\int_{C_R}\frac{a^z}{z^2}dz$,即

$$\begin{aligned}\left|\int_{C_R}\frac{a^z}{z^2}dz\right|&\leqslant\int_{\pi/2}^{3\pi/2}\frac{|e^{z\ln a}|}{|z^2|}|dz|=\int_{\pi/2}^{3\pi/2}\frac{|e^{\ln a(c+Re^{i\theta})}|}{|Re^{i\theta}+c|^2}R\,d\theta\\&\leqslant\frac{R}{(R-c)^2}e^{c\ln a}\int_{\pi/2}^{3\pi/2}e^{R\ln a\cos\theta}d\theta=\frac{2R}{(R-c)^2}e^{c\ln a}\int_0^{\pi/2}e^{-R\ln a\sin\theta}d\theta\\&\leqslant\frac{2R}{(R-c)^2}e^{c\ln a}\int_0^{\pi/2}e^{-R\ln a\frac{2}{\pi}t}dt\\&=\frac{2R}{(R-c)^2}e^{c\ln a}(1-e^{-R\ln a})\to 0\quad(R\to+\infty,a>1).\end{aligned}$$

所以,当 $R\to+\infty$ 时,有

$$\frac{1}{2\pi \mathrm{i}}\int_{c-\mathrm{i}\infty}^{c+\mathrm{i}\infty}\frac{a^z}{z^2}\mathrm{d}z=\ln a\quad (a>1).$$

当 $0<a<1$ 时，在直线 $\mathrm{Re}\, z=c$ 右侧，以 $z=c$ 为圆心、$R$ 为半径作半圆 $C_R$，$C_R$ 与直线 $\mathrm{Re}(z)=c$ 构成闭曲线 $C$，则函数 $\frac{a^z}{z^2}$ 在 $C$ 内解析. 故

$$\int_C \frac{a^z}{z^2}\mathrm{d}z=\int_{c-\mathrm{i}R}^{c+\mathrm{i}R}\frac{a^z}{z^2}\mathrm{d}z+\int_{C_R}\frac{a^z}{z^2}\mathrm{d}z=0.$$

由于

$$\begin{aligned}\left|\int_{C_R}\frac{a^z}{z^2}\mathrm{d}z\right| &\leqslant \int_{\pi/2}^{3\pi/2}\frac{\left|\mathrm{e}^{\ln a(c+R\mathrm{e}^{\mathrm{i}\theta})}\right|}{(R-c)^2}\mathrm{d}\theta\\ &=\frac{2R}{(R-c)^2}\mathrm{e}^{c\ln a}\int_0^{\pi/2}\mathrm{e}^{R\ln a\cos\theta}\mathrm{d}\theta\\ &=\frac{2R}{(R-c)^2}\mathrm{e}^{c\ln a}\int_0^{\pi/2}\mathrm{e}^{-R\ln\frac{1}{a}\sin\theta}\mathrm{d}\theta,\end{aligned}$$

且 $0<a<1$，$\frac{1}{a}>1$，所以上式右边→0 ($R\to+\infty$). 令 $R\to+\infty$，便有

$$\frac{1}{2\pi \mathrm{i}}\int_{c-\mathrm{i}\infty}^{c+\mathrm{i}\infty}\frac{a^z}{z^2}\mathrm{d}z=0\quad (0<a<1).$$

**13.** 方程 $z^4-8z+10=0$ 在圆 $|z|<1$ 与在圆环 $1<|z|<3$ 内各有几个根?

**提示** (1) 由例 6.23 可以断定方程在 $|z|<1$ 内根的个数.

(2) 在 $|z|=3$ 上，可证 $|10-8z|<|z^4|$. 故由鲁歇定理，方程的四个根全在 $|z|<3$ 内，从而可以断言方程在 $1\leqslant|z|<3$ 上根的个数.

(3) 但在 $|z|=1$ 上可证 $|z^4-8z+10|\geqslant 10-|z^4-8z|>0$. 于是，可以断言方程在 $1<|z|<3$ 内根的个数.

**14.** 应用鲁歇定理证明例 3.16. 即

设函数 $f(z)$ 在闭圆 $|z|\leqslant R$ 上解析. 如果存在 $a>0$，使当 $|z|=R$ 时 $|f(z)|>a$，且 $f(0)<a$，试证在圆 $|z|<R$ 内 $f(z)$ 至少有一个零点.

**提示** (1) 如 $f(0)=0$，则命题已真.

(2) 如 $f(0)\neq 0$，则在圆周 $|z|=R$ 上可证

$$|-f(0)|<|f(z)|.$$

故由鲁歇定理可证 $N(f(z),|z|=R)\geqslant 1$.

**15.** 设 $D$ 是周线 $C$ 的内部，$f(z)$ 在闭域 $\overline{D}=D+C$ 上解析. 试证在 $D$ 内不可能存在一点 $z_0$ 使

$$|f(z)|<|f(z_0)|\quad (z\in C).$$

**证** 反证法. 应用鲁歇定理必有

$$N(f(z)-f(z_0),C)=N(-f(z_0),C).$$

而这个等式是不可能成立的.

# III. 类题或自我检查题

1. 计算下列函数 $f(z)$ 在其孤立奇点(包括无穷远点)处的留数.

(1) $\dfrac{1+z^4}{z(z^2+1)^3}$;　(2) $\dfrac{z\mathrm{e}^z}{z^2-1}$;　(3) $\dfrac{\mathrm{e}^z}{(z-1)^{n+1}}$;

(4) $\sin\dfrac{1}{z-1}$;　(5) $\dfrac{\mathrm{e}^z}{\sin^2 z}$.

(答:(1) $\operatorname*{Res}\limits_{z=0} f(z)=1$, $\operatorname*{Res}\limits_{z=\mathrm{i}} f(z)=-\dfrac{1}{2}$, $\operatorname*{Res}\limits_{z=-\mathrm{i}} f(z)=-\dfrac{1}{2}$;(2) $\operatorname*{Res}\limits_{z=1} f(z)=\dfrac{\mathrm{e}}{2}$, $\operatorname*{Res}\limits_{z=-1} f(z)=\dfrac{1}{2\mathrm{e}}$;(3) $\operatorname*{Res}\limits_{z=1} f(z)=\dfrac{\mathrm{e}}{n!}$;(4) $\operatorname*{Res}\limits_{z=1} f(z)=1$;(5) $\operatorname*{Res}\limits_{z=k\pi} f(z)=\mathrm{e}^{k\pi}(k=0,\pm1,\pm2,\cdots)$.)

2. 设 $f(z)$ 及 $g(z)$ 在 $z=0$ 解析,且 $f(0)\neq0, g(0)=g'(0)=0, g''(0)\neq0$. 试证:$z=0$ 为 $\dfrac{f(z)}{g(z)}$ 的二阶极点,且

$$\operatorname*{Res}_{z=0}\left[\frac{f(z)}{g(z)}\right]=\frac{2f'(0)}{g''(0)}-\frac{2f(0)g'''(0)}{3[g''(0)]^2}.$$

3. 应用留数定理计算下列各积分:

(1) $\displaystyle\oint_C \frac{\mathrm{d}z}{z^4+1}$, $C: x^2+y^2=2x$;

(2) $\displaystyle\oint_{|z|=1} \frac{2\mathrm{i}\,\mathrm{d}z}{z^2+2az+1}\ (a>1)$;

(3) $\displaystyle\oint_{|z|=2} \frac{\mathrm{d}z}{(z-3)(z^5-1)}$;　(4) $\displaystyle\oint_{|z|=1} z^3\sin^5\frac{1}{z}\,\mathrm{d}z$;

(5) $\displaystyle\oint_{|z|=3} \frac{\mathrm{d}z}{z^3(z^{10}-2)}$.

$\left(\text{答:(1) } -\dfrac{\sqrt{2}}{2}\pi\mathrm{i}\text{;(2) } -\dfrac{2\pi}{\sqrt{a^2-1}}\text{; (3) } -\dfrac{\pi\mathrm{i}}{121}\text{;(4) 0; (5) 0.}\right)$

4. 应用留数定理计算下列各积分:

(1) $\displaystyle\int_0^{2\pi} \frac{\mathrm{d}\theta}{3-2\cos\theta+\sin\theta}$;　(2) $\displaystyle\int_0^{2\pi} \frac{\sin\theta}{5+4\cos\theta}\mathrm{d}\theta$;

(3) $\displaystyle\int_0^{2\pi} \frac{\mathrm{d}\theta}{(5-3\sin\theta)^2}$;　(4) $\displaystyle\int_0^{2\pi} \frac{r-\cos\theta}{1-2r\cos\theta+r^2}\mathrm{d}\theta$.

$\left(\text{答:(1) } \pi\text{;(2) 0; (3) } \dfrac{5\pi}{32}\text{;(4) } 0(|r|<1), \dfrac{2\pi}{r}(|r|>1).\right)$

5. 求下列各积分的值:

(1) $\displaystyle\int_{-\infty}^{+\infty} \frac{x^2}{x^4+6x^2+8}\mathrm{d}x$;

(2) $\int_{-\infty}^{+\infty} \frac{x^2 dx}{(x^2+1)^2(x^2+2x+2)}$；

(3) $\int_{-\infty}^{+\infty} \frac{x\cos \pi x}{x^2+2x+5}dx$； (4) $\int_{-\infty}^{+\infty} \frac{x\sin \pi x}{x^2+2x+5}dx$.

$\left(\text{答：(1) } \frac{\pi}{2}(2-\sqrt{2})\text{；(2) } \frac{7\pi}{50}\text{；(3) } \frac{\pi}{2}e^{-2\pi}\text{；(4) } -\pi e^{-2\pi}.\right)$

6. 计算下列积分：

(1) $\int_{-\infty}^{+\infty} \frac{\cos x}{1+x^3}dx$； (2) $\int_{-\infty}^{+\infty} \frac{\cos x}{1-x^4}dx$；

(3) $\int_{-\infty}^{+\infty} \frac{x\cos x\, dx}{x^2-5x+6}$； (4) $\int_{0}^{+\infty} \frac{\cos x - e^{-x}}{x}dx$.

$\left(\text{答：(1) } \frac{\pi}{3}\left[\sin 1 + e^{-\frac{\sqrt{3}}{2}}\left(\sin\frac{1}{2}+\sqrt{3}\cos\frac{1}{2}\right)\right]\text{；}\right.$

$\left.\text{(2) } \frac{\pi}{4}(e^{-1}-\sin 1)\text{；(3) } \pi(2\sin 2 - 3\sin 3)\text{；(4) } 0.\right)$

7. 沿如图 6.0.7 的路径，求函数

$$f(z)=\frac{z^{2m}}{z^{2n}+1}$$

的积分. 由此证明当 $m,n$ 为正整数，$m<n$ 时，

$$\int_0^{+\infty} \frac{x^{2m}}{x^{2n}+1}dx = \frac{\pi}{2n\sin\left(\frac{2m+1}{2n}\pi\right)}.$$

（提示：参看例 6.2.11 的解法.）

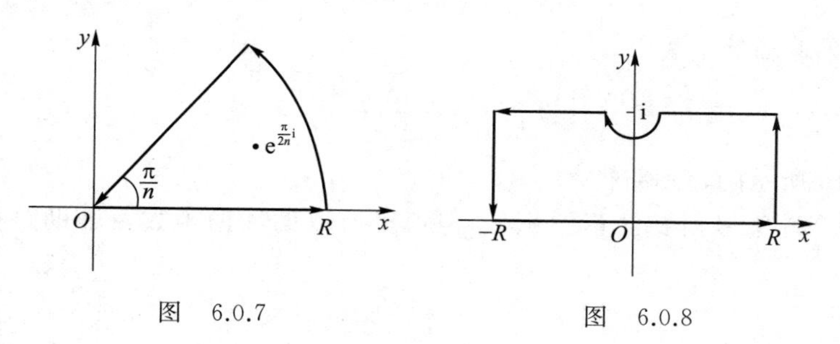


图 6.0.7　　图 6.0.8

8. 沿如图 6.0.8 的路径，求函数

$$f(z)=\frac{z}{e^{\pi z}-e^{-\pi z}}$$

的积分. 由此证明

$$\int_0^{+\infty} \frac{x}{e^{\pi x}-e^{-\pi x}}dx = \frac{1}{8}.$$

（提示：$f(z)$ 仅以 $ki(k=\pm1,\pm2,\cdots)$ 为一阶极点，以 $z=0$ 为可去奇点，只要令

$$f(0)=\lim_{z\to 0}\frac{z}{e^{\pi z}-e^{-\pi z}}=\frac{1}{2\pi},$$

$f(z)$在 $z=0$ 就解析.）

9. 试证

$$\int_{-\infty}^{+\infty}\frac{\mathrm{e}^{ax}}{1+\mathrm{e}^{x}}\mathrm{d}x=\frac{\pi}{\sin a\pi}\quad(0<a<1).$$

（提示：我们考虑辅助函数

$$f(z)=\frac{\mathrm{e}^{az}}{1+\mathrm{e}^{z}},$$

且利用其下述性质：当 $z$ 得到增量 $2\pi\mathrm{i}$ 时，$f(z)$便乘常数因子 $\mathrm{e}^{2\pi\mathrm{i}a}$，所以我们可取辅助路径如图 6.0.9 所示. 在此矩形中 $f(z)$具有一个一阶极点 $z=\pi\mathrm{i}$.）

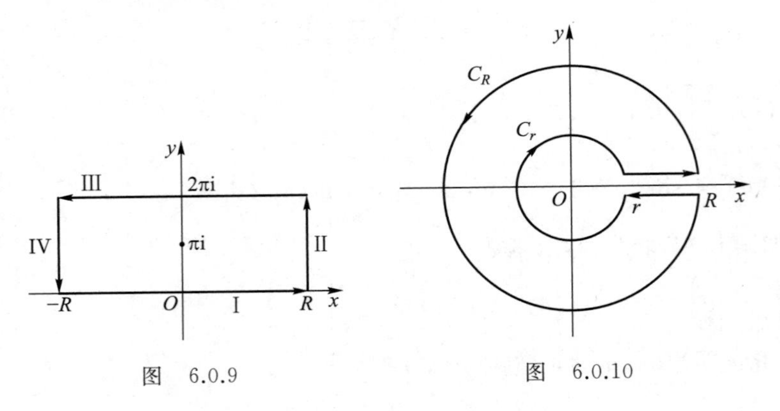


图　6.0.9　　　图　6.0.10

10. 试计算积分

$$\int_{0}^{+\infty}\frac{\ln x}{(1+x^{2})^{2}}\mathrm{d}x,$$

（提示：采取辅助函数

$$f(z)=\frac{(\ln z)^{2}}{(z^{2}+1)^{2}},$$

和如图 6.0.10 所示的辅助路径.）

**注**　这是例 6.18 所要计算的积分，但那里所取的辅助函数及辅助路径都与这里不同.

11. 试证：

$$\int_{0}^{+\infty}\frac{\sqrt{x}}{1+x^{2}}\mathrm{d}x=\frac{\pi}{\sqrt{2}}.$$

（提示：取如图 6.0.10 所示的辅助路径.）

12. 试证：

$$\int_{0}^{1}\frac{\mathrm{d}x}{(x+1)^{3}\sqrt{x^{2}(1-x)}}=\frac{\pi\sqrt[3]{4}}{\sqrt{3}}.$$

（提示：取辅助路径如图 6.2.2 所示.）

13. 利用公式(6.26)计算下列积分：

(1) $\displaystyle\int_{|z|=3}\frac{z}{z^{2}-1}\mathrm{d}z$；　(2) $\displaystyle\int_{|z|=3}\tan z\,\mathrm{d}z$；

(3) $\int_{|z|=3} \frac{1}{z(z+1)}\mathrm{d}z$.

(答:(1) $2\pi i$;(2) $-4\pi i$;(3) 0.)

14. 方程 $z^4+z^3+4z^2+2z+3=0$ 的根落在哪几个象限内?

(答:在第二、三象限内各有两个根.)

15. 证明:方程

$$P(z)=z^4+2z^3-2z+10=0$$

在每个象限内恰有一个根.

(提示:首先证明 $P(z)$ 在实轴和虚轴上不等于 0;其次应用辐角原理,如图 6.0.11 所示,在第一象限内只有一个(一阶)零点.)

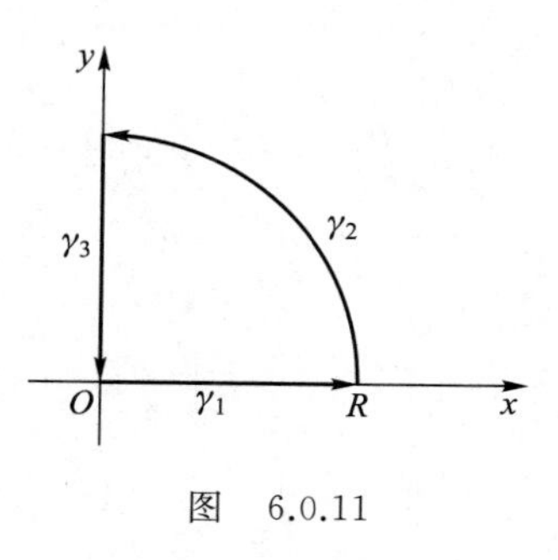


图 6.0.11

16. 若 $f(z)$ 在 $|z|\leqslant 1$ 上解析,且在 $|z|=1$ 上 $|f(z)|<1$,则方程 $f(z)=z^n$ 在 $|z|<1$ 内具有 $n$ 个根.

(提示:在 $|z|=1$ 上,$|-f(z)|<|z^n|$.)

17. 求方程 $z^5-3z^3+1=0$ 在圆环 $1<|z|<2$ 内根的个数.

(答:2 个.)

# 第七章 共形映射

## I. 重点、要求与例题

前几章主要是用分析的方法，也就是用微分、积分和级数等，来讨论解析函数的性质和应用. 内容主要涉及柯西理论. 这一章主要是用几何方法来揭示解析函数的特征和应用，除了阐述一些有关的理论性问题外，着重讨论：

(1) 由线性函数和初等函数构成的变换的性质，求已知区域的像区域；

(2) 给定两个区域，求满足条件的共形映射，使其中一个区域共形映射成另一个区域.

后一个称为共形映射的基本问题.

共形映射在数学本身以及在流体力学、弹性力学、电学等学科的某些实际问题中，都是一种使问题化繁为简的重要方法.

### §1 解析变换的特性

1. 充分理解并掌握解析变换的保域性.

**定理 7.1** 不恒为常数的解析变换 $w=f(z)$ 是保域的，即把区域 $D$（$f(z)$ 在 $D$ 内解析）变成区域 $f(D)$.

**推论 7.2** 单叶解析变换是保域的.

**定理 7.1′（定理 7.1 的推广）** 设 $w=f(z)$ 在扩充 $z$ 平面的区域 $D$ 内除可能有极点外处处解析，且不恒为常数，则 $D$ 的像 $G=f(D)$ 为扩充 $w$ 平面上的区域.

2. 充分掌握单叶解析函数的如下重要性质：

**定理 6.11** 若 $f(z)$ 在区域 $D$ 内单叶解析，则在 $D$ 内 $f'(z)\neq 0$.

此定理的逆不真，但有下述局部单叶性：

**定理 7.3** 设 $f(z)$ 在点 $z_0$ 解析，且 $f'(z_0)\neq 0$，则 $f(z)$ 在 $z_0$ 的一个邻域内单叶解析.

**例 7.1.1** 单叶函数必非常值函数；两个单叶函数的代数和、积或商不必是单叶函数. ■

**例 7.1.2** 由两个单叶解析函数构成的复合函数是单叶解析函数.

**证** 我们只需证明：由两个单叶函数构成的复合函数仍然是单叶函数就够了. 为

此设 $w=f(z)$ 是区域 $D$ 内的单叶函数，$g(w)$ 是区域 $G=f(D)$ 内的单叶函数，下面证明复合函数 $g(f(z))$ 在 $D$ 内也是单叶的. 由单叶性，从 $g(f(z_1))=g(f(z_2))$ 得出 $f(z_1)=f(z_2)$. 又从 $f(z_1)=f(z_2)$ 得出 $z_1=z_2$. 故从 $g(f(z_1))=g(f(z_2))$ 直接得出 $z_1=z_2$. 这就是说，只能在相同的点上，$g(f(z))$ 才能取相同的值. ■

**3.** 充分理解解析变换的保角性——导数的几何意义.

(1) 设 $w=f(z)$ 在区域 $D$ 内解析，$z_0\in D$，$f'(z_0)\neq 0$，则 $\arg f'(z_0)$ 仅与 $z_0$ 有关，而与过 $z_0$ 的曲线 $C$ 的选择无关，称为变换 $w=f(z)$ 在点 $z_0$ 的旋转角. 这里所谓无关，也称为旋转角的不变性.

(2)
$$\lim_{\Delta z\to 0}\left|\frac{\Delta w}{\Delta z}\right|=|f'(z_0)|\neq 0. \tag{7.2}$$

(7.2)式说明：像点间的无穷小距离与原像点间的无穷小距离之比的极限是 $|f'(z_0)|$，它仅与 $z_0$ 有关，而与过 $z_0$ 的曲线 $C$ 的方向无关，称为变换 $w=f(z)$ 在点 $z_0$ 的伸缩率. 这里所谓无关，也称为伸缩率不变性.

(3) **定理 7.4** 如 $w=f(z)$ 在区域 $D$ 内解析，$z_0\in D$，$f'(z_0)\neq 0$，则变换 $w=f(z)$ 在点 $z_0$ 处是保角的(即过 $z_0$ 的一对曲线的交角与过像点 $w_0$ 的一对像曲线的交角大小相等，方向一致)；在 $D$ 内单叶解析的变换是保角的.

**例 7.1.3** 试求变换 $w=f(z)=\ln(z-1)$ 在点 $z=-1+2\mathrm{i}$ 处的旋转角，并且说明它将 $z$ 平面的哪一部分放大？哪一部分缩小？

**解** 因 $f'(z)=\dfrac{1}{z-1}$，故在点 $z=-1+2\mathrm{i}$ 处的旋转角

$$\arg f'(z)\Big|_{z=-1+2\mathrm{i}}=\arg\frac{1}{z-1}\Big|_{z=-1+2\mathrm{i}}=-\frac{3}{4}\pi.$$

又因当 $z=x+\mathrm{i}y$ 时，$|f'(z)|=\dfrac{1}{\sqrt{(x-1)^2+y^2}}$，而

$$|f'(z)|<1\Leftrightarrow(x-1)^2+y^2>1,$$

所以 $f(z)=\ln(z-1)$ 把以 1 为圆心、1 为半径的圆周外部缩小，内部放大. ■

**例 7.1.4** 求变换 $w=(z+1)^2$ 的等伸缩率及等旋转角的轨迹方程.

**解** 由 $\dfrac{\mathrm{d}}{\mathrm{d}z}w=\dfrac{\mathrm{d}}{\mathrm{d}z}(z+1)^2=2(z+1)$ 可知等伸缩率的轨迹方程是 $|z+1|=c$，其中 $c>0$. 这是以 $-1$ 为圆心、$c$ 为半径的圆周方程.

等旋转角的轨迹方程为

$$\arg 2(z+1)=c_1,\ \text{即}\ \arg(z+1)=c_1.$$

这是从 $-1$ 出发的射线. ■

**例 7.1.5** 设 $C:z=z(t)(\alpha\leqslant t\leqslant\beta)$ 为区域 $D$ 内的一条光滑曲线，$f(z)$ 在 $D$ 内单叶解析. $w=f(z)$ 将 $C$ 映成 $w$ 平面上的曲线 $\Gamma$，试证明曲线 $\Gamma$ 的长为

$$l=\int_\alpha^\beta|f'(z)||z'(t)|\mathrm{d}t.$$

**分析** 由教材第三章习题(一)第 13 题，可知 $\Gamma$ 亦为光滑曲线. 再应用单叶解析函数导数模的几何意义.

**证** 设曲线 $C$ 和 $\Gamma$ 的弧长微分各是 $\mathrm{d}l_1$ 和 $\mathrm{d}l$. 由 $\mathrm{d}l_1=|z'(t)|\mathrm{d}t$ 及单叶解析函数

导数模的几何意义——伸缩率——知道，

$$dl=|f'(z)|dl_1=|f'(z)||z'(t)|dt,$$

从而

$$l=\int_0^l dl=\int_\alpha^\beta |f'(z)||z'(t)|dt.$$ ■

**4. 充分理解单叶解析变换的共形性.**

**定义 7.2**　如果 $w=f(z)$ 在区域 $D$ 内是单叶且保角的，则称此变换 $w=f(z)$ 在 $D$ 内是共形的，也称它为 $D$ 内的共形映射.

**注**　解析变换 $w=f(z)$ 在解析点 $z_0$ 如有 $f'(z_0)\neq 0$（由 $f'(z)$ 在 $z_0$ 的连续性，必在 $z_0$ 的邻域内不等于 0），于是 $w=f(z)$ 在 $z_0$ 点保角，因而在 $z_0$ 的邻域内单叶保角，从而在 $z_0$ 的邻域内共形（局部）；在区域 $D$ 内 $w=f(z)$（整体）共形，必然在 $D$ 内处处（局部）共形，但反过来不必真.

**例 7.1.6**　讨论函数 $w=e^z$ 的保角性和共形性.

**解**　(1) 因为 $\frac{dw}{dz}=e^z\neq 0\ (z\in\mathbf{C})$，故 $w=e^z$ 在 $\mathbf{C}$ 上处处都是保角的（因而处处都是局部共形的）.

(2) 由于 $w=e^z$ 的单叶性区域是 $z$ 平面上平行于实轴、宽不超过 $2\pi$ 的带形区域，故在其内 $w=e^z$ 是共形的. 但在宽超过 $2\pi$ 的平行于实轴的带形区域内，则不是共形的. 自然它在整个 $z$ 平面上不是共形的. ■

**定理 7.6**　设 $w=f(z)$ 在区域 $D$ 内单叶解析，则

(1) $w=f(z)$ 将 $D$ 共形映射成区域 $G=f(D)$；

(2) 反函数 $z=f^{-1}(w)$ 在区域 $G=f(D)$ 内单叶解析，且

$$f^{-1\prime}(w_0)=\frac{1}{f'(z_0)}\quad (z_0\in D, w_0=f(z_0)\in G).$$

显然，两个共形映射的复合仍然是一个共形映射.

## §2　分式线性变换

**1. 充分掌握分式线性变换及其逆变换.**

(1)
$$w=\frac{az+b}{cz+d},\quad \begin{vmatrix} a & b \\ c & d \end{vmatrix}=ad-bc\neq 0, \tag{7.3}$$

称为分式线性变换，简记为 $w=L(z)$.

(2) (7.3) 式具有逆变换（也是分式线性变换）

$$z=\frac{-dw+b}{cw-a}. \tag{7.4}$$

(3) 经过补充定义后，我们总认为分式线性变换 $w=L(z)$ 是定义在整个扩充 $z$ 平面上的.

(4) 分式线性变换 (7.3) 在扩充 $z$ 平面上是保域的.

(5) 分式线性变换 (7.3) 将扩充 $z$ 平面一一地（因而单叶地）变成扩充 $w$ 平面.

**2.** 分式线性变换 (7.3) 总可以分解成下述五个简单类型变换的复合 $\Big(w=L(z)\Rightarrow$

$$\left.w=\frac{a}{c}+\frac{bc-ad}{c(cz+d)}(*)\right\}:$$

$$\text{分式线性变换(7.3)}\begin{cases}\begin{array}{l}(\text{I})\ w=kz+h\\(k\neq 0,\text{整线性变换})\end{array}\begin{cases}(1)\ w=\mathrm{e}^{\mathrm{i}\alpha}z(\alpha\ \text{为实数,旋转变换}),\\(2)\ w=\rho z(\rho>0,\text{伸缩变换}),\\(3)\ w=z+h\ (\text{平移变换}).\end{cases}\\ \begin{array}{l}(\text{II})\ w=\dfrac{1}{z}\\(\text{反演变换})\end{array}\begin{cases}(4)\ w=\dfrac{1}{\bar{z}}(\text{关于单位圆周的对称变换}),\\(5)\ w=\bar{z}(\text{关于实轴的对称变换}).\end{cases}\end{cases}$$

其中(1)—(3)式和(Ⅱ)式为四个简单分式线性变换.

关于单位圆周的对称变换(图 7.5)

$$w=\frac{1}{\bar{z}} \tag{7.5}$$

具有如下性质:

$$|w||z|=1^2, \tag{7.6}$$

并且对称点 $w,z$ 都在过单位圆心 $O$ 的同一条射线上;(7.5)式把 $z$ 平面上的单位圆周映成 $w$ 平面上的单位圆周,并把单位圆周内(外)部映成单位圆周外(内)部.

另外,我们还规定圆心 $O$ 与点$\infty$为关于单位圆周的对称点.

**例 7.2.1** 试将线性变换 $w=\dfrac{3z+4}{\mathrm{i}z-1}$分解为四个简单(分式线性)变换的组合.

**解** $w\overset{(*)}{=\!=}\dfrac{a}{c}+\dfrac{bc-ad}{c(cz+d)}=\dfrac{3}{\mathrm{i}}+\dfrac{4\mathrm{i}-3(-1)}{\mathrm{i}(\mathrm{i}z-1)}=-(3+4\mathrm{i})\dfrac{1}{z+\mathrm{i}}-3\mathrm{i}$,

因此可以分解为

$$z_1=z+\mathrm{i},\quad z_2=\frac{1}{z_1},\quad z_3=|3+4\mathrm{i}|z_2=5z_2,$$

$$z_4=\mathrm{e}^{\mathrm{i}\alpha}z_3\left(\alpha=\arctan\frac{4}{3}\right),\quad z_5=\mathrm{e}^{\mathrm{i}\pi}z_4,\quad w=z_5-3\mathrm{i}.$$ ■

**例 7.2.2** 证明:对称变换 $w=\bar{z}$ 不是分式线性变换.

**分析** 在关于实轴的对称变换下,实数仍变成自己. 而实数之外的点就不能变成自己.

**证** 反证法. 若 $w=\bar{z}$ 是分式线性变换,

$$w=\frac{az+b}{cz+d},\quad ad-bc\neq 0,$$

则

$$z=1\Rightarrow 1=\frac{a+b}{c+d},$$

$$z=-1\Rightarrow -1=\frac{-a+b}{-c+d},$$

$$z=0\Rightarrow 0=\frac{b}{d},$$

解之,得 $b=c=0,d=a$. 从而这个变换为恒等变换 $w=z$,矛盾. ■

**3.** 除恒等变换 $w=z$ 之外，一切分式线性变换(7.3)恒有两个相异的或一个二重的不动点.

分式线性变换的复合仍然是分式线性变换.

**4.** 掌握分式线性变换的共形性.

由于教材第五章§3对无穷远点情形的讨论，启发我们有

**定义 7.3**　二曲线在无穷远点处的交角为 $\alpha$，就是指它们在反演变换下的像曲线在原点处的交角为 $\alpha$.

**定理 7.7**　分式线性变换(7.3)在扩充 $z$ 平面上是共形的.

**5.** 掌握分式线性变换的保交比性.

**定义 7.4**　扩充平面上有顺序的四个相异点 $z_1,z_2,z_3,z_4$ 构成下面的量，称为它们的交比，记为 $(z_1,z_2,z_3,z_4)$：

$$(z_1,z_2,z_3,z_4)=\frac{z_4-z_1}{z_4-z_2}:\frac{z_3-z_1}{z_3-z_2}.$$

当四点中有一点为 $\infty$ 时，应将包含此点的项用 1 代替.

**定理 7.8**　在分式线性变换下四点的交比不变.

**定理 7.9**　三对对应点惟一确定一个分式线性变换.

**6.** 掌握分式线性变换的保圆周(圆)性.

**定理 7.10**　在分式线性变换 $w=L(z)$ 下，扩充 $z$ 平面上的圆周 $\gamma$ 变为扩充 $w$ 平面上的圆周 $\Gamma=L(\gamma)$. 同时，$\gamma$ 所界的圆($d_1$ 或 $d_2$)共形映射成 $\Gamma$ 所界的圆($D_1$ 或 $D_2$)(图 7.6).

**注**　(1) 在扩充平面上，直线可视为经过无穷远点的圆周；当 $\gamma$ 或 $\Gamma=L(\gamma)$ 为直线时，其所界的圆是以它为界的两个半平面.

(2) 确定圆周所界区域在分式线性变换 $w=L(z)$ 下的对应区域(圆)有如下两个方法(图 7.6)：

(a) 在一个区域，例如 $d_1$ 中，取一点 $z_0$，如果 $w_0=L(z_0)\in D_1$，则可断定 $D_1=L(d_1)$，否则 $D_2=L(d_1)$.

(b) 在 $\gamma$ 上任取三点 $z_1,z_2,z_3$，当沿 $z_1,z_2,z_3$ 顺次绕行时，$d_1$ 在观察者前进方向的左侧，对应地沿 $w_1,w_2,w_3$ 顺次绕行 $\Gamma$ 时，在观察者前进方向左侧的区域就是 $d_1$ 的像.

(3) 要使分式线性变换 $w=L(z)$ 把有限圆周 $C$ 变成直线，其条件是：$C$ 上的某点 $z_0$ 变成 $\infty$.

**例 7.2.3**　问分式线性变换 $w=\dfrac{z}{z-1}$ 将闭单位圆 $|z|\leqslant 1$ 映成 $w$ 平面上的什么区域?

**分析**　为了便于利用题设条件 $|z|\leqslant 1$，我们先从已给分式线性变换写出其逆变换.

**解**　由分式线性变换 $w=\dfrac{z}{z-1}$，利用公式(7.4)得到它的逆变换为 $z=\dfrac{w}{w-1}$，所以有

$$\left|\frac{w}{w-1}\right|=|z|\leqslant 1$$

$$\Rightarrow |w|^2\leqslant |w-1|^2=(w-1)(\overline{w}-1)$$

$$=|w|^2-(w+\overline{w})+1$$

$$\Rightarrow w+\overline{w}\leqslant 1\Rightarrow \frac{1}{2}(w+\overline{w})\leqslant \frac{1}{2}$$

$$\Rightarrow \mathrm{Re}(w)\leqslant \frac{1}{2}.$$

故所给分式线性变换 $w=\dfrac{z}{z-1}$将单位闭圆$|z|\leqslant 1$ 映成 $w$ 平面上的闭半平面 $\mathrm{Re}(w)\leqslant \dfrac{1}{2}$，即它将单位圆$|z|<1$ 共形映射成半平面 $\mathrm{Re}(w)<\dfrac{1}{2}$,并将单位圆周$|z|=1$ 一一地变为直线 $\mathrm{Re}(w)=\dfrac{1}{2}$. ■

**例 7.2.4** 试证:分式线性变换 $w=\dfrac{2z+3}{z-4}$ 把圆周

$$x^2+y^2-4y=0 \quad (z=x+\mathrm{i}y)$$

变成圆周

$$16u^2+16v^2+24u+44v+9=0 \quad (w=u+\mathrm{i}v).$$

**分析** 先将已给分式线性变换分解成几个简单分式线性变换,并依次利用它们将已给圆周逐次变形.

**证** 因为已给分式线性变换可变形为 $w=2+\dfrac{11}{z-4}$,从而可分解成：

(a) $z_1=z-4$； (b) $z_2=\dfrac{1}{z_1}$； (c) $z_3=11z_2$； (d) $w=z_3+2$.

由(a) 得 $x=x_1+4, y=y_1\ (z_1=x_1+\mathrm{i}y_1)$代入圆周

$$x^2+y^2-4y=0,\ 即\ x^2+(y-2)^2=2^2, \tag{1}$$

得圆周

$$(x_1+4)^2+(y_1-2)^2=2^2. \tag{2}$$

由(b) 给出

$$z_1=\frac{1}{z_2}\Rightarrow x_1=\frac{x_2}{x_2^2+y_2^2}, y_1=\frac{-y_2}{x_2^2+y_2^2}\ (z_2=x_2+\mathrm{i}y_2),$$

代入(2)式得

$$\left(\frac{x_2}{x_2^2+y_2^2}+4\right)^2+\left(\frac{y_2}{x_2^2+y_2^2}+2\right)^2=4,$$

化简后得圆周

$$(4x_2+1)^2+\left(4y_2+\frac{1}{2}\right)^2=\left(\frac{1}{2}\right)^2. \tag{3}$$

由(c)给出

$$z_2=\frac{z_3}{11}\Rightarrow x_2=\frac{x_3}{11}, y_2=\frac{y_3}{11}(z_3=x_3+\mathrm{i}y_3),$$

代入(3)式化简后得圆周

$$\left(x_3+\frac{11}{4}\right)^2+\left(y_3+\frac{11}{8}\right)^2=\frac{1}{4}\left(\frac{11}{4}\right)^2. \tag{4}$$

由(d)给出

$$z_3=w-2\Rightarrow x_3=u-2, y_3=v,$$

代入(4)式化简后得 $w$ 平面上的圆周

$$\left(u+\frac{3}{4}\right)^2+\left(v+\frac{11}{8}\right)^2=\left(\frac{11}{8}\right)^2,$$

即

$$16u^2+16v^2+24u+44v+9=0.$$ ■

**例 7.2.5** 求一个分式线性变换,它把单位圆 $|z|<1$ 共形映射成圆 $|w-1|<1$,并且分别将 $z_1=-1, z_2=-\mathrm{i}, z_3=\mathrm{i}$ 变为 $w_1=0, w_2=2, w_3=1+\mathrm{i}$.

**解一** 应用 $w=L(z)$ 的保交比性有

$$(0,2,1+\mathrm{i},w)=(-1,-\mathrm{i},\mathrm{i},z),$$

即

$$\frac{w}{w-2}:\frac{1+\mathrm{i}}{1+\mathrm{i}-2}=\frac{z+1}{z+\mathrm{i}}:\frac{\mathrm{i}+1}{2\mathrm{i}}.$$

交叉相乘,化简得 $\frac{w}{w-2}=\frac{(1-\mathrm{i})(z+1)}{z+\mathrm{i}}$. 于是

$$\frac{w}{w-(w-2)}=\frac{(1-\mathrm{i})(z+1)}{(1-\mathrm{i})(z+1)-(z+\mathrm{i})},$$

即

$$w=(2+2\mathrm{i})\frac{z+1}{z+2+\mathrm{i}}.$$

最后,我们除了看图 7.2.1 的边界对应走向,还可直接验证两个圆周内部互相对应,比如,取单位圆 $|z|<1$ 的圆心 $z=0$,则

$$L(0)=\frac{2+2\mathrm{i}}{2+\mathrm{i}}=\frac{6}{5}+\frac{2}{5}\mathrm{i},$$

它位于像圆 $|w-1|<1$ 内.

**解二** 设所求分式线性变换 $w=L(z)$ 为

$$w=\frac{az+b}{cz+d},\quad ad-bc\neq 0. \tag{1}$$

代入对应点,得

$$0=\frac{b-a}{d-c}\Rightarrow a=b\neq 0, \tag{2}$$

$$2=\frac{b-\mathrm{i}a}{d-\mathrm{i}c}\Rightarrow 2=\frac{1-\mathrm{i}}{\frac{d}{a}-\frac{c}{a}\mathrm{i}}, \tag{3}$$

$$1+\mathrm{i}=\frac{b+a\mathrm{i}}{d+c\mathrm{i}}\Rightarrow 1+\mathrm{i}=\frac{1+\mathrm{i}}{\frac{d}{a}+\frac{c}{a}\mathrm{i}}. \tag{4}$$

就(3)式和(4)式解出 $e=\dfrac{d}{a}, f=\dfrac{c}{a}$,得

$$e=\frac{3}{4}-\frac{\mathrm{i}}{4}, \tag{5}$$

$$f=\frac{1}{4}-\frac{\mathrm{i}}{4}. \tag{6}$$

将(2)式、(5)式、(6)式代入(1)式,

$$w=\frac{az+b}{cz+d}=\frac{z+1}{fz+e}=(2+2\mathrm{i})\frac{z+1}{z+2+\mathrm{i}}.$$ ■

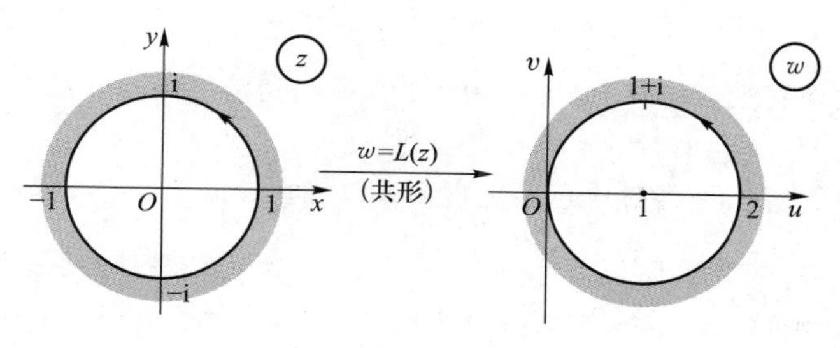


图　7.2.1

**例 7.2.6**　求把点 $z_1=0, z_2=1, z_3=\infty$ 变成 $w_1=-1, w_2=-\mathrm{i}, w_3=1$ 的分式线性变换.

**解一**　由分式线性变换的保交比性,

$$(-1,-\mathrm{i},1,w)=(0,1,\infty,z),$$

即

$$\frac{w+1}{w+\mathrm{i}}:\frac{1+1}{1+\mathrm{i}}=\frac{z-0}{z-1}:\frac{1}{1},$$

$$\frac{w+1}{w+\mathrm{i}}=\frac{2}{1+\mathrm{i}}\cdot\frac{z}{z-1}.$$

于是

$$\frac{w+1}{w+1-(w+\mathrm{i})}=\frac{2z}{2z-(1+\mathrm{i})(z-1)},$$

所以

$$w=\frac{z-\mathrm{i}}{z+\mathrm{i}}.$$

**解二**　设所求分式线性变换为

$$w=\frac{az+b}{cz+d},\quad ad-bc\neq 0.$$

代入对应点,得 $-1=\dfrac{b}{d}$(可见 $d\neq 0$),

$$-\mathrm{i}=\frac{a+b}{c+d}=\frac{\frac{a}{d}+\frac{b}{d}}{\frac{c}{d}+1},$$

$$1=\frac{a}{c}=\frac{a}{d}\bigg/\frac{c}{d}.$$

解此方程组得$\frac{a}{d}=\frac{c}{d}=-\mathrm{i}$,所以

$$w=\frac{\frac{a}{d}z+\frac{b}{d}}{\frac{c}{d}z+1}=\frac{-\mathrm{i}z-1}{-\mathrm{i}z+1}=\frac{z-\mathrm{i}}{z+\mathrm{i}}.$$

所求分式线性变换将上半 $z$ 平面$\mathrm{Im}\,z>0$ 共形映射成单位圆$|w|<1$,并把实轴 $\mathrm{Im}\,z=0$ 变成圆周$|w|=1$. ■

**注** 前两题的解法一当对应点不出现 $0,1,\infty$时,交比化简过程较繁,不如使用解法二简捷.

**例 7.2.7** 试确定在分式线性变换 $w=\frac{2z-1}{z+1}$下,实轴、上半 $z$ 平面$\mathrm{Im}\,z>0$、单位圆周与单位圆$|z|<1$ 的像.

**分析** 因为所给分式线性变换中的常数 $a,b,c,d$ 都是实数,所以当 $z$ 取实数时,$w$ 也取实数. 于是实轴的像为实轴. 另外,在$|z|=1$ 上取三个简单点,并观察其像点的位置.

**解** (1) 这个变换将以实轴为边界的两个区域,即上、下两个半 $z$ 平面分别变为上、下两个半 $w$ 平面.

取 $z=\mathrm{i}$ 算得对应的 $w=\frac{1}{2}+\frac{3}{2}\mathrm{i}$, 这两点都在上半平面. 故知上半平面$\mathrm{Im}\,z>0$ 变为上半平面$\mathrm{Im}\,w>0$.

(2) 扩充平面上的圆周由它上面的三个点决定. 为确定单位圆周$|z|=1$ 的像,我们取三点:$z_1=1,z_2=\mathrm{i},z_3=-1$. 它们依次变为 $w_1=\frac{1}{2},w_2=\frac{1}{2}+\frac{3}{2}\mathrm{i},w_3=\infty$. 由于分式线性变换将扩充 $z$ 平面上的圆周变为扩充 $w$ 平面上的圆周, 因此所给分式线性变换将单位圆周$|z|=1$ 变为 $w_1,w_2,w_3$ 所在的圆周,这是通过点 $w_1=\frac{1}{2}$及点 $w_2=\frac{1}{2}+\frac{3}{2}\mathrm{i}$ 的直线(图 7.2.2).

又单位圆$|z|<1$ 是单位圆周上以 $1,\mathrm{i},-1$ 三个有序点所决定的走向(逆时针方向)的左侧区域,故它的像应是过 $w_1$ 与 $w_2$ 的直线由$\frac{1}{2},\frac{1}{2}+\frac{3}{2}\mathrm{i}$ 及$\infty$三个有序点所决定的走向的左侧半平面 $\mathrm{Re}\,w<\frac{1}{2}$. ■

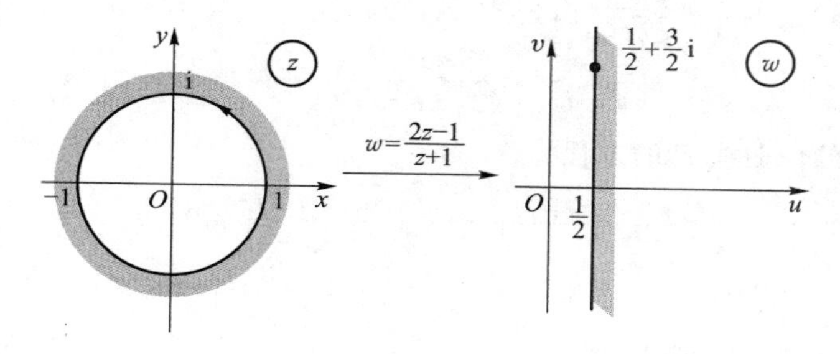


图 7.2.2

**7.** 掌握分式线性变换的保对称点性.

在前面,我们曾经讲过关于单位圆周的对称点,现推广如下:

**定义 7.5** $z_1,z_2$ 关于圆周 $\gamma:|z-a|=R$ 对称是指 $z_1,z_2$ 都在过圆心 $a$ 的同一条射线上,且满足

$$|z_1-a||z_2-a|=R^2. \tag{7.6$'$}$$

此外,还规定圆心 $a$ 与点$\infty$也是关于 $\gamma$ 对称的.

由定义即知,

$$z_1,z_2 \text{ 关于 } \gamma \text{ 对称} \Leftrightarrow z_2-a=\frac{R^2}{\overline{z_1-a}}. \tag{7.5$'$}$$

下述定理就是分式线性变换的保对称点性:

**定理 7.12** 设扩充 $z$ 平面上两点 $z_1,z_2$ 关于圆周 $\gamma$ 对称,$w=L(z)$为一个分式线性变换,则 $w_1=L(z_1),w_2=L(z_2)$两个像点关于像圆周 $\Gamma=L(\gamma)$为对称.

**例 7.2.8** 求点 $2+\mathrm{i}$ 分别关于圆周:(1) $|z|=1$;(2) $|z-\mathrm{i}|=3$ 的对称点.

**分析** 直接应用公式(7.5)及公式(7.5)$'$.

**解** (1) 由公式(7.5),$2+\mathrm{i}$ 关于$|z|=1$ 的对称点为

$$w=\frac{1}{\overline{2+\mathrm{i}}}=\frac{1}{2-\mathrm{i}}=\frac{1}{5}(2+\mathrm{i}).$$

(2) 由公式(7.5)$'$,$z_1=2+\mathrm{i}$ 关于圆周$|z-\mathrm{i}|=3$ 的对称点 $z_2$ 满足

$$z_2-\mathrm{i}=\frac{3^2}{\overline{z_1-\mathrm{i}}}.$$

于是

$$z_2=\mathrm{i}+\frac{9}{\overline{2+\mathrm{i}+\mathrm{i}}}=\mathrm{i}+\frac{9}{2-\mathrm{i}+\mathrm{i}}$$

$$=\mathrm{i}+\frac{9}{2}=\frac{9}{2}+\mathrm{i}.$$

■

**例 7.2.9** 试写出在分式线性变换

$$w=\frac{z-\mathrm{i}}{(2-\mathrm{i})z-1} \tag{1}$$

下,直线 $C:\mathrm{Im}\,z=0$(实轴)的像 $\Gamma$ 的方程,并求 $w_0=2$ 关于 $\Gamma$ 的对称点.

**分析** 因 $C:\mathrm{Im}\,z=0\Leftrightarrow z-\overline{z}=0$,故从(1)式的逆变换着手.

**解**　因为(1)式的逆变换为(由公式(7.4))

$$z=\frac{w-\mathrm{i}}{(2-\mathrm{i})w-1},\tag{2}$$

故 $C:z-\overline{z}=0$ 的像曲线 $\Gamma$ 的方程为

$$\frac{w-\mathrm{i}}{(2-\mathrm{i})w-1}-\frac{\overline{w}+\mathrm{i}}{(2+\mathrm{i})\overline{w}-1}=0.$$

化简得

$$w\overline{w}-(1-\mathrm{i})w-(1+\mathrm{i})\overline{w}+1=0,$$

即

$$|w-(1+\mathrm{i})|=1.\tag{3}$$

又因为 $w_0=2$ 的原像为(代入(2)式)

$$z_0=\frac{2-\mathrm{i}}{2(2-\mathrm{i})-1}=\frac{8+\mathrm{i}}{13},$$

而 $z_0$ 关于 $C:\mathrm{Im}\ z=0$ 的对称点为 $z_1=\overline{z}_0=\frac{8-\mathrm{i}}{13}$;所以由分式线性变换的保对称点性知,$w_0$ 关于 $\Gamma$ 的对称点 $w_1$ 就是 $z_1$ 的像,即由(1)式

$$w_1=\frac{z_1-\mathrm{i}}{(2-\mathrm{i})z_1-1}=\frac{8-\mathrm{i}-13\mathrm{i}}{(2-\mathrm{i})(8-\mathrm{i})-13}=\frac{3+\mathrm{i}}{2}.$$

或直接由公式(7.5)′,

$$w_1-(1+\mathrm{i})=\frac{1^2}{\overline{2-(1+\mathrm{i})}}=\frac{1}{1+\mathrm{i}}=\frac{1-\mathrm{i}}{2},$$

同样得到

$$w_1=\frac{3+\mathrm{i}}{2}.$$ ■

**8.** 掌握并记住下面三个典型的分式线性变换,对解题会带来许多方便.

由于分式线性变换具有保形(角)性、保交比性、保圆周(圆)性和保对称点性,它在处理边界为圆弧或直线的区域的变换中,起着重要的作用.我们既可借鉴它们的解题方法,更可直接引用它们的结果.下面只列出结果,而略去解题过程(可参阅教材).

**例 7.5**　把上半 $z$ 平面共形映射成上半 $w$ 平面的分式线性变换为

$$w=\frac{az+b}{cz+d},\tag{7.12}$$

其中 $a,b,c,d$ 是实数,且 $ad-bc>0$.

**注**　线性变换(7.12)同时把 $z$ 平面上的实轴变成 $w$ 平面上的实轴,且把下半 $z$ 平面共形映射成下半 $w$ 平面.

**例 7.6**　把上半 $z$ 平面 $\mathrm{Im}\ z>0$ 共形映射成单位圆 $|w|<1$,并使一点 $z=a(\mathrm{Im}\ a>0)$ 变为 $w=0$ 的分式线性变换为

$$w=k\frac{z-a}{z-\overline{a}}\quad(\text{复数 }k\text{ 待定},|k|=1).\tag{7.13}'$$

或

$$w=\mathrm{e}^{\mathrm{i}\beta}\frac{z-a}{z-\overline{a}}\quad(\text{实参数 }\beta\text{ 待定}).\tag{7.13}$$

**注** (1) 确定变换(7.13)′中的 $k$ 只需再给一对边界对应点.

(2) 确定变换(7.13)中的 $\beta$,只需再给一对边界对应点或指定在 $z=a$ 处的旋转角 $\arg w'(a)$,这里

$$\arg w'(a)=\beta-\frac{\pi}{2}.$$

**例 7.7** 把单位圆 $|z|<1$ 共形映射成单位圆 $|w|<1$,并使一点 $z=a(|a|<1)$ 变为 $w=0$ 的分式线性变换为

$$w=k\frac{z-a}{z-\dfrac{1}{\overline{a}}}\quad(\text{复数 } k \text{ 待定}),\tag{7.14}'$$

或

$$w=\mathrm{e}^{\mathrm{i}\beta}\frac{z-a}{1-\overline{a}z}\quad(\text{实参数 } \beta \text{ 待定}).\tag{7.14}$$

**注** (1) 确定变换(7.14)′中的 $k$,只需再给一对边界对应点.

(2) 确定变换(7.14)中的 $\beta$,只需再给一对边界对应点或指定在 $z=a$ 处的旋转角 $\arg w'(a)$,这里

$$\arg w'(a)=\beta.$$

**注** 上两例的分式线性变换 $w=L(z)$ 的惟一性条件是下列两种形式:

(1) $L(a)=b$(一对内点对应),再加一对边界点对应.

(2) $L(a)=b$(一对内点对应),$\arg L'(a)=\alpha$(即在点 $a$ 处的旋转角固定).

**例 7.2.10** 求分式线性变换 $w=L(z)$,它将 $|z|<1$ 共形映射成 $|w|<1$,且满足条件:$L\left(\frac{1}{2}\right)=\frac{\mathrm{i}}{2}$,$L'\left(\frac{1}{2}\right)>0$.

**分析** 由于条件 $L\left(\frac{1}{2}\right)=\frac{\mathrm{i}}{2}$ 较条件 $L\left(\frac{1}{2}\right)=0$ 复杂些,不能直接应用公式(7.14)或公式(7.14)′. 为此,我们在 $z$ 平面与 $w$ 平面之间插入一个平面,以便能应用上述公式. 最后,得到一个复合线性变换即是所求的.(这种方法以后会常用.)

**解** 如图 7.2.3 所示,在 $z$ 平面与 $w$ 平面之间插入 $\zeta$ 平面,使分式线性变换 $\zeta=L_1(z)$ 及 $\zeta=L_2(w)$ 分别满足条件

$$L_1\left(\frac{1}{2}\right)=0,\quad L_1'\left(\frac{1}{2}\right)>0,$$

及

$$L_2\left(\frac{\mathrm{i}}{2}\right)=0,\quad L_2'\left(\frac{\mathrm{i}}{2}\right)>0.$$

由条件 $L_1\left(\frac{1}{2}\right)=0$,直接由公式(7.14)得到 $\zeta=L_1(z)$ 具有形式

$$\zeta=L_1(z)=\mathrm{e}^{\mathrm{i}\beta}\frac{z-\dfrac{1}{2}}{1-\dfrac{1}{2}z}\quad(\beta\text{ 为实参数}).$$

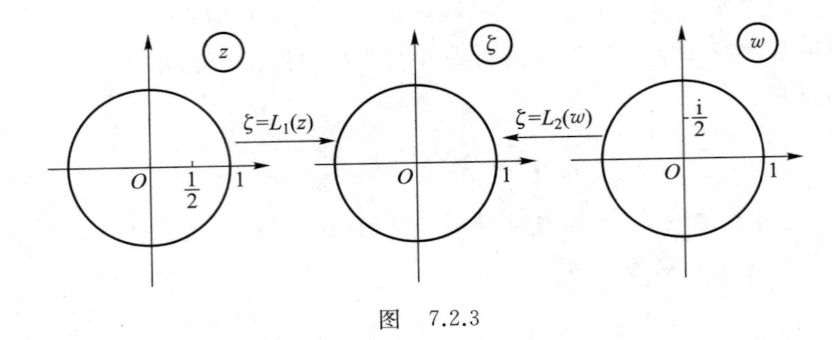


图 7.2.3

又由条件 $L'_1\left(\frac{1}{2}\right)>0$，即 $\beta=\arg L'_1\left(\frac{1}{2}\right)=0$. 故

$$\zeta=L_1(z)=\frac{2z-1}{2-z}. \tag{1}$$

同理

$$\zeta=L_2(w)=\frac{w-\frac{\mathrm{i}}{2}}{1+\frac{\mathrm{i}}{2}w}=\frac{2w-\mathrm{i}}{2+\mathrm{i}w}. \tag{2}$$

设 $\zeta=L_2(w)$ 的逆变换为 $w=L_2^{-1}(\zeta)$，则分式线性变换

$$w=L_2^{-1}(L_1(z)) \tag{3}$$

就能满足全部要求了. 事实上，由于 $\zeta=L_1(z)$ 将 $|z|<1$ 共形映射成 $|\zeta|<1$，而 $w=L_2^{-1}(\zeta)$ 又将 $|\zeta|<1$ 共形映射成 $|w|<1$，因此分式线性变换(3)将 $|z|<1$ 共形映射成 $|w|<1$. 此外，有

$$L_2^{-1}\left(L_1\left(\frac{1}{2}\right)\right)=L_2^{-1}(0)=\frac{\mathrm{i}}{2},$$

及

$$\begin{aligned}(L_2^{-1}(L_1(z)))\big|'_{z=\frac{1}{2}}&=L_2^{-1\prime}\left(L_1\left(\frac{1}{2}\right)\right)L'_1\left(\frac{1}{2}\right)\\&=L_2^{-1\prime}(0)L'_1\left(\frac{1}{2}\right)\xlongequal{\text{定理 7.6}}\frac{1}{L'_2\left(\frac{\mathrm{i}}{2}\right)}\cdot L'_1\left(\frac{1}{2}\right)>0.\end{aligned}$$

因此分式线性变换(3)满足全部条件.

为了求出 $w=L_2^{-1}(L_1(z))=L(z)$，有

$$L_2(w)=L_1(z). \tag{4}$$

将(1)式、(2)式代入(4)式，

$$\frac{2w-\mathrm{i}}{2+\mathrm{i}w}=\frac{2z-1}{2-z},$$

由此解出

$$w=\frac{2(\mathrm{i}-1)+(4-\mathrm{i})z}{(4+\mathrm{i})-2(1+\mathrm{i})z}$$

■

即为所求的线性变换.

**例 7.2.11** 求上半平面 $\operatorname{Im} z>0$ 到上半平面 $\operatorname{Im} w>0$ 的共形映射 $w=L(z)$，使满足条件

$$L(a)=b,\ \arg L'(a)=\alpha \quad (\operatorname{Im} a>0, \operatorname{Im} b>0).$$

**分析** 同上题，我们在 $z$ 平面与 $w$ 平面之间插入一个“中间”平面——$\zeta$ 平面(图 7.2.4)，以寻找变换关系.

**解** 由公式(7.13)，

$$\zeta=\mathrm{e}^{\mathrm{i}\beta_1}\frac{z-a}{z-\bar{a}} \tag{1}$$

满足条件 $\zeta(a)=0$，且设满足条件 $\arg \zeta'(a)=\alpha$；

$$\zeta=\mathrm{e}^{\mathrm{i}\beta_2}\frac{w-b}{w-\bar{b}} \tag{2}$$

满足条件 $\zeta(b)=0$，且设满足条件 $\arg \zeta'(b)=0$.

由(1)式与(2)式，得 $z, w$ 间的关系是

$$\mathrm{e}^{\mathrm{i}\beta_2}\frac{w-b}{w-\bar{b}}=\mathrm{e}^{\mathrm{i}\beta_1}\frac{z-a}{z-\bar{a}}. \tag{3}$$

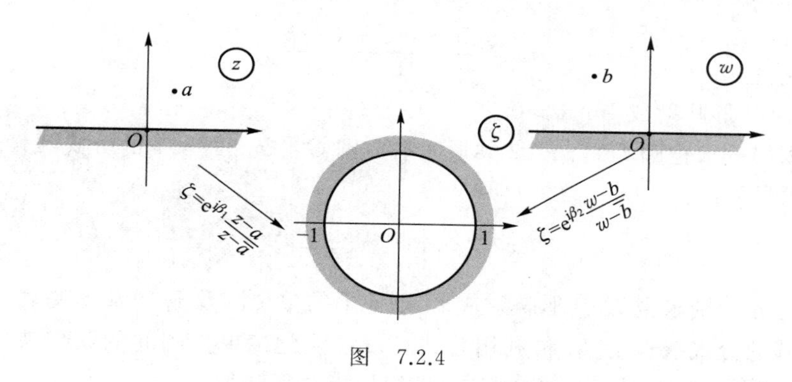


图 7.2.4

由前设条件，

$$\alpha=\arg \zeta'(a)=\beta_1-\frac{\pi}{2}\Rightarrow \beta_1=\frac{\pi}{2}+\alpha, \tag{4}$$

$$0=\arg \zeta'(b)=\beta_2-\frac{\pi}{2}\Rightarrow \beta_2=\frac{\pi}{2}. \tag{5}$$

将(4)式、(5)式代入(3)式，便得所求的(分式线性)变换为

$$\frac{w-b}{w-\bar{b}}=\mathrm{e}^{\mathrm{i}\alpha}\frac{z-a}{z-\bar{a}}.$$

■

**例 7.2.12** 求满足下列条件的分式线性变换 $w=L(z)$：

(1) 把 $|z|=1$ 变成 $|w|=1$，且满足 $L(0)=w_0$，$\arg L'(0)=0$；

(2) 把 $|z|=1$ 变成 $\operatorname{Im} w=0$，且满足 $L(0)=b+\mathrm{i}$ ($b$ 是实数)，$\arg L'(0)=0$.

**解** (1) 为了应用(7.14)式，我们先求所求变换 $w=L(z)$ 的逆变换 $z=L^{-1}(w)$：

$$z=\mathrm{e}^{\mathrm{i}\beta}\frac{w-w_0}{1-\overline{w_0}w} \quad (\beta \text{ 为实参数}).$$

又因 $\beta=\arg L^{-1\prime}(w_0)=0$，于是

$$z=\frac{w-w_0}{1-\overline{w}_0 w}\left(=\frac{w-w_0}{-\overline{w}_0 w+1}\right).$$

又由公式(7.4)，得其逆变换为

$$w=\frac{-z-w_0}{-\overline{w}_0 z-1}=\frac{z+w_0}{\overline{w}_0 z+1}.$$

此即所求的分式线性变换，它把 $|z|<1$ 共形映射成 $|w|<1$.

(2) 为了应用公式(7.13)，我们先求所求变换 $w=L(z)$ 的逆变换 $z=L^{-1}(w)$，它把上半 $w$ 平面共形映射成单位圆 $|z|<1$，把 $w=b+\mathrm{i}$ 变成 $z=0$. 故由(7.13)式有

$$z=\mathrm{e}^{\mathrm{i}\beta}\frac{w-(b+\mathrm{i})}{w-(b-\mathrm{i})}\quad(\beta\text{ 为实参数}).$$

又因 $\beta-\frac{\pi}{2}=\arg L^{-1\prime}(b+\mathrm{i})=0\Rightarrow\beta=\frac{\pi}{2}\Rightarrow\mathrm{e}^{\mathrm{i}\beta}=\mathrm{i}$，从而

$$z=\mathrm{i}\,\frac{w-(b+\mathrm{i})}{w-(b-\mathrm{i})}.$$

故所求变换为

$$w=\frac{(b-\mathrm{i})z+1-b\mathrm{i}}{z-\mathrm{i}}.$$

它把 $|z|<1$ 共形映射成 $\operatorname{Im} w>0$. ■

**例 7.2.13** 求把圆 $D:|z|<2$ 共形映射成圆 $G:|w-1|<1$ 的分式线性变换 $w=L(z)$，使满足条件

$$L(2)=0,\quad L(0)=\frac{1}{2}.$$

**分析** 先分别求把 $D$ 共形映射成 $z_1$ 平面上的单位圆及把 $G$ 共形映射成 $w_1$ 平面上的单位圆的分式线性变换. 再利用公式(7.14)求此二单位圆间的共形映射，中间插入两个平面(图 7.2.5). 最后，复合起来，即得所求共形映射.

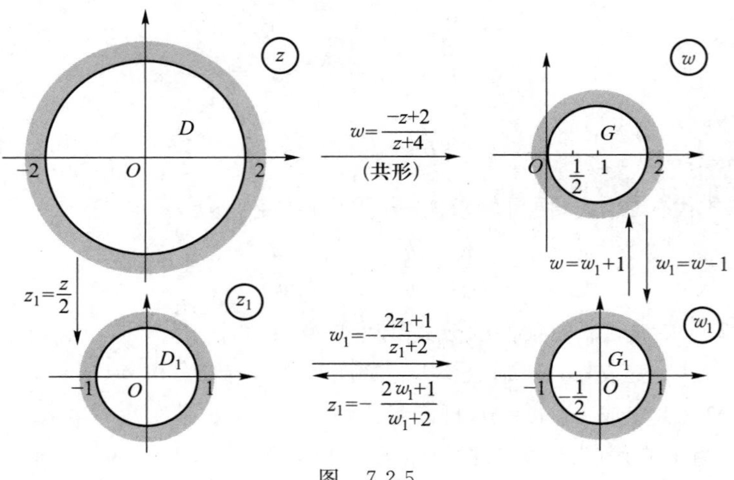


图　7.2.5

**解** 先作伸缩变换

$$z_1=L_1(z)=\frac{z}{2}, \tag{1}$$

把 $z$ 平面上的圆 $D$ 共形映射成 $z_1$ 平面上的单位圆 $D_1:|z_1|<1$ 且满足条件

$$\underset{\sim\sim\sim\sim}{L_1(2)=1}, \quad L_1(0)=0.$$

再作平移变换

$$w_1=g_1(w)=w-1, \tag{2}$$

把 $w$ 平面上的圆 $G$ 共形映射成 $w_1$ 平面上的圆 $G_1:|w_1|<1$,且满足条件

$$\underset{\sim\sim\sim\sim}{g_1(0)=-1}, \quad g_1\left(\frac{1}{2}\right)=-\frac{1}{2}.$$

利用公式(7.14)给出 $G_1$ 到 $D_1$ 的共形映射

$$z_1=h(w_1)=\mathrm{e}^{\mathrm{i}\beta}\frac{w_1+\frac{1}{2}}{1+\frac{1}{2}w_1},$$

使得

$$h\left(-\frac{1}{2}\right)=0, \quad \underset{\sim\sim\sim\sim}{1=h(-1)}=-\mathrm{e}^{\mathrm{i}\beta},$$

则 $\mathrm{e}^{\mathrm{i}\beta}=-1$. 于是

$$z_1=h(w_1)=-\frac{w_1+\frac{1}{2}}{1+\frac{1}{2}w_1}. \tag{3}$$

排列对应点:

$$\begin{array}{l} z \quad z_1 \qquad w_1 \quad w \\ 2\rightarrow 1\leftarrow \ -1\leftarrow 0 \\ 0\rightarrow 0\leftarrow -\frac{1}{2}\leftarrow \frac{1}{2} \end{array}$$

将以上三个分式线性变换复合起来,即得所求的分式线性变换为

$$\begin{aligned} w=L(z) &\xlongequal{(2)} g_1^{-1}(w_1) \xlongequal{(3)} g_1^{-1}[h^{-1}(z_1)] \xlongequal{(1)} g_1^{-1}[h^{-1}(L_1(z))] \\ &=w_1+1 \xlongequal{(7.4)} \frac{-z_1-\frac{1}{2}}{\frac{1}{2}z_1+1}+1=\frac{-\frac{z}{2}-\frac{1}{2}}{\frac{z}{4}+1}+1 \\ &=\frac{-z+2}{z+4}. \end{aligned}$$

■

**例 7.2.14** 求分式线性变换 $w=L(z)$ 将圆 $|z-(1+\mathrm{i})|<2$ 共形映射成上半 $w$ 平面,且将 $z=2+\mathrm{i}$ 变为 $w=\mathrm{i}$, $z=1+3\mathrm{i}$ 变为 $w=1$(图 7.2.6).

**分析** 已知

$$z=2+\mathrm{i}\leftrightarrow w=\mathrm{i} \quad (\text{一对内点对应点}),$$
$$z=1+3\mathrm{i}\leftrightarrow w=1 \quad (\text{一对边界对应点}).$$

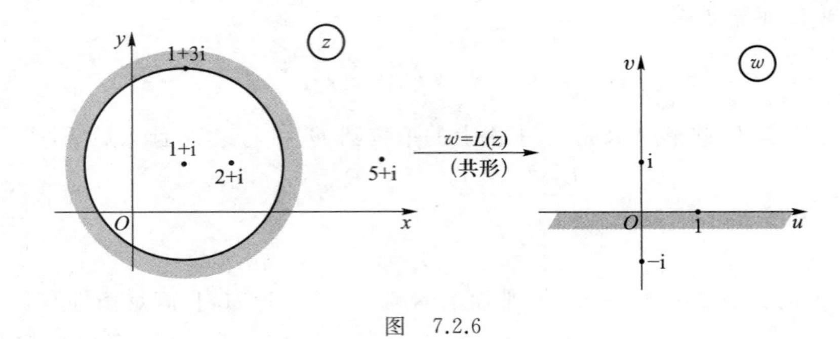


图 7.2.6

再由 $w=L(z)$ 的保对称点性，又得一对对应点. 此三对对应点就可惟一确定所求分式线性变换 $w=L(z)$.

**解** 由于所求分式线性变换 $w=L(z)$ 将圆 $|z-(1+i)|<2$ 共形映射成上半 $w$ 平面，故必将圆周 $\gamma:|z-(1+i)|=2$ 变为 $w$ 平面上的实轴 $\Gamma$.

又因 $w=L(z)$ 将 $z_1=2+i$ 变为 $w_1=i$，故由定理 7.12，它必将 $z_1=2+i$ 关于圆周 $\gamma$ 的对称点 $z_2$ 变为 $w_1=i$ 关于实轴 $\Gamma$ 的对称点 $w_2=-i$. 而由公式(7.5)′得(图 7.2.6)

$$z_2=1+i+\frac{4}{\overline{2+i-(1+i)}}=5+i.$$

还已知 $z_3=1+3i\leftrightarrow w_3=1$. 由于 $w=L(z)$ 的保交比性，有

$$(w_1,w_2,w_3,w)=(z_1,z_2,z_3,z),$$

即

$$(i,-i,1,w)=(2+i,5+i,1+3i,z).$$

最后得

$$w=\frac{(7+5i)z-12-26i}{(1+5i)z-6-8i}.$$

这个结果也可以用例 7.2.5 或例 7.2.6 的解法二得到. ■

## §3 某些初等函数所构成的共形映射

初等函数构成的共形映射对今后研究较复杂的共形映射大有作用.

**1.** 掌握幂函数与根式函数所构成的共形映射及其作用.

对幂函数

$$w=z^n \quad (\text{整数 } n\geqslant 2), \tag{7.15}$$

有

$$d:0<\arg z<\alpha\left(0<\alpha\leqslant\frac{2\pi}{n}\right)\xrightarrow[\text{(共形)}]{w=z^n}D:0<\arg w<n\alpha.$$

对根式函数

$$z=\sqrt[n]{w}, \tag{7.16}$$

有

$$d:0<\arg z<\alpha\left(0<\alpha\leqslant\frac{2\pi}{n}\right)\xleftarrow[\text{(共形)}]{z=\sqrt[n]{w}}D:0<\arg w<n\alpha.$$

这里$\sqrt[n]{w}$是$D$内的一个单值解析分支，它的值完全由角形区域$d$确定.

总之，以后我们要将角形区域的张度拉大或缩小时，就可以利用幂函数(7.15)或根式函数(7.16)所构成的共形映射.

**2.** 掌握指数函数与对数函数所构成的共形映射及其作用.

对指数函数

$$w=\mathrm{e}^{z}, \tag{7.17}$$

有

$$\text{带形 } g: 0<\operatorname{Im} z<h(0<h\leqslant 2\pi) \xrightarrow[\text{(共形)}]{w=\mathrm{e}^{z}}$$
$$\text{角形 } G: 0<\arg w<h.$$

对对数函数

$$z=\ln w, \tag{7.17)'$$

有

$$g: 0<\operatorname{Im} z<h(0<h\leqslant 2\pi) \xleftarrow[\text{(共形)}]{z=\ln w} G: 0<\arg w<h.$$

这里$\ln w$是$G$内的一个单值解析分支，它的值完全由带形$g$确定.

**例 7.3.1** 在变换$w=\sqrt{z^{2}-1}$(主值支)下，问角形$0<\arg z<\dfrac{\pi}{4}$被共形映射成什么区域?

**分析** $w=\sqrt{z^{2}-1}$是$z_{1}=z^{2}$，$w_{1}=z_{1}-1$及$w=\sqrt{w_{1}}$的复合函数.

**解** 在变换

$$z_{1}=z^{2} \tag{1}$$

下，$z$平面上的角形$d: 0<\arg z<\dfrac{\pi}{4}(<\pi)$被共形映射成$z_{1}$平面上的角形$d_{1}: 0<\arg z_{1}<\dfrac{\pi}{2}$.

在变换

$$w_{1}=z_{1}-1 \tag{2}$$

下，角形$d_{1}$被共形映射成$w_{1}$平面上以$-1$为顶点的角形

$$D_{1}: 0<\arg(w_{1}+1)<\frac{\pi}{2} \quad (w_{1}=u_{1}+\mathrm{i}v_{1}),$$

即$u_{1}>-1, v_{1}>0$. 在$D_{1}$内$w=\sqrt{w_{1}}$能分成两个单值解析分支:

$$w=\sqrt{w_{1}}\text{(主值支)及 } w=-\sqrt{w_{1}}.$$

在变换

$$w=\sqrt{w_{1}}\text{(主值支)} \tag{3}$$

下，即在变换

$$(u+\mathrm{i}v)^{2}=w^{2}\overset{(3)}{=}w_{1}=u_{1}+\mathrm{i}v_{1}$$

下，直线$u_{1}=-1$就被变为双曲线$u^{2}-v^{2}=-1$(当$u=0$时，$v=1$为顶点)的一支(双曲线$u^{2}-v^{2}=-1$的另一支满足条件：当$u=0$时，$v=-1$)；从而区域$u_{1}>-1$(以直

线 $u_1=-1$ 为边界的右半平面)就被共形映射成区域 $u^2-v^2>-1$. 又区域 $v_1>0$(上半 $w_1$ 平面,这使得 $uv>0$)被变成 $w$ 平面的第一象限 $u>0,v>0$, 于是在变换(3)(主值支)下,区域 $D_1:u_1>-1,v_1>0$ 就被共形映射成区域

$$D:u^2-v^2>-1,u>0,v>0 \quad (\text{图 } 7.3.1).$$ ■

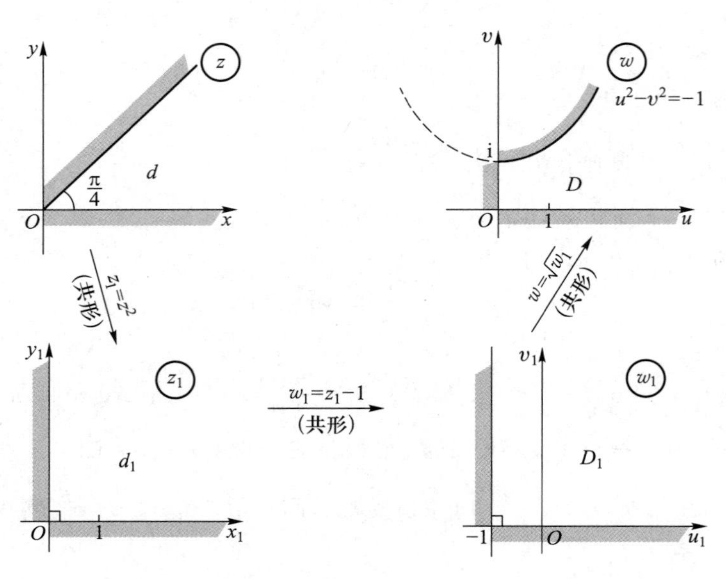


图　7.3.1

**注**　在变换 $w=-\sqrt{w_1}(=\mathrm{e}^{\mathrm{i}\pi}\sqrt{w_1})$(另一支)下,区域 $D_1:u_1>-1,v_1>0$ 就被共形映射成区域 $D^*$,$D^*$是 $w$ 平面上区域 $D$ 关于原点对称的区域,$D^*$内的点$(u,v)$在第三象限内,也满足条件 $uv>0$. 但 $D^*$不是要求的.

**例 7.3.2**　求把带形区域 $a<\mathrm{Re}(z)<b$ 变成上半 $w$ 平面 $\mathrm{Im}(w)>0$ 的一个共形映射.

**分析**　此带形不平行于实轴,因而首先要将此带形变成平行于实轴的带形. 注意到它是由直线 $\mathrm{Re}(z)=a$ 和 $\mathrm{Re}(z)=b$ 夹成的区域,而我们如能将 $\mathrm{Re}(z)=a$ 变成实轴 $\mathrm{Im}\ z_1=0$,并将 $\mathrm{Re}(z)=b$ 变成平行于实轴的直线 $\mathrm{Im}\ z_1=\pi\mathrm{i}$(图 7.3.2),再由指数函数 $w=\mathrm{e}^{z_1}$ 就能把原来的带形变成上半平面. 因此关键是将 $z$ 平面上的带形变成 $z_1$ 平面上的带形,而这可由分式线性变换来实现.

**解**　由上面的分析,所求分式线性变换将点$\infty$变为$\infty$,故只能是整线性变换,设为

$$z_1=kz+c.$$

它将 $a$ 变为 $0$,$b$ 变为 $\pi\mathrm{i}$ 故有

$$ka+c=0, \tag{1}$$

$$kb+c=\pi\mathrm{i}. \tag{2}$$

解(1)式和(2)式得 $k=\dfrac{\pi\mathrm{i}}{b-a}$,$c=\dfrac{-a\pi\mathrm{i}}{b-a}$. 于是所求整线性变换为

$$z_1=\frac{\pi\mathrm{i}}{b-a}(z-a). \tag{3}$$

取

$$w=e^{z_1},\tag{4}$$

它将 $z_1$ 平面上的带形 $0<\operatorname{Im} z_1<\pi$ 共形映射成 $w$ 平面上的角形$0<\arg w<\pi$，此即上半 $w$ 平面 $\operatorname{Im} w>0$.

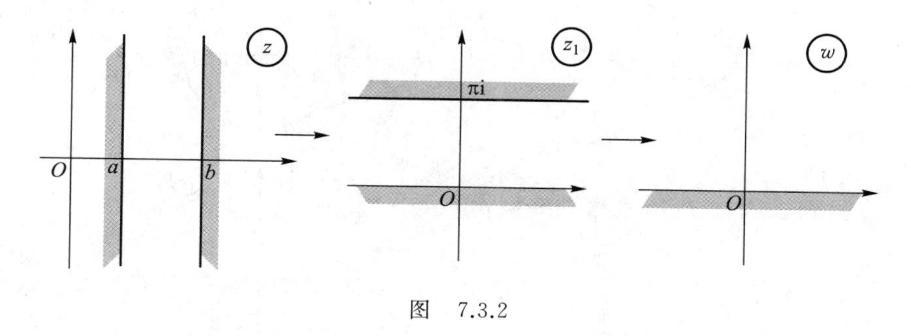


图 7.3.2

复合(3)式和(4)式，即得所求的一个共形映射为

$$w=e^{\frac{\pi i}{b-a}(z-a)}.$$

■

**注** 由于此题并未给出惟一性条件，故这里得到的共形映射只是合乎要求的一个.

**例 7.3.3** 问 $w=\ln z$（主值支）将右半平面 $\operatorname{Re}(z)>0$ 共形映射成什么区域？

**分析** $w=\ln z$（主值支）将 $z$ 平面上的角形：$0<\arg z<h\ (0<h\leqslant 2\pi)$共形映射成 $w$ 平面上的带形区域：$0<\operatorname{Im} w<h$. 而 $\operatorname{Re}(z)>0$ 实为角形：$-\frac{\pi}{2}<\arg z<\frac{\pi}{2}$（其张度为 $\pi$，且小于 $2\pi$).

**解** 由上面的分析可见，$w=\ln z$（主值支）将右半 $z$ 平面$\operatorname{Re}(z)>0$共形映射成 $w$ 平面上的带形区域

$$-\frac{\pi}{2}<\operatorname{Im}(w)<\frac{\pi}{2}\quad（其宽为 \pi）.$$

■

**例 7.3.4** 求一个把角形$-\frac{\pi}{6}<\arg z<\frac{\pi}{6}$变换成单位圆$|w|<1$ 的共形映射.

**分析** 我们知道，分式线性变换(7.13)可以把上半平面共形映射成单位圆，而整幂函数变换可以把角形共形映射成半平面这个角形. 复合起来即可得到所求的一个共形映射.

**解** 变换

$$\zeta=z^3\tag{1}$$

把角形$-\frac{\pi}{6}<\arg z<\frac{\pi}{6}$共形映射成右半 $\zeta$ 平面.

旋转变换

$$\eta=i\zeta\tag{2}$$

把右半 $\zeta$ 平面共形映射成上半 $\eta$ 平面.

最后，例如通过分式线性变换

$$w=\frac{\eta-i}{\eta+i}\tag{3}$$

（它是(7.13)式当 $\beta=0$ 的情形)，即可把上半 $\eta$ 平面共形映射成 $w$ 平面上的单位圆

$|w|<1$(图 7.3.3).

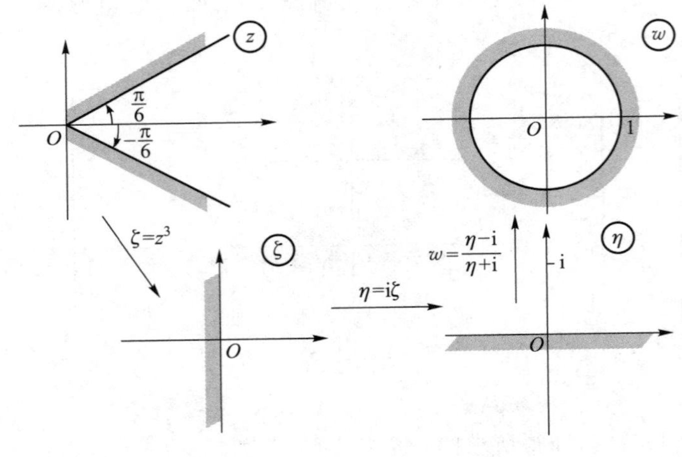


图　7.3.3

将(1)—(3)式复合起来,即得所求的一个共形映射为

$$w=\frac{\mathrm{i}\zeta-\mathrm{i}}{\mathrm{i}\zeta+\mathrm{i}}=\frac{\zeta-1}{\zeta+1}=\frac{z^3-1}{z^3+1}.$$ ■

**例 7.3.5**　求把具有割痕:$-\infty<\mathrm{Re}(z)\leqslant a$, $\mathrm{Im}\ z=H$ 的带形区域 $0<\mathrm{Im}\ z<2H$ 变成带形区域 $0<\mathrm{Im}\ w<2H$ 的一个共形映射.

**分析**　首先要经伸缩变换将已给的带形区域共形映射成标准带形,再经指数变换将其共形映射成上半平面(图 7.3.4). 在这样的变换过程中割线的位置长短也会随之变化.

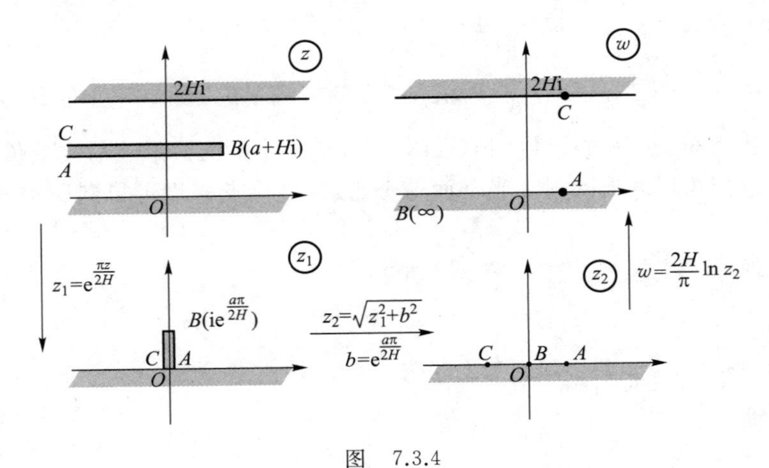


图　7.3.4

**解**　直接取分析中提到的两个变换的复合变换

$$z_1=\mathrm{e}^{\frac{\pi}{2H}z}.$$

它把 $z$ 平面上具有割痕的带形区域共形映射成去掉了虚轴上一段线段($z=-\infty+H\mathrm{i}$

$\to 0$)$0<\operatorname{Im} z_1\leqslant b$ 的上半 $z_1$ 平面，其中 $b=\mathrm{e}^{\frac{a\pi}{2H}}$($z=a+H\mathrm{i}\to \mathrm{e}^{\frac{\pi}{2H}(a+H\mathrm{i})}=\mathrm{i}\mathrm{e}^{\frac{a\pi}{2H}}$).

变换 $z_2=\sqrt{z_1^2+b^2}$(在例 7.10 中令 $a=0,h=b$)，把去掉了虚轴上一段的上半 $z_1$ 平面共形映射成上半 $z_2$ 平面.

再利用对数函数 $w=\frac{2H}{\pi}\ln z_2$($\ln z_2$ 取主值支)，$\ln z_2$ 将上半 $z_2$ 平面共形映射成宽为 $\pi$ 的标准带形区域，然后再将其伸缩$\frac{2H}{\pi}$(在 $z_2$ 平面上，$B$ 点 $z_2=0\to w=-\infty$；$A$ 点 $z_2=\mathrm{e}^{\frac{a\pi}{2H}}\to w=a$；$C$ 点 $z_2=-\mathrm{e}^{\frac{a\pi}{2H}}\to w=a+2H\mathrm{i}$).

复合上述变换，即得所求的一个共形映射为

$$
\begin{aligned}
w&=\frac{2H}{\pi}\ln z_2=\frac{H}{\pi}\ln z_2^2=\frac{H}{\pi}\ln(z_1^2+b^2)\\
&=\frac{H}{\pi}\ln(\mathrm{e}^{\frac{\pi}{H}z}+\mathrm{e}^{\frac{a}{H}\pi}).
\end{aligned}
$$

■

**3.** 充分了解由圆弧构成的两角形区域的共形映射及其作用.

(1) 把过 $a,b$ 两点(两个顶点)的两个圆弧(其中一个可以是直线段)围成的区域(称为两角形区域)共形映射成角形区域的分式线性变换为

$$
w=k\,\frac{z-a}{z-b},\tag{7.3$^*$}
$$

它将 $z=a$ 变为 $w=0$，$z=b$ 变为 $w=\infty$.

由于$\left.\frac{\mathrm{d}w}{\mathrm{d}z}\right|_{z=a}=\frac{k}{a-b}\neq 0(a\neq b,k\neq 0)$，可见(7.3)* 式在 $z=a$ 是保角的，即将交角为 $\alpha$ 的两角形区域共形映射成以原点为顶点、张角为 $\alpha$ 的角形区域.

如要变成起边是正实轴的角形，只需在 $C_1$ 和正实轴上指定一对对应点，即可确定 $k$，从而得到所求的共形映射. 当然也可像图 7.3.5 一样，先经(7.3)*式再适当旋转.

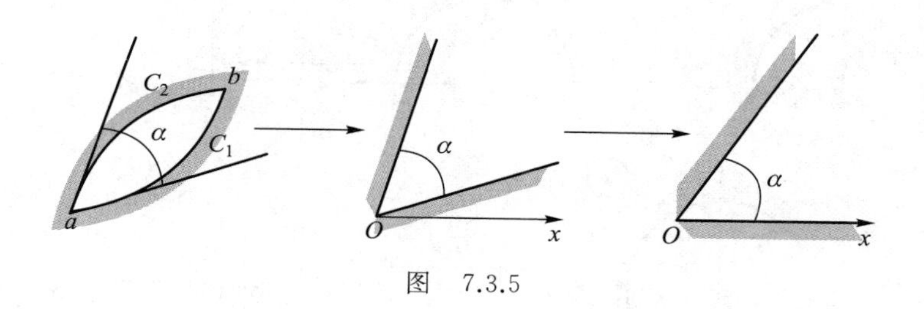


图 7.3.5

(2) 两圆周内切于点 $a$，其所界的月牙形区域也是个两角形区域(两个顶点合二为一). 只需取分式线性变换

$$
\xi=\frac{cz+d}{z-a},
$$

切点 $a$ 就变成点$\infty$，月牙形就形成一个带形，适当地选取 $c,d$，就会变成标准带形 $0<\operatorname{Im}\xi<\pi$. 再经指数函数 $w=\mathrm{e}^{\xi}$ 就变成标准区域上半 $w$ 平面.

(3) 通过一些例题，我们还会认识一些特殊的两角形区域. 借此，可以解决许多较

繁难的共形映射问题.

**例 7.3.6** 求一个把第一象限内的四分之一圆：

$$0<\arg z<\frac{\pi}{2},\ 0<|z|<1$$

变成单位圆的共形映射.

**分析** 不能认为 $w=z^4$ 就是所求的变换,因为它把四分之一圆变成去掉了沿正实轴的半径的单位圆.

**解** 首先,把四分之一圆通过变换

$$\zeta=z^2$$

共形映射成上半单位圆(这是个两角形);

其次,把上半单位圆通过分式线性变换(例 7.14)

$$t=-\frac{\zeta+1}{\zeta-1}$$

(只需在前面第 3 小节公式(7.3)* 中令 $a=-1,b=1$ 并要求 $z=0\leftrightarrow w=1$,即得 $k=-1$)共形映射成第一象限;

再把第一象限通过 $t_1=t^2$ 共形映射成上半平面;

最后,通过分式线性变换(7.13)$w=\dfrac{t_1-\mathrm{i}}{t_1+\mathrm{i}}$把上半平面共形映射成单位圆.

因此,所求的一个共形映射(图 7.3.6)为

$$w=\frac{\left(\dfrac{z^2+1}{z^2-1}\right)^2-\mathrm{i}}{\left(\dfrac{z^2+1}{z^2-1}\right)^2+\mathrm{i}}=\frac{(z^2+1)^2-\mathrm{i}(z^2-1)^2}{(z^2+1)^2+\mathrm{i}(z^2-1)^2}.$$

■

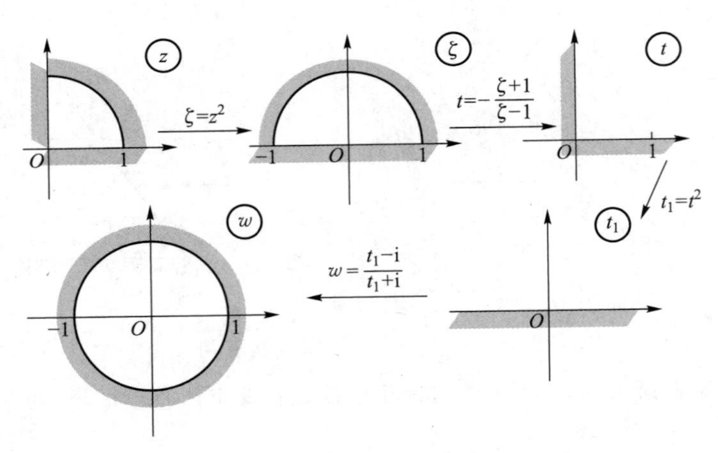


图 7.3.6

**例 7.3.7** 求将两角形区域 $D:|z+\mathrm{i}|<2,\mathrm{Im}\,z>0$ 变成带形区域 $\Omega:0<\mathrm{Im}\,w<\pi$ 的共形映射.

**分析** 指定的区域一个是两角形 $D$,另一个是带形 $\Omega$,两角形可通过分式线性变

换(7.3)*变成角形，且不难用幂函数变成上半平面. 带形经指数函数可变成角形，也可变成上半平面. 因而两角形 $D$ 经中间的“跳板”上半平面，可变成要求的带形 $\Omega$.

**解** 为找两角形 $D$ 的顶点，令 $z=x+\mathrm{i}y$，解方程组

$$\begin{cases}|x+(y+1)\mathrm{i}|^2=4,\\ y=0,\end{cases}\quad \text{即}\quad \begin{cases}x=\pm\sqrt{3},\\ y=0,\end{cases}$$

得二顶点为$(-\sqrt{3},0)$及$(\sqrt{3},0)$. 所以在(7.3)*式中取 $a=-\sqrt{3}, b=\sqrt{3}$.

先作分式线性变换(7.3)*：$z_1=-\dfrac{z+\sqrt{3}}{z-\sqrt{3}}$，如图 7.3.7 所示，它将 $z$ 平面上的两角形 $D$ 共形映射成 $z_1$ 平面上顶点在原点的角形 $D_1$：$z$ 平面上的线段$[-\sqrt{3},\sqrt{3}]$变成 $z_1$ 平面上的正实轴，$AB$ 弧变成射线：$\arg z_1=\dfrac{\pi}{3}$(这是由于两角形 $D$ 的内角为$\dfrac{\pi}{3}$——两圆弧在顶点处两切线的夹角).

再作变换 $z_2=z_1^3$，它将 $z_1$ 平面上的角形 $D_1$ 共形映射成 $z_2$ 平面的上半平面 $D_2$：$0<\arg z_2<\pi$，即 $\mathrm{Im}\, z_2>0$.

最后作变换 $w=\ln z_2$(取主值支)，它将 $z_2$ 平面的上半平面 $D_2$ 共形映射成 $w$ 平面上的带形区域$\Omega$：$0<\mathrm{Im}\, w<\pi$(参看图 7.3.7).

于是，将上述三个变换复合起来，即得所求的一个共形映射为

$$w=\ln z_2=\ln z_1^3=3\ln\frac{\sqrt{3}+z}{\sqrt{3}-z}.$$

■

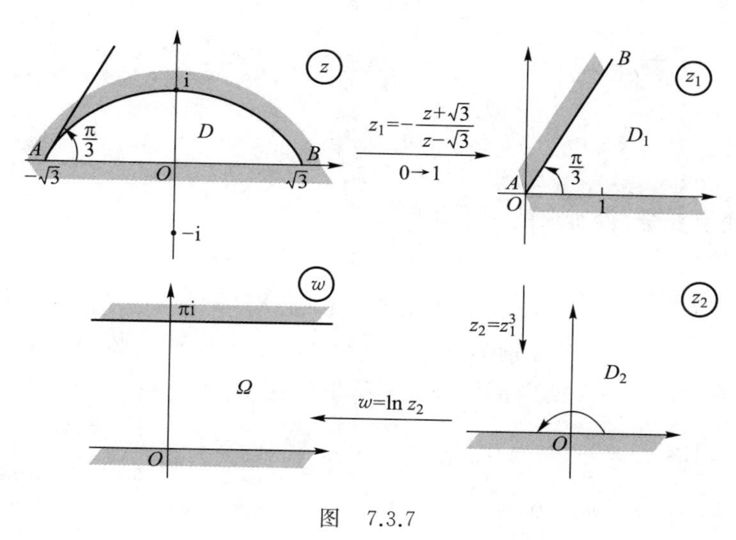


图 7.3.7

**例 7.3.8** 求把区域 $D$：$|z|<1, \left|z-\dfrac{\mathrm{i}}{2}\right|>\dfrac{1}{2}$变成上半平面的共形映射.

**分析** 区域 $D$ 是两圆周$|z|=1$及$\left|z-\dfrac{\mathrm{i}}{2}\right|=\dfrac{1}{2}$相切于 $z=\mathrm{i}$ 所围成的月牙形区域(图 7.3.8).

**解**　取一个分式线性变换 $z_1=\frac{z+\mathrm{i}}{z-\mathrm{i}}$,则

$$\mathrm{i}\to\infty,\quad -\mathrm{i}\to 0,\quad 0\to -1.$$

由分式线性变换的保圆周性,得 $D\to$带形 $D_1:-1<\mathrm{Re}\,z_1<0$(不过带形 $D_1$ 不在标准位置,宽也不是 $\pi$).

取旋转变换 $z_2=\mathrm{e}^{\mathrm{i}\left(-\frac{\pi}{2}\right)}z_1=-\mathrm{i}z_1$,得

$$D_1\to D_2:0<\mathrm{Im}\,z_2<1.$$

取伸缩变换 $z_3=\pi z_2$,则得

$$D_2\to D_3:0<\mathrm{Im}\,z_3<\pi\quad(\text{标准带形}).$$

取指数变换 $w=\mathrm{e}^{z_3}$,得

$$D_3\to G:\mathrm{Im}\,w>0.$$

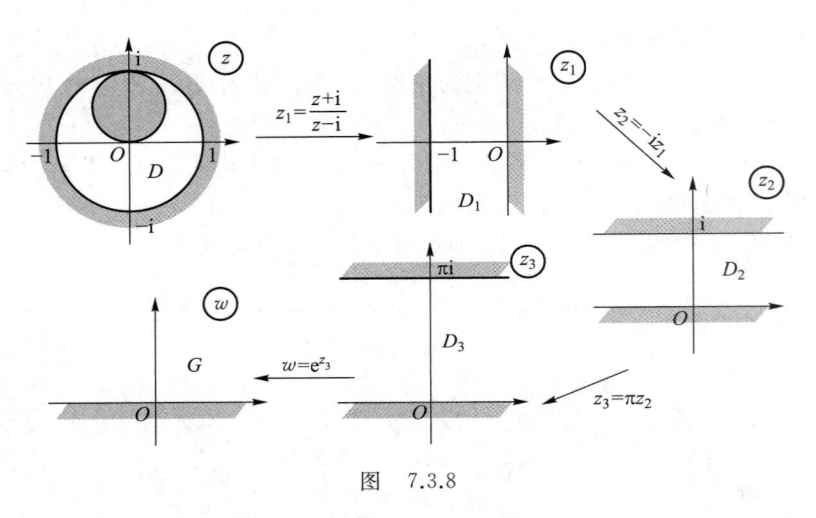


图　7.3.8

把以上变换复合,得所求的一个共形映射为

$$w=\mathrm{e}^{-\mathrm{i}\pi\left(\frac{z+\mathrm{i}}{z-\mathrm{i}}\right)}.$$ ■

**注**　$D_1$ 是带形 $-1<\mathrm{Re}\,z_1<0$,理由有:(1) 圆周 $|z|=1$ 上沿逆时针方向的三点 $-\mathrm{i},1,\mathrm{i}$ 在 $z_1$ 平面上的像点分别为 $0,\mathrm{i},\infty$(顺向的),也就是说圆周 $|z|=1$ 的像就是 $z_1$ 平面上的虚轴,$|z|=1$ 的内部就被共形映射成左半 $z_1$ 平面 $\mathrm{Re}\,z_1<0$.

(2) 又因圆周 $\left|z-\frac{\mathrm{i}}{2}\right|=\frac{1}{2}$上,

$$z=0\to z_1=-1,\quad z=\mathrm{i}\to z_1=\infty,$$

再加上保圆周性,与圆周 $|z|=1$ 相切于 $z=\mathrm{i}$ 的圆周 $\left|z-\frac{\mathrm{i}}{2}\right|=\frac{1}{2}$在 $z_1$ 平面上的像就是过点 $z_1=-1$ 的直线 $\mathrm{Re}\,z_1=-1$. 同时,圆周 $\left|z-\frac{\mathrm{i}}{2}\right|=\frac{1}{2}$的外部区域就被共形映射成半平面 $\mathrm{Re}\,z_1>-1$.

(3) $z=-\frac{\mathrm{i}}{2}\in D$,其像点

$$z_1=\frac{-\frac{\mathrm{i}}{2}+\mathrm{i}}{-\frac{\mathrm{i}}{2}-\mathrm{i}}=\frac{-(\mathrm{i}-2\mathrm{i})}{-(\mathrm{i}+2\mathrm{i})}=\frac{-\mathrm{i}}{3\mathrm{i}}=-\frac{1}{3}\in D_1.$$

**例 7.3.9** 求把区域 $D:(|z|>1)\cap(|z-\sqrt{3}\mathrm{i}|<2)$共形映射成单位圆$|w|<1$的函数 $w=f(z)$，使满足条件

$$f(\sqrt{3}\mathrm{i})=0,\quad f'(\sqrt{3}\mathrm{i})>0.$$

**分析** $D$ 为两角形，其边界为两段圆弧 $L_1$，$L_2$（图 7.3.9），交点为$\pm1$. 所给条件是惟一性条件.

**解** 函数

$$w_1=f_1(z)=\frac{z-1}{z+1}\tag{1}$$

将 $L_1$ 上的点$-1$，i，1 分别变为

$$f_1(-1)=\infty,\quad f_1(\mathrm{i})=\mathrm{i},\quad f_1(1)=0.$$

由此可知 $L_1$ 的像 $C_1=f_1(L_1)$是由 $w_1=0$ 出发经 $w_1=\mathrm{i}$ 的射线，即上半虚轴；$L_2$ 的像 $C_2=f_1(L_2)$显然也是由 $w_1=0$ 出发的射线，由于在 $z=1$ 处 $L_1$ 到 $L_2$ 的转角为$-\frac{\pi}{3}$，因而由(1)式的保角性可知由 $C_1$ 绕 $w_1=0$ 转动$-\frac{\pi}{3}$即得 $C_2$（图 7.3.9）. 转动时所扫过的角形区域即为 $D$ 的像 $G_1$，此时

$$f_1(\sqrt{3}\mathrm{i})=\frac{\sqrt{3}\mathrm{i}-1}{\sqrt{3}\mathrm{i}+1}=\frac{1+\sqrt{3}\mathrm{i}}{2}\in G_1.$$

再作函数

$$w_2=f_2(w_1)=(\mathrm{e}^{-\frac{\pi}{6}\mathrm{i}}w_1)^3=-\mathrm{i}w_1^3.\tag{2}$$

它把 $G_1$ 共形映射成上半平面 $G_2:\operatorname{Im} w_2>0$，且

$$f_2\left(\frac{1+\sqrt{3}\mathrm{i}}{2}\right)=\mathrm{i}\in G_2\quad（图 7.3.9）.$$

最后作

$$w=f_3(w_2)\xlongequal{(7.13)}\mathrm{e}^{\mathrm{i}\beta}\,\frac{w_2-\mathrm{i}}{w_2+\mathrm{i}}\tag{3}$$

把上半 $w_2$ 平面 $G_2$ 共形映射成单位圆 $G:|w|<1$，且将 i 变为 $w=0\in G$（图 7.3.9）.

复合函数(1)—(3)，得

$$w=f(z)=\mathrm{e}^{\mathrm{i}\beta}\,\frac{-\mathrm{i}\left(\frac{z-1}{z+1}\right)^3-\mathrm{i}}{-\mathrm{i}\left(\frac{z-1}{z+1}\right)^3+\mathrm{i}}=-\mathrm{e}^{\mathrm{i}\beta}\,\frac{z^3+3z}{3z^2+1},$$

此函数将 $D$ 共形映射成$G$，且满足 $f(\sqrt{3}\mathrm{i})=0$. 为使

$$f'(\sqrt{3}\mathrm{i})=-\frac{3}{4}\mathrm{e}^{\mathrm{i}\beta}>0,$$

应取 $\mathrm{e}^{\mathrm{i}\beta}=-1$. 故所求函数为

$$w=f(z)=\frac{z^3+3z}{3z^2+1},$$

且该函数是惟一确定的. ■

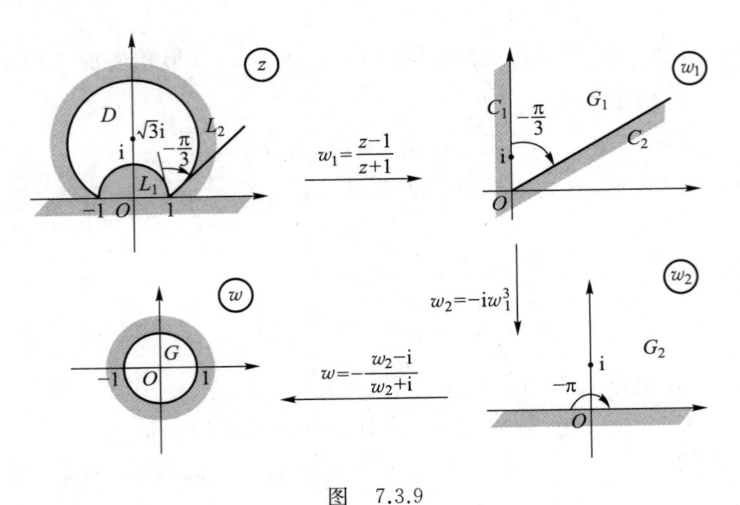


图 7.3.9

**4.** 了解茹科夫斯基(Жуковский)变换

$$w=\frac{1}{2}\left(z+\frac{1}{z}\right), \tag{7.18$'$}$$

它是较简单的有理分式函数,在 $|z|=1$ 的内部及外部都是单叶的,且将它们都共形映射成扩充 $w$ 平面上去掉割线 $-1\leqslant \mathrm{Re}\,w\leqslant 1,\mathrm{Im}\,w=0$ 而得的区域 $D_0$. 还把上(下)半单位圆共形映射成下(上)半 $w$ 平面,且把上(下)半单位圆周变为线段$[-1,1]$的下(上)岸.

**例 7.3.10** 求将半带形区域 $D:-\frac{\pi}{2}<x<\frac{\pi}{2},y>0$ 变为上半 $w$ 平面 $G:\mathrm{Im}\,w>0$ 的共形映射 $w=f(z)$,使满足条件

$$f(0)=0,\quad f\left(\pm\frac{\pi}{2}\right)=\pm 1.$$

**分析** 所给条件为三对边界对应点,是惟一性条件.

**解** 如图 7.3.10 所示,取旋转变换

$$z_1=\mathrm{i}z, \tag{1}$$

它将半带形 $D$ 共形映射成 $z_1$ 平面上的半带形 $D_1$.

再应用指数变换

$$z_2=\mathrm{e}^{z_1}, \tag{2}$$

它把半带形区域 $D_1$ 共形映射成右半单位圆 $D_2$.

应用旋转变换

$$z_3=-\mathrm{i}z_2, \tag{3}$$

它把 $D_2$ 依顺时针方向旋转 $\frac{\pi}{2}$,共形映射成下半单位圆 $D_3$.

最后应用茹科夫斯基变换

$$w=\frac{1}{2}\left(z_3+\frac{1}{z_3}\right), \tag{4}$$

它把 $D_3$ 共形映射成上半 $w$ 平面 $G$：$\mathrm{Im}\ w>0$.

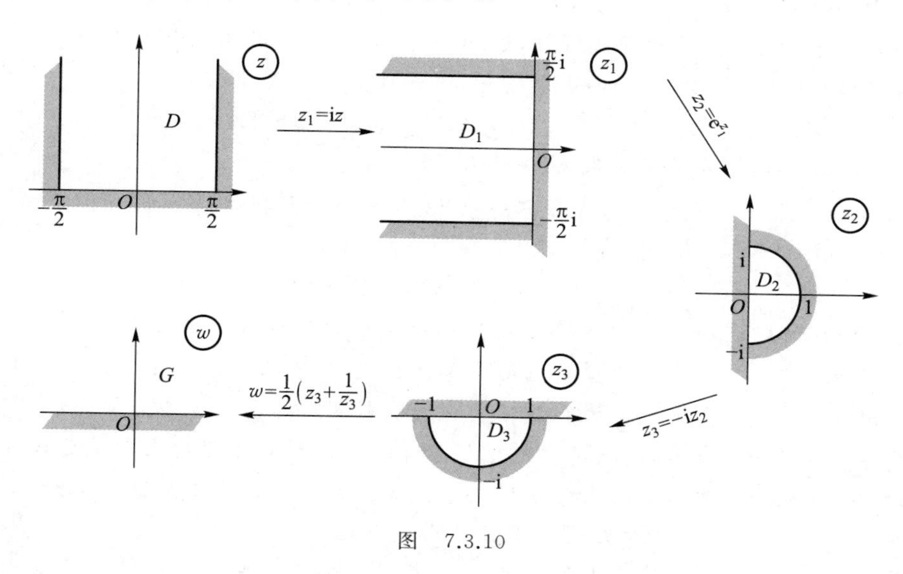


图 7.3.10

于是，复合上述变换，即得所求的共形映射为

$$w=\frac{1}{2}\left(-\mathrm{i}z_2+\frac{1}{-\mathrm{i}z_2}\right)=\frac{1}{2\mathrm{i}}(\mathrm{e}^{\mathrm{i}z}-\mathrm{e}^{-\mathrm{i}z})=\sin z.$$

这是惟一满足条件的变换. ■

从上面的例题，我们易于想到，要求把一个区域 $D$ 变成区域 $G$ 的共形映射，如果能直接把函数求出最好；一般则是把 $D$ 或 $G$，或把 $D$ 与 $G$ 都设法变成上半平面或单位圆，然后求出共形映射. 这里上半平面或单位圆起着中间或桥梁的作用，也称为标准区域.

## §4　关于共形映射的黎曼存在与惟一性定理和边界对应定理

从上面的许多例题中，我们还会发现：在扩充平面上单连通区域 $D$ 与单连通区域 $G$ 之间，总存在单叶解析函数使 $D$ 共形映射成 $G$，或者说它们都能共形映射成一个标准区域单位圆. 事实上，严格说来有下面的黎曼定理.

**1.** 充分理解黎曼定理及其重要意义.

**定理 7.13(黎曼存在与惟一性定理)**　如果扩充 $z$ 平面上的单连通区域 $D$(即可含点$\infty$)，其边界点不止一点(即至少含两点，实为含两点的一段曲线)，则有一个在 $D$ 内的单叶解析函数 $w=f(z)$，它将 $D$ 共形映射成单位圆 $|w|<1$；且当符合条件

$$f(a)=0,\ f'(a)>0\quad (a\in D) \tag{7.19}$$

时，这种函数 $f(z)$ 就只有一个.

黎曼定理中的单连通区域 $D$ 就是既非扩充 $z$ 平面(这时 $D$ 无边界点)，又非扩充 $z$ 平面除去一点(这时 $D$ 只有一个边界点). 我们把这种单连通区域前面冠以“非全平

面"三字，以简化叙述.

关于惟一性条件的说明：

(1) 惟一性条件(7.19)的几何意义是：指定 $a\in D$ 变成单位圆的圆心(一对内点对应点)，而在点 $a$ 的旋转角 $\arg f'(a)=0$.

(2) 在将扩充 $z$ 平面上单连通区域 $D$(边界不止一点)共形映射成扩充 $w$ 平面上单连通区域 $G$(边界不止一点)的一般情形，惟一性条件可表成：

$$f(a)=b(\text{一对内点对应}),\quad \arg f'(a)=\alpha(\text{固定旋转角}),$$

其中 $a\in D,b\in G$，而 $\alpha$ 为实参数；或

$$f(a)=b(\text{一对内点对应}),\quad f(\xi)=\eta(\text{一对边界点对应}),$$

其中 $a\in D,b\in G,\xi\in\partial D,\eta\in\partial G$；或

$$f(\xi_j)=\eta_j\quad(j=1,2,3),$$

其中 $\xi_j$ 及 $\eta_j$ 分别是 $D$ 及 $G$ 的边界上指定的有顺序的三点(但绕行方向应一致).

这些惟一性条件我们在上面的例题中都遇见过.惟一性的证明主要用到在复变函数的几何理论中极其有用的最大模原理和施瓦茨引理.

黎曼定理是由黎曼在其 1851 年的学位论文中提出的，在理论上它是近代复变函数几何理论的起点. 而黎曼的几何方法从掌握所研究的对象的本质这点来看，是最有成效的方法之一. 关于黎曼定理的重要意义由此可见一斑.

在实际应用中. 平面型的热传导、静电位势和流体流动问题均能用黎曼共形映射定理化为单位圆上的相应问题来处理，从而使问题简化.

**例 7.4.1** 设 $D$ 是一个非全平面的单连通区域(即扩充 $z$ 平面上边界不止一点的单连通区域)，$z_0\in D$. 单叶解析函数 $w=f(z)$ 把 $D$ 共形映射成单位圆 $|w|<1$，且满足条件 $f(z_0)=0,f'(z_0)>0$；又单叶解析函数 $w=F(z)$ 把 $D$ 共形映射成以 $w_0$ 为圆心的圆 $K:|w-w_0|<r$，且 $F(z_0)=w_0,F'(z_0)=1$. 试求圆 $K$ 的半径 $r$.

**分析** 不妨认为 $w_0=0$，否则考虑函数 $F(z)-w_0$ 即可(这时 $F(z_0)-w_0=0$). 设函数 $g(z)=\dfrac{F(z)}{r}$，则单叶解析函数 $w=g(z)$ 也将 $D$ 共形映射成单位圆 $|w|<1$.

**解** 由条件 $F(z_0)=0,F'(z_0)=1$ 可知

$$g(z_0)=0,\quad g'(z_0)=\frac{1}{r}F'(z_0)=\frac{1}{r}>0,$$

但 $w=f(z)$ 也满足这样的条件，故由共形映射的黎曼惟一性定理知，$g(z)\equiv f(z)$ $(z\in D)$. 于是

$$r=\frac{1}{g'(z_0)}=\frac{1}{f'(z_0)}.$$ ■

**注** 这个半径 $r$ 称为区域 $D$ 在点 $z_0$ 的映射半径.

**例 7.4.2** 设 $w=f(z)$ 在右半平面 $\operatorname{Re} z>0$ 内单叶解析，且 $\operatorname{Re} f(z)>0,f(a)=a(a>0)$，证明

$$|f'(a)|\leqslant 1.$$

**分析** 设法构造函数，使其满足施瓦茨引理条件，然后应用施瓦茨引理的结论推出要证的 $|f'(a)|\leqslant 1$.

**证** 根据分式线性变换的保对称点性，易知(仿例 7.6)

$$\xi=\frac{z-a}{z+a}\overset{\text{def}}{=\!=}h(z) \tag{1}$$

是从右半平面 $\operatorname{Re} z>0$ 到单位圆 $|\xi|<1$ 的共形映射，且将 $z=a$ 变为 $\xi=0$.

由(7.4)式，(1)式的逆变换为

$$z=\frac{-a\xi-a}{\xi-1}=\frac{a(\xi+1)}{1-\xi}\overset{\text{def}}{=\!=}g(\xi)\quad(|\xi|<1). \tag{2}$$

由(1)式和(2)式构造函数

$$h(f(g(\xi)))=\frac{f\left(\dfrac{a(\xi+1)}{1-\xi}\right)-a}{f\left(\dfrac{a(\xi+1)}{1-\xi}\right)+a}\overset{\text{def}}{=\!=}F(\xi),$$

它在 $|\xi|<1$ 内(单叶)解析(因由题设 $f(z)$ 是单叶解析的，而分式线性变换都是单叶解析的)，且(由(1)式) $|F(\xi)|<1(|\xi|<1)$. 又 $F(0)=0$(由题设 $f(a)=a$)，于是 $F(\xi)$ 完全满足施瓦茨引理的条件，故由该引理的结论知 $|F'(0)|\leqslant 1$. 而

$$F'(0)=\left.\frac{f'\left(\dfrac{a(\xi+1)}{1-\xi}\right)\left[\dfrac{a(\xi+1)}{1-\xi}\right]'2a}{\left[f\left(\dfrac{a(\xi+1)}{1-\xi}\right)+a\right]^2}\right|_{\xi=0}=f'(a).$$

故

$$|f'(a)|\leqslant 1.$$

■

**例 7.4.3** 设 $D$ 和 $G$ 分别是 $z$ 平面和 $w$ 平面上非全平面的单连通区域，$w=f(z)$ 将 $D$ 共形映射成 $G=f(D)$. 又 $a\in D$，$f(a)=b\in G$. 证明：若 $D$ 内任一单叶解析函数 $w=h(z)$ 都满足

$$h(a)=b \text{ 且 } h(D)\subset G,$$

则 $|h'(a)|\leqslant|f'(a)|$.

**分析** $f(a)=b(a\in D)$ 不是惟一性条件.

**证** 由黎曼定理，可作从 $w$ 平面上区域 $G$ 到 $\xi$ 平面上的单位圆 $|\xi|<1$ 的一个共形映射 $\xi=\varphi(w)$，使 $\varphi(b)=0$. 其逆变换记为 $w=\psi(\xi)$，显然由定理 7.6 有

$$\varphi'(b)\cdot\psi'(0)=1. \tag{1}$$

又记 $w=f(z)$ 的逆变换为 $z=g(w)$，则由定理 7.6 有

$$f'(a)\cdot g'(b)=1. \tag{2}$$

考虑函数 $\varphi(h(g(\psi(\xi))))\overset{\text{def}}{=\!=}F(\xi)(|\xi|<1)$，则 $F(\xi)$ 在 $|\xi|<1$ 内(单叶)解析，$F(0)=0$，$|F(\xi)|<1(|\xi|<1)$. 于是 $F(\xi)$ 完全满足施瓦茨引理的条件，故由该引理的结论知，

$$|F'(0)|\leqslant 1. \tag{3}$$

注意到 $F'(0)=\varphi'(b)h'(a)g'(b)\psi'(0)$. 故由(1)式和(3)式，我们有 $|h'(a)g'(b)|\leqslant 1$. 而由(2)式知 $|h'(a)|\leqslant|f'(a)|$.

■

**2.** 充分了解边界对应定理.

上面所讨论的限于区域间的共形映射,未涉及边界对应情况. 一般说来,一个区域的边界可能出现很复杂的情况,而我们下面要说的仅限于边界是周线的情形.

**定理 7.14(边界对应定理)**　设

(1) 有界单连通区域 $D$ 与 $G$ 的边界分别是周线 $C$ 与 $\Gamma$;

(2) $w=f(z)$ 将 $D$ 共形映射成 $G$,

则 $f(z)$ 可以扩张成 $F(z)$,使在 $D$ 内 $F(z)=f(z)$,在 $\overline{D}=D+C$ 上 $F(z)$ 连续,并将 $C$ 双方单值且双方连续地变成 $\Gamma$.

**定理 7.15(边界对应定理的逆定理,判断解析函数单叶性的充分条件)**　设单连通区域 $D$ 及 $G$ 分别是周线 $C$ 及 $\Gamma$ 的内部,且设 $w=f(z)$ 满足条件:

(1) $w=f(z)$ 在区域 $D$ 内解析,在 $D+C$ 上连续;

(2) $w=f(z)$ 将 $C$ 双方单值地变成 $\Gamma$,

则

(1) $w=f(z)$ 在 $D$ 内单叶;

(2) $G=f(D)$(从而 $w=f(z)$ 将 $D$ 共形映射成 $G$).

**例 7.4.4**　如图 7.4.1 所示,函数 $w=z^3$ 将曲线 $C$:

$$|z|=1,\quad 0\leqslant \arg z\leqslant \frac{\pi}{3};$$

$$\arg z=0,\quad 0<|z|<1;$$

$$\arg z=\frac{\pi}{3},\quad 0<|z|<1$$

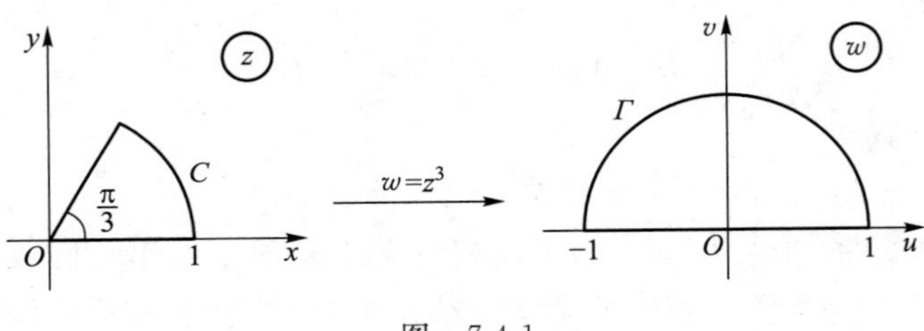


图　7.4.1

双方单值地变为曲线 $\Gamma$:

$$|w|=1,\quad 0\leqslant \arg w\leqslant \pi;$$

$$\arg w=0,\quad 0<|w|<1;$$

$$\arg w=\pi,\quad 0<|w|<1.$$

又因 $w=z^3$ 在 $C$ 上及其内部解析,故由定理 7.15 可知:$w=z^3$ 在区域

$$|z|<1,\quad 0<\arg z<\frac{\pi}{3}$$

内是单叶的,并将此区域共形映射成区域

$$|w|<1,\quad 0<\arg w<\pi.$$

■

# II. 部分习题解答提示

## (一)

**1.** 设 $z$ 平面上有两条有向曲线 $C_1$ 和 $C_2$，其中 $C_1$ 是以原点为圆心，以$\sqrt{2}$为半径的圆周，取逆时针方向；$C_2$ 是从原点出发、倾角为$\frac{\pi}{4}$的射线. 它们相交于 $z_0=1+\mathrm{i}$，求通过映射

(1) $w=f_1(z)=(z-2)^2$；

(2) $w=f_2(z)=2\,\overline{z}$，

曲线 $C_1$ 与 $C_2$ 在 $z_0$ 的伸长率，以及在 $w$ 平面上 $z_0$ 的像点处，从 $C_1$ 的像转到 $C_2$ 的像的交角.

**解** (1) 由于 $w=f_1(z)$在全平面解析，且

$$\frac{\mathrm{d}f_1}{\mathrm{d}z}=2(z-2)\neq 0 \quad (z\neq 2),$$

故在平面上除 $z=2$ 外，每点具有固定的伸长率及固定的旋转角. 从

$$|[(z-2)^2]'|_{z=z_0}=2\sqrt{2}$$

知，$C_1$，$C_2$ 通过映射 $w=f_1(z)$在 $z_0$ 的伸长率都是 $2\sqrt{2}$. 又从 $C_1$ 到 $C_2$ 的交角是$-\frac{\pi}{2}$，知道它们的像在相应交点的交角也是$-\frac{\pi}{2}$.

(2) 由于 $f_2(z)=2\,\overline{z}$不是解析函数，因此，考虑所求的量应从定义出发来计算. 因为

$$\lim_{z\to z_0}\frac{|f_2(z)-f_2(z_0)|}{|z-z_0|}=\lim_{z\to z_0}\frac{|2\,\overline{z}-2\,\overline{z_0}|}{z-z_0}=2,$$

所以曲线 $C_1$ 与 $C_2$ 通过映射 $w=f_2(z)$在 $z_0$ 的伸长率都是 2. 又将曲线 $C_1$ 写作 $z=\sqrt{2}\,\mathrm{e}^{\mathrm{i}\theta}(0\leqslant\theta\leqslant 2\pi)$，$C_1$ 的方向对应于 $\theta$ 增加的方向. 它的像 $\Gamma_1$ 为 $w=2\sqrt{2}\,\mathrm{e}^{-\mathrm{i}\theta}(0\leqslant\theta\leqslant 2\pi)$，$\Gamma_1$ 在点 $w_0=2\sqrt{2}\,\mathrm{e}^{-\mathrm{i}\frac{\pi}{4}}$关于实轴的旋转角为$\frac{-3\pi}{4}$：

$$\frac{\mathrm{d}w}{\mathrm{d}\theta}=2\sqrt{2}\,\mathrm{e}^{-\mathrm{i}\left(\theta+\frac{\pi}{2}\right)},\quad \operatorname{Arg}\frac{\mathrm{d}w}{\mathrm{d}\theta}\bigg|_{\theta=\frac{\pi}{4}}=-\frac{3\pi}{4}+2k\pi.$$

将曲线 $C_2$ 写作 $z=t+t\mathrm{i}\ (0\leqslant t<+\infty)$，同理可知其像 $\Gamma_2$ 在点 $w_0=2(1-\mathrm{i})$关于实轴的旋转角为$-\frac{\pi}{4}$，所以在 $w_0$ 处曲线 $\Gamma_1$ 到 $\Gamma_2$ 的交角为$-\frac{\pi}{4}-\left(-\frac{3\pi}{4}\right)=\frac{\pi}{2}$.

**4.** 下列各题中，给出了三对对应点 $z_j\leftrightarrow w_j\,(j=1,2,3)$的具体数值，写出相应的分式线性变换，并指出此变换把通过 $z_1,z_2,z_3$ 的圆周的内部，或直线左边(顺着 $z_1,z_2,z_3$ 观察)变成什么区域.

(1) $1\leftrightarrow 1,\mathrm{i}\leftrightarrow 0,-\mathrm{i}\leftrightarrow -1$；

(2) $1\leftrightarrow\infty, \mathrm{i}\leftrightarrow -1, -1\leftrightarrow 0$;

(3) $\infty\leftrightarrow 0, \mathrm{i}\leftrightarrow \mathrm{i}, 0\leftrightarrow\infty$;

(4) $\infty\leftrightarrow 0, 0\leftrightarrow 1, 1\leftrightarrow\infty$.

**提示**　仿例 7.2.5 和例 7.2.6 的解一和解二.

答：(1) $w=\dfrac{(1+\mathrm{i})(z-\mathrm{i})}{1+z+3\mathrm{i}(1-z)}$;　(2) $w=\dfrac{\mathrm{i}(z+1)}{1-z}$;

(3) $w=-\dfrac{1}{z}$;　(4) $w=\dfrac{1}{1-z}$.

**6.** 如 $w=\dfrac{az+b}{cz+d}$ 将单位圆周变成直线,其系数应满足什么条件?

**解**　由题设条件,必有 $w$ 不等于常数.又由题设条件,$|z|=1$ 上必有一点变为$\infty$,从而此点必是使变换的分母为零的点.

由此即可得到系数应满足的条件是:$|c|=|d|$,$ad-bc\neq 0$.

**9.** 求出将圆 $|z-4\mathrm{i}|<2$ 变成半平面 $v>u$ 的共形映射,使得圆心变到 $-4$,而圆周上的点 $2\mathrm{i}$ 变到 $w=0$.

**解一**　解题思路如图 7.0.1,中间插入两个平面.

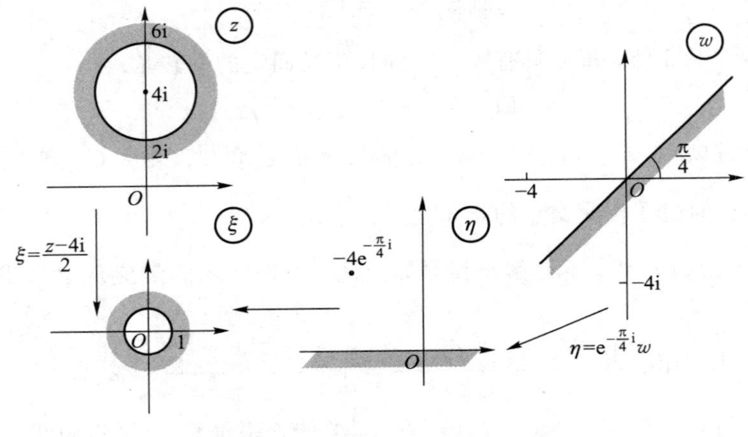


图　7.0.1

现作上半平面 $\mathrm{Im}\,\eta>0$ 到单位圆 $|\xi|<1$ 的共形映射使 $\eta=-4\mathrm{e}^{-\frac{\pi}{4}\mathrm{i}}$ 变到 $\xi=0$,则由公式(7.13)并通过边界对应点 $z=2\mathrm{i}\leftrightarrow w=0$ 可得所求共形映射为

$$\frac{z-4\mathrm{i}}{2}=\frac{w+4}{w+4\mathrm{i}}\quad\text{即}\quad w=-4\mathrm{i}\,\frac{z-2\mathrm{i}}{z-2(1+2\mathrm{i})}.$$

**解二**　已知 $z=4\mathrm{i}\leftrightarrow w=-4$, $z=2\mathrm{i}\leftrightarrow w=0$. 由分式线性变换 $w=L(z)$ 的保对称点性可见 $z=\infty\leftrightarrow w=-4\mathrm{i}$. 由此仍可求得所求共形映射如上.

**解三**　设 $z_0$ 为圆周 $|z-4\mathrm{i}|=2$ 上的一点,满足 $L(z_0)=\infty$,于是可设所求共形映射 $w=L(z)$ 为

$$w=k\,\frac{z-2\mathrm{i}}{z-z_0}.$$

由题设条件 $L(4\mathrm{i})=-4$，而由保对称点性 $L(\infty)=-4\mathrm{i}$. 解此二元方程组，即得 $k=-4\mathrm{i}, z_0=2(1+2\mathrm{i})$.

**10.** 设 $w=f(z)$ 在右半平面 $\operatorname{Re} z>0$ 内单叶解析，且 $\operatorname{Re} f(z)>0$，$f(a)=a$ $(a>0)$，证明 $|f'(a)|\leqslant 1$.

**证明** 易知 $\xi=\dfrac{z-a}{z+a}\overset{\text{def}}{=\!=}h(z)$ 是从右半平面到单位圆盘 $|\xi|<1$ 的共形映射，且将 $z=a$ 变为 $\xi=0$. 其逆映射为

$$z=\frac{a(\xi+1)}{1-\xi}\overset{\text{def}}{=\!=}g(\xi)\quad(|\xi|<1).$$

构造函数

$$h(f(g(\xi)))=\frac{f\left(\dfrac{a(\xi+1)}{1-\xi}\right)-a}{f\left(\dfrac{a(\xi+1)}{1-\xi}\right)+a}=F(\xi),$$

它在 $|\xi|<1$ 内单叶解析，且 $|F(\xi)|<1$ $(|\xi|<1)$. 又 $F(0)=0$，故由施瓦茨引理知 $|F'(0)|\leqslant 1$. 因(注意到 $f(a)=a$)

$$\begin{aligned}F'(0)&=\frac{2a\cdot f'(a)}{(f(a)+a)^2}\left[\frac{a(\xi+1)}{1-\xi}\right]'\bigg|_{\xi=0}\\&=\frac{2a\cdot f'(a)\cdot 2a}{(2a)^2}=f'(a),\end{aligned}$$

故 $|f'(a)|\leqslant 1$.

**11.** 求分式线性变换 $w=f(z)$，它将 $|z|<1$ 变到 $|w|<1$，并将 $z=\dfrac{1}{2}$ 变到 $w=0$，且满足 $f'\left(\dfrac{1}{2}\right)>0$.

**解** 由教材例 7.7 得到 $w=f(z)$ 的形式为

$$w=f(z)=\mathrm{e}^{\mathrm{i}\theta_0}\cdot\frac{z-\dfrac{1}{2}}{1-\dfrac{1}{2}z}\quad(\theta_0\text{ 为实数}),$$

由此得到

$$f'\left(\frac{1}{2}\right)=\mathrm{e}^{\mathrm{i}\theta_0}\cdot\frac{\left(1-\dfrac{1}{2}z\right)+\dfrac{1}{2}\left(z-\dfrac{1}{2}\right)}{\left(1-\dfrac{1}{2}z\right)^2}\Bigg|_{z=\frac{1}{2}}=\mathrm{e}^{\mathrm{i}\theta_0}\cdot\frac{4}{3},$$

$$\operatorname{Arg} f'\left(\frac{1}{2}\right)=\theta_0.$$

根据条件 $f'\left(\dfrac{1}{2}\right)>0$，即 $\operatorname{Arg} f'\left(\dfrac{1}{2}\right)=2k\pi$，就可得到 $\theta_0=2k\pi$. 这样一来，就得

$$w=\frac{z-\dfrac{1}{2}}{1-\dfrac{1}{2}z}=\frac{2z-1}{2-z}.$$

**12.** 求出圆 $|z|<2$ 到半平面 $\mathrm{Re}\,w>0$ 的共形映射 $w=f(z)$，使符合条件 $f(0)=1,\arg f'(0)=\frac{\pi}{2}$.

**解一** 应用条件 $L(0)=1$ 并参考图 7.0.2(这是解题思路).应用公式(7.13)，即可得 $\frac{z}{2}=\mathrm{e}^{\mathrm{i}\theta}\frac{w-1}{w+1}$. 应用条件 $\arg L'(0)=\frac{\pi}{2}$ 即得 $\mathrm{e}^{\mathrm{i}\theta}=-\mathrm{i}$. 由此得到所求的共形映射为 $w=-\frac{z-2\mathrm{i}}{z+2\mathrm{i}}$.

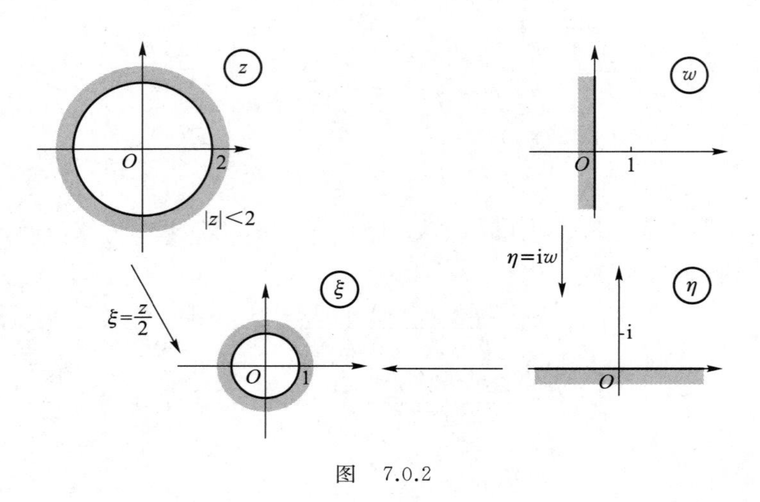


图 7.0.2

**解二** 应用条件 $L(0)=1$ 及保对称点性，先写出所求共形映射 $w=L(z)$ 的逆变换的一般形式，$z=k\,\frac{w-1}{w+1}$，其中含一待定常数 $k$.由于 $w=\infty$ 时 $|z|=2$(保圆周性)及条件 $\arg L'(0)=\frac{\pi}{2}$，即可定出 $k=-2\mathrm{i}$.

由(7.4)式写出所得变换的逆变换，即为所求变换.

**13.** 试求以下各区域(除去阴影的部分)到上半平面的一个共形映射.

(1) $|z+\mathrm{i}|<2,\mathrm{Im}\,z>0$(图 7.20)；

(2) $|z+\mathrm{i}|>\sqrt{2},|z-\mathrm{i}|<\sqrt{2}$(图 7.21)；

(3) $|z|<2,|z-1|>1$(图 7.22).

**分析** 各题均未给出惟一性条件，因而教材答案只是所求的一个，只要解法正确，就不必强对答案，当然解法仍要考虑计算简单易求；另外，各题所给区域都是两角形.

**提示** (1) 就是例 7.3.7 的前三步；(2) 参看例 7.3.9 解法的前两步；(3) 参看例 7.3.8的解法.

**15.** 求出将上半单位圆变成上半平面的共形映射，使 $z=1,-1,0$ 分别变成 $w=-1,1,\infty$.

**分析** 三对对应点惟一确定一个分式线性变换.

**解** 看图 7.0.3 可见解题思路. 又由

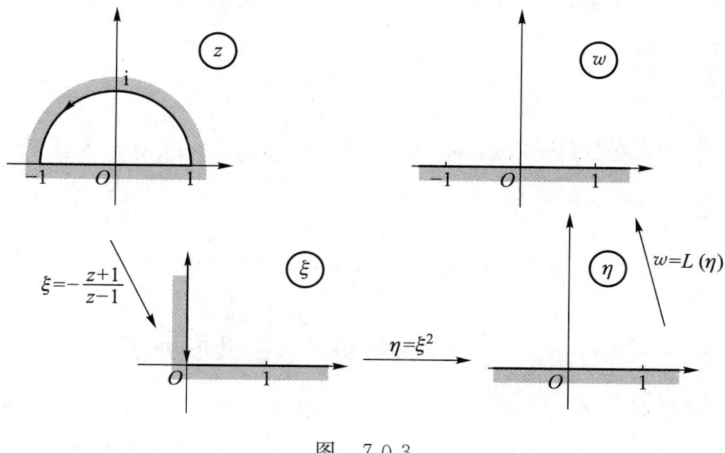


图 7.0.3

$$z=(1,-1,0)\leftrightarrow\xi=(\infty,0,1)\leftrightarrow\eta=(\infty,0,1),$$

最后作$(-1,1,\infty,w)=(\infty,0,1,\eta)$(保交比性),由此即可解得

$$w=-\frac{1}{2}\left(z+\frac{1}{z}\right).$$

**17.** 将扩充 $z$ 平面割去 $1+\mathrm{i}$ 到 $2+2\mathrm{i}$ 的线段后剩下的区域共形映射成上半平面.

**分析** 所给区域实为两角形(两个顶点),未给惟一性条件.

**解** 解题思路如图 7.0.4.

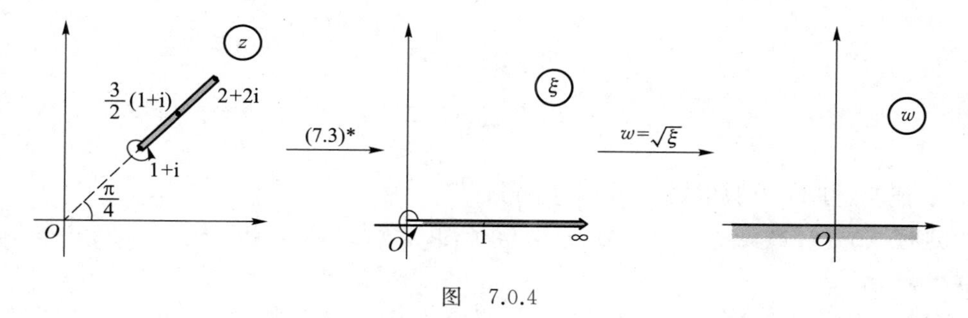


图 7.0.4

可让

$$z=1+\mathrm{i}\to\xi=0,\quad z=2+2\mathrm{i}\to\xi=\infty,\quad z=\frac{3}{2}(1+\mathrm{i})\to\xi=1,$$

最后可得所求的一个共形映射为

$$w=\sqrt{\frac{1+\mathrm{i}-z}{z-2(1+\mathrm{i})}}.$$

**18.** 将圆 $|z-1|<2$ 和圆 $|z+1|<2$ 的公共部分 $D$ 共形映射到上半平面.

**解** 圆周 $|z-1|=2$ 和圆周 $|z+1|=2$ 的交点是 $z=\pm\sqrt{3}\mathrm{i}$. 用分式线性变换

$$\zeta=\frac{z-\sqrt{3}\mathrm{i}}{z+\sqrt{3}\mathrm{i}}$$

将圆周 $|z-1|=2$ 变为直线 $L_1$，圆周 $|z+1|=2$ 变为直线 $L_2$，将 $G$ 保角地变为角形区域 $G_1$. 作旋转变换

$$w_1=\mathrm{e}^{-\frac{2\pi\mathrm{i}}{3}}\zeta.$$

它将 $G_1$ 变为角形区域 $G_2$：$0<\arg w_1<\dfrac{2\pi}{3}$. 最后，用幂函数 $w=w_1^{\frac{3}{2}}$ 将 $G_2$ 保角地变为上半平面. 复合上述函数得到

$$w=-\left(\frac{z-\sqrt{3}\mathrm{i}}{z+\sqrt{3}\mathrm{i}}\right)^{\frac{3}{2}}.$$

**19.** 求将 $D$：$-\dfrac{\pi}{6}<\arg z<\dfrac{\pi}{6}$ 变为 $G$：$|w|<1$ 的共形映射.

**解** 这个问题属于映射基本问题，一般采用寻找“跳板”的方法. 意思就是，观察所给区域 $G$ 与 $G'$ 能与怎样的区域发生联系，然后由此找出实现这种联系的函数.

该题是求 $D$：$-\dfrac{\pi}{6}<\arg z<\dfrac{\pi}{6}$ 到单位圆 $G$：$|w|<1$ 的映射. 显然上半平面能变成单位圆 $|w|<1$，那么角形区域 $-\dfrac{\pi}{6}<\arg z<\dfrac{\pi}{6}$ 能否变成上半平面呢？显然，只要利用幂函数 $z_1=z^3$ 就可将其变成右半平面，然后再逆时针旋转 $\dfrac{\pi}{2}$ 即可将其变成上半平面，于是利用上半平面这块“跳板”可将 $D$ 变成 $G$，即从区域 $D$：$-\dfrac{\pi}{6}<\arg z<\dfrac{\pi}{6}$ 到 $G$：$|w|<1$ 的映射为

$$w=\frac{z^3-1}{z^3+1}.$$

## （二）

**1.** 证明定理 7.3（只需就 $z_0=0$ 的情形证明）.

**定理 7.3** 设函数 $w=f(z)$ 在点 $z_0$ 解析，且 $f'(z_0)\neq 0$，则 $f(z)$ 在 $z_0$ 的一个邻域内单叶解析.

**分析** 因设 $f(z)$ 在 $z_0=0$ 解析，不妨假设 $f(0)=0$（否则，代替 $f(z)$ 总可以考虑 $F(z)=f(z)-f(0)$. 只要证得 $F(z)$ 在 $z=0$ 的邻域内单叶，则 $f(z)$ 在其内也单叶）.

**证** 不妨假定 $f(0)=0$，由于 $f'(0)\neq 0$. 故 $z=0$ 是 $f(z)$ 的一阶零点. 又由于不恒为零的解析函数 $f(z)$ 零点的孤立性，存在 $r>0$，使 $f(z)$ 在闭圆 $|z|\leqslant r$ 上解析，在圆周 $C$：$|z|=r$ 上 $f(z)\neq 0$，且

$$|f(z)|\geqslant m>0 \quad \left(m=\min_{z\in C}|f(z)|\right). \tag{1}$$

因 $f(z)$ 在点 $z=0$ 连续，故对 $\varepsilon>0$，存在 $\delta>0$，使当 $|z|<\delta<r$ 时，

$$|f(z)|<m \quad (|z|<\delta). \tag{2}$$

因此，$w=f(z)$ 在邻域 $|z|<\delta$ 内单叶. 否则，设在 $|z|<\delta$ 内存在异于 0 的两点 $z_1\neq z_2$，有

$$f(z_1)=f(z_2)=w_0\neq 0, \quad |w_0|\overset{(2)}{<}m. \tag{3}$$

要求 $z_1,z_2$ 异于 0，是因为若有 $z_1=0,z_2\neq 0$，则 $f(0)=0,f(z_2)\neq 0$. 于是在 $C$：$|z|=r$ 上

$$|f(z)|\overset{(1)}{\geqslant} m \overset{(3)}{>} |w_0|=|-w_0|.$$

而由鲁歇定理

$$N(f(z)-w_0,C)=N(f(z),C)=1,$$

这与 $f(z)-w_0=0$ 在 $|z|<\delta<r$ 内的解是 $z_1,z_2$ 矛盾.

**2.** 设 $D$ 是 $z$ 平面上可求面积的有界区域，$C$ 是 $D$ 内一条光滑曲线：$z=z(t)$ $(\alpha\leqslant t\leqslant\beta)$. $D$ 内的单叶解析函数 $f(z)$ 在 $\overline{D}$ 上连续. $w=f(z)$ 把 $C$ 和 $D$ 分别映射成 $w$ 平面上的曲线 $\Gamma$ 和区域 $G$. 试证

(1) 曲线 $\Gamma$ 的长为

$$I=\int_\alpha^\beta |f'(z)|\,|z'(t)|\,\mathrm{d}t\ ;$$

(2) $G$ 为有界区域，其面积为

$$S=\iint_D |f'(z)|^2\mathrm{d}x\mathrm{d}y\quad (z=x+\mathrm{i}y).$$

**证** (1) 记 $z=x+\mathrm{i}y$，则曲线的参数方程 $z=z(t)$ $(\alpha\leqslant t\leqslant\beta)$ 可以写成

$$\begin{cases}x=x(t)\\ y=y(t)\end{cases}\quad(\alpha\leqslant t\leqslant\beta).$$

记 $w=u+\mathrm{i}v$，那么曲线 $\Gamma$ 的参数方程 $w=f(z(t))$ $(\alpha\leqslant t\leqslant\beta)$ 可以写成

$$\begin{cases}u=u(x(t),y(t))\\ v=v(x(t),y(t))\end{cases}\quad(\alpha\leqslant t\leqslant\beta).$$

注意到

$$z'(t)=x'(t)+\mathrm{i}y'(t),$$
$$|z'(t)|^2=|x'(t)|^2+|y'(t)|^2,$$
$$f'(z)=u_x+\mathrm{i}v_x,\ u_x=v_y,\ -u_y=v_x,$$
$$|f'(z)|^2=(u_x)^2+(v_x)^2,$$

我们有

$$u_t=u_x\cdot x_t+u_y\cdot y_t=u_x\cdot x_t-v_x\cdot y_t,$$
$$v_t=v_x\cdot x_t+v_y\cdot y_t=v_x\cdot x_t+u_x\cdot y_t,$$
$$(u'_t)^2+(v'_t)^2=|f'(z)|^2\cdot|z'(t)|^2,$$

故

$$I=\int_\alpha^\beta\sqrt{(u'_t)^2+(v'_t)^2}\,\mathrm{d}t=\int_\alpha^\beta|f'(z)|\,|z'(t)|\,\mathrm{d}t.$$

(2) 因为 $f(z)$ 在有界闭区域 $\overline{D}$ 上连续，所以存在常数 $M>0$，使

$$|f(z)|\leqslant M\quad(z\in D),$$

即 $D$ 的像 $G$ 含在以原点为圆心、以 $M$ 为半径的闭圆 $|w|\leqslant M$ 内，故 $G$ 为有界区域. 由

$$\frac{\partial(u,v)}{\partial(x,y)}=u'_x\cdot v'_y-u'_y\cdot v'_x=|f'(z)|^2$$

知

$$S=\iint_G \mathrm{d}u\,\mathrm{d}v=\iint_D \left|\frac{\partial(u,v)}{\partial(x,y)}\right|\mathrm{d}x\,\mathrm{d}y=\iint_D |f'(z)|^2\mathrm{d}x\,\mathrm{d}y.$$

**6.** 证明有两相异有限不动点 $p,q$ 的分式线性变换可写成

$$\frac{w-p}{w-q}=k\,\frac{z-p}{z-q},$$

$k$ 是非零复常数.

**证**　设 $w=L(z)$ 为所求分式线性变换. 除题设外还可设 $w_0=L(z_0)$，必然 $z_0\neq w_0$ 且 $z_0\neq p, z_0\neq q, w_0\neq p, w_0\neq q$，除非 $w=L(z)$ 为恒等变换. 再由三对对应点惟一确定一个分式线性变换，就可得到证明.（下题的证明包含本题第二种证法.）

**7.** 证明只有一个不动点（二重有限）$p$ 的分式线性变换可写成

$$\frac{1}{w-p}=\frac{1}{z-p}+k,$$

$k$ 是非零复常数.

**证**　设所求分式线性变换为

$$w=\frac{az+b}{cz+d}\quad(ad-bc\neq 0), \tag{7.3}$$

其不动点 $z$ 满足方程

$$cz^2-(a-d)z-b=0\quad(c\neq 0). \tag{7.7}$$

(7.7)式的两根设为 $p,q$，则

$$cp^2-(a-d)p-b=0, \tag{1}$$

$$cq^2-(a-d)q-b=0. \tag{2}$$

由(1)得

$$b-dp=-p(a-cp), \tag{1'}$$

由(2)得

$$b-dq=-q(a-cq). \tag{2'}$$

于是

$$w-p=\frac{az+b}{cz+d}-p=\frac{(a-cp)z+b-dp}{cz+d}$$

$$\overset{(1)'}{=}\frac{(a-cp)(z-p)}{cz+d}, \tag{3}$$

同理

$$w-q=\frac{(a-cq)(z-q)}{cz+d}. \tag{4}$$

若 $p\neq q$（即前题情形），则线性变换可写成

$$\frac{w-p}{w-q}=k\,\frac{z-p}{z-q}\left(k=\frac{a-cp}{a-cq}\right).$$

若 $p=q$（本题情形），由(3)式，

$$\frac{1}{w-p}=\frac{1}{a-cp}\,\frac{cz+d}{z-p}=\frac{d+cp}{a-cp}\cdot\frac{1}{z-p}+\frac{c}{a-cp}. \tag{5}$$

但此时由(7.7)式，必有 $p(=q)=\dfrac{a-d}{2c}$，

$$d+cp=a-cp=\frac{a+d}{2},\quad \frac{c}{a-cp}=\frac{2c}{a+d},$$

代入(5)式即得

$$\frac{1}{w-p}=\frac{1}{z-p}+k\left(k=\frac{2c}{a+d}\right).$$

**8.** 证明以 $p,q$ 为对称点的圆周的方程为

$$\left|\frac{z-p}{z-q}\right|=k\quad (k>0),\tag{1}$$

当 $k=1$ 时,退化为以 $p,q$ 为对称点的直线.

**分析** 考虑分式线性变换

$$w=\frac{z-p}{z-q}\tag{2}$$

及其保对称点性和保圆周性.

**证** 由于分式线性变换(2)的保圆周性,圆周 $|w|=k$ 的原像 $\left|\frac{z-p}{z-q}\right|=k$ 是扩充 $z$ 平面上的圆周方程. 但当 $k\neq 1$ 时,$z=\infty$ 不满足此方程,这时此方程就表示有限平面上的通常圆周.

因为分式线性变换(2)分别把 $p,q$ 变成 $0,\infty$,而 $w$ 平面上 $0$ 与 $\infty$ 关于圆周 $|w|=k$ 为对称,所以由分式线性变换的保对称点性知,$0$ 与 $\infty$ 的原像 $p$ 与 $q$ 关于 $|w|=k$ 的原像 $\left|\frac{z-p}{z-q}\right|=k$ 成对称.

当 $k=1$ 时,(1)式表示的扩充 $z$ 平面上的圆周就退化为以 $p,q$ 为对称点的直线.

**9.** 求分式线性变换

$$w=\frac{az+b}{cz+d},\quad ad-bc\neq 0,\tag{1}$$

使扩充 $z$ 平面上由三圆弧所围成三角形与扩充 $w$ 平面上的直线三角形相对应的充要条件(图 7.0.5).

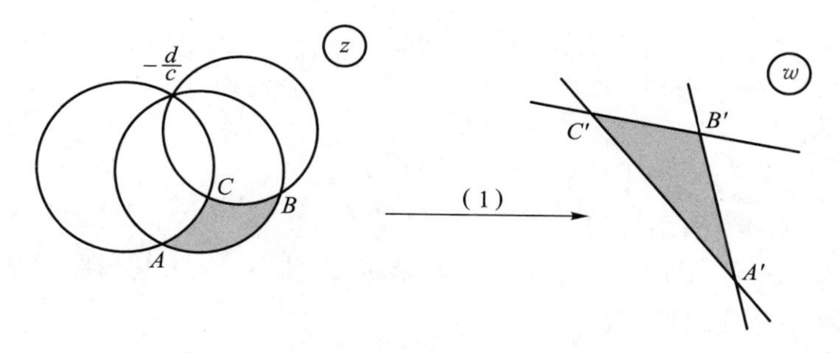


图 7.0.5

**解** 必要性 因为延长 $w$ 平面上的直线三角形 $A'B'C'$ 的各边于点 $\infty$ 相会时,对应地,$z$ 平面上圆弧三角形 $ABC$ 的各边的三个圆周必相交于一点 $z$,满足 $cz+d=0$,即必相交于 $z=-\frac{d}{c}$.

充分性　若 $z$ 平面上的三圆周相交于 $z=-\frac{d}{c}$，则此三圆周在分式线性变换(1)下，其像必是过 $w=\infty$ 的三条直线. 因而圆弧三角形 $ABC$ 变成直线三角形 $A'B'C'$，即 $z$ 平面上的三圆周交于一点 $z=-\frac{d}{c}$ 也是圆弧三角形 $ABC$ 变成直线三角形 $A'B'C'$ 的充分条件.

**10.** 设函数 $w=f(z)$ 在 $|z|<1$ 内解析，且是将 $|z|<1$ 共形映射成 $|w|<1$ 的分式线性变换. 试证

(1) $|f'(z)|=\frac{1-|f(z)|^2}{1-|z|^2}\quad(|z|<1)$；

(2) $|f'(a)|=\frac{1}{1-|a|^2}$，

其中 $a$ 在单位圆 $|z|<1$ 内，$f(a)=0$.

**分析**　由题设及例 7.7，应有

$$f(z)=\mathrm{e}^{\mathrm{i}\beta}\frac{z-a}{1-\bar{a}z}\quad(|a|<1,\beta\text{ 为实参数}),$$

从而

$$|f'(z)|=\frac{1-|a|^2}{|1-\bar{a}z|^2}.$$

(1) 只需由上两式证明

$$1-|f(z)|^2=|f'(z)|(1-|z|^2).$$

(2) 应用(1)的结果及条件 $f(a)=0$.

**11.** 若 $w=f(z)$ 是将 $|z|<1$ 共形映射成 $|w|<1$ 的单叶解析函数，且 $f(0)=0$，$\arg f'(0)=0$. 试证这个变换只能是恒等变换，即 $f(z)\equiv z$.

**分析**　由题设及定理 7.6，反函数 $z=f^{-1}(w)$ 在 $|w|<1$ 内(单叶)解析. 因而 $w=f(z)$ 及其反函数 $z=f^{-1}(w)$ 满足施瓦茨引理的条件.

**证**　由施瓦茨引理，

$$|f(z)|\leqslant|z|\quad(|z|<1),\tag{1}$$

$$|z|=|f^{-1}(w)|\leqslant|w|\quad(|w|<1).\tag{2}$$

由(1)式和(2)式，

$$|f(z)|\equiv|z|,\quad f(z)=\mathrm{e}^{\mathrm{i}\alpha}z.\tag{3}$$

再由题设 $\arg f'(0)=0$，即可得证.

**12.** 设函数 $w=f(z)$ 在 $|z|<1$ 内单叶解析，且将 $|z|<1$ 共形映射成 $|w|<1$，试证 $w=f(z)$ 必是分式线性变换.

**证**　设 $f(0)=w_0$，$|w_0|<1$，则由例 7.7，必有一个分式线性变换 $\eta=L(w)$，它将 $|w|<1$ 共形映射成 $|\eta|<1$ 且满足 $L(w_0)=0$. 于是单叶解析函数 $\eta=L(f(z))$ 就将 $|z|<1$ 共形映射成 $|\eta|<1$，且满足 $L(f(0))=0$. 故由上题证明中的(3)式，

$$L(f(z))=\mathrm{e}^{\mathrm{i}\alpha}z\left(\Leftrightarrow\frac{af(z)+b}{cf(z)+d}=\mathrm{e}^{\mathrm{i}\alpha}z\right).$$

由于分式线性变换的逆变换仍是分式线性变换，所以 $w=f(z)$ 必是 $z$ 的分式线性函

数

$$f(z)=\frac{-d\mathrm{e}^{\mathrm{i}\alpha}z+b}{c\mathrm{e}^{\mathrm{i}\alpha}z-a}.$$

**13.** 设在 $|z|<1$ 内 $f(z)$ 解析，且 $|f(z)|<1$；但 $f(a)=0(|a|<1)$. 试证在 $|z|<1$ 内，

$$|f(z)|\leqslant\left|\frac{z-a}{1-\bar{a}z}\right|.$$

**分析** 考虑函数

$$w=\varphi(z)=\frac{z-a}{1-\bar{a}z},\tag{1}$$

它在 $|z|<1$ 内解析(因其惟一有限奇点 $z=\frac{1}{\bar{a}}$ 在 $|z|=1$ 的外部)且把 $|z|<1$ 共形映射成 $|w|<1$(例 7.7). 其反函数 $z=\varphi^{-1}(w)$ 在 $|w|<1$ 内解析，把 $|w|<1$ 共形映射成 $|z|<1$，且满足 $\varphi^{-1}(0)=a$.

**证** 考虑 $|w|<1$ 内的复合函数

$$F(w)\overset{\text{def}}{=\!=}f(\varphi^{-1}(w))(=f(z)).\tag{2}$$

它在 $|w|<1$ 内解析，并且

$$F(0)=f(\varphi^{-1}(0))=f(a)=0,$$

$$|F(w)|=|f(\varphi^{-1}(w))|\overset{(2)}{=}|f(z)|<1\quad(|w|<1),$$

于是 $F(w)$ 完全满足施瓦茨引理的条件. 故由该引理可知

$$|F(w)|\leqslant|w|\quad(|w|<1).\tag{3}$$

将(1)式和(2)式代入(3)式，即得

$$|f(z)|\leqslant\left|\frac{z-a}{1-\bar{a}z}\right|\quad(|z|<1).$$

**14.** 应用施瓦茨引理证明：把 $|z|<1$ 变成 $|w|<1$，且把 $a(|a|<1)$ 变成 0 的共形映射一定有下列形式：

$$w=\mathrm{e}^{\mathrm{i}\theta}\frac{z-a}{1-\bar{a}z},$$

这里 $\theta$ 是实常数.

**证** 重复前题证明. 当第 13 题中(3)式取等号时，

$$|F(w)|=|w|,$$

又由施瓦茨引理的另一结论，有

$$F(w)=\mathrm{e}^{\mathrm{i}\theta}w.$$

将第 13 题中(1)式和(2)式代入上式即得

$$f(z)=w=\mathrm{e}^{\mathrm{i}\theta}\frac{z-a}{1-\bar{a}z}\quad(\theta\text{ 为实数}).$$

**15.** 设 $D$ 是非全平面的单连通区域，$z_0\in D$. 单叶解析函数 $w=f(z)$ 把 $D$ 变换到圆盘 $|w|<1$，且满足 $f(z_0)=0$，$f'(z_0)>0$；又单叶解析函数 $w=F(z)$ 把 $D$ 变换到以 $w_0$ 为圆心的一个圆盘，且 $F(z_0)=w_0$，$F'(z_0)=1$. 试求圆盘的半径.

**解** 不妨认为 $w_0=0$，不然的话考虑函数 $F(z)-w_0$ 即可. 设所求圆盘半径为 $r$，考虑函数 $g(z)=\dfrac{F(z)}{r}$，则 $w=g(z)$ 将 $D$ 共形映射到单位圆盘 $|w|<1$. 又由 $F(z_0)=0, F'(z_0)=1$ 可知，

$$g(z_0)=0,\quad g'(z_0)=\frac{1}{r}>0.$$

但 $w=f(z)$ 也具有上述性质，故由黎曼存在惟一性定理知，$g(z)\equiv f(z)\ (z\in D)$，于是

$$r=\frac{1}{f'(z_0)}.$$

## III. 类题或自我检查题

1. 试确定 $w=z^2+z$ 在点 $z=0$ 的最大单叶性邻域.

$\left(答：|z|<\dfrac{1}{2}.\right)$

2. 下列各小题中，给出了三对对应点 $z_j\leftrightarrow w_j\,(j=1,2,3)$，试写出相应的分式线性变换.

(1) $z=-1,0,1\leftrightarrow w=1,\mathrm{i},-1$；

(2) $z=\infty,1,0\leftrightarrow w=2,0,\infty$；

(3) $z=-1,\mathrm{i},1\leftrightarrow w=-1,0,1$；

(4) $z=1,-\mathrm{i},1+\mathrm{i},\infty\leftrightarrow w=-1,0,\mathrm{i}$.

$\left(答：(1)\ w=\dfrac{z-\mathrm{i}}{\mathrm{i}z-1}；(2)\ w=\dfrac{2(z-1)}{z}；\right.$

$\left.\quad(3)\ w=\dfrac{1+\mathrm{i}z}{\mathrm{i}+z}；(4)\ w=\dfrac{\mathrm{i}z+1-\mathrm{i}}{z-3+\mathrm{i}}.\right)$

3. 求将上半平面 $\mathrm{Im}\,z>0$ 共形映射成单位圆 $|w|<1$ 的分式线性变换，使满足条件：$z=-1,0,1$ 分别变成 $w=-\mathrm{i},1,\mathrm{i}$.

$\left(答：w=\dfrac{\mathrm{i}z+1}{-\mathrm{i}z+1}.\right)$

4. 求将右半 $z$ 平面 $\mathrm{Re}\,z>0$ 共形映射成单位圆 $|w|<1$ 的分式线性变换，使满足条件：$z=\infty,\mathrm{i},0$ 分别变成 $w=-1,-\mathrm{i},1$.

$\left(答：w=\dfrac{1-z}{1+z}.\right)$

5. 求整线性变换，使圆 $|z|<r$ 共形映射成圆 $|w-w_0|<R\,(R>r)$，并且使圆心彼此对应，而水平直径变成与实轴成 $\alpha$ 角的直径.

$\left(答：w=\dfrac{R}{r}\mathrm{e}^{\mathrm{i}\alpha}z+w_0.\right)$

6. 试证明 $z_1$ 与 $z_2$ 关于圆周

$$Az\overline{z}+B\overline{z}+\overline{B}z+C=0$$

对称的充要条件是

$$Az_1\overline{z}_2+B\overline{z}_2+\overline{B}z_1+C=0.$$

(提示:应用第一章习题(一)8,并转化条件(7.5)′.)

7. 用分析方法证明分式线性变换(7.3)具有保持关于圆周对称点的不变性.

(提示:应用上题,并将(7.3)式分解成四个简单分式线性变换来讨论.)

8. 分别求将上半 $z$ 平面 $\operatorname{Im} z>0$ 共形映射成单位圆 $|w|<1$ 的线性变换 $w=L(z)$,使满足条件:

(1) $L(\mathrm{i})=0, L'(\mathrm{i})<0$;

(2) $L(2\mathrm{i})=0, L'(2\mathrm{i})>0$;

(3) $L(\mathrm{i})=0, \arg L'(\mathrm{i})=-\dfrac{\pi}{2}$.

$\left(\text{答:(1) } w=-\mathrm{i}\dfrac{z-\mathrm{i}}{z+\mathrm{i}}\text{; (2) } w=\mathrm{i}\dfrac{z-2\mathrm{i}}{z+2\mathrm{i}}\text{; (3) } w=\dfrac{z-\mathrm{i}}{z+\mathrm{i}}.\right)$

9. 求单位圆 $|z|<1$ 到单位圆 $|w|<1$ 的分式线性变换 $w=L(z)$,使满足条件:$L(0)=0, \arg L'(0)=-\dfrac{\pi}{2}$.

(答:$w=-\mathrm{i}z$.)

10. 求线性变换 $w=L(z)$将上半平面共形映射成下半平面,使满足条件:$L(a)=\overline{a}, \arg L'(a)=-\dfrac{\pi}{2}(\operatorname{Im} a>0)$.

$\left(\text{答:}\dfrac{w-\overline{a}}{w-a}=\mathrm{i}\dfrac{z-a}{z-\overline{a}}.\right)$

11. 圆心分别在 $z=1$ 与 $z=-1$,半径为$\sqrt{2}$的二圆弧所围成的区域,在分式线性变换 $w=\dfrac{z-\mathrm{i}}{z+\mathrm{i}}$下,变成什么区域?

(提示:所设两圆弧的交点为$-\mathrm{i}$与$\mathrm{i}$,且互相正交. 交点$-\mathrm{i}\to\infty$,$\mathrm{i}\to 0$,因此所给两角形区域被变成张角为$\dfrac{\pi}{2}$的角形. 但具体位置如何?还要画出图来.)

12. 求一个共形映射,将圆 $|z-1|<2$ 和圆 $|z+1|<2$ 的公共部分 $G$ 变换成上半平面.

$\left(\text{答:} w=-\left(\dfrac{z-\sqrt{3}\mathrm{i}}{z+\sqrt{3}\mathrm{i}}\right)^{\frac{3}{2}}.\right)$

13. 试求 $|z-a|>a$ 与 $|z-b|<b(0<a<b)$之间的区域 $D$ 到带形区域 $0<\operatorname{Im} w<\pi$ 的一个共形映射.

$\left(\text{答:} w=\dfrac{b\pi\mathrm{i}}{b-a}\cdot\dfrac{z-2a}{z}.\right)$

14. 若在上半平面 $\operatorname{Im} z>0$ 中由实轴与一段圆弧围成一个弓形,这段圆弧与实轴交于 $z=0$ 与 $z=a$,它在 $z=0$ 处的切线与实轴的正向交成 $\alpha$ 角(图 7.0.6). 试求去掉

此弓形的上半平面 $D$ 到整个上半平面 $\mathrm{Im}\ w>0$ 的一个共形映射.

$\left(答:w=\left(\dfrac{e^{-i\alpha}z}{a-z}\right)^{\frac{\pi}{\pi-\alpha}}.\right)$

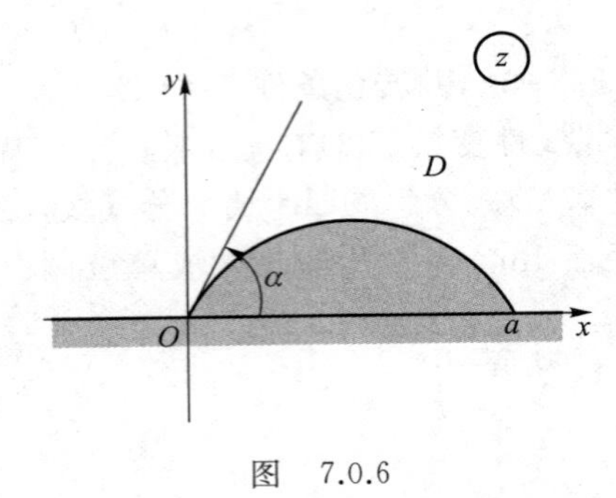


图　7.0.6

15. 求将带形区域 $0<\mathrm{Im}\ z<2\pi$ 中除去水平割线

$$\mathrm{Im}\ z=\pi,\quad -\infty<\mathrm{Re}\ z\leqslant 0$$

后的区域 $D$ 变成带形区域 $0<\mathrm{Im}\ w<2\pi$ 的一个共形映射.

(答:$w=\ln(e^{z}+1)$.)

# 第八章
# 解析延拓

## I. 重点、要求与例题

我们知道,在收敛圆 $|z|<1$ 内,幂级数 $\sum\limits_{n=0}^{\infty} z^n$ 定义了解析函数 $\frac{1}{1-z}$. 但是,使函数 $\frac{1}{1-z}$ 解析的区域是 $z\neq 1$ 的复平面,它包含了 $|z|<1$. 这个例子说明,在某个较小区域内定义的解析函数,有可能被延拓为更大区域内的解析函数. 这不仅说明可以扩大解析函数的应用范围,而且也便于更全面地了解解析函数的性质.

这一章就是介绍解析延拓的概念、方法以及把多值函数化为单值函数的一般问题.

### §1 解析延拓的概念与幂级数延拓

**1.** 充分掌握相交区域解析延拓的概念.

(1) 解析函数元素. 为了叙述方便,我们引入

**定义 8.2** 若函数 $f(z)$ 在区域 $D$ 内单值解析,则函数 $f(z)$ 与区域 $D$ 一起称为解析函数元素,记作 $\{D, f(z)\}$.

**例 8.1.1** $\left\{|z|<1, \frac{1}{1-z}\right\}$, $\{\mathrm{Re}\, z>0, \mathrm{e}^z\}$ 都是解析函数元素. ■

(2) 解析延拓的基础定义.

**定义 8.1** 设 $\{D, f(z)\}$, $\{G, F(z)\}$ 满足(1) $D\subset G$, $D\neq G$;(2) 当 $z\in D$ 时, $F(z)=f(z)$, 则称 $\{G, F(z)\}$ 是 $\{D, f(z)\}$(向外)的解析延拓.

**注** 如果 $\{D, f(z)\}$ 的解析延拓 $\{G, F(z)\}$ 存在,必惟一.

**例 8.1.2** $\{0<\arg z<\pi, \ln|z|+\mathrm{i}\arg z\}$ 是 $\left\{0<\arg z<\frac{\pi}{2}, \ln|z|+\mathrm{i}\arg z\right\}$ 的解析延拓. ■

(3) 相交区域的解析延拓原理.

**定理 8.1** 设 $\{D_1, f_1(z)\}$, $\{D_2, f_2(z)\}$ 为两个解析函数元素,满足

(1) 区域 $D_1$ 与 $D_2$ 有一公共区域 $d_{12}$(图 8.1);

(2) $f_1(z)=f_2(z)$ $(z\in d_{12})$,

则 $\{D_1+D_2, F(z)\}$ 也是一个解析函数元素,其中

$$F(z)=\begin{cases}f_1(z), & z\in D_1-d_{12},\\ f_2(z), & z\in D_2-d_{12},\\ f_1(z)=f_2(z), & z\in d_{12}.\end{cases}$$

(4) 直接解析延拓.

**定义 8.3** 如果(1) $D_1\cap D_2=d_{12}$ 为一区域;

(2) $f_1(z)=f_2(z)(z\in d_{12})$,

则称两个解析函数元素$\{D_1,f_1(z)\}$及$\{D_2,f_2(z)\}$互为直接解析延拓.

**例 8.1.3** $\{\mathrm{Re}\,z>0,\mathrm{e}^z\}$与$\{\mathrm{Im}\,z>0,\mathrm{e}^z\}$互为直接解析延拓. 因为它们在公共部分第一象限内等值. ■

**注** $\mathrm{e}^z$ 是一个完全解析函数.

**例 8.1.4** 设

$$D_1:|z|<1,\ f_1(z)=\sum_{n=0}^{\infty}z^n,$$

$$D_2:|z-\mathrm{i}|<\sqrt{2},\ f_2(z)=\frac{1}{1-\mathrm{i}}\sum_{n=0}^{\infty}\left(\frac{z-\mathrm{i}}{1-\mathrm{i}}\right)^n.$$

因为$\{D_1,f_1(z)\}$,$\{D_2,f_2(z)\}$都是解析函数元素,$D_1$,$D_2$ 互不包含,且 $D_1\cap D_2\neq\varnothing$ 又是区域,而由幂级数的和知道,当 $z\in D_1\cap D_2$ 时,$f_1(z)=f_2(z)=\dfrac{1}{1-z}$,所以$\{D_1,f_1(z)\}$,$\{D_2,f_2(z)\}$互为直接解析延拓. ■

**注** $\dfrac{1}{1-z}$是一个完全解析函数.

**2. 掌握幂级数延拓的方法.**

这是以直接解析延拓为依据,通过解析延拓链达到解析延拓目的的有效方法. 用这种方法,就能得到已给解析函数元素的所有解析延拓. 换句话说,我们从一个解析函数元素出发,沿所有可能的方向延拓,新的组成部分也向一切可能的方向进行延拓,一直到不能延拓为止.

**3. 充分理解完全解析函数的概念.**

**定义 8.7** 一个完全解析函数 $F(z)$是一个一般解析函数,它包含其任一元素的所有解析延拓. $F(z)$的定义区域 $G$ 称为它的存在区域. $G$ 的边界称为 $F(z)$的自然边界.

自然边界点就是 $F(z)$的奇点. 一个完全解析函数的任意两个解析函数元素是互为解析延拓的.

**例 8.1.5** 设 $f_1(z)=\sum\limits_{n=0}^{\infty}(-1)^n(z-1)^n$,$z\in D_1$: $|z-1|<1$,试把$\{D_1,f_1(z)\}$延拓到包含在第一、二、四象限的一个区域.

**解** 取 $D_2$:$|z-\mathrm{i}|<1$,幂级数

$$f_2(z)=\frac{1}{\mathrm{i}}\sum_{n=0}^{\infty}(-1)^n\left(\frac{z-\mathrm{i}}{\mathrm{i}}\right)^n$$

在 $D_2$ 内解析. 由例 8.2 可见$\{D_1,f_1(z)\}$,$\{D_2,f_2(z)\}$互为直接解析延拓.

又 $D_2\subset\{\mathrm{Im}\,z>0\}$,所以 $D_1\cup D_2$ 是符合要求的区域 $G$. 且由于 $F(z)=\dfrac{1}{z}$,则

$\left\{D_1 \cup D_2, \dfrac{1}{z}\right\}$就是所求的解析延拓. ■

**例 8.1.6** 设有解析函数元素$\{D, f(z)\}$,其中

$$f(z)=\sum_{n=0}^{\infty}(-1)^n(z-1)^n, \quad D:|z-1|<1.$$

取$z_1=\dfrac{1}{2}$,说明沿$z=1$到$z_1=\dfrac{1}{2}$的方向$f(z)$不能解析延拓.

**解** $f(z)$在$z_1=\dfrac{1}{2}$的邻域内的展式为

$$2\sum_{n=0}^{\infty}(-1)^n(2z-1)^n,$$

其收敛半径为$\dfrac{1}{2}$. 显然$\left\{\left|z-\dfrac{1}{2}\right|<\dfrac{1}{2}\right\}\subset D$. 又圆周

$$\left|z-\frac{1}{2}\right|=\frac{1}{2} \quad 与 \quad |z-1|=1$$

在原点$z=0$相切,而$z=0$是完全解析函数$F(z)=\dfrac{1}{z}$的奇点,所以$f(z)$沿$z=1$到$z_1=\dfrac{1}{2}$的方向不能解析延拓. ■

**注** 如果在某个方向可以进行解析延拓,一般说来都可以用幂级数方法来实现. 所以幂级数延拓方法在理论上很重要.

**例 8.1.7** 设有用幂级数定义的函数$f(z)=\sum\limits_{n=0}^{\infty}z^n$.

用达朗贝尔判定法易求得右端幂级数的收敛半径$R=1$. $f(z)$是收敛圆$D:|z|<1$内的解析函数,并且

$$f(z)=\frac{1}{1-z} \quad (|z|<1).$$

由于幂级数在$|z|=1$外部任一点都发散,这样确定的函数在$|z|=1$的外部是没有意义的.

任取$a\in D, a\neq 0$,不难求得$f(z)$在点$a$的泰勒展式为

$$f(z)=\sum_{n=0}^{\infty}(1-a)^{-n-1}(z-a)^n.$$

易算得上式右端的收敛半径$R_1=|1-a|$.

如取$a=\dfrac{i}{2}$,由于圆

$$D_1:\left|z-\frac{i}{2}\right|<\left|1-\frac{i}{2}\right|=\frac{\sqrt{5}}{2}$$

已有一部分在$D$外(图 8.1.1),因而函数

$$g(z)=\sum_{n=0}^{\infty}\left(1-\frac{i}{2}\right)^{-1-n}\left(z-\frac{i}{2}\right)^n \quad (z\in D_1)$$

和函数$f(z)$互为直接解析延拓. 也就是说,把$f(z)$从区

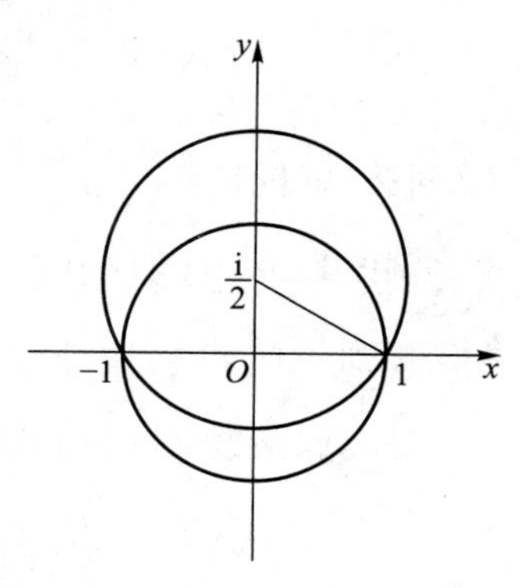

图 8.1.1

域 $D$ 解析延拓到区域 $D\cup D_1$ 内了.

这里 $F(z)=\dfrac{1}{1-z}$是完全解析函数. ■

**例 8.1.8**　设

$$f_1(z)=-1-z^2-z^4-\cdots-z^{2n}-\cdots\quad (D_1:|z|<1),$$

$$f_2(z)=\frac{1}{z^2}+\frac{1}{z^4}+\frac{1}{z^6}+\cdots+\frac{1}{z^{2n}}+\cdots\quad (D_2:|z|>1).$$

证明$\{D_1,f_1(z)\}$与$\{D_2,f_2(z)\}$互为(间接)解析延拓.

**证**　记 $g(z)=\dfrac{1}{z^2-1}(z\neq\pm1)$,$D$ 表示除 $z=\pm1$ 外的 $z$ 平面,则 $g(z)$在 $D$ 内解析. 因

$$f_1(z)=\frac{-1}{1-z^2}=\frac{1}{z^2-1}=g(z)\quad (z\in D_1),$$

$$f_2(z)=\frac{\frac{1}{z^2}}{1-\frac{1}{z^2}}=\frac{1}{z^2-1}=g(z)\quad (z\in D_2),$$

而 $D_1\subset D$,$D_2\subset D$,所以完全解析函数$\{D,g(z)\}$同是$\{D_1,f_1(z)\}$及$\{D_2,f_2(z)\}$的解析延拓. 于是$\{D_1,f_1(z)\}$与$\{D_2,f_2(z)\}$互为解析延拓. ■

**例 8.1.9**　设

$$f_1(z)=\ln|z|+\mathrm{i}\arg z,\quad D_1=\{z\,|\,0<\arg z<\pi\};$$

$$f_4(z)=\ln|z|+\mathrm{i}\arg z,\quad D_4=\left\{z\,\middle|\,\frac{3}{2}\pi<\arg z<\frac{5}{2}\pi\right\}.$$

试证$\{D_1,f_1(z)\}$,$\{D_4,f_4(z)\}$互为解析延拓.

**证**　显然 $D_1\cap D_4\neq\varnothing$,但在 $D_1\cap D_4$ 内,

$$f_1(z)=\ln|z|+\mathrm{i}\arg z\quad (0<\arg z<\pi),$$

$$f_4(z)=\ln|z|+\mathrm{i}\arg z\quad \left(\frac{3\pi}{2}<\arg z<\frac{5\pi}{2}\right),$$

所以 $f_1(z)\neq f_4(z)$,且$\{D_1,f_1(z)\}$,$\{D_4,f_4(z)\}$不互为直接解析延拓. 然而,作

$$f_2(z)=\ln|z|+\mathrm{i}\arg z,\quad D_2=\left\{z\,\middle|\,\frac{\pi}{2}<\arg z<\frac{3}{2}\pi\right\},$$

$$f_3(z)=\ln|z|+\mathrm{i}\arg z,\quad D_3=\{z\,|\,\pi<\arg z<2\pi\}.$$

这时,$\{D_j,f_j(z)\}(j=1,2,3,4)$构成解析延拓链,所以$\{D_1,f_1(z)\}$,$\{D_4,f_4(z)\}$互为(间接)解析延拓. ■

**例 8.1.10**　证明:函数 $f(z)=\displaystyle\sum_{n=0}^{\infty}\left(\frac{2z-1}{z-2}\right)^n$ 在单位圆$|z|<1$ 内解析,并且可解析延拓到除点 $z=-1$ 外的整个 $z$ 平面.

**证**　和函数 $f(z)$的解析性区域为$\left|\dfrac{2z-1}{z-2}\right|<1$,也就是单位圆$|z|<1$. 又

$$f(z)=\frac{1}{1-\frac{2z-1}{z-2}}=\frac{2-z}{1+z}\quad (|z|<1),$$

因函数 $F(z)=\dfrac{2-z}{1+z}$ 除 $z=-1$ 外,在 $z$ 平面上处处解析,故由定义 8.1,$f(z)$ 可以解析延拓到除 $z=-1$ 外的整个 $z$ 平面. ■

**例 8.1.11** 设 $\theta$ 是一个无理数,$a=e^{i\theta\pi}$,证明:单位圆周是 $f(z)=\sum\limits_{n=0}^{\infty}a^{n^2}z^n$ 的一个自然边界.

**分析** 由

$$\begin{aligned}f(z)&=1+\sum_{n=1}^{\infty}a^{n^2}z^n=1+az\sum_{n=1}^{\infty}a^{n^2-1}z^{n-1}\\&=1+az\sum_{n-1=0}^{\infty}a^{(n-1)(n+1)}z^{n-1}\\&=1+az\sum_{n=0}^{\infty}a^{n^2}(a^2z)^n=1+azf(a^2z)\end{aligned}$$

知函数 $f(z)$ 满足方程

$$f(z)-1=azf(a^2z). \tag{1}$$

**证** 由柯西-阿达玛公式,级数 $\sum\limits_{n=0}^{\infty}a^{n^2}z^n$ 的收敛半径 $R=1$. 故在单位圆 $|z|<1$ 内 $f(z)$ 表示一个解析函数. 以下证明,$f(z)$ 的奇点稠密于单位圆周 $|z|=1$ 上.

首先,因为 $f(z)$ 至少有一个奇点 $z_0$ 在单位圆周 $|z|=1$ 上. 由(1)式知 $a^2z_0$ 也是一个奇点;重复这个过程,对 $m=0,1,2,\cdots$,$a^{2m}z_0$ 都是奇点,即 $e^{i(m\theta)2\pi}z_0$ 都是奇点. 因为 $\theta$ 是无理数,这些奇点在单位圆周上是处处稠密的,所以单位圆周是 $f(z)$ 的一个自然边界. ■

## §2 透弧解析延拓、对称原理

**1.** 掌握潘勒韦(Painlevé)连续延拓原理及透弧直接解析延拓的概念.

**定理 8.2** (潘勒韦原理)设 $\{D_1,f_1(z)\}$ 及 $\{D_2,f_2(z)\}$ 为两个解析函数元素,满足

(1) 区域 $D_1$ 与 $D_2$ 不相交,但有一段公共边界,除掉其端点后的开弧记为 $\Gamma$;

(2) $f_1(z)$ 在 $D_1+\Gamma$ 上连续,$f_2(z)$ 在 $D_2+\Gamma$ 上连续;

(3) 沿 $\Gamma$,$f_1(z)=f_2(z)$,

则 $\{D_1+\Gamma+D_2,F(z)\}$ 也是一个解析函数元素,其中

$$F(z)=\begin{cases}f_1(z), & z\in D_1,\\ f_1(z)=f_2(z), & z\in\Gamma,\\ f_2(z), & z\in D_2.\end{cases}$$

**定义 8.5** 满足定理 8.2 条件的两个解析函数元素 $\{D_1,f_1(z)\}$,$\{D_2,f_2(z)\}$ 称为互为(透弧)直接解析延拓.

**注** 这里仍然类似地有(透弧)解析延拓链和互为(间接透弧)解析延拓的定义.

**例 8.2.1** 设 $f_1(z)=e^{\frac{1}{z}}$,$D_1:1<|z|<2$. 试把 $\{D_1,f_1(z)\}$ 解析延拓到 $1<|z|<+\infty$ 内的一个区域.

**解**　取 $D_2$：$2<|z|<3$，则 $D_1 \cap D_2=\varnothing$，$D_1$ 与 $D_2$ 具有公共边界 $\Gamma$：$|z|=2$.

$e^{\frac{1}{z}}$ 在 $D_1$ 内解析，在 $D_1 \cup \Gamma$ 上连续；

$e^{\frac{1}{z}}$ 在 $D_2$ 内解析，在 $D_2 \cup \Gamma$ 上连续.

所以 $\{1<|z|<3, e^{\frac{1}{z}}\}$ 是 $\{1<|z|<2, e^{\frac{1}{z}}\}$ 的解析延拓. 且 $\{D_1, e^{\frac{1}{z}}\}$ 与 $\{D_2, e^{\frac{1}{z}}\}$ 互为透弧直接解析延拓. ■

**注**　$e^{\frac{1}{z}}$ 是个完全解析函数，以 $z=0$ 为自然边界.

**2. 充分理解黎曼-施瓦茨对称原理.**

**定理 8.3**　设

(1) $D$ 及 $D^*$ 为 $z$ 平面上两个区域，分别在上半平面与下半平面，关于 $x$ 轴对称，并且它们的边界都包含 $x$ 轴上一条线段 $S$；

(2) $\{D, f(z)\}$ 为解析函数元素，$f(z)$ 在 $D+S$ 上连续，且在 $S$ 上取实数值，

则存在一个函数 $F(z)$ 满足下列条件：

(1) $F(z)$ 在区域 $D+S+D^*$ 内解析；

(2) 在 $D$ 内 $F(z)=f(z)$；

(3) 在 $D^*$ 内 $F(z)=\overline{f(\bar{z})}$.

（即 $\{D^*, \overline{f(\bar{z})}\}$ 是 $\{D, f(z)\}$ 透过弧 $S$ 的直接解析延拓.）

**注**　(1) 对称原理可使解析函数的定义域扩大一倍.

(2) 在定理 8.3 中，如果把直线段 $S$ 换成一个圆弧，并引入共形映射，而其他条件不变，则定理仍成立（这就是定理 8.4 及定理 8.5），因为圆弧经过线性变换可以变成直线段.

**例 8.2.2**　若变换 $w=f(z)$ 是一个整函数，而且将实轴变成实轴，将虚轴变成虚轴，试证 $f(z)$ 是一个奇函数.

**分析**　$z$ 和 $\bar{z}$ 关于实轴对称，$z$ 和 $-\bar{z}$ 关于虚轴对称（图 8.2.1）.

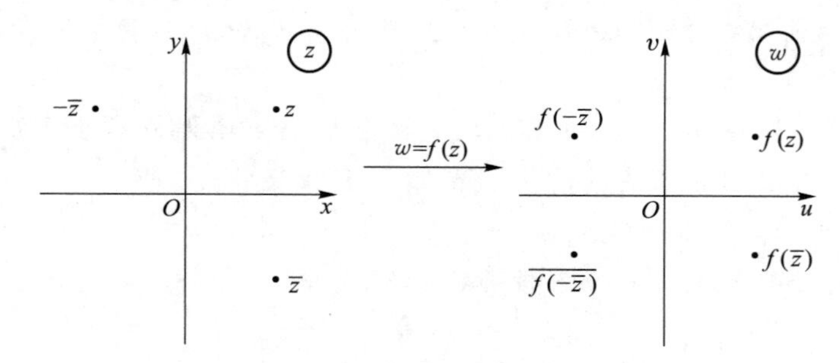


图　8.2.1

**证**　如图 8.2.1 所示，对实轴应用对称原理，便有

$$f(z)=\overline{f(\bar{z})},$$

对虚轴应用对称原理，便有

$$f(z)=-\overline{f(-\bar{z})}.$$

于是

$$\overline{f(\overline{z})}=-\overline{f(-\overline{z})},\quad f(\overline{z})=-f(-\overline{z}),\quad f(z)=-f(-z),$$

即 $f(z)$ 是一个奇函数. ■

**注** 图 8.2.1 应这样理解：

(1) $z,\overline{z}$ 关于 $x$ 轴对称，由对称原理，其像点 $f(z),f(\overline{z})$ 就关于 $u$ 轴对称. 故有

$$f(z)=\overline{f(\overline{z})}.$$

(2) $\overline{z},-\overline{z}$ 关于 $z$ 平面上的原点对称，从而 $z,-\overline{z}$ 就关于 $y$ 轴对称，由对称原理，其像点 $f(z),f(-\overline{z})$ 就关于 $v$ 轴对称.

又 $f(-\overline{z})$ 和 $\overline{f(-\overline{z})}$ 关于 $u$ 轴对称，所以，$f(z)$ 和 $\overline{f(-\overline{z})}$ 就关于 $w$ 平面上的原点对称. 故有

$$f(z)=-\overline{f(-\overline{z})}.$$

**例 8.2.3** 设函数 $w=f(z)$ 在上半 $z$ 平面及实轴上单叶解析，并且把上半 $z$ 平面共形映射成上半 $w$ 平面，把 $z$ 平面上的实轴变成 $w$ 平面上的实轴，则 $f(z)$ 是一个整线性函数 $a_0+a_1z\ (a_1\neq 0)$.

**分析** 由对称原理，我们可以把 $w=f(z)$ 的定义区域越过 $z$ 平面的实轴扩充到下半 $z$ 平面，得到在整个 $z$ 平面上的单叶解析函数，即单叶整函数 $w=f(z)$.

**证** 由教材例 5.21，其充要条件为

$$f(z)=a_0+a_1z\quad (a_1\neq 0).$$ ■

**例 8.2.4** 设函数 $w=f(z)$ 在 $\operatorname{Im} z\geqslant 0$ 上单叶解析，并且把 $\operatorname{Im} z>0$ 共形映射成 $|w|<1$；把实轴 $\operatorname{Im} z=0$ 变成单位圆周 $|w|=1$. 试证 $f(z)$ 一定是分式线性函数.

**分析** 因为 $w=f(z)$ 把 $\operatorname{Im} z=0$ 变成 $|w|=1$，所以存在点 $w_0$ 满足 $|w_0|=1$ 且使 $f(\infty)=w_0$. 考虑 $w=f(z)$ 的反函数 $z=g(w)$，由于它在 $|w|\leqslant 1$ 上除 $w=w_0$ 外是单叶解析的，且在 $|w|=1$ 上(除 $w=w_0$ 外)取实值，故由推广的对称原理，$z=g(w)$ 可经过 $|w|=1$(除去 $w=w_0$ 外)解析延拓到单位圆周 $|w|=1$ 的外部，得到在扩充 $w$ 平面上除 $w=w_0$ 外的单叶解析函数.

**证** 易知 $w_0$ 是函数 $G(w)=\dfrac{1}{g(w)}(g(w_0)=\infty)$ 的可去奇点. 规定 $G(w_0)=0$，则 $G(w)$ 在 $w_0$ 的邻域内单叶解析，从而由教材定理 6.11，$G'(w_0)\neq 0$. 因此 $w_0$ 是 $G(w)$ 的一阶零点，故在扩充 $w$ 平面上，$w_0$ 是 $g(w)$ 的惟一奇点——一阶极点. 由教材第五章习题(二)第 8 题的结果，可知 $g(w)$ 为分式线性函数，从而可知其反函数 $w=f(z)$ 一定是分式线性函数. ■

**例 8.2.5** 设区域 $D$ 是沿正半实轴以及连接 $\pm\mathrm{i}$ 两点的线段割开的 $z$ 平面. 求函数 $w=f(z)$ 将 $D$ 共形映射成上半 $w$ 平面.

**分析** 解题思路如图 8.2.2，其中应用了对称原理.

**解** 先将 $D$ 沿负半实轴割开，分成两个关于实轴的对称区域. 在上半平面的一个记为 $D'$，另一个记为 $D''$.

由例 7.10(其中取 $a=0,h=1$)可知函数

$$w_1=\sqrt{z^2+1}\quad(\sqrt{-1}=\mathrm{i})\tag{1}$$

将 $D'$ 共形映射成上半 $w_1$ 平面，且将负实轴变成实轴上的区间 $(-\infty,-1]$. 根据对称

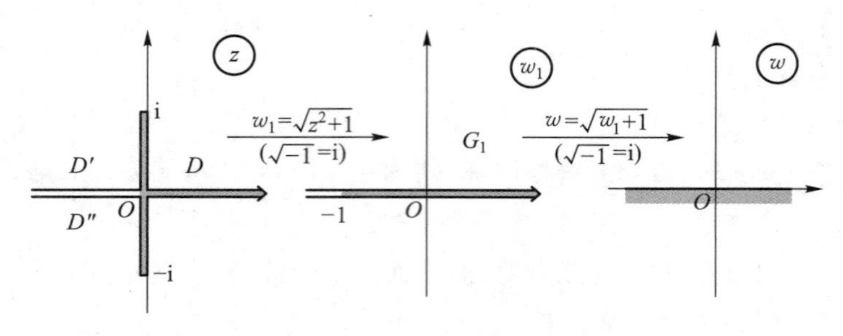


图　8.2.2

延拓原理可将函数(1)的定义区域经 $z$ 平面负半实轴延拓到区域 $D''$ 上，即延拓到 $D$ 上的解析函数. 由于$\sqrt{z^2+1}\,(\sqrt{-1}=\mathrm{i})$在 $D$ 内解析，故延拓后的函数仍可表作(1)式. $D$ 的像区域 $G_1$ 为沿实轴上的区间$[-1,+\infty)$割开的 $w_1$ 平面. 于是再作变换

$$w=\sqrt{w_1+1}\quad(\sqrt{-1}=\mathrm{i}),\tag{2}$$

即可将 $G_1$ 共形映射成上半 $w$ 平面(图 8.2.2). 因而所求变换为(1)式和(2)式的复合函数 $w=\sqrt{\sqrt{z^2+1}+1}$. 式中两个根式均取满足条件$\sqrt{-1}=\mathrm{i}$ 的分支. ■

## §3　完全解析函数及黎曼面的概念

**1.** 了解黎曼面的概念及其制作方法.

(1) 一个完全解析函数 $F(z)$显然是不能再扩大的. 它可能是单值的(这时，它的存在区域就是通常 $z$ 平面上的区域)，也可能是多值的(这时，它的存在区域就是黎曼面).

还可看出，每一个解析函数元素必属于惟一的完全解析函数.

(2) **定理 8.6(单值性定理)**　若 $f(z)$在扩充 $z$ 平面上的单连通区域 $D$ 内解析，则 $f(z)$在 $D$ 内单值解析.

(3) 具有支点的完全解析函数 $F(z)$称为多值解析函数.

(4) 黎曼面的概念.

设 $w=F(z)$是多值解析函数，则对其存在区域中 $z$ 的一个值，$w$ 有多个值和它对应. 黎曼创造一种模型(称为黎曼面)代替通常的 $z$ 平面. 利用黎曼面，可以使以前说的解析延拓过程、多值解析函数概念本身、支点及支割线的概念，在几何上有了明显的表示和说明. 更重要的是，可以使多值完全解析函数 $F(z)$成为其黎曼面上的单值解析函数，于是，单值解析函数的理论便可以对它应用了. 因此，由于函数多值性所引起的复杂性，利用几何方法可以除去了.

教材例 8.12 及例 8.13 利用透弧解析延拓制作 $w=\sqrt[n]{z}$ 及 $w=\mathrm{Ln}\,z$ 的黎曼面. 下面前两个例题则应用相交区域的直接解析延拓制作它们的黎曼面.

**例 8.3.1**　求由解析函数元素

$$\left\{a<\arg z<\pi,f_1(z)=|z|^{\frac{1}{n}}\mathrm{e}^{\mathrm{i}\frac{\arg z}{n}}\right\}\quad(n\text{ 是自然数})$$

所确定的完全解析函数及其黎曼面.

**解**　用解析函数元素$\{0<\arg z<\pi,f_1(z)\}$所有可能的解析延拓来构造完全解析

函数. 根据解析延拓的惟一性,它们可以由下列解析延拓来实现:

$$f_2(z)=|z|^{\frac{1}{n}}e^{i\frac{\arg z}{n}},\quad \frac{\pi}{2}<\arg z<\frac{3\pi}{2};$$

$$f_3(z)=|z|^{\frac{1}{n}}e^{i\frac{\arg z}{n}},\quad \pi<\arg z<2\pi;$$

$$f_4(z)=\begin{cases}|z|^{\frac{1}{n}}e^{i\frac{\arg z}{n}}, & \frac{3}{2}\pi<\arg z\leqslant 2\pi,\\ |z|^{\frac{1}{n}}e^{i\frac{\arg z+2\pi}{n}}, & 0<\arg z<\frac{\pi}{2};\end{cases}$$

$$f_5(z)=|z|^{\frac{1}{n}}e^{i\frac{\arg z+2\pi}{n}},\quad 0<\arg z<\pi.$$

更一般地有

$$f_{4j+2}(z)=|z|^{\frac{1}{n}}e^{i\frac{\arg z+2j\pi}{n}},\quad \frac{\pi}{2}<\arg z<\frac{3\pi}{2};$$

$$f_{4j+3}(z)=|z|^{\frac{1}{n}}e^{i\frac{\arg z+2j\pi}{n}},\quad \pi<\arg z<2\pi;$$

$$f_{4(j+1)}(z)=\begin{cases}|z|^{\frac{1}{n}}e^{i\frac{\arg z+2j\pi}{n}}, & \frac{3\pi}{2}<\arg z\leqslant 2\pi,\\ |z|^{\frac{1}{n}}e^{i\frac{\arg z+2(j+1)\pi}{n}}, & 0<\arg z<\frac{\pi}{2};\end{cases}\tag{1}$$

$$f_{4(j+1)+1}(z)=|z|^{\frac{1}{n}}e^{i\frac{\arg z+2(j+1)\pi}{n}},\quad 0<\arg z<\pi$$

$$(j=0,\pm 1,\pm 2,\cdots).$$

显然,后一个函数是前一个函数的直接解析延拓. 设 $j\geqslant 0$,注意到当 $j=n-1$ 时,在区域 $0<\arg z<\frac{\pi}{2}$ 内,就有

$$f_{4(j+1)}(z)=f_{4(j+1)+1}(z)=|z|^{\frac{1}{n}}e^{i\frac{\arg z+2n\pi}{n}}=f_1(z),$$

再往下延拓,就完全重复 $f_2(z),f_3(z),\cdots$, 所以只需要考虑 $j=0,1,2,\cdots,n-1$ 所对应的全部解析函数元素即可. 而这又等价于在 $z$ 平面 $0<\arg z\leqslant 2\pi$ 上对应着的 $n$ 个值

$$|z|^{\frac{1}{n}}e^{i\frac{\arg z+2j\pi}{n}}\quad (j=0,1,2,\cdots,n-1).\tag{2}$$

对于 $j<0$ 的情况,也可以化到(2)式所对应的 $n$ 个值. 这样所得到的区域 $R$ 就是扩充 $z$ 平面除去 $z=0$ 及 $z=\infty$ 后的区域. 完全解析函数就是 $n$ 值函数$\sqrt[n]{z}$,其自然边界为 $z=0$ 及 $z=\infty$. 从(2)式还可知道,它在 $0<\arg z<2\pi$ 上有 $n$ 个单值解析分支,且是整幂函数 $z=w^n$ 的反函数.

为了要得到多值函数$\sqrt[n]{z}$的黎曼面,对应于(2)式上每一个函数的定义域,可以截去一个半平面. 由于函数 $f_1(z)$与 $f_2(z)$在第二象限上的值相等,因此就可以将这两个半平面在第二象限上黏合起来,这样就可以得到一个区域,它就是前三个象限(图 8.3.1). 由于函数 $f_2(z)$与$f_3(z)$在第三象限上的值相等,因此可以将图 8.3.1 中第三象限与 $f_3(z)$所对应的下半平面在第三象限上黏合起来,

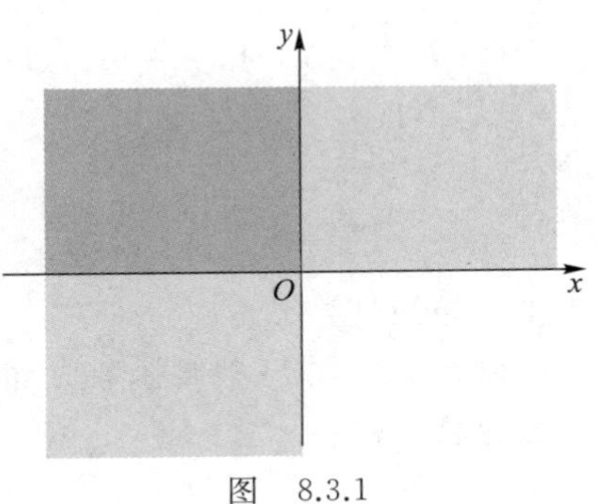

图 8.3.1

这样就得到 $z$ 平面除去正实轴的区域$G_1$. 由于函数 $f_3(z)$与 $f_4(z)$在第四象限上的值相同,但在第一象限上的值不同,因此可以将区域 $G_1$ 的第四象限与函数$f_4(z)$所对应的右半平面上的第四象限黏合起来,但是不能将它们的第一象限黏合起来,因为,在这里它们的函数值不相等. 这样一来,在第一象限上一共就有两层了. 如此反复地进行下去,一直到 $f_{4n}(z)$,由于它所对应的右半平面在第一象限上的值与 $f_1(z)$所对应的上半平面在第一象限上的值相等, 因此也可以认为这两部分在第一象限也是黏合的. 当然,这种黏合在实际上是不可能的,因为从构造可以看出:它们中间隔着$(n-1)$层. 这样就得到函数 $\sqrt[n]{z}$ 的黎曼面,它是由 $n$ 层 $z$ 平面除去 $z=0$ 的区域黏合而成的(图8.15). 函数 $\sqrt[n]{z}$ 在此黎曼面上就是一个单值解析函数. ■

**例 8.3.2** 把多值函数

$$f(z)=\ln r+\mathrm{i}\theta(z=r\mathrm{e}^{\mathrm{i}\theta}),\quad 0<\theta<\frac{5\pi}{2}$$

化为单值解析分支,并作黎曼面.

**解** 把 $f(z)$用下列方法分为单值解析分支(图 8.3.2):

$$f_1(z)=\ln r+\mathrm{i}\theta,\quad D_1:0<\theta<\pi;$$

$$f_2(z)=\ln r+\mathrm{i}\theta,\quad D_2:\frac{\pi}{2}<\theta<\frac{3\pi}{2};$$

$$f_3(z)=\ln r+\mathrm{i}\theta,\quad D_3:\pi<\theta<2\pi;$$

$$f_4(z)=\ln r+\mathrm{i}\theta,\quad D_4:\frac{3\pi}{2}<\theta<\frac{5\pi}{2}.$$

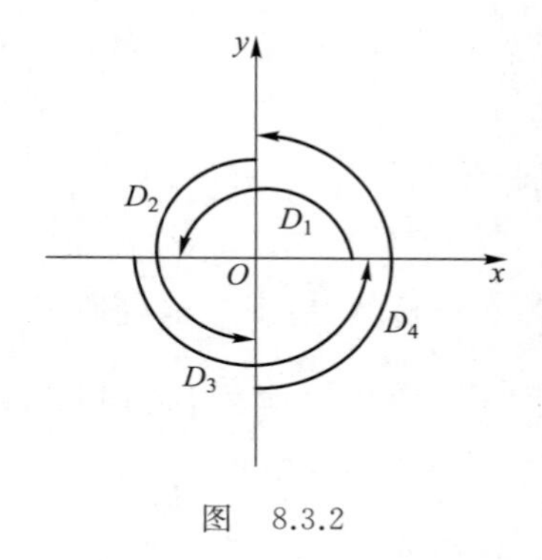

图 8.3.2

黏合

$$D_1\cap D_2:\frac{\pi}{2}<\theta<\pi,$$

$$D_2\cap D_3:\pi<\theta<\frac{3\pi}{2},$$

$$D_3\cap D_4:\frac{3\pi}{2}<\theta<2\pi,$$

得黎曼面(图 8.3.3). ■

**注** 也可以用其他方法把 $f(z)$分为单值解析分支. 如

$$f_1(z)=\ln r+\mathrm{i}\theta,\quad D_1:0<\theta<2\pi;$$

$$f_2(z)=\ln r+\mathrm{i}\theta,\quad D_2:\frac{3\pi}{2}<\theta<\frac{5\pi}{2}.$$

黏合

$$D_1\cap D_2:\frac{3\pi}{2}<\theta<2\pi,$$

也得黎曼面(图 8.3.3).

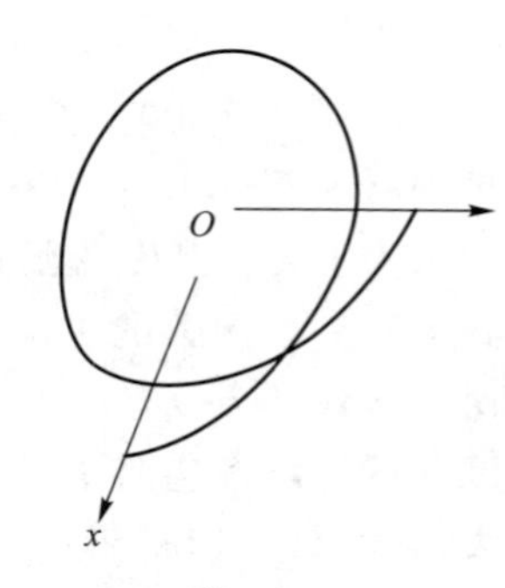

图 8.3.3

**例 8.3.3** 求一般幂函数 $z^\alpha$ 的分支及黎曼面.

**分析** $z^\alpha=\mathrm{e}^{\alpha\operatorname{Ln}z}$.

**解** 若 $\alpha=\frac{m}{n}$ 是既约有理数，整数 $n>0$，则

$$e^{\frac{m}{n}\mathrm{Ln}\, z}=(z^{\frac{1}{n}})^{m}.$$

因此它有 $n$ 个分支，支点为 $z=0$ 及 $z=\infty$，其黎曼面与 $\sqrt[n]{z}=z^{\frac{1}{n}}$ 的黎曼面完全一样.

若 $\alpha$ 为无理数，$e^{\alpha\,\mathrm{Ln}\, z}$ 就有无穷多个分支，支点仍为 $z=0$ 及 $z=\infty$，且其黎曼面与 $\mathrm{Ln}\, z$ 的黎曼面完全一样. ■

**2.** 黎曼面的最大优点是不仅使 $w$ 平面上的点和 $z$ 平面上的点建立一一对应，而且可使 $z$ 平面上的连续曲线和 $w$ 平面上的连续曲线成对应. 利用黎曼面，所有关于单值函数的性质都可以推广到多值函数.

设 $f(z)$ 是定义在黎曼面上的函数，若 $z=a$ 是 $f(z)$ 的解析点，则在 $a$ 的一个邻域内，$f(z)$ 可以展开为泰勒级数. 其收敛圆可能有一部分在黎曼面的某一叶上，而另一部分则在与之黏合的另一叶上，但支点不能在收敛圆之内.

## *§ 4 多角形区域的共形映射

**1.** 了解克里斯托费尔(Christoffel)-施瓦茨公式及其几何意义.

**定理 8.7** 设(1) $P_n$ 为有界 $n$ 角形，其顶点为 $A_1, A_2, \cdots, A_n$，其顶角为 $\alpha_1\pi, \alpha_2\pi, \cdots, \alpha_n\pi (0<\alpha_j<2, j=1,2,\cdots,n)$；

(2) 函数 $w=f(z)$ 将上半平面 $\mathrm{Im}\, z>0$ 共形映射成 $P_n$；

(3) $z$ 平面实轴上对应于 $w$ 平面多角形 $P_n$ 的顶点 $A_j$ 的那些点 $a_j$：

$$-\infty<a_1<a_2<\cdots<a_j<\cdots<a_n<+\infty$$

都是已知的，则

$$f(z)=C\int_{z_0}^{z}(z-a_1)^{\alpha_1-1}(z-a_2)^{\alpha_2-1}\cdots(z-a_n)^{\alpha_n-1}\mathrm{d}z+C_1, \tag{8.9}$$

其中 $z_0, C$ 与 $C_1$ 是三个复常数.

**注** (1) 显然有

$$\sum_{j=1}^{n}\alpha_j=n-2. \tag{8.10}$$

(2) 变换(8.9)的逆变换 $z=f^{-1}(w)$ 将 $w$ 平面上的单连通区域——多角形 $P_n$——共形映射成标准区域上半 $z$ 平面.

**2.** 定理 8.7 的下列两个退化情形是很有用的：

(1) 若 $n$ 角形 $P_n$ 有一个顶点是 $z$ 平面上无穷远点的像，则在公式(8.9)中就丢掉那个关于这个顶点的因子.

在实际应用上，可以利用这个事实来简化克里斯托费尔-施瓦茨积分.

(2) 对于一个或几个顶点在无穷远处的那些多角形(称为广义多角形)来说，克里斯托费尔-施瓦茨公式仍然有效，只需把顶点在无穷远处的那两条直线间的角度，用这两条直线在有限点处的那个交角反号代替.

**注** 关于广义多角形的举例，读者可参看教材第 251—253 页. 由此可以看出，广义多角形实际上代表了扩充 $w$ 平面上许多特殊形状的单连通区域(边界不止一点). 而变换(8.9)的逆变换 $z=f^{-1}(w)$ 就能把这许多特殊形状的单连通区域共形映射成(即“简化成”)标准区域——上半 $z$ 平面.

**例 8.4.1** 求将上半 $z$ 平面共形映射成 $w$ 平面上一个矩形 $A_1A_2A_3A_4$（图 8.4.1）的变换.

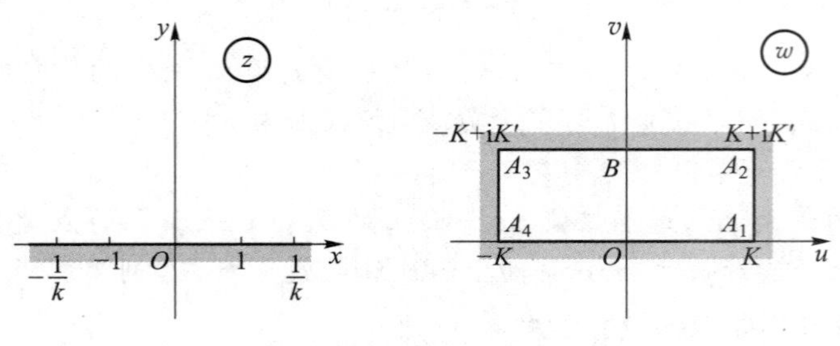


图 8.4.1

**分析** 首先考虑 $z$ 平面的第一象限到已给矩形内部右边一半 $OA_1A_2B$ 的共形映射，且 $O,A_1,B$ 分别与 $0,1,\infty$ 相对应. 设顶点 $A_2$ 由 $\frac{1}{k}$ 变得，这里 $0<k<1$. 把这一变换按对称原理通过上半 $v$ 轴延拓，就得到所求共形映射. 由此可见 $A_3$ 与 $-\frac{1}{k}$ 相对应. 还有 $\sum \alpha_j = 4-2$.

**解** 为了明显起见，我们把数据列成表，其中点 $a_j(j=1,2,3,4)$ 中的三个可以任意给定.

| $A_j$ | $\alpha_j$ | $a_j$ |
|---|---|---|
| $K$ | $\frac{1}{2}$ | $1$ |
| $K+\mathrm{i}K'$ | $\frac{1}{2}$ | $\frac{1}{k}$ |
| $-K+\mathrm{i}K'$ | $\frac{1}{2}$ | $-\frac{1}{k}$ |
| $-K$ | $\frac{1}{2}$ | $-1$ |

按克里斯托费尔-施瓦茨公式(8.9)，

$$\begin{aligned} w &= C\int_0^z (z-1)^{-\frac{1}{2}}(z+1)^{-\frac{1}{2}}\left(z-\frac{1}{k}\right)^{-\frac{1}{2}}\left(z+\frac{1}{k}\right)^{-\frac{1}{2}}\mathrm{d}z + C_1 \\ &= C\int_0^z \frac{\mathrm{d}z}{\sqrt{(z^2-1)\left(z^2-\frac{1}{k^2}\right)}} + C_1 \\ &= C'\int_0^z \frac{\mathrm{d}z}{\sqrt{(1-z^2)(1-k^2z^2)}} + C_1. \end{aligned}$$

由 $z=0$ 时 $w=0$，可得 $C_1=0$.

为了确定 $C'$ 及 $k$，要用到 $z=1$ 时 $w=K$：

$$K = C'\int_0^1 \frac{\mathrm{d}t}{\sqrt{(1-t^2)(1-k^2t^2)}}, \tag{1}$$

以及 $z=\frac{1}{k}$ 时，$w=K+\mathrm{i}K'$：

$$K+\mathrm{i}K' = C'\int_0^1 \frac{\mathrm{d}t}{\sqrt{(1-t^2)(1-k^2t^2)}} + C'\int_1^{\frac{1}{k}} \frac{\mathrm{d}t}{\sqrt{(t^2-1)(1-k^2t^2)}}$$

$$\overset{(1)}{=} K + \mathrm{i}C'\int_1^{\frac{1}{k}} \frac{\mathrm{d}t}{\sqrt{(t^2-1)(1-k^2t^2)}}.$$

比较上式两端的实部和虚部可得

$$K' = C'\int_1^{\frac{1}{k}} \frac{\mathrm{d}t}{\sqrt{(t^2-1)(1-k^2t^2)}}. \tag{2}$$

由(1)式和(2)式可求出 $C'$ 与 $k$.

如果设 $k(0<k<1)$ 及 $C'=1$ 为已知，则可由(1)式及(2)式确定 $K$ 及 $K'$. 于是所求变换为

$$w = \int_0^z \frac{\mathrm{d}z}{\sqrt{(1-z^2)(1-k^2z^2)}}. \tag{3}$$

■

**注** 积分(3)是一种椭圆积分. 它的反函数是一种雅可比(Jacobi)椭圆函数，并称为椭圆正弦，记作 $z=\mathrm{sn}\, w$.

**例 8.4.2** 证明：把 $z$ 平面上的单位圆变成 $w$ 平面上 $n$ 角形 $P_n$ 的共形映射公式是

$$w = C\int_{z_0}^{z} \prod_{k=1}^{n} (z-z_k)^{\frac{\beta_k}{\pi}-1}\mathrm{d}z + C_1,$$

其中 $\beta_k$ 是 $P_n$ 的各顶角的弧度，$z_k$ 是单位圆周 $|z|=1$ 上与 $P_n$ 的各顶点相对应的点，$z_0, C, C_1$ 是复常数.

**分析** 在 $z$ 平面与 $w$ 平面之间插入 $\zeta$ 平面，考虑分式线性变换

$$\zeta = \frac{z-\mathrm{i}}{z+\mathrm{i}}, \tag{1}$$

它将闭单位圆 $|z|\leqslant 1$ 共形映射成闭上半平面 $\mathrm{Im}\,\zeta\geqslant 0$，且设

$$a_k = \frac{z_k-\mathrm{i}}{z_k+\mathrm{i}},\ |z_k|=1,\quad k=1,2,\cdots,n. \tag{2}$$

于是在 $\zeta$ 平面与 $w$ 平面之间即可应用公式(8.9).

**证** 由公式(8.9)，将 $\mathrm{Im}\,\zeta\geqslant 0$ 变成 $w$ 平面上 $n$ 角形 $P_n$ 的共形映射是

$$w = C_0\int_{\zeta_0}^{\zeta} \prod_{k=1}^{n} (\zeta-a_k)^{\frac{\beta_k}{\pi}-1}\mathrm{d}\zeta + C_1, \tag{3}$$

其中 $\zeta_0, C_0$ 及 $C_1$ 是常数.

将(1)式和(2)式代入(3)式，得$\left(由\ \zeta_0=\frac{z_0-\mathrm{i}}{z_0+\mathrm{i}} 确定\ z_0\right)$

$$w = C_0\int_{z_0}^{z} \left\{\prod_{k=1}^{n}\left[\frac{z-\mathrm{i}}{z+\mathrm{i}} - \frac{z_k-\mathrm{i}}{z_k+\mathrm{i}}\right]^{\frac{\beta_k}{\pi}-1}\right\}\frac{2\mathrm{i}}{(z+\mathrm{i})^2}\mathrm{d}z + C_1$$

$$=C_0\int_{z_0}^{z}\left\{\prod_{k=1}^{n}\left[\frac{2\mathrm{i}(z-z_k)}{(z+\mathrm{i})(z_k+\mathrm{i})}\right]^{\frac{\beta_k}{\pi}-1}\right\}\frac{2\mathrm{i}}{(z+\mathrm{i})^2}\mathrm{d}z+C_1.$$

由于 $\beta_1+\beta_2+\cdots+\beta_n=(n-2)\pi$，所以

$$\sum_{k=1}^{n}\left(\frac{\beta_k}{\pi}-1\right)=-2,$$

$$\prod_{k=1}^{n}\left[\frac{1}{(z+\mathrm{i})}\right]^{\frac{\beta_k}{\pi}-1}=\left[\frac{1}{(z+\mathrm{i})}\right]^{\sum\limits_{k=1}^{n}\left(\frac{\beta_k}{\pi}-1\right)}=\left(\frac{1}{z+\mathrm{i}}\right)^{-2}$$
$$=(z+\mathrm{i})^2,$$

故

$$w=C\int_{z_0}^{z}\prod_{k=1}^{n}(z-z_k)^{\frac{\beta_k}{\pi}-1}\mathrm{d}z+C',$$

其中

$$C=2\mathrm{i}C_0\prod_{k=1}^{n}\left(\frac{2\mathrm{i}}{z_k+\mathrm{i}}\right)^{\frac{\beta_k}{\pi}-1},\quad C'=C_1.$$ ■

**例 8.4.3**　求把上半闭平面 $\mathrm{Im}\, z\geqslant 0$ 变成闭带形 $0\leqslant \mathrm{Im}\, w\leqslant \pi$ 的共形映射.

**分析**　我们把带形看作一个广义四角形 $CAOBC$. 首先选定对应点. 因 $a_j(j=1,2,3,4)$ 中有三点可以任意选取. 我们选取 $a_1=0$ 与顶点 $A$ 对应；$a_2=1$ 与顶点 $O$ 对应；$a_3=\infty$ 与顶点 $B$ 对应；$a_4$ 与顶点 $C$ 对应. 四角形的内角 $A,O,B,C$ 分别为 $0,\pi,0,\pi$（列成下表）.

| $w_j$ | $\alpha_j$ | $a_j$ |
|---|---|---|
| $\infty$ | 0 | 1 |
| 0 | 1 | 1 |
| $\infty$ | 0 | $\infty$ |
| $\pi\mathrm{i}$ | 1 | $a_4$ |

其次，把 $a_1,a_2,a_3,a_4$ 在 $x$ 轴上的位置排列如图 8.4.2 所示，使当 $z$ 沿 $x$ 轴从左到右顺次经过 $a_4,a_1,a_2,a_3$ 移动时，上半平面在左侧，对应的 $w$ 点沿广义四边形的边界 $CAOBC$ 移动时，带形区域在左侧. 简单地说，使两个区域的绕向相同. 还有 $\sum\alpha_j=2=4-2$.

**解**　根据克里斯托费尔-施瓦茨公式(8.9)，所求变换为

$$w=C\int(z-0)^{0-1}(z-1)^{1-1}(z-a_4)^{1-1}\mathrm{d}z+C_1$$
$$=C\int\frac{\mathrm{d}z}{z}+C_1,$$

即

$$w=C\ln z+C_1.$$

现在来确定常数 $C$ 与 $C_1$，同时确定 $a_4$. 因为当 $w=0$ 时，$z=1$，故 $C_1=0$，因此

$$w=C\ln z.$$

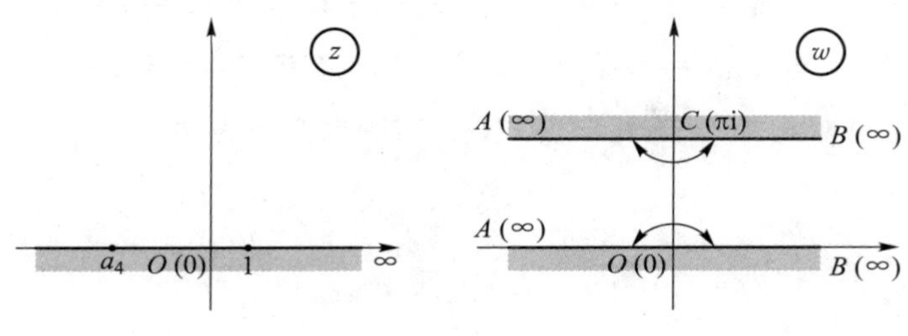


图 8.4.2

又因当 $w$ 在实轴上时,对应的 $z=x>0$, $\ln z$ 为实数,所以 $C$ 为实数. 由于 $w=\pi i$ 对应着 $a_4$,故有

$$\pi i = C\ln a_4 = C\ln|a_4| + iC\arg a_4,$$

由此得

$$C\ln|a_4| = 0, \quad C\arg a_4 = \pi.$$

从前一式知,因为 $C$ 不能为零(看后一式),所以 $\ln|a_4|=0$,即 $|a_4|=1$. 但 $a_4$ 不能等于 1,否则与后一式矛盾,所以 $a_4=-1$. 由此得$C=1$(看后一式). 于是所求的共形映射为 $w=\ln z$. ■

**注** 从解本例题可知:在解多角形共形映射问题时,第一步应适当选取对应点,使克里斯托费尔-施瓦茨积分(8.9)比较简单;第二步要注意边界的绕向;第三步在确定常数时,如无特别声明,这些常数一般都是复数.

**例 8.4.4** 求把图 8.4.3 中上半 $z$ 平面(a)变成 $w$ 平面上区域(b)的共形映射. 对应点如图 8.4.3 所示.

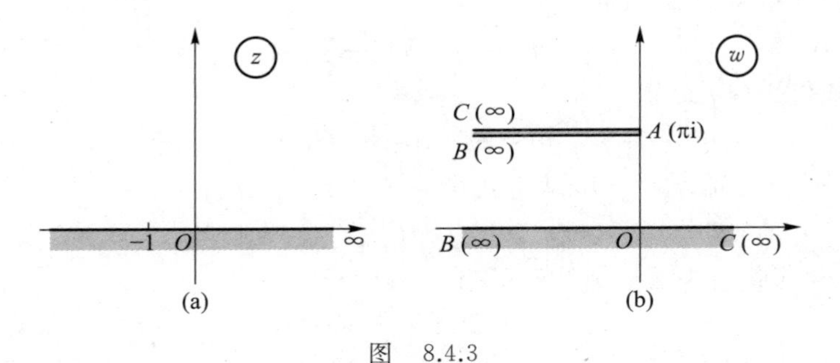


图 8.4.3

**分析** 把(b)中的区域看作有三个顶点 $C, A, B$ 的广义多角形,两个顶点 $B$ 与 $C$ 为无穷远点.

| $w_j$ | $\alpha_j$ | $a_j$ |
|---|---|---|
| $\pi i$ | 2 | $-1$ |
| $\infty$ | 0 | 0 |
| $\infty$ | $-1$ | $\infty$ |

我们选取 $z=\infty$ 对应于顶点 $C$；$z=-1$ 对应于顶点 $A$；$z=0$ 对应于顶点 $B$. 这时在顶点 $A$，$\alpha_1=2$；在点 $B$，$\alpha_2=0$；在点 $C$，$\alpha_3=-1$. 还有 $\sum\alpha_j=2+(-1)=1=3-2$.

**解**　根据克里斯托费尔-施瓦茨公式(8.9)，所求变换为

$$w=k\int(z+1)^{2-1}(z-0)^{0-1}\mathrm{d}z+C$$
$$=k\int\left(1+\frac{1}{z}\right)\mathrm{d}z+C,$$

即

$$w=k(z+\ln z)+C. \tag{1}$$

为了确定常数 $k$ 与 $C$，把上式改写成

$$u+\mathrm{i}v=(k_1+\mathrm{i}k_2)(x+\mathrm{i}y+\ln|z|+\mathrm{i}\arg z)+C_1+\mathrm{i}C_2,$$

比较两端虚部得

$$v=k_1y+k_2x+k_2\ln|z|+k_1\arg z+C_2. \tag{2}$$

当 $w$ 沿 $AB$ 趋于$\infty$时，$v=\pi$. 这时 $z$ 沿实轴从 $-1$ 趋于零，于是 $y=0$，$\arg z=\pi$. 所以由(2)式得

$$\pi=\lim_{x\to0^-}(k_1\cdot0+k_2x+k_2\ln|z|+k_1\pi+C_2).$$

显然，为了使上式右端有限，$k_2$ 必须为零. 故

$$\pi=k_1\pi+C_2. \tag{3}$$

又当 $w$ 沿 $OB$ 趋于无穷时，$v=0$. 这时 $z$ 沿正实轴趋于零，即 $y=0$，$\arg z=0$. 所以由(2)式得

$$0=\lim_{x\to0^+}(k_1\cdot0+C_2)=C_2. \tag{4}$$

(4)式代入(3)式得 $k_1=1$，从而

$$k=k_1+\mathrm{i}k_2=1. \tag{5}$$

(4)式和(5)式代入(1)式得

$$w=z+\ln z+C_1.$$

最后，当 $w=\pi\mathrm{i}$ 时，$z=-1$. 从上式得

$$\pi\mathrm{i}=-1+\pi\mathrm{i}+C_1,\quad C_1=1.$$

因此，所求的共形映射为 $w=z+\ln z+1$. ■

## II. 部分习题解答提示

### (一)

**1.** 证明函数 $z^{-2}$ 是函数 $f(z)=\sum\limits_{n=0}^{\infty}(n+1)(z+1)^n$ 由区域 $|z+1|<1$ 向外的解析延拓.

**分析**　只需证明 $z^{-2}$ 是由解析函数元素 $\{|z+1|<1,f(z)\}$ 产生的完全解析函数.

**证**　因为

$$-\frac{1}{z}=\frac{1}{1-(z+1)}=\sum_{n=0}^{\infty}(z+1)^n \quad (|z+1|<1),$$

两端微分之，

$$z^{-2}=\sum_{n=1}^{\infty}n(z+1)^{n-1}=\sum_{n=0}^{\infty}(n+1)(z+1)^n \quad (|z+1|<1),$$

而 $z^{-2}$ 除 $z=0$ 外在 $z$ 平面上解析.

**2.** 证明函数 $\frac{1}{1+z^2}$ 是函数

$$f(z)=\sum_{n=0}^{\infty}(-1)^n z^{2n}$$

由单位圆 $|z|<1$ 向外的解析延拓.

**分析** 只需证明 $\frac{1}{1+z^2}$ 是解析函数元素 $\{|z|<1, f(z)\}$ 所产生的完全解析函数.

**证** 首先，$f(z)$ 在 $|z|<1$ 内解析；其次，在 $|z|<1$ 内

$$F(z)=\frac{1}{1+z^2}=\sum_{n=0}^{\infty}(-1)^n z^{2n}=f(z),$$

而 $F(z)=\frac{1}{1+z^2}$ 在 $z$ 平面上除 $z=\pm\mathrm{i}$ 外解析，所以 $F(z)$ 是 $f(z)=\sum\limits_{n=0}^{\infty}(-1)^n z^{2n}$ 由 $|z|<1$ 向外延拓的完全解析函数.

**3.** 已给函数 $f_1(z)=1+2z+(2z)^2+(2z)^3+\cdots$，证明函数

$$f_2(z)=\frac{1}{1-z}+\frac{z}{(1-z)^2}+\frac{z^2}{(1-z)^3}+\cdots$$

是函数 $f_1(z)$ 的解析延拓.

**证** 因 $f_1(z)=\frac{1}{1-2z}\left(|2z|<1\Rightarrow|z|<\frac{1}{2}\right)$，

$$f_2(z)=\frac{1}{1-z}\,\frac{1}{1-\frac{z}{1-z}}=\frac{1}{1-2z} \quad \left(\left|\frac{z}{1-z}\right|<1\Rightarrow \operatorname{Re} z<\frac{1}{2}\right),$$

可见 $\left\{|z|<\frac{1}{2}, f_1(z)\right\}$ 及 $\left\{\operatorname{Re} z<\frac{1}{2}, f_2(z)\right\}$ 都是完全解析函数 $\frac{1}{1-2z}$ 的解析函数元素. 又由于 $\operatorname{Re} z<\frac{1}{2}$ 包含圆 $|z|<\frac{1}{2}$，所以后者是前者向外的解析延拓.

**4.** 试证

$$f_1(z)=\sum_{n=0}^{\infty}(-1)^n \mathrm{i}^n z^n$$

及

$$f_2(z)=\sum_{n=0}^{\infty}(-1)^n\frac{(1+\mathrm{i})^n z^n}{(1-z)^{n+1}}$$

互为直接解析延拓.

**分析** 依照定义 8.3，只需求出解析函数元素 $\{D_1, f_1(z)\}$ 与 $\{D_2, f_2(z)\}$，并证明在 $D_1\cap D_2$ 上 $f_1(z)=f_2(z)$.

**证**　因

$$f_1(z)=\sum_{n=0}^{\infty}(-\mathrm{i}z)^n=\frac{1}{1+\mathrm{i}z},\quad D_1:|z|<1,$$

$$f_2(z)=\sum_{n=0}^{\infty}(-1)^n\frac{(1+\mathrm{i})^n z^n}{(1-z)^{n+1}}=\frac{1}{1-z}\sum_{n=0}^{\infty}\left[-\frac{(1+\mathrm{i})z}{1-z}\right]^n$$

$$=\frac{1}{1+\mathrm{i}z},\quad D_2:|(1+\mathrm{i})z|<|1-z|,\text{即}(x+1)^2+y^2<2,$$

故 $D_1\cap D_2=d$(区域)$\neq\varnothing$,当 $z\in d$ 时,

$$f_1(z)=f_2(z)=\frac{1}{1+\mathrm{i}z}.$$

**5.** 级数 $-\frac{1}{z}-\sum_{n=0}^{\infty}z^n$ 与级数 $\sum_{n=1}^{\infty}\frac{1}{z^{n+1}}$ 的收敛区域无公共部分,试证它们互为(间接)解析延拓.

**分析**　证明它们各自所产生的完全解析函数相同.

**证**　设两个级数的和函数分别为 $f_1(z)$ 与 $f_2(z)$,则

$$f_1(z)=\frac{1}{z(z-1)}\quad(D_1:0<|z|<1),$$

$$f_2(z)=\frac{1}{z(z-1)}\quad(D_2:|z|>1).$$

令 $F(z)=\frac{1}{z(z-1)}(z\neq0,1)$,它是完全解析函数,其存在区域 $G$ 是扩充 $z$ 平面除去 0 和 1,且 $G$ 包含 $D_1$ 和 $D_2$.

**6.** 已给函数 $f_1(z)=\sum_{n=1}^{\infty}\frac{z^n}{n}$,证明函数

$$f_2(z)=\ln\frac{2}{3}+\sum_{n=1}^{\infty}\left(\frac{2}{3}\right)^n\frac{\left(z+\frac{1}{2}\right)^n}{n}$$

是函数 $f_1(z)$的解析延拓.

**证**　因为

$$f_1'(z)=\sum_{n=1}^{\infty}z^{n-1}=\sum_{n=0}^{\infty}z^n=\frac{1}{1-z}\quad(D_1:|z|<1),$$

所以

$$f_1(z)=-\int\frac{\mathrm{d}(1-z)}{1-z}=-\ln(1-z)\quad(D_1:|z|<1).$$

又

$$f_2(z)=\ln\frac{2}{3}+\sum_{n=1}^{\infty}\frac{1}{n}\left(\frac{2}{3}z+\frac{1}{3}\right)^n$$

$$=\ln\frac{2}{3}-\ln\left[1-\left(\frac{2}{3}z+\frac{1}{3}\right)\right]$$

$$=\ln\frac{2}{3}-\ln\frac{2}{3}(1-z)=-\ln(1-z)$$

$$\left(D_2: \frac{1}{3}|2z+1|<1 \Rightarrow D_2: \left|z+\frac{1}{2}\right|<\frac{3}{2}\right).$$

$\{D_1, f_1(z)\}$及$\{D_2, f_2(z)\}$同是完全解析函数$-\mathrm{Ln}(1-z)$的两个解析函数元素，且$D_2 \supset D_1$，故后者是前者向外的解析延拓(图 8.0.1，依定义 8.1).

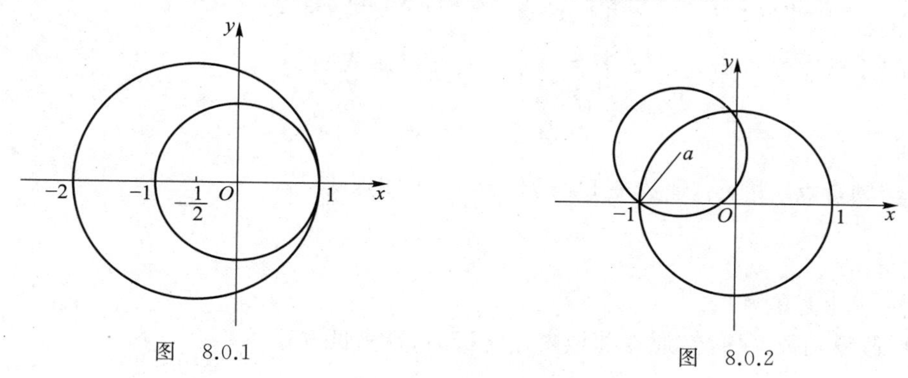


图 8.0.1

图 8.0.2

**7.** 设$f(z)=z-\frac{z^2}{2}+\frac{z^3}{3}-\cdots(|z|<1)$，试证$f(a)+f\left(\frac{z-a}{1+a}\right)$与$f(z)$互为直接解析延拓($|a|<1$ 且 $\mathrm{Im}\, a \neq 0$).

**证** 因当$|z|<1$时有

$$f(z)=\ln(1+z), \tag{1}$$

所以，当$\left|\frac{z-a}{1+a}\right|<1$即$|z-a|<|1+a|$时，

$$\begin{aligned} f(a)+f\left(\frac{z-a}{1+a}\right) &\overset{(1)}{=} \ln(1+a)+\ln\left(1+\frac{z-a}{1+a}\right) \\ &=\ln(1+a)+\ln\left(\frac{1+z}{1+a}\right)=\ln(1+z). \end{aligned} \tag{2}$$

可见，两个解析函数$f(z)$与$f(a)+f\left(\frac{z-a}{1+a}\right)$在它们的定义区域相交部分$d$内(图 8.0.2)都等于$\ln(1+z)$，这就合乎定义 8.3.

**8.** 证明

$$f(z)=\sum_{n=1}^{\infty} z^{n!}=z+z^2+z^6+\cdots+z^{n!}+\cdots$$

以单位圆周$|z|=1$为自然边界.

**分析** 级数的收敛半径$R=1$，故在单位圆$|z|<1$内$f(z)$表示一个解析函数. 下面只需证明，$f(z)$的奇点在单位圆周$|z|=1$上稠密.

**证** 设$D_0$为$[0,1)$上有理数的全体. 先考虑单位圆周$|z|=1$上这样的点$z=e^{2\pi\theta i}$，$\theta=\frac{p}{q}\in D_0$，其中$q$为自然数，$p$为非负整数，$p<q$，$p$，$q$互质. 记$z_r=re^{2\pi\theta i}(0<r<1)$，则

$$f(z_r)=\sum_{n=q}^{\infty} r^{n!}\, e^{2\pi\cdot\frac{pn!}{q}i}+\sum_{n=1}^{q-1} r^{n!}\, e^{2\pi\frac{pn!}{q}i}$$

$$=\sum_{n=q}^{\infty} r^{n!}+\sum_{n=1}^{q-1} r^{n!}\ \mathrm{e}^{2\pi\frac{pn!}{q}\mathrm{i}}.$$

任取 $N>q$,从上式可得

$$|f(z_r)|\geqslant \sum_{n=q}^{N} r^{n!}-\sum_{n=1}^{q-1} r^{n!}\rightarrow N-2q+2\quad (r\rightarrow 1^-).$$

由 $N$ 的任意性可知 $\lim\limits_{r\rightarrow 1^-}|f(z_r)|=+\infty$,这个结果表明

$$z=\mathrm{e}^{2\pi\frac{p}{q}\mathrm{i}}\quad \left(\frac{p}{q}\in D_0\right)$$

是 $f(z)$的奇点. 由于有理数集 $D_0$ 的稠密性,可知点集

$$\left\{\mathrm{e}^{2\pi\frac{p}{q}\mathrm{i}}\ \middle|\ \frac{p}{q}\in D_0\right\}$$

在 $|z|=1$ 上是稠密的.

**9.** 假设函数 $f(z)$在原点邻域内是解析的,且满足方程

$$f(2z)=2f(z)f'(z),$$

试证 $f(z)$可以解析延拓到整个 $z$ 平面上.

**证**　因 $f(z)$在原点解析,所以 $f'(z)$在原点也解析,于是可设 $f(z)$与 $f'(z)$在 $|z|<r$ 内解析,故 $f(2z)=2f(z)f'(z)$在 $|z|<r$ 内也解析.

令 $w_1=2z$,则 $f(w_1)$在 $|w_1|=2|z|<2r$ 内解析. 由上一段,因而

$$f(2w_1)=2f(w_1)f'(w_1)$$

在 $|w_1|<2r$ 内解析.

令 $w_2=2w_1$,则 $f(w_2)$在 $|w_2|=2|w_1|<2^2r$ 内解析.

如此类推,用归纳法可得

$$f(w_n)\ \text{在}\ |w_n|<2^n r\ \text{内解析}.$$

这里 $n$ 是自然数,$w_n=2w_{n-1}$,故 $f(z)$可以延拓到整个 $z$ 平面上.

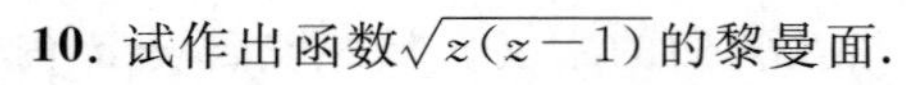

**10.** 试作出函数$\sqrt{z(z-1)}$的黎曼面.

**解**　$\sqrt{z(z-1)}$以 0 与 1 为支点,取两张沿[0,1]割破的 $z$ 平面 $M_1$ 与 $M_2$. 黏合 $M_1$ 的上岸与 $M_2$ 的下岸,并想象 $M_2$ 的上岸与 $M_1$ 的下岸黏合(图 8.0.3).

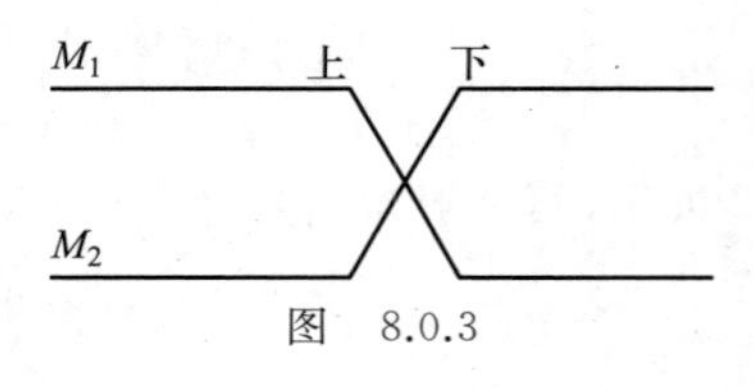

图　8.0.3

## (二)

**1.** 已给函数 $f_1(z)=z-\frac{1}{2}z^2+\frac{1}{3}z^3-\cdots$,证明函数

$$f_2(z)=\ln 2-\frac{1-z}{2}-\frac{(1-z)^2}{2\cdot 2^2}-\frac{(1-z)^3}{3\cdot 2^3}-\cdots$$

是函数 $f_1(z)$的解析延拓.

(提示:证明类似习题(一)的第 3,6 题.)

**2.** 幂级数 $\sum\limits_{n=1}^{\infty}\frac{1}{n}z^n$ 与 $\mathrm{i}\pi+\sum\limits_{n=1}^{\infty}(-1)^n\frac{1}{n}(z-2)^n$ 的收敛圆无公共部分,试证它们

互为解析延拓.

**证** 设两个幂级数的和函数分别为 $f_1(z)$ 与 $f_2(z)$,则

$$f_1(z)=\sum_{n=1}^{\infty}\frac{1}{n}z^n=-\ln(1-z)\quad(|z|<1),$$

$$\begin{aligned}f_2(z)&=\mathrm{i}\pi+\sum_{n=1}^{\infty}(-1)^n\frac{1}{n}(z-2)^n\\&=-\ln(1-z)\quad(|z-2|<1).\end{aligned}$$

令

$$\begin{aligned}f_3(z)&=-\ln(1-z)=-\ln\{-\mathrm{i}-[z-(1+\mathrm{i})]\}\\&=-\ln(-\mathrm{i})-\ln\left[1+\frac{z-(1+\mathrm{i})}{\mathrm{i}}\right]\\&=\frac{\pi}{2}\mathrm{i}-\sum_{n=1}^{\infty}\frac{(-1)^{n-1}}{n}\left[\frac{z-(1+\mathrm{i})}{\mathrm{i}}\right]^n\quad(|z-(1+\mathrm{i})|<1).\end{aligned}$$

于是由图 8.0.4 可见 $\{D_1,f_1(z)\}$ 与 $\{D_3,f_3(z)\}$ 互为直接解析延拓;$\{D_3,f_3(z)\}$ 与 $\{D_2,f_2(z)\}$ 互为直接解析延拓. 从而 $\{D_1,f_1(z)\}$ 与 $\{D_2,f_2(z)\}$ 互为解析延拓(注意:不是互为直接解析延拓).

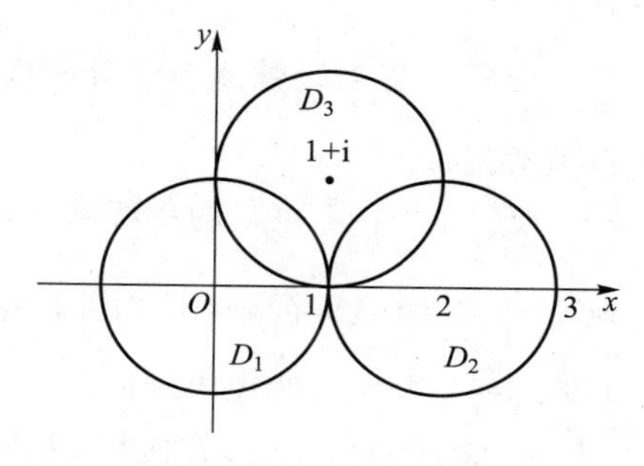


图 8.0.4

**3.** 试证级数

$$\sum_{n=0}^{\infty}[z(4-z)]^n$$

的和函数 $f(z)$ 在点 $z=0$ 的邻域及 $z=4$ 的邻域内都可以展成幂级数,且其和函数 $f_1(z)$ 与 $f_2(z)$ 可以从一方解析延拓至另一方.

**证** 设级数 $\sum\limits_{n=0}^{\infty}[z(4-z)]^n$ 的和函数为 $f(z)$,则

$$\begin{aligned}f(z)&=\sum_{n=0}^{\infty}[z(4-z)]^n=\frac{1}{1-z(4-z)}\\&=\frac{1}{z^2-4z+1}\quad(|z(4-z)|<1).\end{aligned}$$

于是 $f(z)=\dfrac{1}{z^2-4z+1}$ 在 $z$ 平面上除去两个一阶极点 $z=2\pm\sqrt{3}$ 外,处处解析,因而 $f(z)$ 可以在 $z=0$ 及 $z=4$ 的邻域内展成泰勒级数(因为 $0<2-\sqrt{3}<2+\sqrt{3}<4$). 若其和函数分别为 $f_1(z)$ 与 $f_2(z)$,则 $f(z)$ 同是 $f_1(z)$ 与 $f_2(z)$ 向外(扩充 $z$ 平面除去点 $z=2\pm\sqrt{3}$)的解析延拓(定义 8.1). 故 $f_1(z)$ 与 $f_2(z)$ 所对应的解析函数元素可以从一方解析延拓至另一方.

**4.** 试证级数

$$f(z)=\sum_{n=0}^{\infty}\left(\frac{1+z}{1-z}\right)^n$$

所定义的函数在左半平面内解析,并可解析延拓到除去点 $z=0$ 外的整个 $z$ 平面.

**证** 在级数的收敛区域内，

$$f(z)=\sum_{n=0}^{\infty}\left(\frac{1+z}{1-z}\right)^{n}=\frac{1}{1-\dfrac{1+z}{1-z}}=\frac{z-1}{2z}\overset{\text{def}}{=\!=}F(z),$$

其收敛区域 $D$ 为 $\left|\dfrac{1+z}{1-z}\right|<1$，即 $|z-(-1)|<|z-1|$，也即左半 $z$ 平面 $\operatorname{Re} z<0$. $f(z)$在 $D$ 内解析.

而 $F(z)=\dfrac{z-1}{2z}$在区域$G$ 内解析，其中 $G$ 为扩充 $z$ 平面除去点 $z=0$，且 $G\supset D$. 由定义 8.1 就得到所要的证明.

**5.** 试证单位圆周 $|z|=1$ 是函数

$$f(z)=\sum_{n=0}^{\infty}\frac{z^{2^n+2}}{(2^n+1)(2^n+2)}$$

的自然边界.

**分析** 将上级数逐项微分两次，则得级数 $\sum\limits_{n=0}^{\infty}z^{2^n}$. 由例 8.4 知 $|z|=1$ 是此级数的自然边界.

**证** $|z|=1$ 也是题中级数的自然边界. 否则，$|z|=1$ 上有一段小弧，其上所有的点都是 $f(z)$的解析点，从而此段小弧上的点亦是 $\sum\limits_{n=0}^{\infty}z^{2^n}$ 的和函数 $f''(z)$的解析点. 这与 $|z|=1$ 为其自然边界矛盾.

**6.** 试证如果 $f(z)$在区域 $D$ 内是连续的，并且除去 $D$ 内一条直线段上的点外，在区域 $D$ 内的每一点都有导数，则 $f(z)$在区域 $D$ 内是解析的.

**分析** 由题意知，存在 $D$ 内的开线段 $L$（不包含端点的线段），除 $L$ 外，$f(z)$在 $D$ 内处处有导数.

**证** 易知，存在含于 $D$ 内的两个区域 $D_1$ 和 $D_2$，它们分别位于 $L$ 的两侧，并以 $L$ 为公共边界. 由潘勒韦原理，$f(z)$在区域 $D_1+L+D_2$ 内解析，从而 $f(z)$在 $D$ 内解析.

**7.** 试证如果整函数 $f(z)=\sum\limits_{n=0}^{\infty}a_nz^n$ 在实轴上取实值，则系数 $a_n$ 都是实数.

**分析** 由题设，根据惟一性定理，可以把下半平面上的 $f(z)$看作上半平面上的 $f(z)$由对称原理解析延拓而得的，于是在下半平面上应有 $f(z)=\overline{f(\bar{z})}$.

**证** 因为

$$\sum_{n=0}^{\infty}a_nz^n=f(z)=\overline{f(\bar{z})}=\overline{\sum_{n=0}^{\infty}a_n\bar{z}^n}=\sum_{n=0}^{\infty}\bar{a}_nz^n,$$

因此

$$a_n=\bar{a}_n\quad(n=0,1,2,\cdots),$$

从而

$$\operatorname{Im} a_n=0\quad(n=0,1,2,\cdots).$$

**8.** 试判定下列函数，哪些是单值函数，哪些是多值函数.

(1) $\sqrt{1-\sin^2 z}$；(2) $\sqrt{\cos z}$；

(3) $\dfrac{\sin\sqrt{z}}{\sqrt{z}}$；　　(4) $\sqrt{e^z}$；

(5) $\operatorname{Ln}\sin z$.

**解**　(1) $\sqrt{1-\sin^2 z}=\pm\cos z$，而 $w=\cos z$ 与 $w=-\cos z$ 是两个独立的单值函数，因为其中一个不能借助于解析延拓而得到另一个.

(2) $\sqrt{\cos z}=\sqrt{\zeta}$，$\zeta=0$ 为支点，故$\sqrt{\cos z}$为双值函数，其支点为

$$z_k=\left(k+\frac{1}{2}\right)\pi\quad(k=0,\pm1,\pm2,\cdots).$$

(3) 因

$$\begin{aligned}\frac{\sin\sqrt{z}}{\sqrt{z}}&=\frac{1}{\sqrt{z}}\sum_{n=0}^{\infty}(-1)^n\frac{(\sqrt{z})^{2n+1}}{(2n+1)!}\\&=\sum_{n=0}^{\infty}(-1)^n\frac{z^n}{(2n+1)!}\quad(0<|z|<+\infty),\end{aligned}$$

可见它是 $z$ 的单值函数.

(4) $\sqrt{e^z}=\sqrt{\zeta}$，$\zeta=0$ 为支点，但 $\zeta=e^z\neq0$. 所以，这里$\sqrt{\zeta}$没有支点，只是独立的两支，当然不能由一支延拓到另一支. 故$\sqrt{e^z}$为两个独立的单值解析函数

$$w=e^{\frac{z}{2}}\ 与\ w=-e^{\frac{z}{2}}.$$

(5) $\operatorname{Ln}\sin z=\operatorname{Ln}\zeta$，$\zeta=0$ 为支点，即 $z_k=k\pi(k=0,\pm1,\pm2,\cdots)$为 $\operatorname{Ln}\sin z$ 的支点. 所以 $w=\operatorname{Ln}\sin z$ 为无穷多值函数.

**9.** 求将上半平面 $\operatorname{Im} z>0$ 共形映射成边长为 2 的等边三角形的函数(设三个顶点为$-1,1,\sqrt{3}\,\mathrm{i}$).

**解**　如图 8.0.5 所示，克里斯托费尔-施瓦茨积分取形式

$$w=C\int_0^z z^{-\frac{2}{3}}(z-1)^{-\frac{2}{3}}\mathrm{d}z+C_1.$$

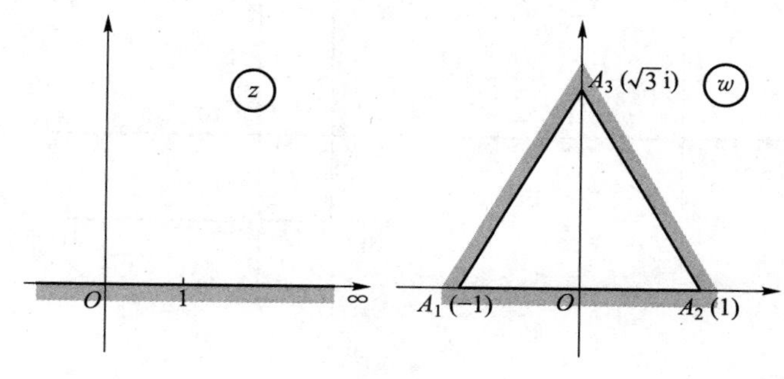


图　8.0.5

| $A_j$ | $\alpha_j$ | $a_j$ |
|---|---|---|
| $-1$ | $\frac{1}{3}$ | 0 |
| 1 | $\frac{1}{3}$ | 1 |
| $\sqrt{3}\mathrm{i}$ | $\frac{1}{3}$ | $\infty$ |

由 $z=0\leftrightarrow w=-1$ 得 $C_1=-1$. 由 $z=1\leftrightarrow w=1$ 得

$$1=C\int_0^1 x^{-\frac{2}{3}}(1-x)^{-\frac{2}{3}}\mathrm{e}^{-\frac{2}{3}\pi\mathrm{i}}\mathrm{d}x-1,$$

即

$$2\mathrm{e}^{\frac{2}{3}\pi\mathrm{i}}=C\int_0^1 x^{\frac{1}{3}-1}(1-x)^{\frac{1}{3}-1}\mathrm{d}x=C\mathrm{B}\left(\frac{1}{3},\frac{1}{3}\right)$$

$$=C\frac{\Gamma\left(\frac{1}{3}\right)\Gamma\left(\frac{1}{3}\right)}{\Gamma\left(\frac{1}{3}+\frac{1}{3}\right)}=C\frac{\Gamma^2\left(\frac{1}{3}\right)}{\Gamma\left(\frac{2}{3}\right)}.$$

由此得

$$C=\frac{\Gamma\left(\frac{2}{3}\right)}{\Gamma^2\left(\frac{1}{3}\right)}\cdot 2\mathrm{e}^{\frac{2}{3}\pi\mathrm{i}}=\frac{\Gamma\left(\frac{2}{3}\right)}{\Gamma^2\left(\frac{1}{3}\right)}(-1+\sqrt{3}\mathrm{i}).$$

所以

$$w=(-1+\sqrt{3}\mathrm{i})\frac{\Gamma\left(\frac{2}{3}\right)}{\Gamma^2\left(\frac{1}{3}\right)}\int_0^z z^{-\frac{2}{3}}(z-1)^{-\frac{2}{3}}\mathrm{d}z-1.$$

**10.** 试求由上半平面到如图 8.0.6 所示广义多角形区域的共形映射.

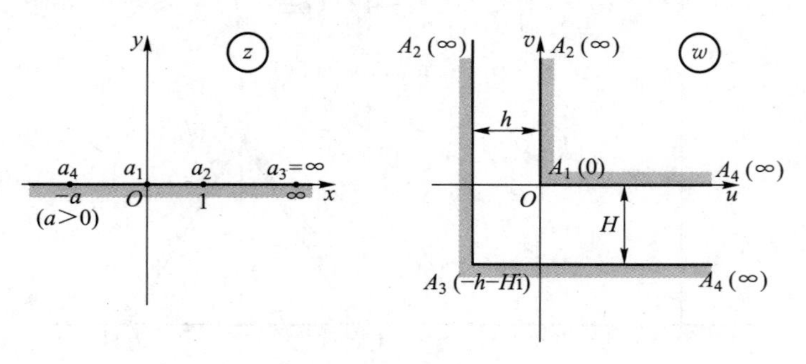


图　8.0.6

**分析**　图 8.0.6 中的区域为广义四角形，把对应点列成下表(其中 $a_1,a_2,a_3$ 可任意选取). $\sum \alpha_j = 2 = 4 - 2$.

| $A_j$ | $\alpha_j$ | $a_j$ |
|---|---|---|
| 0 | $\frac{3}{2}$ | 0 |
| $\infty$ | 0 | 1 |
| $-h-H\mathrm{i}$ | $\frac{1}{2}$ | $\infty$ |
| $\infty$ | 0 | $-a$ |

**解** 由克里斯托费尔-施瓦茨积分公式,

$$w = A\int_0^z \frac{\sqrt{z}}{(z-1)(z+a)}\mathrm{d}z + C \overset{z=t^2}{=} A\int_0^{t^2} \frac{2t^2\,\mathrm{d}t}{(t^2-1)(t^2+a)} + C$$

$$= \frac{2A\sqrt{a}}{1+a}\tan^{-1}\frac{z}{\sqrt{a}} + \frac{A}{1+a}\Big(\underset{(\text{主支})}{\ln\frac{z-1}{z+1}} - \pi\mathrm{i}\Big) + C.$$

由 $z=0 \leftrightarrow w=0$ 得

$$0 = 0 + \frac{A}{1+a}(\pi\mathrm{i} - \pi\mathrm{i}) + C \Rightarrow C = 0.$$

又当 $z$ 在实轴的 $(0,1)$ 上变化时,对应的点 $w$ 应在正虚轴的 $(A_1, A_2)$ 上变化. 取 $z_1, z_2 \in (0,1)$,则对应的 $w_1, w_2$ 应为纯虚数. 因为

$$w_1 = A\frac{2\sqrt{a}}{1+a}\tan^{-1}\frac{z_1}{\sqrt{a}} + \frac{A}{1+a}\left(\ln\frac{z_1-1}{z_1+1} - \pi\mathrm{i}\right), \tag{1}$$

$$w_2 = A\frac{2\sqrt{a}}{1+a}\tan^{-1}\frac{z_2}{\sqrt{a}} + \frac{A}{1+a}\left(\ln\frac{z_2-1}{z_2+1} - \pi\mathrm{i}\right), \tag{2}$$

(1)−(2),再注意到 $\frac{z_1-1}{z_1+1}$ 或 $\frac{z_2-1}{z_2+1}$ 的辐角均为 $\pi$,则

$$w_1 - w_2 = A\frac{2\sqrt{a}}{1+a}\left(\tan^{-1}\frac{z_1}{\sqrt{a}} - \tan^{-1}\frac{z_2}{\sqrt{a}}\right) + \frac{A}{1+a}\left(\ln\frac{z_1-1}{z_1+1} - \ln\frac{z_2-1}{z_2+1}\right)$$

的左边为纯虚数,右边也应为纯虚数. 故 $A$ 必为纯虚数,设为 $A_0\mathrm{i}$($A_0$ 为实数).

又因 $z=\infty \leftrightarrow w = -h - H\mathrm{i}$,故

$$-h - H\mathrm{i} = \frac{2A\sqrt{a}}{1+a}\tan^{-1}\infty + \frac{A}{1+a}(\ln 1 - \pi\mathrm{i})$$

$$= \frac{\sqrt{a}\,\pi}{1+a}A_0\mathrm{i} + \frac{A_0\pi}{1+a}.$$

比较上式两端实部和虚部,得

$$-h = \frac{A_0\pi}{1+a}, \tag{3}$$

$$-H=\frac{\sqrt{a}\,\pi A_0}{1+a}. \tag{4}$$

由(3)式和(4)式解出

$$a=\frac{H^2}{h^2},\quad A_0=-\frac{h^2+H^2}{\pi h},$$

所以

$$A=A_0\mathrm{i}=\frac{h^2+H^2}{\pi h\mathrm{i}}.$$

故所求共形映射为

$$w=\frac{h^2+H^2}{\pi h\mathrm{i}}\int_0^z\frac{\sqrt{z}}{(z-1)(z+a)}\mathrm{d}z.$$

## III. 类题或自我检查题

1. 设解析函数元素$\{D_1,f_1(z)\}$与$\{D_2,f_2(z)\}$互为直接解析延拓，解析函数元素$\{D_2,f_2(z)\}$与$\{D_3,f_3(z)\}$互为直接解析延拓，且$D_1\cap D_2\cap D_3=\Delta$ 是区域(图 8.0.7).试证：$\{D_3,f_3(z)\}$与$\{D_1,f_1(z)\}$互为直接解析延拓.

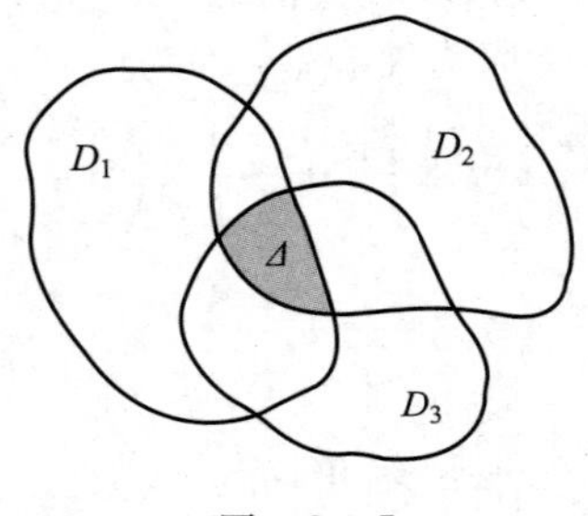


图 8.0.7

2. 证明下面两个洛朗级数

$$-\left(\frac{1}{z}+1+z+z^2+\cdots\right),\quad 0<|z|<1$$

与

$$\frac{1}{z^2}+\frac{1}{z^3}+\frac{1}{z^4}+\cdots,\quad |z|>1$$

彼此互为解析延拓.

3. 试用对称原理将如图 8.0.8 所示的区域共形映射成上半平面.

(提示：沿$(-1,1)$作辅助割线，先考虑上半个带形 $D$. 然后应用对称原理.)

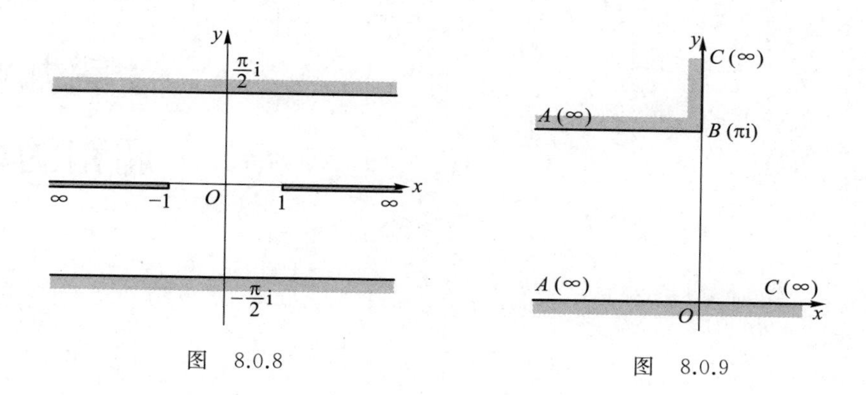


图 8.0.8　　　　图 8.0.9

4. 求把上半 $z$ 平面变成如图 8.0.9 所示区域的共形映射，并使 $x=0$ 对应于点 $A$，$x=-1$ 对应于点 $B$，$x=\infty$ 对应于点 $C$.

$$\left[\text{答}: w=2\sqrt{z+1}+\ln\frac{\sqrt{z+1}-1}{\sqrt{z+1}+1}.\right]$$

5. 求把单位圆变成正方形区域(图 8.0.10)的共形映射.

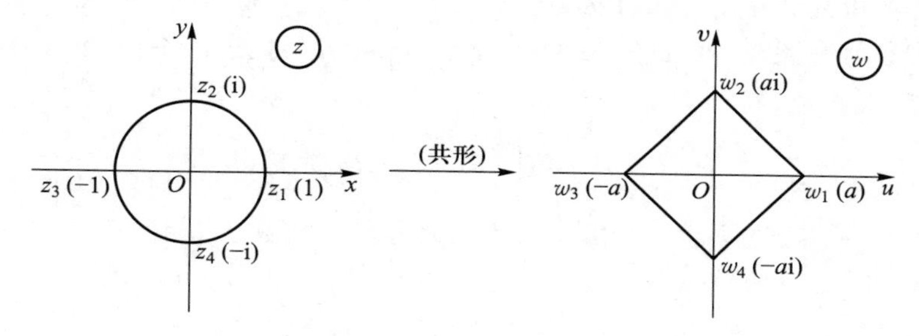


图 8.0.10

$$\left[\text{答}: w=\frac{4a\sqrt{2\pi}}{\Gamma^2\left(\frac{1}{4}\right)}\int_0^z\frac{\mathrm{d}z}{\sqrt{1-z^4}}.\right]$$

# 第九章 调和函数

## I. 重点、要求与例题

应该知道:调和函数与解析函数有某些类似的性质.

### §1 平均值定理与极值原理

**1.** 掌握平均值定理及其推证方法.

**定理 9.1** 如果函数 $u(z)$ 在圆 $|\zeta-z_0|<R$ 内是一个调和函数,在闭圆 $|\zeta-z_0|\leqslant R$ 上连续,则

$$u(z_0)=\frac{1}{2\pi}\int_0^{2\pi}u(z_0+Re^{i\varphi})d\varphi, \tag{9.1}$$

即 $u(z)$ 在圆心 $z_0$ 的值等于它在圆周上的值的算术平均数.

特别地,当 $z_0=0$ 时有

$$u(0)=\frac{1}{2\pi}\int_0^{2\pi}u(Re^{i\varphi})d\varphi. \tag{9.1}'$$

**2.** 掌握调和函数的极值原理.

**定理 9.2** 设 $u(z)$ 在区域 $D$ 内是调和函数,且不恒等于常数,则 $u(z)$ 在 $D$ 的内点处不能达到最大值或最小值.

**注** 本定理的证明技巧要认真学习并牢牢掌握.

**推论 9.3** 设(1) $u(z)$ 在有界区域 $D$ 内调和,在 $\overline{D}$ 上连续;(2)沿边界 $C$ 常有 $u(z)\leqslant M$,则除 $u(z)$ 为常数的情形外,在 $D$ 内一切点 $u(z)<M$. 即,如 $u(z)$ 非常数,则 $u(z)$ 在 $D$ 内不能达到最大值 $M$,而只能在边界上达到.

**例 9.1.1** 设(1) $f(z)$ 在圆 $D:|z-a|<R$ 内解析;

(2) 在 $D$ 内 $|\mathrm{Re}\, f(z)|\leqslant M$,

则对任一 $r(0<r<R)$ 都有

$$f'(a)=\frac{1}{\pi r}\int_0^{2\pi}\mathrm{Re}[f(a+re^{i\theta})]e^{-i\theta}d\theta,\quad |f'(a)|\leqslant\frac{2M}{r}.$$

**分析** 单有条件(1)“$f(z)$ 在开圆 $D$ 内解析,$D$ 的边界为圆周 $C$”就不能直接应用柯西积分定理、积分公式和高阶导数公式. 但若取其同心缩小闭圆,则可在其上应用. 本题证明还要用到圆周 $C_r$ 的参数方程.

再由于要证的前一式中只出现实部 $\mathrm{Re}[f(a+re^{i\theta})]$，这就要设法消掉虚部. 故应用了取共轭后相加的技巧.

**证** 圆周 $C_r: |z-a|=r$，其参数方程为

$$z-a=re^{i\theta},\quad 0\leqslant\theta\leqslant 2\pi.$$

令

$$f(a+re^{i\theta})=f(z)=u(r,\theta)+iv(r,\theta),$$

因为 $f(z)$ 在闭圆 $\overline{I(C_r)}$ 上解析，由柯西导数公式，

$$\begin{aligned}f'(a)&=\frac{1}{2\pi i}\int_{C_r}\frac{f(z)}{(z-a)^2}dz\\&=\frac{1}{2\pi r}\int_0^{2\pi}[u(r,\theta)+iv(r,\theta)]e^{-i\theta}d\theta.\end{aligned}\tag{1}$$

另一方面，由柯西积分定理，

$$0=\frac{1}{2\pi ir^2}\int_{C_r}f(z)dz=\frac{1}{2\pi r}\int_0^{2\pi}[u(r,\theta)+iv(r,\theta)]e^{i\theta}d\theta.$$

取两端的共轭复数，即

$$0=\frac{1}{2\pi r}\int_0^{2\pi}[u(r,\theta)-iv(r,\theta)]e^{-i\theta}d\theta.\tag{2}$$

由公式(1)+(2)，则得

$$f'(a)=\frac{1}{\pi r}\int_0^{2\pi}u(r,\theta)e^{-i\theta}d\theta=\frac{1}{\pi r}\int_0^{2\pi}\mathrm{Re}[f(a+re^{i\theta})]e^{-i\theta}d\theta.$$

又由题设条件(2)，得

$$|f'(a)|\leqslant\frac{1}{\pi r}\int_0^{2\pi}|\mathrm{Re}[f(a+re^{i\theta})]|d\theta\leqslant\frac{2M}{r}.$$

■

**例 9.1.2** 设在原点的某邻域 $|z|<R<+\infty$ 内，整函数 $f(z)=\sum_{n=0}^{\infty}a_nz^n$，且对一切 $\rho$，$0<\rho<R$，其实部 $u(r,\theta)$ 满足不等式 $u(\rho,\theta)\leqslant U$（注意，$u(\rho,\theta)$ 在此处不取绝对值，故在特殊情况下，$U$ 可能是负数），则其泰勒展开式的系数满足不等式

$$|a_n|\leqslant\frac{2(U-u(0))}{R^n},\quad n=1,2,\cdots,$$

此处

$$u(0)=\frac{1}{2\pi}\int_0^{2\pi}u(r,\theta)d\theta.$$

**证** 令 $f(z)=u(r,\theta)+iv(r,\theta)$，函数

$$U-f(z)=U-u(r,\theta)-iv(r,\theta)$$

的泰勒展开式为

$$U-a_0-\sum_{n=1}^{\infty}a_nz^n\quad (a_0=f(0)).$$

由泰勒系数的积分形式(4.10)($n\geqslant 1$)，

$$-a_n=\frac{1}{2\pi i}\int_{|\zeta|=\rho}\frac{U-f(\zeta)}{\zeta^{n+1}}d\zeta\quad\begin{pmatrix}|\zeta|=\rho:\zeta=\rho e^{i\theta},\\0\leqslant\theta\leqslant 2\pi\end{pmatrix}$$

$$=\frac{1}{2\pi\rho^n}\int_0^{2\pi}[U-u(\rho,\theta)-\mathrm{i}v(\rho,\theta)]\mathrm{e}^{-\mathrm{i}n\theta}\mathrm{d}\theta. \tag{1}$$

再依柯西积分定理，

$$0=\frac{1}{2\pi\mathrm{i}}\int_{|\zeta|=\rho}\frac{U-f(\zeta)}{\zeta^{-n+1}}\mathrm{d}\zeta\quad(n\geqslant 1)$$

$$=\frac{\rho^n}{2\pi}\int_0^{2\pi}[U-u(\rho,\theta)-\mathrm{i}v(\rho,\theta)]\mathrm{e}^{\mathrm{i}n\theta}\mathrm{d}\theta.$$

取两端的共轭复数后，可见

$$0=\frac{\rho^n}{2\pi}\int_0^{2\pi}[U-u(\rho,\theta)+\mathrm{i}v(\rho,\theta)]\mathrm{e}^{-\mathrm{i}n\theta}\mathrm{d}\theta,$$

从而

$$0=\int_0^{2\pi}[U-u(\rho,\theta)+\mathrm{i}v(\rho,\theta)]\mathrm{e}^{-\mathrm{i}n\theta}\mathrm{d}\theta,$$

于是

$$0=\frac{1}{2\pi\rho^n}\int_0^{2\pi}[U-u(\rho,\theta)+\mathrm{i}v(\rho,\theta)]\mathrm{e}^{-\mathrm{i}n\theta}\mathrm{d}\theta. \tag{2}$$

(1)+(2)得

$$-a_n=\frac{1}{\pi\rho^n}\int_0^{2\pi}[U-u(\rho,\theta)]\mathrm{d}\theta=\frac{2U}{\rho^n}-\frac{1}{\pi\rho^n}\int_0^{2\pi}u(\rho,\theta)\mathrm{d}\theta,$$

因而由题设，

$$|a_n|\leqslant\frac{1}{\pi\rho^n}\int_0^{2\pi}[U-u(\rho,\theta)]\mathrm{d}\theta=\frac{2U}{\rho^n}-\frac{1}{\pi\rho^n}\int_0^{2\pi}u(\rho,\theta)\mathrm{d}\theta.$$

但

$$\frac{1}{\pi\rho^n}\int_0^{2\pi}u(\rho,\theta)\mathrm{d}\theta=\frac{2}{\rho^n}\frac{1}{2\pi}\int_0^{2\pi}u(\rho,\theta)\mathrm{d}\theta\overset{(9.1)'}{=\!=\!=}\frac{2u(0)}{\rho^n},$$

故对任何 $\rho<R$ 有

$$|a_n|\leqslant\frac{2(U-u(0))}{\rho^n}\quad(n=1,2,\cdots).$$

再令 $\rho\to R$，求极限，便得所证. ■

**注** 试看本题与前一题的证明方法有无类似之处.

**例 9.1.3** 若大于实数 $r_0$ 的一切 $r$ 值均使整函数 $f(z)$ 的实数部分 $u(r,\theta)$ 满足不等式

$$u(r,\theta)\leqslant r^{\mu}\quad(r>r_0),$$

此处 $\mu>0$，则 $f(z)$ 为不高于 $[\mu]$ 次的多项式，$[\mu]$ 为不大于 $\mu$ 的整数.

**证** 根据调和函数的极值原理，对一切 $\rho<r$，将有 $u(\rho,\theta)\leqslant r^{\mu}$. 因而依照前题有

$$|a_n|\leqslant 2\,\frac{r^{\mu}-a_0}{r^n}.$$

若 $n\geqslant[\mu]+1$，令 $r\to+\infty$，便得

$$a_{[\mu]+1}=a_{[\mu]+2}=\cdots=0,$$

故

$$f(z)=a_0+a_1z+\cdots+a_{[\mu]}z^{[\mu]}. \qquad ■$$

## §2 泊松积分公式与狄利克雷问题

**1.** 掌握泊松(Poisson)积分公式.

**定理 9.4** 任何一个在圆 $K:|z|<R$ 内调和且在闭圆 $\overline{K}:|z|\leqslant R$ 上连续的函数 $u(z)$,圆内的值都可以用圆周上的值的积分即泊松积分表示:

$$u(r,\varphi)=\frac{1}{2\pi}\int_0^{2\pi}u(R,\theta)\frac{R^2-r^2}{R^2-2Rr\cos(\theta-\varphi)+r^2}\mathrm{d}\theta. \tag{9.4}$$

上式也可写成

$$u(z)=\frac{1}{2\pi}\int_0^{2\pi}u(R\mathrm{e}^{\mathrm{i}\theta})\frac{R^2-r^2}{R^2-2Rr\cos(\theta-\varphi)+r^2}\mathrm{d}\theta. \tag{9.4$'$}$$

特别地,对于单位圆来说,$R=1$,上式变为

$$u(z)=\frac{1}{2\pi}\int_0^{2\pi}u(\mathrm{e}^{\mathrm{i}\theta})\frac{1-r^2}{1-2r\cos(\theta-\varphi)+r^2}\mathrm{d}\theta. \tag{9.5}$$

公式(9.4)、(9.4)$'$及(9.5)均称为对于圆的泊松积分.

**注** 泊松积分公式推广了平均值公式,而把后者作为特例($r=0$ 的情形).

**2.** 了解狄利克雷(Dirichlet)问题、单位圆内狄利克雷问题的解,以及上半平面内狄利克雷问题的解.

**例 9.2.1** 设区域 $D_1$ 在实轴的一侧,其边界有一段为实轴上的开线段 $\Gamma_1$. 若函数 $u(x,y)$ 在区域 $D_1$ 内调和,在 $D_1+\Gamma_1$ 上连续,且当 $z\in\Gamma_1$ 时,$u(x,y)=0$. 求证:函数 $u(x,y)$ 可以经过 $\Gamma_1$ 调和地延拓到 $D_1$ 关于线段 $\Gamma_1$ 所对称的区域 $D_2$ 上去,即存在区域 $D_1+\Gamma_1+D_2$ 内的调和函数,它在 $D_1+\Gamma_1$ 上的值等于 $u(x,y)$.

**分析** 这是调和延拓的对称原理. 类似定理 8.3. 而定理 8.3 的证明又用到潘勒韦原理——定理 8.2. 由此启发我们对本题的证明思路.

**证** 构造函数

$$u_1(x,y)=\begin{cases}u(x,y), & z\in D_1+\Gamma_1,\\ -u(x,-y), & z\in D_2.\end{cases} \tag{1}$$

容易看出,$u_1(x,y)$ 在区域 $D_1$ 及 $D_2$ 内都是调和函数且在区域 $D_1+\Gamma_1+D_2$ 内连续. 因此关键是要证明 $u_1(x,y)$ 在 $\Gamma_1$ 上每一点 $(x,0)$ 的邻域内也是调和函数.

由函数 $u_1(x,y)$ 的构造可以看出,对充分小的 $r$,

$$\begin{aligned}&\frac{1}{2\pi}\int_0^{2\pi}u_1(x+r\cos\theta,r\sin\theta)\mathrm{d}\theta\\ &\overset{(1)}{=}\frac{1}{2\pi}\int_0^{\pi}u(x+r\cos\theta,r\sin\theta)\mathrm{d}\theta-\\ &\quad\frac{1}{2\pi}\int_\pi^{2\pi}u(x+r\cos\theta,-r\sin\theta)\mathrm{d}\theta\quad(\text{令 }\theta=2\pi-t)\\ &=0\xlongequal{\text{(题设)}}u_1(x,0),\quad x\in\Gamma_1.\end{aligned} \tag{2}$$

这就说明了,对函数 $u_1(x,y)$ 而言,平均值公式在 $\Gamma_1$ 上成立. 根据调和函数的性质,对 $u_1(x,y)$,平均值公式显然在 $D_1$ 及 $D_2$ 内也成立.

现在对任意点 $z_0=x_0+\mathrm{i}\cdot 0$,构造函数 $u^*(x,y)$,它在 $z=x_0$ 的邻域 $S(x_0)$ 内调和,在 $S(x_0)$ 的边界 $|z-x_0|=r$ 上取值为 $u_1(x,y)$. 这就是圆内狄利克雷问题,用泊

松积分公式可以作出这样的函数. 这样一来,函数 $h(x,y)=u^*(x,y)-u_1(x,y)$ 在 $S(x_0)$ 内的任一点就有平均值公式了,特别地在 $z=x_0$ 就有

$$h(x_0,0)=\frac{1}{2\pi}\int_0^{2\pi}h(x_0+r\cos\theta,r\sin\theta)\mathrm{d}\theta, \tag{3}$$

且 $h(x,y)$ 在 $|z-x_0|\leqslant r$ 上连续. 由于在 $|z-x_0|=r$ 上 $u^*(x,y)=u_1(x,y)$,因此由(3)式推出 $h(x_0,0)=0$.

下面我们要证明 $h(x,y)\equiv 0$.

事实上,令 $M=\max\limits_{|z-x_0|\leqslant r}h(x,y)$. 若 $h(x,y)$ 在边界 $|z-x_0|=r$ 上达到最大值,则由于在 $|z-x_0|=r$ 上 $h(x,y)=0$,因此 $M=0$. 此外,由于 $h(x_0,0)=0$,因此 $h(x,y)$ 在 $S(x_0)$ 内一点 $(x_0,0)$ 处达到最大值.

若 $h(x,y)$ 在邻域 $S(x_0)$ 内一点 $(x_1,y_1)$ 处达到最大值 $M$,则可像最大模原理(定理 4.24)的证明一样,利用平均值公式,可以证明对于 $S(x_0)$ 内任意点处都有 $h(x,y)=M$. 再利用 $h(x_0,0)=0$,就推出了 $h(x,y)=M=0$.

这样一来,$u_1(x,y)=u^*(x,y)$ 就是 $S(x_0)$ 内的调和函数. 因此,$u_1(x,y)$ 是 $D_1+\Gamma_1+D_2$ 内的调和函数. ■

**例 9.2.2** 试求在上半平面内的调和函数 $u(z)$,使其在实轴上取值如下:

$$u(t)=\begin{cases}0, & t<-1,\\ v_1, & -1<t<0,\\ (v_2-v_1)t+v_1, & 0<t<1,\\ 0, & t>1,\end{cases}$$

其中 $v_1,v_2$ 为常数.

**分析** 应用对于上半平面的泊松积分公式:

$$u(z)=\frac{1}{\pi}\int_{-\infty}^{+\infty}u(t)\frac{y\,\mathrm{d}t}{(t-x)^2+y^2}. \tag{9.13}$$

**解** 由题设条件及公式(9.13),

$$\begin{aligned}u(x,y)&=\frac{1}{\pi}\left[\int_{-1}^{0}\frac{v_1y\,\mathrm{d}t}{(t-x)^2+y^2}+\int_0^1\frac{[(v_2-v_1)t+v_1]y\,\mathrm{d}t}{(t-x)^2+y^2}\right]\\&=\frac{1}{\pi}\left[\int_{-1}^{0}\frac{v_1y\,\mathrm{d}t}{(t-x)^2+y^2}+\right.\\&\qquad\left.\int_0^1\frac{[(v_2-v_1)(t-x)+x(v_2-v_1)+v_1]y\,\mathrm{d}t}{(t-x)^2+y^2}\right]\\&=\frac{1}{\pi}\left\{v_1\left(\arctan\frac{-x}{y}-\arctan\frac{-1-x}{y}\right)+\right.\\&\qquad\frac{y(v_2-v_1)}{2}[\ln((1-x)^2+y^2)-\ln(x^2+y^2)]+\\&\qquad\left.[x(v_2-v_1)+v_1]\left(\arctan\frac{1-x}{y}-\arctan\frac{-x}{y}\right)\right\}\\&=\frac{1}{\pi}\left[v_1\arctan\frac{y}{y^2+(1+x)x}+\right.\end{aligned}$$

$$\frac{y}{2}(v_2-v_1)\ln\frac{(1-x)^2+y^2}{x^2+y^2}+$$

$$\left.[x(v_2-v_1)+v_1]\arctan\frac{y}{y^2-(1-x)x}\right].$$ ■

# II. 部分习题解答提示

## (一)

**1.** 设(1)$u(x,y)$为区域 $D$ 内的调和函数;(2) 圆 $|z-a|<R$ 全含于 $D$. 求证当 $z=a+re^{i\theta}, r<R$ 时,

$$u(r,\theta)=\operatorname{Re} f(a+re^{i\theta})=\frac{a_0}{2}+\sum_{n=1}^{\infty}r^n(a_n\cos n\theta+b_n\sin n\theta),$$

且展式是惟一的.

**分析** 因 $u(x,y)$是 $D$ 内的调和函数,则必为圆 $K:|z-a|<R$ 内的调和函数. 由定理 3.19,必在圆 $K$(单连通区域)内存在与 $u(x,y)$共轭的调和函数 $v(x,y)$,使 $f(z)=u(x,y)+iv(x,y)$在 $K$ 内解析,所以在 $K$ 内由泰勒定理可展开成 $z-a$ 的幂级数

$$f(z)=\sum_{n=0}^{\infty}c_n(z-a)^n,\quad z\in K \tag{1}$$

且展式是惟一的.

**证** 引入以 $a$ 为极点的极坐标$(r,\theta)$,因而 $z=a+re^{i\theta}(r<R)$,则(1)式化为

$$f(a+re^{i\theta})=\sum_{n=0}^{\infty}c_nr^ne^{in\theta}.$$

令 $c_n=c'_n+ic''_n$($c'_n,c''_n$为实数),则

$$u(r,\theta)+iv(r,\theta)=\sum_{n=0}^{\infty}(c'_n+ic''_n)r^n(\cos n\theta+i\sin n\theta).$$

令 $c'_0=\frac{a_0}{2}, c'_n=a_n, -c''_n=b_n$,则

$$u(r,\theta)=\frac{a_0}{2}+\sum_{n=1}^{\infty}r^n(a_n\cos n\theta+b_n\sin n\theta). \tag{2}$$

由展式(1)的惟一性知展式(2)是惟一的.

**注** 系数 $a_0,a_n,b_n$ 可推求如下:由(1)式知(2)式的右端级数在闭圆 $\overline{K}_r$: $|z-a|\leqslant r\subset K$ 上一致收敛于 $u(r,\theta)$,对(2)式逐项积分得

$$\int_0^{2\pi}u(r,\theta)d\theta=\int_0^{2\pi}\frac{a_0}{2}d\theta+\sum_{n=1}^{\infty}r^n\int_0^{2\pi}(a_n\cos n\theta+b_n\sin n\theta)d\theta=\pi a_0,$$

所以

$$a_0=\frac{1}{\pi}\int_0^{2\pi}u(r,\theta)d\theta.$$

又因

$$\int_0^{2\pi} u(r,\theta)\cos k\theta \mathrm{d}\theta = \sum_{n=1}^{\infty} r^n \int_0^{2\pi} a_n \cos k\theta \cos n\theta \mathrm{d}\theta = \pi a_k r^k,$$

所以

$$a_k = \frac{1}{\pi r^k}\int_0^{2\pi} u(r,\theta)\cos k\theta \mathrm{d}\theta \quad (k=1,2,\cdots).$$

同理得

$$b_k = \frac{1}{\pi r^k}\int_0^{2\pi} u(r,\theta)\sin k\theta \mathrm{d}\theta \quad (k=1,2,\cdots).$$

**2.** 如果 $u(z)$ 在 $z$ 平面内是有界的调和函数,试证 $u(z)$ 恒等于常数.

**分析** 应用定理 3.19 并应用定理 9.2 的证明技巧,从而把问题转化成可以应用刘维尔定理.

**证** 由定理 3.19,必存在 $f(z)$ 在 $\mathbf{C}$ 上解析,且 $\operatorname{Re} f(z)=u(z)$. 由题设 $|u(z)|\leqslant M<+\infty$. 因此

$$|\mathrm{e}^{f(z)}|\leqslant \mathrm{e}^M.$$

根据刘维尔定理,可知整函数 $\mathrm{e}^{f(z)}$ 必为常数,从而 $u(z)$ 也必为常数.

**注** 本题说明,调和函数具有类似刘维尔定理的性质.

**3.** 设 $f(z)$ 为一整函数且不恒等于常数,$u(x,y)=\operatorname{Re} f(z)$,则对于任一实数 $a$,必有平面上的点 $(x_0,y_0)$,使 $u(x_0,y_0)=a$.

**证** (1) 当 $f(z)$ 为多项式时,其值必填满 $w$ 平面,故其实部可取实轴上任一值.

(2) 当 $f(z)$ 为超越整函数时,必以 $\infty$ 为本质奇点. 根据皮卡(大)定理(定理 5.9),$f(z)$ 必取每一个有限值无穷多次,最多除去一个例外值,即例外有限值最多一个.

今设 $u(x,y)$ 不取实轴上的有限点 $a_0$,则 $f(z)$ 不取过 $a_0$ 的直线 $u=a_0$ 上的任何值,这与上面的结论矛盾.

**4.** 设(1) $u(x,y)$ 是区域 $D$ 内的调和函数;(2) 圆 $K$ 全含于 $D$,$u(x,y)$ 在 $K$ 内恒等于常数 $a$. 求证 $u(x,y)$ 在 $D$ 内恒等于 $a$.

**分析** 首先注意,两个调和函数的和、差仍为调和函数. 设 $p(x,y)$ 也是 $D$ 内的调和函数,并在 $D$ 内 $p(x,y)\equiv a$. 要证明本题,只需证明在 $D$ 内 $u(x,y)\equiv p(x,y)$.

**证** 作差函数 $\psi(x,y)=u(x,y)-p(x,y)$,则 $\psi(x,y)$ 也在 $D$ 内调和,且在单连通区域 $K$ 内 $\psi(x,y)\equiv 0$. 由定理 3.19,在 $K$ 内设与 $\psi(x,y)$ 共轭的调和函数为 $\varphi(x,y)$. 作 $f(z)=\psi(x,y)+\mathrm{i}\varphi(x,y)$,则 $f(z)$ 在 $K$ 内解析.

因在 $K$ 内 $\varphi_x=-\psi_y\equiv 0$,$\varphi_y=\psi_x\equiv 0$,故在 $K$ 内 $\varphi(x,y)=b$(常数),从而 $f(z)$ 在 $K$ 内等于常数 $b\mathrm{i}$. 又由解析函数的惟一性定理知 $f(z)$ 在 $D$ 内恒等于常数 $b\mathrm{i}$,于是在 $D$ 内必有 $\psi(x,y)\equiv 0$. 从而在 $D$ 内

$$u(x,y)\equiv p(x,y)\equiv a.$$

**注** 本题是调和函数的惟一性定理. 它与解析函数内部惟一性定理不同之处在于:在一些曲线上值相同的那些调和函数,并不一定在含这些曲线的整个区域内值也相同.

**5.** 设(1) $u(x,y)$ 为区域 $D$ 内的调和函数;

(2) $(x_0,y_0)\in D, u(x_0,y_0)=a$;

(3) $U$ 是$(x_0,y_0)$的一个邻域，$U\subseteq D$.

求证 $U$ 内有无穷多个点，$u(x,y)$在其上的值都是 $a$.

**分析** 若在 $D$ 内 $u(x,y)\equiv$常数，则命题显然真.

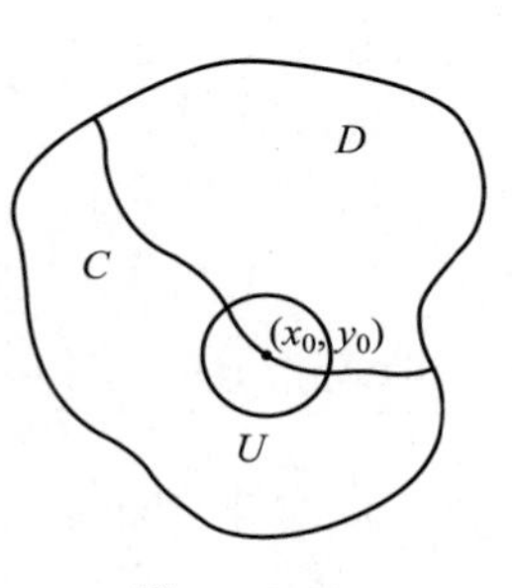

图 9.0.1

**证一** 若在 $D$ 内 $u(x,y)\not\equiv$常数，由条件(1)，$u(x,y)$在 $D$ 内连续. 则 $u(x,y)=a$ 表示 $D$ 内一条连续曲线 $C$；由条件(2)知 $C$ 必过点$(x_0,y_0)$；由条件(3)知 $U$ 内含有 $C$ 上无穷多个点(图 9.0.1).

**证二** 若在 $D$ 内点 $u(x,y)\not\equiv$常数，由条件(2)、(3)及定理 3.19，可在 $U$ 内作以 $u(x,y)$为实部的解析函数 $f(z)=u(x,y)+iv(x,y)\not\equiv$常数. 由保域定理 7.1 知，含点 $w_0=f(z_0)$的 $U$ 像 $G=f(U)$也是一个区域，其中 $z_0=x_0+iy_0$(图 9.0.2).

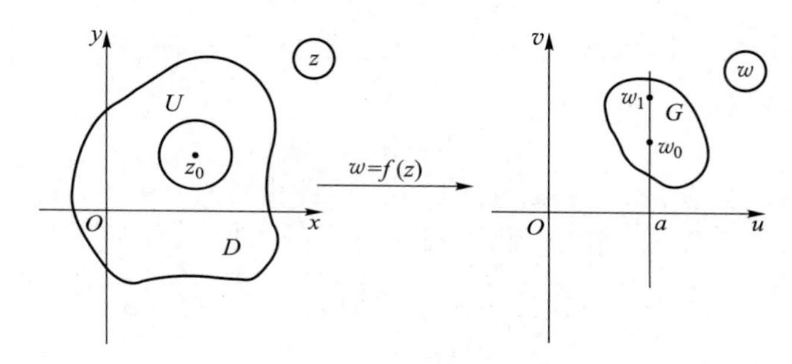

图 9.0.2

设 $w_1$ 为过 $a$ 平行于虚轴的直线上异于 $w_0$ 的点，且 $w_1\in G=f(U)$，则方程 $w_1=f(z)$必在 $U$ 内有解，这样的 $w_1$ 在 $G$ 内有无穷多个点，其实部 $u(x_1,y_1)=a$.

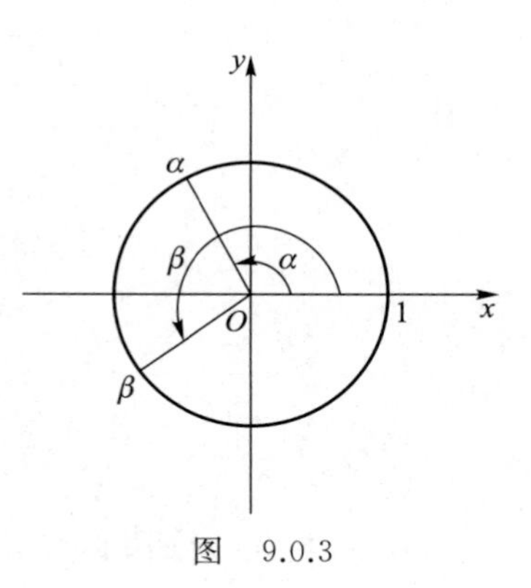

图 9.0.3

**6.** 试求在单位圆 $K$ 内调和、在闭圆 $\overline{K}$ 上(除去其上两点 $\alpha,\beta$ 外)连续的函数，这个函数在圆弧$\alpha\beta$上取值 1，在单位圆周的其余部分上取值 0.

**解** 在平面上适当取坐标系，使其 $\alpha$ 和 $\beta$ 的辐角均在$(0,2\pi)$内(图 9.0.3). 由题设，可设

$$u(e^{i\theta})=\begin{cases}1, & 0<\alpha<\theta<\beta<2\pi,\\ 0, & 0\leqslant\theta\leqslant\alpha \text{ 或 } \beta\leqslant\theta\leqslant 2\pi,\end{cases} \tag{1}$$

又设 $|z|<1$ 内的点 $z=re^{i\varphi}(0\leqslant r<1, 0\leqslant\varphi<2\pi)$.

由单位圆内的泊松积分公式(9.5)，

$$\begin{aligned}u(r,\varphi)&=\frac{1}{2\pi}\int_0^{2\pi}u(e^{i\theta})\frac{1-r^2}{1-2r\cos(\theta-\varphi)+r^2}d\theta\\ &\overset{(1)}{=}\frac{1}{2\pi}\int_\alpha^\beta\frac{1-r^2}{1-2r\cos(\theta-\varphi)+r^2}d\theta.\end{aligned}$$

由不定积分公式(菲赫金哥尔茨. 微积分学教程，二卷一分册. 北京：人民教育出版社，

1956. 72,14)),

$$u(r,\varphi)=\frac{1-r^2}{2\pi}\cdot\frac{2}{\sqrt{(1+r^2)^2-(-2r)^2}}\cdot$$
$$\arctan\left[\sqrt{\frac{(1+r^2)+2r}{(1+r^2)-2r}}\tan\frac{\theta-\varphi}{2}\right]\Bigg|_{\alpha}^{\beta}$$
$$=\frac{1}{\pi}\left[\arctan\left(\frac{1+r}{1-r}\tan\frac{\beta-\varphi}{2}\right)-\arctan\left(\frac{1+r}{1-r}\tan\frac{\alpha-\varphi}{2}\right)\right].$$

## (二)

**1.** 试用调和函数的平均值定理证明

$$\int_0^{\pi}\ln(1-2r\cos\theta+r^2)\mathrm{d}\theta=0,$$

其中$-1<r<1$.

**证** (1) 当$0<r<1$时,令$z=re^{i\theta}$. 考虑$\mathrm{Ln}(1-z)$在$|z|<1$内的一个单值解析分支$\ln(1-z)$. 于是

$$u(z)=\mathrm{Re}[\ln(1-z)]$$

在$|z|<1$内调和. 且有$u(0)=\mathrm{Re}[\ln 1]=0$.

由教材第二章习题(一)第21题,在圆周$|z|=r<1$上,有

$$u(re^{i\theta})=\mathrm{Re}[\ln(1-z)]=\frac{1}{2}\ln(1+r^2-2r\cos\theta).$$

应用调和函数的平均值定理,可得

$$u(0)=\frac{1}{2\pi}\int_0^{2\pi}u(re^{i\theta})\mathrm{d}\theta.$$

故有

$$0=\frac{1}{4\pi}\int_0^{2\pi}\ln(1+r^2-2r\cos\theta)\mathrm{d}\theta$$
$$=\frac{2}{4\pi}\int_0^{\pi}\ln(1-2r\cos\theta+r^2)\mathrm{d}\theta,$$

即有

$$0=\int_0^{\pi}\ln(1-2r\cos\theta+r^2)\mathrm{d}\theta.$$

另外,当$r=0$时,必有$\ln(1-2r\cos\theta+r^2)=\ln 1=0$. 故当$0\leqslant r<1$时,

$$\int_0^{\pi}\ln(1-2r\cos\theta+r^2)\mathrm{d}\theta=0.$$

(2) 当$-1<r<0$时,可考虑$\mathrm{Ln}(1+z)$在$|z|<1$内的一个单值解析分支$\ln(1+z)$. 在圆周$|z|=r_1<1$上,作类似于上段的讨论,可证

$$\int_0^{\pi}\ln(1-2r\cos\theta+r^2)\mathrm{d}\theta\xlongequal{\text{令}-r=r_1}\int_0^{\pi}\ln(1+2r_1\cos\theta+r_1^2)\mathrm{d}\theta,\tag{1}$$

$$u(r_1e^{i\theta})=\mathrm{Re}[\ln(1+z)]=\frac{1}{2}\ln(1+2r_1\cos\theta+r_1^2).$$

应用调和函数的平均值定理,类似地可得:当$0<r_1<1$时,

$$\int_0^{\pi}\ln(1+2r_1\cos\theta+r_1^2)\mathrm{d}\theta=0.$$

由(1)式可知，当$-1<r<0$时，

$$\int_0^{\pi}\ln(1-2r\cos\theta+r^2)\mathrm{d}\theta=0.$$

合并(1)和(2)段的结果得

$$\int_0^{\pi}\ln(1-2r\cos\theta+r^2)\mathrm{d}\theta=0\quad(-1<r<1).$$

**3.** 设二元实函数$u(x,y)$是在$0<|z|<\rho(<+\infty)$内的有界调和函数. 试证适当定义$u(0,0)$后，$u(x,y)$是在$|z|<\rho$内的调和函数.

**分析** 调和函数的这个性质类似于解析函数的可去奇点性质. 为此，我们从研究$u(x,y)$的共轭调和函数着手，以便利用其对应的解析函数的性质.

**证** (1) 研究$u(z)$在$D:0<|z|<\rho$内的共轭调和函数

$$v(z)=\int_{z_0}^{z}-u_y\mathrm{d}x+u_x\mathrm{d}y+C. \tag{1}$$

上式中的$C$是某一确定的复数，积分路径是连接$z_0$和$z$且在$D$内的任一简单逐段光滑曲线，如图9.0.4所示. 由于$D$是去心圆，不单连通，$v(z)$就可能是$z$的多值函数. 设$\gamma$是在$D$内的一条周线，原点在$\gamma$的内部，则当$z$沿$\gamma$的正向绕行一周时，$v(z)$有增量

$$\Gamma=\int_{\gamma}-u_y\mathrm{d}x+u_x\mathrm{d}y.$$

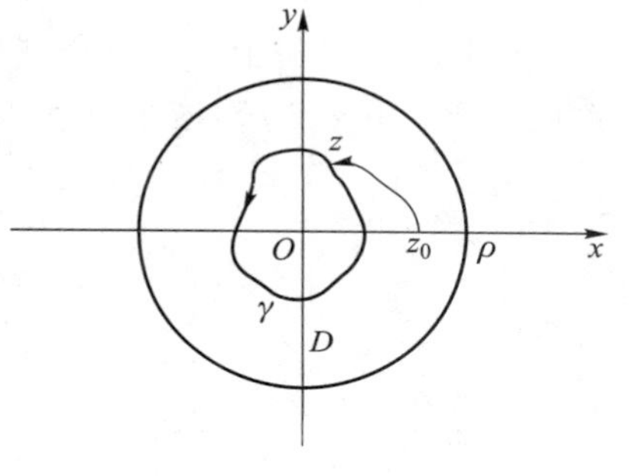

图 9.0.4

于是(1)式可写成

$$v(z)=v_0(z)+k\Gamma+C.$$

其中$v_0(z)$是(1)式中积分的一支，$k$为任一整数.

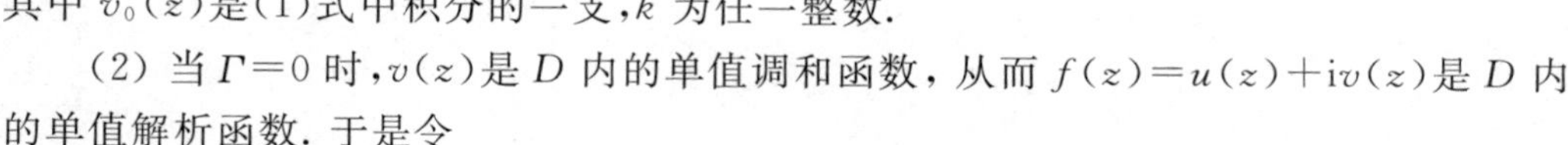

(2) 当$\Gamma=0$时，$v(z)$是$D$内的单值调和函数，从而$f(z)=u(z)+\mathrm{i}v(z)$是$D$内的单值解析函数. 于是令

$$g(z)=\mathrm{e}^{f(z)}=\mathrm{e}^{u(z)+\mathrm{i}v(z)},$$

它也是$D$内的单值解析函数.

又由$u(z)$在$D$内有界知$g(z)$也在$D$内有界，因此，$z=0$是$g(z)$的可去奇点，规定$g(0)=\lim\limits_{z\to 0}g(z)$；相应地，就规定了$u(0,0)=\lim\limits_{z\to 0}u(z)$. 做了这样的规定后，$g(z)$在$|z|<\rho$内解析，因而$f(z)$在$|z|<\rho$内解析，从而$u(z)$在$|z|<\rho$内调和.

(3) 当$\Gamma\neq 0$时，考虑

$$f(z)=u(z)+\mathrm{i}v(z)-\frac{\Gamma}{2\pi}\ln z,$$

它在$D$内单值解析. 这是因为当$z$沿$\gamma$的正向(负向)绕行一周时，$\mathrm{i}v(z)$有增量$\mathrm{i}\Gamma$($-\mathrm{i}\Gamma$)，而$-\dfrac{\Gamma}{2\pi}\ln z$有增量$-\dfrac{\Gamma}{2\pi}\cdot 2\pi\mathrm{i}=-\mathrm{i}\Gamma(\mathrm{i}\Gamma)$. 从而$f(z)$无增量. 并且$f(z)$的实部$u(z)-\dfrac{\Gamma}{2\pi}\ln|z|$及虚部$v(z)-\dfrac{\Gamma}{2\pi}\arg z$为共轭调和函数. 令

$$g(z)=e^{\frac{2\pi}{\Gamma}(u+iv)}=e^{\frac{2\pi}{\Gamma}\left(u+iv-\frac{\Gamma}{2\pi}\ln z+\frac{\Gamma}{2\pi}\ln z\right)}$$
$$=e^{\ln z}e^{\frac{2\pi}{\Gamma}f(z)}=z\,e^{\frac{2\pi}{\Gamma}f(z)},$$

它也是 $D$ 内的单值解析函数. 又 $|g(z)|=|z|e^{\frac{2\pi}{\Gamma}u(z)}$,由于 $u(z)$ 在 $D$ 内有界,可知 $g(z)$ 也在 $D$ 内有界. 因此,$z=0$ 是 $g(z)$ 的可去奇点. 仿照上段的讨论,可证得:适当规定 $u(0,0)$ 后,$u(z)$ 在 $|z|<\rho$ 内调和.

## III. 类题或自我检查题

1. 设整函数 $f(z)$ 满足条件 $\mathrm{Re}\,f(z)\geqslant 0$,求证 $f(z)\equiv$ 常数.

(提示:令 $g(z)=-f(z)$,并应用例 9.1.2 的结果.)

2. 求在 $w$ 平面上第一象限外部的等温方程. 已知在正实轴上的温度 $T=100$℃,在正虚轴上的温度 $T=0$℃.

(提示:在求将上半 $z$ 平面变成 $w$ 平面上第一象限外部的共形映射时,令 $z=-1$ 对应于 $w=1$;$z=0$ 对应于 $w=0$;$z=1$ 对应于 $w=i$.)